南秀全初等数学系列

完全平方数及其应用

南秀全 编著

◎完全平方数的性质
◎一元二次方程的有理数根
◎判定一个数是否是完全平方数
◎特殊的不定方程
◎数的整除中的问题
◎完全立方数及其他

HITP
哈尔滨工业大学出版社
HARBIN INSTITUTE OF TECHNOLOGY PRESS

内容提要

本书主要讲解完全平方数以及其在解题中的各类应用.全书从一个有趣的问题出发,介绍了完全平方数的性质以及完全平方数与完全平方式的关系.并介绍了如何判别完全平方数及求解.书中题型全面、讲解细致,细读之将有利于更好掌握完全平方数.

本书适合中学生、中学教师及数学爱好者阅读.

图书在版编目(CIP)数据

完全平方数及其应用/南秀全编著.—哈尔滨:哈尔滨工业大学出版社,2015.8

ISBN 978-7-5603-5513-9

Ⅰ.①完… Ⅱ.①南…Ⅲ.①初等数论Ⅳ.①O156.1

中国版本图书馆 CIP 数据核字(2015)第 166630 号

策划编辑 刘培杰 张永芹
责任编辑 张永芹 赵新月
封面设计 孙茵艾
出版发行 哈尔滨工业大学出版社
社 址 哈尔滨市南岗区复华四道街 10 号 邮编 150006
传 真 0451-86414749
网 址 http://hitpress.hit.edu.cn
印 刷 哈尔滨市石桥印务有限公司
开 本 787mm×960mm 1/16 印张 41 字数 450 千字
版 次 2015 年 8 月第 1 版 2015 年 8 月第 1 次印刷
书 号 ISBN 978-7-5603-5513-9
定 价 78.00 元

◎目录

第1章 从一个有趣的问题谈起

有这样一个数组:1,33,68,105.从中任意选取两个数相乘其积再加上256(即16^2)后,都是一个整数的平方.

我们很容易验证这个结论是正确的

$1\times33+256=17^2$,$1\times68+256=18^2$

$1\times105+256=19^2$,$33\times68+256=50^2$

$33\times105+256=61^2$,$68\times105+256=86^2$

公元3世纪,亚历山大学派的学者丢番图(Diophantus)发现:

分数组$\frac{1}{16}$,$\frac{33}{16}$,$\frac{68}{16}$,$\frac{105}{16}$中任何两个数之积再加上1,都是某个有理数的平方.

仿照上面的方法,易验证结论的正误.但我们不得不为丢番图的发现拍手叫绝.

以这个问题,我们先给出一个定义:

一般地,如果一个数是另一个整数的完全平方,那么我们就称这个数为完全平方数,也叫作平方数.例如

0,1,4,9,16,25,36,49,64,81,

100,121,144,169,196,225,256,

289,324,361,400,441,484,… (*)

在丢番图的发现大约 1 300 年后，法国数学家费马(P. de. Fermat)也提出了：

数组 1,3,8,120 中任两数之积再加 1 后，皆为完全平方数.

此后又过了约 300 年，1969 年两位好事的英国人 Dovenport 和 Baker 发现且证明了：

若数组 1,3,8,x 中任两数之积再加 1 是完全平方数，则 x 只能是 120.(对于 1,3,8 来讲，能有上述性质的第 4 个数只能是 120)

仔细观察，你又会发现：1,3,8 恰好是斐波那契(Fibonacci)数列

$$1,1,2,3,5,8,13,21,34,55,\cdots$$

中的三项.再看 120 的因数分解式 $120=4\times2\times3\times5$，除了 4 之外，另外三数 2,3,5 也都恰好是上述数列中的项.

其中的奥秘于 1977 年被两位美国人 G. Bergun 和 Calvin Long 揭开.他们证明了下面的结论：

若 f_n 是斐波那契数列中的第 n 项，则对任意整数 n，数组

$$f_{2n},f_{2n+2},f_{2n+4},4f_{2n+1}f_{2n+2}f_{2n+3}$$

中任两数之积再加 1 都是一个完全平方数.显然他们找到了一批有上述性质的整数.

由斐波那契数列的性质不难证得(记 $f=4\cdot f_{2n+1}\cdot f_{2n+2}\cdot f_{2n+3}$)

$$f_{2n}f_{2n+2}+1=f_{2n+1}^2$$

$$f_{2n}f_{2n+4}+1=f_{2n+2}^2$$

$$f_{2n+2}f_{2n+4}+1=(2f_{2n+1}f_{2n+2}-1)^2$$

$$f_{2n+2}f+1=(2f_{2n+1}f_{2n+3}-1)^2$$

$$f_{2n+4}f+1=(2f_{2n+2}f_{2n+3}-1)^2$$

问题也许没有完，人们自然会想到：

①有上述性质(任两数之积再加1后是完全平方数)的数组中，数的个数为5,6,7,…有解吗？

②有无这样的数组：在两两相乘后加2,3,4,…后，还能是完全平方数？

(我们已经指出：1,33,68,105任两数之积再加256后都是一个完全平方数.)

从上面几个有趣的数学问题可以看出，历史上有许多数学家和爱好者都对完全平方数的研究产生了浓厚的兴趣，并得到了许多成果，可见完全平方数本身的重要性和趣味性.

在近几十年来，与完全平方数有关的问题，也是国内外各级各类数学竞赛中常见的题型之一.因此，在本书中，我们将比较系统地介绍完全平方数及其性质，以及它们在解题中的应用.

第2章 完全平方数的性质

观察式(*)中的完全平方数，可以获得对它们的个位数、十位数、数字和等的规律性的认识. 下面我们来研究完全平方数的一些常用性质.

性质1 完全平方数的末位数只能是0,1,4,5,6,9.

这是因为，任何整数 a 都可以写作

$$a=10q+r \quad (r=0,1,2,\cdots,9)$$

的形式，于是 $a^2=100q^2+20qr+r^2$. 所以，a^2 的个位数与 r^2 的个位数是相同的，而 $r^2=0,1,4,9,16,25,36,49,64,81$，它的个位数是0,1,4,5,6,9. 因此，$a^2$ 的个位数只能是0,1,4,5,6,9.

性质2 奇数的平方的个位数字为奇数，十位数字为偶数.

证明 奇数必为下列五种形式之一

$$10a+1,10a+3,10a+5,10a+7,10a+9$$

分别平方后，得

$$(10a+1)^2=100a^2+20a+1=20a(5a+1)+1$$

$$(10a+3)^2=100a^2+60a+9=20a(5a+3)+9$$
$$(10a+5)^2=100a^2+100a+25=20(5a^2+5a+1)+5$$
$$(10a+7)^2=100a^2+140a+49=20(5a^2+7a+2)+9$$
$$(10a+9)^2=100a^2+180a+81=20(5a^2+9a+4)+1$$

综上各种情形可知：奇数的平方，个位数字为奇数 1，5，9；十位数字为偶数.

性质 3　如果完全平方数的十位数字是奇数，则它的个位数字一定是 6；反之，如果完全平方数的个位数字是 6，则它的十位数字一定是奇数.

先证前者，若已知 $m^2=(2k+1)\cdot 10+a$，我们来证明 $a=6$. 因为完全平方数的末位数只能是 0，1，4，5，6，9 之一，故这里的 a 只可能是 0，1，4，5，6，9.

当 $a=0$ 时，m 的个位数为 0，于是可设 $m=10n$，那么 $(2k+1)\cdot 10=(10n)^2=100n^2$，即 $2k+1=10n^2$. 此式左边为奇数，而右边是偶数，矛盾. 故 $a\neq 0$.

当 $a=1$ 时，m 的末位数为 1 或 9，于是可设 $m=10n+1$ 或 $10n+9$. 故 $(2k+1)\cdot 10+1=(10n+1)^2=100n^2+20n+1$，或 $(2k+1)\cdot 10+1=(10n+9)^2=100n^2+(18n+8)\cdot 10+1$，故 $2k+1=10n^2+2n$ 或 $10n^2+18n+8$，也推出矛盾. 故 $a\neq 1$.

同理可证 $a\neq 4,5,9$，故必有 $a=6$.

再证后者. 即已知 $m^2=10k+6$，证明 k 为奇数. 因为 m^2 的个位数为 6，所以 m 的个位数为 4 或 6，于是可设 $m=10n+4$ 或 $10n+6$. 则

$$10k+6=(10n+4)^2=100n^2+(8n+1)\cdot 10+6$$

或

$$10k+6=(10n+6)^2=100n^2+(12+3)\cdot 10+6$$

即

$$k=10n^2+8n+1=2(5n^2+4n)+1$$

或

$$k=10n^2+12n+3=2(5n^2+6n)+3$$

所以 k 为奇数.

以上三个性质,其特征可概括为:完全平方数的末两位数只能是:$\overline{偶0}$,$\overline{偶1}$,$\overline{偶4}$,$\overline{偶9}$,$\overline{25}$,$\overline{奇6}$之一.

我们还可以得到:

推论 1 如果一个数的十位数字是奇数,而个位数字不是 6,那么这个数一定不是完全平方数.

推论 2 如果一个完全平方数的个位数不是 6,则它的十位数字是偶数.

证明 设 $n=2k-1$ 是奇数,若记

$$n^2=4k(k-1)+1=10a+b$$

这里 a,b 是整数,且 $0\leqslant b\leqslant 9$. 由此得

$$10a=4k(k-1)-(b-1)$$

由性质 1 知,b 只能等于 1,5,或 9,所以 $b-1$ 能被 4 整除. 这样 $10a$ 就能被 4 整除,因而 a 必须是偶数.

设 $n=2k$ 是偶数,若记 $n^2=4k^2=10a+b$,这里 a,b 是整数,且 $0\leqslant b\leqslant 9$. 从上式可得

$$10a=4k^2-b$$

当 $b\neq 6$ 时,由性质 1 知,b 只能等于 0 或 4,所以 b 能被 4 整除,不难得出 a 必须是偶数;当 $b=6$ 时,$4k^2-b$ 不能被 4 整除,这样 a 就必须是奇数.

例 1 如果一个完全平方数最后 3 位数字相同且不为 0,求该数的最小值.

解 因为完全平方数的末两位只能是$\overline{偶0}$,$\overline{偶1}$,$\overline{偶4}$,$\overline{偶9}$,$\overline{25}$,$\overline{奇6}$之一,所以,完全平方数的末三位只能是 444. 又 444 不是平方数,所以 $n\geqslant 1\,444$. 而 $1\,444=$

38^2 为完全平方数，故最小的完全平方数是 1 444.

例 2　有一个四位数

$$N=\overline{(a+1)a(a+2)(a+3)}$$

它是一个完全平方数. 求 a.

解　注意到完全平方数的个位数字只能是 0，1，4，5，6，9，则

$$a+3\equiv 0,1,4,5,6,9 \pmod{10}$$

又 $a\geqslant 0$，$a+3\leqslant 9$，故 $a=1,2,3,6$.

因此，N 的末两位为

$$\overline{(a+2)(a+3)}=34,45,56,89$$

因为完全平方数的末两位数只能是 $\overline{偶0}$，$\overline{偶1}$，$\overline{偶4}$，$\overline{偶9}$，$\overline{25}$，$\overline{奇6}$，所以，只有 $\overline{(a+2)(a+3)}=45,89$ 符合条件，即 $a=3,6$.

当 $a=6$ 时，$N=7\ 689$ 非平方数，舍去.

当 $a=3$ 时，$N=4\ 356=66^2$，符合条件.

故 $a=3$ 为所求.

以上几条性质主要是研究完全平方数的个位数或十位数的特征. 下面我们来研究完全平方数的余数的性质.

性质 4　偶数的平方是 4 的倍数；奇数的平方是 4 的倍数加 1.

这是因为

$$(2k+1)^2=4k(k+1)+1$$

$$(2k)^2=4k^2$$

性质 5　奇数的平方是 $8n+1$ 型，偶数的平方为 $8n$ 或 $8n+4$ 型.

在性质 4 的证明中，由 $k(k+1)$ 一定为偶数可得到的 $(2k+1)^2$ 是 $8n+1$ 型的数；由 k^2 为奇数或偶数可

得$(2k)^2$为$8n$型或$8n+4$型的数.

性质 6 平方数的形式必为下列两种之一:$3k$,$3k+1$.

因为自然数被3除按余数的不同可以分为三类:$3m$,$3m+1$,$3m+2$.平方后,分别得

$$(3m)^2=9m^2=3k$$

$$(3m+1)^2=9m^2+6m+1=3k+1$$

$$(3m+2)^2=9m^2+12m+4=3k+1$$

同理可以得到:

性质 7 不能被5整除的数的平方为$5k\pm1$型,能被5整除的数的平方为$5k$型.

性质 8 平方数的形式具有下列形式之一:$16m$,$16m+2$,$16m+4$.

上面的几条性质可概括为:

在完全平方数n^2的十进制表达式中,其有关模下的余数具有如上一些特征:

(1)$n^2\equiv0,1(\mathrm{mod}\ 3,4)$;

(2)$n^2\equiv0,1,4(\mathrm{mod}\ 5,8)$;

(3)$n^2\equiv0,1,4,7(\mathrm{mod}\ 9)$;

(4)$n^2\equiv0,1,4,5,6,9(\mathrm{mod}\ 10)$.

除了上面关于个位数,十位数和余数的性质之外,还可研究完全平方数各位数字之和.例如,256它的各位数字相加为$2+5+6=13$,13叫作256的各位数字和.如果再把13的各位数字相加:$1+3=4$,4也可以叫作256的各位数字的和.下面我们提到一个数的各位数字之和是指把它的各位数字相加,如果得到的数字之和不是一位数,就把所得的数字再相加,直到加到一位数为止.我们可以得到下面的命题:

一个数的数字和等于这个数被 9 除的余数.

下面以四位数为例来说明这个命题.

设四位数为$\overline{abcd}$,则

$$\overline{abcd}=1\,000a+100b+10c+d=$$
$$999a+99b+9c+(a+b+c+d)=$$
$$9(111a+11b+c)+(a+b+c+d)$$

显然,$a+b+c+d$ 是四位数$\overline{abcd}$被 9 除的余数.

对于 n 位数,也可以仿此法予以证明.

关于完全平方数的数字和有下面的性质:

性质 9　完全平方数的数字之和只能是 0,1,4,7,9.

证明　因为一个整数被 9 除只能是 $9k,9k\pm1$,$9k\pm2,9k\pm3,9k\pm4$ 这几种形式,而

$$(9k)^2=9(9k^2-1)+9$$
$$(9k\pm1)^2=9(9k^2\pm2k)+1$$
$$(9k\pm2)^2=9(9k^2\pm4k)+4$$
$$(9k\pm3)^2=9(9k^2\pm6k)+9$$
$$(9k\pm4)^2=9(9k^2\pm8k+1)+7$$

例 3　证明:对任何正整数 n,代数式

$$n^6+3n^5-9n^4-11n^3+8n^2+12n+3$$

的值都不是完全平方数.

证明　模 4 得

$$n^6+3n^5-9n^4-11n^3+8n^2+12n+3\equiv$$
$$n^6-n^5-n^4+n^3+3\equiv$$
$$n^3(n^3-n^2-n+1)+3\equiv$$
$$n^3[(n+1)(n^2-n+1)-n(n+1)]+3\equiv$$
$$n^3(n+1)(n^2-2n+1)+3\equiv$$
$$n^3(n+1)(n-1)^2+3\pmod 4$$

若 $n\equiv0,2\pmod 4$,则 $n^3\equiv0\pmod 4$;

若 $n\equiv\pm1 \pmod 4$，则

$$(n+1)(n-1)\equiv \pmod 4$$

于是，恒有 $n^3(n+1)(n-1)^2\equiv 0 \pmod 4$.

故

$$n^6+3n^5-9n^4-11n^3+8n^2+12n+3\equiv$$
$$n^3(n+1)(n-1)^2+3\equiv 3 \pmod 4$$

但完全平方数 $x^2\equiv 0,1 \pmod 4$，所以

$$n^6+3n^5-9n^4-11n^3+8n^2+12n+3$$

不是完全平方数.

例 4 求证：30 000 不能表示成两个正整数的平方和.

证法 1 假设 $x^2+y^2=30\ 000$.

因为 $x^2,y^2\equiv 0,1 \pmod 4$，所以

$$x^2+y^2\equiv 0,1,2 \pmod 4$$

但 $30\ 000\equiv 0 \pmod 4$，故

$$x^2\equiv y^2\equiv 0 \pmod 4$$

因此，x,y 为偶数.

令 $x=2x_1,y=2y_1$. 代入原方程得

$$x_1^2+y_1^2=7\ 500$$

同理，x_1,y_1 为偶数.

令 $x_1=2x_2,y_1=2y_2$. 代入得

$$x_2^2+y_2^2=1\ 875$$

同理，$x_2^2+y_2^2\equiv 0,1,2 \pmod 4$.

而 $1\ 875\equiv 3 \pmod 4$，矛盾.

证法 2 假设 $x^2+y^2=30\ 000$，则

$$x^2+y^2\equiv 0 \pmod 3$$

因为 $x^2,y^2\equiv 0,1 \pmod 3$，所以

$$x^2\equiv y^2\equiv 0 \pmod 3$$

从而，$3\mid x^2$. 而 3 是质数，所以，$3\mid x$，进而 $9\mid x^2$. 同理，$9\mid y^2$. 因此，$9\mid(x^2+y^2)=30\,000$，即

$$9\mid(3+0+0+0+0)$$

矛盾.

证法 3　假设 $x^2+y^2=30\,000$.

因为 $x^2, y^2\equiv 0,1,4,7 \pmod 9$，所以

$$x^2+y^2\equiv 0,1,2,4,5,7,8 \pmod 9$$

但 $30\,000\equiv 3 \pmod 9$，矛盾.

注：选不同的模，解题过程有繁简之分.

例 5　求方程

$$3x^2-8xy+7y^2-4x+2y=109$$

的正整数解.

解　原方程变形得

$$(3x-4y-2)^2+5(y-1)^2=336 \quad ①$$

由 $5(y-1)^2=336-(3x-4y-2)^2\leqslant 336$，得 $1\leqslant y\leqslant 9$.

此外，因为完全平方数模 4 余 0 或 1，所以，方程①两边同时模 4 得 0 或

$$1+(y-1)^2\equiv 0 \pmod 4$$

而 $(y-1)^2\equiv 0,1 \pmod 4$，所以

$$(y-1)^2\equiv 0 \pmod 4$$

于是，y 为奇数. 从而，$y=1,3,5,7,9$.

经检验，只有 $y=5,9$ 时，$336-5(y-1)^2$ 为完全平方数.

当 $y=5$ 时，代入方程得

$$3x-4y-2=\pm 16$$

易知只有 $3x-4y-2=-16$ 时有整数解，此时，方程的解为 $(x,y)=(2,5)$.

当 $y=9$ 时,代入方程得

$$3x-4y-2=\pm 4$$

易知只有 $3x-4y-2=4$ 时有整数解,此时,方程的解为 $(x,y)=(14,9)$.

综上所述,方程的解为

$$(x,y)=(2,5),(14,9)$$

下面我们来研究完全平方数的因数特征.

性质 10 a^2b 为完全平方数的充要条件是 b 为完全平方数.

证明 充分性:设 b 为平方数 c^2,则

$$a^2b=a^2c^2=(ac)^2$$

必要性:若 a^2b 为完全平方数,$a^2b=x^2$,则

$$b=\left(\frac{x}{a}\right)^2$$

性质 11 如果 $n^2=ab$(a,b 是互质的整数)是完全平方数,则 a,b 都是完全平方数.

性质 12 一个正整数 n 是完全平方数的充分必要条件是 n 有奇数个因数(包括 1 和 n 本身).

证明 根据唯一性分解定理,设 $n=p_1^{\alpha_1}\cdot p_2^{\alpha_2}\cdot\cdots\cdot p_k^{\alpha_k}$,其中 $p_1,p_2,\cdots,p_k$ 为不同的素数,$a_1,a_2,\cdots,a_k$ 为正整数.

必要性:因 n 为完全平方数,所以对每一 $i(i=1,2,\cdots,k)$,a_i 为偶数,从而对每一个 $i(i=1,2,\cdots,k)$,a_i+1为奇数.又由于 n 有 $(a_1+1)(a_2+1)\cdots(a_k+1)$ 个不同的因数,但 $(a_1+1)(a_2+1)\cdots(a_k+1)$ 是 k 个奇数相乘,其结果必为奇数,故 n 有奇数个因数.

充分性:因 n 有奇数个因数,所以 $(a_1+1)\cdot(a_2+1)\cdot\cdots\cdot(a_k+1)$ 为奇数,从而对每一个 $i(1\leqslant i\leqslant k)$,

a_i+1 为奇数,即对每一个 $i(1\leqslant i\leqslant k)$, a_i 为偶数. 故知 n 为完全平方数.

推论 n^2 的标准分解式中,每个质因数的指数都是偶数.

例 6 (2002 年全国初中数学联赛)设 $N=23x+92y$ 为完全平方数,且 N 不超过 2 393. 则满足上述条件的一切正整数对(x,y)共有________对.

分析 注意到 $23|92$,从而,$23x+92y$ 含有质因数 23. 由此可构造不定方程,进而利用不等式控制(N 不超过 2 392)求解.

解 因为 $N=23(x+4y)$,而 23 为质数,所以,存在正整数 k,使 $x+4y=23k^2$.

又因为 $23(x+4y)=N\leqslant 2\,392$,所以

$$x+4y\leqslant 104$$

故 $23k^2=x+4y\leqslant 104$,即 $k^2\leqslant 4$. 于是,$k^2=1,4$.

当 $k^2=1$ 时,$x+4y=23$,此时,$y\leqslant 5$,可得到 5 个解;当 $k^2=4$ 时,$x+4y=92$ 时,此时,$y\leqslant 22$,可得到 22 个解.

综上所述,满足条件的一切正整数对(x,y)共有 $5+22=27$ 对.

例 7 设完全平方数 y^2 是 11 个相继整数的平方和. 则$|y|$的最小值是________.

解 设 11 个相继整数中间的一个数为 x. 则

$$\begin{aligned}y^2=&(x-5)^2+(x-4)^2+\cdots+x^2+\cdots+\\&(x+4)^2+(x+5)^2=\\&x^2+2(x^2+1^2)+2(x^2+2^2)+\cdots+2(x^2+5^2)=\\&11x^2+2(1^2+2^2+3^2+4^2+5^2)=\\&11(x^2+10)\end{aligned}$$

因为 $11(x^2+10)$ 为平方数，而 11 为质数，所以 $11\mid(x^2+10)$. 从而，$x^2+10\geqslant 11$，即 $x^2\geqslant 1$. 故 $y^2=11(x^2+10)\geqslant 11^2$，即 $|y|\geqslant 11$. 等号在 $x^2=1$ 时成立. 故 $|y|$ 的最小值为 11.

注：此题改编自 1998 年全国初中数学联赛试题. 原题是求 y 的最小值，但用它作为初中数学竞赛试题则值得商榷. 尽管已得到 $|y|\geqslant 11$，即 $y\leqslant -11$ 或 $y\geqslant 11$，由此断定 y 的最小值是 -11（原答案）是没有充足理由的.

实际上，由 $y^2=11(x^2+10)$ 为平方数，可知 $x^2+10=11k^2(k\in\mathbf{N}_+)$，此时，$y=\pm 11k$. 若方程 $x^2+10=11k^2$ 只有有限个整数解，设其使 k 最大的一个解为 (x_0,k_0)，则 y 的最小值为 $-11k_0$；若方程 $x^2+10=11k^2$ 有无限个整数解，则 y 的最小值不存在. 显然，讨论方程 $x^2+10=11k^2$ 的所有整数解的问题，超出了初中数学竞赛的知识范畴.

此外，方程 $x^2+10=11k^2$ 两边模 11，得 $11\mid(x^2+10)$，从而，$11\mid(x^2-1)$. 所以，$11\mid(x-1)$ 或 $11\mid(x+1)$.

当 $11\mid(x-1)$ 时，取 $x=23$ 符合条件，此时，$k=7$，对应的 $y=\pm 77$.

当 $11\mid(x+1)$ 时，取 $x=43$ 符合条件，此时 $k=13$，对应的 $y=\pm 143$.

由此可见，$y_{\min}=-11$ 显然是错误的.

例 8 （2008 年全国初中数学联赛）设 a 为质数，b 为正整数，且

$$9(2a+b)^2=509(4a+511b)$$

求 a,b 的值.

分析　由条件"a 为质数"可发现题中含有另一质数 509，而等式左边为平方数，可利用完全平方数的因数特征求解.

解　因为 $9(2a+b)^2=3^2(2a+b)^2$ 为完全平方数，所以，$509(4a+511b)$ 为完全平方数. 而 509 为质数，可令

$$4a+511b=509\times 3^2k^2 \qquad ①$$

于是，原等式变为

$$9(2a+b)^2=509^2\times 3^2k^2$$

即

$$2a+b=509k$$

从而，$b=509k-2a$. 代入式①得

$$4a+511(509k-2a)=509\times 3^2k^2$$

解得 $a=\dfrac{k(511-9k)}{2}$.

因为 a 为质数，即 $\dfrac{k(511-9k)}{2}$ 为质数，所以，有以下几种情况：

(1)当 $k=1$ 时，$a=\dfrac{k(511-9k)}{2}=\dfrac{511-9}{2}=251$ 为质数，符合条件，此时

$$b=509k-2a=509-502=7$$

(2)当 $k=2$ 时，$a=\dfrac{k(511-9k)}{2}=511-18=493=17\times 29$ 不为质数，舍去.

(3)当 $k>2$，且 k 为奇数时，因为 $a=\dfrac{k(511-9k)}{2}=k\cdot\dfrac{511-9k}{2}$ 为质数，而 $k>1$，所以，$\dfrac{511-9k}{2}=1$. 但

$\frac{511-9k}{2}=1$ 无整数解,舍去.

(4)当 $k>2$,且 k 为偶数时,因为 $a=\frac{k(511-9k)}{2}=\frac{k}{2}(511-9k)$ 为质数,而 $\frac{k}{2}>1$,所以 $511-9k=1$. 但 $511-9k=1$ 无整数解,舍去.

综上所述,$a=251$,$b=7$.

完全平方数还有以下两个重要性质:

性质 13 如果质数 p 能整除 a,但 p^2 不能整除 a,则 a 不是完全平方数.

证明 由题设可知,a 有质因数 p,但无因数 p^2,可知 a 分解成标准式时,p 的方次为 1,而完全平方数分解成标准式时,各质因数的方次均为偶数,可见 a 不是完全平方数.

性质 14 在两个相邻的整数的平方数之间的所有整数都不是完全平方数. 即若

$$n^2<k<(n+1)^2$$

则 k 一定不是完全平方数.

这个看似简单的事实却十分有用. 显然,两个相邻平方数恰好就是两个相邻整数的平方,即 n^2 和 $(n+1)^2$. 根据 $n^2<n(n+1)<(n+1)^2$ 和 $n^2<n^2+1<n^2+2<\cdots<n^2+2n<(n+1)^2$ 可知:

推论 1 两个相邻自然数的乘积不是平方数;

推论 2 在相邻平方数 n^2 和 $(n+1)^2$ 之间有 $2n$ 个连续的非平方数,它们的算术平方根均介于 n 和 $n+1$ 之间;

推论 3 如果 a 是一个平方数,那么与之相邻的平方数分别是 $a-2\sqrt{a}+1$ 和 $a+2\sqrt{a}+1$.

例 9　(2007 年四川省初中数学联赛)使 m^2+m+7 是完全平方数的正整数 m 的个数为________.

解　经验证知,当 $m=1$ 时,$m^2+m+7=9$ 是完全平方数;

当 $m=2,3,4,5$ 时,m^2+m+7 都不是完全平方数;

当 $m=6$ 时,$m^2+m+7=49$ 是完全平方数.

当 $m>6$ 时,$m^2<m^2+m+7<(m+1)^2$,于是,当 $m>6$ 时,m^2+m+7 都不是完全平方数.

所以,符合条件的正整数 m 仅有 2 和 6 两个.

例 10　(1992 年北京市初二数学竞赛题)若 x 和 y 都是自然数,试证:x^2+y+1 和 y^2+4x+3 的值不能同时都是完全平方数.

证明　当 $x\geqslant y$ 时

$$x^2<x^2+y+1\leqslant x^2+x+1<(x+1)^2$$

从而,x^2+y+1 不是平方数.

当 $x<y$ 时

$$y^2<y^2+4x+3<y^2+4y+3<(y+2)^2$$

这说明只能在出现 $y^2+4x+3=(y+1)^2$,即 $y=2x+1$ 时,y^2+4x+3 是完全平方数,但此时 x^2+y+1 不是完全平方数.

例 11　恰有 35 个连续自然数的算术平方根的整数部分相同.那么,这个相同整数等于几?

分析　确定实数 a 的整数部分,实际上就是找两个相邻整数 n 和 $n+1$,使得 $n\leqslant a<n+1$,此时 a 的整数部分就是 n.利用上面的推论 2 即可得到本题答案为 17.

例 12　使得 $n^2-19n+91$ 为完全平方数的自然

数 n 的个数是几?

解 注意到 $n^2-19n+91=(n-9)^2+(10-n)$.

当 $n>10$ 时

$$(n-8)^2<(n-9)^2+(10-n)<(n-9)^2$$

而介于两个相邻平方数之间的整数不能是完全平方数,因此使得 $n^2-19n+91$ 为完全平方数的自然数 n 只能取自 $1,2,3,\cdots,9,10$ 这十个数.经验算,当 $n=9$ 和 $n=10$ 时,$n^2-19n+91$ 为完全平方数,故原题答案为 2.

例 13 证明:对于任意自然数 n

$$n^4+2n^3+2n^2+2n+1$$

不是完全平方数.

分析 验证某个整式是否是完全平方式的办法之一是因式分解

$$原式=(n+1)^2(n^2+1)$$

另一种办法是把待讨论的式子夹在两个相邻的完全平方式之间,即

$$(n^2+n)^2<n^4+2n^3+2n^2+2n+1<(n^2+n+1)^2$$

例 14 试证:对于任意自然数 n,n^2+3n+3 都不等于两个相邻自然数的乘积.

证明 通过这个题目我们介绍一个结论并充分利用相邻平方数这一工具.

结论 若自然数 M 能写成两个相邻自然数之积,则 $4M+1$ 必为完全平方数.反之也成立.

若 $M=n(n+1)$,则 $4M+1=(2n+1)^2$;

若 $4M+1$ 是平方数,则 $4M+1$ 和 $\sqrt{4M+1}$ 都是大于或等于 1 的奇数.令

$$a=\frac{\sqrt{4M+1}-1}{2}$$

$$a+1=\frac{\sqrt{4M+1}+1}{2}$$

则有 $M=a(a+1)$.

借助以上结论，为了证明 n^2+3n+3 不是两个相邻自然数之积，只需验证 $4(n^2+3n+3)+1$ 不是平方数即可. 而

$$(2n+3)^2<4(n^2+3n+3)+1<(2n+4)^2$$

类似地，大家可以思考：

“若 n 是自然数，且 $9n^2+5n+26$ 等于两个相邻自然数之积，试确定 n 的值.”

例 15　求最大的正整数，使 $4^{27}+4^{500}+4^n$ 是完全平方数.

解　当 $n>27$ 时

$$A=4^{27}+4^{500}+4^n=4^{27}(1+4^{473}+4^{n-27})$$

因为 4^{27} 是完全平方数，要使 A 为完全平方数，则 $1+4^{473}+4^{n-27}$ 是完全平方数.

注意到

$$1+4^{473}+4^{n-27}=1+2^{2\times 473}+2^{2\times(n-27)}=$$
$$1+2\times 2^{2\times 473-1}+(2^{n-27})^2$$

故当 $n-27=2\times 473-1$，即 $n=972$ 时

$$1+4^{473}+4^{n-27}=1+2\times 2^{2\times 473-1}+(2^{2\times 473-1})^2=$$
$$(1+2^{2\times 473-1})^2$$

是平方数. 此时，A 是完全平方数.

从而，$n=972$ 符合条件.

若 $n>972$，则 $2\times 473-1<n-27$. 于是

$$1+4^{473}+4^{n-27}=1+2\times 2^{2\times 473-1}+(2^{n-27})^2<$$

$$1+2\times 2^{n-27}+(2^{n-27})^2=(1+2^{n-27})^2$$

又

$$1+4^{473}+4^{n-27}=1+2\times 2^{2\times 473-1}+(2^{n-27})^2>(2^{n-27})^2$$

则

$$(2^{n-27})^2<1+4^{473}+4^{n-27}<(1+2^{n-27})^2$$

故 $1+4^{473}+4^{n-27}$ 不是完全平方数，矛盾．因此，$n\leqslant 972$.

综上所述，$n_{\max}=972$.

例 16 证明：任意连续 5 个正整数的积不是完全平方数.

证明 设 5 个连续正整数为 $a-2,a-1,a,a+1,a+2(a>2)$．则

$$N=(a-2)(a-1)a(a+1)(a+2)=a(a^2-1)(a^2-4)=a(a^4-5a^2+4)$$

假定 N 是完全平方数，对于 a 的任意一个奇质因数 p，如果 $p|(a-2)$，则

$$p|[a-(a-2)]=2$$

与 p 是奇质数矛盾.

于是，p 不整除 $a-2$．同理，p 不整除 $a+2$．类似地，p 不整除 $a\pm 1$．因此，p 与 a^4-5a^2+4 互质.

因为 p 是完全平方数 N 的因数，p 在 N 中的指数为偶数，所以，p 在 a 中的指数为偶数.

这表明，除 2 以外，a 的质因数 p 在 a 中的指数都为偶数，故 $a=2m^2$ 或 $a=m^2$.

如果 $a=m^2$，则 a 为完全平方数．又 $N=a(a^4-5a^2+4)$ 为完全平方数，则 a^4-5a^2+4 为完全平方数．这与

$$(a^2-3)^2<a^4-5a^2+4<(a^2-2)^2$$

矛盾.因此,$a=2m^2$.

故

$$N=(a-2)(a-1)a(a+1)(a+2)=$$
$$(2m^2-2)(2m^2-1)2m^2\cdot$$
$$(2m^2+1)(2m^2+2)=$$
$$(2m)^2 2(m^2-1)(m^2+1)\cdot$$
$$(2m^2-1)(2m^2+1)$$

因为 $N,(2m)^2$ 都是完全平方数,所以

$$N'=2(m^2-1)(m^2+1)(2m^2-1)(2m^2+1)$$

是完全平方数.从而

$$(m^2-1)(m^2+1)(2m^2-1)(2m^2+1)$$

为偶数.

但$(2m^2-1)(2m^2+1)$是奇数,所以$(m^2-1)(m^2+1)$是偶数.从而,m 是奇数,即 $m\equiv1\pmod 2$.

如果 $m\equiv0\pmod 3$,则

$$N'=2(m^2-1)(m^2+1)(2m^2-1)(2m^2+1)\equiv$$
$$2\times(-1)\times1\times(-1)\times1\equiv2\pmod 3$$

与 N'是完全平方数矛盾.所以,$m\equiv1,2\pmod 3$.

由 $m\equiv1\pmod 2$,得 $m\equiv1,3,5\pmod 6$.由 $m\equiv1,2\pmod 3$,得 $m\equiv1,2,4,5\pmod 6$.所以,$m\equiv1,5\pmod 6$.

令 $m=6t\pm1$.则

$$m^2=36t^2\pm12t+1=12k+1$$

故

$$N'=2(m^2-1)(m^2+1)(2m^2-1)(2m^2+1)=$$
$$2\times12k(12k+2)(24k+1)(24k+3)=$$
$$144k(6k+1)(24k+1)(8k+1)$$

所以，$k(6k+1)(24k+1)(8k+1)$为完全平方数.

但 $k,6k+1,24k+1,8k+1$ 两两互质，因此，k，$6k+1,24k+1,8k+1$ 都是完全平方数.

因为 $6k+1,24k+1$ 是完全平方数，所以，$4(6k+1),24k+1$ 是完全平方数，即 $24k+4,24k+1$ 是完全平方数.

令 $24k+4=x^2,24k+1=y^2$. 则

$$3=24k+4-(24k+1)=x^2-y^2\geqslant 3$$

因为不等式中等号成立，所以

$$y=1,x=2,k=0$$

从而，$m=\pm 1,a=2$，与 $a>2$ 矛盾.

故 N 不是完全平方数.

利用以上性质，我们还可以得到判别一个整数不是完全平方数的一些重要结论：

1. 个位数是 2，3，7，8 的整数一定不是完全平方数；

2. 个位数和十位数都是奇数的整数一定不是完全平方数；

3. 个位数是 6，十位数是偶数的整数一定不是完全平方数；

4. 形如 $3n+2$ 型的整数一定不是完全平方数；

5. 形如 $4n+2$ 和 $4n+3$ 型的整数一定不是完全平方数；

6. 形如 $5n\pm 2$ 型的整数一定不是完全平方数；

7. 形如 $8n+2,8n+3,8n+5,8n+7$ 型的整数一定不是完全平方数.

8. 数字和是 2，3，5，6，8 的整数一定不是完全平方数.

下面我们来研究连续完全平方数的一个有趣性质.

我们知道

$$3^2+4^2=5^2$$

$$10^2+11^2+12^2=13^2+14^2$$

$$21^2+22^2+23^2+24^2=25^2+26^2+27^2$$

于是有人会猜想：

在 $2k+1$（k 为自然数）个连续完全平方数组成的数列里，前 $k+1$ 个完全平方数之和是否等于后 k 个完全平方数之和.

显然这个结论是否定的. 不过我们可以证明使 $2k+1$个连续完全平方数组成的数列中，前 $k+1$ 项的和等于后 k 项的和这样的 $2k+1$ 个整数是存在的.

下面先研究 5 个连续完全平方数的情形.

设 5 个连续完全平方数的中间一个为 x^2，则

$$(x-2)^2+(x-1)^2+x^2=(x+1)^2+(x+2)^2$$

解得 $x_1=0, x_2=12$.

这就是说，满足要求的数组有两组：

第 1 组：$(-2)^2+(-1)^2+0^2=1^2+2^2$；

第 2 组：$10^2+11^2+12^2=13^2+14^2$.

其中第一组是平凡解，以后不再研究它. 下面主要研究它的非平凡解.

我们用 a^2 来表示 $2k+1$（k 为自然数）个连续完全平方数的中间一个数，于是有

$$(a-k)^2+(a-k+1)^2+\cdots+(a-2)^2+(a-1)^2+a^2=$$
$$(a+1)^2+(a+2)^2+\cdots+(a+k-1)^2+(a+k)^2$$

解此方程，得 $a_1=0, a_2=2k(k+1)$.

$a=0$ 时，得到一组平凡解.

当 $a=2k(k+1)$ 时，以 $[2k(2k+1)]^2$ 为中心的连续 $2k+1$（k 为自然数）个完全平方数一定具有上述性质．比如，当 $k=3$ 时，$a=2k(k+1)=24$．从而有

$$21^2+22^2+23^2+24^2=25^2+26^2+27^2$$

这样完全证明了前面的问题．

现在，我们再来观察下面几组数

$$\left.\begin{array}{l}1,2,3,4,5,6,7\\1+5+6=2+3+7\\1^2+5^2+6^2=2^2+3^2+7^2\end{array}\right\}\text{Ⅰ组}$$

$$\left.\begin{array}{l}2,3,4,5,6,7,8\\2+6+7=3+4+8\\2^2+6^2+7^2=3^2+4^2+8^2\end{array}\right\}\text{Ⅱ组}$$

$$\left.\begin{array}{l}3,4,5,6,7,8,9\\3+7+8=4+5+9\\3^2+7^2+8^2=4^2+5^2+9^2\end{array}\right\}\text{Ⅲ组}$$

通过以上几组数，发现在以 a_4 为中心数的连续 7 个自然数 $a_1,a_2,\cdots,a_7$ 中去掉中心数 a_4 后，有

$$a_1+a_5+a_6=a_2+a_3+a_7 \quad ①$$

且

$$a_1^2+a_5^2+a_6^2=a_2^2+a_3^2+a_7^2 \quad ②$$

事实上，我们若设 $a_4=x$，以 a_4 为中心数的 7 个连续自然数就依次为 $x-3,x-2,x-1,x,x+1,x+2,x+3$，显然有

$$(x-3)+(x+1)+(x+2)=$$
$$(x-2)+(x-1)+(x+3) \quad ③$$

即对于一切以 a_4 为中心数的连续 7 个自然数 a_1，$a_2,\cdots,a_7$ 永远有式③成立，即有式①成立．

立即可以得出

$$(x-3)^2+(x+1)^2+(x+2)^2=$$
$$(x-2)^2+(x-1)^2+(x+3)^2 \quad ④$$

是一个恒等式. 这说法是说,对一切以 a_4 为中心数的连续 7 个自然数 $a_1,a_2,\cdots,a_7$,永远有式④成立,即有式②成立.

于是我们可以得到:

任意 7 个连续自然数 $a_1,a_2,a_3,a_4,a_5,a_6,a_7$ 去掉中心数 a_4 以后,必须下列两个等式同时成立

$$a_1+a_5+a_6=a_2+a_3+a_7$$
$$a_1^2+a_5^2+a_6^2=a_2^2+a_3^2+a_7^2$$

例如,当 $a_4=15$ 时,有

$$12+16+17=13+14+18$$
$$12^2+16^2+17^2=13^2+14^2+18^2$$

对于连续 9 个自然数 $a_1,a_2,\cdots,a_9$(以 a_5 为中心数),它们是否也具有上述这个性质呢? 我们的回答是肯定的. 例如

$$1+4+7+8=2+3+6+9$$
$$1^2+4^2+7^2+8^2=2^2+3^2+6^2+9^2$$
$$2+5+8+9=3+4+7+10$$
$$2^2+5^2+8^2+9^2=3^2+4^2+7^2+10^2$$

这个性质的证明完全与前面相同. 关于连续 11 个,甚至 $2k+1$($k\geqslant 6$ 且为自然数)个自然数是否仍具有上述性质? 有兴趣的读者可以继续研究.

在本节的最后,我们再考虑完全平方数的另一个有趣的性质.

以 $G(x)$表示 x 的末位数字,我们可以发现 $G(1^2+2^2+3^3+\cdots+10^2)=5$. 这就说明,每一个从个位数字是 1 的自然数开始,连续 10 个自然数的平方和的个位

数是 5(其实这一规律对自然数的 3 次方,5 次方,6 次方,7 次方,9 次方同样存在).下面是这一性质的应用.

例 1 (1990 年全国初中数学联赛题)$1^2,2^2,3^2,\cdots,123\ 456\ 789^2$ 的和的个位数字是________.

解 因为 $G(1^2+2^2+\cdots+123\ 456\ 789^2)=G(1^2+2^2+\cdots+1\ 234\ 567\ 890^2)$,而

$$1\ 234\ 567\ 890=10\times123\ 456\ 789$$

所以 $G(1^2+2^2+\cdots+123\ 456\ 789^2)=G(5\times123\ 456\ 789)=5$,故应填 5.

例 2 (1984 年全国高中数学联赛题)设 a_n 是 $1^2+2^2+3^2+\cdots+n^2$ 的个位数字($n=1,2,\cdots$),试证:$0.a_1a_2a_3\cdots a_n\cdots$ 是有理数.

分析 只要证明 $0.a_1a_2\cdots a_n\cdots$ 是循环小数即可.

证明 注意到

$$G(1^2+2^2+\cdots+10^2)=$$
$$G(11^2+12^2+\cdots+20^2)=\cdots=5$$

所以

$$a_{20}=G(1^2+2^2+\cdots+20^2)=0$$

显然 $a_{21}=a_1,a_{22}=a_2,\cdots,a_{20+k}=a_k$,可见,$0.a_1a_2a_3\cdots a_n\cdots$ 是一个每 20 位一次循环的小数,故 $0.a_1a_2a_3\cdots a_n\cdots$ 是有理数.

有兴趣的读者,可以考虑下列问题:

设 a_n 是 $1^3+2^3+\cdots+n^3$ 的个位数字,试证:$0.a_1a_2a_3\cdots a_n\cdots$ 是有理数.

完全平方数与完全平方式

第3章

完全平方数与完全平方式是初中数学中两个重要的概念，如果不注意这两个概念的区别与联系，往往造成解题中的不严谨，甚至出现错误. 例如，常见到将"判别式"错用在"完全平方数"上的错误解法和证法.

例1 若a是有理数，且方程$x^2-3(a-2)x+a^2-2a+2k=0$有有理根，求k的值.

解 根据题意，有

$$\Delta=9(a-2)^2-4(a^2-2a+2k)=5a^2-28a+36-8k$$

当$5a^2-28a+36-8k$为完全平方式时，方程有有理根，要使$5a^2-28a+36-8k$为完全平方式，必须

$$\Delta'=(-28)^2-4\times5\times(36-8k)=0$$

所以

$$k=-\frac{2}{5}$$

这个解法是错误的. 事实上，当$k=-\frac{2}{5}$时，方程即为

$$x^2-3(a-2)x+a^2-2a-\frac{4}{5}=0$$

判别式 $\Delta=5a^2-28a+\frac{196}{5}=\frac{1}{5}(5a-14)^2$，方程的两根为

$$x=\frac{3(a-2)\pm\sqrt{\frac{1}{5}(5a-14)^2}}{2}=$$

$$\frac{3(a-2)\pm\frac{\sqrt{5}}{5}|5a-14|}{2}$$

因为 a 是有理数，$\sqrt{5}$ 是无理数，所以当 $a\neq\frac{14}{5}$ 时，x 不是有理数. 即当 $k=-\frac{2}{5}$ 时，方程 $x^2-3(a-2)x+a^2-2a+2k=0$ 没有有理根，因而解答是错误的.

例 2 已知 m 为有理数，要使二次三项式 $x^2-4mx+4x+3m^2-2m+4k$ 能在有理数范围内分解因式，k 应取何值？

解 要使二次三项式在有理数范围内分解因式，其判别式必为完全平方式，即

$$\Delta=16(m-1)^2-4(3m^2-2m+4k)=$$
$$4(m^2-6m+4-4k)$$

应为关于 m 的完全平方式，亦即关于 m 的二次三项式 $m^2-6m+4-4k$ 有等根，所以它的判别式 $\Delta'=(-6)^2-4(4-4k)=0$，所以 $k=-\frac{5}{4}$.

显然，当 $k=-\frac{5}{4}$ 时，结论成立；但反之不然. 如取 $m=2$ 代入已知二次三项式，得 $x^2-4x+8+4k$.

若取 $k=-2$，则有 $x^2-4x=x(x-4)$；

若取 $k=-5$，则有 $x^2-4x-12=(x-6)(x+2)$ 等等.

由此可知，k 不是非取 $-\frac{5}{4}$ 不可，因而，上述解法也是错误的.

例 3　求证：5 个连续自然数的平方和不可能是一个完全平方数.

证明　设五个连续自然数为 $n-2,n-1,n,n+1,n+2$，则 $(n-2)^2+(n-1)^2+n^2+(n+1)^2+(n+2)^2=5n^2+10$. 现证明 $5n^2+10$ 不可能是一个完全平方数.

因为 $5n^2+10$ 为一关于 n 的二次式，若其为一完全平方数，则方程 $5n^2+10=0$ 有两个相等的实数根，于是应有 $\Delta=0$. 但 $\Delta=0^2-4\times5\times10=-200\neq0$，所以 $5n^2+10$ 不可能为一完全平方数.

这个证法也是错误的. 如 x^2+144 中，$\Delta=0-4\times144\neq0$，但当 $x=5$ 时，$x^2+144=169$ 是一个完全平方数.

例 4　证明方程组 $\begin{cases}x^2+y^2=z^2-t^2\\xy=zt\end{cases}$，在自然数集中没有解.

证明　假设原方程组在自然数集中有解，不妨设 (x_0,y_0,z_0,t_0) 是它的一组自然数解，则

$$\begin{cases}x_0^2+y_0^2=z_0^2-t_0^2 & ①\\x_0y_0=z_0t_0 & ②\end{cases}$$

由①，②得 $t_0^4+(x_0^2+y_0^2)t_0^2-x_0^2y_0^2=0$，所以

$$t_0^2=\frac{-(x_0^2+y_0^2)\pm\sqrt{x_0^4+y_0^4+6x_0^2y_0^2}}{2}$$

因为 x_0,y_0,z_0,t_0 都是自然数，所以 $x_0^4+y_0^4+6y_0^2x_0^2$ 必为完全平方数，从而知 $\Delta=(6y_0^2)^2-4y_0^4=0$，即 $y_0=0$. 这与假设 y_0 是自然数相矛盾，故原方程组无自然数解.

上面的证法也是错误的，只不过不像前几例那么明显.

上面几例的错误解法或证法，其根源是把完全平方式与完全平方数的概念等同起来所致，即将判别式 $\Delta=0$ 错用在“完全平方数”上. 这里特别说明一下，在本节中完全平方数是定义在有理数的范围内，例如，36 和 $\frac{49}{121}$ 都是完全平方数. 即如果一个数恰好是某有理数的平方，则这个数就叫作完全平方数.

如果一个二次三项式 $f(x)=ax^2+bx+c$(a,b,c 都是有理数)恰好是某有理式的平方，那么就称这个式子为有理完全平方式. 在实数范围内，$(\sqrt{2}x+1)^2$ 也叫作完全平方式.

定理 1 有理系数二次三项式 $f(x)=ax^2+bx+c(a\neq 0)$ 是有理完全平方式的充要条件是判别式 $\Delta=b^2-4ac=0$，且 a 是某有理数的平方.

证明 必要性：设 $\Delta=0$ 且 a 是某有理数的平方，则 $b^2=4ac$，$\sqrt{a}$ 是有理数，而 $a\neq 0$，所以 $c=\frac{b^2}{4a}=\left(\frac{b}{2\sqrt{a}}\right)^2$，这就是说 $\sqrt{c}$ 也是有理数. 因为 $b=\pm 2\sqrt{ac}$，所以

$$ax^2+bx+c=(\sqrt{a}x)^2\pm 2\sqrt{ac}x+(\sqrt{c})^2=(\sqrt{a}x\pm\sqrt{c})^2$$

充分性：设 $f(x)=ax^2+bx+c$ 是完全平方式，其

中 a,b,c 都是有理数，且 $a\neq0$. 不妨设 $ax^2+bx+c=(mx+n)^2$，则 $ax^2+bx+c=m^2x^2+2mnx+n^2$，其中 m,n 都是有理数，且 $m\neq0$. 由多项式恒等的定理得 $a=m^2,b=2mn,c=n^2$，所以 $b^2=4m^2n^2=4ac$，即 $b^2-4ac=0$，由 $a=m^2$ 知，a 是某有理数的平方，证毕.

类似地，可以证明：

定理 2　实系数二次三项式 $f(x)=ax^2+bx+c$ $(a\neq0)$是完全平方式的充要条件是 $a>0$ 且 $\Delta=0$.

定理 3　$f(x)=ax^2+bx+c(a\neq0)$是非完全平方式的充要条件是 $\Delta=b^2-4ac\neq0$.

我们知道，式包含数，完全平方式包含完全平方数，有的完全平方式虽然含有字母，但在一定的条件下，也可以成为完全平方数，但二者不能画等号. 如完全平方式$(ax+b)^2$ 只有在 ax,b 均为有理数时，才能保证它是完全平方数. 于是，我们有下面的结论：

定理 4　对于一个有理完全平方式 $f(x)=ax^2+bx+c$，当 a 是完全平方数时，x 为任何有理数，$f(x)$的值都是完全平方数；当 a 不是完全平方数时，x 为任何有理数，$f(x)$的值都不是完全平方数.

但有时，即使一个二次三项式 $f(x)=ax^2+bx+c$ 不是完全平方式，当 x 取某些值时，$f(x)=ax^2+bx+c$ 的值也可以是完全平方数. 例如，x^2+x+6 不是完全平方式，但是 $x=5$ 时，其值是完全平方数 36；$\dfrac{2x+1}{x^2+x+5}$也不是完全平方式，但当 $x=4$ 时，其值是完全平方数$\dfrac{9}{25}$. 又如对一切 $n\in\mathbf{N}$，$f(n)=3n^2-1$ 恒为非完全平方数.

一般地，可用下述方法把这样的问题转化为求二次不定方程的整数解的问题.

即:若 $f(x)=ax^2+bx+c,\Delta=b^2-4ac\neq 0$,设 $ax^2+bx+c=m^2$,则

$$ax^2+bx+c-m^2=0 \quad ①$$

其判别式 $\Delta'=b^2-4ac+4am^2=\Delta+4am^2$,令 $n^2=\Delta+4am^2$,得二次不定方程

$$n^2-4am^2=\Delta \quad ②$$

解此方程即可确定①有无整数解. 于是有

定理 5 如果方程②有整数解,那么

(1)是②的整数解所对应的 $f(x)$ 的值是完全平方数;

(2)不是②的解的整数所对应的 $f(x)$ 的值不是完全平方数.

证明 设 (n_1,m_1) 是方程②的一组整数解,则 $n_1^2-4am_1^2=\Delta$,即 $m_1^2=\frac{n_1^2-\Delta}{4a}$,此时方程①的有理根是

$$x=\frac{-b\pm\sqrt{\Delta+4am_1^2}}{2a}=\frac{-b\pm n_1}{2a}$$

于是对应的非完全平方式 $f(x)$ 的值

$$f(x)=a\left(\frac{-b\pm n_1}{2a}\right)^2+b\left(\frac{-b\pm n_1}{2a}\right)+c=$$

$$\frac{n_1^2-(b^2-4ac)}{4a}=\frac{n_1^2-\Delta}{4a}=m_1^2$$

是一个完全平方数.

如果 (n',m') 不是方程②的解,即 $\Delta+4am'^2\neq n'^2$,则方程①的根 $x=\frac{-b\pm\sqrt{\Delta+4am'^2}}{2a}$ 是无理数,从而 $f(x)$ 的值是非完全平方数.

例 1 的解答中,"要使方程有有理根,则 Δ 必为完

全平方式”即若Δ不是完全平方式，则方程无有理根，言下之意，Δ不会是完全平方数，这显然是错误的，即错在将“完全平方式”当成了“完全平方数”，将$\Delta=0$错用在“完全平方数”上.

定理6　整系数方程$ax^2+bx+c=0(a\neq0)$有有理根的充要条件是b^2-4ac是一个完全平方数.

证明　有

$$x=\frac{-b\pm\sqrt{b^2-4ac}}{2a}\Leftrightarrow 2ax+b=\pm\sqrt{b^2-4ac}$$

若x为有理数，则$2ax+b$是有理数，但b^2-4ac是整数，只有当它是完全平方数时，$\sqrt{b^2-4ac}$才是有理数，故b^2-4ac是完全平方数；反之，若b^2-4ac是完全平方数时，显然x是有理数.

由例1知，Δ的判别式$\Delta'=0$只能保证Δ有两个相等的实根$\left(两根甚至是有理数，本题为\frac{14}{5}\right)$，但不能保证$\Delta$是有理完全平方式，更不能保证$\Delta$是完全平方数. 事实上，$\Delta=5a^2-28a+36-8k$，当$\Delta'=(-28)^2-4\times5\times(36-8k)=0$，即$k=-\frac{2}{5}$时，$\Delta=\left(\sqrt{5a}-\frac{14}{\sqrt{5}}\right)^2$是完全平方式，但它不是有理完全平方式. 而当$a$是有理数时，$\Delta$却是无理数的平方，不是完全平方数，这就导致了原方程的两根是无理数. 所以，在两次应用二次方程(或二次三项式)的判别式时，要注意若$f(x)=ax^2+bx+c$，当$f(x)=0$有等根时，只能保证二次三项式ax^2+bx+c是一个实系数的完全平方式，而不能保证$f(x)$为有理系数的完全平方式. 即ax^2+bx+c的判别式，当x是有理数时，是某有理数的平方的必

要条件而不是充分条件.例 1 的正确解法是

$$\Delta=9(a-2)^2-4(a^2-2a+2k)=5a^2-28a+36-8k$$

当 $\Delta=5a^2-28a+36-8k$ 为完全平方数时,方程有有理根,令 $5a^2-28a+36-8k=n^2$(n 为任意数),则 $k=\frac{1}{8}(5a^2-28a+36-n^2)$.由 n 的任意性,可知随着 n 的取值相应地可以得到无数多个值.

例 2,例 3 的正确解法略.

例 5 已知多项式 $(m+2)x^2+6mx+(4m+1)$ 在有理数范围内是完全平方式,求 m 的值.

解 这里 $\Delta=(6m)^2-4(m+2)(4m+1)=0$,即 $5m^2-9m-2=0$,所以 $m_1=2, m_2=-\frac{1}{5}$.由此可得 $a_1=m_1+2=4$ 是有理数的平方,$a_2=m_2+2=-\frac{1}{5}+2=\frac{9}{5}$ 不是有理数的平方.所以 $m=2$.

例 6 已知 $p>0, q>0, r>0$,并且 $\frac{1}{p}, \frac{1}{q}, \frac{1}{r}$ 成等差数列,求证:多项式 $prx^2+4qrx+2(p+r)q$ 是完全平方式.

证明 因为 $\frac{1}{p}, \frac{1}{q}, \frac{1}{r}$ 成等差数列,所以 $\frac{2}{q}=\frac{1}{p}+\frac{1}{r} \Rightarrow 2pr=pq+rq$,所以

$$\Delta=(4pr)^2-4\cdot pr\cdot 2(p+r)q=$$
$$8pr(2pr-pq-rq)=0$$

又因为 $pr>0$,所以多项式

$$prx^2+4prx+2(p+r)q$$

是完全平方式.

例7　(1984年广州、武汉、福州三市初中数学联赛题)设 m 为整数，且 $4<m<40$，方程

$$x^2-2(2m-3)x+4m^2-14m+8=0$$

有两个整数根，求 m 的值及方程的根.

解　由原方程得

$$x=2m-3\pm\sqrt{(2m-3)^2-(4m^2-14m+8)}=$$

$$2m-3\pm\sqrt{2m+1}$$

因为 x 是整数，则 $2m+1$ 必是完全平方数，又 m 为整数，所以 $2m+1$ 必为奇数的平方.

因为 $4<m<40$，所以 $9<2m+1<81$，即 $3^2<2m+1<9^2$. 所以 $2m+1=5^2$ 或 7^2.

当 $2m+1=5^2$ 即 $m=12$ 时，方程为 $x^2-42x+416=0$，从而方程的解是 $x_1=26$，$x_2=16$.

当 $2m+1=7^2$ 即 $m=24$ 时，方程为 $x^2-90x+1\,976=0$，得 $x_1=52$，$x_2=38$.

例8　当 k 为何有理数时，方程 $2x^2+2kx-(k+1)=0$ 有有理根？

解　有

$$\Delta_1=(2k)^2+8(k+1)=4(k^2+2k+2)$$

令 $k^2+2k+2=m^2$(显然 $m\neq0$). 由于 k 为有理数，故关于 k 的一元二次方程 $k^2+2k+2-m^2=0$ 有有理数根.

$$\Delta_2=4-4(2-m^2)=4(m-1)(m+1)$$

令 $4(m-1)(m+1)=p^2$.

(1)当 $p=0$ 时，$m=1$ 或 $m=-1$，代入 $k^2+2k+2-m=0$，解得 $k=-1$.

(2)当 $p\neq0$ 时，Δ_2 为完全平方数. 由此令 $m-1=$

$n^2(m+1)$(显然 $n\neq\pm1$),解得 $m=\frac{1+n^2}{1-n^2}$,代入 $k^2+2k+2-m^2=0$,解得

$$k=-1\pm\frac{2n}{1-n^2}$$

注意到,当 $n=0$ 时,$k=-1$,所以,当 $k=-1\pm\frac{2n}{1-n^2}$(n 为有理数,且 $n\neq\pm1$)时,方程 $2x^2+2kx-(k+1)=0$ 的根为有理数.并且有:当 $k=-1+\frac{2n}{1-n^2}$ 时

$$x_1=\frac{1}{1+n},x_2=\frac{-n}{1-n} \quad ①$$

当 $k=-1-\frac{2n}{1-n^2}$ 时

$$x_1=\frac{1}{1-n},x_2=\frac{n}{1+n} \quad ②$$

任给不等于±1 的有理数 n,都可代入①,②求出 k 及方程的根,读取不妨一试.

例 9 求证:对任何 $k\in\mathbf{N}$,方程

$$x^2+2kx-\frac{1}{4}(k^2+1)=0$$

无有理数根.

证明 由求根公式得

$$x=\frac{1}{2}(-2k\pm\sqrt{3k^2-1})$$

只需证对任何 $k\in\mathbf{N}$,非完全平方式 $3k^2-1$ 恒为非完全平方数.

设 $3k^2-1=m^2(k,m\in\mathbf{N})$,则

$$m^2-3k^2=-1 \quad ①$$

可知 m 和 k 只能一奇一偶.又由①得

$$m^2+1=3k^2 \qquad ②$$

当 $k=2k'(k'\in\mathbf{N})$，$3k^2=12k'^2$ 是4的倍数，此时 $m=2m'+1(m\in\mathbf{N})$，得

$$m^2+1=(2m'+1)^2+1=4m'(m'+1)+2$$

不是4的倍数，于是式②不成立.

当 $k=2k'+1$ 时，$3k^2=3(2k'+1)^2=12k'(k'+1)+3$ 被4除余3，此时 $m=2m'$，$m^2+1=4m'^2+1$ 被4除余1，式②也不成立.

所以方程①无整数解. 对任何 $k\in\mathbf{N}$，$3k^2-1$ 恒为非完全平方数，从而原方程的根不可能是有理数.

现在我们来研究在什么条件下，二元二次六项式 $ax^2+bxy+cy^2+dx+ey+f(ac\neq0)$ 是完全平方数.

和二次三项式相类似，我们可以得到下面的结论：

定理7 在有理数范围内，如果二次多项式 $f(x,y)=ax^2+bxy+cy^2+dx+ey+f$（$a,c$ 不同时等于零）是完全平方式，那么 $\Delta_{xy}=0$，$\Delta_x=0$，$\lambda=0$，且 a（或 c）是有理数的平方；反之. 在有理数范围内，如果 $\Delta_{xy}=0$，$\Delta_x=0$，$\lambda=0$，且 a（或 c）是有理数的平方，那么 $f(x,y)$ 是完全平方式，这里 $\Delta_{xy}=b^2-4ac$，$\Delta_x=d^2-4af$，$\lambda=bd-2ae$.

证明 因为 a,c 不同时等于零，不妨假定 $a\neq0$，那么

$$ax^2+bxy+cy^2+dx+ey+f=$$
$$ax^2+(by+d)x+cy^2+ey+f$$

将此多项式看作是 x 的二次三项式，如果它是一个完全平方式，那么

$$\Delta=(by+d)^2-4a(cy^2+ey+f)=0$$

并且 a 是有理数的平方，即

$$(b^2-4ac)y^2+2(bd-2ae)y+(d^2-4af)=0$$

因为当一个多项式恒等于零时，它的各项系数都等于零，所以

$$b^2-4ac=0, bd-2ae=0, d^2-4af=0$$

即 $\Delta_{xy}=0, \Delta_x=0, \lambda=0$，且 a（或 c）是有理数的平方.

反之，如果 $\Delta_{xy}=0, \Delta_x=0, \lambda=0$，且 a（或 c）是有理数的平方，那么

$$b^2-4ac=0, d^2-4af=0, bd-2ae=0$$

所以

$$(b^2-4ac)y^2+2(bd-2ae)y+(d^2-4af)=0$$

即

$$(by+d)^2-4a(cy^2+ey+f)=0$$

由此可得

$$\Delta=(by+d)^2-4a(cy^2+ey+f)=0$$

因为 a 是有理数的平方，所以 $ax^2+(by+d)x+cy^2+ey+f$ 是完全平方式. 这就是说，多项式 $ax^2+bxy+cy^2+dx+ey+f$ 是完全平方式.

易知，如果把上面这个结论中的"a（或 c）是有理数的平方"换成"$a>0$（或 $c>0$）"，就可以得到如下的结论：

定理 8 在实数范围内，如果二元二次多项式 $f(x,y)=ax^2+bxy+cy^2+dx+ey+f$（$a,c$ 不同时等于零）是完全平方式，那么 $\Delta_{xy}=0, \Delta_x=0, \lambda=0$，且 $a>0$（或 $c>0$）；反之，在实数范围内，如果 $\Delta_{xy}=0, \Delta_x=0$，$\lambda=0$，且 $a>0$（或 $c>0$），那么二元二次多项式 $f(x,y)$ 是完全平方式.

利用与上面同样的方法可以证明，三元二次齐次

式

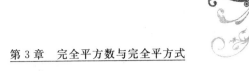

$$f(x,y,z)=ax^2+bxy+cy^2+dxz+eyz+fz^2$$

(a,c,f 不同时等于零)也有相同的结论.

例 10　判别二元二次多项式 $f(x,y)=9x^2-6xy+y^2-12x+4y+4$ 在有理数范围内是不是完全平方式.

解　在这里 $a=9,b=-6,c=1,d=-12,e=4,f=4$,且

$$\Delta_{xy}=(-6)^2-4\times9\times1=0$$

$$\Delta_x=(-12)^2-4\times9\times4=0$$

$$\lambda=(-6)\times(-12)-2\times9\times4=0$$

$$a=9=3^2$$

所以,在有理数范围内,$9x^2-6xy+y^2-12x+4y+4$ 是完全平方式.

例 11　已知多项式

$$f(x)=4x^4-4px^3+4qx^2+2p(m+1)x+(m+1)^2\quad(p\neq0)$$

求证:(1)如果 $f(x)$ 的系数满足 $p^2-4q-4(m+1)=0$,那么 $f(x)$ 恰好是一个二次三项式的平方;

(2)如果 $f(x)$ 和 $F(x)=(2x^2+ax+b)^2$ 表示同一个多项式,那么 $p^2-4q-4(m+1)=0$.

证明　(1)由 $p^2-4q-4(m+1)=0$,可以得到

$$m+1=\frac{p^2-4q}{4}$$

把它代入已知的多项式,得

$$f(x)=4x^4-4px^3+4qx^2+2p(m+1)x+(m+1)^2=$$

$$4x^4-4px^3+4qx^2+2p\cdot\frac{p^2-4q}{4}\cdot x+\left(\frac{p^2-4q}{4}\right)^2=$$

$$4x^4-4px^3+p^2x^2-(p^2-4q)x^2+$$

$$2px\cdot\frac{p^2-4q}{4}+\left(\frac{p^2-4q}{4}\right)^2=$$

$$(2x^2-px)^2-2(2x^2-px)\cdot\frac{p^2-4q}{4}+\left(\frac{p^2-4q}{4}\right)^2=$$

$$\left(2x^2-px-\frac{p^2-4q}{4}\right)^2$$

即 $f(x)$是一个二次三项式的平方.

(2)由

$$4x^4-4px^3+4qx^2+2p(m+1)x+(m+1)^2=$$

$$(2x^2+ax+b)^2=$$

$$4x^4+4ax^3+(a^2+4b)x^2+2abx+b^2$$

所以

$$-4p=4a \quad ①$$

$$4q=a^2+4b \quad ②$$

$$2p(m+1)=2ab \quad ③$$

$$(m+1)^2=b^2 \quad ④$$

由①,得 $a=-p$,代入②得

$$b=\frac{4q-p^2}{4}$$

把 a,b 的值代入③,得

$$2p(m+1)=2(-p)\cdot\frac{4q-p^2}{4}$$

即

$$p[p^2-4q-4(m+1)]=0$$

因为 $p\neq0$,所以 $p^2-4q-4(m+1)=0$

习题 3

1. 判别下列各式是不是完全平方式，并且指出在什么数的范围内是完全平方式：

(1) $2x^4+20x^2+50$；

(2) $4x^2-20xy+25y^2+4x-10y+1$；

(3) $x^2-xy-2y^2-x+11y-12$.

2. m 为何值时，$x^2+2x-2+m(x^2-2x+1)$ 是完全平方式？

3. 已知 $ax^2+2bxy+cy^2-k(x^2+y^2)$ 是完全平方式，求 k 的值.

4. 试确定 k 为何实数时，二次三项式 $(2k-1)x^2+4kx+2(3k-1)$ 为完全平方式.

5. 如果 $(x+a)(x+b)+(x+b)(x+c)+(x+c)(x+a)$ 是完全平方式，求证：$a=b=c$.

6. 已知 x^2+px+q 是一个完全平方式，且 $q<1$，求证：$\left(1-q+\frac{p^2}{2}\right)x^2+p(1+q)x+q(q+1)$ 也是完全平方式.

7. 求证：多项式 $x^4+bx^3+cx^2+dx+e$ 是完全平方式的充要条件是 $c=\left(\frac{b}{2}\right)^2+\frac{2d}{b}$，$e=\frac{d^2}{b^2}$.

8. k 为什么数值时，多项式 $kx^2-2xy+3y^2+3x-5y+2$ 能分解成两个一次因式的乘积（在实数范围内）？并分解之.

9. 试证：不论 k 取什么实数，多项式 $x^2+2kxy+8y^2-3x+6y+2$ 都不能分解成两个一次因式的乘积.

10. 已知多项式 $x^4+6x^3+7x^2+ax+b$ 是完全平

方式，求 a 和 b.

11. 已知多项式 $x^4+Ax^3+Bx^2-8x+4$ 是完全平方式，求 A 和 B.

12. 如果多项式 $9x^4+12x^3-26x^2-20x+25$ 是多项式 Ax^2+Bx+C 的完全平方，求 A,B 和 C.

13. 证明如果多项式 $(b-c)x^2+(c-a)x-(c-b)$ 是一个完全平方式，那么 $a=2b-c$ 或 $a=3c-2b$.

14. 当有理数 a 为何值时，方程 $(1+a)x^2-(2-3a)x+(1+5a)=0$ 的两根为有理数？

15. k 为何值时，$x^2-kx+(k+8)=0$ 有有理根，且一根大于 2，另一根小于 2？

16. 设 a 为有理数，且方程

$$2x^2+(a+1)x-(3a^2-4a+m)=0$$

的根也为有理数，求 m 的值.

17. 当 k 为何整数时，方程 $x^2+(k+1)x-k=0$ 有有理根？

18.（1986 年广州、武汉、福州、重庆四市初中数学联赛题）甲、乙二人同时解无理方程 $\sqrt{x+a}+\sqrt{x+b}=7$，抄题时甲错抄成：$\sqrt{x-a}+\sqrt{x+b}=7$，结果解得其一根为 12；乙错抄成 $\sqrt{x+a}+\sqrt{x+d}=7$，结果解得其一根为 13. 已知二人除抄错题之外，解题过程都是正确的，又 a,b,d 都是整数，试求 a,b 之值.

19.（第 3 届"祖冲之杯"初中数学邀请赛题）试求出所有这样的正整数 a，使二次方程 $ax^2+2(2a-1)x+4(a-3)=0$ 至少有一个整数根.

20.（1991 年上海市初中数学竞赛题）求使 x 的方程 $(a+1)x^2-(a^2+1)x+2a^3-6=0$ 有整数根的所有的整数 a.

第4章 一元二次方程的有理数根

在上一节中，我们研究了一元二次方程的有理数根或整数根的几个结论，下面通过举例说明它们在解竞赛题中的应用.

例1 已知 p 是质数，使得关于 x 的一元二次方程 $x^2-2px+p^2-5p-1=0$ 的两个根都是整数. 求出所有可能的 p 值.

解 因为这是一个整系数一元二次方程，它有整数根，所以

$$\Delta=4p^2-4(p^2-5p-1)=4(5p+1)$$

为完全平方数. 从而，$5p+1$ 为完全平方数.

令 $5p+1=n^2$. 由于 $p\geqslant 2$，所以，$n\geqslant 4$. 注意到 $5p=(n-1)(n+1)$，又 p 为质数，且 $n\geqslant 4$，故只可能

$$\begin{cases}n-1=5\\n+1=p\end{cases}，或\begin{cases}n-1=p\\n+1=5\end{cases}$$

解得 $\begin{cases}p=7\\n=6\end{cases}$，或 $\begin{cases}p=3\\n=4\end{cases}$.

当 $p=3$ 时，原方程为 $x^2-6x-7=0$，

解得 $x_1=-1, x_2=7$.

当 $p=7$ 时,原方程为 $x^2-14x+13=0$,解得 $x_1=1, x_2=13$.

因此,$p=3$ 和 $p=7$ 都满足条件. 于是,所有可能的 p 值为 $p=3$ 或 $p=7$.

说明 利用判别式是完全平方数,进而解一个不定方程是求解一元二次方程整数根的常用方法.

例 2 (1990 年第三届祖冲之杯数学竞赛)已知 a 是正整数,且使得关于 x 的一元二次方程

$$ax^2+2(2a-1)x+4(a-3)=0$$

至少有一个整数根. 求 a 的值.

解 将原方程变形为

$$(x+2)^2a=2(x+6)$$

显然,$x+2\neq 0$,于是

$$a=\frac{2(x+6)}{(x+2)^2}$$

由于 a 是正整数,则 $a\geqslant 1$,即

$$\frac{2(x+6)}{(x+2)^2}\geqslant 1 \Rightarrow x^2+2x-8\leqslant 0 \Rightarrow (x+4)(x-2)\leqslant 0$$

所以,$-4\leqslant x\leqslant 2(x\neq -2)$.

当 $x=-4,-3,-1,0,1,2$ 时,解得 a 为 $1,6,10,3,\frac{14}{9},1$. 由 a 为整数,故 a 的值为 $1,3,6,10$.

说明 从解题过程中知,当 $a=1$ 时,方程有两个整数根 $-4,2$;当 $a=3,6,10$ 时,方程只有一个整数根. 有时候,在关于 x 的一元二次方程中,如果参数是一次的,可先对这个参数求解. 本题也可利用判别式求解. 即

$$\Delta=4[(2a-1)^2-4a(a-3)]=4(8a+1)$$

是完全平方数，故 $8a+1$ 是平方数，且为奇数的平方.

令 $8a+1=(2m+1)^2$，m 是正整数，则

$$a=\frac{m^2+m}{2}$$

于是，原方程可化为

$$m(m+1)x^2+4(m^2+m-1)x+4(m-2)(m+3)=0$$

即

$$[mx+2(m-2)][(m+1)x+2(m+3)]=0$$

解得 $x_1=-2+\frac{4}{m}$，$x_2=-2-\frac{4}{m+1}$. 所以，$m\mid 4$ 或 $(m+1)\mid 4$. 故 $m=1,2,4$ 或 $m=1,3$. 因此，a 的值为 1，3，6，10.

例 3　(2010 年第七届中国东南数学奥林匹克)已知 $a,b,c\in\{0,1,\cdots,9\}$，若二次方程 $ax^2+bx+c=0$ 有有理根. 证明：三位数 $\overline{abc}$ 不是质数.

证明　用反证法.

假设 $\overline{abc}=p$ 是质数. 则由二次方程 $f(x)=ax^2+bx+c=0$ 的有理根是

$$x_{1,2}=\frac{-b\pm\sqrt{b^2-4ac}}{2a}$$

易知，b^2-4ac 为完全平方数，x_1，x_2 均为负数，且 $f(x)=a(x-x_1)(x-x_2)$.

故

$$p=f(10)=a(10-x_1)(10-x_2)$$

$$4ap=(20a-2ax_1)(20a-2ax_2)$$

易知，$20a-2ax_1$，$20a-2ax_2$ 均为正整数. 从而

$$p\mid(20a-2ax_1)\text{ 或 }p\mid(20a-2ax_2)$$

不妨设 $p\mid(20a-2ax_1)$. 则

$$p\leqslant 20a-2ax_1$$

于是，$4a \geqslant 20a-2ax_2$，与 x_2 为负数矛盾. 所以，三位数$\overline{abc}$不是质数.

例 4 （2008 年全国初中数学竞赛）是否存在实数 p，q，使得关于 x 的一元二次方程 $px^2-qx+p=0$ 有有理数根？

解 设方程有有理数根. 则判别式为平方数. 令

$$\Delta=q^2-4p^2=n^2$$

其中，n 是一个非负整数. 则

$$(q-n)(q+n)=4p^2$$

由于 $1 \leqslant q-n \leqslant q+n$，且 $q-n$ 与 $q+n$ 同奇偶，故同为偶数. 因此，有如下几种可能情形：

$$(1)\begin{cases} q-n=2 \\ q+n=2p^2 \end{cases} \Rightarrow q=p^2+1;$$

$$(2)\begin{cases} q-n=4 \\ q+n=p^2 \end{cases} \Rightarrow q=2+\frac{p^2}{2};$$

$$(3)\begin{cases} q-n=p \\ q+n=4p \end{cases} \Rightarrow q=\frac{5p}{2};$$

$$(4)\begin{cases} q-n=2p \\ q+n=2p \end{cases} \Rightarrow q=2p;$$

$$(5)\begin{cases} q-n=p^2 \\ q+n=4 \end{cases} \Rightarrow q=2+\frac{p^2}{2}.$$

对于情形(1)，(3)，$p=2$，从而 $q=5$；

对于情形(2)，(5)，$p=2$，从而，$q=4$（不合题意，舍去）；

对于情形(4)，q 是合数（不合题意，舍去）.

又当 $p=2$，$q=5$ 时，方程为 $2x^2-5x+2=0$，它的根为 $x_1=\frac{1}{2}$，$x_2=2$，它们都是有理数.

综上所述，存在满足题设的质数.

例 5　已知关于 x 的方程

$$x^2+\sqrt{a-2\,009x}+\frac{a-2\,061}{2}=0$$

有两个整数根. 求所有满足条件的实数 a 的值.

解　设方程的两个整数根为 x_1,x_2.

由韦达定理得 $x_1+x_2=-\sqrt{a-2\,009}$ 是整数，$x_1x_2=\frac{a-2\,061}{2}$ 是整数.

故原方程为整系数一元二次方程，且 $a-2\,009$ 为完全平方数，a 为奇数. 不妨设 $a-2\,009=k^2$（k 为自然数且 k 为偶数）. 于是，$a=k^2+2\,009$.

又

$$\Delta=a-2\,009-4\times\frac{a-2\,061}{2}=$$

$$-(k^2+2\,009)-2\,009+2\times2\,061=$$

$$-k^2+104\geqslant0$$

解得 $-\sqrt{104}\leqslant k\leqslant\sqrt{104}$. 由 $k\geqslant0$，知 $0\leqslant k\leqslant\sqrt{104}$（$k$ 为偶数）. 则 $k=0,2,4,6,8,10$.

(1) 当 $k=0,4,6,8$ 时，Δ 都不是完全平方数，原方程都没有整数根，不符合题设条件；

(2) 当 $k=2$ 时，$\Delta=100$，$a=k^2+2\,009=2\,013$. 这时方程为 $x^2+2x-24=0$，其根为 $x_1=4,x_2=-6$，符合题设条件；

(3) 当 $k=10$ 时，$\Delta=4$，$a=k^2+2\,009=2\,109$，这时方程为 $x^2+10x+24=0$，其根为 $x_1=-4,x_2=-6$，也符合题设条件.

综上所述，所有满足条件的实数 a 的值为 2 013

和 2 109.

例 6 已知 a,b,c 都是整数,且对一切实数 x,都有

$$(x-a)(x-2\,005)-2=(x-b)(x-c)$$

成立.求所有这样的有序数组 (a,b,c).

分析 $(x-a)(x-2\,005)-2=(x-b)(x-c)$ 恒成立,即 $x^2-(a+2\,005)x+2\,005a-2=(x-b)(x-c)$ 恒成立,这说明

$$x^2-(a+2\,005)x+2\,005a-2=0$$

有两个整数根 b,c.

解 由题设知

$$x^2-(a+2\,005)x+2\,005a-2=(x-b)(x-c)$$

恒成立,故

$$x^2-(a+2\,005)x+2\,005a-2=0$$

有两个整数根 b,c.所以

$$\Delta=(a+2\,005)^2-4(2\,005a-2)=(a-2\,005)^2+8$$

是完全平方数.令其为 n^2,n 是正整数,则

$$(n-a+2\,005)(n+a-2\,005)=8$$

由于 $n-a+2\,005$ 与 $n+a-2\,005$ 奇偶性相同,且均大于 0,所以

$$\begin{cases}n-a+2\,005=2\\n+a-2\,005=4\end{cases}或\begin{cases}n-a+2\,005=4\\n+a-2\,005=2\end{cases}$$

解得 $\begin{cases}a=2\,006\\n=3\end{cases}$ 或 $\begin{cases}a=2\,004\\n=3\end{cases}$.

当 $a=2\,004$ 时,方程的两个根为 $\dfrac{(a+2\,005)\pm 3}{2}$,即 $(b,c)=(2\,003,2\,006)$ 和 $(2\,006,2\,003)$;

当 $a=2\,006$ 时,$(b,c)=(2\,004,2\,007)$ 和 $(2\,007,$

2 004).

因此,满足条件的有序数组(a,b,c)为

$$(2\,004,2\,003,2\,006),(2\,004,2\,006,2\,003)$$

$$(2\,006,2\,004,2\,007),(2\,006,2\,007,2\,004)$$

例7　(2007年全国初中数学联赛)设a是正整数.如果二次函数$y=2x^2+(2a+23)x+10-7a$和反比例函数$y=\frac{11-3a}{x}$的图像有公共整点(横、纵坐标都是整数的点),求a的值和对应的公共整点.

解　两方程联立消去y得

$$2x^2+(2a+23)x+10-7a=\frac{11-3a}{x}.$$

即

$$2x^3+(2a+23)x^2+(10-7a)x+3a-11=0$$

分解因式得

$$(2x-1)[x^2+(a+12)x+11-3a]=0 \qquad ①$$

如果两个函数的图像有公共整点,则方程①必有整数根.从而,关于x的一元二次方程

$$x^2+(a+12)x+11-3a=0 \qquad ②$$

必有整数根.所以,方程②的判别式Δ应该是一个完全平方数.

而

$$\Delta=(a+12)^2-4(11-3a)=$$
$$a^2+36a+100=$$
$$(a+18)^2-224$$

所以,$(a+18)^2-224$应该是一个完全平方数.

设$(a+18)^2-224=k^2$(k为非负整数),则

$$(a+18)^2-k^2=224$$

即

$$(a+18+k)(a+18-k)=224$$

解得

$$\begin{cases}a=39\\k=55\end{cases}\text{或}\begin{cases}a=12\\k=26\end{cases}$$

当 $a=39$ 时，方程②即为 $x^2+51x-106=0$，它的两根分别为 2 和 -53. 易求得两函数的图像有公共整点 $(2,-53)$ 和 $(-53,2)$.

当 $a=12$ 时，方程②即为 $x^2+24x-25=0$，它的两根分别为 1 和 -25. 易求得两个函数的图像有公共整点 $(1,-25)$ 和 $(-25,1)$.

例 8 已知三个自然数 a,b,c 中至少 a 为质数，且满足

$$\begin{cases}(4a+2b-4c)^2=443(2a-442b+884c) & ①\\ \sqrt{4a+2b-4c+886}-\sqrt{442b-2a+2c-443}=\sqrt{443} & ②\end{cases}$$

试求 abc 的值.

解 设 $x=\dfrac{4a+2b-4c}{443}$，$y=\dfrac{2a-442b+884c}{443}$. 则

$$4a+2b-4c=443x \quad ③$$

$$2a-442b+884c=443y \quad ④$$

故

$$x^2=y \quad ⑤$$

由式①知 $(4a+2b-4c)^2$ 能被 443 整除. 又 443 为质数，于是，$443\mid(4a+2b-4c)$. 故 x 为整数.

由式⑤知 y 为整数. ③×221+④得

$$4\times221a+2a=443\times221x+443y$$

即

$$2a=221x+y \quad ⑥$$

⑤−⑥得 $x^2+221x-2a=0$. 则 $\Delta=221^2-4\times1\times(-2a)=221^2+8a$. 由于 x 为整数，则 Δ 为完全平

方数. 不妨设 $\Delta=t^2(t\in\mathbf{N})$. 则 $t^2=221^2+8a$，即

$$(t+221)(t-221)=8a$$

又 $t+221$，$t-221$ 奇偶性相同，$t+221>221$，则

$$\begin{cases}t+221=4a\\ t-221=2\end{cases} 或 \begin{cases}t+221=2a\\ t-221=4\end{cases}$$

解得

$$\begin{cases}t=223\\ a=111\end{cases}（舍去）或\begin{cases}t=225\\ a=223\end{cases}$$

因此

$$x^2+221x-2\times 223=0$$

故 $x=2$ 或 $x=-223$. 由式①知 x 为偶数，则 $x=2$. 由式③知 $b=2c-3$. 把 $a=223$，$b=2c-3$ 代入式②计算得

$$c=3, b=3$$

因此

$$abc=223\times 3\times 3=2\ 007$$

例 9　(2008 年全国初中数学联赛)设 a 为质数，b，c 为正整数，且满足

$$\begin{cases}9(2a+2b-c)^2=509(4a+1\ 022b-511c) & ①\\ b-2=2 & ②\end{cases}$$

求 $a(b+c)$ 的值.

解　式①即

$$\left(\frac{6a+6b-3c}{509}\right)^2=\frac{4a+1\ 022b-511c}{509}$$

设

$$m=\frac{6a+6b-3c}{509}$$

$$n=\frac{4a+1\ 022b-511c}{509}$$

则

$$2b-c=\frac{509m-6a}{3}=\frac{509n-4a}{511} \qquad ③$$

故

$$3n-511m+6a=0$$

又因为 $n=m^2$，所以

$$3m^2-511m+6a=0 \qquad ④$$

由式①知，$(2a+2b-c)^2$ 能被 509 整除，而 509 是质数，于是，$2a+2b-c$ 能被 509 整除. 故 m 为整数，即关于 m 的一元二次方程④有整数根. 所以，其判别式 $\Delta=511^2-72a$ 为完全平方数.

不妨设 $\Delta=511^2-72a=t^2$（t 为自然数）. 则 $72a=511^2-t^2=(511+t)(511-t)$.

由于 $511+t$ 和 $511-t$ 的奇偶性相同，且 $511+t\geqslant 511$，则只可能有以下几种情况：

(1) $\begin{cases}511+t=36a\\511-t=2\end{cases}$. 两式相加得 $36a+2=1\,022$，无整数解；

(2) $\begin{cases}511+t=18a\\511-t=4.\end{cases}$. 两式相加得 $18a+4=1\,022$，无整数解；

(3) $\begin{cases}511+t=12a\\511-t=6\end{cases}$. 两式相加得 $12a+6=1\,022$，无整数解；

(4) $\begin{cases}511+t=6a\\511-t=12\end{cases}$. 两式相加得 $6a+12=1\,022$，无整数解；

(5) $\begin{cases}511+t=4a\\511-t=18\end{cases}$. 两式相加得 $4a+18=1\,022$，解

得 $a=251$；

(6) $\begin{cases}511+t=2a\\511-t=36\end{cases}$. 两式相加得 $2a+36=1\,022$，解得 $a=493$，而 $493=17\times29$ 不是质数，故舍去.

综上可知 $a=251$. 此时，方程④的解为

$$m=3 \text{ 或 } m=\frac{502}{3}(\text{舍去})$$

把 $a=251,m=3$ 代入③得

$$2b-c=\frac{509\times3-6\times251}{3}=7$$

即

$$c=2b-7$$

代入式②得 $b-(2b-7)=2$，所以

$$b=5,c=3$$

因此，$a(b+c)=251\times(5+3)=2\,008$.

例 10　(2012 年澳大利亚数学奥林匹克)设 m 和 n 是正整数，且满足

$$2\,001m^2+m=2\,002n^2+n$$

证明：$m-n$ 是完全平方数.

证明　由已知条件知 $m>n$. 设 $m=n+k$，其中 k 为正整数，则原方程化为

$$n^2=4\,002nk-2\,001k^2-k=0$$

将上式看成关于 n 的二次方程，且根 n 为整数，则判别式是完全平方数，即存在整数 D，使得

$$D^2=(4\,002k)^2+4(2\,001k^2+k)$$

$$\left(\frac{D}{2}\right)^2=k((2\,001^2+2\,001)k+1)$$

因为$(k,(2\,001^2+2\,001)k+1)=1$，则 k 和$(2\,001^2+2\,001)k+1$ 均为完全平方数.

所以，$m-n=k$ 是完全平方数.

例 11 （2009 年全国初中数学竞赛）关于 x,y 的方程 $x^2+xy+2y^2=29$ 的整数解 (x,y) 有（ ）组.

(A)2　(B)3　(C)　(D)无穷多

解 将原方程视为关于 x 的二次方程，变形为

$$x^2+yx+(2y^2-29)=0$$

由于该方程有整数根，则判别式 $\Delta\geqslant 0$，且是完全平方数，即

$$\Delta=y^2-4(2y^2-29)=-7y^2+116\geqslant 0$$

解得 $y^2\leqslant\frac{116}{7}\approx 16.57$. 见表 1.

表 1

y^2	0	1	4	9	16
Δ	116	109	88	53	4

显然，只有当 $y^2=16$ 时，$\Delta=4$ 是完全平方数，符合要求.

当 $y=4$ 时，原方程为 $x^2+4x+3=0$，此时，$x_1=-1$，$x_2=-3$.

当 $y=-4$ 时，原方程为 $x^2-4x+3=0$，此时，$x_3=1$，$x_4=3$.

所以，原方程的整数解为 $(x,y)=(-1,4),(-3,4),(1,-4),(3,-4)$.

例 12 （2009 年第 6 届中国东南地区数学奥林匹克）试求满足方程 $x^2-2xy+126y^2=2009$ 的所有整数对 (x,y).

解 设整数对 (x,y) 满足方程

$$x^2-2xy+126y^2-2\,009=0 \quad ①$$

将其看作关于 x 的一元二次方程，其判别式

$$\Delta=4y^2-4\times(126y^2-2\,009)=500(4^2-y^2)+36$$

的值应为一完全平方数.

若 $y^2>4^2$,则 $\Delta<0$;若 $y^2<4^2$,则 y^2 可取 $0,1^2,2^2,3^2$,相应的 Δ 值分别为 8 036,7 536,6 036 和 3 536,它们皆不为平方数;因此,仅当 $y^2=4^2$ 时

$$\Delta=500(4^2-y^2)+36=6^2$$

为完全平方数.

若 $y=4$,方程①化为 $x^2-8x+7=0$,解得 $x=1$ 或 $x=7$.

若 $y=-4$,方程①化为 $x^2+8x+7=0$,解得 $x=-1$ 或 $x=-7$.

综上可知,满足原方程的全部整数对为

$$(x,y)=(1,4),(7,4),(-1,-4),(-7,-4)$$

例 13　设 a,b,c 为正整数,且满足 $a^2+b^2+c^2-ab-bc-ca=19$.则 $a+b+c$ 的最小值为________.

解　由 a,b,c 的轮换对称性,不妨设 $a\geqslant b\geqslant c$.

令 $a-b=m,b-c=n$,则 $a-c=m+n$,且

$$a^2+b^2+c^2-ab-bc-ca=\frac{1}{2}[m^2+n^2+(m+n)^2]$$

即
$$m^2+mn+n^2-19=0$$

对于 m 的方程有

$$\Delta=n^2-4(n^2-19)\geqslant 0$$

故

$$0\leqslant n\leqslant\frac{2\sqrt{57}}{3}<6$$

又 n 为整数,且判别式必须为完全平方数,则 $n=2,3$ 或 5.

(1)当 $n=2$ 时,$m=3$.则 $a+b+c=3b+1\geqslant 10$.

(2)当 $n=3$ 时,$m=2$.则 $a+b+c=3b-1\geqslant 11$.

(3)当 $n=5$ 时,方程 $m^2+5m+6=0(m>0)$ 无解.

所以,当 $a=6,b=3,c=1$ 时,$a+b+c$ 取得最小值,最小值为 10.

例 14 若一直角三角形两直角边的长 $a,b(a\neq b)$ 均为整数,且满足

$$\begin{cases}a+b=m+2\\ab=4m\end{cases}$$

试求这个直角三角形的三边长.

解 因为 a,b 为正整数,所以,m 也为正整数.从而,a,b 是关于 x 的方程 $x^2-(m+2)x+4m=0$ 的两个不等整数解.

所以,$\Delta=(m+2)^2-16m=m^2-12m+4$ 必为完全平方数.

不妨设 $m^2-12m+4=k^2$(k 为正整数),即

$$m^2-12m+4-k^2=0 \qquad ①$$

由此知关于 m 的方程①应有整数解,则

$$\Delta'=(-12)^2-4(4-k^2)=4(32+k^2)$$

也必为完全平方数.

于是,$32+k^2$ 为完全平方数.

令

$$32+k^2=(k+n)^2 \quad (n\text{ 为正整数})$$

则

$$32=(k+n)^2-k^2=n(2k+n)$$

显然,$n<2k+n$.

又 $32=1\times32=2\times16=4\times8$,于是,分三种情况讨论:

(1)$n(2k+n)=1\times32=1\times(2k+1)$,知 k 无整数解;

(2)$n(2k+n)=2\times16=2(2k+2)$，知 $k=7$，$m=15$，直角三角形的三边长分别为 5,12,13；

(3)$n(2k+n)=4\times8=4(2k+4)$，知 $k=2$，$m=12$，直角三角形的三边长分别为 6,8,10.

综上，直角三角形的三边长分别为 5,12,13 或 6,8,10.

例 15　(2005 年美国数学邀请赛)某乐队的指挥需要给乐队成员排成方阵，使得其能包含所有成员且没有任何空位. 已知若排成一个正方形方阵，将有 5 个人甩在外面；若排成一个行数比列数多 7 的矩阵方阵，恰好能满足需求. 求乐队成员数的最大取值.

解　记原来设计的正方形方阵为 S 行 S 列，矩阵方阵为 $x+7$ 行 x 列. 由题意得

$$x(x+7)=S^2+5\Rightarrow x^2+7x-(S^2+5)=0$$

因为 $x\in\mathbf{N}$，所以，$x=\dfrac{-7+\sqrt{4S^2+69}}{2}$，且存在一个正整数 k，使得 $k^2=4S^2+69$. 则 $69=k^2-4S^2=(k+2S)(k-2S)$.

因此，$(k+2S,k-2S)=(69,1)$ 或 $(23,3)$. 故 $(k,S)=(35,17)$ 或 $(13,5)$.

于是，所求乐队成员数的最大值为 $17^2+5=294$.

例 16　(2007 年山东省初中数学竞赛)某校一间宿舍里有若干名学生，其中一人担任舍长. 元旦时，该宿舍里的每名学生互赠一张贺卡，并且每人又赠给宿舍楼的每位管理员一张贺卡，每位宿舍管理员也回赠舍长一张贺卡，这样共用去了 51 张贺卡. 问这间宿舍里住有多少名学生?

解　设这间宿舍里有 x 名学生，宿舍楼有 y 名管

理员($x,y\in\mathbf{N}_+$).根据题意有

$$x(x-1)+xy+y=51$$

化简得 $x^2+(y-1)x+y-51=0$.

故 $\Delta=(y-1)^2-4(y-51)=y^2-6y+205=(y-3)^2+196$.因为 $x\in\mathbf{N}_+$,所以,Δ 必为完全平方数.

设 $(y-3)^2+196=k^2(k\in\mathbf{N})$.则

$$(y-3+k)(y-3-k)=-196$$

其中,$y-3+k$ 和 $y-3-k$ 具有相同的奇偶性,且 $y-3+k\geqslant y-3-k$.所以

$$\begin{cases}y-3+k=2\\y-3-k=-98\end{cases}\quad ①$$

或

$$\begin{cases}y-3+k=98\\y-3-k=-2\end{cases}\quad ②$$

或

$$\begin{cases}y-3+k=14\\y-3-k=-14\end{cases}\quad ③$$

由方程组①得 $y=-45$,不合题意,舍去;

由方程组②得 $y=51$,此时,原方程为 $x^2+50x=0$,解得 $x_1=-50,x_2=0$ 均不合题意,舍去;

由方程组③得 $y=3$,此时,原方程为 $x^2+2x-48=0$,解得 $x_1=-8$(不合题意,舍去),$x_2=6$.

所以这间宿舍里住有 6 名学生.

例 17 (2005 年新西兰数学奥林匹克)在欧洲非洲杯排球巡回赛中,来自欧洲的球队比来自非洲的球队多 9 支,每两支球队之间打且只打一场比赛,欧洲球队赢的场数是非洲球队赢的场数的 9 倍.求一支非洲球队能赢的最多场数是多少?

解 设有 x 支非洲球队,那么,就有 $x+9$ 支欧洲球队.比赛在非洲球队之间进行的共有 $\frac{x(x-1)}{2}$ 场,比

赛在欧洲球队之间进行的共有$\frac{(x+8)(x+9)}{2}$场.

设在非洲球队和欧洲球队的比赛中,非洲球队赢 k 场,那么,欧洲球队赢 $x(x+9)-k$ 场.

非洲球队总共赢了$\frac{x(x-1)}{2}+k$ 场,欧洲球队总共赢了$\frac{(x+8)(x+9)}{2}+x(x+9)-k$ 场比赛.

由已知条件有

$$9\left(\frac{x(x-1)}{2}+k\right)=\frac{(x+8)(x+9)}{2}+x(x+9)-k$$

化简得到

$$3x^2-22x+10k-36=0$$

因为 x 是一个自然数,所以,上述一元二次方程的判别式是一个完全平方数,即 $229-30k$ 是一个完全平方数,故解得 $k=2$ 或 $k=6$.

当 $k=2$ 时,得 $x=8$,这时,一支非洲球队在对非洲球队的比赛中最多赢 7 场,在和欧洲球队的比赛中最多赢 2 场,所以,一支非洲球队最多赢 9 场.

当 $k=6$ 时,得 $x=6$,这时,一支非洲球队在对非洲球队的比赛中最多赢 5 场,在和欧洲球队的比赛中最多赢 6 场,所以,一支非洲球队最多赢 11 场.

因此,一支非洲球队最多赢 11 场比赛.

例 18 (2011 年第 55 届斯洛文尼亚数学奥林匹克)是否存在整数 n,使多项式 $P(x)=x^4-2\,011x^2+n$ 的根全都是整数?

解 假设满足题意的 n 存在. 由 $x^4-2\,011x^2+n=0$,解得

$$x^2=\frac{2\,011\pm\sqrt{2\,011^2-4n}}{2}$$

因为 x^2 也必须是整数，所以，$2\,011^2-4n$ 必是完全平方数.

设 $2\,011^2-4n=m^2$（m 是正奇数）. 则

$$n=\frac{2\,011^2-m^2}{4}$$

所以

$$x^2=\frac{2\,011\pm m}{2}$$

故$\frac{2\,011+m}{2}$和$\frac{2\,011-m}{2}$也是完全平方数，且

$$\frac{2\,011+m}{2}+\frac{2\,011-m}{2}=2\,011$$

接下来证明：2 011 不能写成两个完全平方数的和.

事实上，一个完全平方数模 4 余 0 或 1，则两个完全平方数的和模 4 余 0，1 或 2. 但 2 011 模 4 余 3，于是，2 011 不能写成两个完全平方数的和.

例 19 2007 年全国初中数学竞赛有这样一道试题：

(1)是否存在正整数 m,n，使得

$$m(m+2)=n(n+1)$$

(2)设 $k(k\geqslant 3)$是给定的正整数，是否存在正整数 m,n，使得

$$m(m+k)=n(n+1)$$

解 (1)答案是否定的.

若存在正整数 m,n，使得 $m(m+2)=n(n+1)$，则 $(m+1)^2=n^2+n+1$. 显然，$n>1$. 于是，$n^2<n^2+n+1<(n+1)^2$. 所以，n^2+n+1 不是平方数，矛盾.

(2)当 $k=3$ 时，若存在正整数 m,n，满足

$$m(m+3)=n(n+1)$$

则

$$4m^2+12m=4n^2+4n\Rightarrow$$

$$(2m+3)^2=(2n+1)^2+8\Rightarrow$$

$$(2m+3-2n-1)(2m+3+2n+1)=8\Rightarrow$$

$$(m-n+1)(m+n+2)=2$$

而 $m+n+2>2$，故上式不可能成立.

当 $k\geqslant 4$ 时，若 $k=2t$（t 是不小于 2 的整数），取 $m=t^2-t$，$n=t^2-1$，则

$$m(m+k)=(t^2-t)(t^2+t)=t^4-t^2$$

$$n(n+1)=(t^2-1)t^2=t^4-t^2$$

因此，这样的 (m,n) 满足条件.

若 $k=2t+1$（t 是不小于 2 的整数），取

$$m=\frac{t^2-t}{2},n=\frac{t^2+t-2}{2}$$

则

$$m(m+k)=\frac{t^2-t}{2}\left(\frac{t^2-t}{2}+2t+1\right)=$$

$$\frac{1}{4}(t^4+2t^3-t^2-2t)$$

$$n(n+1)=\frac{t^2+t-2}{t}\cdot\frac{t^2+t}{2}=\frac{1}{4}(t^4+2t^3-t^2-2t)$$

因此，这样的 (m,n) 满足条件.

综上所述，当 $k=3$ 时，答案是否定的；当 $k\geqslant 4$ 时，答案是肯定的.

注：当 $k\geqslant 4$ 时，构造的例子不是唯一的.

上面(2)的解法中，在证明 $k\geqslant 4$ 不定方程存在正整数解时，运用了构造法：

若 $k=2t$（t 是不小于 2 的整数）时，取 $m=t^2-t$，

$n=t^2-1$；

若 $k=2t+1$（t 是不小于 2 的整数）时取 $m=\frac{t^2-t}{2}$，$n=\frac{t^2+t-2}{2}$.

再把所取的 t 的表达式代入方程

$$m(m+k)=n(n+1)$$

验证，从而证明了解的存在性.

问题在于 m，n 关于 t 的表达式是怎么想出来的？如果构造不出来，题目就没办法解决. 在这次数学竞赛中，此题的得分率不高，恐怕也是这个原因. 即使答对了，如果知其然而不知其所以然，对学生的思维训练也没有好处.

下面将尝试这一构造过程.

当 k 为偶数时，设 $k=2t$（t 是不小于 2 的整数），已知方程化为

$$m^2+2tm=n^2+n$$

配方得

$$(m+t)^2=n^2+n+t^2$$

于是，n^2+n+t^2 是完全平方式，故可设

$$n^2+n+t^2=p^2 \quad (p\in \mathbf{N}_+)$$

由此得到关于 n 的二次方程

$$n^2+n+t^2-p^2=0$$

使该方程有正整数解的必要条件是

$$\Delta_1=1-4t^2+4p^2$$

为完全平方式且 p^2 也为完全平方式. 此时，凑成完全平方式，其实只要令 $p^2=t^4$ 即可. 于是

$$\Delta_1=1-4t^2+4p^2=1-4t^2+4t^4=(2t^2-1)^2$$

$$n=\frac{-1\pm(2t^2-1)}{2}$$

取 $n=t^2-1$,则有

$$(m+t)^2=n^2+n+t^2=(t^2-1)^2+t^2-1+t^2=t^4$$

因此,可取 $m=t^2-t$.不难验证,当 $k=2t$(t 是不小于 2 的整数)时,$m=t^2-t$,$n=t^2-1$ 满足题设的不定方程.

当 k 为奇数时,设 $k=2t+1$(t 是不小于 2 的整数),已知方程化为

$$m^2+(2t+1)m=n^2+n$$

即

$$m^2+(2t+1)m-n^2-n=0$$

该方程有正整数解 m 的必要条件是

$$\Delta_2=(2t+1)^2+4n^2+4n$$

为完全平方式.

令 $\Delta_2=(2t+1)^2+4n^2+4n=q^2$,则有

$$4n^2+4n+(2t+1)^2-q^2=0$$

该方程有正整数解 n 的必要条件是

$$\Delta_1=16-16[(2t+1)^2-q^2]=16(q^2-4t^2-4t)$$

为完全平方式.

下面把 Δ_1 凑成完全平方式.由于

$$q^2-4t^2-4t=q^2-4(t^2+t+1)+4$$

只需取 $q^2=(t^2+t+1)^2$ 即可.此时,$\Delta_3=16(t^2+t-1)^2$

$$n=\frac{-4\pm4(t^2+t-1)}{8}=\frac{-1\pm(t^2+t-1)}{2}$$

取

$$n=\frac{t^2+t-2}{2}$$

于是

$$\Delta_2=(t^2+t+1)=q^2$$

$$m=\frac{-2t-1\pm(t^2+t+1)}{2}$$

取 $m=\frac{t^2-t}{2}$.

不难验证，当 $k=2t+1$（t 是不小于 2 的整数）时，$m=\frac{t^2-t}{2}$，$n=\frac{t^2+t-2}{2}$ 满足题设的不定方程. 对于 $k=3$，用上述方法，也能证明无解.

事实上，此时，$\Delta_3=16(q^2-8)$ 若为完全平方数，则有 $q^2-8=u^2$，即

$$q^2-u^2=(q+u)(q-u)=4\times2=8\times1$$

因为 $q+u$ 与 $q-u$ 有相同的奇偶性，则只能有

$$\begin{cases}q+u=4\\q-u=2\end{cases}$$

解得 $q=3$，$u=1$. 这时，$\Delta_2=(2+1)^2+4n^2+4n=q^2=9$. 解得 $n=0$. 与题设要求矛盾. 因此，$k=3$ 时，无正整数解.

综上所述，当 $k=3$ 时，答案是否定的；当 $k\geqslant4$ 时，答案是肯定的.

例 20 试求出所有有序整数对 (a,b)，使得关于 x 的方程 $x^4+(2b-a^2)x^2-2ax+b^2-1=0$ 的各个根均是整数.

解 把原方程变形为

$$(x^2+b)^2-(ax+1)^2=0$$

即

$$(x^2+ax+b+1)(x^2-ax+b-1)=0$$

所以，$x^2+ax+b+1=0$ 及 $x^2-ax+b-1=0$ 的各个根都是整数. 于是

$$\Delta_1=a^2-4(b+1)=t_1^2,\Delta_2=a^2-4(b-1)=t_2^2$$

其中 t_1 和 t_2 为非负整数.

由两式相减得

$$8=t_2^2-t_1^2=(t_2-t_1)(t_2+t_1)$$

所以，$0\leqslant t_1<t_2$，且 $2=\frac{t_2-t_1}{2}\cdot\frac{t_2+t_1}{2}$.

由于 t_2-t_1 与 t_2+t_1 的奇偶性相同，所以，t_2-t_1 与 t_2+t_1 均为偶数. 从而有

$$\frac{t_2-t_1}{2}=1,\frac{t_2+t_1}{2}=2$$

于是，$t_1=1$，$t_2=3$，即 $a^2-4b-4=1$，$a^2-4b+4=9$. 所以，$a^2-4b=5$，a 必为奇数.

令 $a=2k-1(k\in\mathbf{Z})$，则

$$4b=a^2-5=4k^2-4k-4$$

即

$$b=k^2-k-1$$

这时，$x^2+ax+b+1=0$ 及 $x^2-ax+b-1=0$ 的根分别为 $x=\frac{-a\pm t_1}{2}=-k+1$ 或 $-k$ 及 $x=\frac{a\pm t_2}{2}=k+1$ 或 $k-2$，都符合题目要求.

综上所述，所求的有序整数对 (a,b) 为 $a=2k-1$，$b=k^2-k-1(\forall k\in\mathbf{Z})$.

例 21　(2011 年第 27 届意大利数学奥林匹克) 求满足等式 $n^3=p^2-p-1$ 的所有解 (p,n)，其中，p 为质数，n 为整数.

解　由

$$n^3=p^2-p-1\Rightarrow p(p-1)=(n+1)(n^2-n+1)$$

易知，对任意整数 n，n^2-n+1 必为正数. 所以，等式中所有因数必为正数.

分两种情况讨论.

(1) $p\mid(n+1)$.

设存在正整数 m 使得 $n+1=mp$. 则

$$p-1=m(n^2-n+1)$$

由上式知

$$n^2-n+1\leqslant p-1<p\leqslant n+1$$

当 $n=1,p=2$ 时,不等式成立.

(2) $p\mid(n^2-n+1)$.

设存在正整数 m 使得

$$n^2-n+1=mp \qquad ①$$

则

$$p-1=m(n+1) \qquad ②$$

将式②代入式①消去 p 得

$$n^2-(m^2+1)n-(m^2+m-1)=0$$

则

$$\Delta=m^4+6m^2+4m-3=(m^2+3)^2+(4m-12)$$

为完全平方数.

当 $4m-12=0$,即 $m=3$ 时,$n=11,p=37$,满足原等式.

当 $m>3$ 时,易知

$$(m^2+3)^2<\Delta<(m^2+4)^2$$

方程无整数解.

当 $m=1,2$ 时,Δ 均不是完全平方数,方程无整数解.

综上,此方程的解为

$$(p,n)=(2,1)或(37,11)$$

例 22 (1995 年全国高中数学联赛)求一切实数 p,使得三次方程

$$5x^3-5(p+1)x^2+(71p-1)x+1=66p$$

的三个根均为自然数.

解 原问题等价于

$$5x^2-5px+66p-1=0 \qquad ①$$

的两个根均为自然数.

方法 1　设 u,v 是方程①的两个根，则

$$\begin{cases}u+v=p\\ uv=\frac{1}{5}(66p-1)\end{cases}$$

消去参数 p 得

$$5uv=66u+66v-1$$

$$u=\frac{66v-1}{5v-66}=\frac{66}{5}+\frac{4\ 351}{5(5v-66)}$$

$$5u=66+\frac{19\times 229}{5v-66}$$

显然 $5v-66>0$，$5v-66$ 是 19×229 的模 5 同余于 4 的正因子，即

$$5v-66=19 \text{ 或 } 229$$

$$\begin{cases}u=59\\ v=17\end{cases} \text{或} \begin{cases}u=17\\ v=59\end{cases}$$

因此 $p=u+v=76$.

方法 2　显然，p 应为自然数，且判别式

$$\Delta=25p^2-20(66p-1)=(5p-132)^2-4\ 351\times 4$$

是完全平方数. 设 $A=5p-132$，$\Delta=B^2(B\geqslant 0)$，则

$$A^2-B^2=4\times 19\times 229$$

A,B 的奇偶性相同，它们只能都是偶数(若 A,B 都是奇数，则 $8|(A^2-1)$，$8|(B^2-1)$，即 $8|(A^2-B^2)$，矛盾).

令 $A=2A_1$，$B=2B_1$，则

$$A_1^2-B_1^2=19\times 229$$

由 $A_1-B_1\leqslant A_1+B_1$ 可得

$$\begin{cases}A_1-B_1=-4\ 351\\ A_1+B_1=-1\end{cases};\begin{cases}A_1-B_1=-229\\ A_1+B_1=-19\end{cases}$$

$$\begin{cases}A_1-B_1=1\\ A_1+B_1=4351\end{cases};\begin{cases}A_1-B_1=19\\ A_1+B_2=229\end{cases}$$

即 $5p-132=2A_1=-4\ 352,-248,4\ 352,248$. 正整数 p 只能为 76.

例 23 (2008 年第 58 届白俄罗斯数学奥林匹克) 求方程

$$x^4+4x^3+3x^2+2x-1=7\times 3^y$$

的全体整数解 (x,y).

解 原方程等价于

$$(x^2+3x-1)(x^2+x+1)=7\times 3^y \qquad ①$$

若 $y<0$,则式①右边不是整数,而左边为整数,矛盾. 故 $y\geqslant 0$.

又 $(7,3^y)=1$,故只有两种情况能使式①成立.

$$(1)\begin{cases} x^2+x+1=3^a, & a\geqslant 0 \\ x^2+3x-1=7\times 3^b, & b\geqslant 0; \\ a+b=y \end{cases}$$

$$(2)\begin{cases} x^2+x+1=7\times 3^m, & m\geqslant 0 \\ x^2+3x-1=3^n, & n\geqslant 0. \\ m+n=y \end{cases}$$

考虑 $x^2+x+1=3^a$. 若该方程有整数解,则它的判别式

$$\Delta_1=1-4+4\times 3^a=4\times 3^a-3$$

应为完全平方数. 注意到当 $a\geqslant 2$ 时,$3\mid\Delta_1$,但 $9\nmid\Delta_1$,矛盾. 故 $a<2$.

若 $a=0$,则 $x=-1$ 或 0. 但代入 $x^2+3x-1=7\times 3^b$ 后,均得到矛盾.

若 $a=1$,则 $x=-2$ 或 1,同样,代入 $x^2+3x-1=7\times 3^b$ 后,均得到矛盾.

综上,方程组(1)无整数解.

考虑 $x^2+x+1=7\times 3^m$. 若该方程有整数解,则它

的判别式

$$\Delta_2=1-4+4\times7\times3^m=28\times3^m-3$$

应为一个完全平方数. 注意到当 $m\geqslant2$ 时, $3\mid\Delta_2$, 但 $9\nmid\Delta$, 矛盾. 故 $m<2$.

若 $m=0$, 则 $x=-3$ 或 2, 将它们分别代入 $x^2+3x-1=3^n$, 则只有当 $x=2$ 时, 得到一组整数解 $n=2$, $y=2$.

若 $m=1$, 则 $x=-5$ 或 4. 分别代入 $x^2+3x-1=3^n$, 得到别外两组解

$$n=2, y=3; n=2, y=4$$

综上, 本题共有三组整数解

$$(x,y)=(2,2),(-5,3),(4,4)$$

习 题 4

1.（2008 年）四川省初中数学联赛）能使关于 x 的方程$x^2-6x-2^n=0$（$n\in \mathbf{N}_+$）有整数解的 n 的值的个数等于________.

2.（2009 年首届青少年数学周数学竞赛）已知 p 是质数，且方程 $x^2+px-444p=0$ 的两个根都是整数，则 $p=$________.

3.（2002 年我爱数学夏令营竞赛）已知 a,b,c 是三个两两不同的奇质数，方程$(b+c)x^2+(a+1)\sqrt{5}x+225=0$ 有两个相等的实数根.

(1)求 a 的最小值；

(2)当 a 达到最小值时，解这个方程.

4.若关于 x 的二次三项式 ax^2+bx+c（a,b,c 是整数，且 $abc\neq 0$）能在整系数范围内分解成两个一次式的乘积.

(1)求证：b^2-4ac 是完全平方数.

(2)从 a,b,c 的奇偶性考虑，哪些情形是存在的，哪些情形是不存在的？对于存在的情形给出一个例子；对于不存在的情形请说明理由.

5.（1993 年浙江省初中数学竞赛）设 Δ 为整数系数二次方程 $ax^2+bx+c=0$ 的判别式.

(1)4，5，6，7，8 五个数值中，哪几个能作为 Δ 的值？分别写出一个相应的二次方程；

(2)请你从中导出一般规律——一切整数中怎样的整数值不能作为 Δ 的值，并给出证明.

6.若抛物线 $y=x^2-2mx+4m-8$ 与 x 轴交点的

横坐标为整数，求整数 m 的值.

7.(1978 年中国北京市数学竞赛)设 a 与 b 为任意给定的整数，试证明方程

$$x^2+10ax+5b+3=0$$

和

$$x^2+10ax+5b-3=0$$

都没有整数根.

8. 已知 n 为自然数，$9n^2-10n+2\,009$ 能表示为两个连续自然数之积，则 n 的最大值为________.

9.(2002 年全国初中数学竞赛)如果对一切 x 的整数值，x 的二次三项式 ax^2+bx+c 都是平方数(即整数的平方)，证明：

(1)$2a$，$2b$ 都是整数；

(2)a，b，c 都是整数，并且 c 是平方数.

反过来，如果(2)成立，是否对一切 x 的整数值，ax^2+bx+c 的值都是平方数?

10.(2011 年江西省初中数学联赛)试确定，对于怎样的正整数 a，方程 $5x^2-4(a+3)x+a^2-29=0$ 有正整数解？并求出方程的所有正整数解.

11.(2001 年中国山东省初中数学竞赛)关于 x 的方程，$kx^2-(k-1)x+1=0$ 有有理根，求整数 k 的值.

12.(2002 年中国江苏省数学竞赛)当 m 为整数时，关于 x 的方程

$$(2m-1)x^2-(2m+1)x+1=0$$

是否有有理根？如果有，求出 m 的值，如果没有，请说明理由.

13.(1996 年上海市初中数学竞赛)若关于 x 的方程

$$ax^2+2(a-3)x+(a-2)=0$$

至少有一个整数解，且 a 是整数，求 a.

14.（2002 年上海市初中数学竞赛）已知 p 为质数，使二次方程

$$x^2-2px+p^2-5p-1=0$$

的两根都是整数. 求出 p 的所有可能值.

15. 已知 a,b 为整数，若一元二次方程

$$x^2+ax^{a+b}+(2a-b-1)x+a^2+a-b-4=0$$

的根都是整数，求 a,b 的值.

16.（2007 年全国初中数学联赛）已知 a 是正整数，如果关于 x 的方程

$$x^3+(a+17)x^2+(38-a)x-56=0$$

的根都是整数，求 a 的值及方程的整数根.

17. 已知方程

$$x^3-(2a+11)x^2+(a^2+11a+28)x-28a=0$$

的所有根都是正整数. 求 a 的值及方程的根.

18.（2007 年全国初中数学联赛）设 a 是正整数，二次函数 $y=x^2+(a+17)x+38-a$，反比例函数 $y=\frac{56}{x}$. 如果两个函数的图像的交点都是整点（横、纵坐标都是整数的点），求 a 的值.

19.（1）求出所有的实数 a，使得关于 x 的方程 $x^2+(a+2\,002)x+a=0$ 的两根都为整数.

（2）试求出所有的实数 a，使得关于 x 的方程 $x^3+(-a^2+2a+2)x-2a^2-2a=0$ 有三个整数根.

20.（2008 年全国初中数学联赛）设 a 为质数，b 为正整数，且

$$9(2a+b)^2=509(4a+511b) \qquad ①$$

求 a,b 的值.

21.(2008 年美国数学邀请赛)已知正整数 x,y 满足 $x^2+84x+2\,008=y^2$. 求 $x+y$.

22. 证明:存在无穷多对正整数(m,n)满足方程

$$m^2+25n^2=10mn+7(m+n)$$

23. 已知 4 位数$\overline{abcd}$满足$\overline{abcd}=(\overline{ab}+\overline{cd})^2$,其中,$c$ 可以为 0,求$\overline{abcd}$.

24.(2008 年第 58 届白俄罗斯数学奥林匹克)求方程

$$a^4-3a^2+4a-3=7\times 3^b$$

的全部整数解(a,b).

25.(1993 年圣彼得堡数学奥林匹克)设 x,y 是正整数,且$\frac{x^2-1}{y+1}+\frac{y^2-1}{x+1}$也是正整数. 证明:该和式中的两个加项也分别是整数.

26.(2012 年甘肃省高中数学联赛)某校数学兴趣小组由 m 名同学组成,学校专门安排 n 名指导教师. 在该小组的一次活动中,每两名同学之间相互给对方提出一个问题,每名同学又给每名指导教师各提出一个问题,并且每名指导教师也给全组提出一个问题. 已知这样共提出了 51 个问题,且所有问题互不相同. 试求 m,n 的值.

27. 改造一条人行道,将原来由 n^2-96 块相同的正方形地砖铺成的地面改成用较大的相同正方形地砖来铺,共需要 $5n+51$ 块地砖才能铺完. 若 n^2-96 能被 $5n+51$ 整除,试求正整数 n 的值.

28. 批零兼营的文具店规定:凡购铅笔 51 支以上(包括 51)按批发价结算,而购铅笔 50 支以下(包括 50)按零售价结算. 批发价每购 60 支比零售购 60 支降

价 1 元. 现有班长小王同学来购铅笔,若给全班每人买 1 支,则必须按零售价结算,需用 m 元(m 为正整数);但若多买 10 支则可按批发价结算,恰好也是用 m 元. 问小王班上共有多少学生?

判定一个数是否是完全平方数

第5章

例 1 (1954 年基辅数学竞赛题)求证:四个连续的整数的积加上 1,等于一个奇数的平方.

分析 设四个连续的整数为 $n,n+1,n+2,n+3$,其中 n 为整数.欲证 $n\cdot(n+1)\cdot(n+2)\cdot(n+3)+1$ 是一奇数的平方,只需将它通过因式分解而变成一个奇数的平方即可.

证明 设这四个整数之积加上 1 为 m,则

$$\begin{aligned}m=&n(n+1)(n+2)(n+3)+1=\\&[n(n+3)][(n+1)(n+2)]+1=\\&(n^2+3n)(n^2+3n+1)+1=\\&(n^2+3n)^2+2(n^2+3n)+1=\\&(n^2+3n+1)^2=\\&[n(n+1)+(2n+1)]^2\end{aligned}$$

而 $n(n+1)$ 是两个连续整数的积,所以是偶数;又因为 $2n+1$ 是奇数,因而 $n(n+1)+2n+1$ 是奇数.这就证明了 m 是一个奇数的平方.

一般地，要证明一个式子是完全平方数，只需对它进行因式分解，化成一个整式的完全平方；若因式分解后是一分式的平方，则再验证它的分子能否被分母整除即可.

例 2 试证数列 49，4 489，444 889，…，$\underbrace{44\cdots4}_{n个}\underbrace{88\cdots8}_{n-1个}9$，…的每一项都是完全平方数.

证明 因为

$$49=7^2,4\ 489=67^2$$

$$\begin{aligned}\underbrace{44\cdots4}_{n个}\ \underbrace{88\cdots8}_{n-1个}9=&\underbrace{44\cdots4}_{n个}\ \underbrace{88\cdots8}_{n个}+1=\\&\underbrace{44\cdots4}_{n个}\underbrace{00\cdots0}_{n个}+\underbrace{88\cdots8}_{n个}+1=\\&4\times\underbrace{11\cdots1}_{n个}\times10^n+8\times\underbrace{11\cdots1}_{n个}+1=\\&4\times\underbrace{11\cdots1}_{n个}\times(9\times\underbrace{11\cdots1}_{n个}+1)+\\&8\times\underbrace{11\cdots1}_{n个}+1=\\&36\times(\underbrace{11\cdots1}_{n个})^2+12\times\underbrace{11\cdots1}_{n个}+1=\\&(6\times\underbrace{11\cdots1}_{n个}+1)^2\end{aligned}$$

即$\underbrace{44\cdots4}_{n个}\ \underbrace{88\cdots8}_{n-1个}9$ 为完全平方数，所以数列 49，4 489，444 889，…，$\underbrace{44\cdots4}_{n个}\ \underbrace{88\cdots8}_{n-1个}9$…中的每一项都是完全平方数.

例 3 （2003 年第 7 届巴尔干地区数学奥林匹克）设 n 是一个正整数，A 是一个 $2n$ 位数，且每位上的数均为 4，B 是一个 n 位数，且每位上的数均为 8. 证明：

$A+2B+4$ 是一个完全平方数.

解　因为

$$A\times\frac{4}{9}=\underbrace{99\cdots9}_{2n个}=\frac{4}{9}\times(10^{2n}-1)$$

$$B=\frac{8}{9}\times\underbrace{99\cdots9}_{n个}=\frac{8}{9}\times(10^{n}-1)$$

故

$$A+2B+4=$$

$$\frac{4}{9}\times(10^{2n}-1)+\frac{16}{9}\times(10^{n}-1)+4=$$

$$\frac{4}{9}\times10^{2n}+\frac{16}{9}\times10^{n}+\frac{16}{9}=$$

$$\left(\frac{2}{3}\times10^{n}+\frac{4}{3}\right)^{2}$$

又因为 $2\times10^{n}+4\equiv2\times1+1\equiv0\pmod 3$,因此,$\frac{2}{3}\times10^{n}+\frac{4}{3}$是整数.

所以,$A+2B+4$ 是一个完全平方数.

通过以上两例,可以看出,根据完全平方数的定义,任何一个完全平方数总可以写成一个整数平方的形式,根据这一特点,可利用配方法,将有关式子配成完全平方,然后证明平方下的数为整数.

例4　求证:12 345 678 987 654 321 是完全平方数.

证明　因为$\underbrace{11\cdots1}_{n个}=\frac{10^{n}-1}{9}$,而

$$12\ 345\ 378\ 987\ 654\ 321$$

是下列各数的和

$$11111111111111111$$

$$\begin{array}{r}
1111111111111110\\
111111111111100\\
11111111111000\\
1111111110000\\
111111100000\\
11111000000\\
1110000000\\
100000000
\end{array}$$

所以

$$12\,345\,678\,987\,654\,321=$$

$$\frac{10^{17}-1}{9}+10\times\frac{10^{15}-1}{9}+10^2\times\frac{10^{13}-1}{9}+\cdots+10^8\times\frac{10^1-1}{9}=$$

$$\frac{1}{9}[(10^{17}-1)+(10^{16}-10)+(10^{15}-10^2)+\cdots+(10^9-10^8)]=$$

$$\frac{1}{9}[(10^{17}+10^{16}+10^{15}+\cdots+10^9)-(1+10+10^2+\cdots+10^8)]=$$

$$\frac{1}{9}[10^9(10^8+10^7+10^6+\cdots+10+1)-(1+10+10^2+\cdots+10^8]=$$

$$\frac{1}{9}(10^9-1)(1+10+10^2+\cdots+10^8)=$$

$$\frac{1}{9}(10^9-1)\frac{10^9-1}{9}=\left(\frac{10^9-1}{9}\right)^2=\underbrace{11\cdots1}_{9个}{}^2$$

因此,12 345 678 987 654 321 是完全平方数.

对本题,陈畅提供了下面的一种更为简明的证法:

令 $A=\underbrace{11\cdots1}_{9个}$. 则

$$12\,345\,678\,987\,654\,321=A+10A+10^2A+\cdots+10^8A=$$

$$\underbrace{11\cdots1}_{9个}\times A=A^2$$

实际上,12 345 678 987 654 321 是下列各数的和

$$
\begin{array}{r}
111111111\\
1111111110\\
11111111100\\
111111111000\\
1111111110000\\
11111111100000\\
111111111000000\\
1111111110000000\\
11111111100000000
\end{array}
$$

因此,12 345 678 987 654 321 是完全平方数.

注:与本题相关的一个奇妙的宝塔如下

$$1^2=1$$
$$11^2=121$$
$$111^2=12321$$
$$1111^2=1234321$$
$$11111^2=123454321$$
$$111111^2=12345654321$$
$$1111111^2=1234567654321$$
$$11111111^2=123456787654321$$
$$111111111^2=12345678987654321$$

例5 (2009年克罗地亚数学竞赛)整数 a,b 满足 a^2+2b 为完全平方数.证明:a^2+b 能表示成两个平方数的和.

证明 设 $a^2+2b=m^2(m\in\mathbf{Z})$.则

$$b=\frac{m^2-a^2}{2}\Rightarrow a^2+b=a^2+\frac{m^2-a^2}{2}=\frac{m^2+a^2}{2}$$

另一方面

$$\frac{m^2+a^2}{2}=\frac{(m+a)^2+(m-a)^2}{4}=\left(\frac{m+a}{2}\right)^2+\left(\frac{m-a}{2}\right)^2$$

因此,只需证$\frac{m+a}{2}$,$\frac{m-a}{2}$均为整数.

事实上,由等式 $a^2+2b=m^2$,知 m 与 a 同奇偶. 故 $m+a,m-a$ 均为偶数. 从而,$\frac{m+a}{2}$,$\frac{m-a}{2}$均为整数.

例 5′ 设 m,n 均为正整数,证明:当且仅当 $n-m$ 是偶数时,5^n+5^m 可以表示为两个完全平方数的和.(2003 年第 54 届罗马尼亚数学奥林匹克)

解 (1)若 m,n 均为偶数,不妨设 $m=2k,n=2l$,则

$$5^n+5^m=5^{2l}+5^{2k}=(5^l)^2+(5^k)^2$$

(2)若 m,n 均为奇数,不妨设 $m=2k+1,n=2l+1$,则

$$5^n+5^m=5^{2l+1}+5^{2k+1}=(5^k+2\times5^l)^2+(5^l-2\times5^k)^2$$

(3)若 m,n 一个为奇数,一个为偶数,不妨设 $m=2k+1,n=2l$,则

$$\begin{aligned}5^m+5^n=5^{2k+1}+5^{2l}&\equiv(25)^k\cdot5+(25)^l\equiv\\&(3\times8+1)^k\cdot5+(3\times8+1)^l\equiv\\&5+1\equiv6\pmod 8\end{aligned}$$

由于一个数的平方对 mod 8,只有 0,1,4,其平方和不可能为 6. 所以 m,n 不可能为一奇数,一偶数.

由以上,当且仅当 $n-m$ 是偶数时,5^n+5^m 可以表示为两个完全平方数之和.

例 6 (2010 年爱沙尼亚数学奥林匹克)已知 x,y,z 是正整数,且$(x,y,z)=1$. 证明:若

$$(y^2-x^2)-(z^2-y^2)=[(y-x)-(z-y)]^2$$

则 x 和 z 都是完全平方数.

证明　化简题设式子得

$x^2+y^2+z^2-2xy-2yz+xz=0\Rightarrow(x-y+z)^2=xz$　①

因此，xz 是一个整数的平方.

若 x,z 有公因数 d，则 $d^2\mid xz$. 由式①知 $d^2\mid(x-y+z)^2$. 故 $d\mid(x-y+z)$. 因为 $d\mid x,d\mid z$，故 $d\mid y$，所以，$d=1$. 又 xz 是一个整数的平方，则 x 和 z 都是整数的平方.

例 7　用 300 个 2 和若干个 0 组成的整数有没有可能是完全平方数？

分析　由于用 300 个 2 和若干个 0 组成的整数，其位数至少是 301，各数位上都可能是 2 和 0（首位只能是 2），逐个讨论太繁琐. 作为约数，考虑各数位上的数字和，知数字和为 600. 故组成的数有 3 这个质因子，但 600 并非 $3^2=9$ 的倍数（完全平方数有素因子必含这个素因子的偶次方）.

解　设由 300 个 2 和若干个 0 组成的数为 A，则其数字和为 600.

因为 $3\mid600$，所以 $3\mid A$. 但 $9\nmid600$，所以 $9\nmid A$. 即 A 中只有 3 这个因数，而无 $3^2=9$ 这个因数，所以 A 不是完全平方数. 因此，由 300 个 2 和若干个 0 组成的数不可能是完全平方数.

例 8　（2009 年北京市初二数学竞赛）(1) 证明：由 2 009个 1 和任意个 0 组成的自然数不是完全平方数；

(2) 试说明：存在最左边 2009 位都是 1 的形如 $\underbrace{11\cdots1}_{2\,009个}**\cdots*$ 的自然数（$*$ 代表阿拉伯数码）是完全平方数.

证明　(1) 任意自然数可被表示为 $3k+r(r=0,$

1,2)的形式,而

$$(3k+r)^2=9k^2+6kr+r^2 \quad (r^2=0,1,4)$$

即 r^2 被 3 除余 0 或 1,这意味着整数的平方被 3 除的余数为 0 或 1,也就是被 3 除余 2 的数一定不是完全平方数.

设由 2 009 个 1 和任意一个 0 组成的自然数为 A,A 的数字和为 2 009,被 3 除余 2.则 A 被 3 除余 2.

因此,A 不是完全平方数.

(2)注意到数

$$a=\underbrace{11\cdots1}_{2\,009个}\underbrace{55\cdots5}_{2\,008个}6=\underbrace{11\cdots1}_{2\,009个}\times10^{2\,009}+\underbrace{55\cdots5}_{2\,009个}+1=$$

$$\underbrace{11\cdots1}_{2\,009个}\times10^{2\,009}+5\times\underbrace{11\cdots1}_{2\,009个}+1=$$

$$\underbrace{11\cdots1}_{2\,009个}\times(9\times\underbrace{11\cdots1}_{2\,009个}+1)+5\times\underbrace{11\cdots1}_{2\,009个}+1=$$

$$9\times(\underbrace{11\cdots1}_{2\,009个})^2+\underbrace{11\cdots1}_{2\,009个}+5\times\underbrace{11\cdots1}_{2\,009个}+1=$$

$$(3\times\underbrace{11\cdots1}_{2\,009个})^2+6\times\underbrace{11\cdots1}_{2\,009个}+1=$$

$$(\underbrace{33\cdots3}_{2\,009个}+1)^2=(\underbrace{33\cdots3}_{2\,009个}4)^2$$

则 $a=\underbrace{11\cdots1}_{2\,009个}\underbrace{55\cdots5}_{2\,008个}6$ 是最左边 2 009 位都是 1 的完全平方数.

可见,存在最左边 2 009 位都是 1 的完全平方数.

例 9 (1995 年天津市初二数学竞赛)已知 a,b,c 均为正整数,且满足 $a^2+b^2=c^2$,又 a 为质数.证明:

(1)b 与 c 两数必为一奇一偶;

(2)$2(a+b+1)$是完全平方数.

证明 (1)由已知

$$a^2=c^2-b^2=(c+b)(c-b)$$

若 $a=2$，则有 $4=(c+b)(c-b)$. 这时 $c+b=2$，$c-b=2$，则 $b=0$. 或 $c+b=4$，$c-b=1$，则 $c=\frac{5}{2}$. 都与假设矛盾. 故 $a\neq 2$. 因此，a 是奇数且为质数. 又因为 $c+b<c-b$，所以

$$c-b=1, c+b=a^2 \quad (*)$$

由奇偶性知，b,c 为一奇一偶.

(2)由式(*)，得 $c=b+1$.

$$a^2=c+b=2b+1$$

即
$$2b=a^2-1$$

又

$$2(a+b+1)=2a+2b+2=2a+a^2-1+2=(a+1)^2$$

即 $2(a+b+1)$ 是完全平方数.

例 10　(2005 年克罗地亚数学竞赛)设 P 为整系数多项式，且满足 $P(5)=2\ 005$. 试问：$P(2\ 005)$能否为完全平方数？

解　设 $P(x)=a_nx^n+a_{n-1}x^{n-1}+\cdots+a_1x+a_0$. 于是

$$P(5)=a_n\cdot 5^n+a_{n-1}\cdot 5^{n-1}+\cdots+a_1\cdot 5+a_0 \quad ①$$

$$P(2\ 005)=a_n\cdot 2\ 005^n+a_{n-1}\cdot 2\ 005^{n-1}+\cdots+a_1\cdot 2\ 005+a_0 \quad ②$$

②－①得

$$P(2\ 005)-P(5)=a_n(2\ 005^n-5^n)+a_{n-1}(2\ 005^{n-1}-5^{n-1})+\cdots+a_1(2\ 005-5) \quad ③$$

因为 $2\ 005^k-5^k=2\ 000(2\ 005^{k-1}+2\ 005^{k-2}\times 5+\cdots+2\ 005\times 5^{k-2}+5^{k-1})$，所以，式③中的各项能被 2 000 整除，即

$$P(2\,005)-P(5)=2\,000A$$

其中 A 为整数.

因此,$P(2\,005)-2\,000A+2\,005$,且 $P(2\,005)$的后两位数为 05. 而 05 不可能为一个完全平方数的后两位,所以,$P(2\,005)$不可能为完全平方数.

例 11 设 n 为自然数,求证:$n^2+5n+13$ 只有在 $n=4$ 时才是完全平方数.

证明 因为

$$(n+2)^2=n^2+4n+4<n^2+5n+13$$

$$(n+4)=n^2+8n+16>n^2+5n+13$$

所以

$$(n+2)^2<n^2+5n+13<(n+4)^2$$

为了使数 $n^2+5n+13$ 成为完全平方数,必须使

$$n^2+5n+13=(n+3)^2$$

即

$$n^2+5n+13=n^2+6n+9$$

所以

$$n=4$$

反之,当 $n=4$ 时,$n^2+5n+13=49=7^2$ 确定是完全平方数. 因此,当 n 为自然数时,数 $n^2+5n+13$ 只有在 $n=4$ 时,才是完全平方数.

例 12 (1970 年基辅数学竞赛题)求证:对于任意自然数 n,$n^4+2n^3+2n^2+2n+1$ 不是完全平方数.

分析 要证此数不是完全平方数,若考虑其末位数字,显然是很困难的. 根据这个数的特点,很容易想到利用性质 12,即证明此数在相邻的两个完全平方数之间.

证明 因为 $n^4+2n^3+2n^2+2n+1>n^4+2n^3+$

$n^2=(n^2+n)^2$.

又因为

$n^4+2n^3+2n^2+2n+1<n^4+2n^3+3n^2+2n+1=$

$n^4+n^2+1+2n^3+2n^2+2n=$

$(n^2+n+1)^2$

所以

$$(n^2+n)^2<n^4+2n^3+2n^2+2n+1<(n^2+n+1)^2$$

而(n^2+n)与$(n^2+n+1)^2$是两个相邻数的完全平方数，它们之间一定没有完全平方数，因而对任意自然数 n，数 $n^4+2n^3+2n^2+2n+1$ 不可能是完全平方数.

例 12′　(2000 年波兰数学奥林匹克)设 m,n 为给定的正整数，且 $mn\mid(m^2+n^2+m)$. 证明：m 是一个完全平方数.

证明　因为 $mn\mid(m^2+n^2+m)$，则存在整数 k，满足

$$m^2+n^2+m=kmn$$

即

$$n^2-kmn+m^2+m=0$$

这是一个关于 n 的一元二次方程

$$\Delta=k^2m^2-4m^2-4m$$

应为一个完全平方数.

设　　$(m,k^2m-4m-4)=d$

若 $d=1$，由 Δ 为完全平方数可知 m 为完全平方数.

若 $d>1$，由 $d=(m,k^2m-4m-4)=(m,4)$ 知 $d\mid 4$，于是由 $d>1$，则 d 为偶数，进而 m 为偶数，再由

$$mn\mid(m^2+n^2+m)$$

可知，n 是偶数，于是

$$4\mid mn$$

因而有

$$4\mid(m^2+n^2+m)$$

于是

$$4\mid m$$

这时有 $d=4$，于是 $\frac{\Delta}{16}$ 为完全平方数，所以 $\frac{m}{4}$ 为完全平方数，所以 m 为完全平方数.

例 12″ (2001 年伊朗数学奥林匹克)设 p 和 n 是正整数，且 p 是质数，$1+np$ 是完全平方数.

证明：$n+1$ 可表示成 p 个完全平方数的和.

证明 设 $np+1=k^2$，则 $np=k^2-1=(k-1)(k+1)$.

(1)若 $p\mid(k-1)$，设 $k=pl+1$，则

$$np+1=k^2=(pl+1)^2=p^2l^2+2pl+1$$

$$n=pl^2+2l$$

$$n+1=pl^2+2l+1=(p-1)l^2+(l+1)^2=\underbrace{l^2+l^2+\cdots+l^2}_{p-1\text{个}}+(l+1)^2$$

(2)若 $p\mid(k+1)$，设 $k=pl-1$，则

$$np+1=k^2=(pl-1)^2=p^2l^2-2pl+1$$

$$n=pl^2-2l$$

$$n+1=pl^2-2p+1=(p-1)l^2+(l-1)^2=\underbrace{l^2+l^2+\cdots+l^2}_{p-1\text{个}}+(l-1)^2$$

于是，$n+1$ 可表示为 p 个完全平方数之和.

例 13 (2011 年第 23 届亚太地区数学奥林匹克)已知 a,b,c 都是正整数. 证明：a^2+b+c，b^2+c+a，c^2+a+b 不可能都是完全平方数.

证明　假设 a^2+b+c,b^2+c+a,c^2+a+b 都是完全平方数.

由 a^2+b+c 是大于 a^2 的完全平方数，知

$$a^2+b+c\geqslant(a+1)^2\Rightarrow b+c\geqslant 2a+1$$

同理，$c+a\geqslant 2b+1,a+b\geqslant 2c+1$.

将以上三式相加，得

$$2(a+b+c)\geqslant 2(a+b+c)+3$$

矛盾.

这表明，a^2+b+c,b^2+c+a,c^2+a+b 不可能都是完全平方数.

例 14　(1972 年基辅数学竞赛题)求证：11，111，1 111，…，$\underbrace{11\cdots1}_{n个}$，…这串数中没有完全平方数.

分析　形如$\underbrace{11\cdots1}_{n个}$的数若是完全平方数，必是末位为 1 或 9 的数平方所得，即

$$\underbrace{11\cdots1}_{n个}=(10a+1)^2$$

或

$$\underbrace{11\cdots1}_{n个}=(10a+9)^2$$

在两端同时减去 1 之后即可推出矛盾.

证明　若$\underbrace{11\cdots1}_{n个}=(10a+1)^2=100a^2+20a+1$，则

$$\underbrace{11\cdots10}_{n-1个}=100a^2+20a$$

$$\underbrace{11\cdots1}_{n-1个}=10a^2+2a$$

因为左端为奇数，右端为偶数，所以左右两端不相等.

若$\underbrace{11\cdots1}_{n个}=(10a+9)^2=100a^2+180a+81$，则

$$\underbrace{11\cdots1}_{n-1个}0=100a^2+180a+80$$

$$\underbrace{11\cdots1}_{n-1个}=10a^2+18a+8$$

因为左端为奇数,右端为偶数,所以左右两端不相等.

综上所述,$\underbrace{11\cdots1}_{n个}$不可能是完全平方数.

另证 由$\underbrace{11\cdots1}_{n个}$为奇数知,若它为完全平方数,则只能是奇数的平方.但已证过:奇数的平方其十位数字必是偶数,而$\underbrace{11\cdots1}_{n个}$十位上的数字为1,所以$\underbrace{11\cdots1}_{n个}$不是完全平方数.

例 15 设 m,n 是正整数,求证:3^m+3^n+1 不可能是完全平方数.

分析 要证明一个数不是完全平方数,较自然的想法是证明它的末位数不是 0,1,4,5,6,9,而 3 的幂的末位数字有 3,9,7,1 这四种可能,对于 m,n 的可能的取值,3^m+3^n+1 的末位数有出现 1,5,9 的可能,从这条思路做下去就遇到了麻烦.我们换一个角度考虑.

证明 因 3^m+3^n+1 是奇数,若它是一个完全平方数,则它是一个奇数的平方.由于奇数的平方除以 8 余 1,从而就有 $3^m+3^n\equiv 0\pmod 8$.但是对于任一自然数 a,有

$$3^a\equiv 1 或 3\pmod 8$$

因此,对任何正整数 m,n,有

$$3^m+3^n\equiv 2,4,6\pmod 8$$

导出矛盾,从而命题得证.

例 16 (1992 年北京市初中二年级数学竞赛)若 x 与 y 都是自然数,试证 x^2+y+1 和 y^2+4x+3 的值

不能同时都是平方数.

证明　(1)当 $x\geqslant y$ 时

$$x^2+y+1\leqslant x^2+x+1$$

于是有

$$x^2<x^2+y+1\leqslant x^2+x+1<x^2+2x+1=(x+1)^2$$

因为 x^2+y+1 夹在两个相邻的完全平方数之间,所以它一定不是完全平方数.

(2)当 $x<y$ 时

$$y^2<y^2+4x+3<y^2+4y+3<y^2+4y+4=(y+2)^2$$

(i)若 $y^2+4x+3\neq(y+1)^2=y^2+2y+1$,即 $y\neq 2x+1$,则 y^2+4x+3 不是平方数.

(ii)若 $y^2+4x+3=(y+1)^2=y^2+2y+1$,即 $y=2x+1$,则 y^2+4x+3 是平方数.

但是在 $y=2x+1$ 的条件下

$$x^2+y+1=x^2+(2x+1)+1=x^2+2x+2$$

于是

$$(x+1)^2<x^2+y+1=x^2+2x+2<(x+2)^2$$

这时 x^2+y+1 夹在两个相邻平方数之间,因而不是完全平方数.

于是,x^2+y^2+1 和 y^2+4x+3 的值不能同时都是完全平方数.

例 17　(1985 年英国数学奥林匹克)证明五个连续正整数的乘积不可能为完全平方数.

证明　假设五个连续正整数为 $n-2,n-1,n,n+1,n+2(n\geqslant 3)$. 并设这五个连续正整数的积为完全平方数.

设奇素数 $p\mid n$,则

$$p\nmid(n-2)(n-1)(n+1)(n+2)$$

所以，在 n 的素因数标准分解式中，p 的指数为偶数，从而 $n=2a^2$ 或 $n=a^2$.

由于

$$(n-2)(n-1)(n+1)(n+2)=n^4-5n^2+4$$

以及有不等式

$$n^4-6n^2+9<n^4-5n^2+4<n^4-4n^2+4$$

即
$$(n^2-3)^2<n^4-5n^2+4<(n^2-2)^2$$

n^4-5n^2+4 夹在两个连续平方数之间，所以 n^4-5n^2+4 不是完全平方数. 即 $(n-2)(n-1)(n+1)(n+2)$ 不是完全平方数. 所以

$$n=2a^2$$

因为

$$(n-1)(n+2)=n^2+n-2$$
$$(n+1)(n-2)=n^2-n-2$$

且
$$(n^2+n-2,n^2-n-2)=(n^2+n-2,2n)$$

以及 $n^2+n-2=n(n+1)-2$ 是偶数，$n\nmid n(n+1)-2$，所以 $(n^2+n-2,2n)=2$ 或 4.

因此 $(n-1)(n+2)$ 与 $(n+1)(n-2)$ 的最大公约数是 2 的幂.

由于 $n(n-1)(n+2)(n+1)(n-2)=$
$$2a^2(n-1)(n+2)(n+1)(n-2)$$
为完全平方数. 而

$$n^2<(n-1)(n+2)=n^2+n-2<(n+1)^2$$
$$(n-1)^2<(n+1)(n-2)=n^2-n-2<n^2$$

所以 $(n-1)(n+2)$ 与 $(n+1)(n-2)$ 都不是完全平方数，再由 $(n-1)(n+2)$ 与 $(n+1)(n-2)$ 的最大公约数是 2 的幂，从而

$$(n-1)(n+2)=2^km$$

$$(n+1)(n-2)=2^t p$$

其中 k,t 为奇数,$(m,p)=1$,于是

$$n(n-1)(n+2)(n+1)(n-2)=2^{k+t+1}a^2mp$$

不是完全平方数.

例 18 (2002 年俄罗斯数学奥林匹克)证明:对于任何自然数 $n>10\ 000$,都可以找到自然数 m,其中 m 可以表示为两个完全平方数的和,并且满足条件 $0<m-n<3\sqrt[4]{n}$.

证明 设 x 是其平方不超过 n 的最大整数,即

$$x^2\leqslant n<(x+1)^2$$

由于 n 为整数,则

$$n-x^2\leqslant 2x\leqslant 2\sqrt{n}$$

再设 y 是其平方大于 $n-x^2$ 的最小正整数,有

$$(y-1)^2\leqslant n-x^2<y^2$$

则

$$y=(y-1)+1\leqslant \sqrt{n-x^2}+1\leqslant \sqrt{2\sqrt{n}}+1=\sqrt{2}\sqrt[4]{n}+1$$

易知 $m=x^2+y^2>n$. 即 m 可以表示为两个完全平方数的和,并且

$$m-n>0$$

另一方面,我们有

$$m-n=x^2+y^2-n=y^2-(n-x^2)\leqslant y^2-(y-1)^2=2y-1\leqslant 2\sqrt{2}\sqrt[4]{n}+1$$

最后只需指出,当 $n>10\ 000$ 时,有

$$2\sqrt{2}\sqrt[4]{n}+1<3\sqrt[4]{n}$$

例 19 (1991 年英国数学奥林匹克)证明当 n 是非负整数时,$3^n+2\cdot 17^n$ 不是完全平方数.

证明 (1)$n=4m$ 时

$$3^n+2\cdot 17^n=(3^4)^m+2\cdot(17^4)^m=81^m+2\cdot 83\,521^m$$

此时,$3^n+2\cdot 17^n$ 的个位数是 3,因而不是完全平方数.

(2)$n=4m+1$ 时

$$3^n+2\cdot 17^n=3\cdot(3^4)^m+2\cdot 17\cdot(17^4)^m=3\cdot 81^m+2\cdot 17\cdot 83\,521^m$$

此时,$3^n+2\cdot 17^n$ 的个位数是 7,因而不是完全平方数.

(3)$n=4m+2$ 时

$$3^n+2\cdot 17^n=9\cdot 81^m+2\cdot 289\cdot 83\,521^m$$

此时,$3^n+2\cdot 17^n$ 的个位数仍是 7,因而不是完全平方数.

(4)$n=4m+3$ 时

$$3^n+2\cdot 17^n=27\cdot 81^m+2\cdot 4\,913\cdot 83\,521^m$$

此时,$3^n+2\cdot 17^n$ 的个位数也是 3,因而不是完全平方数.

由以上,对非负整数 n,$3^n+2\cdot 17^n$ 不是完全平方数.

例 20 (2011 年第 28 届伊朗数学奥林匹克)已知整数 a,b 满足 $a>b$,且 $ab-1$ 与 $a+b$ 互质,$ab+1$ 与 $a-b$互质.证明:$(a+b)^2+(ab-1)^2$ 不是完全平方数.

证明 设$(a+b)^2+(ab-1)^2=c^2(c\in\mathbf{Z})$.则

$$c^2=a^2+b^2+a^2b^2+1=(a^2+1)(b^2+1)$$

若存在质数 p,使得 $p\mid(a^2+1)$,$p\mid(b^2+1)$,则 $p\mid(a^2-b^2)$.于是,$p\mid(a-b)$或 $p\mid(a+b)$.若 $p\mid(a-b)$,则 $p\mid(ab-b^2)$.又 $p\mid(b^2+1)$,故 $p\mid(ab+1)$,矛盾;若 $p\mid(a+b)$,则 $p\mid(a^2+ab)$.又 $p\mid(a^2+1)$,故 $p\mid(ab-$

1)，矛盾. 因此，a^2+1 与 b^2+1 互质. 于是，a^2+1 与 b^2+1均为完全平方数.

由于 a,b 中至少有一个不为 0，从而，不可能均为完全平方数. 所以，$(a+b)^2+(ab-1)^2$ 不是完全平方数.

例 21　(1953 年匈牙利数学奥林匹克)假设 n 是自然数，d 是 $2n^2$ 的正约数，证明 n^2+d 不是完全平方数.

证法 1　由 d 是 $2n^2$ 的正约数，则 $2n^2=kd$，其中 k 是正整数.

假设 n^2+d 是整数 x 的平方，那么

$$x^2=n^2+d=n^2+\frac{2n^2}{k}$$

则

$$k^2x^2=n^2(k^2+2k) \qquad ①$$

由于

$$k^2<k^2+2k<k^2+2k+1=(k+1)^2$$

即 k^2+2k 在两个相邻平方数之间，因而不是完全平方数，从而式①右边不是完全平方数，而左边是完全平方数，所以式①不可能成立.

因此，n^2+d 不是完全平方数.

证法 2　设 $2n^2=kd$，其中 k 是正整数. 假设 n^2+d 是整数 x 的平方，则

$$x^2=n^2+d=n^2+\frac{2n^2}{k}$$

$$kx^2=k(n^2+d)=n^2(k+2)$$

$$\frac{k+2}{k}=\frac{n^2+d}{n^2}=\frac{x^2}{n^2}$$

上式左边的分数的分子与分母彼此相差 2，当约去分子分母的公约数时，这个差只能减少，而右边的分

数在约去分子分母的公约数之后化为$\frac{p^2}{q^2}$的形式，其中p和q是自然数，且$p\neq q$，因为$n^2+d\neq n^2$. 又因为

$$p^2-q^2=(p+q)(p-q)\geqslant 3$$

所以$\frac{p^2}{q^2}$的分子分母的差不小于3，出现矛盾.

所以n^2+d不是完全平方数.

例22 (2005年克罗地亚数学竞赛)已知正整数a,b,c满足

$$c(ac+1)^2=(5c+2b)(2c+b)$$

(1)若c为奇数，证明：其为完全平方数；

(2)问：c是否能为偶数？

证明 记x和y的最大公因子为$M(x,y)$.

(1)设$d=M(b,c)$，$b=db_0$，$c=dc_0$，则$M(b_0,c_0)=1$. 于是，所给等式化为

$$c_0(adc_0+1)^2=d(5c_0+2b_0)(2c_0+b_0)$$

因为b_0和c_0互质，所以

$$M(c_0,2c_0+b_0)=1$$

又因为c_0为与b_0互质的奇数，所以

$$M(c_0,5c_0+2b_0)=M(c_0,2b_0)=1$$

于是，$c_0|d$. 由于$M(d,(adc_0+1)^2)=1$，所以，$d|c_0$. 因此，$c_0=d$. 故$c=dc_0=d^2$.

(2)假设c为偶数，即$c=2c_1$. 由所给等式得

$$c_1(2ac_1+1)^2=(5c_1+b)(4c_1+b)$$

设$d=M(b,c_1)$，$b=db_0$，$c_1=dc_0$，则$M(b_0,c_0)=1$. 于是，上式化为

$$c_0(2adc_0+1)^2=d(5c_0+b_0)(4c_0+b_0) \qquad ①$$

因为

$$M(c_0,5c_0+b_0)=M(c_0,4c_0+b_0)=1$$

$$M(d,(2adc_0+1)^2)=1$$

则

$$d=c_0,(2adc_0+1)^2=(5c_0+b_0)(4c_0+b_0)$$

注意到

$$M(5c_0+b_0,4c_0+b_0)=M(c_0,4c_0+b_0)=M(c_0,b_0)=1$$

则式①右边的两个因式均为完全平方.

设 $5c_0+b_0=m^2$, $4c_0+b_0=n^2$，其中 $m,n\in\mathbf{N}$. 于是，$m>n$，即

$$m-n\geqslant 1,d=c_0=m^2-n^2$$

$$2ad^2+1=2adc_0+1=mn$$

则

$$mn=1+2ad^2=1+2a(m^2-n^2)^2=$$
$$1+2a(m-n)^2(m+n)^2\geqslant$$
$$2+2a(m+n)^2\geqslant 1+8amn\geqslant 1+8mn$$

所以，$7mn\leqslant -1$，矛盾. 因此，c 不能为偶数.

例 23 （1988 年加拿大数学奥林匹克训练）设 x 是一个 n 位数，问是否总存在非负整数 $y\leqslant 9$ 和 z，使得 $10^{n+1}z+10x+y$ 是一个完全平方数?

解　不一定.

例如，当 $x=111$ 时，就不存在非负整数 $y\leqslant 9$ 和 z，使得 $10^4z+1\,110+y$ 是一个完全平方数.

用反证法.

若 $10^4z+1\,110+y$ 是完全平方数，设

$$10^4z+1\,110+y=k^2$$

由于奇数的平方被 8 除余 1，偶数的平方被 8 除余 0 或 4，则

$$k^2\equiv 0 \text{ 或 } 1 \text{ 或 } 4\pmod 8$$

又

$$1\,110\equiv 6\pmod 8$$

所以

$$10^4z+1\,110+y\equiv y+6 \pmod 8$$

$$y+6\equiv 0\text{ 或 }1\text{ 或 }4 \pmod 8$$

因为 y 是完全平方数的末位数，所以 y 只能是 0，1，4，9，6，5. 而只有 $y=6$ 才满足

$$y+6=12\equiv 4 \pmod 8$$

即满足

$$y+6\equiv 0\text{ 或 }1\text{ 或 }4 \pmod 8$$

于是 k 为偶数.

设 $k=2l$，则

$$4l^2\equiv 1\,116 \pmod{10^4}$$

$$l^2\equiv 279 \pmod{2\,500}$$

$$l^2\equiv 279\equiv 3 \pmod 4$$

这与

$$l^2\equiv 0\text{ 或 }1 \pmod 4$$

矛盾.

所以题设的要求对 $x=111$ 就不存在.

例 24 若正整数 a,b,c 的最大公因子为 1，且 $\frac{1}{a}+\frac{1}{b}+\frac{1}{c}$，证明：$a+b$ 为完全平方数.

分析 此题较简单，下面介绍两种证法.

证法 1 设 $x=(a,b)$，$y=(b,c)$，$z=(c,a)$. 则由 $(a,b,c)=1$，得 x,y,z 两两互质.

由 $x|a$，$z|a$，$(x,z)=1$，可推出 $xz|a$，故可设 $a=Axz$.

同理，设 $b=Bxy$，$c=Cyz$，其中，A,B,C 两两互质. 于是，原方程可转化为

$$\frac{1}{Axz}+\frac{1}{Bxy}=\frac{1}{Cyz}\Rightarrow By+Az=\frac{ABx}{C}$$

因此，$C\mid ABx$. 因为 A,B,C 两两互质，所以，$C\mid x$. 显然，C 是 a,b,c 的公因子，因此，$C=1$. 同理，$A=1$，$B=1$. 从而，$x=y+z$. 故 $a+b=x(y+z)=x^2$ 为完全平方数.

证法 2　显然，$c>a,c>b$

$$\frac{1}{a}+\frac{1}{b}+\frac{1}{c}\Leftrightarrow\frac{a-c}{c}=\frac{c}{b-c}$$

设 $\frac{a-c}{c}=\frac{c}{b-c}$ 为既约正有理数 $\frac{p}{q}$. 则

$$a=\frac{p+q}{q}\cdot c,b=\frac{p+q}{p}\cdot c$$

由 $(p,q)=1$，得

$$(p+q,q)=1,(p+q,p)=1$$

故 $q\mid c,p\mid c\Rightarrow pq\mid c$.

记 $c=kpq$. 则

$$a=kp(p+q),b=kq(p+q)$$

由 $(a,b,c)=1$，得 $k=1$. 故 $a+b=p(p+q)+q(p+q)=(p+q)^2$ 为完全平方数.

例 25　(2001 年我爱数学初中生夏令营数学竞赛)(1)证明：存在非零整数对 (x,y)，使代数式 $11x^2+5xy+37y^2$ 的值是完全平方数；

(2)证明：存在 6 个非零整数 a_1,b_1,c_1,a_2,b_2,c_2，其中，$\frac{a_1}{a_2}\neq\frac{b_1}{b_2}$，使对任意正整数 n，当 $x=a_1n^2+b_1n+c_1$，$y=a_2n^2+b_2n+c_2$ 时，代数式 $11x^2+5xy+37y^2$ 的值是完全平方数.

证明　(1)设 $y=x+k$，k 为整数，则

$$11x^2+5xy+37y^2=11x^2+5x(x+k)+37(x+k)^2=$$
$$53x^2+79kx+37k^2$$

当 $k=x$ 时,有

$$11x^2+5xy+37y^2=53x^2+79x^2+37x^2=169x^2=(13x)^2$$

所以只要取 $x=1,y=2,11x^2+5xy+37y^2=13^2$ 为完全平方数.

即存在非零整数对(1,2),使代数式 $11x^2+5xy+37y^2$ 为完全平方数.

(2)由(1)可知,令 $x_0=t,y_0=2t$. 则 $11x_0^2+5x_0y_0+37y_0^2=(13t)^2$ 是完全平方数.

取 $t=\frac{n^2-53}{185-26n},x_0=t+1,y_0=2t+1$,则

$$11x_0^2+5x_0y_0+37y_0^2=169t^2+185t+53=(13t+n)^2=\left[\frac{13(n^2-53)}{185-26n}+n\right]^2$$

再令 $x=(185-26n)x_0$

$$y=(185-26n)y_0$$

即

$$x=(n^2-53)+(185-26n)=n^2-26n+132$$

$$y=2(n^2-53)+(185-26n)=2n^2-26n+79$$

则

$$\begin{aligned}&11x^2+5xy+37y^2=\\&(185-26n)^2(11x_0^2+5x_0y_0+37y_0^2)=\\&(185-26n)^2\left[\frac{13(n^2-53)}{185-26n}+n\right]^2=\\&[13(n^2-53)+n(185-26n)]^2=\\&(13n^2-185n+689)^2\end{aligned}$$

故 $a_1=1,b_1=-26,c_1=132,a_2=2,b_2=-26,c_2=79$ 符合条件.

例 26 (2009 年第 8 届丝绸之路数学竞赛)证明:

对于每个质数 p，存在无穷多个四元数组 (x,y,z,t)（x,y,z,t 互不相同），且满足

$$(x^2+pt^2)(y^2+pt^2)(z^2+pt^2)$$

是一个完全平方数.

证法1 由佩尔方程知，$x^2-py^2=1$ 有无穷多组正整数解. 则对于任意的质数 p，存在无穷多个正整数 s,t，使得

$$s^2-1=pt^2 \quad (s>3)$$

令 $x=s^2-1,y=s+1,z=s-1$. 则 x,y,z 两两不同，且 $x=s^2-1=pt^2\neq t$.

若 $y=s+1=t$，则

$$(s-1)(s+1)=pt^2=p(s+1)^2\Rightarrow$$
$$s-1=p(s+1)>s+1>s-1$$

矛盾.

若 $z=s-1=t$，则

$$(s-1)(s+1)=pt^2=p(s-1)^2\Rightarrow$$
$$s+1=p(s-1)\geqslant 2(s-1)\Rightarrow s\leqslant 3$$

矛盾.

所以 $x,y,z\neq t$. 故

$$(x^2+s^2-1)(y^2+s^2-1)(z^2+s^2-1)=$$
$$(s^2-1)s^2(s+1)\times 2s\times 2s(s-1)=$$
$$[2s^2(s^2-1)]^2$$

因而，命题得证.

证法2 若 (x_0,y_0,z_0,t_0) 是满足条件的一个四元数组，则 $(k^2x_0,k^2y_0,k^2z_0,k^2t_0)(k\in\mathbf{N}_+)$ 显然也是.

故只需证对任意的质数 p

$$(x^2+pt^2)(y^2+pt^2)(z^2+pt^2)=n^2 \quad (n\in\mathbf{Z})$$

有整数解.

接下来证明:对任意的质数 p,$u^2+pt^2=v^2$ 至少有三组不同的正整数解.

(1)$p=2$.则

$$\begin{cases}u=17\\v=19\end{cases},\begin{cases}u=7\\v=11\end{cases},\begin{cases}u=3\\v=9\end{cases}$$

故$(x_0,y_0,z_0,t_0)=(17,7,3,6)$满足题设.

(2)$p=3$.取 $t=12$,得$(v-u)(v+u)=432$.则

$$\begin{cases}u=107\\v=109\end{cases},\begin{cases}u=52\\v=56\end{cases},\begin{cases}u=33\\v=39\end{cases}$$

故$(x_0,y_0,z_0,t_0)=(107,52,33,12)$满足题设.

(3)$p\geqslant 5$ 且为质数.取 $t=3p$,得$(v-u)(v+u)=9p^3$.则

$$\begin{cases}u=\dfrac{9p^3-1}{2}\\v=\dfrac{9p^3+1}{2}\end{cases};\begin{cases}u=\dfrac{3p^3-3}{2}\\v=\dfrac{3p^3+3}{2}\end{cases};\begin{cases}u=\dfrac{9p^2-p}{2}\\v=\dfrac{9p^2+p}{2}\end{cases}$$

$$故(x_0,y_0,z_0,t_0)=\left(\frac{9p^3-1}{2},\frac{3p^3-3}{2},\frac{9p^2-p}{2},3p\right)$$

满足条件.

综上,命题成立.

例 27 (1989 年加拿大数学奥林匹克训练题)(1)证明有无穷多个整数 n,使 $2n+1$ 与 $3n+1$ 为完全平方数,并证明这样的 n 是 40 的倍数.

(2)更一般地,证明若 m 为正整数,则有无穷多个整数 n,使 $mn+1$ 与$(m+1)n+1$ 为完全平方数.

证明 (1)若 $2n+1$ 与 $3n+1$ 都是完全平方数,设

$$\begin{cases}2n+1=a^2,a\in\mathbf{Z} & ①\\3n+1=b^2,b\in\mathbf{Z} & ②\end{cases}$$

则

$$(5a+4b)^2=2(12a^2+20ab+8b^2)+a^2=$$
$$2(12a^2+20ab+8b^2+n)+1$$
$$(6a+5b^2)=3(12a^2+20ab+8b^2)+b^2=$$
$$3(12a^2+20ab+8b^2+n)+1$$

因此，$n'=12a^2+20ab+8b^2+n$ 满足 $2n'+1$ 与 $3n'+1$ 都是完全平方数，所以存在无穷多个 n，使 $2n+1$ 与 $3n+1$ 都是完全平方数.

下面证明这样的 n 是 40 的倍数.

由①可得 a 为奇数，设 $a=2k+1$，因此

$$2n=a^2-1=(2k+1)^2-1=4k(k+1)$$
$$n=2k(k+1)$$

从而 n 是偶数. 再由②可知 b 是奇数. 设 $b=2h+1$，因此

$$3n=b^2-1=(2h+1)^2-1=4h(h+1)$$

由于 $2\mid h(h+1)$，以及 $(3,8)=1$，所以 $8\mid n$.

下面证明 $5\mid n$. 如果

$$n\equiv 1,3 \pmod 5$$

则
$$2n+1\equiv 3,2 \pmod 5$$

如果
$$n\equiv 2,4 \pmod 5$$

则
$$3n+1\equiv 2,3 \pmod 5$$

而对于平方数 t^2，有

$$t^2\equiv 0,1,4 \pmod 5$$

所以当 $2n+1$ 及 $3n+1$ 是完全平方数时，不可能有

$$n\equiv 1,2,3,4 \pmod 5$$

即必须
$$5\mid n$$

又由
$$(5,8)=1$$

于是
$$40\mid n$$

(2)设 $$mn+1=a^2 \quad ③$$

$$(m+1)n+1=b^2 \quad ④$$

等价于

$$n=b^2-a^2 \quad ⑤$$

$$m(b^2-a^2)+1=a^2 \quad ⑥$$

由⑤,⑥得

$$(m+1)a^2-mb^2=1 \quad ⑦$$

令 $$x=(m+1)a, y=b \quad ⑧$$

得 $$x^2-m(m+1)y^2=m+1 \quad ⑨$$

方程⑨有解

$$x=m+1, y=1 \quad ⑩$$

注意到 Pell 方程

$$x^2-m(m+1)y^2=1 \quad ⑪$$

有一组解为

$$x=2m+1, y=2$$

因而⑨有无穷多组正整数解 x,y,它们可由下式定出

$$x+\sqrt{m(m+1)}\,y=(m+1+\sqrt{m(m+1)})(2m+1+2\sqrt{m(m+1)})^k$$

其中 k 为非负整数. ⑫

由⑫可以看出 x 为 $m+1$ 的倍数,因此由⑧可得出 a,b 适合⑦,由⑤定出整数 n. m,n 适合⑤,⑦,因而适合⑤,⑥. 因此有无穷多个整数 n 满足③,④.

例 28 (2006 年英国数学奥林匹克)设 n 是整数. 若 $2+2\sqrt{1+12n^2}$ 是整数. 求证:该数是完全平方数.

证法 1 由 $2+2\sqrt{1+12n^2}\in\mathbf{Z}(n\in\mathbf{Z})$,得 $1+12n^2$ 是完全平方数.

设 $1+12n^2=m^2(m\in\mathbf{N}_+)$，则

$$(m+1)(m-1)=12n^2$$

又 $m+1,m-1$ 奇偶相同，故 $m+1,m-1$ 均为偶数. 则

$$\frac{m+1}{2}\cdot\frac{m-1}{2}=3n^2$$

记 $\frac{m+1}{2}=t$，则 $\frac{m-1}{2}=t-1(t\in\mathbf{N}_+)$. 故

$$t(t-1)=3n^2 \quad ①$$

要证 $2+2\sqrt{1+12n^2}=2+2m$ 是完全平方数，只须证 t 是完全平方数. 由式①知，$3\mid t$ 或 $3\mid(t-1)$，而 $\gcd(t,t-1)=1$. 若 $3\mid t$，则由 $\gcd\left(\frac{t}{3},t-1\right)=1$，且

$$\frac{t}{3}(t-1)=n^2$$

知 $\frac{t}{3}$ 与 $t-1$ 都是完全平方数.

设 $\frac{t}{3}=k^2$，则 $t=3k^2$，知

$$t-1=3k^2-1\equiv-1\pmod 3$$

不可能是完全平方数. 矛盾. 因此，$3\mid(t-1)$. 从而，由 $\gcd\left(t,\frac{t-1}{3}\right)=1$，$t\cdot\frac{t-1}{3}=n^2$，知 t 与 $\frac{t-1}{3}$ 都是完全平方数.

综上，原结论成立.

证法 2　同证法 1，得式①，且只需证 t 是完全平方数.

假设 t 不是完全平方数，则其质因数分解式中质因数的指数中至少有一个奇数.

(1)若存在某个质因数 $p\neq3$，则可记 $t=p^{\alpha}t_1$，其

中，α 是奇数，且 $\gcd(p,t_1)=1$. 将其代入式①得

$$p^{2\alpha}t_1^2-p^{\alpha}t_1=3n^2$$

因此，$p^{\alpha}\mid 3n^2$. 又 $p\neq 3$，故 $p^{\frac{\alpha+1}{2}}\mid n$. 从而，$p^{\alpha+1}\mid n^2$，进而，$p\mid t_1$. 这与 $\gcd(p,t_1)=1$ 矛盾.

(2)若指数为奇数的底数——质因数只有 3，则可记 $t=3t_2^2$.

将其代入式①，得

$$9t_2^4-3t_2^2=3n^2$$

即

$$t_2^2(3t_2^2-1)=n^2$$

因此，$3t_2^2-1$ 必为完全平方数. 但 $3t_2^2-1\equiv -1 \pmod 3$ 不可能是完全平方数.

矛盾.

综上，原结论成立.

例 29 (1996 年上海市高中数学竞赛)设 $k_1<k_2<k_3<\cdots$ 是正整数，且没有两个是相邻的，又对于 $m=1,2,3,\cdots,s_m=k_1+k_2+\cdots+k_m$. 求证：对每一个正整数 n，区间 $[s_n,s_{n+1})$ 中至少含有一个完全平方数.

证明 区间 $[s_n,s_{n+1})$ 至少含有一个完全平方数的充要条件是 $[\sqrt{s_n},\sqrt{s_{n+1}})$ 中至少含有一个整数.

因而，要证本题，只需证明对每个 $n\in\mathbf{N}$，都有 $\sqrt{s_{n+1}}-\sqrt{s_n}\geqslant 1$.

这等价于

$$\sqrt{s_{n+1}}\geqslant\sqrt{s_n}+1\Leftrightarrow$$

$$s_n+k_{n+1}\geqslant(\sqrt{s_n}+1)^2\Leftrightarrow$$

$$k_{n+1}\geqslant 2\sqrt{s_n}+1$$

因为 $k_{m+1}-k_m\geqslant 2$，所以

$s_n=k_n+k_{n-1}+\cdots+k_1\leqslant$

$$\begin{cases} k_n+(k_n-2)+\cdots+2=\dfrac{k_n(k_n+2)}{4}, \text{若 } k_n \text{ 为偶数} \\ k_n+(k_n-2)+\cdots+1=\dfrac{(k_n+1)^2}{4}, \text{若 } k_n \text{ 为奇数} \end{cases} \leqslant \frac{(k_n+1)^2}{4}$$

$$k_n+1\geqslant 2\sqrt{s_n}, k_{n+1}\geqslant k_n+2\geqslant 2\sqrt{s_n}+1$$

这就是我们所要证明的.

另解　若对某个 n，$[s_n, s_{n+1})$ 中无完全平方数，则存在 $a\in\mathbf{Z}$，$a\geqslant 0$，使 $a^2<s_n<s_{n+1}\leqslant(a+1)^2$. 于是

$$k_{n+1}=s_{n+1}-s_n<(a+1)^2-a^2=2a+1$$

因为 $k_1<k_2<\cdots<k_n<k_{n+1}$ 是没有两个相邻的正整数，

所以

$$k_n\leqslant k_{n+1}-2<2a-1$$

$$k_{n-1}\leqslant k_n-2<2a-3$$

$$s_n=k_1+\cdots+k_n<(2a-1)+(2a-3)+\cdots+1=a^2$$

这与 $s_n>a^2$ 的假定矛盾. 故命题成立.

例 30　(2010 年印度国家队选拔考试)证明：存在无穷多个 $m(m\in\mathbf{N}_+)$，使得连续的正奇数 $p_m, q_m(=p_m+2)$，满足

$$p_m^2+p_mq_m+q_m^2 \text{ 与 } p_m^2+mp_mq_m+q_m^2$$

为完全平方数.

证明　设 $p^2+pq+q^2=u^2$，$p^2+mpq+q^2=v^2$. 则

$$(m-1)pq=(v+u)(v-u)$$

令 $m-1=r^2(r\in\mathbf{N}_+)$. 则

$$v-u=rp, v+u=rq$$

从而

$$u=\frac{rq-rp}{2}$$

$$4(p^2+pq+q^2)=(rq-rp)^2$$

而

$$(r^2-4)p^2-(2r^2+4)pq+(r^2-4)q^2=0$$

解得

$$\frac{p}{q}=\frac{2r^2+4\pm\sqrt{4(r^2+2)^2-4(r^2-4)^2}}{2(r^2-4)}$$

又$\frac{p}{q}$为有理数，故 $3(r^2-1)$为完全平方数，设为 $9t^2(t\in\mathbf{N}_+)$. 则

$$\frac{p}{q}=\frac{(t\pm1)^2}{t^2-1}=\frac{t+1}{t-1}或\frac{t-1}{t+1}$$

由佩尔方程 $r^2-3t^2=1$ 的无穷多组解(r_n,t_n)满足

$$r_n+\sqrt{3}t_n=(2+\sqrt{3})^n$$

知，有递推关系

$$r_{n+1}=2r_n+3t_n$$

$$t_{n+1}=r_n+2t_n\quad(r_1=2,t_1=1)$$

由归纳法易知，对于任意的 $s(s\geqslant1)$，t_{2s}为偶数. 取 $m=r_{2s}^2+1$，$p_m=t_{2s}-1$，$q_m=t_{2s}+1$. 则 p_s,q_s 为连续的正奇数，且

$$p_m^2+p_mq_m+q_m^2=r_{2s}^2$$

$$p_m^2+mp_mq_m+q_m^2=(t_{2s}r_{2s})^2$$

例 31 （2009 年陕西省高中数学竞赛）设$(x+1)^p\cdot(x-3)^q=x^n+a_1x^{n-1}+a_2x^{n-2}+\cdots+a_{n-1}x+a_n(p,q\in\mathbf{N}_+)$.

(1)若 $a_1=a_2$，求证：$3n$ 是完全平方数；

(2)证明：存在无穷多个正整数对(p,q)，使得$a_1=$

a_2.

证明　(1)易知 $p+q=n$. 因

$$(x+1)^p(x-3)^q=$$

$$\left[x^n+px^{p-1}+\frac{p(p-1)}{2}x^{p-2}+\cdots\right]\cdot$$

$$\left[x^q-3qx^{q-1}+\frac{9q(q-1)}{2}x^{q-2}+\cdots\right]=$$

$$x^n+(p-3p)x^{n-1}+$$

$$\left[\frac{p(p-1)}{2}+\frac{9q(q-1)}{2}-3pq\right]x^{n-2}+\cdots$$

所以

$$a_1=p-3q$$

$$a_2=\frac{p(p-1)}{2}+\frac{9q(q-1)}{2}-3pq$$

又 $a_1=a_2$,则

$$2(p-3q)=p(p-1)+9q(q-1)-6pq\Rightarrow$$

$$2(p-3q)=(p-3q)^2-p-9q\Rightarrow$$

$$3(p+q)=(p-3q)^2$$

故 $3n=(p-3q)^2$ 为完全平方数.

(2) $a_1=a_2\Rightarrow 3(p+q)=(p-3q)^2\Leftrightarrow$

$$p^2-(6q+3)p+9q^2-3q=0 \qquad ①$$

因此,只需证明方程①有无穷多组正整数解即可.

故

$$\Delta=(6q+3)^2-4(9q^2-3q)=448q+9$$

是完全平方数,且 $p=\dfrac{6q+3+\sqrt{\Delta}}{2}$ 是正整数.

取 $48q+9=9(8k+1)^2(k\in\mathbf{N}_+)$,则

$$(p,q)=(36k^2+21k+3,12k^2+3k)$$

由于 k 为任意的正整数,于是,存在无穷多组正整

数对(p,q),使得$a_1=a_2$.

例 32 (1983 年第 44 届美国普特南数学竞赛)设 $f(x)=x+[\sqrt{x}]$. 试证对于任意自然数 m,m,$f(m)$,$f(f(m))$,$f(f(f(m)))$,…,中必含有完全平方数.

证明 (1)若 m 为完全平方数,结论显然.

(2)若 m 不是平方数,设

$$m=k^2+r$$

其中 k 和 r 为正整数,且 $0<r\leqslant 2k$.

令
$$A=\{m\mid m=k^2+r,0<r\leqslant k\}$$
$$B=\{m\mid m=k^2+r,k<r\leqslant 2k\}$$

对于集合 B 中的每一个 $m=k^2+r$,由

$$k<r\leqslant 2k$$

得
$$k^2+k<k^2+r\leqslant k^2+2k<(k+1)^2$$

所以
$$[\sqrt{k^2+r}]=k$$

$$f(m)=m+[\sqrt{m}]=k^2+r+k=$$
$$(k+1)^2+(r-k-1)$$

由
$$0\leqslant r-k-1<k$$

可得 $f(m)\leqslant A$ 或 $f(m)$ 是完全平方数. 这就说明,只须考虑 m 在 A 中的情况.

设 $m=k^2+r,0<r\leqslant k$. 则

$$f(m)=m+[\sqrt{m}]=m+[\sqrt{k^2+r}]=m+k$$

$$f(f(m))=f(m+k)=m+2k=k^2+r+2k=$$
$$(k+1)^2+(r-1)$$

进而可推出

$$f(f(f(m)))=(k+1)^2+(r-1)+k+1=$$
$$k^2+3k+2+(r-1)=$$
$$k^2+4k+4+(r-k-3)$$

$$k^2+3k+1<k^2+3k+1+r\leqslant k^2+4k+1$$

所以

$$[\sqrt{k^2+3k+1+r}]=k+1$$

$$f(f(f(f(m))))=(k+1)^2+r+k+k+1=(k+2)^2+(r-2)$$

如此下去，随着 f 的复合，有

$$r\to r-1\to r-2\to\cdots\to 2\to 1\to 0$$

于是，当 $r=0$ 时，数列

$$m,\ f(m),\ f(f(m)),\cdots$$

中的项必含有完全平方数.

例 33　(2008 年中国国家队培训题；2008 年美国国家队选拔考试)设 n 为正整数. 求证：数 n^7+7 不是一个完全平方数.

证明　采用反证法，设 $n^7+7=x^2$ 对某个正整数对(n,x)成立，则

(1)n 为奇数，否则导致 $x^2\equiv 3 \pmod 4$，矛盾！

(2)$n\equiv 1 \pmod 4$，这是因为 n 为奇数，故 $4\mid n^7+7$，因此，$n\equiv 1 \pmod 4$.

(3)由 $x^2=n^7+7$ 可得

$$x^2+11^2=n^7+128=(n+2)(n^6-2n^5+4n^4-8n^3+16n^2-32n+64) \quad ①$$

现在，若 $11\nmid x$，则 x^2+11^2 的每一个质因子 p 都为奇数，且 $p\equiv 1 \pmod 4$. 这是因为若 $p\equiv 3 \pmod 4$，设 $p=4k+3$，则由 $x^2\equiv -11^2 \pmod p$两边 $2k+1$ 次方，得

$$x^{p-1}\equiv -11^{p-1}\equiv -1 \pmod p$$

矛盾！(这里用到费马小定理)

但由①知 $n+2\mid x^2+11^2$，而 $n+2\equiv 3 \pmod 4$，它

至少有一个模 4 余 3 的质因子,这与 x^2+11^2 的每一个质因子 p 都满足 $p\equiv1\pmod 4$ 矛盾.

若 x 为 11 的倍数,设 $x=11y$,则①变为

$$121(y^2+1)=(n+2)(n^6-2n^5+4n^4-8n^3+16n^2-32n+64)$$

依次将 $n\equiv0,\pm1,\pm2,\cdots,\pm5\pmod{11}$ 分别代入直接计算,可知 $n^6-2n^5+4n^4-8n^3+16n^2-32n+64$ 不是 11 的倍数,所以 $121\mid(n+2)$,这表明

$$y^2+1=\frac{n+2}{121}(n^6-2n^5+4n^4-8n^3+16n^2-32n+64) \quad ②$$

与前类似可证:y^2+1 的每个质因子都模 4 余 1,因此其每个奇约数都模 4 余 1,但 $\frac{n+2}{121}\equiv3\pmod 4$,所以②不能成立.

综上,n^7+7 不是一个完全平方数.

例 34 (2005 年第 18 届爱尔兰数学奥林匹克)已知奇数 m,n 满足

$$(m^2-n^2+1)\mid(n^2-1)$$

证明:$|m^2-n^2+1|$ 是一个完全平方数.

证明 先用无穷递降法证明两个引理.

引理 1:设 $p,k(p\geqslant k)$ 是给定的正整数,k 不是一个完全平方数.则关于 a,b 的不定方程

$$a^2-pab+b^2-k=0 \quad ①$$

无正整数解.

引理 1 的证明:假设方程①有正整数解.设 $(a_0,b_0)(a_0\geqslant b_0)$ 是使 $a+b$ 最小的一组正整数解.

又设 $a'_0=pb_0-a_0$.则 a_0,a'_0 是关于 t 的二次方程

$$t^2-pb_0t+b_0^2-k=0 \quad ②$$

的两个根.所以,$a'^2_0-pa'_0b_0+b_0^2-k=0$.

若 $0<a'_0<a_0$，则 (b_0,a'_0) 也是方程①的一组正整数解，且有

$$b_0+a'_0<b_0+a_0$$

与 (a_0,b_0) 是使 $a+b$ 最小的一组正整数解的假设矛盾. 所以，$a'_0\leqslant 0$ 或 $a'_0\geqslant a_0$.

(1)若 $a'_0=0$，则 $pb_0=a_0$. 代入方程①得 $b_0^2-k=0$，但 k 不是一个完全平方数，矛盾.

(2)若 $a'_0<0$，则 $pb_0<a_0$. 从而，$a_0\geqslant pb_0+1$. 故

$$\begin{aligned}a_0^2-pa_0b_0+b_0^2-k&=a_0(a-pb_0)+b_0^2-k\geqslant\\&a_0+b_0^2-k\geqslant\\&pb_0+1+b_0^2-k>p-k\geqslant 0\end{aligned}$$

与方程①矛盾.

(3)若 $a'_0\geqslant a_0$，因为 a_0,a'_0 是方程②的两个根，所以，由韦达定理得 $a_0a'_0=b_0^2-k$. 但 $a_0a'_0\geqslant a_0^2\geqslant b_0^2>b_0^2-k$，矛盾.

综上，方程①无正整数解.

引理 2：设 $p,k(p\geqslant 4k)$ 是给定的正整数. 则关于 a,b 的不定方程

$$a^2-pab+b^2+k=0 \qquad ③$$

无正整数解.

引理 2 的证明：假设方程③有正整数解. 设 $(a_0,b_0)(a_0\geqslant b_0)$ 是使 $a+b$ 最小的一组正整数解. 又设 $a'_0=pb_0-a_0$. 则 a_0,a'_0 是关于 t 的二次方程

$$t^2-pb_0t+b_0^2+k=0 \qquad ④$$

的两个根. 所以

$$a_0'^2-pa'_0b_0+b_0^2+k=0$$

若 $0<a'_0<a_0$，则 (b_0,a'_0) 也是方程③的一组正整数解，且有

$$b_0+a'_0<b_0+a_0$$

与(a_0,b_0)要使 $a+b$ 最小的一组正整数解的假设矛盾. 所以,$a'_0\leqslant 0$ 或 $a'_0\geqslant a_0$.

(1)若 $a'_0\leqslant 0$,则 $pb_0\leqslant a_0$. 故

$$a_0^2-pa_0b_0+b_0^2+k=a_0(a-pb_0)+b_0^2+k\geqslant b_0^2+k>0$$

与方程③矛盾.

(2)若 $a'_0\geqslant a_0$,则 $a_0\leqslant\frac{pb_0}{2}$. 因为方程④的两个根是

$$\frac{pb_0\pm\sqrt{(pb_0)^2-4(b_0^2+k)}}{2}$$

所以

$$a_0=\frac{pb_0-\sqrt{(pb_0)^2-4(b_0^2+k)}}{2}$$

又 $a_0\geqslant b_0$,则

$$b_0\leqslant\frac{pb_0-\sqrt{(pb_0)^2-4(b_0^2+k)}}{2}\Rightarrow$$

$$(p-2)b_0\geqslant\sqrt{(pb_0)^2-4(b_0^2+k)}\Rightarrow$$

$$(p-2)^2b_0^2\geqslant(pb_0)^2-4b_0^2-4k\Rightarrow$$

$$(4p-8)b_0^2\leqslant 4k$$

而 $p\geqslant 4k\geqslant 4$,则

$$(4p-8)b_0^2\geqslant 4p-8\geqslant 2p>4k$$

与上式矛盾.

综上,方程③无正整数解.

回到原题. 不妨设 $m,n>0$. 由$(m^2-n^2+1)|(n^2-1)$,则

$$(m^2-n^2+1)|[(n^2-1)+(m^2-n^2+1)]=m^2$$

(1)若 $m=n$,则 $m^2-n^2+1=1$ 是完全平方数.

(2)若 $m>n$,由 m,n 都是奇数,则可设

$$m+n=2a,m-n=2b\quad(a,b\in\mathbf{N}_+)$$

因为 $m^2-n^2+1=4ab+1,m^2=(a+b)^2$,所以 $(4ab+1)\mid(a+b)^2$.

设 $(a+b)^2=k(4ab+1)(k\in\mathbf{N}_+)$.则

$$a^2-(4k-2)ab+b^2-k=0$$

若 k 不是一个完全平方数,由引理 1,矛盾.因此,k 是一个完全平方数.故

$$m^2-n^2+1=4ab+1=\frac{(a+b)^2}{k}=\left(\frac{a+b}{\sqrt{k}}\right)^2$$

也是一个完全平方数.

(3)若 $m<n$,由 m,n 都是奇数,则可设

$$m+n=2a,n-m=2b\quad(a,b\in\mathbf{N}_+)$$

因 $m^2-n^2+1=-4ab+1,m^2=(a-b)^2$,所以 $(4ab-1)\mid(a-b)^2$.

设 $(a-b)^2=k(4ab-1)(k\in\mathbf{N}_+)$.则

$$a^2-(4k+2)ab+b^2+k=0$$

若 k 不是一个完全平方数,由引理 2,矛盾.因此,k 是一个完全平方数.

故 $|m^2-n^2+1|=4ab-1=\dfrac{(a-b)^2}{k}=\left(\dfrac{a-b}{\sqrt{k}}\right)^2$

也是一个完全平方数.

综上,$|m^2-n^2+1|$ 是一个完全平方数.

例 35　(2004 年中国台湾数学奥林匹克)设整数 $b>5$,对于每个正整数 n,考虑 b 进制表示的数

$$x_n=\underbrace{11\cdots1}_{(n-1)\text{个}}\underbrace{22\cdots2}_{n\text{个}}5$$

证明:$b=10$ 的充分必要条件是存在正整数 M,使

得对于所有正整数 $n>M$，均有 x_n 是一个完全平方数.

证明 必要性.

因为 $b=10$，所以，当 $n>0$ 时，有

$$\underbrace{11\cdots1}_{n-1个}\underbrace{22\cdots2}_{n个}5=5+20\cdot\frac{10^n-1}{10-1}+10^{n+1}\cdot\frac{10^{n-1}-1}{10-1}=$$

$$\frac{2}{9}\cdot10^{n+1}+\frac{25}{9}+\frac{10^{2n}}{9}-\frac{10^{n+1}}{9}=$$

$$\left(\frac{10^n}{3}+\frac{5}{3}\right)^2$$

又 $10\equiv1\pmod 3$，所以，$3\mid(10^n+5)$. 故 $\frac{10^n+5}{3}$ 为整数.

充分性.

假设存在 b 使得存在正整数 M，对于任意 $n>M$，$x_n=(\underbrace{11\cdots1}_{n-1个}\underbrace{22\cdots2}_{n个}5)_b$ 为完全平方数. 则有

$$x_n=(\underbrace{11\cdots1}_{n-1个}\underbrace{22\cdots2}_{n个}5)_b=b^{n+1}(b^{n-2}+b^{n-3}+\cdots+1)+$$

$$2b(b^{n-1}+b^{n-2}+\cdots+1)+5=$$

$$b^{n+1}\cdot\frac{b^{n-1}-1}{b-1}+2b\cdot\frac{b^n-1}{b-1}+5=$$

$$\frac{b^{2n}+b^{n+1}+3b-5}{b-1}$$

若 $b\equiv0\pmod 4$，则 $x_n\equiv5\pmod 8$. 但完全平方数模 8 余 0，1 或 4，矛盾.

若 $b\equiv1\pmod 4$，则 $x_n\equiv3n\pmod 4$. 当 $n\equiv2\pmod 4$ 时，x_n 不是完全平方数，矛盾.

若 $b\equiv-1\pmod 4$，则 n 为奇数时，$x_n\equiv2b+5\equiv3\pmod 4$，$x_n$ 不是完全平方数，矛盾. 故 $b\equiv2\pmod 4$.

令 $b-1=a^2c$,其中 c 中的质因子的幂指数为1.于是,有

$$x_n=\frac{(a^2c+1)^{2n}+(a^2c+1)^{n+1}+3(a^2c+1)-5}{a^2c}=$$

$$a^4c^2w+\frac{n(5n-1)}{2}\cdot a^2c+3n+4\quad (w\text{ 为整数})$$

若 a 中有不等于3的质因子 p,则当 n 取遍模 p^2 的完系时,$3n+4$ 也取遍模 p^2 的完系,所以,存在无限多个 n,使得 $p\mid(3n+4)$,$p^2\nmid(3n+4)$. 此时 $p\mid x_n$,但 $p^2\nmid x_n$,与题设矛盾. 故 $a=3^u$. 于是,有

$$x_n=3^{4u}c^2w+\frac{n(5n-1)}{2}\cdot 3^{2u}c+3n+4$$

若 c 中有不等于3的质因子 q(由 $b\equiv 2\pmod 4$ 知 $q\neq 2$),注意到

$$(n,3n+4)=(n,4)$$

$$(5n-1,3n+4)=(n+9,3n+4)=(n+9,23)$$

若 $q\neq 23$,则 $3n+4$ 可取遍模 q^2 的完系,所以,存在无限多个 n,使得 $q^2\mid(3n+4)$,此时,$q\nmid n$,$q\nmid(5n-1)$,故 $q\mid x_n$,但 $q^2\nmid x_n$,与题设矛盾.

若 $q=23$,则 $3n+4$ 可取遍模 q^2 的完系,存在无限多个 n,使得

$$q\mid(3n+4),q^2\nmid(3n+4)$$

此时,$q\mid(5n-1)$,则 $q\mid x_n$.

但 $q^2\nmid x_n$,与题设矛盾. 故 $c=3$.

综上所述,$b=3^k+1(k\in\mathbf{Z}_+)$.

由 $b\equiv 2\pmod 4$ 知 $2\mid k$,所以,$b=3^{2t}+1(t\in\mathbf{Z}_+)$.

取 $N=\max\{M+1,1,100\}$,则

$$\underbrace{11\cdots1}_{N-1\text{个}}\underbrace{22\cdots2}_{N\text{个}}5=5+2b\cdot\frac{b^N-1}{b-1}+b^{N+1}\cdot\frac{b^{N-1}-1}{b-1}=$$

$$\frac{\left(b^N+\frac{b}{2}\right)^2-\frac{n^2}{4}+3b-5}{b-1}$$

又由 $N>M$,得$\underbrace{11\cdots1}_{N-1个}\underbrace{22\cdots2}_{N个}5$为完全平方数.因为 $b-1=3^{2t}$为完全平方数,所以

$$\left(b^N+\frac{b}{2}\right)^2-\frac{b^2}{4}+3b-5$$

为完全平方数.

而$\frac{b}{2}+b^N\in\mathbf{Z}$,且$\left|\frac{b^2}{4}-3b+5\right|<2\left(b^N+\frac{b}{2}\right)$,则

$$\frac{b^2}{4}-3b+5=0$$

解得 $b=2$ 或 10.因为 $b>5$,所以,$b=10$.

例 36 (2010 年第 51 届 IMO)设 N 是所有正整数构成的集合.求所有的函数 $g:N\to N$,使得对所有 $m,n\in N$

$$(g(m)+n)(m+g(n))$$

是一个完全平方数.

解 答案是 $g(n)=n+C$,其中 C 是非负整数.

首先,函数 $g(n)=n+C$ 满足题意,因为此时

$$(g(m)+n)(m+g(n))=(n+m+C)^2$$

是一个平方数.

引理:若质数 p 整除 $g(k)-g(l)$,k,l 是正整数,则 $p|k-l$.

事实上,若 $p^2|g(k)-g(l)$,令 $g(l)=g(k)+p^2a$,这里 a 是某个整数.取一个整数

$$D>\max\{g(k),g(l)\}$$

且 D 不能被 p 整除.令 $n=pD-g(k)$,则 $n+g(k)=pD$,于是

$$n+g(l)=pD+(g(l)-g(k))=p(D+pa)$$

能被 p 整除，但不能被 p^2 整除.

由题设，$(g(k)+n)(g(n)+k)$ 和 $(g(l)+n)(g(n)+l)$ 都是平方数，所以，它们能被质数 p 整除，就能被 p^2 整除，于是 $p|g(n)+k$，$p|g(n)+l$，故

$$p|((g(n)+k)-(g(n)+l))$$

即 $p|k-l$.

若 $p|g(k)-g(l)$，取同样的整数 D，令 $n=p^3D-g(k)$，则正整数 $g(k)+n=p^3D$ 能被 p^3 整除，但不能被 p^4 整除，正整数

$$g(l)+n=p^3D+(g(l)-g(k))$$

被 p 整除，但不能被 p^2 整除，所以，由题设可知，$p|g(n)+k$，$p|g(n)+l$，故

$$p|((g(n)+k)-(g(n)+l))$$

即 $p|k-l$. 引理得证.

回到原题，若存在正整数 k,l 使得 $g(k)=g(l)$，则由引理知，$k-l$ 能被任意质数 p 整除，从而 $k-l=0$，即 $k=l$，所以 g 是单射.

考虑数 $g(k)$ 和 $g(k+1)$，因为 $(k+1)-k=1$，所以由引理知，$g(k+1)-g(k)$ 不能被任意一个质数整除，故 $|g(k+1)-g(k)|=1$.

设 $g(2)-g(1)=q$，$|q|=1$，则由数学归纳法易知

$$g(n)=g(1)+(n-1)q$$

若 $q=-1$，则对 $n\geqslant g(1)+1$，有 $g(n)\leqslant 0$，矛盾，故 $q=1$. 所以

$$g(n)=n+(g(1)-1)$$

对所有 $n\in\mathbf{N}$ 成立，其中 $g(1)-1\geqslant 0$. 令 $g(1)-1=C$（常数），故 $g(n)=n+C$，其中常数 C 是非负整数.

例 37 (2005 年保加利亚数学奥林匹克)求所有的正整数 x,y,z,使得

$$\sqrt{\frac{2\,005}{x+y}}+\sqrt{\frac{2\,005}{x+z}}+\sqrt{\frac{2\,005}{y+z}}$$

是整数.

证明 首先证明一个引理.

引理:若 p,q,r 和 $s=\sqrt{p}+\sqrt{q}+\sqrt{r}$ 是有理数,则 $\sqrt{p},\sqrt{q},\sqrt{r}$ 也是有理数.

引理的证明:由于 $(\sqrt{p}+\sqrt{q})^2=(s-\sqrt{r})^2$,可得

$$2\sqrt{pq}=s^2+r-p-q-2s\sqrt{r}$$

平方后可得

$$4pq=M^2+4s^2r-4Ms\sqrt{r}$$

其中 $M=s^2+r-p-q>0$. 于是,$\sqrt{r}$ 是有理数. 同理,$\sqrt{p},\sqrt{q}$ 也是有理数. 下面证明原题.

假设 x,y,z 是满足条件的正整数,则 $\sqrt{\frac{2\,005}{x+y}}$, $\sqrt{\frac{2\,005}{x+z}}$, $\sqrt{\frac{2\,005}{y+z}}$ 均为有理数.

设 $\sqrt{\frac{2\,005}{x+y}}=\frac{a}{b}$,其中 a,b 互质. 于是,$2\,005b^2=(x+y)a^2$. 从而,a^2 整除 2 005,进而有 $a=1$. 因此,$x+y=2\,005b^2$. 同理可设 $x+z=2\,005c^2$,$y+z=2\,005d^2$. 代入原表达式知 $\frac{1}{b}+\frac{1}{c}+\frac{1}{d}$ 是正整数,其中 b,c,d 是正整数.

因为 $\frac{1}{b}+\frac{1}{c}+\frac{1}{d}\leqslant 3$,下面分情况讨论.

(1)当$\frac{1}{b}+\frac{1}{c}+\frac{1}{d}=3$时,则

$$b=c=d=1,x+y=y+z=z+x=2\,005$$

没有正整数解.

(2)当$\frac{1}{b}+\frac{1}{c}+\frac{1}{d}=2$时,则$b,c,d$中一个等于1,另两个等于2,不存在满足条件的$x,y,z$.

(3)当$\frac{1}{b}+\frac{1}{c}+\frac{1}{d}=1$时,不妨设$b\geqslant c\geqslant d>1$,于是,有$\frac{3}{d}\geqslant\frac{1}{b}+\frac{1}{c}+\frac{1}{d}=1$,所以,$d=2$或3.

(i)$d=3$,则$b=c=3$,不存在满足条件的x,y,z.

(ii)$d=2$,则$c>2$,且$\frac{2}{c}\geqslant\frac{1}{b}+\frac{1}{c}=\frac{1}{2}$,所以,$c=3$或4.

若$c=3$,则$b=6$,不存在满足条件的x,y,z;

若$c=4$,则$b=4$,存在$x=14\times2\,005=28\,070$,$y=z=2\times2\,005=4\,010$,满足条件.

综上所述,x,y,z中一个为28 070,另两个为4 010.

例 38　(2005年第31届俄罗斯数学奥林匹克)已知10个互不相同的非零数,它们之中任意两个数的和或积是有理数.证明:每个数的平方都是有理数.

证法 1　如果各个数都是有理数,命题自然成立.

现设10个数中包含有无理数a,于是,其他各数都具有形式$p-a$或$\frac{p}{a}$,其中p为有理数.

下面证明,形如$p-a$的数不会多于2个.

事实上,如果有3个不同的数都具有这种形式,不妨设$b_1=p_1-a,b_2=p_2-a,b_3=p_3-a$.那么,易见

$b_1+b_2=p_1+p_2-2a$ 不是有理数. 因而, $b_1b_2=p_1p_2-a(p_1+p_2)+a^2$ 就应当是有理数.

同理, b_2b_3, b_1b_3 也是有理数.

这也就是说

$$A_3=a^2-a(p_1+p_2)$$
$$A_2=a^2-a(p_1+p_3)$$
$$A_1=a^2-a(p_2+p_3)$$

都是有理数, 从而, $A_3-A_2=a(p_3-p_2)$ 是有理数. 而这只有当 $p_3-p_2=0$ 时才有可能. 所以, $b_2=b_3$, 矛盾.

由上可知, 形如$\frac{p}{a}$的数多于 2 个.

设 $c_1=\frac{p_1}{a}$, $c_2=\frac{p_2}{a}$, $c_3=\frac{p_3}{a}$是 3 个这样的数. 显然, 仅当 $p_1+p_2=0$ 时, $c_1+c_2=\frac{p_1+p_2}{a}$才可能为有理数, 而 $p_1\neq p_3$, 所以, $c_3+c_2=\frac{p_3+p_2}{a}$为无理数. 从而, $c_3c_2=\frac{p_3p_2}{a^2}$为有理数, 由此即得 a^2 为有理数.

证法 2 考察其中任意 6 个数.

作一个图, 在它的 6 个顶点上分别放上这 6 个数. 如果某两个数的和为有理数, 就在相应的两个顶点之间连一条蓝色边; 如果某两个数的积为有理数, 就在相应的两个顶点之间连一条红色边. 众所周知, 在这样的图中存在一个三边同色的三角形, 分别讨论其中的各种情况.

(1) 如果存在蓝色三角形, 则表明存在 3 个数 x, y, z 使得 $x+y$, $y+z$, $z+x$ 都是有理数. 因而

$$(x+y)+(z+x)-(y+z)=2x$$

为有理数，亦即 x 为有理数.

同理，y，z 也都是有理数.

再观察其余的任意一个数 t. 显然，无论由 xt 的有理性(题意表明，所有的数均非 0)，还是由 $x+t$ 的有理性，都可以推出 t 为有理数.

所以，此时的 10 个数都是有理数.

(2)如果存在红色三角形，则表明存在 3 个数 x，y，z，使得 xy，yz，zx 都是有理数. 因而 $\frac{(xy)(zx)}{yz}=x^2$ 为有理数. 同理，y^2，z^2 也都是有理数.

如果 x，y，z 三者中至少有一个为有理数，那么，只要按照前一种情况进行讨论，即知 10 个数都是有理数.

现设 $x=m\sqrt{a}$，其中 a 为有理数，且 $m=\pm1$.

由于 $xy=m\sqrt{a}\,y=b$ 是有理数，所以

$$y=\frac{b}{m\sqrt{a}}=\frac{b\sqrt{a}}{ma}=c\sqrt{a}$$

其中 $c\neq m$ 为有理数.

再来观察其余的任意一个数 t. 如果 xt 或 yt 为有理数，那么，经过如上类似的讨论，可知 $t=d\sqrt{a}$，其中 d 为有理数. 因而，t^2 为有理数.

而如果 $x+t$，$y+t$ 都是有理数，则有

$$(x+t)-(y+t)$$

是有理数. 但事实上

$$(x+t)-(y+t)=(m-c)\sqrt{a}$$

都是无理数，矛盾.

综上所述，或者每个数都是有理数，或者每个数的平方都是有理数，这正是所要证明的.

例 39 (第 29 届 IMO 试题)设 a 和 b 为自然数,并且$(ab+1)$可以整除 a^2+b^2. 求证

$$\frac{a^2+b^2}{ab+1}$$

是某个整数的平方.

证法 1 设 $k=\dfrac{a^2+b^2}{ab+1}$,即

$$a^2+b^2=k(ab+1) \quad ①$$

如果放宽限制,允许 b 为任何非负整数,那么对于 $b=0$ 的特殊情形,显然有 $k=a^2$. 由特殊情形得到启示,对于一般情形

$$a\geqslant b>0 \quad ②$$

我们应该设法通过递降手续,寻求 k 的类似于①那样的表示式,使得其中某一个数变成 0. 为此,将①式变形为

$$b^2+a(a-kb)=k \quad ③$$

$$b^2+(a-kb)^2=k[1-b(a-kb)]$$

$$b^2+(kb-a)^2=k[b(kb-a)+1]$$

令 $c=kb-a$ 可将上面最后一式写成

$$b^2+c^2=k(bc+1) \quad ④$$

下面考察能否有

$$0\leqslant c<b \quad ⑤$$

从式④可以看出,若 $c<0$,则 $bc\leqslant -1$,必有 $k(bc+1)\leqslant 0$. 但这是不可能的(与②矛盾). 因此,$c\geqslant 0$. 另一方面,由式③可以看出

$$kb-a=\frac{b^2-k}{a}<\frac{b^2}{a}\leqslant b$$

我们从①和②)出发,通过递降手续得到④和⑤. 如果 c 仍大于 0,则可继续施行类似的手续,直至最后得到

所要求的结果.

证法2　为方便,记

$$f(a,b)=\frac{a^2+b^2}{ab+1} \tag{6}$$

不妨设 $a\geqslant b>0$,并令

$$a=nb-r,n\geqslant 1,0\leqslant r<b \tag{7}$$

将⑦代入⑥,有

$$f(a,b)=\frac{n^2b^2-2nbr+r^2+b^2}{nb^2-br+1} \tag{8}$$

若 $f(a,b)\leqslant n-1$,则有

$$nb(b-r)+r^2+b^2\leqslant br+n-1$$

因为 $n\geqslant 1,b>r\geqslant 0$,所以

$$nb(b-r)\geqslant n,r^2+b^2\geqslant 2br\geqslant br$$

与上式矛盾,故 $f(a,b)\geqslant n$.

若 $f(a,b)\geqslant n+1$,则有

$$r^2+b^2\geqslant nb^2+(n-1)br+(n+1)$$

当 $r=0$,因 $n\geqslant 1$,上式不成立.若 $r>0$,则由⑦知 $n\geqslant 2$,仍与上式矛盾,故 $f(a,b)\leqslant n$.从而

$$f(a,b)=n \tag{9}$$

现在分两种情况进行讨论.

(i)若 $r=0$,则 $a=nb$,由⑧与⑨得

$$f(a,b)=\frac{n^2b^2+b^2}{nb^2+1}=n$$

即得

$$n=b^2 \tag{10}$$

这时有

$$f(a,b)=f(b^3,b)=b^2 \tag{11}$$

(ii)若 $r>0$,则由⑧与⑨得

$$f(a,b)=\frac{n^2b^2-2nrb+r^2+b^2}{nb^2-br+1}=n$$

$$n^2b^2-2nbr+r^2+b^2=n^2b^2-nbr+n$$

解出 n，得

$$n=\frac{b^2+r^2}{br+1}=f(b,r) \qquad ⑫$$

欲证 n 为完全平方数，可对 $f(b,r)$ 继续上述讨论. 由于 a,b 是有限的正整数，必存在自然数 $m(m\geqslant 2)$，使

$$\left.\begin{array}{l} a=nb-r \\ b=nr-s \\ \vdots \\ u=nv-y \\ v=ny \end{array}\right\}\text{共 } m \text{ 个等式} \qquad ⑬$$

这时，我们有

$$n=f(a,b)=f(b,r)=f(r,s)=\cdots=f(v,y) \qquad ⑭$$

在式⑭中，已有 $v=ny$，从而

$$f(a,b)=f(v,y)=f(ny,y)=f(y^3,y)=y^2$$

$f(a,b)$ 必是完全平方数.

证法 3 设 $\frac{a^2+b^2}{ab+1}=n$，假设 n 不是完全平方数. 则因

$$a^2+b^2-nab-n=0 \qquad ⑮$$

设 (a,b) 是满足式⑮所有正整数对中使 $a+b$ 最小的. 不妨设 $a\geqslant b$，固定 b,n，则式⑮可看做关于 a 的二次方程.

设 a' 是方程⑮的另一个根，则有

$$a+a'=nb, aa'=b^2-n$$

由此可知，a' 也是整数，且

$$a'=\frac{b^2-n}{a} \tag{16}$$

若 $a'<0$，则 $n>b^2>0$，和

$$a'^2+b^2-na'b-n=0$$

矛盾. 所以 $a'\geqslant 0$.

又由假设 $n\neq b^2$，所以 $a'>0$. 即 (a',b) 也是满足式⑮的正整数对. 于是

$$a'+b\geqslant a+b$$

即 $a'\geqslant a$，代入式⑯得

$$\frac{b^2-n}{a}\geqslant a$$

或

$$b^2-n\geqslant a^2$$

这和所设 $a\geqslant b$ 矛盾. 所以 n 必是一个完全平方数.

证法 4　由于 $\frac{a^2+b^2}{ab+1}$ 与 $\frac{b}{a}$ 或 $\frac{a}{b}$ 有关，不妨设 $b\geqslant a$，我们需要大致确定出 $\frac{a^2+b^2}{ab+1}$ 的范围. 为了精确起见，令 $b=p_1a+q_1(0<q_1\leqslant a)$，这样就有

$$S_1=\frac{a^2+b^2}{ab+1}=\frac{p_1^2a^2+2p_1q_1a+q_1^2+a^2}{p_1a^2+q_1a+1}=$$

$$p_1+\frac{p_1q_1a+q_1^2+a^2-p_1}{p_1a^2+q_1a+1}=$$

$$p_1+2-\frac{p_1a(a-q_1)+q_1(a-q_1)}{p_1a^2+q_1a+1}+$$

$$\frac{(p_1-1)a^2+p_1+2+q_1a}{p_1a^2+q_1a+1}$$

注意到

$$0<q_1\leqslant a,p_1\geqslant 1$$

可得

$$p_1\leqslant S_1<p_1+2,q_1>0$$

由 S_1 是整数，故 $S_1=p_1+1$，即

$$b=S_1a-(a-q_1)$$

这时

$$(S_1a-(a-q_1))^2+a^2=(a(S_1a-(a-q_1))+1)S_1$$

即

$$S_1=\frac{a^2+(a-q_1)^2}{a(a-q_1)+1}$$

再令 $a_1=a-q_1$，则

$$\frac{a^2+b^2}{ab+1}=S_1=\frac{a^2+a_1^2}{1+aa_1}$$

类似地令

$$a=S_2a_2-a_2,a_1=S_3a_2-a_3,\cdots$$

最终必有 $a_{t-1}=a_tS_{t+1}$，所以有

$$\frac{a^2+b^2}{ab+1}=S_1=\frac{a^2+a_1^2}{1+aa_1}=S_1=\cdots=$$

$$\frac{a_{t-2}^2+a_{t-1}^2}{1+a_{t-2}a_{t-1}}=S_t=\frac{a_t^2+a_{t-1}^2}{1+a_ta_{t-1}}=S_{t+1}$$

事实上，将 $a_{t-1}=S_{t+1}a_t$ 代入得

$$\frac{a_t^2+a_{t-1}^2}{1+a_ta_{t-1}}=\frac{a_t^2(S_{t+1}^2+1)}{1+a_t^2S_{t+1}}=S_{t+1}$$

解出 S_{t+1} 有

$$S_{t+1}=a_t^2$$

故

$$S_1=S_2=\cdots=S_{t+1}=a_t^2$$

由此可知 $\frac{a^2+b^2}{ab+1}$ 为一个平方数，不难发现，a_t 正是 a,b 两数的最大公约数（辗转相除原理）. 命题获证.

证法 5 因 a,b 是对称的，故不妨设 $b\geqslant a$. 由带余数除法知，存在唯一的一对整数 m,r_1，使得

$$b=am+r_1,-\frac{a}{2}<r_1\leqslant\frac{a}{2} \qquad ⑰$$

由于 $b\geqslant a\geqslant 1$，故必有 $m\geqslant 1$. 由上式得

$$2\leqslant ab+1=a^2m+ar_1+1$$

$$a^2+b^2=m(ab+1)+a^2+amr_1+r_1^2-m$$

这样，$(ab+1)\mid(a^2+b^2)$就等价于

$$a^2m+ar_1+1\mid a^2+amr_1+r_1^2-m \tag{18}$$

直观地看，除数似应比被除数的绝对值大，所以猜测式⑱应等价于

$$a^2+amr_1+r_1^2-m=0 \tag{19}$$

我们设法来证明这一点. 从式⑲推出式⑱是显然的. 下面来证明：从式⑱可推出式⑲. 分 $m>1$ 和 $m=1$ 两种情形来讨论.

容易算出

$$\begin{aligned}a^2+amr_1+r_1^2-m=&-(a^2m+ar_1+1)+\\&(m+1)(a^2+ar_1-1)+r_1^2+2>\\&-(a^2m+ar_1+1)\end{aligned} \tag{20}$$

$$\begin{aligned}a^2+amr_1+r_1^2-m=&(a^2m+ar_1+1)-\\&(m-1)(a^2-ar_1+1)+r_1^2-2\end{aligned} \tag{21}$$

当 $m>1$ 时，利用 $a^2-ar_1+1\geqslant 2$ 及 $a^2-ar_1+1>r_1^2-2$，从式⑳和㉑推出

$$|a^2+amr_1+r_1^2-m|<a^2m+ar_1+1$$

因此由整除性质，从式⑱可推出式⑲.

当 $m=1$ 时，若式⑱成立，则由式㉑可推出

$$a^2+ar_1+1\mid r_1^2-2 \tag{22}$$

由于 $0\leqslant|r_1|\leqslant\dfrac{a}{2}$，所以当 $r_1\neq 0$ 时恒有

$$a^2+ar_1+1\geqslant\frac{a^2}{2}+1\geqslant 2r_1^2+1>|r_1^2-2|>0$$

因而当式㉒成立时必有 $r_1=0$，进而由式㉒推出 $a=1$. 这样，$m=1$ 时必有 $r_1=0$，$a=1$，显见式⑲也成立.

显见，当 $r_1\geqslant 1$ 时式⑲不可能成立. 因此，式⑱成

立时必有

$$-\frac{a}{2}<r_1\leqslant 0 \tag{23}$$

而这时式⑲可改写为

$$m=\frac{|r_1|^2+a^2}{|r_1|a+1}$$

综合以上讨论,我们证明了:若 $ab+1|a^2+b^2,b\geqslant a\geqslant 1$,则必有

$$m=\frac{a^2+b^2}{ab+1}=\frac{|r_1|^2+a^2}{|r_1|a+1} \tag{24}$$

其中 r_1,m 由式⑰给出,且满足式㉒.此外,当 $r_1=0$ 时,$m=a^2=(a,b)^2$,即当 $r_1=0$ 时所要的结论已证明.当 $r_1\neq 0$ 时,$|r_1|,a$ 满足和 a,b 相同的条件,且有式㉔成立.继续对 $|r_1|,a$ 进行同样的讨论.这样不断进行下去,即利用式⑰形式的辗转相除法,最后可得一组数列

$$\{b,a\},\{|r_1|,a\},\{|r_2|,|r_1|\},\cdots,\{|r_l|,|r_{l-1}|\}$$

它们由下列式子给出,即

$$\begin{cases} b=am+r_1,-\dfrac{a}{2}<r_1\leqslant -1 \\ a=|r_1|m+r_2,-\dfrac{|r_1|}{2}<r_2\leqslant -1 \\ \qquad\vdots \\ |r_{l-2}|=|r_{l-1}|m+r_l,-\dfrac{|r_{l-1}|}{2}<r_l\leqslant -1 \\ |r_{l-1}|=|r_l|m \end{cases} \tag{25}$$

满足

$$m=\frac{a^2+b^2}{ab+1}=\frac{|r_1|^2+a^2}{|r_1|a+1}=\cdots=\frac{|r_l|^2+|r_{l-1}|^2}{|r_l||r_{l-1}|+1}=|r_l|^2$$

这就证明了所要的结论.如果注意到最大公约数

$$(a,b)=(r_1,a)=(r_2,r_1)=\cdots=(r_l,r_{l-1})=|r_l|$$

就推出 $m=(a,b)^2$.

利用式㉕及 $m=|r_l^2|$，以及循环数列的知识，可以证明满足本题条件的全部正整数解 $a_k,b_k(b_k\geqslant a_k)$，即

$$a_k=\frac{d}{\sqrt{d^4-4}}\left(\left(\frac{d^2+\sqrt{d^4-4}}{2}\right)^k-\left(\frac{d^2-\sqrt{d^4-4}}{2}\right)^k\right)$$

$$b_k=a_{k+1},k=1,2,\cdots$$

其中，d 是任意给定的正整数(d^2 相当于 m).

证法6　如果 $ab=0$，结果是清楚的. 如果 $ab>0$，由对称性可设 $a\leqslant b$. 设结果对于较小的乘积 ab 是成立的. 现我们要找整数 c 满足

$$q=\frac{a^2+c^2}{ac+1},0\leqslant c<b$$

因为 $ac<ab$，由归纳假设，$q=\gcd(a,c^2)$. 为找到 c，解

$$\frac{a^2+b^2}{ab+1}=\frac{a^2+c^2}{ac+1}=q$$

把分子、分母都相减，我们得到

$$\frac{b^2-c^2}{a(b-c)}=q\Rightarrow\frac{b+c}{a}=q\Rightarrow c=aq-b$$

注意 c 是整数且 $\gcd(a,b)=\gcd(a,c)$. 如果能证明 $0\leqslant c<b$ 就完成了证明. 为证明这点，注意到

$$q=\frac{a^2+b^2}{ab+1}<\frac{a^2+b^2}{ab}=\frac{a}{b}+\frac{b}{a}$$

$$aq<\frac{a^2}{b}+b\leqslant\frac{b^2}{b}+b=2b\Rightarrow aq-b<b\Rightarrow c<b$$

为证明 $c\geqslant 0$，我们作估计

$$q=\frac{a^2+c^2}{ac+1}\Rightarrow ac+1>0\Rightarrow c>\frac{-1}{a}\Rightarrow c\geqslant 0$$

这就完成了证明.

例40　(2009年第50届IMO预选题)设 a,b 是

大于 1 的互不相同的整数. 证明:存在正整数 n,使得 $(a^n-1)(b^n-1)$ 不是一个完全平方数.

证明 设 $a^2=A,b^2=B$

$$z_n=\sqrt{(A^n-1)(B^n-1)}$$

假设对于 $n=1,2,\cdots,z_n$ 是整数,不失一般性,假设 $b<a$,且存在整数 $k(k\geqslant 2)$ 使得

$$b^{k-1}\leqslant a<b^k$$

定义有理数数列 $\gamma_1,\gamma_2,\cdots$,使得

$$2\gamma_1=1$$

$$2\gamma_{n+1}=\sum_{i=1}^{n}\gamma_i\gamma_{n+1-i}\quad(n=1,2,\cdots)$$

则

$$\left[(ab)^n-\gamma_1\left(\frac{a}{b}\right)^n-\gamma_2\left(\frac{a}{b^3}\right)^n-\cdots-\right.$$

$$\left.\gamma_k\left(\frac{a}{b^{2n-1}}\right)^n+O\left(\left(\frac{b}{a}\right)^n\right)\right]^2=$$

$$A^nB^n-2\gamma_1A^n-\sum_{i=2}^{k}\left(2\gamma_i-\sum_{j=1}^{i-1}\gamma_j\gamma_{i-j}\right)\left(\frac{A}{B^{i-1}}\right)^n+$$

$$O\left(\left(\frac{A}{B^k}\right)^n\right)+O(B^n)=A^nB^n-A^n+O(B^n)$$

故

$$z_n=(ab)^n-\gamma_1\left(\frac{a}{b}\right)^n-\gamma_2\left(\frac{a}{b^3}\right)^n-\cdots-$$

$$\gamma_k\left(\frac{a}{b^{2k-1}}\right)^n+O\left(\left(\frac{b}{a}\right)^n\right)$$

可选择有理数 $r_1,r_2,\cdots,r_{k+1}$,使得

$$(x-ab)\left(x-\frac{a}{b}\right)\left(x-\frac{a}{b^3}\right)\cdots\left(x-\frac{a}{b^{2k-1}}\right)=$$

$$x^{k+1}-r_1x^k+\cdots+(-1)^{k+1}r_{k+1}$$

且存在正整数 M,使得 $Mr_1,Mr_2,\cdots,Mr_{k+1}$ 为整数. 于

是，对于所有正整数 n 有

$$M(z_{n+k+1}-r_1z_{n+k}+\cdots+(-1)^{k+1}r_{k+1}z_n)=O\left(\left(\frac{b}{a}\right)^n\right)$$

因此，存在一个足够大的正整数 N，使得对于所有整数 $n(n\geqslant N)$ 有

$$z_{n+k-1}=r_1z_{n+k}-r_2z_{n+k-1}+\cdots+(-1)^{k+1}r_{k+1}z_n$$

由于 $\{z_n\}(n\geqslant N)$ 是齐次线性递归数列，则存在有理数 $\delta_0,\delta_1,\cdots,\delta_k$，当 n 足够大时有

$$z_n=\delta_0(ab)^n-\delta_1\left(\frac{a}{b}\right)^n-\delta_2\left(\frac{a}{b^3}\right)^n-\cdots-\delta_k\left(\frac{a}{b^{2k-1}}\right)^n$$

其中，$\delta_0>0$. 于是

$$A^nB^n-A^n-B^n+1=z_n^2=$$

$$\left(\delta_0(ab)^n-\delta_1\left(\frac{a}{b}\right)^n-\delta_2\left(\frac{a}{b^3}\right)^n-\cdots-\delta_k\left(\frac{a}{b^{2k-1}}\right)^n\right)^2=$$

$$\delta_0^2A^nB^n-2\delta_0\delta_1A^n-\sum_{i=2}^{k}\left(2\delta_0\delta_i-\sum_{j=1}^{i-1}\delta_j\delta_{i-j}\right)\left(\frac{A}{B^{i-1}}\right)^n+O\left(\left(\frac{A}{B^k}\right)^n\right)$$

从而，$\delta_0=1,\delta_1=\dfrac{1}{2}$

$$\delta_i=\frac{1}{2}\sum_{j=1}^{i-1}\delta_j\delta_{i-j}\quad(i=2,3,\cdots,k-2)$$

且 $a=b^{k-1}$.

由 $b<a$，知 $k>2$. 因此，存在有理系数多项式 $P(X)$，使得

$$(X-1)(X^{k-1}-1)=(P(X))^2$$

这是不可能的（因为 $X^{k-1}-1$ 没有二重根，矛盾）.

习 题 5

1. 选择题

(1)(1984 年北京市初二数学竞赛题)在整数 0,1,2,3,4,5,6,7,8,9 中,质数的个数为 x,偶数的个数为 y,完全平方数的个数为 z,则 $x+y+z$ 等于(　　).

(A)14　(B)13　(C)12　(D)11　(E)10

(2)(1985 年北京市高一数学竞赛题)若 $N=\sqrt{\underbrace{19851985\cdots1985}_{n\text{个}1985}-7^{n+1}}$,则 N 一定是(　　).

(A)无理数

(B)末位数字是 1 的正整数

(C)首位数字是 5 的倍

(D)以上答案都不对.

(3)(1984 年天津市初中数学竞赛题)下列哪一个数一定不是某个自然数的平方(其中 n 为自然数)(　　).

(A)$3n^2-3n+3$　　(B)$4n^2+4n+4$

(C)$5n^2-5n-5$　　(D)$7n^2-7n+7$

(E)$11n^2+11n-11$

(4)下列各数:4 822 416,5 382 234,6 573 251,3 352 879 是完全平方数的个数是(　　).

(A)1　　(B)2　　(C)3　　(D)4

(5)(1979 年第 30 届美国中学生数学竞赛题)一个整数的平方称为完全平方数.若 x 是一个完全平方数,那么它的下一个完全平方数是(　　).

(A)$x+1$　　(B)x^2+1　　(C)x^2+2x+1

(D)x^2+x　　(E)$x^2+2\sqrt{x}+1$

(6)(1991年江苏省初中数学竞赛题)已知下面四组 x 和 y 的值中,有且只有一组使 $\sqrt{x^2+y^2}$ 是整数,这组 x 和 y 的值是(　　).

(A)$x=88\ 209, y=90\ 288$

(B)$x=82\ 098, y=89\ 028$

(C)$x=28\ 098, y=89\ 082$

(D)$x=90\ 882, y=28\ 809$

(7)(第1届希望杯数学邀请赛初一试题)已知数 $x=1\underbrace{00\cdots0}_{n个}1\underbrace{00\cdots0}_{n+1个}50$,则(　　).

(A)x 是完全平方数

(B)$x-50$ 是完全平方数

(C)$x-25$ 是完全平方数

(D)$x+50$ 是完全平方数

(8)(1990年广州等五市初中数学联赛题)使得 $2n(n+1)(n+2)(n+3)+12$ 可表示成两个自然数的平方和的自然数 n 的个数是(　　).

(A)0　　(B)1

(C)有限的(但多于1)　　(D)无限多的

(9)(1983年重庆市初中数学竞赛题)设 $p=\sqrt{\underbrace{11\cdots1}_{2n个}-\underbrace{22\cdots2}_{n个}}$($n$ 为自然数),则(　　).

(A)p 为无理数　(B)$p=\underbrace{11\cdots1}_{n个}$　(C)$p=\underbrace{22\cdots2}_{n个}$

(D)$p=\underbrace{33\cdots3}_{n个}$　(E)$p=\underbrace{77\cdots7}_{n个}$

(10)已知 x,y 都是自然数,且 x^2+y^2+6 是 xy 的整数倍.则 $\frac{x^2+y^2+6}{xy}$ 是一个(　　).

(A)完全平方数　　　(B)完全立方数

(C)完全四次方数　　(D)素数

2.(2008 年上海市初中数学竞赛)对于正整数 n,规定$n!=1\times2\times\cdots\times n$. 则乘积 $1!\times2!\times\cdots\times9!$ 的所有约数中,是完全平方数的共有________个.

3.设 $M=\{1,2,\cdots,2\ 009\}$. 若 $n\in M$,使得 $S_n=\frac{1}{n}(1^3+2^3+\cdots+n^3)$的值为一平方数,则这样的 n 共有________个.

4.(1989 年安庆市初中数学竞赛题)若 a,b 是正整数,求证:$\frac{a^4+b^4+(a+b)^4}{2}$是完全平方数.

5.(2004 年日本数学奥林匹克)证明:不存在正整数 n,使得 $2n^2+1,3n^2+1,6n^2+1$ 全为完全平方数.

6.(1987 年杭州市初中数学竞赛题)求证:$\underbrace{11\cdots1}_{n个}\underbrace{22\cdots2}_{n+1个}5=(\underbrace{33\cdots3}_{n个}5)^2$.

7.(1979 年河南省中学数学竞赛题)求证:对于任意自然数 n,$\sqrt{8\underbrace{99\cdots9}_{n-1个}4\underbrace{00\cdots0}_{n-1个}1}+1$ 能被$2\times3\times5$所整除.

8.求证下列各数是完全平方数:

(1)$224\underbrace{99\cdots9}_{k-2个}1\underbrace{00\cdots0}_{k个}9$;

(2)$\underbrace{11\cdots1}_{n个}0\underbrace{88\cdots8}_{n个}9$;

(3)$\underbrace{44\cdots4}_{n个}\underbrace{22\cdots2}_{n个}5$;

(4)$3\underbrace{99\cdots9}_{n个}6\underbrace{00\cdots0}_{n个}1$;

(5) $1\underbrace{77\cdots7}_{n个}9\underbrace{55\cdots5}_{n个}6$;

(6) $7\underbrace{11\cdots1}_{n个}8\underbrace{22\cdots2}_{n个}4$;

(7) $7\underbrace{11\cdots1}_{n个}2\underbrace{88\cdots8}_{n个}9$.

9.(1992 年乌克兰数学奥林匹克)证明,如果对于自然数 n 和 m 成立等式 $2m=n^2+1$,则 m 可以表示为两个完全平方数之和.

10.(2004 年克罗地亚数学竞赛)证明:任意五个相邻的正整数的平方和不是一个正整数的平方.

11.(1996 年北京市初二数学竞赛)若 $a=1\,995^2+1\,995^2\cdot 1\,996^2+1\,996^2$. 求证:$a$ 是一个完全平方数,并请你写出 a 的平方根.

12.(2007 年泰国数学奥林匹克)已知正整数 n 满足 $5n+1$ 是完全平方数. 证明:$n+1$ 为五个完全平方数之和.

13.(2004 年日本数学奥林匹克决赛)证明:不存在正整数 n,使得

$$2n^2+1, 3n^2+1, 6n^2+1$$

都是完全平方数.

14.(2010 年沙特阿拉伯数学奥林匹克)证明:在 $30^{2\,010}$ 的任意九个正因数中,必有两个数的乘积是完全平方数.

15.(1976 年基辅数学竞赛题)求证:$1\,976^{15}+2$ 不是一个自然数的平方.

16.(1976 年基辅数学竞赛题)按任意的次序把 1,2,…,1 976 这 1 976 个自然数写成一排,求证:所得到的数不是一个完全平方数.

17. 求证：和数 $\underbrace{11\cdots1}_{m\text{个}}\times\underbrace{100\cdots05}_{m+1\text{个}}+1$ 是完全平方数.

18. 求证：凡是大于 4 的完全平方数，都可以用两个自然数的平方差来表示.

19. 求证：$a(a+1)+1$ 必是非完全平方数.

20. 求证：二奇数的平方和不是完全平方数.

21.（1989 年天津市"新蕾杯"初二数学竞赛题）设三个整数 a,b,c 的最大公约数是 1，且满足条件 $\frac{1}{a}+\frac{1}{b}=\frac{1}{c}$，求证：$(a+b)$，$(a-c)$ 和 $(b-c)$ 都是完全平方数.

22.（1993 年德国数学奥林匹克）证明有无穷多对自然数 a,b，满足：

(1) a,b（均用十进制表示）位数相同；

(2) a,b 都是平方数；

(3) 将 b 写在 a 后面，产生一个平方数.

（例如 $a=16$，$b=81$，$1681=41^2$）

23.（1990 年安庆市初中数学竞赛题）设有理数 a，b 满足等量关系式 $a^5+b^5=2a^2\cdot b^2$，求证：$1-ab$ 是一个有理数的平方.

24.（1926 年匈牙利数学奥林匹克试题）求证：四个连续的自然数的乘积不能表示成整数平方的形式.

25.（1931 年匈牙利数学奥林匹克试题）假设 a_1，a_2，a_3，a_4，a_5 和 b 是满足关系式 $a_1^2+a_2^2+a_3^2+a_4^2+a_5^2=b^2$ 的整数，求证：所有这些数不可能都是奇数.

26. 用数码 1，2，3，4，5，6 各十个，随意排成一个六十位数 N，求证：N 不是完全平方数.

27.(2010 年第 24 届立陶宛国家队选拔考试)已知自然数 a,b 满足 $a=a^2+b^2-8b-2ab+16$.

试问:a 是否一定是一个完全平方数?

28.(1983 年基辅数学竞赛题)各位数字之和为(1)1 983;(2)1 984 的完全平方数是否存在?

29.求证:形如 $10n+2,10n+3,10n+7,10n+8$ 的数都不是完全平方数.

30.(1975 年基辅数学奥林匹克)证明不存在这样的三位数$\overline{abc}$,使$\overline{abc}+\overline{bca}+\overline{cab}$为完全平方数.

31.(1973 年第 7 届全苏数学奥林匹克)一个 9 位数的各位数由除了 0 之外的所有数字组成,且末位数字是 5.

证明这个数不可能是整数的完全平方.

32.(1982 年第 45 届莫斯科数学奥林匹克)将数 $1,2,\cdots,1\,982$ 分别平方后,按某种顺序写成一列,得到一个多位数.

问:这个多位数可能是完全平方数吗?

33.如果 n 为大于 1 的整数,且 $3n+1$ 是一个完全平方数,求证:$n+1$ 是三个正整数的完全平方数之和.

34.(1994 年澳大利亚数学奥林匹克试题)设 n 是正整数,求证:$2n+1$ 和 $3n+1$ 都是完全平方数的充要条件是 $n+1$ 同时为两个相继的完全平方数之和以及一个完全平方数和其相邻完全平方数 2 倍之和.

35.已知 m,n 均为正整数,且 $m>n,2\,006m^2+m=2\,007n^2+n$.问 $m-n$ 是否为完全平方数?并证明你的结论.

36.(第 19 届伊朗数学奥林匹克(第一轮))设 p 和 n 是正整数,且 p 是素数,$1+np$ 是完全平方数.证明：$n+1$ 可表示成 p 个完全平方数的和.

37.（1976 年基辅数学奥林匹克）按任意的次序把 1,2,…,1 976 这 1 976 个自然数写成一排，证明所得到的数不是一个完全平方数.

38.（1984 年第 16 届加拿大数学奥林匹克）证明：1 984 个连续正整数的平方和不是一个整数的平方.

39.（1991 年第 25 届全苏数学奥林匹克）(1)找出两个自然数 x 和 y，使得 $xy+x$ 和 $xy+y$ 是两个不同的自然数的平方.

(2)能否在 988 和 1991 之间找出这样的自然数 x 和 y？

40.（2007 年白俄罗斯数学奥林匹克）证明：对于任意正整数 n，$\sqrt{8.\underbrace{000\cdots01}_{n\text{位}}}$ 是无理数.

41.（2007 年波罗的海地区数学竞赛）设正整数 a，b 满足 $b<a$，且 $ab(a-b)\mid(a^3+b^3+ab)$.

证明：ab 是完全平方数.

42. 已知 $t\in\mathbf{N}_+$，$t\not\equiv 0,1\pmod 9$. 将从 $\underbrace{11\cdots1}_{t\text{个}}$ 到 $\underbrace{99\cdots9}_{t\text{个}}$ 的所有 t 位数按任意顺序排成一行，记所得到的数为 A. 求证：A 不是完全平方数.

43.（2008 年我爱数学夏令营数学竞赛）(1)写出四个连续的正整数，使得它们中的每一个都是某个不为 1 的完全平方数的倍数，并指出它们分别是哪一个完全平方数的倍数；

(2)写出六个连续的正整数，使得它们中的每一个都是某个不为 1 的完全平方数的倍数，并指出它们分别是哪一个完全平方数的倍数，说明你的计算方法.

44. 试证明：存在无穷多个由1,2,3,4这四个数码构成的完全平方数.

证明：下面证明：无穷数列

11 343 424,1 113 423 424,

111 134 223 424,11 111 342 223 424,…

的每一项分别是3 368,33 368,333 368,3 333 368,…的平方.

45. 设 $k=2(b^2+a^2d-abc)$

$$y_0=a^2, y_1=b^2$$

$$y_{n+1}=(c^2-2d)y_n-d^2y_{n-1}+kd^m$$

其中,a,b,c,d 均为正整数. 求证：对任意的 $n\in\mathbf{N}$, y_n 是一个完全平方数.

46. (1994年第23届USAMO) 设 $K_1<K_2<K_3<\cdots$ 是正整数,且没有两个数是相邻的,$S_m=K_1+K_2+\cdots+K_m$, $m=1,2,3,\cdots$. 证明：对每一个正整数 n,区间 $[S_n,S_{n+1})$ 中至少有一个完全平方数.

47. (1964年波兰数学竞赛) 证明如果整数 a 和 b 满足关系式

$$2a^2+a=3b^2+b \qquad ①$$

那么 $a-b$ 和 $2a+2b+1$ 是完全平方数.

48. (2005年英国数学奥林匹克) 已知 N 为正整数,恰有2 005个正整数有序对 (x,y) 满足

$$\frac{1}{x}+\frac{1}{y}=\frac{1}{N}$$

证明：N 是完全平方数.

49. (2008年斯洛文尼亚国家队选拔考试) (1) 证明：对于正整数 a,b,若

$$a-\frac{1}{b}+b\left(b+\frac{3}{a}\right) \qquad ①$$

是整数,则它也是完全平方数.

(2)试求出一对整数(a,b),使得代数式①是正整数,但不是完全平方数.

50.用n个数(允许重复)组成一个长为N的数列,且$N\geqslant 2^n$.证明:可在这个数列中找出若干个连续的项,它们的乘积是一个完全平方数.

51.(2008年德国数学奥林匹克)已知n,$\sqrt{1+12n^2}$均为正整数.证明:$2+2\sqrt{1+12n^2}$为完全平方数.

52.(1969年匈牙利数学奥林匹克)假设n是整数.证明如果$2+2\sqrt{28n^2+1}$是整数,那么它是完全平方数.

53.一个$n(n\geqslant 2)$位自然数N中的相邻的一个、两个,…,$n-1$个数码组成的自然数叫N的"片断数"(顺序不变),如186的"片断数"有1,8,6,18,86,共5个.分别求出满足下列条件的n位自然数.

(1)它是一个完全平方数,且它的"片断数"都是完全平方数;

(2)它是一个质数,且它的"片断数"都是质数.

求满足一个数或式是完全平方数(式)的条件

第6章

例1 (1981年北京市初三数学竞赛题)一个自然数减去45后是一个完全平方数,这个自然数加上44,仍是一个完全平方数,试求这个自然数.

解 设这个自然数为x,依题意可得

$$\begin{cases} x-45=m^2 & ① \\ x+44=n^2 & ② \end{cases}$$

其中m,n为自然数.由②-①可得

$$n^2-m^2=89 \quad ③$$

易知$n^2=x+44>x-45=m^2$,所以$n>m$.由式③,89为两个自然数之积,但89为质数,它的正因数只能是1与89,于是$n-m=1,n+m=89$.解之,得$n=45$.代入②得$x=45^2-44=1\ 981$.故所求的自然数是1 981.

例2 (第2届莫斯科数学奥林匹克试题)试求出一个四位数,它是一个完全平方数,并且它的前两位数字相同,后两位数字也相同.

解 设这个四位数为$\overline{aabb}$,因为

$$\overline{aabb}=a\times10^3+a\times10^2+b\times10+b=(a\times10^2+b)\times11=\overline{a0b}\times11$$

所以,欲使它是完全平方数,三位数$\overline{a0b}$必须含素因数11. 而$11|\overline{aob}$当且仅当$11|(a+b)$. 注意到a,b是0,1,2,…各数码之一($a\neq0$),故共有(2,9),(3,8),(4,7),…,(9,2)等8组可能值. 直接验算,可知所求的四位数为$7\,744=88^2$.

例3 一个两位数N,在它的左边添上适当的两个数码变成四位数时恰是原数N的平方,试求所有这样的两位数.

解 设添上的两个数码为a,b,记$k=\overline{ab}$. 按题意有$k\times100+N=N^2$,即$N(N-1)=2^2 5^2 k$. 欲使N^2是一个四位数,必须$N\geqslant32$. 又N与$N-1$互素,所以由$2^2 5^2|N(N-1)$可得:或者$2^2|N,5^2|(N-1)$;或者$5^2|N$,$2^2|(N-1)$.

当$5^2|N,2^2|(N-1)$时,N必为奇数. 这就是说N必是大于32且为$5^2=25$的倍数的奇两位数,这样的两位数N可能取的值只有75,但此时,$2^2\nmid74$,所以,此时无解.

同理,当$2^2|N,5^2|(N-1)$时,这时$N-1$可能取的值只有75,此时$2^2|76$,所以$N=76$.

这就解得只有76这一个两位数满足所说性质:$5776=76^2$.

例4 求具有下列性质的最大的平方数:在抹去它的个位数字和十位数字后仍为完全平方数(被抹去的两位数不全为0).

解 设把n^2中后两位数字抹去后得k^2,且n^2不

是以 00 结尾的，所以有

$$0<n^2-100k^2<100 \quad ①$$

由 $0<n^2-100k^2$ 得 $n>10k$，即 $n\geqslant 10k+1$，由此，$k\leqslant 4$. 当 $k=4$ 时，因为 $42^2-100\times 4^2>100$，即 $n=42$ 不满足式①，故欲式①右边不等式成立只有 $n=41$. 直接验证知 $n^2=41^2=1681$ 是满足所述性质的数.

从上述的证明可见，由于 k 要满足式①，除 41^2 外已无更大的数满足所述性质.

例 5　(1983 年北京市初中数学竞赛题)若 a,b,c,d,e,f,p,q 是阿拉伯数字，且 $b>c>d>a$. 四位数 $\overline{cdab}$ 与 $\overline{abcd}$ 之差是一个形如 $\overline{pqef}$ 的四位数，若 $\overline{ef}$ 是一个完全平方数，$\overline{pq}$ 不能被 5 整除，试求四位数 $\overline{abcd}$，并简述理由.

解　因为

$$\overline{pqef}=\overline{cdab}-\overline{abcd}=$$
$$(\overline{cd}\times 10^2+\overline{ab})-(\overline{ab}\times 10^2+\overline{cd})=$$
$$99(\overline{cd}-\overline{ab})$$

即

$$\overline{pq}\times 100+\overline{ef}=99(\overline{cd}-\overline{ab})$$
$$\overline{pq}\times 99+(\overline{pq}+\overline{ef})=99(\overline{cd}-\overline{ab})$$

所以

$$99\mid(\overline{pq}+\overline{ef})$$

但

$$\overline{ef}\leqslant 81,0<\overline{pq}+\overline{ef}<200$$

所以

$$\overline{pq}+\overline{ef}=99$$

由于 $\overline{pq}$ 不是 5 的倍数，所以 q 不是 0,5. 因此 f 不是 9,4. 由

$$\overline{cdab}-\overline{abcd}=\overline{pqef},b>c>d$$

所以个位数字 $f=b-d\geqslant 2$

因此,完全平方数 $\overline{ef}$ 的末位数字 f 只能取 5 或 6. 注意减法算式

$$\begin{array}{r} c\ d\ a\ b \\ -a\ b\ c\ d \\ \hline p\ q\ e\ f \end{array}$$

中,$b>c>d>a$,知 $c\leqslant 8,a\geqslant 1$,所以 $c-a\leqslant 7$. 但在百位上 $d<b$,作减法时要向千位借 1,所以

$$1\leqslant p=(c-1)-a<7-1=6$$

但由 $\overline{pq}+\overline{ef}=99$ 知 $e\geqslant 9-p=9-6=3$,因此得知两位的平方数 $\overline{ef}=36$,即 $\overline{pqef}=6\ 336$.

这时,在 $\overline{cdab}-\overline{abcd}=6\ 336$ 的算式中,显然有 $b-d=6,c-a=7$,根据 $b>c>d>a$,只能有 $c=8,a=1,b=9,d=3$.

所以,所求的数 $\overline{abcd}=1\ 983$.

例 6 (第 2 届"祖冲之杯"初中数学邀请赛试题)甲、乙两人合养了 n 头羊,而每头羊的卖价又恰为 n 元,全部卖完之后,两人分钱方法如下:先由甲拿 10 元,再由乙拿 10 元,如此轮流,拿到最后,剩下不足 10 元,轮到乙拿去. 为了平均分配,甲应该补给乙多少元.

解 n 头羊的总价为 n^2 元,由题意知 n^2 元中含有奇数个 10 元,即完全平方数 n^2 的十位数字是奇数. 如果完全平方数的十位数字是奇数,则它的个位数字一定是 6. 所以,n^2 的末位数字为 6,即乙最后拿的是 6 元,从而为平均分配,甲应补给乙 2 元.

例 7 (1986 年缙云杯初二数学竞赛题)矩形四边的长度是小于 10 的整数(厘米),这四个长度数可构成一个四位数,这个四位数的千位数字与百位数字相同,并且这个四位数是一个完全平方数,求这个矩形的面

积.

解　设矩形的边长为 x,y,则四位数 $N=1\,000x+100x+10y+y=1\,100x+11y=11(100x+y)=11(99x+x+y)$. 因为 N 是完全平方数,11 为素数,所以 $x+y$ 能被 11 整除. 又 $1\leqslant x\leqslant 9,1\leqslant y\leqslant 9$,所以 $2\leqslant x+y\leqslant 18$,得 $x+y=11$. 所以 $N=11(99x+x+y)=11^2\cdot(9x+1)$. 所以 $9x+1$ 是一个完全平方数,而 $1\leqslant x\leqslant 9$,验算知 $x=7$ 满足条件. 又由 $x+y=11$ 得 $y=4$. 所以 $S=xy=28$(平方厘米).

例 8　已知六位数$\overline{abcdef}$满足$\overline{abcdef}$,$\overline{a}$,$\overline{bc}$,$\overline{def}$都是不为 0 的完全平方数. 试求出所有满足条件的六位数.

解　设 $M=\overline{abcdef}=n^2,a=x^2,\overline{bc}=y^2,\overline{def}=z^2$,其中,$1\leqslant x\leqslant 3,4\leqslant y\leqslant 9,10\leqslant z\leqslant 31$.

则

$$M=n^2=10^5x^2+10^3y^2+z^2$$

(1)若 $x=1$,当 $y=6$ 时

$$M=136\,000\leqslant 136\,961<371^2$$

而 $M=369^2=136\,161$ 不符合题意,故满足条件的 $M=370^2=136\,900$.

当 $y=4,5,6,7,8,9$ 时,z 不符合题意,故 M 不存在.

(2)若 $x=2$,当 $y=4,5,6,7,8,9$ 时,z 不符合题意,故 M 不存在.

(3)若 $x=3$,当 $y=8$ 时

$$M=964\,000+z^2$$

$$981^2<964\,100\leqslant M\leqslant 964\,961<983^2$$

故满足条件的 $M=982^2=964\,324$.

当 $y=4,5,6,7,9$ 时,z 不符合题意,故 M 不存在.

因此,满足条件的六位数有 2 个

$$136\ 900,964\ 324$$

例 9 (2009 年上海市初中数学竞赛)求满足条件条件的所有四位数 $\overline{abcd}$

$$\overline{abcd}=(\overline{ab}+\overline{cd})^2$$

其中,数码 c 可以为 0.

解 设 $\overline{ab}=x$,$\overline{cd}=y$,则 $x,y\in\mathbf{Z}$,且 $10\leqslant x\leqslant 99$,$0\leqslant y\leqslant 99$.由题设可知 $(x+y)^2=100x+y$.即

$$x^2-2(50-y)x+y^2-y=0 \quad ①$$

由 $x,y\in\mathbf{Z}$,知

$$\Delta=4(2\ 500-99y)$$

也为完全平方数.从而,$2\ 500-99y$ 为完全平方数.

设 $2\ 500-99y=k^2(k\in\mathbf{Z},0\leqslant k\leqslant 50)$.则

$$(50+k)(50-k)=99y$$

故 $11\mid(50+k)$ 与 $11\mid(50-k)$ 至少有一个成立.因为 $50\leqslant 50+k\leqslant 100$,$0\leqslant 50-k\leqslant 50$,所以

$$50+k=55,66,77,88,99$$

或

$$50-k=0,11,22,33,44$$

故

$$99y=55\times45,66\times34,77\times23,88\times12,99\times1$$

或 $99y=100\times0,89\times11,78\times22,67\times33,56\times44$

因此,使 y 为非负整数的只有

$$y=25,y=1,y=0$$

回到方程①,解得

$$x=30\text{ 或 }20,x=98\text{ 或 }0,x=0\text{ 或 }100$$

显然,$x=0$ 或 100 不符合条件.故符合条件的四位数共有 3 个

$$3\ 025, 2\ 025, 9\ 801$$

例 10　设四位数 $w_1=\overline{abcd}$ 是完全平方数，把它从中间划开，得到两个两位数 $x_1=\overline{ab}$ 与 $y_1=\overline{cd}$，$w_2=3x_1y_1+1$ 是完全平方数，把 w_2 从中间划开，得到两个两位数 x_2,y_2；$w_3=2x_2y_2$ 是完全平方数，把 w_3 从中间划开，得到两个两位数 x_3,y_3；$w_4=x_3y_3+1$ 是完全平方数，w_4 的 9 倍是四位数 w_5，w_5 也是完全平方数．求四位数 $w_i(i=1,2,3,4,5)$．

解　由 w_4 的 9 倍是四位数 w_5，w_5 也是完全平方数知

$$w_4=33^2=1\ 089$$

$$w_5=9\times 33^2=99^2=9\ 801$$

由 $w_4=x_3y_3+1$ 是完全平方数 1 089 知

$$1\ 089-1=33^2-1=34\times 32=17\times 64=16\times 68$$

由 1 668，6 816，6 417，1 764，3 432，3 234 这六个四位数中，只有 $1\ 764=42^2$ 为完全平方数，知 $w_3=1\ 764$．

由 $w_3=2x_2y_2$ 是完全平方数 1 764，知

$$x_2y_2=882=21\times 42=14\times 63=18\times 49$$

经检验只有 $1\ 849=43^2$ 为完全平方数，$w_2=1\ 849$．

由 $w_2=3x_1y_1+1$ 是完全平方数 1 849 知 $3x_1y_1=43^2-1=44\times 42$，有

$$x_1y_1=44\times 14=22\times 28=11\times 56$$

经检验，只有 1 156 与 1 444 是完全平方数，知 $w_1=1\ 156$ 或 1 444．

综上，$w_1=1\ 156=34^2$ 或 $1\ 444=38^2$

$$w_2=1\ 849=43^2, w_3=1\ 764=42^2$$

$$w_4=1\ 089=33^2, w_5=9\ 801=99^2$$

例 11 共有一个正整数 n 使 $1+7n$ 是完全平方数,并且 $1+3n\leqslant 2\,007$.

解 由条件 $1+3n\leqslant 2\,007$,得 $n\leqslant 668$. 设

$$1+7n=m^2\Rightarrow n=\frac{m^2-1}{7}$$

既然 n 是正整数,$\frac{m^2-1}{7}$必是正整数. 不妨设 $m+1=7k$ 或 $m-1=7k$.

(1)当 $m+1=7k$ 时

$$n=\frac{m^2-1}{7}=\frac{49k^2-14k}{7}=7k^2-2k\leqslant 668$$

因为 k 是正整数,当 $k\leqslant 9$ 时

$$7k^2-2k\leqslant 7k^2\leqslant 668$$

当 $k=10$ 时,$7k^2-2k=680>668$.

此时,有 9 个正整数 n 使 $1+7n$ 是完全平方数,并且 $1+3n\leqslant 2\,007$.

(2)当 $m-1=7k$ 时

$$n=\frac{m^2-1}{7}=\frac{49k^2+14k}{7}=7k^2+2k\leqslant 668$$

当 $k=9$ 时,$7k^2+2k=585<668$;当 $k=10$ 时,$7k^2+2k=720>668$.

此时,有 9 个正整数 n 使 $1+7n$ 是完全平方数,并且 $1+3n\leqslant 2\,007$.

所以,符合题意的正整数 n 共有 18 个.

例 12 (2002 年全国初中数学竞赛)设 $N=23x+92y$ 为完全平方数,且 N 不超过 2 392,则满足上述条件的一切正整数对(x,y)共有________对.

解 因为 $N=23x+92y=23(x+4y)$,且 23 为素数,N 为不超过 2 392 的完全平方数,

所以 $x+4y=23m^2$(m 为正整数)且

$$N=23^2\cdot m^2\leqslant 2\,392$$

故 $m^2\leqslant\frac{2\,392}{23^2}=\frac{104}{23}<5$.解得 $m^2=1$ 或 4.

当 $m^2=1$ 时,由 $x+4y=23$,可得 $y=1,2,3,4,5$,$x=19,15,11,7,3$;

当 $m^2=4$ 时,由 $x+4y=92$,可得 $y=1,2,3,4,5,\cdots 22$,$x=88,84,80,\cdots,4$.

所以共有(1,19),(2,15),(3,11),(4,7),(5,3)及(1,88),(2,84),…,(22,4).

故满足条件的 (x,y) 共有 $5+22=27$ 对.

例 13　某整数的平方等于四个连续奇数的积,这种整数共有几个?为什么?

解　设该整数为 x,四个连续奇数为 $2k-3,2k-1,2k+1,2k+3$,则有

$$x^2=(2k-3)(2k-1)(2k+1)(2k+3)=$$
$$(4k^2-1)(4k^2-9)=(4k^2)^2-10(4k^2)+9$$

当 $k=0$ 时,$x^2=9$,所以 $x=\pm 3$;当 $|k|=1$ 时,$x^2=-15<0$;当 $|k|\geqslant 2$ 时

$$(4k^2-6)^2=(4k^2)^2-48k^2+36=$$
$$(4k^2)^2-10(4k^2)^2+9-8k^2+27=$$
$$x^2-(8k^2-27)<x^2$$

$$(4k^2-5)^2=(4k^2)-10(4k^2)^2+25=x^2+16>x^2$$

所以

$$(4k^2-6)^2<x^2<(4k^2-5)^2$$

而 $(4k^2-6)^2$ 与 $(4k^2-5)^2$ 是两个相邻整数的完全平方数,故 x^2 不存在.因此,满足题意的整数只有两个,即数 ± 3.

例 14 试求能使 $22n+5$ 为完全平方数的一切自然数 n，并给出这种 n 的一般表示式.

解 设 $22n+5=N^2$，其中 N 是自然数. 于是

$$N^2-16=11(2n-1)$$

由此可得：或者 $N-4$ 或者 $N+4$ 是 11 的倍数. 但由于 N 是奇数，所以 $N=(2k-1)\times 11\pm 4$，即 $N=22k-7$ 或 $N=22k-15(k=1,2,\cdots)$. 由此解得

$$n=\frac{1}{22}(N^2-5)=\frac{1}{22}[(22k-7)^2-5]=$$
$$22k^2-14k+2\quad (k=1,2,\cdots)$$

或
$$n=\frac{1}{22}(N^2-5)=\frac{1}{22}[(22k-15)^2-5]=$$
$$22k^2-30k+10\quad (k=1,2,\cdots)$$

例 15 （2011 年白俄罗斯数学奥林匹克）证明：无论以下哪种情形，都有无穷多个正整数 k，使得其各位数码之和与 k 都是完全平方数.

(1) k 中至多有一个零；

(2) k 的各位数码均非零.

解 (1)设

$$Y_n=\underbrace{11\cdots1}_{n-1个}0\underbrace{8\cdots8}_{n-1个}9=\underbrace{11\cdots1}_{2n个}-\underbrace{22\cdots2}_{n个}=$$
$$\frac{10^{2n}-1}{9}-\frac{2(10^n-1)}{9}=\left(\frac{10^n-1}{3}\right)^2$$

而 $3\mid(10^n-1)$，故 Y_n 是完全平方数.

而 Y_n 的各位数之和

$$S(Y_n)=(n-1)+8(n-1)+9=9n$$

只需取 $n=m^2$，$S(Y_n)$ 即为完全平方数.

(2)设

$$X_n=\frac{10^{2n}-1}{9}+\frac{4(10^n-1)}{9}+1=$$

$$\underbrace{11\cdots1}_{2n个}+4\times\underbrace{11\cdots1}_{n个}+1=$$

$$\underbrace{11\cdots1}_{n个}\underbrace{55\cdots5}_{n-1个}6$$

则
$$X_n=\left(\frac{10^n+2}{3}\right)^2$$

$$S(X_n)=n+5(n-1)+6=6n+1$$

只需取 $n=6m^2+2m$，$S(X_n)=(6m+1)^2$ 为完全平方数.

而 $3|(10^n+2)$，于是，X_n 为完全平方数.

例 16　(第 18 届全苏中学生数学竞赛题)数字 x ($x\neq0$)和 y 使得对任意的 $n\geqslant1$，数 $\overline{x\cdots x6y\cdots y4}$ 都是某整数的平方数. 求这样的 x 和 y.

分析　从无限退到有限，从复杂情形退到简单情形入手. 如果 $\overline{x6y4}=m^2$，由于百位是 6，个位是 4，所以 $40<m<100$，并且这个两位数的末位数字必须是 2 或 8. 因为 $68^2=4\ 624$，$98^2=9\ 604$，所以 m 只能是 68 或 98.

于是得出猜想：

①$4\cdots462\cdots24=\overline{6\cdots68}^2$，

②$9\cdots960\cdots04=\overline{9\cdots98}^2$.

解　①因为

$$\overline{\underbrace{4\cdots4}_{n个}6\underbrace{2\cdots2}_{n个}4}=$$

$$4\times10^{n+1}(10^n+\cdots+10+1)+$$

$$2\times10^{n+1}+2(10^n+\cdots+10+1)+2=$$

$$4\times10^{n+1}\times\frac{10^{n+1}-1}{9}+2\times10^{n+1}+$$

$$2\times\frac{10^{n+1}-1}{9}+2=$$

$$\frac{[4\times 10^{2(n+1)}+16\times 10^{n+1}+16]}{9}=$$

$$\left[\frac{2}{3}(10^{n+1}+2)\right]^2=\left(\frac{1}{3}\times 2\underbrace{0\cdots 0}_{n个}4\right)^2=$$

$$\overline{6\cdots 68}^2$$

②因为

$$\overline{\underbrace{9\cdots 9}_{n个}6\underbrace{0\cdots 0}_{n个}4}=$$

$$(10^n-1)\times 10^{n+2}+6\times 10^{n+1}+4=$$

$$10^{2(n+1)}-10^{n+2}+(10-4)\times 10^{n+1}+4=$$

$$10^{2(n+1)}-10^{n+2}+10^{n+2}-4\times 10^{n+1}+4=$$

$$10^{2(n+1)}-4\times 10^{n+1}+4=$$

$$(10^{n+1}-2)^2=\overline{9\cdots 98}^2$$

所以 $x=4,y=2$ 或 $x=9,y=0$.

对于复杂的数学问题，在不改变该问题的原有性质的前提下，尽可能退到最简单的问题上，从而深挖两者之间的联系，以便发现解决该问题的契机.

例 17 (1976 年第 39 届莫斯科数学奥林匹克)试问：是否存在这样的自然数 A，当把它补在自己的右边，所得的数恰是一个完全平方数?

解 假设 A 是满足条件的 n 位数，则 $\overline{AA}$ 应是一个完全平方数 k^2，则有

$$\overline{AA}=A(10^n+1)=k^2$$

显然 10^n+1 应为一个素数平方的倍数. 容易想到，当 n 为奇数时，10^n+1 是 11 的倍数. 可以证明 $10^{11}+1$ 是 $11^2=121$ 的倍数.

事实上

$$10^{11}+1=11(10^{10}-10^9+10^8-10^7+10^6-10^5+10^4-10^3+10^2-10+1)$$

由于当 t 为偶数时

$$10^t \equiv 1 \pmod{11}$$

当 t 为奇数时，$10^t \equiv 10 \pmod{11}$. 于是有

$$10^{10}-10^9+10^8-10^7+10^6-10^5+$$
$$10^4-10^3+10^2-10+1\equiv$$
$$1-10+1-10+1-10+1-10+1-10+1\equiv$$
$$0 \pmod{11}$$

因而 $10^{11}+1$ 能被 11^2 整除.

但是$\frac{10^{11}+1}{121}=826\ 446\ 281$ 不是一个 11 位数，它的最小平方数倍数是 $16\times\frac{10^{11}+1}{121}=13\ 223\ 140\ 496$. 这是一个 11 位数. 为此取 $A=13\ 223\ 140\ 496$. 则$\overline{AA}$是一个平方数，它等于$(4\times 826\ 446\ 281)^2$.

例 18　(2008 年日本数学奥林匹克)有多少个三位数可以作为一个六位的完全平方数的前三位？

解　因为$(n+1)^2-n^2=2n+1(n\in \mathbf{N}_+)$，所以，不超过 $500^2=250\ 000$ 的两个相邻的完全平方数的差不超过

$$2\times 499+1=999$$

对于满足 $100\leqslant m\leqslant 250$ 的任意整数 m，都存在一个六位的完全平方数，使得其前三位数是 m. 否则，存在正整数 $k(k<500)$，使得 $k^2<10^3 m$，$(k+1)^2\geqslant 10^3\cdot(m+1)$，则 $2k+1>10^3$，矛盾.

另一方面，大于或等于 500^2 的任意两个相邻的完全平方数的差最小是

$$2\times 500+1=1\ 001$$

因此，$500^2,501^2,\cdots,999^2$ 的前三位都不相同.

综上，出现在六位的完全平方数的前三位构成的数

m,满足 $100\leqslant m<250$ 中的每一个 m 及 $500^2,501^2,\cdots,999^2$ 的前三位数构成的数.因此,共有 $150+500=650$ 个满足条件的三位数.

例 19 (1986 年上海市高中数学竞赛题)求证:一个奇自然数 c 为合数,它的充分必要条件是存在自然数 $a\leqslant\frac{c}{3}-1$,使 $(2a-1)^2+8c$ 为平方数.

证明 充分性:设 $(2a-1)^2+8c=(2t+1)^2$ 为完全平方数.因为 $a\leqslant\frac{c}{3}-1$,$c\geqslant 3(a+1)$,所以

$$(2a-1)^2+8c\geqslant 4a^2-4a+1+24(a+1)=$$
$$4a^2+20a+25=(2a+5)^2$$
$$2t+1\geqslant 2a+5,t\geqslant a+2$$
$$8c=(2t+1)^2-(2a-1)^2=4(t+a)(t-a+1)$$
$$2c=(t+a)(t-a+1)$$

右边两个因数中总有一个是偶数,且 $t+a\geqslant 4$,$t-a+1\geqslant 3$,故 c 可以分解为两个大于 1 的因数的乘积,从而 c 为合数.

必要性:设 c 为合数,则 c 可分解为两个大于 1 的奇数之积.将较小的记为 $2k-1$,较大的记为 q,则 $c=(2k-1)q$,$k\geqslant 22$,$q\leqslant 2k-1$.

令 $a=q-k+1$,则

$$a=\frac{c}{2k-1}-k+1\leqslant\frac{c}{2k-1}-1\leqslant\frac{c}{3}-1$$

且

$$(2a-1)^2+8c=(2q-2k+1)^2+8(2k-1)q=$$
$$[2q-(2k-1)^2]+4\times 2q(2k-1)=$$
$$[2q+(2k-1)]^2$$

所以 $(2a-1)^2+8c$ 是完全平方数.

例 20　(第 6 届全俄中学生数学竞赛题)求所有这样的自然数 n,使得 $2^8+2^{11}+2^n$ 是一个自然数的完全平方.

解法 1　我们分三种情况进行讨论:

(1)当 $n\leqslant 8$ 时

$$N=2^8+2^{11}+2^n=2^n(2^{8-n}+2^{11-n}+1)$$

为使 N 是完全平方数,必须 N 是偶数.由于 $2^{8-n}+2^{11-n}+1$ 是奇数,则 2^n 也必须为完全平方数,即 n 为偶数,$n=2,4,6,8$.一一验证,可知 N 都不是平方数.

(2)当 $n=9$ 时

$$N=2^8+2^{11}+2^9=2^8\times 11$$

不是平方数.

(3)当 $n\geqslant 10$ 时

$$N=2^8(1+2^3+2^{n-8})=2^8(9+2^{n-8})$$

为使 N 是平方数,必须使 $9+2^{n-8}$ 为一个奇数的完全平方.设

$$9+2^{n-8}=(2k+1)^2=4k^2+4k+1$$

于是

$$4(k-1)(k+2)=2^{n-8}$$

$$(k-1)(k+2)=2^{n-10}$$

由于 $k-1$ 和 $k+2$ 为一奇、一偶,于是只能是 $k-1=1$,即 $k=2$.从而 $n-10=2$,即 $n=12$.

所以 $n=12$ 是唯一能使 N 为平方数的自然数 n.

解法 2　假设 $2^8+2^{11}+2^n$ 是一个完全平主数

$$2^8+2^{11}+2^n=m^2$$

则有

$$2^n=m^2-(2^8+2^{11})=m^2-2^8\times 9=(m-48)(m+48)$$

因为 2 是素数,则令

$$\begin{cases}m-48=2^s\\m+48=2^t\end{cases}$$

其中 $t,s\in\mathbf{N},s<t,t+s=n$. 消去 m 可得

$$2^t-2^s=96$$

$$2^s(2^{t-s}-1)=96=2^5\times3$$

因为 $2^{t-s}-1$ 为奇数. 则有

$$s=5,2^{t-s}-1=3$$

即

$$s=5,t=7$$

于是

$$n=s+t=12$$

解法 3 设 $2^4=x$,则

$$2^8=x^2,2^{11}=2^7x$$

于是有

$$2^8+2^{11}+2^n=x^2+2^7x+2^n$$

若 $2^8+2^{11}+2^n$ 是一个完全平方数,则方程

$$x^2+2^7x+2^n=0$$

有两个相等实根,于是

$$\Delta=(2^7)^2-4\times2^n=0$$

$$n=12$$

例 21 (1991 年中国北京市初中二年级数学竞赛)使得 $n^2-19n+91$ 为完全平方数的自然数 n 有多少个?

解 由于

$$n^2-19n+91=(n-9)^2+(10-n)$$

当 $n>10$ 时

$$n^2-19n+91=(n-9)^2+(10-n)<(n-9)^2$$

$$(n-10)^2<(n-9)^2+(10-n)<(n-9)^2$$

因为介于两个相邻的平方数之间的整数不能是完全平方数,所以 $n>10$ 时,没有平方数. 于是

$$1\leqslant n\leqslant10$$

对 $n=1,2,3,4,5,6,7,8,9,10$ 一一验算,只有 $n=9$,

$n=10$时，$n^2-19n+91$ 为完全平方数.

因此，符合要求的自然数 n 只有 2 个.

例 22　(1999 年第 17 届美国数学邀请赛)求出有序整数对(m,n)的个数，其中 $1\leqslant m\leqslant 99$，$1\leqslant n\leqslant 99$，$(m+n)^2+3m+n$ 是完全平方数.

解　由 $1\leqslant m\leqslant 99$，$1\leqslant n\leqslant 99$ 可得

$$(m+n)^2+3m+n<(m+n)^2+4(m+n)+4=(m+n+2)^2$$

又

$$(m+n)^2+3m+n>(m+n)^2$$

于是

$$(m+n)^2<(m+n)^2+3m+n<(m+n+2)^2$$

若$(m+n)^2+3m+n$ 是完全平方数，则必有

$$(m+n)^2+3m+n=(m+n+1)^2$$

然而

$$(m+n)^2+3m+n=(m+n+1)^2+n-m-1$$

于是必有

$$n-m-1=0$$

即

$$m=n-1$$

此时 $n=2,3,\cdots,99$，$m=1,2,\cdots,98$. 所以所求有序整数对(m,n)共有 98 对

$$(m,n)=(1,2),(2,3),\cdots,(98,99)$$

例 23　(2004 年第 4 届中国西部数学奥林匹克)求所有的整数 n，使得 $n^4+6n^3+11n^2+3n+31$ 是完全平方数.

解　设 $A=n^4+6n^3+11n^2+3n+31$ 是完全平方数，即

$$A=(n^2+3n+1)^2-3(n-10)$$

是完全平方数.

当 $n>10$ 时,$A<(n^2+3n+1)^2$,所以 $A\leqslant(n^2+3n)^2$,即

$$(n^2+3n+1)^2-(n^2+3n)^2\leqslant 3n-30$$

$$2n^2+3n+31\leqslant 0$$

这不可能.

当 $n=10$ 时,$A=(10^2+3\times 10+1)^2=131^2$ 是完全平方数.当 $n<10$ 时,$A>(n^2+3n+1)^2$.

若 $n\leqslant -3$,或 $10>n\geqslant 0$,则 $n^2+3n\geqslant 0$.于是

$$A\geqslant(n^2+3n+2)^2$$

$$2n^2+9n-27\leqslant 0$$

$$-7<\frac{-3(\sqrt{33}+3)}{4}\leqslant n\leqslant\frac{3(\sqrt{3}-3)}{4}<3$$

所以 $n=-6,-5,-4,-3,0,1,2$,此时对应的 $A=409,166,67,40,31,52,145$ 都不是完全平方数.

若 $n=-2,-1$ 时,与之对应的 $A=37,34$ 也都不是完全平方数.

所以,只有当 $n=10$ 时,A 是完全平方数.

例 24 (2010 年湖北省高中数学联赛预赛)设

$$p=x^4+6x^3+11x^2+3x+31$$

求使 P 为完全平方数的整数 x 的值.

解 因为 $P=(x^2+3x+1)^2-3(x-10)$,所以,当 $x=10$ 时,$P=131^2$ 是完全平方数.

接下来只需证明:没有其他整数 x 满足要求.

(1)$x>10$.

有

$$P<(x^2+3x+1)^2$$

又 $P-(x^2+3x)^2=2x^2+3x+31>0$,则

$$P>(x^2+3x)^2$$

因此

$$(x^3+3x)^2<P<(x^2+3x+1)^2$$

而 $x\in\mathbf{Z}$,此时,P 不是完全平方数.

(2)$x<10$.

有

$$P>(x^2+3x+1)^2$$

令 $P=y^2(y\in\mathbf{Z})$.则

$$|y|>|x^2+3x+1|$$

即

$$|y|-1\geqslant|x^2+3x+1|$$

故

$$y^2-2|y|+1\geqslant(x^2+3x+1)^2$$

即

$$-3(x-10)-2|x^2+3x+1|+1\geqslant0$$

解此不等式得 x 的整数值为

$$\pm2,\pm1,0,-3,-4,-5,-6$$

但它们对应的 P 均不是完全平方数.

综上,使 P 为完全平方数的整数 x 的值为10.

例25 (2009年首届青少年数学周数学竞赛)设整数 x 使得 $x^4+x^3+x^2+x+1$ 恰好是完全平方数.试求出所有满足条件的 x 的值.

解 依观察法可以发现,当 $x=0$ 和 $x=-1$ 时原式的值恰为1,满足条件.因此,$x=0$ 或 $x=-1$ 是满足条件的两个解.

又依条件可设

$$x^4+x^3+x^2+x+1=p\quad(p\in\mathbf{N}_+)$$

于是,$x^4+x^3+x=p^2-1$,即

$$(x^2+1)(x^2+x)=(p-1)(p+1)$$

(1)当 $x>1$ 时

$$x^4+x^3+x^2+x+1>x^4+2x^2+1=(x^2+1)^2$$

且

$$x^4+x^3+x^2+x+1<x^4+2x^3+x^2=(x^2+x)^2$$

故 $x^4+x^3+x^2+x+1=(x^2+k)^2$,其中,$k\in(1,x)\cap\mathbf{N}$.从而

$$(x+1-2k)x^2=k^2-(x+1)$$

由上式知

$$x^2\mid[k^2-(x+1)]$$

又 $|k^2-(x+1)|<x^2$,故

$$k^2=x+1,2k=x+1$$

解得 $k=2,x=3$.

(2)当 $x<-1$ 时,设 $y=-x$.则 $y>1$,且

$$x^4+x^3+x^2+x+1=y^4-y^3+y^2-y+1<y^4$$

又

$$y^4-y^3+y^2-y+1>y^4-2y^3+y^2=(y^2-y)^2$$

故 $y^4-y^3+y^2-y+1=(y^2-k)^2$,其中,$k\in[1,y)\cap\mathbf{N}$.

从而

$$(2k+1-y)y^2=k^2+y-1$$

由上式知

$$y^2\mid(k^2+y-1)$$

又 $0<k^2+y-1<y^2+y-1<2y^2$,故

$$k^2+y-1=y^2,且\ 2k+1-y=1$$

从而

$$k^2=y^2-y+1,且\ k=\frac{y}{2}$$

将后者代入前者得

$$y^2=4y^2-4y+4$$

即

$$2y^2+(y-2)^2=0$$

此方程无解.

综上,满足条件的 x 值为 $0,-1,3$.

例 26 (第三届北方数学奥林匹克邀请赛)求所有非完全平方数 $n\in\mathbf{N}_+$,使得 $[\sqrt{n}^3]\mid n^2$.

分析 显然,$[\sqrt{n}]=1$,即 $n=2,3$ 满足条件. 以下设 $[\sqrt{n}]\geqslant 2$. 记 $A=[\sqrt{n}]$,n 是非完全平均数. 因此

$$A<\sqrt{n}<A+1$$

$$A^2<n<A^2+2A+1$$

故

$$A^2+1\leqslant n\leqslant A^2+2A$$

设 $n=A^2+k(k\in\{1,2,\cdots,2A\})$. 则

$$n^2=A^4+2A^2k+k^2$$

由 $A^3\mid n^2$,知 $A^2\mid n^2$,则 $A\mid k$,即

$$k=A\text{ 或 }2A$$

故 $A^3\mid(A^4+2A^2k)\Rightarrow A^3\mid k^2\Rightarrow k=2A$,且 $A\mid 4$. 于是,$n=A^2+2A$. 因此

$$A=2,n=8;A=4,n=24$$

综上,$n=2,3,8,24$ 满足条件.

例 27 证明:存在无穷多个正整数 N,N 的个位数不是 0,$N=n^2=\overline{A_1A_2A_3A_4}$,且 A_1,A_2,A_3,A_4 这 4 个数都是首位不是 0 的完全平方数.

证明 为了寻找到满足条件的平方数序列,先寻找一个由两个平方数组成的数(不要求这个数也是完全平方数),且这个数是偶数(一定是 4 的倍数),如

436,它是由 4 和 36 这两完全平方数组成的.

下面设法求出 a,b,m,使得在

$$N=n^2=(a\times 10^m+b)^2$$

中,$2ab$ 是 436,即 ab 是 218,$218=2\times 109$. 取 $a=2$,$b=109$.

再看 m 的取值,用计算器验算一下,并考虑 m 的值不小于 b^2 的位数($b^2=11\ 881$,有 5 位). 如取 $m=5$,则

$$N=n^2=(a\times 10^m+b)^2=(2\times 10^5+109)^2=\\ 40\ 043\ 611\ 881$$

其中,$400=20^2$,$4=2^2$,$36=6^2$,$11\ 881=109^2$.

因此,取 $m=2t+3$,对任意正整数 $t\geqslant 1$,$N=n^2=(2\times 10^{2t+3}+109)^2$ 都是满足条件的平方数.

例 28 (2005 年斯洛文尼亚国家队选拔考试)求所有的正整数时(m,n)使得 m^2-4n 和 n^2-4m 都是完全平方数.

解 显然,$m^2-4n<m^2$. 若 $m^2-4n=(m-1)^2$,则 $2m-1=4n$,矛盾. 故 $m^2-4n\leqslant (m-2)^2$,得 $4m\leqslant 4n+4$,即

$$m\leqslant n+1$$

同理

$$n\leqslant m+1$$

故

$$n-1\leqslant m\leqslant n+1$$

(1)若 $m=n-1$,则

$$n^2-4m=n^2-4(n-1)=(n-2)^2$$

$$m^2-4n=m^2-4(m+1)=(m-2)^2-8=t^2\quad (t\in \mathbf{N}_+)$$

从而

$$(m-2+t)(m-2-t)=8$$

故 $\begin{cases} m-2+t=4 \\ m-2-t=2 \end{cases}$，解得 $m-2=3$，所以，$m=5$，$n=6$，满足要求.

(2)若 $m=n$，则

$$m^2-4n=n^2-4m=m^2-4m=(m-2)^2-4=t^2 \quad (t\in \mathbf{N})$$

从而

$$(m-2+t)(m-2-t)=4$$

解得 $m-2=2$. 所以，$m=n=4$，满足要求.

(3)若 $m=n+1$，则

$$m^2-4n=(n+1)^2-4n=(n-1)^2$$

$$n^2-4m=n^2-4(n+1)=(n-2)^2-8=t^2 \quad (t\in \mathbf{N}_+)$$

从而

$$(n-2+t)(n-2-t)=8$$

解得 $n-2=3$. 所以，$n=5$，$m=6$，满足要求.

综上，所求正整数对 $(m,n)=(4,4),(5,6),(6,5)$.

例 29　(2008 年爱尔兰数学奥林匹克)试求所有的整数 x，使得 $x(x+1)(x+7)(x+8)$ 是个完全平方数.

解　首先找出满足

$$x(x+1)(x+7)(x+8)=y^2 \quad (y\in \mathbf{N}) \qquad ①$$

的所有整数对 (x,y).

令 $z=x+4$. 则

$$式① \Leftrightarrow (z-4)(z-3)(z+3)(z+4)=y^2 \Rightarrow$$

$$(z^2-16)(z^2-9)=y^2 \Rightarrow$$

$$z^4-25z^2+12^2=y^2$$

两边同时乘以 4 整理得

$$(2z^2-25-2y)(2z^2-25+2y)=49$$

记 $A=2z^2-25-2y$, $B=2z^2-25+2y$. 则 $A\leqslant B$, $AB=49$, 且 A,B 均为整数.

从表 1 中得到所有可能的解.

表 1

A	B	y	z	x
-49	-1	12	0	-4
-7	-7	0	± 3	$-1,-7$
7	7	0	± 4	$0,-8$
1	49	12	± 5	$1,-9$

y,z,x 的值可从 $B-A=4y$, $2z^2=25+A+2y=25+\dfrac{A+B}{2}$, $x=z-4$ 得到.

经检验, $x=-9,-8,-7,-4,-1,0,1$ 时, $x(x+1)(x+7)(x+8)$是完全平方数.

例 30 (2009 年我爱数学初中生夏令营数学竞赛)是否存在满足下列条件的正整数,它的立方加上 101 所得的和恰是一个完全平方数? 证明你的结论.

解 假设存在满足条件的正整数 x,则

$$x^3+101=y^2 \quad (y\in \mathbf{N}_+)$$

若 x 为偶数,则 y 为奇数.

设 $x=2n$, $y=2m+1(n,m\in \mathbf{N})$,则

$$2n^3+25=m^2+m$$

此式左边为奇数,右边为偶数,矛盾. 因此, x 是奇数, y 是偶数.

设 $x=2n+1$, $y=2m(n,m\in \mathbf{N})$,则

$$(2n+1)^3+101=4m^2$$

即

$$8n^3+12n^2+6n+102=4m^2$$

$$4n^3+6n^2+3n+51=2m^2$$

则 $3n+51$ 是偶数，n 是奇数.

设 $n=2n_1-1$，则

$$x=4n_1-1\quad(n_1\in\mathbf{N}_+) \qquad ①$$

若 $x\equiv0(\bmod 3)$，则 $x^3+101\equiv2(\bmod 3)$，从而

$$2\equiv y^2(\bmod 3)$$

这是不可能的，因为平方数被 3 除，余数是 1 或 0.

若 $x\equiv1(\bmod 3)$，则 $y\equiv0(\bmod 3)$.

设 $x=3n+1$，$y=3m(n,m\in\mathbf{N})$，则

$$3^3n^3+3^3n^2+3^2n+102=9m^2$$

此时除 102 外，各项都是 9 的倍数，而 102 不是 9 的倍数，矛盾. 因此

$$x\equiv2(\bmod 3)$$

设 $x=3n-1(n\in\mathbf{N}_+)$，考虑到①，$x=4n_1-1$，则有

$$x=12n-1\quad(n\in\mathbf{N}_+)$$

由于 y^2 的个位数字只能是 0，1，4，9，6，5，不可能是 2，3，7，8. 因此，x^3 的个位不可能是 1，2，6，7. 即相应的 x 的个位数不可能是 1，3，6，8.

由式③，x 的最小可能值依次为

$$11,23,35,47,59,71,83,95,\cdots$$

又由 x 的个位数不可能是 1，3，6，8，即上述的 x 不可能是 11，23，71，83.

对 35，47，59，95 逐个检验，$x=35,47,59$ 均不合题意，而当 $x=95$ 时

$$95^3+101=857\ 476=926^2$$

所以 95 满足题设要求.

例 31　(1980 年列宁格勒数学奥林匹克)求出所有

的素数 p,使得 $2p^4-p^2+16$ 是一个完全平方数.

解法1 当 $p=2$ 时

$$2p^4-p^2+16=44$$

不是完全平方数.所以 p 是奇素数.

设

$$2p^4-p^2+16=k^2$$

其中 k 是奇数

$$p^2(2p^2-1)=(k-4)(k+4)$$

因为 p 是素数,因此 $p|k-4$ 或 $p|4k+4$,但 p 不能同时整除 $k-4$ 和 $k+4$,否则

$$p|(k+4)-(k-4)=8$$

这与 p 为奇素数矛盾.因此 $k+4$ 与 $k-4$ 中有且只有一个能被 p^2 整除.

若 $p^2|k-4$,设 $k-4=sp^2$,这里 s 是奇数.于是

$$k+4=sp^2+8$$

从而 $p^2(2p^2-1)=(k+4)(k-4)=sp^2(sp^2+8)$,即

$$s(sp^2+8)=2p^2-1$$

$$(s^2-2)p^2=-8s-1$$

此式的右边为负数,所以只能有 $s=1$.这时

$$p^2=9,p=3$$

而当 $p=3$ 时

$$2p^4-p^2+16=169$$

是完全平方数.

如果 $p^2|k+4$,设 $k+4=sp^2$,则 s 是奇数,于是

$$k-4=sp^2-8$$

$$(s^2-2)p^2=8s-1$$

当 $s=1$ 时,有 $-p^2=7$,这不可能.当 $s\geqslant 3$ 时.由于

$$(s^2-2)p^2>(s^2-4)p^2=(s+2)(s-2)p^2\geqslant$$

$$5\times 9(s-2)=(8s-1)+(37s-89)\geqslant$$

$$(8s-1)+(111-89)>8s-1$$

这也出现矛盾.

综合以上,当且只当 $p=3$ 时,$2p^4-p^2+16$ 才是平方数.

解法 2　当 $p=2$ 时,$2p^4-p^2+16=44$ 不是完全平方数.

当 $p\geqslant 3$ 时,若 $3\nmid p$,则

$$p^2\equiv 1(\bmod 3)$$

$$2p^4-p^2+16\equiv 2(\bmod 3)$$

此时 $2p^4-p^2+16$ 不是平方数. 于是 $3\mid p$,又 p 是素数,所以 $p=3$. 而当 $p=3$ 时,$2p^4-p^2+16=169$ 是平方数.

例 32　(2007 年湖北省高中数学竞赛)求所有的正整数 n,使得 $n+36$ 是一个完全平方数,且除了 2 或 3 以外,n 没有其他的质因数.

解　设 $n+36=(x+6)^2$. 则

$$n=x(x+12)$$

依题意得 $n=2^{\alpha_1}\times 3^{\alpha_2}(\alpha_1,\alpha_2\in\mathbf{N})$. 则

$$x=2^{a_1}\times 3^{b_1},x+12=2^{a_2}\times 3^{b_2}$$

其中,$a_1,b_1,a_2,b_2\in\mathbf{N}$.

于是

$$2^{a_2}\times 3^{b_2}-2^{a_1}\times 3^{b_1}=12 \quad ①$$

显然,当 $a_1=a_2=0$ 时,式①不成立. 故 a_1,a_2 中有正整数. 于是,x 和 $x+12$ 都是偶数. 从而,$a_1,a_2\in\mathbf{N}_+$.

(1)若 $a_2=1$,则

$$2\times 3^{b_2}=12+2^{a_1}\times 3^{b_1}\Rightarrow a_1=1$$

此时

$$3^{b_2}=6+3^{b_1}$$

显然

$$b_1=1,b_2=2$$

此时

$$x=6,x+12=18$$

从而

$$n=6\times18=108$$

(2)若 $a_2\geqslant2$,则 $4\mid(x+12)\Rightarrow4\mid x$. 故 $a_1\geqslant2$. 此时,由式①得

$$2^{a_2-2}\times3^{b_2}-2^{a_1-2}\times3^{b_1}=3 \quad ②$$

显然,$a_2=2$,$a_1=2$ 至少有一个成立. 由前者得到

$$3^{b_2}-2^{a_1-2}\times3^{b_1}=3 \quad ③$$

故 $b_2>b_1=1$. 从而,式③变为 $3^{b_2-1}-2^{a_1-2}=1$. 解得 $(a,b_2)=(3,2),(5,3)$. 从而,$x=24,96$;$n=864,10\ 368$. 由后者得到

$$2^{a_2-2}\times3^{b_2}-3^{b_1}=3 \quad ④$$

此时,$a_2-2>0$,于是,$b_2\leqslant1$.

若 $b_2=0$,则式④变为 $2^{a_2-2}-3^{b_1}=3$. 解得 $(a_2,b_1)=(4,0)$. 从而,$x=4$,$n=64$. 若 $b_2=1$,则式④变为 $2^{a_2-2}-3^{b_1-1}=1$. 解得 $(a_2,b_1)=(4,2),(3,1)$. 从而,$x=12,36$;$n=288,1\ 728$.

综上,所求的 n 为

$$64,108,288,864,1\ 728,10\ 368$$

例 33 (2008 年新加坡数学奥林匹克高中级赛)求所有的质数 p,满足 5^p+4p^4 为完全平方数.

解 设 $5^p+4p^4=q^2$,则

$$5^p=q^2-4p^4=(q-2p^2)(q+2p^2)$$

因为 5 是质数,则

$$\begin{cases}q-2p^2=5^s\\q+2p^2=5^t\\s+t=p\end{cases}$$

显然 $0\leqslant s<t$.

消去 q 得

$$4p^2=5^s(5^{t-s}-1)$$

若 $s>0$ 知 $5|4p^2$,所以 $p=5$. 此时

$$5^p+4p^4=5^5+4\times5=9\times5^4=(3\times5)^2=75^2$$

若 $s=0$,则 $t=p$,有

$$5^p=4p^2+1$$

事实上,对任意正整数 $k\geqslant2,5^k\geqslant4k^2+1$.

用数学归纳法,当 $k=2$ 时,$5^k=25\geqslant17=4\times2^2+1$,$k=2$ 显然成立. 假设不等式对 k 成立,则

$$\frac{4(k+1)^2+1}{4k^2+1}=\frac{4k^2+1}{4k^2+1}+\frac{8k}{4k^2+1}+\frac{4}{4k^2+1}<1+1+1<5$$

于是

$$5^{k+1}=5\times5^k>5(4k^2+1)>4(k+1)^2+1$$

即对 $k+1$ 不等式成立,因此

$$5^p=4p^2+1$$

无解.

因此,所求的质数 $p=5$.

例 34　(2009 年克罗地亚国家数学奥林匹克)求所有的正整数 m,n,使得 6^m+2^n+2 为完全平方数.

解　有

$$6^m+2^n+2=2(3^m\times2^{m-1}+2^{n-1}+1)$$

因为 6^m+2^n+2 为完全平方数,则 $3^m\times2^{n-1}+2^{n-1}+1$为偶数. 于是 $3^m\times2^{m-1}$ 与 2^{n-1} 中恰有一个奇数,一个偶数.

若 $3^m\times2^{m-1}$ 为奇数，则 $m=1$，此时有

$$6^m+2^n+2=6+2^n+2=2^n+8=4(2^{n-2}+2)$$

于是 $2^{n-2}+2$ 为完全平方数. 由于任何整数的平方被 4 除余数只能为 0,1，则 $2^{n-2}+2$ 不能是 $4k+2$ 型的数，于是 $n-2=1$，$n=3$. 因而有一组解 $(m,n)=(1,3)$.

若 2^{n-1} 为奇数，则 $n=1$，此时有

$$6^m+2^n+2=6^m+4\equiv(-1)^m+4\pmod 7$$

注意到

$$(7k)^2\equiv0\pmod 7,(7k\pm1)^2\equiv1\pmod 7$$

$$(7k\pm2)^2\equiv4\pmod 7,(7k\pm3)^2\equiv2\pmod 7$$

则一个平方数被 7 除，不能为 3,5 和 6.

而

$$(-1)^m+4\equiv\begin{cases}3\\5\end{cases}\pmod 7$$

所以 6^m+4 不是完全平方数.

综合以上，$(m,n)=(1,3)$ 是唯一的正整数解.

例 35 （2008 年德国数学奥林匹克）求所有的实数 x，使得 $4x^5-7$ 和 $4x^{13}-7$ 都是完全平方数.

分析 设

$$4x^5-7=a^2,4x^{13}-7=b^2\quad(a,b\in\mathbf{N})$$

则 $x^5=\dfrac{a^2+7}{4}>1$ 为正有理数，$x^{13}=\dfrac{b^2+7}{4}$ 为正有理数.

因此，$x=\dfrac{(x^5)^8}{(x^{13})^3}$ 为正有理数.

设 $x=\dfrac{p}{q}((p,q)=1,(p,q\in\mathbf{Z}_+)$. 则 $\left(\dfrac{p}{q}\right)^5=\dfrac{a^2+7}{4}$ 只可能 $q=1$，即 x 为正整数. 显然，$x\geqslant2$.

当 $x=2$ 时

$$4x^5-7=121=11^2$$

$$4x^{13}-7=32\ 761=181^2$$

满足条件.

当 x 为奇数时

$$a^2=4x^5-7\equiv 5 \pmod 8$$

不成立.

以下假设 x 为正偶数. 当 $x\geqslant 4$ 时

$$(ab)^2=(4x^5-7)(4x^{13}-7)=16x^{18}-28x^{13}-28x^7+49$$

注意到

$$16x^{18}-28x^{13}-28x^7+49<16x^{18}-28x^{13}+\frac{49}{4}x^8=\left(4x^9-\frac{7}{2}x^4\right)^2$$

又

$$16x^{18}-28x^{13}-28x^7+49>\left(4x^9-\frac{7}{2}x^4-1\right)^2$$

故 $x\geqslant 4$,且为偶数不成立.

综上,只有 $x=2$ 满足题目条件.

例 36　(2008 年克罗地亚国家集训队考试)求所有的整数 x,使得 $1+5\times 2^x$ 为一个有理数的平方.

解　分以下两种情形讨论:

情形 1:若 $1+5\times 2^x$ 为整数的平方,则 $x\in\mathbf{N}$.

设 $1+5\times 2^x=y^2$,其中 $y\in\mathbf{N}$,则

$$(y+1)(y-1)=5\times 2^x$$

若 $x=0$,则 $y^2=6$. 这不可能,故 $x\neq 0$.

又因为 $y+1$, $y-1$ 的奇偶性相同,所以其均为偶数.

(1)若 $\begin{cases}y+1=2^\alpha\\ y-1=5\times 2^\beta\end{cases}$,其中 $\alpha,\beta\in\mathbf{N}_+$, $\alpha+\beta=x$ 且 $\alpha>\beta$. 两式作差,得 $2^\beta(2^{\alpha-\beta}-5)=2$. 故奇数 $2^{\alpha-\beta}-5=1$.

故 $2^{\alpha-\beta}=6$. 这不可能.

(2)若 $\begin{cases}y+1=5\times2^{\alpha}\\ y-1=2^{\beta}\end{cases}$,其中 $\alpha,\beta\in\mathbf{N}_+$,$\alpha+\beta=x$.

①若 $\alpha=\beta$,两式作差,得 $4\times2^{\alpha}=2$,而 $\alpha\in\mathbf{N}_+$,这不可能.

②若 $\alpha>\beta$,两式作差,得 $2^{\beta}(5\times2^{\alpha-\beta}-1)=2$. 奇数 $5\times2^{\alpha-\beta}-1=1$,即 $5\times2^{\alpha-\beta}=2$. 这不可能.

③若 $\alpha<\beta$,两式作差,得 $2^{\alpha}(5-2^{\beta-\alpha})=2$. 奇数 $5-2^{\beta-\alpha}=1$,且 $2^{\alpha}=2$. 因此 $\beta-\alpha=2$,$\alpha=1$. 从而 $x=\beta+\alpha=(\beta-\alpha)+2\alpha=4$.

情形 2:若 $1+5\times2^{x}$ 为分数的平方,则 $x\in\mathbf{Z}_-$.

设 $x=-y$,其中 $y\in\mathbf{N}_+$,则 $1+5\times2^{x}=\frac{2^{y}+5}{2^{y}}$. 因为 $2\nmid 2^{y}+5$,所以 $2\mid y$. 设 $y=2y_1$,则 $2^{y}+5=4^{y_1}+5$. 设 $4^{y_1}+5=m^2(m\in\mathbf{N}_+)$,则 $(m+2^{y_1})(m-2^{y_1})=5$. 因此 $\begin{cases}m+2^{y_1}=5\\ m-2^{y_1}=1\end{cases}$,两式作差,得 $2^{y_1+1}=4$. 故 $y_1=1$. 从而 $y=2y_1=2$,$x=-y=-2$.

综上,$x=-2$ 或 4.

例 37 (2002 年第 19 届希腊数学奥林匹克)(1)正整数 p,q,r,a 满足 $pq=ra^2$,且 r 是质数,p,q 互质.

证明:p,q 中有一个是完全平方数.

(2)是否存在质数 p,使得 $p(2^{p+1}-1)$ 是完全平方数?

解 (1)设 $p=p_1^{k_1}p_2^{k_2}\cdots p_m^{k_m}$,$q=q_1^{s_1}q_2^{s_2}\cdots q_n^{s_n}$,$a=a_1^{t_1}a_2^{t_2}\cdots a_l^{t_l}$. 其中 p_i,q_j,a_k 均为质数,且 $(p_i,q_j)=1$,则有

$$p_1^{k_1}p_2^{k_2}\cdots p_m^{k_m}q_1^{s_1}q_2^{s_2}\cdots q_n^{s_n}=ra_1^{2t_1}a_2^{2t_2}\cdots a_l^{2t_l}$$

由于 r 是质数,则 p,q 中不被 r 整除的那个数一定是完全平方数.

(2)设 $p(2^{p+1}-1)=b^2$. 当 $p=2$ 时,$p(2^{p+1}-1)=2\cdot(2^3-1)=14=b^2$ 不可能;当 $p>2$ 时,设 $p=2q+1$. 由于 $p\mid b^2$,所以 $p\mid b$. 设 $b=p\alpha$,则有

$$p(2^{p+1}-1)=p^2\alpha^2$$
$$(2^{p+1}-1)=p\alpha^2$$
$$(2^{q+1})^2-1=p\alpha^2$$
$$(2^{q+1}-1)(2^{q+1}+1)=p\alpha^2$$

由于 p 是质数,且 $(2^{q+1}-1,2^{q+1}+1)=1$,由(1)得 $2^{q+1}-1$和 $2^{q+1}+1$ 中有一个是完全平方数.

若 $2^{q+1}-1=c^2$,则 $2^{q+1}=c^2+1$,由于 $q\geqslant1$,则 $4\mid 2^{q+1}$,即 $4\mid c^2+1$,而 $c^2+1\equiv2\pmod 4$,所以 $4\mid c^2+1$ 不可能.

若 $2^{q+1}+1=c^2$,则 $2^{q+1}=c^2-1=(c-1)(c+1)$. 于是

$$\begin{cases}c-1=2^{q_1}\\c+1=2^{q_2}\end{cases}\quad(q_1<q_2,q_1+q_2=q+1)$$

所以有

$$2^{q_2}-2^{q_1}=2=2^{q_1}(2^{q_2-q_1}-1)=2$$

若 $2^{q_1}=1$,则 $q_1=0$,$2^{q_2-q_1}-1=2$,这不可能;若 $2^{q_1}=2$,则 $q_1=1$,$2^{q_2-q_1}-1=1$,$q_2-q_1=q_2-1=1$,$q_2=2$,于是 $q=2$,$p=5$,$p(2^{p+1}-1)=5(2^6-1)=5\times63$ 不是完全平方数.

由以上,不存在正整数 p,使得 $p(2^{p+1}-1)$是完全平方数.

例 38　(2000 年奥地利一波兰数学奥林匹克)求所有的正整数 N,使得 N 仅含有两个质因子 2 与 5,且

$N+25$ 是一个完全平方数.

解 设 $N+25=(x+5)^2(x\in\mathbf{N}_+)$. 则 $N=x(x+10)$,依题设有

$$\begin{cases}x=2^{\alpha_1}5^{\beta_1}\\x+10=2^{\alpha_2}5^{\beta_2}\end{cases}$$

其中 $\alpha_i,\beta_i\in\mathbf{N},i=1,2$,于是

$$2^{\alpha_2}5^{\beta_2}-2^{\alpha_1}5^{\beta_1}=10 \qquad ①$$

如果 $\alpha_1=\alpha_2=0$,则 $5^{\beta_2}-5^{\beta_1}=10=5\times2$,这是不可能的. 故 α_1,α_2 中至少有一个大于 0,从而 x 为偶数.

当 $\alpha_1\geqslant2$ 时,由

$$2^{\alpha_2}5^{\beta_2}=10+2^{\alpha_1}5^{\beta_1}=2(5+2^{\alpha_1-1}5^{\beta_1})$$

可知 $\alpha_2=1$. 同样,当 $\alpha_2\geqslant2$ 时,$\alpha_1=1$. 因此,α_1,α_2 中至少有一个为 1.

类似地讨论,β_1,β_2 中至少有一个为 1.

(1)当 $\alpha_1=1$ 时,若 $\beta_1=1$,则 $x=10,x+10=20=2^2\times5$,于是

$$N=x(x+10)=200=2^3\times5^2$$

由 $200+25=225=15^2$,符合题设条件.

(2)当 $\alpha_2=1$ 时,若 $\beta_2=1$,则由①有

$$2^{\alpha_2-1}-5^{\beta_1-1}=1$$

这要求 $\alpha_2-1\geqslant3$,则对 mod 4 有 $-1\equiv1 \pmod 4$,矛盾.

(3)当 $\alpha_2=1$ 时,则 $\beta_2>1$,故 $\beta_1=1$,则由①有

$$5^{\beta_2-1}-2^{\alpha_1-1}=1 \qquad ②$$

两边取 mod 5,可知 α_1-1 为偶数,设 $\alpha_1-1=2m$.

当 $m=1$ 时,$\alpha_1=3$,有

$$5^{\beta_2-1}-4=1$$

于是 $\beta_2=2$,此时

$$x=2^{\alpha_1}5^{\beta_1}=40$$
$$x+10=2^{\alpha_2}5^{\beta_2}=50$$
$$n=2\ 000=2^4\times5^3$$
$$N+25=2\ 025=45^2$$

符合题设条件.

当 $m>1$ 时,对式②两边取 mod 8,可知 β_2-1 为偶数.

设 $\beta_2-1=2n$,则有

$$(5^n-5^m)(5^n+5^m)=1$$

此式显然不能成立.

所以,满足条件的 $N=200$ 和 2 000.

例 39　(2006 年泰国数学奥林匹克)求所有的质数 p,使得 $\frac{2^{p-1}-1}{p}$ 为完全平方数.

解　对每个质数 p,设 $f(p)=\frac{2^{p-1}-1}{p}$. 下面证明:当 $p>7$ 时,$f(p)$ 不是完全平方数.

假设存在质数 $p>7$ 满足

$$2^{p-1}=pm^2\quad(m\in\mathbf{Z})$$

则 m 必为奇数. 分两种情况进行讨论.

(1) $p=4k+1(k>1)$,则

$$2^{4k}-1=(4k+1)m^2\equiv1(\bmod 4)$$

但 $2^{4k}-1=16^k-1\equiv3(\bmod 4)$,矛盾.

(2) $p=4k+3(k>1)$,则

$$2^{4k+2}-1=(2^{2k+1}-1)(2^{2k+1}+1)=pm^2$$

考虑到 $(2^{2k+1}-1,2^{2k+1}+1)=1$,则

$$\begin{cases}2^{2k+1}=u^2\\2^{2k+1}+1=pv^2\end{cases}\ \text{或}\ \begin{cases}2^{2k+1}-1=pu^2\\2^{2k+1}+1=v^2\end{cases}$$

由

$$2^{2k+1}+1=4^k\cdot 2+1\equiv 1 \pmod 4$$
$$pv^2\equiv 3\times 1\equiv 3 \pmod 4$$

所以第一个方程组无解.

对第二个方程组，由 $2^{2k+1}=v^2-1=(v-1)(v+1)$得

$$\begin{cases} v-1=2^s \\ v+1=2^t \end{cases} \quad (s<t)$$

则 $2^{t-s}=\frac{v+1}{v-1}=1+\frac{2}{v-1}$，则$(v-1)\mid 2$. 故 $v=2$ 或 $v=3$. 当 $v=2$ 时，$2^{2k+1}+1=4$，矛盾. 当 $v=3$ 时，$2^{2k+1}=8$，$k=1$，与 $k>1$ 矛盾.

由以上，当 $p>7$ 时，$f(p)$不是完全平方数. 再对 $p=2,3,5,7$ 的情况逐一验证：

$p=2$ 时，$\frac{2^{p-1}-1}{p}=\frac{2^{2-1}-1}{2}=\frac{1}{2}\notin \mathbf{Z}$.

$p=3$ 时，$\frac{2^{p-1}-1}{p}=\frac{2^2-1}{3}=1$ 是完全平方数.

$p=5$ 时，$\frac{2^{p-1}-1}{p}=\frac{2^4-1}{5}=3$ 不是完全平方数.

$p=7$ 时，$\frac{2^{p-1}-1}{p}=\frac{2^6-1}{7}=9=3^2$ 是完全平方数.

所以 $p=3$ 和 $p=7$.

例 40 （2005 年白俄罗斯数学奥林匹克）(1)是否存在正整数 a,b 使得对任何正整数 n，数 2na+5^nb 是完全平方数？

(2)是否存在正整数 a,b,c 使得对任何正整数 n，数 2na+5^nb+c 是完全平方数？

解 (1)不存在，用反证法.

假设存在符合题目要求的 a,b，即存在正整数数

列$\{x_n\}$,使得

$$x_n^2=2^na+5^nb \quad (n\in\mathbf{N}_+)$$

令 $a=5^kc$,其中 $k\in\mathbf{N}$,$5\nmid c$.

当 $n>k$ 时

$$x_n^2=5^k(2^nc+5^{n-k}b)$$

因为 $5\nmid(2^nc+5^{n-k}b)$,x_n^2 为完全平方数,则 k 为偶数.

设 $k=2m$,$m\in\mathbf{N}$. 首先证明:对于 $n>k$,数

$$\left(\frac{x_n}{5^m}\right)^2=\frac{x_n^2}{5^k}=2^nc+5^{n-k}b \tag{①}$$

是完全平方数,即$\frac{x_n}{5^m}$是整数.

由于$\frac{x_n}{5^m}$是有理数,设$\frac{x_n}{5^m}=\frac{p}{q}$. $(p,q)=1$. 若 $q>1$,因为$(p^2,q^2)=1$,则$\left(\frac{x_n}{5^m}\right)^2$不是整数,与式①矛盾. 因此 $q=1$,从而$\frac{x_n}{5^m}\in\mathbf{Z}$.

考虑数列$\{y_n\}$,$y_n=\frac{x_n}{5^m}$,其中 $n>2m$. 注意到式①,有

$$y_n^2\equiv 2^nc \pmod 5$$

所以

$$y_{n+1}^2\equiv 2y_n^2 \pmod 5$$

由于 $5\nmid c$,则

$$y_{n+1}^2\equiv 1 \text{ 或 } 4 \pmod 5 \quad (n=0,1,2,\cdots)$$

当 $y_n^2\equiv 1 \pmod 5$ 时

$$y_{n+1}^2\equiv 2\times 1\equiv 2 \pmod 5$$

与②矛盾.

当 $y_n^2\equiv 4 \pmod 5$ 时

$$y_{n+1}^2=2\times4\equiv3(\bmod 5)$$

与②矛盾.因此,不存在满足要求的 a,b.

(2)不存在,用反证法.

假设存在符合题目要求的 a,b,c,即存在正整数列 $\{x_n\}$,使得

$$x_n^2=2^na+5^nb+c\quad(n\in\mathbf{N}_+)$$

注意到

$$25x_n^2=25\times2^na+5^{n+2}b+25c>2^{n+2}a+5^{n+2}b+c=x_{n+2}^n$$

从而

$$5x_n>x_{n+2}$$

所以

$$x_{n+2}\leqslant5x_n-1$$

平方得

$$x_{n+2}^2\leqslant25x_n^2-10x_n+1$$

即

$$\begin{aligned}10x_n\leqslant25x_n^2+1-x_{n+2}^2=25\times2^na+5^{n+2}b+25c=\\21\times2^na+24c+1+(4\times2^na+5^{n+2}b+c)-x_{n+2}^n=\\21\times2^na+24c+1\end{aligned}$$

从而有

$$\frac{10x_n}{2^n}\leqslant21a+\frac{24c}{2^n}+\frac{1}{2^n}\quad③$$

考查不等式两边,当 $n\to\infty$ 时的极限.

$$\lim_{n\to\infty}\left(\frac{10x_n}{2^n}\right)^2=\lim_{n\to\infty}\frac{100(2^na+5^nb+c)}{4^n}=\lim_{n\to\infty}\frac{100b\times5^n}{4^n}\to\infty\quad④$$

而另一方面,由式③

$$\lim_{n\to\infty}\frac{10x_n}{2^n}\leqslant21a\quad⑤$$

④与⑤矛盾.

例 41　(2009 年加拿大数学奥林匹克)求所有的有序数对(a,b),使得a,b是整数,且3^a+7^b是一个完全平方数.

解　设$3^a+7^b=n^2$.因为3^a+7^b为偶数,所以,$2|n$.于是,$3^a+7^b\equiv 0 \pmod 4$,即

$$(-1)^a+(-1)^b\equiv 0 \pmod 4$$

故a,b为一奇一偶.

(1)设$a=2p,b=2q+1(p,q\in \mathbf{N}_+)$.则

$$7^{2q+1}=n^2-3^{2p}=(n-3^p)(n+3^p)$$

因为$(n-3^p,n+3^p)=(n-3^p,2\times 3^p)$,所以,$n-3^p$,$n+3^p$不同时被 7 整除.故$n-3^p=1$,即$n=3^p+1$.则$7^{2q+1}=2\times 3^p+1$.易知$p=0$时无解.

若$p=1$,则$7^{2q+1}=7$,即$q=0$.此时,$(a,b)=(2,1)$.若$p\geqslant 2$,则

$$7^{2q+1}=2\times 9\times 3^{p-2}+1\equiv \pmod 9$$

而$7^2\equiv 4 \pmod 9$,$7^3\equiv 4\times 7\equiv 1 \pmod 9$,故$3|(2q+1)$.记$2q+1=3l$.则

$$(7^3)^l=2\times 3^p+1$$

又

$$7^3=343\equiv 1 \pmod{19}\Rightarrow 2\times 3^p+1\equiv 1 \pmod{19}\Rightarrow 19|2\times 3^p$$

显然不成立.故a为偶数时只有解

$$(a,b)=(2,1)$$

(2)设$a=2p+1,b=2q(p,q\in \mathbf{N}_+)$.则

$$3^{2p+1}=n^2-7^{2q}=(n-7^q)(n+7^q)$$

类似于(1),可得

$$n-7^q=1\Rightarrow n=7^q+1\Rightarrow 3^{2p+1}=2\times 7^q+1$$

若$q=0$,则

$$3^{2p+1}=3, p=0$$

此时,$(a,b)=(1,0)$.

若 $q\geqslant 1$,则

$$3^{2p+1}\equiv 2\times 7^q+1\equiv 1 \pmod 7$$

而 $3^2\equiv 2 \pmod 7$,$3^3\equiv 6 \pmod 7$,$3^6\equiv 1 \pmod 7$,则 $6\mid(2p+1)$,矛盾.故 b 为偶数时只有解

$$(a,b)=(1,0)$$

综合(1),(2)知所有的有序数对

$$(a,b)=(2,1),(1,0)$$

例 42 (2009 年土耳其数学奥林匹克)(1)求所有的质数 p,使得 $\frac{7^{p-1}-1}{p}$ 为完全平方数;

(2)求所有的质数 p,使得 $\frac{11^{p-1}-1}{p}$ 为完全平方数.

解 因为对于任意的奇数 q,满足

$$\left(q^{\frac{p-1}{2}}-1, q^{\frac{p-1}{2}}+1\right)=2$$

若存在整数 x 和质数 p,满足 $px^2=q^{p-1}-1$,所以,总存在整数 y,z 满足下列两种情形之一.

(i)$q^{\frac{p-1}{2}}-1=2py^2$ 和 $q^{\frac{p-1}{2}}+1=2z^2$;

(ii)$q^{\frac{p-1}{2}}-1=2y^2$ 和 $q^{\frac{p-1}{2}}+1=2pz^2$.

(1)设 $q=7$.因为 2 为模 7 的二次剩余,但 -1 不是,所以,不满足情形(ii).

在情形(i)中

$$6\mid\left(7^{\frac{p-1}{2}}-1\right)=2py^2\Rightarrow 3\mid py^2$$

当 $p=3$ 时,有 $\frac{7^2-1}{3}=4^2$.若 $p\neq 3$,则

$$3\mid y^2\Rightarrow 9\mid\left(7^{\frac{p-1}{2}}-1\right)\Rightarrow 3\mid\frac{p-1}{2}$$

设 $k=\frac{p-1}{6}$. 则

$$2z^2=7^{3k}+1=(7^k+1)(7^{2k}-7^k+1)$$

其中,$7^{2k}-7^k+1$ 为完全平方数. 但这是不成立的. 因为

$$(7^k-1)^2<7^{2k}-7^k+1<(7^k)^2$$

所以,得到 $p=3$ 是唯一质数,满足 $\frac{7^{p-1}-1}{p}$ 为完全平方数.

(2)设 $q=11$. 此时,2 不为模 11 的二次剩余. 为此,只需考虑情形(ii)

$$11^{\frac{p-1}{2}}+1=2pz^2\Rightarrow$$
$$11^{\frac{p-1}{2}}\equiv-1\pmod p\Rightarrow$$
$$2y^2\equiv11^{\frac{p-1}{2}}-1\equiv-2\pmod p\Rightarrow$$
$$y^2\equiv-1\pmod p\Rightarrow$$
$$p\equiv1\pmod 4$$

因此,$11^{\frac{p-1}{2}}-1=2y^2$. 所以,$11^{\frac{p-1}{4}}+1=u^2$(这是矛盾的,因为 $u-1$ 和 $u+1$ 不能同时为 11 的平方)或者 $11^{\frac{p-1}{4}}+1=2u^2$(矛盾,因为 2 不可能为模 11 的二次剩余).

因此,不存在质数 p,满足 $\frac{11^{p-1}-1}{p}$ 为完全平方数.

例 44　(2003 年第 44 届 IMO 预选题)设 b 是大于 5 的整数,对于每一个正整数 n,考虑 b 进制下的数 $x_n=\underbrace{11\cdots1}_{n-1个}\underbrace{22\cdots2}_{n个}5$.

证明:"存在一个正整数 M,使得对于任意大于 M

的整数 n，数 x_n 是个完全平方数”的充分必要条件是 $b=10$.

（罗马尼亚 提供）

证明 对于 $b=6,7,8,9$，将 x 模 b 进行分类，直接验证可知 $x^2\equiv 5(\bmod b)$ 无解.

由于 $x_n\equiv 5(\bmod b)$，所以，x_n 不是完全平方数.

对于 $b=10$，直接计算可得

$$x_n=\frac{1}{b-1}(b^{2n}+b^{n+1}+3b-5)=\left(\frac{10^n+5}{3}\right)^2$$

其中 $10^n+5\equiv 0(\bmod 3)$.

对于 $b\geqslant 11$，设 $y_n=(b-1)x_n$. 假设存在一个正整数 M，当 $n>M$ 时，x_n 是完全平方数，则对于 $n>M$，y_ny_{n+1} 也是完全平方数.

因为 $b^{2n}+b^{n+1}+3b-5<\left(b^n+\frac{b}{2}\right)^2$，所以

$$y_ny_{n+1}<\left(b^n+\frac{b}{2}\right)^2\left(b^{n+1}+\frac{b}{2}\right)^2=\left(b^{2n+1}+\frac{b^{n+1}(b+1)}{2}+\frac{b^2}{4}\right)^2$$

另一方面，经直接计算可证明

$$y_ny_{n+1}>\left(b^{2n+1}+\frac{b^{n+1}(b+1)}{2}-b^3\right)^2$$

因此，对于任意整数 $n>M$，存在一个整数 a_n，使得 $-b^3<a_n<\frac{b^2}{4}$，且有

$$y_ny_{n+1}=\left(b^{2n+1}+\frac{b^{n+1}(b+1)}{2}+a_n\right)^2 \quad ①$$

将 y_n，y_{n+1} 的表达式代入式①，可得

$$b^n\mid[a_n^2-(3b-5)^2]$$

当 n 足够大时，一定有 $a_n^2-(3b-5)^2=0$，即

$$a_n=\pm(3b-5)$$

将 y_n, y_{n+1} 及 a_n 代入式①，当 $a_n=-(3b-5)$，在 n 足够大时式①不成立，所以，$a_n=3b-5$. 于是，式①化为

$$8(3b-5)b+b^2(b+1)^2=4b^3+4(3b-5)(b^2+1)$$

上式的左端可以被 b 整除，右端是一个常数项为 -20的关于 b 的整系数多项式，所以，b 一定整除 20. 因为 $b\geqslant 11$，所以，$b=20$. 此时 $x_n\equiv 5 \pmod 8$. 由前面的结论知，x_n 不是完全平方数.

综上所述，当 $b=10$ 时，x_n 是完全平方数.

反之，x_n 是完全平方数时必有 $b=10$.

例 44　(2003 年第 44 届 IMO 预选)一个整数 n 若满足 $|n|$ 不是一个完全平方数，则称这个数是“好”数. 求满足下列性质的所有整数 m：m 可以用无穷多种方 法表示成三个不同的“好”数的和，且这三个“好”数的积是一个奇数的平方.

(韩国　提供)

解　假设 m 可以表示为 $m=u+v+w$，且 uvw 是一个奇数的平方. 于是，u, v, w 均为奇数，且 $uvw\equiv 1 \pmod 4$，所以，u, v, w 中要么有两个数模 4 余 3，要么没有一个数模 4 余 3. 无论哪种情况，均有

$$m=u+v+w=3 \pmod 4$$

下面证明，当 $m=4k+3$ 时，满足条件要求的性质. 为此，我们寻求形如 $4k+3=xy+yz+zx$ 的表达式. 在这样的表达式中，三个被加数的积是一个完全平方数. 设 $x=2l+1$, $y=1-2l$，从而，可推出 $z=2l^2+2k+1$. 于是，有

$$xy=1-4l^2=f(l)$$

$$yz=-4l^3+2l^2-(4k+2)l+2k+1=g(l)$$

$$zx=4l^3+2l^2+(4k+2)l+2k+1=h(l)$$

由上面的表达式可知，$f(l)$，$g(l)$，$h(l)$均为奇数，且乘积是一个奇数的平方.同时易知，除了有限个 l 外，$f(l)$，$g(l)$，$h(l)$是互不相同的.

下面证明对于无穷多个 l，使 $|f(l)|$，$|g(l)|$，$|h(l)|$不是完全平方数.

当 $l\neq0$ 时，$|f(l)|$不是完全平方数.选取两个不同的质数 p,q，使得 $p>4k+3$，$q>4k+3$.选取 l，使得 l 满足

$$1+2l\equiv0(\bmod p),1+2l\not\equiv0(\bmod p^2)$$

$$1-2l\equiv0(\bmod q),1-2l\not\equiv0(\bmod q^2)$$

由孙子定理知如上的 l 是存在的.

由于 $p>4k+3$，且

$$2(2l^2+2k+1)=(2l+1)(2l-1)+4k+3\equiv 4k+3(\bmod p)$$

所以，$2(2l^2+2k+1)$不能被 p 整除.从而，$2l^2+2k+1$ 也不能被 p 整除.于是，$|h(l)|=|(2l+1)(2l^2+2k+1)|$能被 p 整除，但不能被 p^2 整除.因此，$|h(l)|$不是完全平方数.

类似地可得$|g(l)|$也不是完全平方数.

例 45 是否存在不相同的质数 p,q,r,s，使得它们的和为 640，且 p^2+qs 和 p^2+qr 都是完全平方数？若存在，求 p,q,r,s 的值；若不存在，说明理由.

解 由 $p+q+s=640$，且 p,q,r,s 是互不相同的质数，知 p,q,r,s 都是奇数.

设

$$\begin{cases}p^2+qs=m^2 & ①\\ p^2+qr=n^2 & ②\end{cases}$$

不妨再设 $s<r$. 则 $m<n$.

由式①,②得

$$\begin{cases}(m-p)(m+p)=qs\\(n-p)(n+p)=qr\end{cases}$$

若 $m-p>1$,则由 $m-p<n-p<n+p$,得

$$m+p=q=n-p$$

从而

$$s=m-p,r=n+p$$

故

$$p+q+r+s=p+q+2q=p+3q=640$$

又由于 $s=m-p=q-2p\geqslant 3$,故 $p\leqslant 90$.

逐一令 p 为不大于 90 的质数加以验证便知此时无解.

若 $m-p=1$,则

$$qs=m+p=2p+1\Rightarrow p=\frac{qs-1}{2}$$

而 $q<m+p<n+p$,故

$$\begin{aligned}&q=n-p,r=n+p=2p+q\Rightarrow\\&p+q+r+s=3p+2q+s=\\&\frac{3(qs-1)}{2}+2q+s=640\Rightarrow\\&(3q+2)(3s+4)=3\ 857=7\times 19\times 29\Rightarrow\\&3s+4=19,3q+2=7\times 29\Rightarrow s=5\\&\qquad q=67\Rightarrow p=167,r=401\end{aligned}$$

综上,$p=167,q=67,r=401,s=5$ 或 $p=167,q=67,r=5,s=401$.

例 46　(1986 年第 27 届 IMO 试题)设正整数 d 不等于 2,5,13. 求证:在集合 $\{2,5,13,d\}$ 中可以找到两个不同的元素 a 和 b,使得 $ab-1$ 不是完全平方数.

证明 由于 $2\times5-1=9$，$2\times13-1=25$，$13\times5-1=64$ 都是平方数，所以只要证明 $2d-1$，$5d-1$，$13d-1$ 中至少有一个不是平方数就可以了.

(1)若 d 是偶数，设 $d=2m$（m 是整数），则 $2d-1=4m-1=4(m-1)+3$.

由于 $4k+3$ 型的数一定不是平方数，则 $2d-1$ 不是平方数；

(2)若 d 是奇数，则 d 为 $4k+1$ 或 $4k+3$ 型. 如果 $d=4k+3$，则

$$5d-1=20k+14=4(5k+3)+2$$

而 $4k+2$ 型的数不是平方数，所以 $5d-1$ 不是平方数；如果 $d=4k+1$，则

$$5d-1=4(5k+1),13d-1=4(13k+3)$$

因 4 是平方数，所以，只要证明 $13k+3$ 和 $5k+1$ 至少有一个不是平方数就可以了.

设 $13k+3$ 是平方数，则 $13k+3$ 为 $4n+1$ 型或 $4n$ 型. 此时

$$5k+1=13k-8k+3-2=4(n-2k-1)+3$$

或

$$5k+1=13k-8k+3-2=4(n-2k-1)+2$$

都不是平方数.

同样可证明若 $5k+1$ 是平方数，则 $13k+3$ 不是平方数.

于是本题得证.

证法 2 若 $2d-1$，$5d-1$，$13d-1$ 都是平方数，则它们的乘积

$N=(2d-1)(5d-1)(13d-1)=130d^3-101d^2+6d-1$

也应是平方数. 容易看出，d 为偶数时，N 为 $4k+3$ 型，

显然不是平方数.

若 d 为奇数,设 $d=2k+1$,则

$$N=1\,040k^3+1\,156k^2+388k+32+2$$

N 是一个 $4n+2$ 型的数,也不是平方数.于是 $2d-1$,$5d-1$,$13d-1$ 至少有一个不是平方数.

证法 3　用反证法.假定 $2d-1$,$5d-1$,$13d-1$ 都是完全平方数,即

$$2d-1=x^2 \quad ①$$

$$5d-1=y^2 \quad ②$$

$$13d-1=z^2 \quad ③$$

其中 x,y,z 都是正整数.由①知,x 为奇数,设 $x=2n-1$,所以 $2d-1=(2n-1)^2$,即 $d=2n^2-2n+1$,所以 d 也是奇数.

由②,③知 y,z 是偶数.设 $y=2p$,$z=2q$,代入后两式相减并除以 4,得

$$2d=q^2-p^2=(q+p)(q-p)$$

因为 $2d$ 是偶数,即 q^2-p^2 是偶数,所以 p,q 同奇或同偶.从而 $q+p$ 和 $q-p$ 都是偶数,即 $2d$ 是 4 的倍数,那么 d 是偶数,与前面推出 d 是奇数相矛盾.命题得证.

以上三种证法都是利用对模 4 的余数进行讨论的方法来论证.在此,利用勾股数给出一个新的证法.

证法 4　只需证 $2d-1$,$5d-1$,$13d-1$ 中必有一个非完全平方数.

反证法.

假若以上三数皆为平方数,由于三数和

$$(2d-1)+(5d-1)+(13d-1)=20d-3$$

为 $4N+1$ 型的数,故这三数中必定有两个为偶平方

数、一个为奇平方数.

因 $2d-1$ 为奇数,所以,$5d-1$,$13d-1$ 皆为偶平方数.

设 $5d-1$ 为奇数,所以,$5d-1$,$13d-1$ 皆为偶平方数.

设 $5d-1=(2a)^2$,$13d-1=(2b)^2$. 则 d 为奇数. 于是

$$(5d-1)(13d-1)=(4ab)^2$$

即

$$(9d-1)^2-(4d)^2=(4ab)^2$$

从而

$$d^2+(ab)^2=\left(\frac{9d-1}{4}\right)^2$$

因上式左端为整数,所以,$\frac{9d-1}{4}$ 为整数. 由 $9d-4\cdot\frac{9d-1}{4}=1$,可知 $\left(d,\frac{9d-1}{4}\right)=1$. 从而,三数 d,ab,$\frac{9d-1}{4}$ 两两互质,其中,d 为奇数.

所以,存在互质的正整数 m,n,使得

$$\begin{cases} d=m^2-n^2 & ① \\ \frac{9d-1}{4}=m^2+n^2 & ② \end{cases}$$

②－①得

$$2n^2=\frac{9d-1}{4}-d=\frac{5d-1}{4}=\frac{(2a)^2}{4}=a^2$$

上式右端为平方数而左端不是平方数,矛盾.

故所设不真,即 $2d-1$,$5d-1$,$13d-1$ 中必有一个非完全平方数.

例 47 (1994 年英国数学奥林匹克)n 是一个给

定的正整数，有多少个在 mod 2^n 意义下的完全平方数？

解　用 A_n 表示在 mod 2^n 意义下的完全平方数的个数. 显然，对 mod 2，有 0，1 两个完全平方数，对 mod $2^2=\text{mod }4$，也只有 0，1 两个完全平方数. 即有 $A_1=2$，$A_2=2$. 对于 $n\geqslant 3$，我们证明

$$A_n=2^{n-3}+A_{n-2} \quad ①$$

设 a，b 是奇数，$0<a<2^n$，$0<b<2^n$，且满足

$$a^2\equiv b^2 \pmod{2^n}$$

即

$$(a+b)(a-b)\equiv 0 \pmod{2^n}$$

由于 a，b 是奇数，则 $a-b$，$a+b$ 都是偶数，考虑 mod 4. 由于奇数是 $4k+1$ 或 $4k+3$ 型，那么 $a-b$ 与 $a+b$ 不可能都是 4 的倍数，即 $a-b$ 与 $a+b$ 之中必有一个是 2 的倍数，而不是 4 的倍数. 这时必有

$$a-b\equiv 0 \pmod{2^{n-1}}$$

或

$$a+b\equiv 0 \pmod{2^{n-1}}$$

于是

$$b=\pmod{2^n}\text{或 } b\equiv -a \pmod{2^{n-1}}$$

利用 $0<a<2^n$，$0<b<2^n$ 及上式，有

$$b\equiv a \pmod{2^n}, b\equiv 2^{n-1}+a \pmod{2^n}$$

或

$$b\equiv 2^{n-1}-a \pmod{2^n}$$

且

$$b\equiv 2^n-a \pmod{2^n}$$

由于 a 是奇数，当 $n\geqslant 3$ 时，上述四个同余式的右端 4 个正整数 a，$2^{n-1}+a$，$2^{n-1}-a$，2^n-a 两两不等，在

mod 2^n 的意义下，大于或等于 1 小于 2^n 的奇数一共有 2^{n-1} 个. 在这 2^{n-1} 个奇数中，任取一个作为 a，对于这个 a，由上面的论述可知，满足 $a^2\equiv b^2 \pmod{2^n}$ 的有 4 个，即 $b=a$，$b=2^n-a$，$b\equiv 2^{n-1}+a \pmod{2^n}$，$b\equiv 2^{n-1}-a \pmod{2^n}$，因此，将这 2^{n-1} 个奇数，可分为 4 个奇数一组进行分组，一共有 $\frac{2^{n-1}}{4}=2^{n-3}$ 组，对于不同两组中的奇数，$a^2\equiv b^2 \pmod{2^n}$ 不成立. 因此，在奇数情况下，所求数目为 2^{n-3}.

在偶数情况下，设偶数 $2a$，$2b$，$0\leqslant 2a<2^n$，$0\leqslant 2b<2^n$，满足

$$(2a)^2\equiv(2b)^2 \pmod{2^n}$$

从而有 $0\leqslant a<2^{n-1}$，$0\leqslant b<2^{n-1}$，且

$$a^2\equiv b^2 \pmod{2^{n-2}}$$

由于当 $2^{n-1}\leqslant 2a<2^n$，$2^{n-1}\leqslant 2b<2^n$ 时，有

$$(2a-2^{n-1})^2\equiv(2a)^2 \pmod{2^n}$$

$$(2b-2^{n-1})^2\equiv(2b)^2 \pmod{2^n}$$

所以只须考虑 $0\leqslant 2a<2^{n-1}$，$0\leqslant 2b<2^{n-1}$ 的情况. 这时，在 mod 2^{n-2} 意义下，完全平方数的个数与在 mod 2^n 意义下，完全平方数是偶数的个数成一一对应. 因此公式①成立.

在公式①中，当 n 为偶数时，有

$$A_{2k}=2^{2k-3}+A_{2k-2}$$

$$A_{2k-2}=2^{2k-5}+A_{2k-4}$$

$$A_{2k-4}=2^{2k-7}+A_{2k-6}$$

$$\vdots$$

$$A_6=2^3+A_4,A_4=2+A_2$$

将上述 $k-1$ 个式子相加得

$$A_{2k}=(2+2^3+\cdots+2^{2k-5}+2^{2k-3})+A_2=$$
$$\frac{1}{3}(2^{2k-1}-2)+2=\frac{1}{3}(2^{2k-1}+4)$$

当 n 为奇数时,有

$$A_{2k+1}=2^{2k-2}+A_{2k-1}$$
$$A_{2k-1}=2^{2k-4}+A_{2k-3}$$
$$A_{2k-3}=2^{2k-6}+A_{2k-5}$$
$$\vdots$$
$$A_5=2^2+A_3,A_3=2^0+A_1$$

将上诸式相加得

$$A_{2k+1}=(2^0+2^2+\cdots+2^{2k-4}+2^{2k-2})+2=\frac{1}{3}(2^{2k}+5)$$

于是得

$$A_n=\begin{cases}\frac{1}{3}(2^{n-1}+4),n\text{ 为偶数}\\ \frac{1}{3}(2^{n-1}+5),n\text{ 为奇数}\end{cases}$$

习 题 6

1. 选择题

(1)(2009 年北京市初二数学竞赛)已知 n 为正整数,记 $1\times2\times\cdots\times n=n!$ (如 $1!=1$, $4!=1\times2\times3\times4=24$ 等). 若 $M=1!\times2!\times\cdots\times9!$,则 M 的约数中是完全平方数的共有(　　)个.

(A)504　(B)672　(C)864　(D)936

(2)(2009 年北京市初二数学竞赛)将 2 009 表示成两个整数的平方差的形式. 则不同的表示法有(　　)种.

(A)16　(B)14　(C)12　(D)10

(3)(1985 年上海市高中数学竞赛题)一对四位数中,一个数的首末两个数字对调就是另一个数,那么两数和是四位数而且是完全平方数的这种数对有(　　).

(A)4 对　(B)6 对　(C)8 对　(D)10 对

(4)(1991 年第 3 届五羊杯初三数学竞赛题)三个连续自然数的平方和比它们的和的 8 倍还多 2,则此三个自然数的平方和为(　　).

(A)77　(B)149　(C)194　(D)245

(5)(2002 年全国初中数学联赛)如果对于不小于 8 的自然数 n,当 $3n+1$ 是一个完全平方数时,$n+1$ 都能表示成 k 个完全平方数的和,那么,k 的最小值为(　　).

(A)1　(B)2　(C)3　(D)4

(6)(2007 年湖北省高中数学联赛预赛)使得 3^n+

81 是完全平方数的正整数 n 有(　　)个

(A)0　(B)1　(C)2　(D)3

(7)(2009 年全国初中数学联赛)设 n 是大于1 909 的正整数. 则使得 $\frac{n-1\,909}{2\,009-n}$ 为完全平方数的 n 有(　　)个.

(A)3　(B)4　(C)5　(D)6

(8)若 $n\leqslant 2\,011$,则使 $1+17n$ 是完全平方数的正整数 n 有(　　)个.

(A)20　(B)22　(C)24　(D)26

2. 填空题

(1)(1986 年全国初中数学联赛题)设 a,b,c,d 都是整数,且 $m=a^2+b^2,n=c^2+d^2$,则 mn 也可以表示成两个整数的平方和,其形式是 $mn=$________.

(2)(1982 年上海市初中数学竞赛题)已知 $1\,176a=b^4$,b 为自然数,a 的最小值是________.

(3)(1985 年上海市初中数学竞赛题)已知 n 为自然数,且 $9n^2+5n+26$ 的值是两个相邻自然数之积,则 $n=$________.

(4)有四个数①921 438;②76 186;③750 235;④2 660 161,其中只有________是完全平方数.

(5)(1989 年上海市初三数学竞赛题)使得 m^2+m+7是完全平方数的所有整数 m 的积是________.

(6)(1991 年北京市初中数学竞赛题)使得 $n^2-19n+91$ 为完全平方数的自然数 n 的个数是________.

(7)(1988 年全国初中数学通讯赛题)自然数 n 减去 52 的差以及 n 加上 37 的和都是整数的平方,则 $n=$________.

(8)(1990年江苏省初中数学竞赛题)若m是一个完全平方数,则比m大的最小完全平方数是________.

(9)(第1届希望杯数学邀请赛初一试题)三个连续自然数的平方和(填"是"或"不能是")________某个自然数的平方.

(10)(1990年武汉市初二数学竞赛题)一个两位数$\overline{xy}$减去互换数字位置后的两位数$\overline{yx}$所得之差恰是某自然数的平方,这样的两位数共有________个.

(11)(1991年长沙市初中数学竞赛题)有两个两位数,它们的差是56,它们的平方数的末两位数字相同,则这两个数分别是________.

(12)(第38届美国中学生数学竞赛题)若p为质数,且方程$x^2+px-444p=0$的两根均为整数,则$p=$________.

(13)(1990年全国初中数学联赛题)恰有35个连续自然数的算术平方根的整数部分相同,那么这个相同整数等于________.

(14)(1989年"五羊杯"初二数学竞赛题)如果x^2+x+2m是一个完全平方式,则$m=$________.

(15)(1989年"五羊杯"初二数学竞赛题)小于1000的正整数中,是完全平方数且不是完全立方数的数有________个.

(16)(1990年江苏省初中数学竞赛题)设$21x^2+ax+21$可分解为两个一次因式之积,且各因式的系数都是正整数,则满足条件的整数a共有________个.

(17)(1997年天津市初中数学竞赛)两个正整数的和比积小1 997,并且其中一个是完全平方数,则较大数与较小数的差是________.

(18)(2007 年上海市高中数学竞赛)使得$\frac{n}{100-n}$是完全平方数的正整数 n 有________个.

(19)(1994 年四川省初中数学竞赛)一个四位数具有这样的性质:用它的后两位数去除这个四位数得到一个完全平方数(如果它的十位数字是零,就只用个位数字去除),且这个完全平方数正好是前两位数加 1 的平方. 例如,$4\,802\div2=2\,401=49^2=(48+1)^2$. 则具有上述性质的最小四位数是________.

(20)(2007 年我爱数学夏令营数学竞赛)若 x 为整数,$3<x<200$,且 $x^2+(x+1)^2$ 是一个完全平方数,则整数的 x 的值等于________.

(21)要使 $p=x^4+6x^3+11x^2+3x+32$ 为一整数的平方,则整数 x 有________个.

(22)(2005 年江西省高中数学联赛)若 $2^6+2^9+2^n$ 为一个平方数,则正整数 $n=$________.

(23)(2012 年江西省高中数学竞赛)已知 $18^2=324$,$24^2=576$,它们分别由三个连续数码 2,3,4 及 5,6,7 经适当排列而成;而 $66^2=4\,356$ 是由四个连续数码 3,4,5,6 适当排列而成. 则下一个这样的平方数是________.

(24)已知质数 p 满足 $p\equiv-1\pmod 4$,n 为正整数. 则“$2\sqrt{1+4pn^2}$ 为正整数”是“$2+2\sqrt{1+4pn^2}$ 为完全平方数”的________条件(填“充分不必要”“充要”或“必要不充分”).

(25)(2005 年安徽省高中数学竞赛)若 6^m+2^n+2 $(m,n,\in\mathbf{N})$是一个完全平方数,则所有可能的$(m,n)=$________.

3.(1997 年安徽省初中数学竞赛)证明:$1\,997\times 1\,998\times 1\,999\times 2\,000+1$ 是一个整数的平方,并求出这个整数.

4.(1987 年北京市初二数学竞赛题)两个正整数的和比积小 1 000,并且其中一个是完全平方数,试求较大数与较小数之比.

5.(第 8 届莫斯科数学奥林匹克试题)试求出所有具有如下性质的两位数:它与将它的两位数字颠倒后所得的两位数的和是完全平方数.

6.(1978 年第 10 届加拿大数学竞赛题)设 n 是整数,如果 n^2 的十位数字是 7,那么 n^2 的个位数字是多少?

7.(1993 年第三届澳门数学奥林匹克)是否存在完全平方数,其数字和为 1 993?

8.试求有多少个四位数,它加上 400 后就成为一个完全平方数.

9.求一个完全平方数$\overline{xyzt}$,且适合 $x=y+z,x+z=10t$.

10.求一个完全平方的四位数$\overline{abcd}$,使$\overline{ab}=\overline{cd}+1$.

11.(2007 年美国数学邀请赛)在小于 10^6 的所有完全平方数中,有多少个是 24 的倍数?

12.是否存在两个自然数 a,b,使得 a^2+2b 和 b^2+2a同时都是完全平方数.

13.试问数 1 111 在什么进制中恰好表示一个平方数?

14.试求四位的完全平方数,它的千位数是其十位数加 8,它的百位数是其个位数减 4.

15.求出所有满足下列条件的两位数:它比用它的

两个数码倒排后所得的数大一个完全平方数.

16. 求出一切这样的两位数,在它的前面写上与它相邻的连续整数后,得到的四位数是一个完全平方数.

17. 设四位数$\overline{abcd}=(5c+1)^2$,求$\overline{abcd}$.

18. (1993 年第 19 届全俄数学奥林匹克)已知 n 是自然数,且 $2n+1$ 与 $3n+1$ 都是完全平方数. 对此 n,$5n+3$ 能否是质数?

19. (2011 年山西省高中数学联赛预赛)若 $4n+1$,$6n+1$ 都是完全平方数,求正整数 n 的最小值.

20. (2004 年克罗地亚数学竞赛)求所有多于两位的正整数,使得每对相邻数字构成一个整数的平方.

21. (2009 年克罗地亚国家数学竞赛)求所有由连续的三个正奇数构成的三元数组,使得这三个数的平方和为一个各个数位数码相同的四位数.

22. (1973 年第 36 届莫斯科数学奥林匹克)一个数由 600 个 6 和若干个 0 组成. 试问它能够是完全平方数吗?

23. (2006 年泰国数学奥林匹克)求所有的整数 n,使得 $n^2+59n+881$ 为完全平方数.

24. (1972 年基辅数学奥林匹克)证明在 99 个排成一行的数码 9 的后面可以添加 100 个数码,使得所得到的这 199 位数为完全平方数.

25. (1989 年第 30 届 IMO 备选题)求出所有满足 $S_1-S_2=1\,989$ 的完全平方数 S_1,S_2.

26. 设四位数$\overline{abcd}$为完全平方数,它的算术平方根可表为 $\sqrt{\overline{abcd}}=\overline{ab}+\sqrt{\overline{cd}}$. 问这样的四位数有多少个?

27. 四位数$\overline{abcd}$各位数字之和 $a+b+c+d$ 是一个

完全平方数.颠倒数字顺序所成的四位数$\overline{dcba}$比原数大 4 995.求出所有这样四位数.

28.(2006 年青少年国际城市邀请赛)求所有四位数 m,满足 $m<2\,006$,且存在正整数 n,使得 $m-n$ 为质数,mn 是一个完全平方数.

29.(1995 年四川省初中数学竞赛)求自然数 n,使 $S_n=9+17+25+\cdots+(8n+1)=4n^2+5n$ 为完全平方数.

30.(2009 年希腊国家队选拔考试)若 a 是正偶数,且

$$A=a^n+a^{n-1}+\cdots+a+1\quad(n\in\mathbf{N}^+)$$

是完全平方数,证明:a 是 8 的倍数.

31.(2011 年全国初中数学联赛)求使 2^n+256 是完全平方数的正整数 n 的值.

32.(2004 年西班牙数学竞赛)求所有的两位正数 a,b,使 $100a+b$ 和 $201a+b$ 均为四位数,且均是完全平方数.

33.(2010 年沙特阿拉伯数学奥林匹克)求所有的整数 n,使得 $n(n+2\,010)$是一个完全平方数.

34.(2007 年克罗地亚数学竞赛)求使 $n^2+2\,007n$ 为完全平方数 n 的最大值.

35.已知 a,b 是整数,且满足 $a-b$ 是质数,ab 是完全平方数.若 $a\geqslant 2\,011$,求 a 的最小值.

36.(前苏联教委推荐试题,1990 年)试问能否找到四个自然数,使得其中每两个数的乘积与 1 990 的和都是完全平方数.

37.(1966 年第 6 届全俄数学奥林匹克)是否存在自然数 x,y,使得 x^2+y 和 y^2+x 都是完全平方数.

38.(2005 年克罗地亚数学竞赛)求所有使 $2^4+2^7+2^n$ 为完全平方数的正整数 n.

39.(1972 年第 6 届全苏数学奥林匹克)求使 $4^{27}+4^{1000}+4^x$ 是完全平方数的最大整数 x.

40.(1990 年第 32 届 IMO 加拿大训练题)设 x 是一个 n 位数,问是否总存在非负整数 $y\leqslant 9$ 和 z,使得 $10^{n+1}z+10x+y$ 是一个完全平方数?

41.(基辅数学奥林匹克,1983 年)各位数码之和为(1)1 983;(2)1 984 的完全平方数是否存在?

42.(1999 年俄罗斯数学奥林匹克)是否存在 10 个不同的整数,其中任何 9 个数的和都是完全平方数?

43.(1999 年乌克兰数学奥林匹克)是否存在一个 2 000 位的整数,它是某个整数的平方,且在十进制中至少有 1 999 个数字是 5?

44.(2002 年罗马尼亚为 IMO 和巴尔干地区数学奥林匹克选拔考试供题(第五轮))设 m,n 是奇偶不同的正整数,且满足 $m<n<5m$. 证明:存在一种分拆,将集合 $\{1,2,3,\cdots,4mn\}$ 分成若干个只有两个元素的子集,使得每个子集中的两个元素的和是一个完全平方数.

45.(2001 年中国西部数学奥林匹克)设 n,m 是具有不同奇偶性的正整数,且 $n>m$. 求所有的整数 x,使得 $\dfrac{x^{2^n}-1}{x^{2^m-1}}$ 是一个完全平方数.

46.(2007 年希腊数学奥林匹克)求所有的正整数,使得 $2\,007+4^n$ 为平方数.

47.(2008 年荷兰国家队选拔考试)求所有的实数 x,使得 $4x^5-7$ 和 $4x^{13}-7$ 都是完全平方数.

48.(2004 年斯洛文尼亚 IMO 国家队选拔测试)求所有正整数 n,使得 $2^{n-1}n+1$ 是完全平方数.

49.(2009 年第 17 届土耳其数学奥林匹克)试求出所有质数 p,使得 p^3-4p+9 是完全平方数.

50.(2008 年新加坡数学奥林匹克)求所有的质数 p,满足 5^p+4p^4 为完全平方数.

51.(1991 年法国数学奥林匹克)如果 n,p 是两个自然数,记

$$S_{n,p}=1^p+2^p+\cdots+n^p$$

试确定自然数 p,使得对任何自然数 n,$S_{n,p}$ 都是一个自然数的平方.

52.(2004 年第 45 届 IMO 斯洛文尼亚国家队选拔赛)求所有正整数 n,使得 $n\cdot 2^{n-1}+1$ 是完全平方数.

53.(2002 年澳大利亚数学竞赛)求所有的质数 p,q,r,使得 p^q+p^r 为完全平方数.

54.(2011 年上海市高中数学竞赛)对整数 k,定义集合

$$S_k=\{n\mid 50k\leqslant n<50(k+1),n\in\mathbf{Z}\}$$

问:在 $S_0,S_1,\cdots,S_{599}$ 这 600 个集合中,有多少个集合不含有完全平方数?

55.(2011 年第 10 届中国好数学奥林匹克)是否存在正整数 m,n,使得 $m^{20}+11^n$ 为完全平方数?请证明你的结论.

56.(2008 年美国数学邀请赛)设 $S_i=\{n\in\mathbf{Z}\mid 100i\leqslant n<100(i+1)\}$(如 $S_4=\{400,401,\cdots,499\}$).问:在 $S_0,S_1,\cdots,S_{999}$ 这些集合中,有多少个集合不含完全平方数?

57.(2006 年美国数学邀请赛)对每一个正偶数 x,令 $g(x)$为 x 除 2 的最高次幂(如 $g(20)=4,g(16)=16$).对每一个正整数 n,令 $S_n=\sum_{k=1}^{2^{n-1}}g(2k)$.求小于 1 000的最大正整数 n,使得 S_n 是一个完全平方数.

58.(2004 年中国好数学奥林匹克)如果存在 $1,2,\cdots,n$的一个排列 $a_1,a_2,\cdots,a_n$,使得 $k+a_k(k=1,2,\cdots,n)$都是完全平方数,则称 n 为“好数”.问:在集合$\{11,13,15,17,19\}$中,哪些是“好数”,哪些不是“好数”? 说明理由.

59.(1992 年圣彼得堡市数学选拔考试)证明:如果自然数 A 不是完全平方数,则可以找到自然数 n,使得 $A=[n+\sqrt{n}+\frac{1}{2}]$.

60.(第 52 届白俄罗斯数学奥林匹克(决定 C 类))已知 p 为质数,r 为 p 被 210 所除的余数.若 r 是一个合数,且可表示为两个完全平方数之和,求 r.

61.(1991 年日本数学竞赛)A 是一个 16 位的正整数.证明可以从 A 中取出连续若干位数码,使得其乘积是完全平方数.例如,A 中某位数码是 4,就取这个数码.

62.(2006 年泰国数学奥林匹克)求所有的质数 p,使得$\frac{2^{p-1}-1}{p}$为完全平方数.

63.(2009 年奥地利数学奥林匹克)已知定义阶乘为

$$n!=n(n-1)(n-2)\cdot\cdots\cdot 1$$

“双阶乘”为

$$n!!=(n-2)(n-4)\cdot\cdots\cdot 1(n\text{ 为奇数})$$

$n!!=n(n-2)(n-4)\cdot\cdots\cdot 2$($n$ 为偶数).

当 $n>0$ 时,定义第 k 阶阶乘为

$$F_k(n)=n(n-k)(n-2k)\cdots r$$

其中,$1\leqslant r\leqslant k$,且 $n\equiv r \pmod k$.

定义 $F_k(0)=1$. 求所有的非负整数 n,使得 $F_{20}(n)+2\,009$是一个整数的平方.

64. 是否存在 $1,2,\cdots,2\,005$ 的一个排列 a_1, $a_2,\cdots,a_{2\,005}$,使得

$$f(n)=n+a_n \quad (n=1,2,\cdots,2\,005)$$

都是完全平方数?

特殊的不定方程

第7章

例 1 (2007 年保加利亚数学竞赛)求不能写成形如

$$x^3-x^2y+y^2+x-y \quad (x,y\in \mathbf{N}_+)$$

的最小的正整数.

解 设 $F(x,y)=x^3-x^2y+y^2+x-y$. 则 $F(1,1)=1$, $F(1,2)=2$.

下面证明:方程 $F(x,y)=3$ 无正整数解.

将方程改写为

$$y^2-(1+x^2)y+x^3+x-3=0$$

则

$$\Delta=(1+x^2)^2-4(x^3+x-3)=$$
$$x^4-4x^3+2x^2-4x+13$$

当 $x\geqslant 2$ 时, $\Delta<(x^2-2x-1)^2$. 当 $x\geqslant 6$ 时, $\Delta>(x^2-2x-2)^2$, 因此, 方程 $F(x,y)=3$ 无正整数解.

直接计算当 $x=1,2,3,4,5$ 时, Δ 均不是完全平方数. 故所求最小的正整数为 3.

例 2 求方程 $x^2+2y^2=1\ 979$ 的正整数解.

解 首先证明若方程有正整数解，则 x 和 y 必都为奇数.

x 为奇数是显然的. 若 y 为偶数，由于 x^2 为 $4k+1$ 型的数，故 x^2+2y^2 为 $4k+1$ 型的数，而 1 979 为 $4k+3$ 型的数，则 x^2+2y^2 为 $4k+1$ 型的数，而 1 979 为 $4k+3$型的数，这是不可能的，从而 y 也为奇数.

由于 x^2 的个位数是 1,5,9; $2y^2$ 的个位数是 0,2,8，由于 x^2+2y^2 的个位数是 9，可得 x^2 的个位数只能为 1,9; y^2 的个位数只能是 5,3,7(考虑到 y 是奇数).

因为 $2y^2\leqslant 1\,979$，则 $y^2\leqslant\frac{1\,970}{2}$，$y\leqslant 31$. 而不大于 31 的个位是 5,3,7 的数只有 3,5,7,13,15,17,23,25,27. 经检验，知 $x=27$，$y=25$ 是原方程的正整数解.

例 3 (1977 年第 9 届加拿大数学竞赛)如果 $f(x)=x^2+x$，证明方程 $4f(a)=f(b)$ 没有正整数 a 和 b 的解.

证法 1 假定 a,b 是满足方程 $4a^2+4a=b^2+b$ 的正整数，则有

$$4(a+1)^2>4a^2+4a=b^2+b>b^2$$

从而

$$b<2(a+1)$$

又

$$4a^2<4a^2+4a=b^2+b<(b+1)^2$$

从而

$$b>2a-1$$

于是

$$2a-1<b<2a+2$$

由 b 是正整数，只能有

$$b=2a \text{ 或 } b=2a+1$$

如果 $b=2a$,则原方程化为

$$4a(a+1)=2a(2a+1)$$

即

$$a=0$$

如果 $b=2a+1$,则原方程化为

$$4a(a+1)=(2a+1)(2a+2)$$

$$2a+2=0$$

即

$$a=-1$$

于是,原方程没有正整数解 a 和 b.

证法 2 已知方程

$$4a^2+4a=b^2+b$$

可化为关于 a 的二次方程

$$4a^2+4a-b^2-b=0$$

于是它的两个根为

$$a=\frac{-1\pm\sqrt{1+b+b^2}}{2}$$

由于

$$b^2<1+b+b^2<(b+1)^2$$

即 $1+b+b^2$ 在两个连续完全平方数之间,所以它不是完全平方数,因而 $\sqrt{1+b+b^2}$ 不是有理数,从而 a 不可能是正整数.

因而原方程没有正整数解 a 和 b.

例 4 (1992 年加拿大第 33 届 IMO 训练题)求出满足 $x^2=1+4y^3(y+2)$的所有整数 x 和 y.

解 若 $y=0$ 或 -2,则 $x^2=1$,从而 $x=1$ 或 -1.

若 $y=-1$,则 $x^2=-3$,从而 x 是非实数.

若 $y\geqslant -1$,则 $4y^2>1>1-4y$,由此推出

$$4y^4+8y^3+4y^2>4y^4+8y^3+1>4y^4+8y^3-4y+1$$

即

$$(2y^2+2y)^2>x^2>(2y^2+2y-1)^2$$

所以 x 不是一个整数.

若 $y\leqslant -3$,则

$$1-4y>1>4[1-y(y+2)]$$

所以

$$4y^4+8y^3-4y+1>4y^4+8y^3+1>4y^4+8y^3-4y^2-8y-4$$

即

$$(2y^2-2y-1)^2>x^2>(2y^2+2y-2)^2$$

所以 x 是非整数.于是方程只有四组解

$$(x,y)=(1,0),(1,-2),(-1,0),(-1,-2)$$

例 5 试求出所有的三个整数 a,b,c,使得

$$c-(b+1)=(b+1)-a \text{ 且} \frac{c-1}{b}=\frac{b}{a+1}$$

解 由题意知

$$\begin{cases}a+c=2b+2\\(a+1)(c-1)=b^2\end{cases}\quad (a+1\neq 0,b\neq 0)$$

即 $$\begin{cases}(a+1)+(c-1)=2b+2\\(a+1)(c-1)=b^2\end{cases}\quad (a+1\neq 0,b\neq 0)$$

所以,$a+1,c-1$ 是关于 x 的方程

$$x^2-(2b+2)x+b^2=0\quad (b\in \mathbf{N}_+)$$

的两个非零整数根.于是

$$\Delta=4(b+1)^2-4b^2=4(2b+1)=4(2k+1)^2\quad (k\in \mathbf{N}_+)$$

解得

$$b=2k^2+2k$$

$$x=\frac{2b+2\pm 2\sqrt{2b+1}}{2}=b+1\pm\sqrt{2b+1}=$$

$$2k^2+2k+1\pm(2k+1)=2k^2 \text{ 或 } 2k^2+4k+2$$

即

$$\begin{cases}a+1=2k^2\\b=2k^2+2k\\c-1=2k^2+4k+2\end{cases},\text{或}\begin{cases}a+1=2k^2+4k+2\\b=2k^2+2k\\c-1=2k^2\end{cases}$$

因此，所求的三个整数 a,b,c 为

$$\begin{cases}a=2k^2-1\\b=2k(k+1)\\c=2k^2+4k+3\end{cases},\begin{cases}a=2k^2+4k+1\\b=2k(k+1)\\c=2k^2+1\end{cases}$$

其中，$k=1,2,\cdots$.

例 6　(1967 年第 1 届全苏数学奥林匹克)求满足方程 $x^2+x=y^4+y^3+y^2+y$ 的所有整数 x.

解　已知方程可化为

$$4x^2+4x+1=4y^4+4y^3+4y^2+4y+1$$

$$(2x+1)^2=(2y^2+y)^2+3y^2+4y+1 \quad ①$$

$$(2x+1)^2=(2y^2+y)^2+2(2y^2+y)+1-y^2+2y$$

$$(2x+1)^2=(2y^2+y+1)^2-(y^2-2y) \quad ②$$

我们先求满足不等式组

$$\begin{cases}3y^2+4y+1>0\\y^2-2y>0\end{cases}$$

的整数解 y. 容易求出，y 是不等式 $-1,0,1,2$ 的整数.

(1)当 $y\neq-1,0,1,2$ 且 $y\in\mathbf{Z}$ 时，由于此时

$$3y^2+4y+1>0,y^2-2y>0$$

则由①，②得

$$(2y^2+y)^2<(2x+1)^2<(2y^2+y+1)^2$$

由于在相邻平方数$(2y^2+y)^2$与$(2y^2+y+1)^2$之间不再有完全平方数，所以$(2x+1)^2$不可能是整数的平方，即此时原方程没有整数解.

(2)当$y=-1,0,1,2$时，$y=0$，由原方程得$x=0$或$x=-1$；$y=-1$，由原方程得$x=0$或$x=-1$；$y=1$，由原方程得$x=\frac{-1\pm\sqrt{17}}{2}\notin\mathbf{Z}$；$y=2$，由原方程得$x=5$或$x=-6$.因此，已知方程共有六组解

$$\begin{cases}x=0\\y=0\end{cases},\quad\begin{cases}x=-1\\y=0\end{cases},\quad\begin{cases}x=0\\y=-1\end{cases}$$

$$\begin{cases}x=-1\\y=-1\end{cases},\quad\begin{cases}x=5\\y=2\end{cases},\quad\begin{cases}x=-6\\y=2\end{cases}$$

例 7 (2005年捷克—波兰—斯洛伐克数学竞赛)求满足方程

$$y(x+y)=x^3-7x^2+11x-3$$

的所有整数对(x,y).

解 原方程等价于

$$\begin{aligned}(2y+x)^2=4x^3-27x^2+44x-12=\\(x-2)(4x^2-19x+6)=\\(x-2)((x-2)(4x-11)-16)\end{aligned}$$

当$x=2$时，$y=-1$满足原方程.

若$x\neq2$，由于$(2y+x)^2$是完全平方数，令$x-2=ks^2$，其中$k\in\{-2,-1,1,2\}$，s为正整数.实际上，若存在质数p和非负整数m，使得p^{2m+1}整除$x-2$，p^{2m+2}不能整除$x-2$.于是，p能整除$(x-2)\cdot(4x-11)-16$.则有$p|16$，即$p=2$.

若$k=\pm2$，则$4x^2-19x+6=\pm2n^2$，其中n为正整数，即

$$(8x-19)^2-265=\pm 32n^2$$

由于

$$\pm 32n^2\equiv 0,\pm 2 \pmod 5$$

$$(8x-19)^2\equiv 0,\pm 1 \pmod 5$$

且 $25\nmid 265$，矛盾.

若 $k=1$，则 $4x^2-19x+6=n^2$，其中 n 为正整数，即

$$265=(8x-19)^2-16n^2=(8x-19-4n)(8x-19+4n)$$

分别对

$$265=1\times 265=5\times 53=(-265)\times(-1)=(-53)\times(-5)$$

四种情况讨论得到相应的 x,n，使得 $x-2=s^2$ 是完全平方数.

只有 $x=6$ 满足条件，于是 $y=3$ 或 $y=-9$.

若 $k=-1$，则 $4x^2-19x+6=-n^2$，其中 n 为正整数，即

$$265=(8x-19)^2+16n^2$$

由 $16n^2\leqslant 265$，得 $n\leqslant 4$.

当 $n=1,2$ 时，$4x^2-19x+6=-n^2$ 无整数解；当 $n=3$时，得整数解 $x=1$，于是，$y=1$ 或 -2；当 $n=4$ 时，得整数解 $x=2$，矛盾.

综上所述，满足条件的 (x,y) 为

$$\{(6,3),(6,-9),(1,1),(1,-2),(2,-1)\}$$

例 8　(2007 年土耳其国家队选拔考试)求所有的正奇数 n，使得存在正奇数 $x_1,x_2,\cdots,x_n$ 满足

$$x_1^2+x_2^2+\cdots+x_n^2=n^4$$

解　因为 n 为正奇数，则

$$n^4\equiv 1(\mathrm{mod}\ 8)$$

又因为 $x_i(1\leqslant i\leqslant n)$ 为正奇数，则

$$x_i^2\equiv 1(\mathrm{mod}\ 8)$$

因此

$$n\equiv x_1^2+x_2^2+\cdots+x_n^2\equiv n^4\equiv 1(\mathrm{mod}\ 8)$$

另一方面，若 $n\equiv 1(\mathrm{mod}\ 8)$，则可找到满足条件的 $x_1,x_2,\cdots,x_n$. 若 $n=1$，令 $x_1=1$，则 $n^4=1=x_1^2$. 若 $n=8k+1(k\in\mathbf{N}_+)$，则

$$\begin{aligned}n^4&=(8k+1)^4=(8k-1)^4+(8k+1)^4-(8k-1)^4=\\&(8k-1)^4+[(8k+1)^2+(8k-1)^2][(8k+1)^2-(8k-1)^2]=\\&(8k-1)^4+32k(128k^2+2)=\\&(8k-1)^4+4k(32k-1)^2+(16k-1)^2+(92k-1)=\\&(8k-1)^4+4k(32k-1)^2+(16k-1)^2+92(k-1)+91=\\&(8k-1)^4+4k(32k-1)^2+(16k-1)^2+(9^2+3^2+1^2+1^2)(k-1)+\\&(9^2+3^2+1^2)\end{aligned}$$

因此，n^4 可以表示为 $1+4k+1+4(k-1)+3=8k+1=n$ 个奇数平方之和. 即所求的 $n=8k+1(k\in\mathbf{N})$.

例 9 (1985 年第 14 届 USAMO)试确定下述不定方程组

$$\begin{cases}x_1^2+x_2^2+\cdots+x_{1\,985}^2=y^3\\x_1^3+x_2^3+\cdots+x_{1\,985}^3=z^2\end{cases}$$

是否存在正整数解，其中 $x_1,x_2,\cdots,x_{1\,985}$ 是不同整数.

解法 1 一般的，我们证明对于任意正整数 n，不定方程组

$$\begin{cases}x_1^2+x_2^2+\cdots+x_n^2=y^3\\x_1^3+x_2^3+\cdots+x_n^3=z^2\end{cases}$$

有无穷多组解.

令

$$s=a_1^2+a_2^2+\cdots+a_n^2$$
$$t=a_1^3+a_2^3+\cdots+a_n^3$$

其中 $a_1,a_2,\cdots,a_n$ 是任意一组正整数. 下面我们寻求正整数 m 和 k，使得 $x_i=s^m t^k a_i$ 将满足方程，即

$$x_1^2+x_2^2+\cdots+x_n^2=s^{2m+1}t^{2k}=y^3$$
$$x_1^3+x_2^3+\cdots+x_n^3=s^{3m}t^{3k+1}=z^2$$

因而只需

$$2m+1\equiv 2k\equiv 0 \pmod 3$$

和

$$3m\equiv 3k+1\equiv 0 \pmod 2$$

因此取 $m\equiv 4 \pmod 6$，$k\equiv 3 \pmod 6$ 即可.

解法 2　显然

$$1^3+2^3+\cdots+n^3=\left[\frac{n(n+1)}{2}\right]^2$$

是第二个方程的一个解.

令 $x_i=ki$，可得

$$y^3=\frac{1}{6}k^2 n(n+1)(2n+1)$$

$$z^2=k^3\left[\frac{n(n+1)}{2}\right]^2$$

欲使 $k^3\left[\frac{n(n+1)}{2}\right]^2$ 为一平方数，只需 k 是完全平方数，欲使 $\frac{1}{6}k^2 n(n+1)(2n+1)$ 为一立方数，只需令 $k=\left[\frac{1}{6}n(n+1)(2n+1)\right]^m$，其中 m 满足 $m\equiv 2 \pmod 3$. 取 $m\equiv 2 \pmod 6$，此时两个条件均可满足.

例 10　(2011 年美国数学邀请赛)已知 $m\in\mathbf{Z}$，多项式 $x^3-2\,011x+m$ 有三个整数根 a,b,c. 求 $|a|+$

$|b|+|c|$.

解 由题设知,整数 a,b,c 是 $x^3-2\,011x+m=0$ 的根,所以

$$\begin{cases}a+b+c=0\\ab+ac+bc=-2\,011\\abc=-m\end{cases} \quad ①$$

假设 a,b,c 是 $x^3-2\,011x+m=0$ 的根. 则 $-a$, $-b$, $-c$ 也是 $x^3-2\,011x-m=0$ 的根. 由 $a+b+c=0$, 不失一般性. 设 $a\geqslant b\geqslant 0\geqslant c$.

将方程组①消去 c 得

$$\begin{cases}a^2+ab+b^2=2\,011\\m=ab(a+b)\end{cases} \quad ②$$

由方程组②得

$$3b^2\leqslant a^2+ab+b^2\leqslant 2\,011\Rightarrow b\leqslant\left[\frac{\sqrt{2\,011}}{3}\right]=25$$

$$(2a+b)^2=4\times 2\,011-3b^2$$

从而, $4\times 2\,011-3b^2$ 是完全平方数.

注意到,模 5 的二次剩余为 0,1,4,且

$$4\times 2\,011-3b^2\equiv 4+2b^2 \pmod 5$$

于是

$$4+2b^2\equiv 0,1\text{ 或 }4 \pmod 5$$

经验证,模 5 余 0 时, b 无解;模 5 余 1 时, $b\equiv 1,4 \pmod 5$;模 5 余 4 时, $b\equiv 0 \pmod 5$. 所以, $b\equiv 0,1$ 或 $4 \pmod 5$.

类似地,模 7 的二次剩余为 0,1,2,4,且

$$4\times 2\,011-3b^2\equiv 1+4b^2 \pmod 7$$

于是

$$1+4b^2\equiv 0,1,2\text{ 或 }4 \pmod 7$$

经验证，模 7 余 0 或 4 时，b 无解；模 7 余 1 时，$b\equiv 0\pmod 7$；模 7 余 2 时，$b\equiv 3,4\pmod 7$.

又 $0\leqslant b\leqslant 25$，故满足条件的余数为 0，4，10，11，14，21，24，25. 分别代入 $4\times 2\,011-3b^2$ 得

$$8\,044, 7\,996, 7\,744, 7\,681, 7\,456, 6\,721, 6\,316, 6\,169$$

注意到，$6\,169=31\times 199$，$6\,316=2^2\times 1\,579$，$6\,721=11\times 13\times 47$，均不是完全平方数. 而 $[86^2, 90^2]$ 内的完全平方数只有 7 396，7 569，7 744，7 921，8 100，因此，使 $4\times 2\,011-3b^2$ 是完全平方数的 $b=10$.

故 $a=39$，$c=49$. 进而，$|a|+|b|+|c|=98$.

例 11　（2004 年第 54 届白俄罗斯数学奥林匹克）正整数 a,b,c 满足等式

$$c(ac+1)^2=(5c+2b)(2c+b) \qquad ①$$

(1)证明：若 c 为奇数，则 c 为完全平方数；

(2)对某个 a,b，是否存在偶数 c 满足式①；

(3)证明：式①有无穷多组正整数解 (a,b,c).

证明　(2)假设 c 为偶数，记 $c=2c_1$. 则已知等式可写为

$$c_1(2ac_1+1)^2=(5c_1+b)(4c_1+b)$$

设 $d=(c_1,b)$，则 $c_1=dc_0$，$b=db_0$，其中 $(c_0,b_0)=1$. 于是，有

$$c_0(2adc_0+1)^2=d(5c_0+b_0)(4c_0+b_0)$$

显然

$$(c_0,5c_0+b_0)=(c_0,4c_0+b_0)=(d,(2adc_0+1)^2)=1$$

因此，$c_0=d$. 从而

$$(2ad^2+1)^2=(5d+b_0)(4d+b_0)$$

注意到

$$(5c_0+b_0,4c_0+b_0)=(5c_0+b_0-4c_0-b_0,4c_0+b_0)=$$

$$(c_0,4c_0+b_0)=(c_0,4c_0+b_0-4c_0)=$$
$$(c_0,b_0)=1$$

所以

$$5d+b_0=m^2,4d+b_0=n^2$$
$$2ad^2+1=mn\quad(m,n\in\mathbf{N}_+)$$

于是，$d=m^2-n^2$(显然，$m>n$)．则

$$mn=1+2ad^2=1+2a(m-n)^2(m+n)^2\geqslant$$
$$1+2a(m+n)^2\geqslant 1+8amn\geqslant 1+8mn$$

故 $0\geqslant 1+7mn$，矛盾．因此，c 是奇数．

(1)类似(2)，设 $c=dc_0,b=db_0$，其中 $d=(c,b)$且 $(c_0,b_0)=1$．则已知等式可改写为

$$c_0(adc_0+1)^2=d(5c_0+2b_0)(2c_0+b_0)$$

注意到

$$(c_0,5c_0+2b_0)=(c_0,2c_0+b_0)=(d,(adc_0+1)^2)=1$$

因此，$c_0=d$，从而

$$c=dc_0+d^2$$

(3)令 $c=1$，只需证明方程

$$(a+1)^2=(5+2b)(2+b)$$

有无穷多组整数解(a,b)．

事实上，设 $5+2b=m^2,2+b=n^2$，则

$$a=mn-1$$

从而，只需证明：存在无穷多组 $m,n\in\mathbf{N}_+$，满足 $5+2b=m^2,2+b=n^2$，即

$$m^2-2n^2=1\qquad①$$

显然，(3,2)是式①的解．

又若(m,n)是式①的解，那么，$(3m+4n,3n+2m)$也是式①的解．

例 12 (2011 年荷兰国家队选拔考试)求方程

$$x^2+y^2+3^3=456\sqrt{x-y}$$

的所有整数解组(x,y).

解　由题设等式左边是整数,知 $456\sqrt{x-y}$ 也为整数.

易知,整数的平方根为整数或无理数,不可能是小数且为有理数,因此 $\sqrt{x-y}$ 必为整数.

注意到

$$3\mid 456\Rightarrow 3\mid 456\sqrt{x-y}\Rightarrow 3\mid (x^2+y^2+3^3)\Rightarrow 3\mid (x^2+y^2)$$

又完全平方数模 3 余 0 或 1,则

$$x^2\equiv y^2\equiv 0 \pmod 3\Rightarrow 3\mid x,3\mid y$$

设 $x=3a,y=3b$. 则

$$9a^2+9b^2+3^3=456\sqrt{3a-3b}$$

因为整数的平方根为整数或无理数,而

$$\sqrt{3a-3b}=\frac{9a^2+9b^2+3^3}{456}$$

为有理数,所以,其必为整数,即 $3a-3b$ 是完全平方数. 又 $3\mid(a-b)$,则

$$9\mid(a-b)$$

故

$$a^2+b^2+3=152\sqrt{\frac{a-b}{3}}$$

记 $a-b=3c^2(c\geqslant 0)$,即 $a=b+3c^2$. 则

$$9c^3+6c^2b+2b^2+3=152c \quad ①$$

将式①整理成关于 b 的二次方程为

$$2b^2+6c^2b+(9c^4-152c+3)=0 \quad ②$$

若方程②有实数解,则

$$36c^4-8(9c^4-152c+3)\geqslant 0\Rightarrow 36c^4+24\leqslant 8\times 152c$$

若 $c\geqslant 4$,则

$$36c^4+24>36\times 64c\geqslant 8\times 152c$$

矛盾.

因此,$c\leqslant 3$.又 $152c$ 是偶数,$6c^2b+2b^2$ 也为偶数,由方程①得 $9c^4+3$ 必为偶数,故 c 为奇数.则 $c=1$ 或 3.

将 $c=3$ 代入方程②的判别式中得

$$36\times 3^4-8(9\times 3^4-152\times 3+3)\equiv$$

$$1\times 3(1-152)\equiv -1\times 3\times 151\equiv 6(\bmod 9)$$

由于此数不是完全平方数,从而,方程①的解不是整数.

由 $c=1$ 得出

$$9+6b+2b^2+3=152\Rightarrow b^2+3b-70=0$$

所以 $b=7$ 或 -10.

当 $b=7$ 时,$a=b+3c^2=10$.所以 $x=30$,$y=21$.

当 $b=-10$ 时,$a=b+3c^2=-7$.所以 $x=-21$,$y=-30$.

综上所述,$(x,y)=(30,21),(-21,30)$.

例 13 (2005 年第 2 届中国东南地区数学奥林匹克)试求满足 $a^2+b^2+c^2=2\,005$,且 $a\leqslant b\leqslant c$ 的所有三元正整数(a,b,c).

解 由于任何奇平方数被 4 除余 1,任何偶平方数是 4 的倍数,因 2 005 被 4 除余 1,故 a^2,b^2,c^2 三数中,必是两个偶平方数,一个奇平方数.

设 $a=2m,b=2n,c=2k-1,m,n,k$ 为正整数,原方程化为

$$m^2+n^2+k(k-1)=501 \qquad ①$$

又因任何平方数被 3 除的余数,或者是 0,或者是 1,今讨论 k:

(1)若 $3\mid k(k-1)$，则由①，$3\mid m^2+n^2$，于是 m,n 都是3的倍数.

设 $m=3m_1,n=3n_1$，并且 $\frac{k(k-1)}{3}$ 是整数，由①

$$3m_1^2+3n_1^2+\frac{k(k-1)}{3}=167 \qquad ②$$

于是

$$\frac{k(k-1)}{3}\equiv 167\equiv 2(\bmod 3)$$

设 $\frac{k(k-1)}{3}=3r+2$，则

$$k(k-1)=9r+6 \qquad ③$$

且由①，$k(k-1)<501$，所以 $k\leqslant 22$.

故由③，k 可取3,7,12,16,21，代入②分别得到如下情况

$$\begin{cases}k=3\\ m_1^2+n_1^2=55\end{cases},\begin{cases}k=7\\ m_1^2+n_1^2=51\end{cases},\begin{cases}k=12\\ m_1^2+n_1^2=41\end{cases}$$

$$\begin{cases}k=16\\ m_1^2+n_1^2=29\end{cases},\begin{cases}k=21\\ m_1^2+n_1^2=9\end{cases}$$

由于55,51都是 $4N+3$ 形状的数，不能表为两个平方的和，并且9也不能表成两个正整数的平方和，因此只有 $k=12$ 与 $k=16$ 时有正整数解 m_1,n_1.

当 $k=12$，由 $m_1^2+n_1^2=41$，得 $(m_1,n_1)=(4,5)$，则 $a=6m_1=24,b=6n_1=30,c=2k-1=23$，于是 $(a,b,c)=(24,30,23)$.

当 $k=16$ 时，由 $m_1^2+n_1^2=29$，得 $(m_1,n_1)=(2,5)$，这时 $a=6m_1=12,b=6n_1=30,c=2k-1=31$，因此 $(a,b,c)=(12,30,31)$.

(2)若 $3\nmid k(k-1)$ 时，由于任何三个连续数中必有

一个是 3 的倍数，则 $k+1$ 是 3 的倍数，故 k 被 3 除余 2，因此 k 只能取 2,5,8,11,14,17,20 诸值.

利用式①分别讨论如下：

若 $k=2$，则 $m_1^2+n_1^2=499$，而 $499\equiv3 \pmod 4$，此时无解.

若 $k=5$，则 $m_1^2+n_1^2=481$，利用关系式

$$(\alpha^2+\beta^2)(x^2+y^2)=(\alpha x+\beta y)^2+(\alpha y-\beta x)^2=(\alpha x-\beta y)^2+(\alpha y+\beta x)^2$$

可知

$$481=13\times37=(3^2+2^2)(6^2+1^2)=20^2+9^2=16^2+15^2$$

所以

$$(m,n)=(9,20)\text{或}(15,16)$$

于是得两组解 $(a,b,c)=(2m,2n,2k-1)=(18,40,9)$ 或 $(30,32,9)$.

若 $k=8$，则 $m_1^2+n_1^2=445$，而 $445=5\times89=(2^2+1^2)(8^2+5^2)=21^2+2^2=18^2+11^2$. 所以 $(m,n)=(2,21)$ 或 $(11,18)$，得两组解 $(a,b,c)=(2m,2n,2k-1)=(4,42,15)$ 或 $(22,36,16)$.

若 $k=11$，有 $m_1^2+n_1^2=391$，而 $391\equiv3 \pmod 4$，此时无解.

若 $k=14$，有 $m_1^2+n_1^2=319$，而 $319\equiv3 \pmod 4$，此时无解.

若 $k=17$，有 $m_1^2+n_1^2=229$，而 $229=15^2+2^2$，得 $(m,n)=(2,15)$，得一组解 $(a,b,c)=(2m,2n,2k-1)=(4,30,33)$.

若 $k=20$，则 $m_1^2+n_1^2=121=11^2$，而 11^2 不能表示两个正整数的平方和，因此本题共有 7 组解为：(23,

24,30),(12,30,31),(9,18,40),(9,30,32),(4,15,42),(15,22,36),(4,30,33).

经检验,它们都满足方程.

例 14　(2007年印度国家队选拔考试)设 p 为质数,且满足 $p\equiv 3 \pmod 8$.求方程 $y^2=x^3-p^2x$ 的全部整数解 (x,y).

解　原方程等价于

$$y^2=(x-p)(x+p)x$$

分类讨论如下.以下讨论中的字母均为自然数.

(1) $p\nmid y$.

因为 $(x-p,x)=(x+p,x)=1$,所以,若 x 为偶数,则 $(x-p,x+p)=1$.此时,$x,x+p,x-p$ 均为完全平方数,但

$$x+p\equiv 3 \text{ 或 } 7 \pmod 8$$

矛盾.

故 x 为奇数,此时,$(x-p,x+p)=2$.设 $x=r^2$,$x-p=2s^2$,$x+p=2t^2$.因为

$$(x+p)-(x-p)=2p=2 \pmod 4$$

所以

$$s^2-t^2\equiv 1 \pmod 2$$

从而,s^2,t^2 中有一个为偶数.进而,s,t 中有一个为偶数.则 $r^2=x=2s^2+p=2t^2-p\equiv 3$ 或 $5 \pmod 8$,这不可能.因此,当 $p\nmid y$ 时,原方程无解.

(2) $p\mid y$.

若 $y=0$,易知原方程的三个解为

$$(0,0),(p,0),(-p,0)$$

设 $y\neq 0$.由 $p\mid y$,有

$$(x-p,x,x+p)=p\Rightarrow p^2\mid y$$

设 $x=pa, y=p^2b$. 则原方程化为

$$pb^2=(a-1)a(a+1)=a(a^2-1) \quad ①$$

显然,$(a,a^2-1)=1$.

接下来证明:方程①无正整数解.

(i)若 $p|a$,则

$$a=pc^2$$

$$a^2-1=d^2\Rightarrow a^2-d^2=1\Rightarrow$$
$$(a+d)(a-d)=1\Rightarrow$$
$$a=1,d=0\Rightarrow b=0$$

矛盾.

(ii)若 $p\nmid a$,则

$$a=c^2$$

$$a^2-1=pd^2\Rightarrow pd^2=c^4-1=$$
$$(c^2+1)(c+1)(c-1)$$

当 c 为偶数时,d 为奇数. 从而

$$c^4-1\equiv -1 \pmod 8$$

但 $pd^2\equiv 3\times 1\equiv 3 \pmod 8$,矛盾. 故 c 为奇数. 从而

$$(c^2+1,c^2-1)=2,(c-1,c+1)=2$$

由 $p\equiv 3 \pmod 4$,有

$$c^2\not\equiv -1 \pmod p\Rightarrow p\nmid (c^2+1)$$

又

$$c^2\equiv 1 \pmod 8\Rightarrow$$
$$c^2+1\equiv 2 \pmod 8$$
$$c^2-1\equiv 0 \pmod 8$$

故

$$c^4-1=pd^2\Leftrightarrow\begin{cases}c^2+1=2e^2\\c^2-1=8pf^2\end{cases}$$

其中,e 为奇数,且设 c 为佩尔方程

$$x^2-1=8py^2 \quad ②$$

的所有整数解 (x,y) 中最小的正整数 x.

由

$$c^2+1=2e^2\equiv 2\pmod{16}\Rightarrow$$
$$c^2\equiv 1\pmod{16}\Rightarrow c\equiv \pm 1\pmod 8$$

于是，$c^2-1=(c-1)(c+1)=8pf^2$ 有下列四种情况：

1) $\begin{cases}c-1=2pg^2\\c+1=4h^2\end{cases}$；　2) $\begin{cases}c-1=2g^2\\c+1=4ph^2\end{cases}$；

3) $\begin{cases}c+1=2pg^2\\c-1=4h^2\end{cases}$；　4) $\begin{cases}c+1=2g^2\\c-1=4ph^2\end{cases}$.

其中，g 为奇数.

1) $c=4h^2-1\equiv -1\pmod 8\Rightarrow 4h^2=c+1\equiv 0\pmod 8\Rightarrow h$ 为偶数.

故

$$c=4h^2-1\equiv -1\pmod{16}\Rightarrow$$
$$2pg^2=c-1\equiv -2\pmod{16}$$

从而

$$pg^2\equiv -1\pmod 8$$

但 $pg^2\equiv 3\times 1\equiv 3\pmod 8$，矛盾.

2) $c=2g^2+1\equiv 3\pmod 8$，矛盾.

3) $c=4h^2+1\equiv 1\pmod 8\Rightarrow 2pg^2=c+1\equiv 2\pmod 8$.

但 $2pg^2\equiv 2\times 3\times 1\equiv 6\pmod 8$，矛盾.

4) $c=2g^2-1\equiv 2-1\equiv 1\pmod{16}\Rightarrow 4ph^2=c-1\equiv 0\pmod{16}$.

故 h 为偶数.

设 $h=2k$. 则

$$g^2-1=2ph^2=8pk^2$$

因此，$g=\sqrt{\frac{c+1}{2}}$为方程②的解，且$\sqrt{\frac{c+1}{2}}\leqslant c$.

由 c 的最小性知

$$\sqrt{\frac{c+1}{2}}=c\Rightarrow c=1\Rightarrow a=1\Rightarrow b=0$$

矛盾.

综上，方程只有三组解

$$(0,0),(p,0)(-p,0)$$

例 15 （2011 年新加坡数学奥林匹克）求所有的正整数对(m,n)，满足

$$m+n-\frac{3mn}{m+n}=\frac{2011}{3}$$

解 由题设方程得

$$2\,011(m+n)=3(m^2-mn+n^2)$$

注意到，上式关于 m,n 对称，不妨设 $m\geqslant n$. 若 $m=n$，则 $m=n=\frac{4\,022}{3}$（舍去）. 以下设 $m>n$.

记 $p=m+n,q=m-n>0$. 则

$$m=\frac{p+q}{2},n=\frac{p-q}{2}$$

于是，题设方程化为

$$8\,044p=3(p^2+3q^2)$$

因为 $3\nmid 8\,044$，所以，$3\mid p$.

设 $p=3r$. 则

$$8\,044r=3(3r^2+q^2)\Rightarrow 3\mid r$$

设 $r=3s$. 则

$$8\,044s=27s^2+q^2\Rightarrow s(8\,044-27s)=q^2 \qquad ①$$

由于 $1\leqslant s\leqslant\left[\frac{8\,044}{27}\right]=297$，则仅当 $s=169$ 时，

$s(8\,044-27s)$是完全平方数.

接下来通过下面的过程缩小 s 的值.

设 $s=2^{\alpha}\mu$($\alpha\in\mathbf{N}$,μ 为正奇数).假设 α 是奇数,且 $\alpha\geqslant 3$.则式①为

$$2^{\alpha+2}\mu(2\,011-27\times 2^{\alpha-2}\mu)=q^2$$

是完全平方数.

由 $\alpha+2$ 是奇数知

$$2\mid(2\,011-27\times 2^{\alpha-2}\mu)\Rightarrow 2\mid 2\,011$$

矛盾.

下面假设 $\alpha=1$.则

$$\mu(2\times 2\,011-27\mu)=\left(\frac{q}{2}\right)^2$$

若 μ 不是完全平方数,则存在 μ 的奇质因子 t,使得 $t\mid(2\times 2\,011-27\mu)$.从而,$t\mid 2\times 2\,011$.又 2 011 是质数,于是,$t=2\,011$.但 $\mu\geqslant t=2\,011$ 与 $2\times 2\,011-27\mu>0$,矛盾.从而,μ 必为完全平方数.于是,$2\times 2\,011-27\mu$ 也是完全平方数.故 $\mu\equiv 0$ 或 $1 \pmod 4$.则 $2\times 2\,011-27\mu\equiv 2$ 或 $3 \pmod 4$,但这与 $2\times 2\,011-27\mu$ 是完全平方数矛盾.所以,$\alpha\neq 1$.因此,α 必为偶数.

式①两边同除以 2^{α} 得

$$\mu(8\,044-27\times 2^{\alpha}\mu)=\frac{q^2}{2^{\alpha}}$$

也为完全平方数.

现假设 μ 不是完全平方数.则存在 μ 的奇质因子 υ,使得

$$\upsilon\mid(8\,044-27\times 2^{\alpha}\mu)\Rightarrow \upsilon\mid 8\,044\Rightarrow$$
$$\upsilon=2\,011\Rightarrow \mu\geqslant\upsilon=2\,011$$

但这又与 $8\,044-27\times 2^{\alpha}\mu>0$,矛盾.于是,$\mu$ 是完全平方数.进而,s 也是完全平方数.

记 $s=w^2$. 则式①变为

$$w^2(8\ 044-27w^2)=q^2\geqslant 0$$

解得 $w\leqslant\left[\sqrt{\frac{8\ 044}{27}}\right]=17$.

直接验证得仅当 $w=13$ 时，$8\ 044-27w^2$ 且完全平方数. 因此，$s=w^2=169$. 则

$$p=3r=9s=1\ 521$$

代入式①解得

$$q=\sqrt{169\times(8\ 044-27\times 169)}=767$$

故

$$m=\frac{p+q}{2}=1\ 144, n=\frac{p-q}{2}=377$$

综上

$$(m,n)=(1\ 144,377)\text{或}(377,1\ 144)$$

例 16 （1990 年第 31 届 IMO 冰岛预选题）试证：有无穷多个自然数 n，使平均数 $\frac{1^2+2^2+\cdots+n^2}{n}$ 为完全平方数. 第一个这样的数当然是 1，请写出紧接在 1 后面的两个这样的自然数.

下面我们利用数论中的著名的佩尔(Pell)方程求解此问题. 先介绍几个有关佩尔方程的概念及定理.

定义 设 $d\in\mathbf{N}$，且 d 不是一个整数的平方，形如 $x^2-dy^2=1$ 的不定方程称为佩尔方程.

定理 1 佩尔方程 $x^2-dy^2=1$ 有无穷多组整数解.

定理 2 如果 (x_1,y_1) 是佩尔方程 $x^2-dy^2=1$ 的最小正解，则方程的所有其他正解 (x_n,y_n) 可以通过依次设 $n=1,2,3,\cdots$，而由 $x_n+y_n\sqrt{d}=(x_1+y_1\sqrt{d})^n$ 比

较系数而得到.

下面我们解释一下什么叫最小正解. 若 $x=u$, $y=v$ 是满足 $x^2-dy^2=1$ 的整数, 我们把 $u+v\sqrt{d}$ 称为方程的一个解. 对于方程的两个解 $u+v\sqrt{d}$ 和 $u'+v'\sqrt{d}$, 如果 $u=u'$, $v=v'$, 则称两解相等; 如果 $u+v\sqrt{d}>u'+v'\sqrt{d}$, 则称第一个解大于第二个解. 所以最小正解即为 $\min\{u+v\sqrt{d}\mid u^2-dv^2=1, u>0, v>0\}$. 由定理 2 可见解佩尔方程的关键是求出其最小正解. 最小正解的求法有观察法和连分数法. 所谓观察法就是观察当 y 为何值时, dy^2+1 为完全平方数, 因为一旦找到了这个数 y, 就可以通过 $x=\sqrt{dy^2+1}$ 求出 x.

下面我们用佩尔方程法解冰岛提供的候选题.

证明　因为

$$\frac{1^2+2^2+\cdots+n^2}{n}=\frac{1}{6}(2n^2+3n+1)$$

问题即是要求出一切自然数对 (n,m), 使

$$2n^2+3n+1=6m^2$$

成立. 将上式两边乘 8, 配成完全平方后, 得

$$(4n+3)^2-3(4m)^2=1$$

设 $x=4n+3$, $y=4m$, 则可将其视为佩尔方程 $x^2-3y^2=1$ 在 $x=3 \pmod 4$ 和 $y=0 \pmod 4$ 的特殊情况. 由观察知 $x_1+y_1\sqrt{3}=2+\sqrt{3}$ 为其最小正解, 由定理 2 知其他解可以通过将 $(2+\sqrt{3})^k$ $(k\in\mathbf{N})$ 写成 $x+y\sqrt{3}$ 的形式得到

$k=0 \quad x_0=1 \quad y_0=0$

$k=1 \quad x_1=2 \quad y_1=\sqrt{3}$

$k=2 \quad x_2=7 \quad y_2=4$

$k=3 \quad x_3=26 \quad y_3=15$

$k=4 \quad x_4=97 \quad y_4=56$

$k=5 \quad x_5=362 \quad y_5=209$

$k=6 \quad x_6=1\,351 \quad y_6=780$

$k=7 \quad x_7=5\,042 \quad y_7=2\,911$

$k=8 \quad x_8=18\,817 \quad y_8=10\,861$

$k=9 \quad x_9=70\,226 \quad y_9=40\,545$

$k=10 \quad x_{10}=262\,087 \quad y_{10}=151\,316$

我们只需要从中选出适合 $x=3(\bmod 4)$ 与 $y=0(\bmod 4)$ 的解即可，不难发现 $k=2,6,10$ 时符合要求，此时 $n=1\,337$ 及 $65\,521$.

例 17 (1986 年第 15 届 USAMO)求大于 1 的最小自然数 n，使得前 n 个自然数的平方平均数是一个整数.

注：n 个数 $a_1,a_2,\cdots,a_n$ 的平方平均数是指

$$\left(\frac{a_1^2+a_2^2+\cdots+a_n^2}{n}\right)^{\frac{1}{2}}$$

解 因

$$1^2+2^2+\cdots+n^2=\frac{n(n+1)(2n+1)}{6}$$

设

$$\frac{1^2+2^2+\cdots+n^2}{n}=\frac{(n+1)(2n+1)}{6}$$

是一个完全平方数 m^2，那么

$$(n+1)(2n+1)=6m^2$$

故

$$6 \mid (n+1)(2n+1) \qquad ①$$

式①成立的充要条件是

$$n \equiv 1 \text{ 或 } 5 \pmod 6$$

(1)当 $n=6k+5$ 时,此时

$$m^2=(k+1)(12k+11)$$

而 $12 \cdot (k+1)-(12k+11)=1$,故 $(k+1,12k+11)=1$. 所以 $k+1,12k+11$ 分别是两个完全平方数,令 $k+1=a^2$,$12k+11=b^2$. 那么

$$12a^2=b^2+1$$

故

$$0 \equiv 1 \text{ 或 } 2 \pmod 4$$

这是不可能的.

(2)当 $n=6k+1$ 时,此时

$$m^2=(3k+1)(4k+1)$$

因 $(3k+1,4k+1)=1$,所以 $3k+1,4k+1$ 分别是两个完全平方数,令 $3k+1=a^2$,$4k+1=b^2$,那么

$$(2a-1)(2a+1)=3b^2$$

显然 $a=b=1$ 是一组解,但此时 $k=0,m=1,n=1$,不合题意. 对 a 从 2 至 12 的整数值,b 均无整数解. 而当 $a=13$ 时,$b=15$,因此 n 的最小值为 337.

例 18　(2003 年第 44 届 IMO)求所有的正整数对 (a,b),使得

$$\frac{a^2}{2ab^2-b^3+1}$$

是一个正整数.

解法 1　设 (a,b) 为满足条件的正整数对,由于

$$k=\frac{a^2}{2ab^2-b^3+1}>0$$

故

$$2ab^2-b^3+1>0,a>\frac{b}{2}-\frac{1}{2b^2}$$

因此 $a\geqslant\frac{b}{2}$. 由此结合 $k\geqslant1$，即

$$a^2\geqslant b^2(2a-b)+1$$

可知

$$a^2>b^2(2a-b)\geqslant0$$

所以

$$a>b\text{ 或 }2a=b \tag{①}$$

现设 a_1,a_2 为关于 a 的方程(k,b 固定)

$$a^2-2kb^2a+k(b^3-1)=0 \tag{②}$$

的两个解，且其中之一是一个整数. 则由 $a_1+a_2=2kb^2$ 可知另一个解也是整数. 不妨设 $a_1\geqslant a_2$，则 $a_1\geqslant kb^2>0$，进一步，由 $a_1a_2=k(b^3-1)$，得

$$0\leqslant a_2=\frac{k(b^3-1)}{a_1}\leqslant\frac{k(b^3-1)}{kb^2}<b$$

利用①可知 $a_2=0$ 或者 $a_2=\frac{b}{2}$(此时 b 为偶数).

若 $a_2=0$，则 $b^3-1=0$，因此 $a_1=2k,b=1$.

若 $a_2=\frac{b}{2}$，则 $k=\frac{b^2}{4},a_1=\frac{b^4}{2}-\frac{b}{2}$.

综上可知，只能是$(a,b)=(2l,1),(l,2l)$或者$(8l^4-l,2l)$. 其中，l 为正整数. 直接验证，可知上述形式的(a,b)都符合题意.

解法 2 当 $b=1$ 时，由条件知 a 为偶数.

当 $b>1$ 时，我们记

$$\frac{a^2}{2ab^2-b^3+1}=k$$

则关于 a 的一元二次方程②有正整数解，从而关于 a

的判别式为完全平方数. 即

$$\Delta=4k^2b^4-4k(b^3-1)$$

是完全平方数.

注意到, 当 $b\geqslant 2$ 时, 我们有

$$(2kb^2-b-1)^2<\Delta<(2kb^2-b+1)^2 \qquad ③$$

上述式子可以这样来证明, 即

$$\begin{aligned}\Delta-(2kb^2-b-1)^2=&4kb^2-b^2-2b+4k-1=\\&(4k-1)(b^2+1)-2b\geqslant\\&2(4k-1)b-2b>0\end{aligned}$$

$$\begin{aligned}(2kb^2-b+1)^2-\Delta=&4kb^2-4k-(b-1)^2=\\&4k(b^2-1)-(b-1)^2>\\&(4k-1)(b^2-1)>0\end{aligned}$$

所以, 式③成立.

利用 Δ 为完全平方数及式③, 可知

$$\Delta=4k^2b^4-4k(b^3-1)=(2kb^2-b)^2$$

于是, $4k=b^2$, 进而 b 为偶数, 设 $b=2l$, 则 $k=l^2$. 利用②可求得 $a=l$ 或 $8l^4-l$.

综上, 满足条件的 $(a,b)=(2l,1)$, $(l,2l)$ 或 $(8l^4-l,2l)$, 其中 l 为正整数. 直接验证, 可知它们符合要求.

例 19　(2009 年克罗地亚参加中欧数学奥林匹克选拔测试题) 求所有有序的三元正整数组 (a,b,c), 使得 $|2^a-b^c|=1$.

解　若 $c=1$, 则 $2^a-b=\pm 1$. 故 $b=2^a\pm 1$. 此时 $(a,b,c)=(k,2^k\pm 1,1)$, 其中 k 是任意正整数.

若 $c>1$, 则对 $b^c=2^a\pm 1$ 分类讨论:

情形 1: 若 $b^c=2^a+1$, 则 b 是奇数.

设 $b=2^ku+1$, 其中 $2\nmid u$, 且 $k\in\mathbf{N}_+$. 则 $(2^ku+1)^c=$

2^a+1,显然 $k<a$. 即 $a\geqslant k+1$. 结合二项式定理,得

$$2^k uc\equiv 2^a\equiv 0 \pmod{2^{k+1}}$$

故 $2\mid c$.

设 $c=2c_1$,则

$$(b^{c_1}+1)(b^{c_1}-1)=2^a$$

故 $b^{c_1}+1, b^{c_1}-1$ 都是 2 的方幂. 而

$$(b^{c_1}+1)-(b^{c_1}-1)=2$$

故

$$b^{c_1}+1=4, b=3, c_1=1, c=2, a=3$$

$$(a,b,c)=(3,3,2)$$

情形 2:若 $b^c=2^a-1$,则当 $b=1$ 时,$a=1$. 此时 $(a,b,c)=(1,1,k)$,其中 k 是任意正整数.

当 $b>1$ 时,$a>1$. 设奇数 $b=2^k u+1$,其中 $2\nmid u$ 且 $k\in \mathbf{N}_+$,则

$$(2^k u+1)^c=2^a-1$$

显然 $k<a$,则 $1\equiv -1 \pmod{2^k}$. 即 $2^k\mid 2$. 故 $k=1$. 因此 $(2u+1)^c=2^a-1$. 而 $a>1$,结合二项式定理,得 $2uc+1\equiv -1 \pmod 4$. 即 $4\mid 2(uc+1)$,因此 $2\nmid c$.

设 $c=2c_1+1$,则 $b^{2c_1+1}+1=2^a$,由因式定理,得

$$b+1\mid b^{2c_1+1}+1$$

因此可设 $b+1=2^v$,则 $v<a$,即 $a\geqslant v+1$,且

$$(2^v-1)^{2c_1+1}+1=2^a$$

结合二项式定理,得 $(2c_1+1)2^v\equiv 2^a\equiv 0 \pmod{2^{v+1}}$,但这不可能.

综上,满足要求的 $(a,b,c)=(3,3,2),(1,1,k),(k,2^k\pm 1,1)$,其中 k 是任意正整数.

在本节的最后,我们来研究一个结论及其应用.

定理 任意两个互素的平方数之和的素约数 p,

不可能是 $p\equiv -1 \pmod 4$. 即任意一个 $4k-1$ 型的素数不可能是两个互素的平方数之和的约数.

证明　设 a,b 是两个互素的整数,且 a^2+b^2 有素约数 p. 证明 p 不可能是 $4k-1$ 型的数.

(1)由 $(a,b)=1$,则 a 和 b 不可能都被 p 整除.

(2)当 a,b 中有一个(设为 a)能被 p 整除时,由 $p\mid a$, $p\nmid b$,则 $p\nmid b^2$, $p\nmid (a^2+b^2)$. 否则,若 $p\mid (a^2+b^2)$,则由 $p\mid a^2$ 得 $p\mid b^2$,即 $p\mid b$,矛盾.

此时,p 不是 a^2+b^2 的素约数.

(3)当 a,b 都不能被 p 整除时,假设 p 是 $4k-1$ 型的数. 由费马小定理,有

$$p\mid (a^{p-1}-1),\ p\mid (b^{p-1}-1)$$

则

$$p\mid (a^{p-1}-b^{p-1})$$

即 $p\mid (a^{4k-2}-b^{4k-2})$.

因为 p 是 $4k-1$ 型的数,所以 $2\nmid p$. 又因为 $p\nmid b$,所以 $p\nmid b^{4k-2}$. 从而,$p\nmid 2b^{4k-2}$.

由于

$$a^{4k-2}-b^{4k-2}=(a^{4k-2}+b^{4k-2})-2b^{4k-2}$$

于是

$$p\nmid (a^{4k-2}+b^{4k-2})\Rightarrow p\nmid [(a^2)^{2k-1}+(b^2)^{2k-1}]\Rightarrow$$
$$p\nmid (a^2+b^2)(a^{4k-4}-a^{4k-6}b^2+\cdots-a^2b^{4k-6}+b^{4k-4})$$

又因为 p 是素数,则 $p\nmid (a^2+b^2)$,与 p 是 a^2+b^2 的素约数相矛盾. 因而,a^2+b^2 没有 $4k-1$ 型的素约数.

说明:这个命题是费马在 1640 年提出的,后来欧拉(Euler)给出了证明.

利用这个命题解决涉及到两个互素的平方和问题有时相当奏效. 下面举三个关于不定方程的例题.

例 20 证明：方程 $x^2+5=y^3$ 没有整数解.

证明 假设方程有整数解(x,y). 若 x 是奇数，则 $x^2+5\equiv 2 \pmod 4$. 于是

$$y^3\equiv 2 \pmod 4 \quad ①$$

因为

$$y\equiv 0 \pmod 2$$

所以

$$y^3\equiv 0 \pmod 4 \quad ②$$

①与②矛盾. 因此，x 不可能是奇数.

若 x 是偶数，则可设 $x=2n$. 由 $y^3=x^2+5\equiv 1 \pmod 4$，可设

$$y=4m+1$$

因而原方程化为 $x^2+4=y^3-1$. 有

$$4(n^2+1)=x^2+4=(y-1)(y^2+y+1)=$$
$$4m(16m^2+12m+3)$$

设 $d=16m^2+12m+3$，则

$$d\equiv 3 \pmod 4$$

从而，$n^2+1=md$，即 n^2+1 有 $4k-1$ 型的约数 d. 又因为若 d 为合数必有 $4k-1$ 型的素约数，因此，n 和 1 这两个互素数的平方和有 $4k-1$ 型的素约数，这是不可能的. 因而，x 不可能是偶数. 于是，方程 $x^2+5=y^3$ 没有整数解.

例 21 证明：方程 $x^2-7=y^3$ 没有整数解.

证明 设方程有整数解(x,y). 若 y 是偶数，则

$$x^2=y^3+7\equiv 3 \pmod 4$$

而平方数不可能为 $4k+3$ 型. 所以，y 不可能为偶数.

若 y 是奇数，则 x 是偶数. 有

$$x^2+1=y^3+8=(y+2)[(y-1)^2+3]$$

$$(y-1)^2+3\equiv 3 \pmod 4$$

于是,互素的 x 和 1 的平方和 x^2+1 有 $4k-1$ 型的约数.特别地,有 $4k-1$ 型的素约数,这是不可能的.所以,y 不可能为奇数.

因此,方程 $x^2-7=y^3$ 没有整数解.

例 22　设 p 是一个 $4k+3$ 型的素数,x_0,y_0,z_0,t_0 是方程

$$x^{2p}+y^{2p}+z^{2p}=t^{2p} \qquad ①$$

的任一组整数解.

求证:x_0,y_0,z_0,t_0 中至少有一个能被 p 整除.

证明　设 x_0,y_0,z_0,t_0 是方程①中的一组整数解,且假设 x_0,y_0,z_0,t_0 中的任意一个都不能被 p 整除.不妨设 $(x_0,y_0,z_0,t_0)=1$.则 x_0,y_0,z_0,t_0 不可能全是偶数.

若 t_0 是偶数,则 $4\mid t_0^{2p}$.于是

$$4\mid x_0^{2p}+y_0^{2p}+z_0^{2p}$$

若 x_0,y_0,z_0 中有 1 个,2 个或 3 个是奇数,则 $x_0^{2p}+y_0^{2p}+z_0^{2p}$ 依次被 4 除余 1,余 2 或余 3,而不能被 4 整除,而 x_0,y_0,z_0 都是偶数也不可能.于是,t_0 为奇数,即

$$t_0^{2p}\equiv 1 \pmod 4$$

$$x_0^{2p}+y_0^{2p}+z_0^{2p}\equiv 1 \pmod 4$$

从而,x_0,y_0 和 z_0 必是两个偶数,一个奇数.设 x_0 和 y_0 是偶数,z_0 是奇数,则由①有

$$x_0^{2p}+y_0^{2p}=t_0^{2p}-z_0^{2p}=(t_0^2-z_0^2)A$$

其中 $A=t_0^{2p-2}+t_0^{2p-4}z_0^2+\cdots+z_0^{2p-2}$,共有 p 项.

由于 t_0 和 z_0 都是奇数,从而

$$t_0^2\equiv z_0^2\equiv 1 \pmod 4$$

于是，$A\equiv p\equiv 3 \pmod 4$.

从而，$(x_0^p)^2+(y_0^p)^2=x_0^{2p}+y_0^{2p}$ 有 $4k-1$ 型的约数，进而有 $4k-1$ 型的素约数，这是不可能的.

因此，x_0,y_0,z_0 或 t_0 中至少有一个能被 p 整除.

习题 7

1.(2008年全国初中数学竞赛)方程 $x^2+y^2=208\cdot(x-y)$ 的所有正整数组 (x,y) 为________.

2.(1969年第1届加拿大数学竞赛题)求证:方程 $a^2+b^2-8c=6$ 无整数解.

3.求证:没有整数 x 和 y 满足 $x^2-3y^2=1\,997$.

4.是否有正整数 m,n,满足 $m^2+1\,987=n^2$?

5.是否有正整数 m,n,满足 $m^2+1\,986=n^2$?

6.是否有正整数 m,n,满足 $m^2+1\,988=n^2$?

7.(2006年北京市高一年级数学竞赛)若两个整数 x,y 满足方程

$$(2x+9y)^{2\,006}+(4x-y)^{2\,006}=7\,777^{777} \quad ①$$

就称数组 (x,y) 为方程①的一组整数解.则方程 D 的整数解的组数为(　　).

A. 0　　B. 1　　C. 2　　D. 2 006

8.(2011年上海市初中数学竞赛)(1)证明:存在整数 x,y 满足 $x^2+4xy+y^2=2\,022$.

(2)问是否存在整数 x,y,满足 $x^2+4xy+y^2=2\,011$?证明你的结论.

9.(2002年中国西部数学奥林匹克)求所有的正整数 n,使得 $n^4-4n^3+22n^2-36n+18$ 是一个完全平方数.

10.求所有的正整数 n,使得 $n^3-18n^2+115n-391$ 是一个正整数的立方.

11.(1964年第4届作俄数学奥林匹克)求方程

$\underbrace{\sqrt{x+\sqrt{x+\cdots+\sqrt{x+\sqrt{x}}}}}_{1\,964\text{个}}=y$ 的整数解.

12. 求所有三元整数组(a,b,c),使得

$$a^3+b^3+c^3-3ab=2\,011\quad(a\geqslant b\geqslant c)$$

13.(2005 年新西兰数学奥林匹克)求所有满足等式 $k^2+l^2+m^2=2^n$ 的整数解(k,l,m,n).

14.(1988 年加拿大数学奥林匹克训练题)求满足 $1!+2!+3!+\cdots+m!=n^k$ 的大于 1 的正整数 m, n,k.

15.(2007 年我爱数学初中生夏令营数学竞赛)若 x 为整数,$3<x<200$,且 $x^2+(x+1)^2$ 是一个完全平方数,求整数 x 的值.

16.(2004 年中国吉林省高中数学竞赛)求所有正整数 n,使得 $n=p_1^2+p_2^2+p_3^2+p_4^2$,其中 p_1,p_2,p_3,是 n 的不同的 4 个最小的正整数约数.

17.(2007 年第 20 届韩国数学奥林匹克)试求所有的三元整数组(x,y,z),使得 $1+4^x+4^y=z^2$.

18.(2010 年青少年数学国际城市邀请赛)求所有有序三元组(x,y,z),满足 $x,y,z\in\mathbf{Q}_+$,且 $x+\frac{1}{y}$,$y+\frac{1}{z}$,$z+\frac{1}{x}$都是整数.

19.(1992 年第 33 届 IMO 加拿大队训练)n 是正整数,x_n 表示所有 n 元非负整数有序组$(x_1,x_2,\cdots,x_n)$的集合,其中$(x_1,x_2,\cdots,x_n)$满足方程 $x_1+x_2+\cdots+x_n=n$. 而 Y_n 表示所有 n 元非负整数有序组$(y_1,y_2,\cdots,y_n)$的集合,其中$(y_1,y_2,\cdots,y_n)$满足方程 $y_1+y_2+\cdots+y_n=2n$. 若对于 $1\leqslant i\leqslant n$,有 $x_i\leqslant y_1$,则称 X_n 中的 n 元

组与 Y_n 中的 n 元组是相容的. 证明不同的(但不必是不相交的)相容对的总数是一个完全平方数.

20.(2007年土耳其国家队选拔考试)求所有的正奇数 n,使得存在正奇数 $x_1, x_2, \cdots, x_n$ 满足 $x_1^2+x_2^2+\cdots+x_n^2=n^4$.

21.(2006年第47届IMO)求所有的整数对(x,y),使得

$$1+2^x+2^{2x+1}=y^2$$

22.(2011年第42届奥地利数学奥林匹克)求方程 $x^4+x^2=7^z y^2$ 的所有整数解.

23.(2009年越南国家队选拔考试)设 a,b 是正整数,且不是完全平方数. 证明:方程 $ax^2-by^2=1$ 和 $ax^2-by^2=-1$ 中最多有一个方程有正整数解.

数的整除中的问题

第8章

例1 若 $24a^2+1=b^2$，求证：a 和 b 中有且仅有一个能被 5 整除.

证明 本题相当于证明 a 和 b 不可能都被 5 整除，也不可能都不被 5 整除.

由于 $b^2-24a^2=1$，显然 a 和 b 不可能都被 5 整除. 下面证明 a 和 b 不可能都不被 5 整除.

若 a 和 b 都不能被 5 整除，则 a^2 和 b^2 为 $5k\pm1$ 型.

若 a^2 和 b^2 之一为 $5k+1$ 型，另一为 $5k-1$ 型，则 a^2+b^2 能被 5 整除. 由 $24a^2+1=b^2$，得 $25a^2+1=a^2+b^2$. 然而，$25a^2+1$ 不能被 5 整除，所以 a^2 和 b^2 不可能一个为 $5k+1$ 型，另一个为 $5k-1$ 型.

若 a^2 和 b^2 同为 $5k+1$ 型或同为 $5k-1$ 型，则 a^2-b^2 能被 5 整除，而 $a^2-b^2=-1(23a^2+1)$.

考察 $23a^2+1$ 的个位数：

a^2 的个位数	0	1	4	5	6	9
$23a^2$ 的个位数	0	3	2	5	8	7
$23a^2+1$ 的个位数	1	4	3	6	9	8

由上表可以看出 $23a^2+1$ 的个位数没有 0 或 5，因此，$23a^2+1$ 不能被 5 整除，从而 a^2-b^2 不能被 5 整除. 所以，a^2 和 b^2 不可能同为 $5k+1$ 或同为 $5k-1$ 型.

于是 a 和 b 有一个且仅有一个能被 5 整除.

例 2 证明有无穷多素数(即质数)$p\in\{3k+2\}$.

证明 假设 $p\in\{3k+2\}$ 的素数只有 $p_1, p_2, \cdots, p_n$，共 n 个(可设 $p_i>3, i=1,2,\cdots,n$).

令 $a=3p_1p_2\cdots p_n+2$(由假设知 a 不是素数). 因为 $a\in\{3k+2\}$，所以 a 不为完全平方数. 于是 a 的因数中必含有非平方因子，故可设 $a=m^2q_1q_2\cdots q_s$($m\geqslant 1$，q_i 为素数，$i\geqslant 1$. 例如 $18=3^2\cdot 2$；$21=1^2\cdot 3\cdot 7$；$3500=10^2\cdot 5\cdot 7$ 等).

由于 $3p_1p_2\cdots p_n+2=m^2\cdot q_1q_2\cdots q_s$，知 $q_i(i=1,2,\cdots,s)$不等于 $p_1, p_2, \cdots, p_n$ 中任何一个.(否则 $2\mid p_i$ 与假设 $p_i>3$ 为素数矛盾). 又知，$q_1, q_2, \cdots, q_s$ 中至少有一个 $q_i\in\{3k+2\}$(否则右边 $m^2\in\{3k+1\}$，$q_1q_2\cdots q_s\in\{3k+1\}$等式不能成立). 由 $q_i\neq p_1, p_2, \cdots, p_n$，这与假设只有 n 个$\{3k+2\}$素数矛盾.

故有无穷多素数 $p\in\{3k+2\}$.

例 3 (2010 年第 36 届俄罗斯数学奥林匹克)如果正整数 n 不能表示为 $n=\dfrac{x^2-1}{y^2-1}$($x, y>1$ 为正整数)，则称其为“不幸数”. 问：不幸数的个数是有限个还是无限个？

解 无限个.

事实上，可以证明：任意奇质数 p 的平方是不幸数.

反设 $n=p^2$ 不是不幸数. 则

$$(y^2-1)p^2=x^2-1 \qquad ①$$

于是，$p|(x+1)$ 或 $p|(x-1)$.

若 $p|(x+1)$，由于 $x-1=(x+1)-2$ 不是 p 的倍数，故 $p^2|(x+1)$，即 $x=kp^2-1$. 代入式①得

$$y^2=\frac{x+1}{p^2}(x-1)+1=k(kp^2-2)+1=k^2p^2-2k+1$$

而

$$(kp)^2>y^2=k^2p^2-2k+1>(kp-1)^2$$

矛盾.

若 $p|(x-1)$，则

$$x=kp^2+1, y^2=k^2p^2+2k+1$$

得 $(kp)^2<y^2<(kp+1)^2$，矛盾.

例 4 (2011 年第 11 届中国西部数学奥林匹克)是否存在奇数 $n\geqslant 3$ 及 n 个互不相同的质数 $p_1, p_2, \cdots, p_n$，使得 p_i+p_{i+1} ($i=1,2,\cdots,n$，其中 $p_{n+1}=p_1$)都是完全平方数？请证明你的结论.

解 假设存在奇数 $n\geqslant 3$ 及 n 个满足要求的质数 $p_1, p_2, \cdots, p_n$.

若 $p_1, p_2, \cdots, p_n$ 都是奇数，则 p_i+p_{i+1} ($i=1, 2,\cdots,n$)都必须是 4 的倍数，从而 $p_1, p_2, \cdots, p_n$ 除以 4 的余数是 1 和 3 交替出现，这与 n 是奇数矛盾.

若 $p_1, p_2, \cdots, p_n$ 中有一个等于 2，不妨设 $p_1=2$. 因为 p_1+p_2 和 p_n+p_1 都是完全平方数，且为奇数，所以 p_2 和 p_n 除以 4 余 3. 又由上一段讨论知 $p_2, p_3, \cdots, p_n$ 除以 4 的余数是 1 和 3 交替出现，所以 $n-1$ 是奇数，矛盾！

综上所述，不存在奇数 $n\geqslant 3$ 及 n 个满足要求的质数.

例 5　试求出所有的整数 n，使得 $\frac{n^3-n+5}{n^2+1}$ 是一个整数.

解　注意到

$$n^3-n+5=n(n^2+1)-(2n-5)$$

则

$$\frac{n^3-n+5}{n^2+1}\in \mathbf{Z}\Leftrightarrow \frac{2n-5}{n^2+1}\in \mathbf{Z}\Leftrightarrow \qquad ①$$

$$\frac{n(2n-5)}{n^2+1}\in \mathbf{Z}\quad (n\text{ 与 }n^2+1\text{ 互质})\Leftrightarrow$$

$$\frac{2(n^2+1)-(5n+2)}{n^2+1}\in \mathbf{Z}\Leftrightarrow$$

$$\frac{5n+2}{n^2+1}\in \mathbf{Z} \qquad ②$$

由式①,②得

$$\frac{n^3-n+5}{n^2+1}\in \mathbf{Z}\Rightarrow \frac{2(5n+2)-5(2n-5)}{n^2+1}\in \mathbf{Z}\Rightarrow$$

$$\frac{29}{n^2+1}\in \mathbf{Z}(29\text{ 是质数})\Rightarrow n^2+1=1\text{ 或 }29\Rightarrow$$

$$n^2=0\text{ 或 }28(28\text{ 不是完全平方数})\Rightarrow n=0$$

显然，$n=0$ 符合要求.

故所求的整数 $n=0$.

注：也可利用 $n^2+1\leqslant |2n-5|$ 估算 n 的取值范围，然后再逐一检验.

例 6　已知正整数 a,b 满足 $a-b$ 是质数，且 ab 是完全平方数. 当 $a\geqslant 2\,012$ 时，求 a 的最小值.

分析　此题根据 2012 年全国初中数学竞赛题改编.

解　依题意设

$$a-b=p \quad (p\text{ 为质数})$$
$$ab=k^2 \quad (k\in\mathbf{N}_+)$$

则

$$a(a-p)=k^2\Rightarrow a^2-k^2=ap\Rightarrow \tag{①}$$
$$(a+k)(a-k)=ap$$

因为 $a+k,a,p$ 均为正整数,所以

$$a-k>0$$

已知 p 为质数,由式①知

$$p\mid(a+k)\text{或 }p\mid(a-k)$$

显然,$a<a+k$. 因此

$$p>a-k\Rightarrow p\nmid(a-k)\Rightarrow p\mid(a+k)$$

设 $a+k=np(n\in\mathbf{N}_+)$. 由 $a-k<a$,知

$$a+k>p\Rightarrow n\geqslant 2\Rightarrow k=np-a$$

代入式①得

$$n(2a-np)=a\Rightarrow a(2n-1)=n^2p \tag{②}$$

易证 n^2 与 $2n-1$ 互质. 故 $n^2\mid a$. 设 $a=mn^2(m\in\mathbf{N}_+)$.

由式②得 $m(2n-1)=p$. 由 p 为质数 $m,2n-1$ 有一个为 1. 又 $2n-1\geqslant 2\times 2-1>1$,则 $m=1$. 因此,$a=n^2,p=2n-1$. 故 a 符合条件$\Leftrightarrow a=n^2$ 且 $2n-1$ 为质数. 已知 $a\geqslant 2\ 012$,则 $a\geqslant 45^2$. 又 $2\times 45-1=89$ 为质数,因此

$$a_{\min}=2\ 025$$

例 7 (2007 年波罗的海地区数学奥林匹克)设 a,b 为有理数,且

$$S=a+b=a^2+b^2$$

证明:S 可以写成一个分式,且分母与 6 互质.

证明 设 $a=\frac{m}{k},b=\frac{n}{k}$($k$ 是 a,b 分母的最小公倍

数).

设 $k>0$，$(k,m,n)=1$，于是

$$S=\frac{m+n}{k}=\frac{m^2+n^2}{k^2}$$

即

$$(m+n)k=m^2+n^2 \qquad ①$$

若存在质数 p，$p|m$，$p|k$，则 $p|n$. 与 $(k,m,n)=1$ 矛盾. 同理，若存在质数 q，$q|n$，$q|k$，则 $q|m$，与 $(k,m,n)=1$ 矛盾.

因此 $(k,m)=(k,n)=1$. 只要证明 $(k,6)=1$，即证明 $3\nmid k$，$2\nmid k$. 若 $3|k$，则 $3\nmid m$，$3\nmid n$，于是

$$m^2\equiv n^2\equiv 1 \pmod 3$$

由式①，左边 $\equiv 0 \pmod 3$，右边 $\equiv 2 \pmod 3$，矛盾. 故 $3\nmid k$.

若 $2|k$，则 $2\nmid m$，$2\nmid n$，于是 $2|(m+n)$

$$m^2\equiv n^2\equiv 1 \pmod 4$$

由式①，左边 $\equiv 0 \pmod 4$，右边 $\equiv 2 \pmod 4$，矛盾. 所以 $2\nmid k$. 于是 $6\nmid k$，$(k,6)=1$.

例 8　(2008 年白俄罗斯数学奥林匹克)(1)求一个正整数 k，使得存在正整数 a，b，c 满足方程

$$k^2+a^2=(k+1)^2+b^2=(k+2)^2+c^2 \qquad ①$$

(2)证明：满足式①的 k 值有无限多个；

(3)证明：若对某个 k，有 a，b，c 满足式①，则乘积 abc 能被 144 整除；

(4)证明：不存在正整数 a，b，c，d，k，满足

$$k^2+a^2=(k+1)^2+b^2=(k+2)^2+c^2=(k+3)^2+d^2$$

解　(1)$k=31$，$a=12$，$b=9$，$c=4$，满足

$$31^2+12^2=32^2+9^2=33^2+4^2$$

(2)注意到等式

$$(4x^3-1)^2+(2x^2+2x)^2=(4x^3)^2+(2x^2+1)^2=(4x^3+1)^2+(2x^2-2x)^2$$

故取 x 为任意大于 1 的正整数,令 $k=4x^3-1$,即满足式①.

(3)由 $a^2-b^2=2k+1,b^2-c^2=2k+3$,得

$$a^2+c^2=2(b^2-1) \quad ②$$

所以 a,c 的奇偶性相同.

(i)若 a,c 同为奇数.

设 $a=2a_1+1,c=2c_1+1$,则由式②

$$2(a_1^2+a_1)+2(c_1^2+c_1)+1=b^2-1 \quad ③$$

于是 b 为偶数,设 $b=2b_1$,则代入式③得

$$(a_1^2+a_1)+(c_1^2+c_1)=2b_1^2-1$$

此式左边为偶数,右边为奇数,不可能成立.

(ii)若 a,c 同为偶数.

由式②知 b 为奇数,设 $a=2a_1,c=2c_1,b=2b_1+1$,故由式②

$$a_1^2+c_1^2=2b_1(b_1+1)$$

上式右边能被 4 整除,故 a_1 和 c_1 同为偶数,因而 a,c 同为 4 的倍数,abc 能被 1 整除.

由于对任意正整数 N

$$N^2\equiv 0 \text{ 或 } 1 \pmod 3$$

式①等价于

$$a^2+b^2+c^2+2=3b^2$$

于是 a,b,c 中有且仅有两个能被 3 整除,因而 abc 能被 9 整除. 又 $(16,9)=1$,所以 $144\mid abc$.

(4)假设存在正整数 a,b,c,d,k,使得

$$k^2+a^2=(k+1)^2+b^2=(k+2)^2+c^2=(k+3)^2+d^2$$

由(3)的讨论可知 a,c 能被 4 整除，b 为奇数，d,b 能被 4 整除，矛盾.

例 9　求所有的正整数 x,y，使得 $\frac{x^4+y^4+x^2y^2}{(x+y)^2}$ 是完全平方数.

解　由

$$x^4+y^4+x^2y^2=$$
$$(x+y)^4-4xy(x+y)^2+3x^2y^2\Rightarrow$$
$$\frac{x^4+y^4+x^2y^2}{(x+y)^2}=(x+y)^2-4xy+\frac{3x^2y^2}{(x+y)^2}\Rightarrow$$
$$(x+y)^2\mid 3x^2y^2\Rightarrow(x+y)^2\mid x^2y^2\Rightarrow$$
$$(x+y)\mid xy$$

设 $x=da,y=db((a,b)=1)$. 则

$$d(a+b)\mid d^2ab\Rightarrow(a+b)\mid dab$$

又

$$(a,a+b)=(a+b,b)=(a,b)=1\Rightarrow(a+b)\mid d$$

设 $d=k(a+b)(k\in\mathbf{N}_+)$. 则

$$\frac{x^4+y^4+x^2y^2}{(x+y)^2}=\frac{a^4+b^4+a^2b^2}{(a+b)^2}\cdot d^2=$$
$$(a^4+b^4+a^2b^2)k^2$$

于是，$a^4+b^4+a^2b^2$ 是完全平方数.

下面证明：不存在互质的正整数 a,b，使得 $a^4+b^4+a^2b^2$ 是完全平方数.

假设存在，不妨设 (a,b) 是满足上述要求且使得其和 $a+b$ 最小的一组正整数.

因

$$a^4+b^4+a^2b^2=(a^2+b^2+ab)(a^2+b^2-ab)$$

且 $(a,b)=1$，知 a,b 不能同为偶数，所以，a^2+b^2+ab 是奇数. 故

$(a^2+b^2+ab,a^2+b^2-ab)=(a^2+b^2+ab,2ab)=$
$(a^2+b^2+ab,2)=1$

于是,a^2+b^2+ab 与 a^2+b^2-ab 都是完全平方数.

由于 a^2+b^2+ab 与 a^2+b^2-ab 都是奇数,故可设

$$a^2+b^2+ab=(u+v)^2$$
$$a^2+b^2-ab=(u-v)^2$$

从而,$a^2+b^2=u^2+v^2$,且 $ab=2uv$. 于是,a,b 一奇一偶(不妨设 b 是偶数).

记 $a=pq,b=2rs,u=pr,v=qs$(p,q,r,s 为两两互质的正整数,且 p,q 都是奇数). 由对称性不妨设 $p>q$. 则由 $a^2+b^2=u^2+v^2$,得

$$p^2q^2+4r^2s^2=p^2r^2+q^2s^2\Rightarrow(p^2-s^2)(r^2-q^2)=3r^2s^2$$

又$(p^2-s^2,s^2)=1,(r^2-q^2,r^2)=1$,整理得

$$\begin{cases}p^2-s^2=3r^2\\r^2-q^2=s^2\end{cases};\begin{cases}p^2-s^2=r^2\\r^2-q^2=3s^2\end{cases}$$

$$\begin{cases}p^2-s^2=-3r^2\\r^2-q^2=-s^2\end{cases};\begin{cases}p^2-s^2=-r^2\\r^2-q^2=-3s^2\end{cases}$$

(1)若$\begin{cases}p^2-s^2=3r^2\\r^2-q^2=s^2\end{cases}$,则$\begin{cases}p^2=s^2+3r^2\\r^2=q^2+s^2\end{cases}$.

因为 q 是奇数,所以,由 $r^2=q^2+s^2$,知 s 是偶数,r 是奇数. 于是,$p^2=s^2+3r^2\equiv3\pmod 4$,矛盾.

(2)由

$$\begin{cases}p^2-s^2=r^2\\r^2-q^2=3s^2\end{cases}\Rightarrow p^2=s^2+r^2=(2s)^2+q^2$$

又 q 是奇数,可设

$$p=m^2+n^2,q=m^2-n^2,2s=2mn$$

代入 $p^2-s^2=r^2$,得 $m^4+n^4+m^2n^2=r^2$.

故正整数对(m,n)使得 $m^4+n^4+m^2n^2$ 是完全平

方数.

由于 $m+n\leqslant m^2+n^2=p\leqslant a<a+b$，这与 $a+b$ 的最小性矛盾.

(3)由

$$\begin{cases}p^2-s^2=-r^2\\ r^2-q^2=-3s^2\end{cases}\Rightarrow q^2=3s^2+r^2=2s^2+2r^2+p^2$$

这与 $p>q$ 矛盾.

(4)由

$$\begin{cases}p^2-s^2=-3r^2\\ r^2-q^2=-s^2\end{cases}\Rightarrow q^2=s^2+r^2=(2r)^2+p^2$$

这与 $p>q$ 矛盾.

综上，不存在互质的正整数 a,b，使得 $a^4+b^4+a^2b^2$ 是完全平方数.

故不存在正整数 x,y，使得 $\dfrac{x^4+y^4+x^2y^2}{(x+y)^2}$ 是完全平方数.

例 10　(2012 年北京市高一数学竞赛题)(1)若整数 a,b,c 满足关系式 $a^2+b^2=2c^2-2$. 证明：$144\mid abc$.

(2)试写出不定方程 $a^2+b^2=2c^2-2$ 的一组整数解，并对此解验证 $144\mid abc$.

解　(1)因为 $144=3^2\times4^2$，所以，只需证 $9\mid abc$，且 $16\mid abc$.

先证：$9\mid abc$.

注意到，不被 3 整除的整数的平方被 3 除余 1，被 3 整除的整数的平方仍被 3 整除. 从而，被 3 除余 2 的整数一定不是平方数.

如果 a,b 都不被 3 整除，则 a^2+b^2 被 3 除余 2.

考虑 $2c^2-2$. 若 $3\mid c^2$，则 $2c^2-2$ 被 3 除余 1；若 c^2

被 3 除余 1，则 $2c^2-2$ 被 3 整除. 此时，$a^2+b^2=2c^2-2$ 不能成立.

如果 a,b 都为 3 的倍数，显然，ab 为 9 的倍数，更有 $9\mid abc$.

如果 a,b 只有一个为 3 的倍数，则 $2c^2-2=a^2+b^2$ 被 3 除余 1. 因此，$3\mid c^2\Rightarrow 3\mid c$. 所以，$9\mid abc$.

再证：$16\mid abc$.

由 $a^2+b^2=2c^2-2$ 为偶数，知 a,b 的奇偶性相同.

若 a,b 同为奇数，则 $a^2+b^2\equiv 2\pmod 8$，即 $2c^2-2\equiv 2\pmod 8$. 进而

$$c^2\equiv 2,6\pmod 8$$

与 c^2 是平方数矛盾.

若 a,b 同为偶数，则 $a^2+b^2\equiv 0\pmod 4$，即 $2c^2-2\equiv 0\pmod 4$，进而

$$c^2\equiv 1\pmod 4$$

此时，c 为奇数. 因此，$c^2\equiv 1\pmod 8$. 从而，$2c^2-2\equiv 2(c^2-1)\equiv 0\pmod{16}$，即

$$a^2+b^2=2c^2-2\equiv 0\pmod{16}$$

而同余式 $a^2+b^2\equiv 0\pmod{16}$ 当且仅当 a,b 同为 4 的倍数.

因此，$16\mid ab\Rightarrow 16\mid abc$. 因为 $(9,16)=1$，所以 $144\mid abc$.

(2)例子：当 $a=12,b=4,c=9$ 时

$$12^2+4^2=2\times 9^2-2$$

而 $abc=12\times 4\times 9=432=144\times 3$，即

$$144\mid 12\times 4\times 9$$

例 11 (1987 年第 28 届 IMO)已知 $n>2$，求证：如果 k^2+k+n 对于整数 k，$0\leqslant k\leqslant\sqrt{\frac{n}{3}}$，都是素数，则

k^2+k+n 对于所有整数 k，$0\leqslant k\leqslant n-2$，都是素数.

证法 1　用反证法. 若本题结论不成立，则存在满足$\sqrt{\frac{n}{3}}<x\leqslant n-2$ 的整数使 x^2+x+n 为合数，不妨设其最小的数为 k，即

$$k^2+k^2+n=\alpha\beta \quad ①$$

其中，α 是 k^2+k+n 的最小素因子. 因为 $k>\sqrt{\frac{n}{3}}$，$n^2<3k^2$，所以

$$\alpha\beta=k^2+k+n<4k^2+k<2k(2k+1)$$

所以 $\alpha\leqslant 2k$，又当 $k=0$ 时，n 为素数，因此，α 与 k 互质，所以 $\alpha<2k$ 且 $\alpha\neq k$. 又因

$$k^2+k+n\leqslant(n-2)^2+(n-2)+n=n^2-2n+2<n^2$$

所以，$\alpha<n$.

现在分两种情况讨论.

(1)若 $\alpha<k$，令 $k=p\alpha+t$，此处 p，t 为正整数，$1\leqslant t\leqslant\alpha$. 则

$$n+k^2+k=n+(p\alpha+t)^2+(p\alpha+t)=$$
$$n+t^2+t+\alpha(p^2\alpha+2pt+p)=\alpha\beta$$

或

$$\alpha\beta-\alpha(p^2\alpha+2pt+p)=n+t^2+t$$

即

$$n+t^2+t=\alpha(\beta-p^2\alpha-2pt-p)=\alpha\beta_1$$

若 $\beta_1=1$，则 $n+t^2+t=\alpha$，与 $\alpha<n$ 矛盾. 若 $\beta_1>1$，则因 $t<\alpha<k$，与 k 的最小性定义矛盾.

(2)若 $k<\alpha<2k$，不妨设 $\alpha=k+t$，$1\leqslant t\leqslant k-1$. 则

$$n+k^2+k=n+(\alpha-t)^2+(\alpha-t)=\alpha\beta$$
$$\alpha\beta=(n+t^2-t)+\alpha(\alpha-2t+1)$$

或

$$n+(t-1)^2+(t-1)=\alpha(\beta+2t-\alpha-1)$$

因为 $\alpha\leqslant\beta, t\geqslant1$，故

$$\beta+2t-\alpha-1\geqslant1$$

若 $\beta+2t-\alpha-1>1$，则 $n+(t-1)^2+(t-1)$ 为一合数，因 $0<t-1<k$，与 k 的最小性的定义矛盾.

若 $\beta+2t-\alpha-1=1$，则 $t=1,\beta=\alpha$. 这时式①变为

$$n+(\alpha-1)^2+(\alpha-1)=\alpha^2$$

或

$$n=\alpha$$

与 $\alpha<n$ 矛盾.

综上所述，知当 $\sqrt{\frac{n}{3}}<k\leqslant n-2$ 时，k^2+k+n 恒为素数，又由题设条件，已有当 $0\leqslant k\leqslant\sqrt{\frac{n}{3}}$ 时，$n+k^2+k$ 为素数，因此，对一切满足 $0\leqslant k\leqslant n-2$ 的 k，$n+k^2+k$ 都是素数.

证法 2 若本题结论不成立. 则有满足条件 $\sqrt{\frac{n}{3}}<x\leqslant n-2$ 的正整数存在，使得 x^2+x+n 为合数，不妨设其最小者为 x，则

$$x^2+x+n=\alpha\beta$$

其中，$1<\alpha\leqslant\beta$，α 是 x^2+x+n 的最小质因子.

因为 $\sqrt{\frac{n}{3}}<x$，所以 $n<3x^2$，从而

$$x^2+x+n<4x^2+x<2x(2x+1)$$

所以 $\alpha\leqslant2x$. 因为

$$(x^2+x+n)-(k^2+k+n)=(x-k)(x+k+1)$$

顺次令 $k=0,1,2,\cdots,x-1$，则得

$$x-k=1,2,\cdots,x$$

$$x+k+1=x+1,x+2,\cdots,2x$$

因为 $\alpha\leqslant 2x$,故必存在某一个 k,使 $\alpha=x-k$ 或 $\alpha=x+k+1$,总之有

$$\alpha\mid(x-k)(x+k+1)=(x^2+x+n)-(k^2+k+n)$$

因为 $\alpha\mid x^2+x+n$,而 k^2+k+n 为素数,必然

$$\alpha=k^2+k+n$$

但

$$x-k\leqslant n-2<n+k+k^2=\alpha$$

$$x+k+1\leqslant(n-2)+k+1<n+k+k^2=\alpha$$

与 $\alpha\mid(x-k)(x+k+1)$ 矛盾.

这个矛盾证明了不存在满足 $\sqrt{\frac{n}{3}}<x\leqslant n-2$ 的 x,使 x^2+x+n 为合数.故本题结论成立.

例 12 (2009 年第 51 届 IMO)求所有的函数 $g:\mathbf{N}_+\to\mathbf{N}_+$,使得对所有的 $m,n\in\mathbf{N}_+$,$(g(m)+n)(m+g(n))$ 是一个完全平方数.

解 $g(n)=n+c$,其中,常数 c 是非负整数.

首先,函数 $g(n)=n+c$ 满足题意(因为此时

$$(g(m)+n)(m+g(n))=(n+m+c)^2$$

是一个平方数).

先证明一个引理.

引理:若质数 p 整除 $g(k)-g(l)$,k,l 是正整数,则 $p\mid(k-l)$.

引理的证明:事实上,若 $p^2\mid(g(k)-g(l))$,令 $g(l)=g(k)+p^2a$,其中,a 是某个整数.

取一个整数 $d>\max\{g(k),g(l)\}$,且 d 不能被 p 整除.

令 $n=pd-g(k)$.则

$$n+g(k)=pd$$

故

$$n+g(l)=pd+(g(l)-g(k))=p(d+pa)$$

能被 p 整除,但不能被 p^2 整除.

由题设知,$(g(k)+n)(g(n)+k)$ 和 $(g(l)+n)(g(n)+l)$ 都是平方数. 所以,它们能被质数 p 整除,就能被 p^2 整除. 于是

$$p\mid(g(n)+k),p\mid(g(n)+l)$$

故

$$p\mid[(g(n)+k)-(g(n)+l)]$$

即

$$p\mid(k-l)$$

若 $p\mid(g(k)-g(l))$,取同样的整数 d,令 $n=p^3d-g(k)$. 则正整数

$$g(k)+n=p^3d$$

能被 p^3 整除,但不能被 p^4 整除,正整数

$$g(l)+n=p^3d+(g(l)-g(k))$$

能被 p 整除,但不能被 p^2 整除. 于是,由题设知

$$p\mid(g(n)+k),p\mid(g(n)+l)$$

故

$$p\mid[(g(n)+k)-(g(n)+l)]$$

即 $p\mid(k-l)$

回到原题.

若存在正整数 k,l,使得 $g(k)=g(l)$,则由引理知 $k-l$ 能被任意质数 p 整除. 从而,$k-l=0$,即 $k=l$. 故 g 是单射.

考虑数 $g(k)$ 和 $g(k+1)$. 因为 $(k+1)-k=1$,所以,由引理知 $g(k+1)-g(k)$ 不能被任意一个质数整

除. 故

$$|g(k+1)-g(k)|=1$$

设 $g(2)-g(1)=q(|q|=1)$. 则由数学归纳法易知

$$g(n)=g(1)+(n-1)q$$

若 $q=-1$,则对 $n\geqslant g(1)+1$,有 $g(n)\leqslant 0$,矛盾. 所以,$q=1$.

若 $g(n)=n+(g(1)-1)$ 对所有 $n\in\mathbf{N}$ 都成立,其中,$g(1)-1\geqslant 0$.

令 $g(1)-1=c$(常数). 故 $g(n)=n+c$,其中,常数 c 是非负整数.

例 13　(2008 年中国国家队选拔考试)设正实数 a,b 满足 $b-a>2$. 求证:对区间 $[a,b)$ 中任意两个不同的整数 m,n 在区间 $[ab,(a+1)(b+1))$ 中存在某些整数组成的(非空)集合 S,使得 $\dfrac{\prod\limits_{x\in S}x}{mn}$ 是一个有理数的平方. (余红兵供题)

证明　首先证明一个引理.

引理:设整数 u 满足

$$a\leqslant u<u+1<b$$

则区间 $[ab,(a+1)(b+1))$ 中有两个不同整数 x,y,使得 $\dfrac{xy}{u(u+1)}$ 是一个整数的平方.

引理的证明:取 v 是不小于 $\dfrac{ab}{u}$ 的最小整数,即整数 v 满足

$$\frac{ab}{u}\leqslant v<\frac{ab}{u}+1$$

故

$$ab\leqslant uv<ab+u(<ab+a+b+1) \quad ①$$

从而

$$ab<(u+1)v=uv+v<ab+u+\frac{ab}{u}+1<$$
$$ab+a+b+1(因为\ a\leqslant u<b) \quad ②$$

(这里应用了一个熟知的事实:函数 $f(t)=t+\frac{ab}{t}$ $(a\leqslant t\leqslant b)$在 $t=a$ 或 b 时取得最大值)

由①,②可知,uv 和$(u+1)v$ 为区间 $I=[ab,(a+1)(b+1))$中的两个不同的整数,取 $x=uv,y=(u+1)v$,即知$\frac{xy}{u(u+1)}=v^2$ 是一个整数的平方.

回到原题,设 $m<n$,则

$$a\leqslant m\leqslant n-1<b$$

由引理可知,对每一个整数 $k=m,m+1,\cdots,n-1$,区间$[ab,(a+1)(b+1))$中均有两个不同整数 x_k,y_k,及一个整数 A_k,使得

$$\frac{x_ky_k}{k(k+1)}=A_k^2$$

将所有这些等式相乘,得

$$\frac{\prod\limits_{k=m}^{n-1}x_ky_k}{mn(m+1)^2\cdots(n-1)^2}=\prod_{k=m}^{n-1}A_k^2$$

是一个整数的平方.

令 S 为 $x_i,y_i(m\leqslant i\leqslant n-1)$中出现奇数次的数的集合,若 S 非空,则由上式易知 $\frac{\prod\limits_{x\in S}x}{mn}$ 是一个有理数的平方.

若 S 是空集，则显然 mn 是一个整数的平方. 而由 $a+b>2\sqrt{ab}$ 知

$$ab+a+b+1>ab+2\sqrt{ab}+1$$

即

$$\sqrt{(a+1)(b+1)}>\sqrt{ab}+1$$

即区间 $[\sqrt{ab},\sqrt{(a+1)(b+1)})$ 中至少有一个整数，故在区间 $[\sqrt{ab},(a+1)(b+1))$ 中至少有一个完全平方数. 设 $r^2\in[ab,(a+1)(b+1))(r\in\mathbf{Z})$，令 $S'=\{r^2\}$，则 $\frac{\prod\limits_{x\in S'}x}{mn}$ 是一个有理数的平方.

证毕.

例 14　(2011 年伊朗数学奥林匹克)设函数 $f:\mathbf{N}_+\to\mathbf{N}_+$ 满足：对于任意的 $a,b\in\mathbf{N}_+$，$af(a)+bf(b)+2ab$ 是一个完全平方数. 证明：对于任意 $a\in\mathbf{N}_+$，有 $f(a)=a$.

证明　若 p 是一个奇质数，令 $a=b=p$. 则 $2p(p+f(p))$ 是一个完全平方数. 于是，$p\mid(p+f(p))$，得 $p\mid(f(p)$.

假设对于 $a\in\mathbf{N}_+$，$af(a)$ 不是一个完全平方数. 则存在质数 q，使得

$$q^{2k-1}\mid af(a)\quad(k\in\mathbf{N}_+)$$

设 $af(a)=q^{2k-1}s(s\in\mathbf{N}_+,q\nmid s)$. 令 $b=q^{2k}$. 则

$$q^{2k-1}s+q^{2k}(f(q^{2k})+2a)=q^{2k-1}[s+q(f(q^{2k})+2a)]$$

是一个完全平方数. 但是，$q\nmid[s+q(f(q^{2k})+2a)]$，矛盾. 因此，$af(a)$ 是一个完全平方数.

若 $p>f(1)$，因 $p\mid f(p)$，所以，$p\leqslant f(p)$. 由

$$p\leqslant\sqrt{pf(p)}\Rightarrow4\sqrt{pf(p)}\geqslant4p>2p+f(1)\Rightarrow$$

$$f(1)+2p<4\sqrt{pf(p)}+4\Leftrightarrow$$
$$pf(p)+f(1)+2p<(\sqrt{pf(p)}+2)^2$$

令 $a=p,b=1$. 则 $pf(p)+f(1)+2p$ 是一个完全平方数.

由

$$(\sqrt{pf(p)})^2<pf(p)+f(1)+2p<(\sqrt{pf(p)+2})^2$$

知

$$pf(p)+f(1)+2p=(\sqrt{pf(p)}+1)^2$$

故

$$f(1)+2p=2\sqrt{pf(p)}+1$$

因为 $p\mid f(p)$，且 $pf(p)$ 是一个完全平方数，所以，不妨设 $f(p)=r^2p(r\in\mathbf{N}_+)$.

若 $r\geqslant2$，则

$$3p>f(1)+2p=2\sqrt{pf(p)}+1\geqslant4p+1$$

矛盾. 因此，$r=1$，即 $f(p)=p$. 从而，由 $f(1)+2p=2p+1$，得 $f(1)=1$. 于是，对于所有的奇质数 p，有 $f(p)=p$.

若存在 $a\in\mathbf{N}_+$，使得 $f(a)\neq a$.

令 $b=p$(p 为奇质数). 则 $af(a)+p^2+2ap$ 是一个完全平方数，且

$$af(a)+p^2+2ap\neq(a+p)^2$$

由于 $(af(a)+p^2+2ap)-(a+p)^2$ 的绝对值至少为 $2(a+p)-1$，因此

$$|af(a)-a^2|=|(af(a)+p^2+2ap)-(a+p)^2|\geqslant 2(a+p)-1$$

由 p 的任意性，知这个不等式不可能成立，矛盾.

综上，对于所有的 $a\in\mathbf{N}_+$，有 $f(a)=a$.

例 15　(2005 年第 18 届爱尔兰数学奥林匹克)已知奇数 m,n 满足 m^2-n^2+1 整除 n^2-1. 证明:m^2-n^2+1是一个完全平方数.

证明　先证明两个引理.

引理 1:设 p,k 是给定的正整数,$p\geqslant k$,k 不是完全平方数.则关于 a,b 的不定方程

$$a^2-pab+b^2-k=0 \quad ①$$

无正整数解.

引理的证明:假设有正整数解,设(a_0,b_0)是使 $a+b$ 最小的一组正整数解,且 $a_0\geqslant b_0$,又设 $a'_0=pb_0-a_0$,则 a_0,a'_0是关于 t 的一元二次方程

$$t^2-pb_0t+b_0^2-k=0 \quad ②$$

的两根.所以,$a'^2_0-pa'_0b_0+b_0^2-k=0$.

若 $0<a'_0<a_0$,则(b_0,a'_0)也是方程①的一组正整数解,且 $b_0+a'_0<a_0+b_0$,矛盾.所以,$a'_0\leqslant 0$ 或 $a'_0\geqslant a_0$.

(1)若 $a'_0=0$,则 $a_0=pb_0$.代入方程①得 $b_0^2-k=0$.但 k 不是完全平方数,矛盾.

(2)若 $a'_0<0$,则 $a_0>pb_0$.从而,$a_0\geqslant pb_0+1$.

故

$$\begin{aligned}a_0^2-pa_0b_0+b_0^2-k=a_0(a_0-pb_0)+b_0^2-k\geqslant\\ a_0+b_0^2-k\geqslant\\ pb_0+1+b_0^2-k>p-k\geqslant 0\end{aligned}$$

矛盾.

(3)若 $a'_0\geqslant a_0$,因为 a_0,a'_0是方程②的两根,由韦达定理得 $a_0a'_0=b_0^2-k$.但 $a_0a'_0\geqslant a_0^2\geqslant b_0^2>b_0^2-k$,矛盾.

综上,方程①无正整数解.

引理 2:设 p,k 是给定的正整数,$p\geqslant 4k$.则关于

a,b 的不定方程

$$a^2-pab+b^2+k=0 \quad ③$$

无正整数解.

引理 2 的证明:假设有正整数解,设(a_0,b_0)是使$a+b$最小的一组正整数解,且 $a_0\geqslant b_0$,又设 $a'_0=pb_0-a_0$,则 a_0,a'_0是关于 t 的一元二次方程

$$t^2-pb_0t+b_0^2+k=0 \quad ④$$

的两根.所以,$a'^2_0-pa'_0b_0+b_0^2+k=0$

若 $0<a'_0<a_0$,则(b_0,a'_0)也是方程③的一组正整数解,且 $b_0+a'_0<a_0+b_0$.矛盾.所以,$a'_0\leqslant 0$ 或 $a'_0\geqslant a_0$.

(1)若 $a'_0\leqslant 0$,则 $a_0\geqslant pb_0$.故

$$a_0^2-pa_0b_0+b_0^2+k\geqslant b_0^2+k>0$$

矛盾.

(2)若 $a'_0\geqslant a_0$,则 $a_0\leqslant\frac{pb_0}{2}$.因为方程④的两根是

$$\frac{pb_0\pm\sqrt{(pb_0)^2-4(b_0^2+k)}}{2}$$

则

$$a_0=\frac{pb_0-\sqrt{(pb_0)^2-4(b_0^2+4)}}{2}$$

又因为 $a_0\geqslant b_0$,则

$$b_0\leqslant\frac{pb_0-\sqrt{(pb_0)^2-4(b_0^2+4)}}{2}\Rightarrow$$

$$(p-2)b_0\geqslant\sqrt{p^2b_0^2-4b_0^2-4k}\Rightarrow$$

$$(p-2)^2b_0^2\geqslant p^2b_0^2-4b_0^2-4k\Rightarrow$$

$$(4p-8)b_0^2\leqslant 4k$$

而 $p\geqslant 4k\geqslant 4$,则

$$(4p-8)b_0^2 \geqslant 4p-8 \geqslant 2p > 4k$$

矛盾.

综上,方程③无正整数解.

下面证明原题.

不妨设 $m,n>0$. 因为 $(m^2-n^2+1)\mid(n^2-1)$,则

$$(m^2-n^2+1)\mid[(n^2-1)+(m^2-n^2+1)]=m^2$$

(1)若 $m=n$,则 $m^2-n^2+1=1$ 是完全平方数.

(2)若 $m>n$,因为 m,n 都是奇数,则

$$2\mid(m+n),2\mid(m-n)$$

设 $m+n=2a$,$m-n=2b$,则 a,b 都是正整数. 因为 $m^2-n^2+1=4ab+1$,$m^2=(a+b)^2$,则

$$(4ab+1)\mid(a+b)^2$$

设 $(a+b)^2=k(4ab+1)$,其中 k 是正整数,则

$$a^2-(4k-2)ab+b^2-k=0$$

若 k 不是完全平方数,由引理1,矛盾. 所以,k 是完全平方数. 故

$$m^2-n^2+1=4ab+1=\frac{(a+b)^2}{k}=\left(\frac{a+b}{\sqrt{k}}\right)^2$$

也是完全平方数.

(3)若 $m<n$,因为 m,n 都是奇数,则

$$2\mid(m+n),2\mid(m-n)$$

设 $m+n=2a$,$n-m=2b$,则 a,b 都是正整数. 因为

$$m^2-n^2+1=-(4ab-1),m^2=(a-b)^2$$

则

$$(4ab-1)\mid(a-b)^2$$

设 $(a-b)^2=k(4ab-1)$,其中 k 是正整数,则

$$a^2-(4k+2)ab+b^2+k=0$$

由引理2,矛盾.

综上，m^2-n^2+1 是完全平方数.

例 16 （第 18 届莫斯科数学奥林匹克）已知对任何整数 x，三项式 ax^2+bx+c 都是完全平方数. 证明：必有

$$ax^2+bx+c=(dx+e)^2$$

此题以往的证法中，大都是利用极限的思想与方法. 如果作适当转化，便可利用勾股定数给出一个完全初等的证法.

证明 记 $f(x)=ax^2+bx+c$. 需要证：a,b,c 为整数，且 $b^2=4ac$. 易得 $c=f(0)$ 为平方数，且

$$2b=f(1)-f(1)$$

$$2a=f(1)+f(-1)-2c$$

皆为整数.

若 b 不是整数，则 $2b$ 为奇数. 设 $2b=2n+1$. 于是

$$4b\equiv 2 \pmod 4$$

又

$$c\equiv 0 \text{ 或 } 1 \pmod 4$$

$$16a=8(2a)\equiv \pmod 4$$

则 $f(4)=16a+4b+c\equiv 2$ 或 $3 \pmod 4$，即 $f(4)$ 不为平方数，矛盾. 因此，b 为整数. 从而，$a=f(1)-b-c$ 为整数.

为证 $b^2=4ac$，采用结构转换法.

(1) $bc\neq 0$ 时，对任意的 $y\in \mathbf{Z}$，有

$$f(cy)=a(cy)^2+b(cy)+c=c(acy^2+by+1)$$

为平方数. 而 c 是非零平方数，因此，对任意的 $y\in \mathbf{Z}$，$g(y)=acy^2+by+1$ 的值为平方数.

对任意的 $k\in \mathbf{N}_+$，分别取 $y=\pm 2^k b$，则有整数 u_k，v_k 使得

$$g(2^k b)=ac(2^k b)^2+b(2^k b)+1=u_k^2$$

$$g(-2^kb)=ac(2^kb)^2-b(2^kb)+1=v_k^2$$

以上两式相乘并整理得

$$(2^{2k}acb^2+1)^2=(u_kv_k)^2+(2^kb^2)^2 \quad ①$$

由 $2^{2k}acb^2+1$ 与 2^kb^2 互质，可知式①中的三项两两互质，且 2^kb^2 为偶数. 于是，由勾股定理，有互质整数 m_k,n_k，使

$$2^{2k}acb^2+1=m_k^2+n_k^2 \quad ②$$

$$2^kb^2=2m_kn_k \quad ③$$

据式②知，m_k,n_k 一奇一偶. 据对称性，不妨总设 m_k 为奇数(对每个 k).

由式③，m_k 是 b^2 的因数，但 b^2 的奇因数个数有限，故当 k 依次取 1，2，…时，必有 m_k 的两值相同，设为 $m_s=m_t(s<t)$.

将式②，③换为

$$\begin{cases}2^{2s}acb^2+1=m_s^2+n_s^2 & ④\\ 2^sb^2=2m_sn_s & ⑤\end{cases}$$

$$\begin{cases}2^{2t}acb^2+1=m_t^2+n_t^2 & ⑥\\ 2^tb^2=2m_tn_t & ⑦\end{cases}$$

⑦÷⑤得 $\dfrac{n_t}{n_s}=2^{t-s}$，则 $n_t^2=2^{2t-2s}n_s^2$. 从而

$$n_t^2-n_s^2=(2^{2t-2s}-1)n_s^2$$

⑥－④得

$$n_t^2-n_s^2=2^{2s}acb^2(2^{2t-2s}-1)$$

故

$$2^{2s}acb^2(2^{2t-2s}-1)=(2^{2t-2s}-1)n_s^2$$

因为 $2^{2t-2s}-1>0$，所以

$$2^{2s}acb^2=n_s^2 \quad ⑧$$

由式④，⑧得 $m_s^2=1$. 再由式⑤得

$$2^{2s}b^4=4m_s^2n_s^2=4n_s^2$$

因此,$2^{2s}b^4=4\times2^{2s}acb^2$,即 $b^2=4ac$.

又由 a,b,c 为整数,c 为平方数,$bc\neq0$,则 a 为平方数.

(2)当 $bc=0$ 时,如果 $c=0$,由于对任意的 $x\in\mathbf{Z}$,$f(x)=ax^2+bx$ 为平方数,则

$$f(2b)=b^2(4a+2)$$

为平方数.

由 $4a+2$ 不是平方数,必有 $b=0$. 此时,$f(x)=ax^2$,$a=f(1)$为平方数,且 $b^2=4ac$.

如果 $c\neq0$,$b=0$,则对任意的 $x\in\mathbf{Z}$,$f(x)=ax^2+c$ 为平方数. 注意到 $c=f(0)$为平方数,又 $4f(\sqrt{c})=c(4a+4)$,$f(2\sqrt{c})=c(4a+1)$皆为平方数,则 $4a+4$,$4a+1$皆为平方数.

令 $4a+4=u^2$,$4a+1=v^2$. 则

$$3=u^2-v^2=(u+v)(u-v)$$

解得 $u+v=3$,$u-v=1$,$a=0$. 所以,a,c 为平方数,且 $b^2=4ac$.

总之,在每一种情况下皆有 a,c 为平方数,b 为整数且 $b^2=4ac$.

令 $a=d^2$,$c=e^2$,则 $b=2de$. 所以

$$ax^2+bx+c=(dx+e)^2$$

例 17 (2009 年第 50 届 IMO 预选题)设 a,b 是大于 1 的互不相同的整数. 证明:存在正整数 n,使得$(a^n-1)(b^n-1)$不是一个完全平方数.

证明 设

$$a^2=A,b^2=B,z_n=\sqrt{(A^n-1)(B^n-1)}$$

假设对于 $n=1,2,\cdots,z_n$ 是整数,不失一般性,假

设 $b<a$，且存在整数 $k(k\geqslant 2)$，使得

$$b^{k-1}\leqslant a<b^k$$

定义有理数数列 $\gamma_1,\gamma_2,\cdots$，使得

$$2\gamma_1=1$$

$$2\gamma_{n+1}=\sum_{i=1}^{n}\gamma_i\gamma_{n+1-i}\quad(n=1,2,\cdots)$$

则

$$\left[(ab)^n-\gamma_1\left(\frac{a}{b}\right)^n-\gamma_2\left(\frac{a}{b^3}\right)^n-\cdots-\right.$$

$$\left.\gamma_k\left(\frac{a}{b^{2n-1}}\right)^n+O\left(\left(\frac{b}{a}\right)^n\right)\right]^2=$$

$$A^nB^n-2\gamma_1A^n-\sum_{i=2}^{k}\left(2\gamma_i-\sum_{j=1}^{i-1}\gamma_j\gamma_{i-j}\right)\left(\frac{A}{B^{i-1}}\right)^n+$$

$$O\left(\left(\frac{A}{B^k}\right)^n\right)+O(B^n)=A^nB^n-A^n+O(B^n)$$

故

$$z_n=(ab)^n-\gamma_1\left(\frac{a}{b}\right)^n-\gamma_2\left(\frac{a}{b^3}\right)^n-\cdots-$$

$$\gamma_k\left(\frac{a}{b^{2k-1}}\right)^n+O\left(\left(\frac{b}{a}\right)^n\right)$$

可选择有理数 $r_1,r_2,\cdots,r_{k+1}$，使得

$$(x-ab)\left(x-\frac{a}{b}\right)\left(x-\frac{a}{b^3}\right)\cdots\left(x-\frac{a}{b^{2k-1}}\right)=$$

$$x^{k+1}-r_1x^k+\cdots+(-1)^{k+1}r_{k+1}$$

且存在正整数 M，使得 $Mr_1,Mr_2,\cdots,Mr_{k+1}$ 为整数. 于是，对于所有正整数 n，有

$$M(z_{n+k+1}-r_1z_{n+k}+\cdots+(-1)^{k+1}r_{k+1}z_n)=O\left(\left(\frac{b}{a}\right)^n\right)$$

因此，存在一个足够大的正整数 N，使得对于所有整数 $n(n\geqslant N)$，有

$$z_{n+k-1}=r_1z_{n+k}-r_2z_{n+k-1}+\cdots+(-1)^{k+1}r_{k+1}z_n$$

由于$\{z_n\}(n\geqslant N)$是齐次线性递归数列，则存在有理数 $\delta_0,\delta_1,\cdots,\delta_k$，当 n 足够大时有

$$z_n=\delta_0(ab)^n-\delta_1\left(\frac{a}{b}\right)^n-\delta_2\left(\frac{a}{b^3}\right)^n-\cdots-\delta_k\left(\frac{a}{b^{2k-1}}\right)^n$$

其中，$\delta_0>0$. 于是

$$A^nB^n-A^n-B^n+1=z_n^2=$$

$$\left(\delta_0(ab)^n-\delta_1\left(\frac{a}{b}\right)^n-\delta_2\left(\frac{a}{b^3}\right)^n-\cdots-\delta_k\left(\frac{a}{b^{2k-1}}\right)^n\right)^2=$$

$$\delta_0^2A^nB^n-2\delta_0\delta_1A^n-\sum_{i=2}^{k}\left(2\delta_0\delta_i-\sum_{j=1}^{i-1}\delta_j\delta_{i-j}\right)\left(\frac{A}{B^{i-1}}\right)^n+$$

$$O\left(\left(\frac{A}{B^k}\right)^n\right)$$

从而，$\delta_0=1,\delta_1=\frac{1}{2}$

$$\delta_i=\frac{1}{2}\sum_{j=1}^{i-1}\delta_j\delta_{i-j}\quad(i=2,3,\cdots,k-2)$$

且 $a=b^{k-1}$. 由 $b<a$，知 $k>2$. 因此，存在有理系数多项式 $P(X)$，使得

$$(X-1)(X^{k-1}-1)=(P(X))^2$$

这是不可能的(因为 $X^{k-1}-1$ 没有二重根，矛盾).

例 18 (2008 年伊朗国家队选拔考试)求所有的整系数多项式 $P(x)$，使得若 a,b 是正整数，$a+b$ 是完全平方数，则 $P(a)+P(b)$也是完全平方数.

证明 首先证明几个引理.

引理 1:对每个多项式

$$P(x)=a_nx^n+a_{n-1}x^{n-1}+\cdots+a_1x+a_0\quad(n\geqslant1)$$

若 $a_n>0$，则存在 M，当 $x>M$ 时，$P(x)$恒为正数.

引理 1 的证明:由

$$\lim_{x \to +\infty} a_{n-1} \cdot \frac{1}{x} + a_{n-2} \cdot \frac{1}{x^2} + \cdots + a_0 \cdot \frac{1}{x^n} = 0$$

则存在 M,当 $x > M$ 时

$$\left| a_{n-1} \cdot \frac{1}{x} + a_{n-2} \cdot \frac{1}{x^2} + \cdots + a_0 \cdot \frac{1}{x^n} \right| < \frac{a_n}{2}$$

所以,当 $x > M$ 时

$$P(x) = \left(a_n + a_{n-1} \cdot \frac{1}{x} + \cdots + a_0 \cdot \frac{1}{x^n} \right) x^n \geqslant$$

$$\left(a_n - \left| a_{n+1} \cdot \frac{1}{x} + \cdots + a_0 \cdot \frac{1}{x^n} \right| \right) x^n >$$

$$\frac{1}{2} a_n x^n > 0$$

引理 2:若多项式 $P(x)$ 的首项系数 a_n 为负数,则存在 M,当 $x > M$ 时,$P(x)$ 恒为负数.

同引理 1 可证.

引理 3:若偶次幂整系数多项式 $P(x)$ 满足对每个正整数 x,$P(x)$ 都为平方数,则存在整系数多项式 $Q(x)$,使 $P(x) = Q^2(x)$.

引理 3 的证明:设 $P(x) = \sum_{i=0}^{2n} a_i x^i (a_{2n} > 0)$. 取 $Q(x) = \sum_{i=0}^{n} b_i x^i (b_n > 0)$,令

$$\begin{cases} a_{2n} = b_n^2 \\ a_{2n-1} = b_n b_{n-1} + b_{n-1} b_n \\ \vdots \\ a_k = \sum_{i=k-n}^{n} b_i b_{k-i} \\ \vdots \\ a_n = \sum_{i=0}^{n} b_i b_{n-i} \end{cases}$$

显然,当 $a_{2n},a_{2n-1},\cdots,a_n$ 确定时,$b_n,b_{n-1},\cdots,b_0$ 唯一确定.

记

$$R(x)=P(x)-Q^2(x)=\sum_{i=0}^{n-1}c_ix^i$$

假设 $R(x)\neq 0$.

(1)若 $c_{n-1}>0$,由引理 1 知存在 M_1,当 $x>M_1$ 时,$R(x)>0$. 则

$$P(x)=Q^2(x)+R(x)>Q^2(x)$$

又对多项式 $2Q(x)-R(x)-1$,其首项系数为 $2b_n>0$,由引理 1 知存在 M_2,当 $x>M_2$ 时

$$2Q(x)-R(x)-1>0$$

故当 $x>M_2$ 时,有

$$\begin{aligned}P(x)&=Q^2(x)+R(x)=\\&(Q(x)+1)^2-(2Q(x)-R(x)-1)<\\&(Q(x)+1)^2\end{aligned}$$

所以,当 $x>\max\{M_1,M_2\}$ 时

$$Q^2(x)<P(x)<(Q(x)+1)^2$$

这与 $P(x)$ 是平方数矛盾.

(2)若 $c_{n-1}<0$,同理,由引理 2 得到矛盾.

回到原题.

分两种情况讨论.

(1)$P(x)$ 不是零次多项式.

取 $a=x^4+x^2,b=2x^3$,则 $P(x^4+x^2)+P(2x^3)$ 对所有的正整数 x 是平方数. 由引理 3 知存在整系数多项式 $Q_1(x)$,使

$$P(x^4+x^2)+P(2x^3)=Q_1^2(x)$$

比较首项系数,知 $P(x)$ 的首项系数为平方数.

取 $a=px^2$，$b=qx^2$，且 $p+q$ 是平方数，则 $P(px^2)+P(qx^2)$ 对所有的正整数 x 是平方数. 故存在整系数多项式 $Q_2(x)$，使

$$P(px^2)+P(qx^2)=Q_2^2(x)$$

记

$$P(x)=\sum_{i=0}^{n}a_ix^i, Q_2(x)=\sum_{i=0}^{n}b_ix^i$$

比较首项系数知

$$a_n(p^n+q^n)=b_n^2$$

因为 a_n 是平方数，所以，$p^n+q^n=r^2$ 是平方数.

取 $p=1$，$q=k^2-1$，则 $1+(k^2-1)^n$ 对所有的正整数 k 是平方数.

由引理 3 知存在整系数多项式 $Q(x)$，使

$$1+(k^2-1)^n=Q^2(k)$$

因为 $1+(x^2-1)^n=Q^2(x)$，所以，$Q(x)$ 与 x^2-1 互质.

由 Mason-Stothers 定理知，$Q^2(x)$ 与 $(x^2-1)^n$ 的不同的根的个数至少有 $2n+1$ 个，但 $Q^2(x)=0$ 的不同根至多 n 个，$(x^2-1)^n=0$ 有 2 个不同的根，总计至多 $n+2$ 个. 故 $n+2\geqslant 2n+1\Rightarrow n\leqslant 1$. 已设 $P(x)$ 为非零次多项式. 故 $n=1$.

设 $P(x)=a_1x+a_0$. 则对和为平方数的 a，b 有

$$P(a)+P(b)=a_1(a+b)+2a_0$$

已证 a_1 是平方数. 当 $a+b$ 足够大时，有

$$[\sqrt{a_1(a+b)}-1]^2<a_1(a+b)+2a_0<[\sqrt{a_1(a+b)}+1]^2$$

故必有 $a_0=0$. 因此，$P(x)=P(1)x$（$P(1)$ 是平方数）.

(2) $P(x)$ 是常多项式.

记 $P(x)=c$. 则 $P(a)+P(b)=2c$ 是平方数. 故 $c=2k^2$. 所以, $P(x)=2k^2$.

综上, 解为 $P(x)=P(1)x$($P(1)$是平方数)或 $P(x)=2k^2(k\in\mathbf{Z})$.

注: Mason-Stothers 定理: 如果多项式 $P(x)$, $Q(x)$, $R(x)$无公因式, 且

$$P(x)+Q(x)=R(x)$$

则这三个多项式的不同的根的个数大于三个多项式中的最高次数.

习 题 8

1.(2004 年北京市高一年级数学竞赛)已知 a,b,c,d 这四个正整数中,a 被 9 除余 1,b 被 9 除余 3,c 被 9 除余 5,d 被 9 除余 7.则一定不是完全平方数的两个数是(　　).

(A)a,b　　(B)b,c　　(C)c,d　　(D)d,a

2.(2006 年第 32 届俄罗斯数学奥林匹克)正整数 N 不能被 81 整除,但是可以表示为都是 3 的倍数的三个整数的平方和.证明:它也可以表示为都不是 3 的倍数的三个整数的平方和.

3.(1993 年第 12 届美国数学邀请赛)由能被 3 整除且比完全平方数小 1 的整数组成的递增序列 3,15,24,48,…,这个序列的第 1 994 项除以 1 000 的余数是多少?

4.(2006 年第 32 届俄罗斯数学奥林匹克)证明:如果正整数 N 可以表示为都是 3 的倍数的三个整数的平方和,那么,它必可表示为都不是 3 的倍数的三个整数的平方和.

5.(2002 年第 28 届俄罗斯数学奥林匹克)在区间 $(2^{2n},2^{3n})$ 中任取 $2^{2n-1}+1$ 个奇数.证明:在所取出的数中必有两个数,其中每一个数的平方都不能被另一个数整除.

6.(2008 年蒙古国家队选拔考试)已知质数 p,满足 $p\equiv\pm3\pmod 8$.

证明:若 $p\mid a$,则数列 $a_n=2^n+a$ 仅有有限个完全平方数.

7.(1938 年匈牙利数学奥林匹克)证明整数可以表示为两个整数的平方和的充要条件是这个数的二倍也具有这种性质.

8.设 n 是自然数,求证:n^2+n+2 不能被 15 整除.

9.设 x,y,z 都是整数,且满足 $x^2+y^2=z^2$,求证:xy 能被 6 整除.

10.(2008 年中国北京市中学生数学竞赛(初二))求证:(1)一个自然数的平方被 7 除的余数只能是 0,1,4,2;

(2)对任意的正整数 n,$[\sqrt{n(n+2)(n+4)(n+6)}]$ 不被 7 整除($[x]$表示不超过实数 x 的最大整数).

11.(1991 年英国数学奥林匹克试题)求证:若 x,y 为正整数,使得 x^2+y^2-x 被 $2xy$ 整除,则 x 为完全平方数.

12.(1962 年第 25 届莫斯科数学奥林匹克)证明对任何整数 d,都可找到整数 m 和 n,使得

$$d=\frac{n-2m+1}{m^2-n}$$

13.如果一个完全平方数可以写成一个质数与另一个完全平方数的和,则称其为“好平方数”.如果一个完全平方数不能写成一个质数与另一个完全平方数的和,则称其为“坏平方数”.求证:好平方数与坏平方数都有无数个.

14.(2011 年俄罗斯数学奥林匹克)是否存在三个互质的正整数,使得其中每个数的平方都能被其他两个数的和整除?

15.(2003 年第 54 届罗马尼亚数学奥林匹克)设

m,n 均为正整数. 证明:当且仅当 $n-m$ 是偶数时, 5^n+5^m 可以表示为两个完全平方数和.

16.(2011 年俄罗斯数学奥林匹克)是否存在三个互素的正整数,使得其中每个数的平方都可以被其它两数的和整除.

17. 已知 a,b,c 是正整数,且 b^2-4ac 是完全平方数. 求证: $25a+5b+c$ 是合数.

18.(1983 年第 17 届全苏数学奥林匹克)若在两个连续完全平方数之间有若干个不同的自然数. 证明它们中间任两数的乘积都不相等.

19.(第 51 届捷克斯洛伐克数学奥林匹克(决赛))证明:正整数 A 是完全平方数的充分必要条件是对于任意正整数 n, $(A+1)^2-A$, $(A+2)^2-A$, $\cdots$, $(A+n)^2-A$ 中至少有一项可以被 n 整除.

20.(1989 年澳大利亚数学竞赛) n 为非负整数, $d_0,d_1,\cdots,d_n$ 为 0,1,或 2.

$$d_0+3d_1+3^2d_2+\cdots+3^kd_k+\cdots+3^nd_n$$

是正整数的平方. 证明在 $0\leqslant i\leqslant n$ 中至少有一个 i,使 $d_i=1$.

21.(2005 年全国初中数学联赛)在和式 $0^2+1^2+2^2+3^2+\cdots+2\,005^2$ 中,允许将其中的某些"+"号改成"-"号,如果所得到的代数和为 n,就称数 n 是"可表出的". 试问,在前 10 个正整数 1,2,3,…,10 中,哪些数是可表出的? 说明理由.

22. 已知存在 $k(k\in\mathbf{N},k\geqslant2)$ 个连续正整数,它们的平方的均值为一个完全平方数. 试求 k 的最小值.

23.(2005 年美国数学邀请赛)对于每一个正整数 n,用 $\tau(n)$ 表示 n 的所有正因子的个数. 例如, $\tau(1)=1$,

$\tau(6)=4$. 定义 $S(n)=\tau(1)+\tau(2)+\cdots+\tau(n)$. 记 a 为使 $S(n)$ 是奇数的正整数 $n(n\leqslant 2\ 005)$ 的个数,b 为使 $S(n)$ 是偶数的正整数 $n(n\leqslant 2\ 005)$ 的个数. 求 $|a-b|$.

24.(2010 年第 36 届俄罗斯数学奥林匹克·十一年级)如果正整数 a,b,c 形成非降的等差数列,b 与 a,c 中的每一个都互质,并且乘积 abc 为完全平方数,则称三元有序数组(a,b,c)是"平方的". 证明:对于任何平方的三元有序正整数组,都能找到另外一个平方的三元有序正整数组,使得两者之中至少有一个数相同.

25.(1996 年第 37 届 IMO)设正整数 a,b 使 $15a+16b$ 和 $16a-15b$ 都是正整数的平方. 求这两个平方数中较小的数能够取到的最小值.

26.(2012 年中国国家队选拔考试)给定整数 $n\geqslant 4$,设 $A,B\subseteq\{1,2,\cdots,n\}$,已知对任意 $a\in A,b\in B$,$ab+1$为平方数,证明

$$\min\{|A|,|B|\}\leqslant\log_2 n$$

27.(2008 年中国国家队培训题)求出正整数 n 可以表示为两个互质的整数的平方和的充要条件.

28.(2010 年沙特阿拉伯数学奥林匹克)求所有的正整数$n(n>1)$,使得存在连续 n 个整数,它们的平方和为一个质数.

29.(2009 年第 5 届 IMO 预选题)若正整数 N 满足 $N=1$ 或 N 可以写成偶数个质数的乘积(不需要是不同的质数),则称 N 是"平衡的".

对于正整数 a,b,定义多项式

$$P(x)=(x+a)(x+b)$$

证明:(1)存在不同的正整数 a,b,使得所有的数 $P(1),P(2),\cdots,P(50)$都是平衡的;

(2)若对于所有正整数 n，$P(n)$是平衡的，则 $a=b$.

30.(第 31 届 IMO 预选题)证明：有无穷多个正整数 n，使平均数 $\frac{1^2+2^2+\cdots+n^2}{n}$ 为完全平方数. 第 1 个这样的数当然是 1. 请写出紧接在 1 后面的两个这样的正整数.

31.(2009 年第 50 届 IMO 预选题)若正整数 N 满足 $N=1$ 或 N 可以写成偶数个质数的乘积(不需要是不同的质数)，则称 N 是"平衡的". 给定正整数 a，b，定义多项式 $P(x)=(x+a)(x+b)$. 证明：

(1)存在不同的正整数 a，b，使得所有的数 $P(1)$，$P(2)$，…，$P(50)$都是平衡的；

(2)若对于所有正整数 n，$P(n)$是平衡的，则 $a=b$.

第9章 与几何有关的问题

例1 (1991年北京市高一数学竞赛题)在平面直角坐标系 xOy 中,我们把横坐标为自然数,纵坐标是完全平方数的点都染成红点.试将函数 $y=(x-36)(x-44)-1\ 991$ 的图形所通过的"红点"都确定下来.

解 设 $y=m^2$,m 为自然数.则

$$(x-90)^2-4\ 907=m^2$$

令 $x-90=k$,则 $k^2-m^2=4\ 907$.由于 $4\ 907=7\times 701$ 是两个质数相乘,$k-m<k+m$,所以由

$$\begin{cases}k-m=7\\k+m=701\end{cases}$$

得 $k=354$,$m=347$,$x=444$.或由

$$\begin{cases}k-m=1\\k+m=4\ 907\end{cases}$$

得 $k=2\ 454$,$m=2\ 453$,$x=2\ 544$.当

$$\begin{cases}k-m=-4\ 907\\k+m=-1\end{cases} \text{及} \begin{cases}k-m=-701\\k+m=-7\end{cases}$$

时,解得 x 均为负整数,不合要求.所以,其

图像只通过两个红点，它们是(444，120 409)与(2 544，6 017 209).

例 2　(1991 年上海市初中数学竞赛题)在等腰$\triangle ABC$中，已知$AB=AC=kBC$，这里k为大于 1 的自然数，点D，E依次在AB，AC上，且$DB=BC=CE$，CD与BE相交于O. 求使$\frac{OC}{BC}$为有理数的最小自然数k.

解　如图 9-1，联结DE，易知$BCED$为等腰梯形，又由题设可知$\angle 2=\angle 1=\angle 3$，故有$\triangle OBC\backsim\triangle BCD$，则

$$OC\cdot CD=BC^2 \quad ①$$

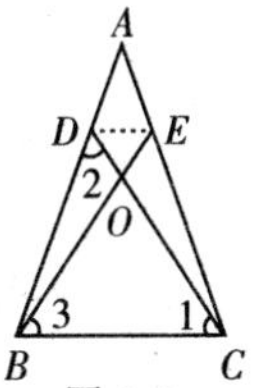

图 9-1

又因$\frac{CO}{OD}=\frac{BC}{DE}=\frac{AB}{AD}=\frac{AB}{AB-DE}=\frac{k}{k-1}$，所以

$$\frac{CO}{CD}=\frac{k}{2k-1} \quad ②$$

①×②，得

$$\frac{OC}{BC}=\sqrt{\frac{k}{2k-1}}$$

因为$\sqrt{\frac{k}{2k-1}}$是有理数，且k与$2k-1$互质，所以k与$2k-1$都是完全平方数.

当$k=4,9,16$时，$2k-1=7,17,31$都不是完全平方数；当$k=25$时，$2k-1=49$是完全平方数.

综上所述，使$\frac{OC}{OB}$为有理数的最小自然数$k=25$.

例 3　(2010 年克罗地亚数学竞赛)已知六边形

$ABCDEF$ 满足 $AB\perp BC$，$AC\perp CD$，$AD\perp DE$，$AE\perp EF$. 若六边形的边长为正整数，证明：它们不全为奇数.

解 记 AB,BC,CD,DE,EF,FA 的边长分别为 a,b,c,d,e,f.

注意到 $\triangle ABC$，$\triangle ACD$，$\triangle ADE$，$\triangle AEF$ 均为直角三角形. 则

$$a^2+b^2=AC^2$$
$$AC^2+c^2=AD^2$$
$$AD^2+d^2=AE^2$$
$$AE^2+e^2=f^2$$

故

$$a^2+b^2+c^2+d^2+e^2=f^2 \quad ①$$

假设 a,b,c,d,e,f 均为奇数.

先证明一个引理.

引理：奇数的平方除以 8 的余数是 1.

引理的证明：令 $x=2n-1(n\in\mathbf{N}_+)$. 则

$$x^2=4n(n-1)+1$$

因为 $n(n-1)$ 为偶数，所以，x^2 是 $8y+1(y\in\mathbf{N})$ 型.

回到原题.

由式①左边得

$$a^2+b^2+c^2+d^2+e^2\equiv5(\bmod 8)$$

而由式①右边得 $f^2\equiv1(\bmod 8)$.

矛盾.

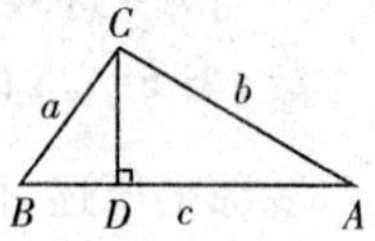

图 9-2

例 4 （2002 年全国初中数学竞赛）如图 9-2，在Rt$\triangle ABC$中，已知 $\angle BCA=90°$，CD 是高，

Rt$\triangle ABC$的三边长都是整数，且 $BD=11^3$. 求 Rt$\triangle BCD$ 与 Rt$\triangle ACD$ 的周长之比.

解　设 $BC=a,CA=b,AB=c$. 由 Rt$\triangle BCD\backsim$Rt$\triangle BAC$，得

$$\frac{BC}{BA}=\frac{BD}{BC}$$

即

$$BC^2=BD\cdot BA$$

所以，$a^2=11^3c$.

因 a^2 是完全平方数，且 11 是质数，所以，令 $c=11k^2$(k 为正整数). 因此，$a=11^2k$. 于是，由勾股定理得

$$b=\sqrt{c^2-a^2}=11k\sqrt{k^2-11^2}$$

因为 b 是整数，所以，k^2-11^2 是完全平方数.

令 $k^2-11^2=m^2$. 则

$$(k+m)(k-m)=11^2$$

又 $k+m>k-m>0$，且 11 为质数，则

$$\begin{cases}k+m=11^2\\k-m=1\end{cases}\Rightarrow\begin{cases}k=61\\m=60\end{cases}$$

于是，$a=11^2\times 61$，$b=11\times 61\times 60$.

因为 Rt$\triangle BCD\backsim$Rt$\triangle CAD$，所以，它们的周长比等于它们的相似比，即

$$\frac{a}{b}=\frac{11^2\times 61}{11\times 61\times 60}=\frac{11}{60}$$

例 5　已知$\triangle ABC$ 的三边长 a,b,c 都是正整数(a,b,c 的最大公约数是 1)，且

$$\angle A:\angle B:\angle C=4:2:1$$

求证：$a+b,a-c,b-c$ 都是完全平方数.

证明　如图 9-3，过点 B 作 BC 平分$\angle ABC$. 则

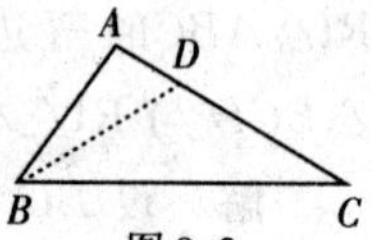

图 9-3

$$\angle DBC=\angle C$$
$$\angle BDA=2\angle C$$

故

$$\triangle ABC\backsim\triangle ADB\Rightarrow\frac{b}{c}=\frac{c}{AD}$$

由角平分线定理知

$$\frac{a}{CD}=\frac{c}{AD}\Rightarrow\frac{a+c}{CD+AD}=\frac{c}{AD}\Rightarrow\frac{a+c}{b}=\frac{c}{AD}$$

由上述两式知$\frac{b}{c}=\frac{a+c}{b}$，即

$$b^2=c(a+c)=c^2+ac$$

由题意得$\angle A=2\angle B,\angle B=2\angle C$. 则

$$a^2=b^2+bc \quad ①$$
$$b^2=c^2+ac \quad ②$$

①＋②得 $a^2-ac=(b+c)c$，即

$$\frac{a^2-ac}{ac}=\frac{b+c}{a} \quad ③$$

又由式①有$\frac{a}{b}=\frac{b+c}{a}$，代入式③得

$$\frac{a}{c}-\frac{a}{b}=1\Rightarrow\frac{1}{a}+\frac{1}{b}=\frac{1}{c}\Rightarrow a+b=\frac{ab}{c}$$

所以，$c|ab$.

因为 a,b,c 的最大公约数是 1，即 a,b,c 三数没有共同的质因子，所以，可设 $c=xy$，其中，$x|a,y|b$.

由前述知$(x,b)=1,(y,a)=1$. 设 $a=ux,b=vy$. 则由 $a+b=\frac{ab}{c}$，得

$$ux+vy=uv$$

因为 $u|(ux+vy)$，所以，$u|vy$. 又由 $(y,a)=1$，得 $(y,u)=1$. 于是，$u|v$. 同理，$v|u$. 从而，$u=v\Rightarrow x+y=u$.

故

$$a+b=ux+vy=ux+uy=u^2$$

$$a-c=ux-xy=x(u-y)=x^2$$

$$b-c=vy-xy=y(v-x)=y^2$$

为完全平方数.

例6　已知 a,b,c 是三角形的三条整数边，且满足 $a^2+b^2+c^2=2\,008$. 求该三角形的面积.

解　对三正整数 a,b,c 分两种情况讨论.

(1)当三数 a,b,c 中有一偶两奇时，不妨设

$$a=2e,b=2f+1,c=2g+1$$

则

$$2(e^2+f^2+f+g^2+g)=1\,003$$

矛盾，故此种情况不存在.

(2)当三数 a,b,c 都是偶数时，不妨设

$$a=2e,b=2f,c=2g$$

则

$$e^2+f^2+g^2=502$$

这里的 e,f,g 又要分两种情况加以讨论：

(i)当 e,f,g 都是偶数时，不妨设 $e=2m$，$f=2n$，$g=2p$. 代入已知条件整理得

$$2(m^2+n^2+p^2)=251$$

矛盾，故此种情况不成立.

(ii)当三数 e,f,g 中有一偶两奇时，不妨设 $e=2m$，$f=2n+1$，$g=2p+1$. 代入整理得

$$m^2+n(n+1)+p(p+1)=125$$

因为 $n(n+1)$ 与 $p(p+1)$ 都是偶数，且 $m^2<125$，

所以，m 只能是奇数 11,9,7,5,3,1.

当 $m=11$ 时

$$f^2+g^2=18\Rightarrow f=g=3$$

当 $m=9$ 时

$$f^2+g^2=178\Rightarrow f=13, g=3$$

当 $m=7$ 时

$$f^2+g^2=306\Rightarrow f=15, g=9$$

当 $m=5$ 时，$f^2+g^2=402$，无整理根. 当 $m=3$ 时

$$f^2+g^2=466\Rightarrow f=21, g=5$$

当 $m=1$ 时，$f^2+g^2=498$，无整数根.

又 $a=2e=2\times 2m=4m, b=2f, c=2g$，故

$$\begin{cases} a=44,36,28,12 \\ b=6,26,30,42 \\ c=6,6,18,10 \end{cases}$$

根据三角形的三边关系，符合题意的 a,b,c 只能是 28,30,18. 不妨设 $a=28, b=30, c=18$. 则

$$p=\frac{1}{2}(a+b+c)=\frac{1}{2}(28+30+18)=38$$

由海伦公式易得

$$S\ \sqrt{38(38-28)(38-30)(38-18)}=40\sqrt{38}$$

例 7 （1979 年中国江西省数学竞赛）用[87,91]区间上的自然数做直角三角形的斜边，其他两边也都是自然数，试求所有这样的直角三角形三边的长.

解 由 $(m^2+n^2)^2=(m^2-n^2)^2+(2mn)^2$ 可设直角三角形的斜边为 $k(m^2+n^2)$，两条直角边分别为 $k(m^2-n^2), k(2mn)(m>n)$，其中 m 和 n 都是自然数.

（1）若斜边为 87，即

$$k(m^2+n^2)=87$$

当 $k=1$ 时，$m^2+n^2=87$，由于 87 是 $4k+3$ 型的数，而 $4k+3$ 型的数不能表为两个数的平方和的形式，此时无解.

当 $k=3$ 时，$m^2+n^2=29$. 此时有解 $m=5,n=2$. 这样的三角形存在，它的三边为

$$3(5^2+2^2),3(5^2-2^2),3\times2\times5\times2$$

即三角形三边为 87，63，60.

当 $k=29$ 时，$m^2+n^2=3$，此时无解.

(2)若斜边为 88，即

$$k(m^2+n^2)=88$$

当 $k=1,2,4,8,11,22,44$ 时

$$m^2+n^2=88,44,22,11,8,4,2$$

此时均无满足方程的自然数 m,n.

(3)若斜边为 89，即

$$k(m^2+n^2)=89$$

当 $k=1$ 时，$m^2+n^2=89=64+25$，则有 $m=8$，$n=5$. 这时三角形三边为 89，39，80.

(4)若斜边为 90，即

$$k(m^2+n^2)=90$$

当 $k=2$ 时，$m^2+n^2=45=36+9$，则有

$$m=6,n=3$$

当 $k=9$ 时，$m^2+n^2=10=9+1$，则有

$$m=3,n=1$$

当 $k=18$ 时，$m^2+n^2=5=4+1$，则有

$$m=2,n=1$$

在这三种情况下，三角形三边为 90，54，72.

当 $k=1,3,5,6,10,15,30,45$ 时，三角形不存在.

(5)若斜边为 91 时，即

$$k(m^2+n^2)=91$$

当 $k=7$ 时，$m^2+n^2=13=3^2+2^2$，则有

$$m=3,n=2$$

直角三角形三边为：91，35，84.

当 $k=1,13$ 时，三角形不存在.

所以所求直角三角形三边有下面四组解：

(87，63，60)，(89，39，80)，(90，54，72)，(91，35，84)

例 8 （2006 年高中数学联合竞赛浙江省预赛）在 x 轴同侧的两个圆：动圆 C_1 和圆 $4a^2x^2+4a^2y^2-4abx-2ay+b^2=0$ 外切($a,b\in\mathbf{N},a\neq0$)，且动圆 C_1 与 x 轴相切，求

(1)动圆 C_1 的圆心轨迹方程 L；

(2)若直线 $4(\sqrt{7}-1)abx-4ay+b^2+a^2-6\,958a=0$ 与曲线 L 有且仅有一个公共点，求 a,b 之值.

解 (1)由 $4a^2x^2+4a^2y^2-4abx-2ay+b^2=0$ 可得

$$\left(x-\frac{b}{2a}\right)^2+\left(y-\frac{1}{4a}\right)^2=\left(\frac{1}{4a}\right)^2$$

由 $a,b\in\mathbf{N}$，以及两圆在 x 轴同侧，可知动圆圆心在 x 轴上方，设动圆圆心坐标为 (x,y)，则有

$$\sqrt{\left(x-\frac{b}{2a}\right)^2+\left(y-\frac{1}{4a}\right)^2}=y+\frac{1}{4a}$$

整理得到动圆圆心轨迹方程

$$y=ax^2-bx+\frac{b^2}{4a}\quad\left(x\neq\frac{b}{2a}\right)$$

(2)联立方程组

$$\begin{cases}y=ax^2-bx+\dfrac{b^2}{4a}\quad\left(x\neq\dfrac{b}{2a}\right) & ①\\ 4(\sqrt{7}-1)abx-4ay+b^2+a^2-6\,958a=0 & ②\end{cases}$$

消去 y 得

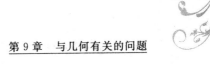

$$4a^2x^2-4\sqrt{7}abx-(a^2-6\,958a)=0$$

由 $\Delta=16\times 7a^2b^2+16a^2(a^2-6\,958a)=0$，整理得

$$7b^2+a^2=6\,958a \qquad ③$$

从③可知 $7|a^2\Rightarrow 7|a$. 故令 $a=7a_1$，代入③可得

$$b^2+7a_1^2=6\,958a_1$$

于是 $7|b^2\Rightarrow 7|b$. 再令 $b=7b_1$，代入上式得

$$7b_1^2+a_1^2=994a_1$$

同理可得，$7|a_1$，$7|b_1$. 可令 $a=49n$，$b=49m$，代入③可得

$$7m^2+n^2=142n \qquad ④$$

对④进行配方，得

$$(n-71)^2+7m^2=71^2$$

对此式进行奇偶分析，由④，若 m 为奇数，则 n 也为奇数，此时

$$7m^2+n^2\equiv 0(\mathrm{mod}\ 4)$$

而

$$142n\equiv 2(\mathrm{mod}\ 4)$$

式④不可能成立，所以 m 为偶数，此时 n 也为偶数. 设 $n=2t$，则

$$7m^2=142n-n^2=4t(71-t)$$

由于 t 与 $71-t$ 一定是有一个是偶数，则 $8|7m^2$，所以 $4|m$.

式④化为

$$(n-71)^2=71^2-7m^2$$

令 $m=4r$，则 $7m^2=112r^2\leqslant 71^2$，于是 $r^2\leqslant 45$. 所以

$$|r|=0,1,2,3,4,5,6$$

仅当 $|r|=0,4$ 时，71^2-112r^2 为完全平方数. 于是解

得

$$a=6\ 958, b=0(\text{不合,舍去})$$

$$a=6\ 272, b=784, a=686, b=784$$

例 9 (1989 年第 30 届国际数学奥林匹克预选题)地毯商人阿里巴巴有一块长方形的地毯,尺寸未知,不幸,他的量尺坏了,又没有其他的测量工具,但他发现如果将地毯平铺在他两间店房的任一间,地毯的每一个角恰好与房间的不同的墙相遇,他知道地毯的长、宽均是整数英尺,两间房子的一边有相同的长(不知多长),另一边分别为 38 英尺和 50 英尺,求地毯的尺寸.(1 英尺=0.3048 米)

解 设房间的另一边长为 q 英尺.

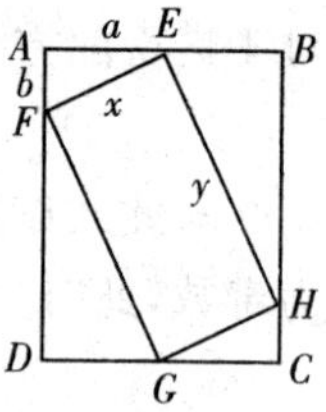

图 9-4

如图 9-4,设 $AE=a, AF=b$. 容易证明

$\triangle AEF\cong\triangle CGH\backsim\triangle BHE\cong\triangle DFG$

设这两组相似三角形的相似比为 k,则

$$BE=bk, DF=ak$$

所以有

$$\begin{cases}a+bk=50\\ak+b=q\end{cases}$$

解得

$$\begin{cases}a=\dfrac{qk-50}{k^2-1}\\b=\dfrac{50k-q}{k^2-1}\end{cases}$$

$$x^2=a^2+b^2=\frac{(qk-50)^2}{(k^2-1)^2}+\frac{(50k-q)^2}{(k^2-1)^2} \qquad ①$$

同理可对另一房间有

$$x^2=\frac{(qk-38)^2}{(k^2-1)^2}+\frac{(38k-q)^2}{(k^2-1)^2} \quad ②$$

由①,②得

$$(qk-50)^2+(50k-q)^2=(qk-38)^2+(38k-q)^2$$

整理可得

$$1056k^2-48kq+1056=0$$

即

$$22k^2-kq+22=0$$

$$kq=22(k^2+1)$$

$$q=22\left(k+\frac{1}{k}\right) \quad ③$$

由于 x,y 是整数,则 $k=\frac{y}{x}$是有理数. 令 $k=\frac{c}{d}$,其中 c,d 是正整数,且$(c,d)=1$.

式③化为

$$q=22\left(\frac{c}{d}+\frac{d}{c}\right)$$

$$dq=22\left(c+\frac{d^2}{c}\right)$$

因为 dq 是整数,则 $22\left(c+\frac{d^2}{c}\right)$是整数,从而

$$c\mid 22, c\in\{1,2,11,22\}$$

同理

$$d\mid 22, d\in\{1,2,11,22\}$$

由于$(c,d)=1$,不妨设 $c>d$,则

$$k=1,2,11,22,\frac{11}{2}$$

由式③,相应的 q 为

$$q=44,45,244,485,125$$

由①得

$$x^2(k^2-1)^2=q^2k^2-100qk+2\,500+2\,500k^2-100qk+q^2$$

$$x^2(k^2-1)^2=q^2(k^2+1)+2\,500(k^2+1)-200qk \quad ④$$

由式③

$$kq=22(k^2+1)$$

代入式④得

$$x^2(k^2-1)^2=(k^2+1)(q^2-1\,900) \quad ⑤$$

当 $k=1$ 时,式⑤化为

$$0=(1^2+1)(44^2-1\,900)=72$$

显然不能成立.

当 $k=2$ 时,$q=55$,代入式⑤解得

$$x=25,y=2\times25=50$$

此时地毯的尺寸为 25 英尺×50 英尺.

当 $k=11$ 时,$q=244$,则

$$61\mid k^2+1,61\mid q^2,61\nmid 1\,900$$

于是

$$61\mid(k^2+1)(q^2-1\,900)$$

但

$$61^2\nmid k^2+1,61\nmid q^2-1\,900$$

所以

$$61^2\nmid(k^2+1)(q^2-1\,900)$$

从而$(k^2+1)(q^2-1\,900)$不是完全平方数.而式⑤左边为 $x^2(k^2-1)^2$ 是完全平方数,出现矛盾.

当 $k=22$ 时,$q=485$.于是

$$97\mid q=485,97\mid k^2+1$$

因此

$$97\mid(k^2+1)(q^2-1\,900)$$

而

$$97^2\nmid(k^2+1)(q^2-1\,900)$$

从而$(k^2+1)(q^2-1\ 900)$不是完全平方数，又出现矛盾.

当 $k=\frac{11}{2}$时，$q=125$. 于是

$$k^2+1=\frac{125}{4},k^2-1=\frac{117}{4}$$

$$x^2\times117^2=4\times125\times(125^2-1\ 900)$$

$$x^2\times117^2=50^2\times5\times549$$

$$x^2\times117^2=5^5\times4\times3\times3^2\times61$$

上式的右边不是完全平方数，仍导致矛盾.

所以，只有 $k=2$ 的一种可能，即地毯的尺寸为 25 英尺×50 英尺.

习题9

1.(2007年上海市高三数学竞赛)如图9-5,凸四边形 $ABCD$ 内接于圆 O,其面积为 S. 已知 $\overset{\frown}{AD}=\overset{\frown}{BC}=\frac{\pi}{2}$. 若增加条件"$AB+DC$ 满足________",则 S 为完全平方数.

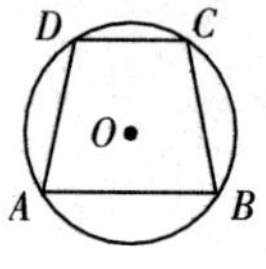

图 9-5

2.如图9-6,以 $PQ=2r(r\in\mathbf{Q})$ 为直径的圆与一个以 $R(R\in\mathbf{Q})$ 为半径的圆相切于点 P. 正方形 $ABCD$ 的顶点 A,B 在大圆上,小圆在正方形外部且与边 CD 切于点 Q. 若正方形的边长为有理数,则 R,r 的值可能是( ).

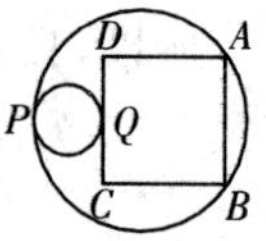

图 9-6

(A)$R=5,r=2$　　(B)$R=4,r=\frac{3}{2}$

(C)$R=4,r=2$　　(D)$R=5,r=\frac{3}{2}$

3.(2009年全国初中数学竞赛)在平面直角坐标系 xOy 中,把横坐标为整数、纵坐标为完全平方数的点称为"好点".求二次函数 $y=(x-90)^2-4\,907$ 的图像上所有好点的坐标.

4.(1961年基辅数学奥林匹克)证明不存在这样的长方体,它的对角线的长是整数,而棱长是三个连续整数.

5.(1985年上海市初中数学竞赛题)已知直角三角形的两直角边长分别为 l 厘米,m 厘米,斜边长为 n

厘米，且 l,m,n 均为正整数，l 为质数，求证：$2(l+m+1)$ 是完全平方数.

6.(2004 年德国数学竞赛)已知三角形的边长 a，b，c 都是整数，且一条高线的长是另外两条高线长的和. 证明：$a^2+b^2+c^2$ 是一个整数的平方.

7.(1988 年第 51 届莫斯科数学奥林匹克)凸四边形被对角线所分成的 4 个三角形的面积值都是整数. 证明这 4 个三角形的面积值的乘积不可能以 1988 结尾.

8.(1996 年全国高中数学联赛)在平面直角坐标系中，以(199，0)为圆心，以 199 为半径的圆周上整点的个数是多少？

9.(2010 年匈牙利数学奥林匹克)证明：存在无穷多个直角三角形，其边长是互质的正整数，且斜边与每一直角边的差均是完全平方数.

10. $\triangle ABC$ 的三边长都是整数，$AB>BC>CA$，$AB=2AC$，$\angle BAC$ 的平分线交 BC 于点 D. 分别以 $\triangle ABC$ 的三边为一边作一个正方形，三个正方形的面积和为 2 009. 证明：BD 与 DC 的长都是整数.

11.(1992 年西班牙数学竞赛)设 a,b,c 为直角三角形的边长，证明若这些都是整数，则乘积 abc 能被 30 整除.

第10章 与数列有关的问题

例1 四位数2 011可拆分为14个正整数的平方和,其中,13个数成等差数列.写出这个拆分.

解 由 $1^2+3^2+\cdots+25^2>2\,011$,知等差数列的公差小于2,即公差为1.

设 $2\,011=y^2+\sum\limits_{k=-6}^{6}(x+k)^2$. 则

$$2\,011=13x^2+y^2+2\sum_{k=1}^{6}k^2$$

故

$$13x^2+y^2=1\,829$$

显然

$$x^2=\frac{1\,829-y^2}{13}<141$$

易知 $x\leqslant 11$. 但 $x>6$,故 x 为11,10,9,8,7中的某一个数.

(1)若 $x=11$,则 $y^2=256\Rightarrow y=16$. 故

$$2\,011=16^2+\sum_{k=5}^{17}k^2$$

为所求的一个拆分.

(2)若 $x=10$,则 $y^2=529\Rightarrow y=23$. 故

$$2\,011=23^2+\sum_{k=4}^{16}k^2$$

为所求的一个拆分.

(3)当 $x=9,8,7$ 时,对应的 y^2 分别为 776,997,1 192 都不是完全平方数,舍去.

综上,符合条件的拆分有两个,即

$$2\,011=16^2+\sum_{k=5}^{17}k^2$$

$$2\,011=23^2+\sum_{k=4}^{16}k^2$$

例 2　(1991 年上海市高中数学竞赛)对于自然数 n 和 m,求证

$$\frac{1}{2(m+2)}\left\{\left[\frac{1}{\sqrt{2}}(\sqrt{m+2}+\sqrt{m})\right]^{2(2n-1)}+\left[\frac{1}{\sqrt{2}}(\sqrt{m+2}-\sqrt{m})\right]^{2(2n-1)}+2\right\}$$

是一个自然数的完全平方.

证法 1　令 $\beta=\frac{1}{\sqrt{2}}(\sqrt{m+2}+\sqrt{m})$. 则

$$\beta^{-1}=\frac{1}{\sqrt{2}}(\sqrt{m+2}-\sqrt{m})$$

记

$$A=\frac{1}{2(m+2)}\times\left\{\left[\frac{1}{\sqrt{2}}(\sqrt{m+2}+\sqrt{m})\right]^{2(2n-1)}+\left[\frac{1}{\sqrt{2}}(\sqrt{m+2}-\sqrt{m})\right]^{2(2n-1)}+2\right\}$$

那么

$$A=\left[\frac{\beta^{2n-1}+\beta^{-(2n-1)}}{\sqrt{2(m+2)}}\right]^2$$

下面证明，对于任意自然数 n，一定存在自然数 a_n, b_n，使

$$\beta^{2n-1}=\frac{1}{\sqrt{2}}(a_n\sqrt{m+2}+b_n\sqrt{m})$$

$$\beta^{-(2n-1)}=\frac{1}{\sqrt{2}}(a_n\sqrt{m+2}-b_n\sqrt{m})$$

应用数学归纳法证明，则有 $A=a_n^2$.

证法 2 由证法 1 所设，显然 β,β^{-1} 是方程 $x^2-\sqrt{2(m+2)}x+1=0$ 的两个根. 令 $u_n=\beta^n+\beta^{-n}$. 那么，利用韦达定理，容易得到

$$u_{n+2}-\sqrt{2(m+2)}u_{n+1}+u_n=0$$

利用二项式展开知道，n 是偶数 $2k$ 时，u_{2k} 是自然数. 利用归纳法，只要证明 $\frac{u_{2n-1}}{\sqrt{2(m+2)}}$（$n$ 是自然数）是自然数，那么 A 是一个自然数的完全平方.

例 3 （2004 年澳大利亚数学奥林匹克）证明：存在无限正整数序列 $\{a_n\}$，使得 $\sum\limits_{k=1}^{n}a_k^2$ 对于任意正整数 n 是一个完全平方数.

证明 记 $S_n=\sum\limits_{k=1}^{n}a_k^2$.

从勾股数组 (a,b,c) 开始，取 a 为奇数，b 为偶数（例如 $(3,4,5)$），奇数 a 为 a_1，偶数 b 为 a_2. 这一定意味着 $S_1=a^2$ 和 $S_2=a^2+b^2=c^2$ 是完全平方. 可选取其他的 a_n 为偶数，使得

$$S_{n+1}=S_n+a_{n+1}^2=(a_{n+1}+1)^2$$

成立. 这是可能的，由于

$$S_{n+1}-a_{n+1}^2=S_n\Leftrightarrow$$

$$(a_{n+1}+1)^2-a_{n+1}^2=(a_n+1)^2 \Leftrightarrow$$
$$2a_{n+1}+1=(a_n+1)^2 \Leftrightarrow$$
$$a_{n+1}=\frac{(a_n+1)^2-1}{2} \Leftrightarrow$$
$$a_{n+1}=\frac{a_n(a_n+2)}{2}$$

因为 a_n 为偶数的选择表示 a_n+2 一定也是偶数，故$\frac{a_n(a_n+2)}{2}$也是偶数.

例如，取 $a_1=3$，$a_2=4$，得数列 3，4，12，84，3 612，…，满足题目要求

例 4　试证明：存在无穷多个正整数 A，满足下述条件：

(1)A 的数码中不含有数字 0；

(2)A 是一个完全平方数；

(3)A 的各位数字之和也是一个完全平方数.

证明　先设法找出一个不含数字 0 的正整数的无穷平方数列$\{a_n\}$，使得数列$\{a_n\}$的每一项数字之和成等差数列$\{b_n\}$，然后再在等差数列$\{b_n\}$中找出一个满足条件的无穷平方数列.

首先证明：由 1，5，6 这三个数码构成的无穷数列

1 156，111 556，11 115 556，1 111 155 556，…

的每一项分别是

34，334，3 334，33 334，…

的平方，即证明

$$\underbrace{11\cdots1}_{n+1\text{个}}\underbrace{55\cdots5}_{n\text{个}}6=\underbrace{33\cdots3}_{n\text{个}}4^2$$

注意到

$$\underbrace{33\cdots3}_{n\text{个}}4^2=(\underbrace{33\cdots3}_{n+1\text{个}}+1)^2=$$

$$\underbrace{33\cdots3}_{n+1\text{个}}{}^2+2\times\underbrace{33\cdots3}_{n+1\text{个}}+1=$$

$$\underbrace{11\cdots1}_{n+1\text{个}}\times\underbrace{99\cdots9}_{n+1\text{个}}+\underbrace{66\cdots67}_{\text{个}}=$$

$$\underbrace{11\cdots1}_{n+1\text{个}}\times(10^{n+1}-1)+\underbrace{66\cdots6}_{n\text{个}}7=$$

$$\underbrace{11\cdots1}_{n+1\text{个}}\times10^{n+1}-\underbrace{11\cdots1}_{n+1\text{个}}+\underbrace{66\cdots6}_{n\text{个}}7=$$

$$\underbrace{11\cdots1}_{n+1\text{个}}\times10^{n+1}+\underbrace{55\cdots5}_{n\text{个}}6=$$

$$\underbrace{11\cdots1}_{n+1\text{个}}\underbrace{55\cdots5}_{n\text{个}}6$$

因此,结论成立.

记 $a_n=\underbrace{11\cdots1}_{n+1\text{个}}\underbrace{55\cdots5}_{n\text{个}}6$,$b_n$ 表示 a_n 的各位数字的和.则

$$b_n=13+6(n-1)$$

易见,$b_3=25=5^2$ 是一个完全平方数.取 $n=6k^2+10k+3$,则

$$b_n=13+6[(6k^2+10k+3)-1]=(6k+5)^2$$

也是一个完全平方数.

因此,对任意自然数 k,当 $n=6k^2+10k+3$ 时,令 $a_n=\underbrace{11\cdots1}_{n+1\text{个}}\underbrace{55\cdots5}_{n\text{个}}6$,则 a_n 是一个完全平方数,且 a_n 的各位数字之和也是一个完全平方数.

当然,满足条件的平方数的无穷数列有很多个.

例 5 (2008 年塞尔维亚数学奥林匹克)数列 $\{a_n\}$ 定义为

$$a_1=3,a_2=11,a_n=4a_{n-1}-a_{n-2}\quad(n\geqslant3)$$

证明:该数列的每一项均能表示成 a^2+2b^2(a,b 为自然数)的形式.

证明　易知 $a_1=1^2+2\times1^2$，$a_2=3^2+2\times1^2$，$a_3=3^2+2\times4^2$，$a_4=11^2+2\times4^2$，…

下面用数学归纳法证明

$$a_{2n-1}=a_{n-1}^2+2\left(\frac{a_n-a_{n-1}}{2}\right)^2$$

$$a_{2n}=a_n^2+2\left(\frac{a_n-a_{n-1}}{2}\right)^2$$

其中，设 $a_0=1$.

假设上述命题对于 n 成立. 则

$$\begin{aligned}a_{2n+1}=4a_{2n}-a_{2n-1}=&\\&4a_n^2+8\left(\frac{a_n-a_{n-1}}{2}\right)^2-a_{n-1}^2-2\left(\frac{a_n-a_{n-1}}{2}\right)^2=\\&\frac{11}{2}a_n^2-3a_na_{n-1}+\frac{1}{2}a_{n-1}^2=\\&\frac{11}{2}a_n^2-3a_n(4a_n-a_{n+1})+\frac{1}{2}(4a_n-a_{n+1})^2=\\&\frac{3}{2}a_n^2-a_na_{n+1}+\frac{1}{2}a_{n+1}^2=\\&a_n^2+2\left(\frac{a_{n+1}-a_n}{2}\right)^2\end{aligned}$$

$$\begin{aligned}a_{2n+2}=4a_{2n+1}-a_{2n}=&\\&4a_n^2+8\left(\frac{a_{n+1}-a_n}{2}\right)^2-a_n^2-2\left(\frac{a_n-a_{n-1}}{2}\right)^2=\\&3a_n^2+8\left(\frac{a_{n+1}-a_n}{2}\right)^2-2\left(\frac{a_{n+1}-3a_n}{2}\right)^2=\\&\frac{3}{2}a_{n+1}^2-a_na_{n+1}+\frac{1}{2}a_n^2=\\&a_{n+1}^2+2\left(\frac{a_{n+1}-a_n}{2}\right)^2\end{aligned}$$

综上，原命题成立.

例6　(2003年白俄罗斯数学奥林匹克)设 $p(x)=$

$(x+1)^p(x-3)^p=x^n+a_1x^{n-1}+a_2x^{n-2}+\cdots+a_{n-1}x+a_n$，其中 p,q 是正整数.

(1)若 $a_1=a_2$，证明：$3n$ 是完全平方数；

(2)证明：存在无穷多个由正整数 p,q 组成的数对 (p,q)，使得多项式 $P(x)$ 满足 $a_1=a_2$.

证明 (1)比较多项式

$$(x+1)^p(x-3)^q=x^n+a_1x^{n-1}+a_2x^{n-2}+\cdots+a_{n-1}x+a_n$$

得 $n=p+q$，所以

$$(x+1)^p(x-3)^q=$$
$$\left(x^p+px^{p-1}+\frac{p(p-1)}{2}x^{p-2}+\cdots\right)\cdot$$
$$\left(x^q-3qx^{q-1}+\frac{9q(q-1)}{2}x^{q-2}+\cdots\right)=$$
$$x^n+(p-3q)x^{n-1}+$$
$$\left(\frac{p(p-1)}{2}+\frac{9q(q-1)}{2}-3pq\right)x^{n-2}+\cdots$$

故

$$a_1=p-3q$$
$$a_2=\frac{p(p-1)}{2}+\frac{9q(q-1)}{2}-3pq$$

由 $a_2=a_2$，得

$$2(p-3q)=p(p-1)+9q(q-1)-6pq$$

即

$$2(p-3q)=(p^2+9q^2-6pq)-p-9q$$

于是，$(p-3q)^2=3(p+q)=3n$. 所以，$3n$ 是完全平方数.

(2)因 $a_1=a_2$ 等价于 $(p-3q)^2=3(p+q)$，即

$$p^2-(6q+3)p+9q^2-3q=0$$

所以，只要证明方程

$$p^2-(6q+3)p+9q^2-3q=0$$

有无穷多组正整数解 p,q 即可.

由于 $\Delta=48q+9$，所以，$48q+9$ 是一个完全平方数，且 $p=\frac{6q+3+\sqrt{\Delta}}{2}$ 是正整数.

设 $48q+9=9(8k+1)^2$，k 为任意正整数，则有

$$q=12k^2+3k$$

$$p=\frac{6q+3+3(8k+1)}{2}=\frac{72k^2+18k+3+24k+3}{2}=$$

$$36k^2+21k+3$$

于是存在 $(p,q)=(36k^2+21k+3,12k^2+3k)(k\in\mathbf{N}_+)$，使 $a_1=a_2$.

例 7　(2006 年北欧数学竞赛)已知正整数数列 $\{a_n\}$ 满足 $a_0=m,a_{n+1}=a_n^5+487(n\geqslant 0)$.

试求 m 的值，使得 $\{a_n\}$ 中完全平方数的个数最大.

解　注意到，若 a_n 是一个完全平方数，则

$$a_n\equiv 0 \text{ 或 } 1(\bmod 4)$$

若 $a_k\equiv 0(\bmod 4)$，则

$$a_{k+i}\equiv\begin{cases}3(\bmod 4),i\text{ 为奇数}\\2(\bmod 4),i\text{ 为偶数}\end{cases}$$

从而，当 $n>k$ 时，a_n 不是完全平方数.

若 $a_k\equiv 1(\bmod 4)$，则 $a_{k+1}\equiv 0(\bmod 4)$. 从而，当 $n>k+1$时，a_n 不是完全平方数.

于是，数列 $\{a_n\}$ 中至多有两个完全平方数，设为 a_k 和 a_{k+1}.

令 $a_k=s^2$(s 为奇数)，则

$$a_{k+1}=s^{10}+487=t^2$$

设 $t=s^5+r$，则

$$t^2=(s^5+r)^2=s^{10}+2s^5r+r^2$$

从而

$$2s^5r+r^2=487 \qquad ①$$

若 $s=1$，则 $r(2+r)=487$. 该方程无整数解. 若 $s=3$，则 $486r+r^2=487$. 解得 $r=1$，$r=-487$(舍去). 若 $s>3$，方程①显然无正整数解. 从而，$a_k=9$. 而当 $n>0$时，$a_n>487$，故 $m=a_0=9$.

另一方面，当 $a_0=9$ 时，$a_1=9^5+487=244^2$ 是一个完全平方数.

综上所述，所求的 $m=9$.

例 8 已知 $x_0=1$，$x_1=3$，$x_{n+1}=6x_n-x_{n-1}$($n\in$ **N**). 求证：数列$\{x_n\}$中无完全平方数.

证明 由特征方程理论易知

$$x_n=\frac{1}{2}[(3+2\sqrt{2})^n+(3-2\sqrt{2})^n]$$

设 $y_n=\frac{1}{2\sqrt{2}}[(3+2\sqrt{2})^n-(3-2\sqrt{2})^n]$. 则 $y_n\in$ **N**，且

$$x_n^2-2y_n^2=\frac{1}{4}[(3+2\sqrt{2})^{2n}+2+(3-2\sqrt{2})^{2n}]-\frac{1}{4}[(3+2\sqrt{2})^{2n}-2+(3-2\sqrt{2})^{2n}]=1$$

即 $x_n^2-2y_n^2=1$.

因此，欲证 x_n 非完全平方数，仅需下述方程无正整数解(x,y)(其中 $x\geqslant 3$).

$$x^4-2y^2=1 \qquad (*)$$

由式(*)知 x 为奇数，$8\mid(x^4-1)$，故 y 为偶数.

设 $y=2y_1$，则

$$\frac{x^2+1}{2}\cdot\frac{x^2-1}{2}=2y_1^2 \quad ①$$

又

$$\left(\frac{x^2+1}{2},\frac{x^2-1}{2}\right)=\left(\frac{x^2+1}{2},1\right)=1$$

由①及有关数论知识知

$$\begin{cases}\frac{x^2+1}{2}=2s^2\\ \frac{x^2-1}{2}=t^2\end{cases} \text{或} \begin{cases}\frac{x^2+1}{2}=s^2\\ \frac{x^2-1}{2}=2t^2\end{cases} \quad (s,t\in\mathbf{N},s,t\text{ 互变})$$

若为前者，则 $x^2=4s^2-1\equiv3(\bmod 4)$，矛盾．若为后者，则 $x^2-1=4t^2$，有

$$(x+2t)(x-2t)=1$$

故 $t=0,x=1$，矛盾．

于是 $x_n(n\in\mathbf{N})$不是完全平方数．

例 9　(第 19 届伊朗数学奥林匹克(第三轮))考虑$\{1,2,\cdots,n\}$的一个排列$(a_1,a_2,\cdots,a_n)$，若 $a_1,a_1+a_2,\cdots,a_1+a_2+\cdots+a_n$ 之中至少有一个是完全平方数，则称之为“二次排列”．求所有正整数 n，对于$\{1,2,\cdots,n\}$的每一个排列都是“二次排列”．

解　设 $a_i=i,1\leqslant i\leqslant n,b_k=\sum\limits_{i=1}^{k}a_i$．若 $b_k=m^2$，即$\frac{k(k+1)}{2}=m^2$，则$\frac{k}{2}<m$，且

$$\frac{(k+1)(k+2)}{2}=m^2+k+1<(m+1)^2$$

所以，b_{k+1} 不是完全平方数．

将 a_k 与 a_{k+1}交换，则该排列前 k 项的和为 b_k+1，不是完全平方数．重复这一过程，可得一非二次排列，

除非 $k=n$.

若 $\frac{n(n+1)}{2}=\sum_{i=1}^{n} i=m^2$,则

$$(2n+1)^2-2(2m)^2=1$$

设 $x=2n+1$,$y=2m$,得佩尔(Pell)方程 $x^2-2y^2=1$. 知 $x_0=3$,$y_0=2$ 为其根. 若其解为 (x,y),则 $x+\sqrt{2}y=(3+2\sqrt{2})^k$,$x-\sqrt{2}y=(3-2\sqrt{2})^k$,$k=1,2,\cdots$,则

$$x=\frac{1}{2}[(3+2\sqrt{2})^k+(3-2\sqrt{2})^k]$$

$$n=\frac{1}{4}[(3+2\sqrt{2})^k+(3-2\sqrt{2})^k-2]$$

$$k=1,2,\cdots$$

例 10 (第 44 届美国普特南数学竞赛)设 $f(x)=x+[x]$,其中 $[x]$ 表示不超过 x 的最大整数. 试证:对于任意自然数 m,数列 m,$f(m)$,$f(f(m))$,$f(f(fm)))$,…中必含有完全平方数.

证明 若 m 为完全平方数,结论显然成立. 否则设 $m=k^2+r$,其中 r,k 为整数,且 $0<r\leqslant 2k$.

令

$$A=\{m\mid m=k^2+r,0<r\leqslant k\}$$

$$B=\{m\mid m=k^2+r,k<r\leqslant 2k\}$$

对于 B 中的每一个 $m=k^2+r$,由 $k<r\leqslant 2k$ 可知 $[\sqrt{k^2+r}]=k$;进而

$$f(m)=k^2+r+k=(k+1)^2+(r-k-1)$$

由于 $0\leqslant r<k-1<k$,故 $f(m)\in A$. 说明只须考虑 m 在 A 中的情况.

设 $m=k^2+r$,$0<r\leqslant k$,则

$$f(m)=m+k$$

$$f(f(m))=f(m+k)=m+2k=(k+1)^2+(r-1)$$

注意到 r 的变化特点，随着 f 的复合

$$r\to r-1\to r-2\to\cdots\to 2\to 1\to 0$$

说明当 $r=0$ 时，在数列 $m,f(m),f(f(m)),\cdots$ 中的项必为完全平方数.

例 11　证明：在正整数数列中，删除所有完全平方数后剩下的数列的第 n 项上的数是 $n+\{\sqrt{n}\}$. 这里 $\{\sqrt{n}\}$ 表示和 $\sqrt{n}$ 最接近的整数.

证明　因为 n 是正整数，所以 $\sqrt{n}$ 或者是正整数，或者是无理数. 若设 $\sqrt{n}=\{\sqrt{n}\}+r$，则可知 $|r|<\frac{1}{2}$. 若我们可以证明以下不等式

$$\{\sqrt{n}\}^2<n+\{\sqrt{n}\}<(\{\sqrt{n}\}+1)^2 \quad ①$$

则在下列 $n+\{\sqrt{n}\}$ 个数

$$1,2,3,4,\cdots,n+\{\sqrt{n}\}$$

中，删除所有的完全平方数，即 $1^2,2^2,\cdots,\{\sqrt{n}\}^2$ 之后，恰好剩下 n 个数，而最后一个数就是我们所求的第 n 项上的数. 这可以从下面的计算结果直接得出 $\left(\text{注意到}|r|<\frac{1}{2}!\right)$

$$(n+\{\sqrt{n}\})-\{\sqrt{n}\}^2=$$

$$(1+2r)(\sqrt{n}-1)+\frac{5}{4}-\left(r-\frac{1}{2}\right)^2>\frac{1}{4}$$

$$(\{\sqrt{n}\}+1)^2-(n+\{\sqrt{n}\}=$$

$$(1-2r)\sqrt{n}+\frac{3}{4}+\left(r-\frac{1}{2}\right)^2>\frac{3}{4}$$

因而，不等式①得证，从而结论得证.

例 12　(1991 年第 52 届美国普特南数学竞赛)对

任何整数 $n\geqslant 0$，令 $S(n)=n-m^2$，其中 m 是满足 $m^2\leqslant n$ 的最大整数，数列 (a_k) 定义如下：$a_0=A$，$a_{k+1}=a_k+S(a_k)$，$k\geqslant 0$. 问对于哪些正整数 A，这个数列最终为常数？

解 如果 A 是完全平方数，则数列最终为常数. 因为它恒等于 A. 显然，如果数列不包括任何的完全平方数，它将发散于无穷大. 又如果 a_n 不是完全平方数，而 $a_{n+1}=(r+1)^2$.

若 $a_n\geqslant r^2$，则

$$a_{n+1}=a_n+S(n),(r+1)^2=a_n+(a_n-r^2)$$

所以

$$r^2+(r+1)^2=2a_n$$

矛盾. 因为左边为奇数，而右边为偶数. 反之，若 $a_n<r^2$，则有

$$(r+1)^2=a_n+S(n)<r^2+[r^2-1-(r-1)^2]=r^2+2r-2$$

仍矛盾. 因此，如果 A 不是完全平方数，则任何 a_n 都不是完全平方数.

例 13 (2002 年保加利亚冬季数学竞赛)已知序列 $\{x_n\}$，$\{y_n\}$ 定义如下：$x_1=3$，$y_1=4$，$x_{n+1}=3x_n+2y_n$，$y_{n+1}=4x_n+3y_n$，$n\geqslant 1$. 证明：x_n，y_n 均不能表示为整数的三次幂.

证明 因为 $2x_{n+1}^2-y_{n+1}^2=2(3x_n+2y_n)^2-(4x_n+3y_n)^2=2x_n^2-y_n^2=\cdots=2x_1^2-y_1^2=2$，即证明方程 $2x^6-y^2=2$ 和 $2x^2-y^6=2$ 均无正整数解.

假设 $2x^6-y^2=2$ 有解，令 $y=2z$，则原方程化为 $(x^3-1)(x^3+1)=2z^2$，其中 $x\geqslant 3$，且为奇数. 由于 x^3+1与 x^3-1 之差为 2，则一定有一项不是 3 的倍

数，不妨假设 x^3-1 不是 3 的倍数. 由于 $(x^3-1,x^3+1)=2$，利用 $(x^3-1)(x^3+1)=2z^2$，可得 $x^3-1=at^2$，其中 $a=1$ 或 $a=2$. 由于 $(x-1)(x^2+x+1)=at^2$，且 $(x-1,x^2+x+1)=(x-1,(x+2)(x-1)+3)=(x-1,3)=1$ 及 $x-1$ 是偶数，所以，无论 $a=1$ 或 $a=2$，均存在 t 的因数 t_1，使得 $x^2+x+1=t_1^2$，但是，$x^2<x^2+x+1<(x+1)^2$，矛盾. 假设 x^3+1 不能被 3 整除，同理可得 $x^2-x+1=t_2^2$，当 $x\geqslant 3$ 时，$(x-1)^2<x^2-x+1<x^2$，矛盾.

假设 $2x^2-y^6=2$ 有解，令 $y=2z$，则原方程化为 $\frac{x-1}{2}\times\frac{x+1}{2}=(2z^2)^3$. 因为 $\left(\frac{x-1}{2},\frac{x+1}{2}\right)=1$，所以有 $\frac{x-1}{2}=z_1^3$，$\frac{x+1}{2}=z_2^3$. 于是 $z_2^3-z_1^3=1$，矛盾.

例 14　(2000 年全国高中数学联赛)设数列 $\{a_n\}$ 和 $\{b_n\}$ 满足 $a_0=1$，$b_0=0$，且

$$\begin{cases}a_{n+1}=7a_n+6b_n-3\\ b_{n+1}=8a_n+7b_n-4\end{cases}\quad(n=0,1,2,\cdots)$$

证明：$a_n(n=0,1,2,\cdots)$ 是完全平方数.

证法 1　$a_1=7a_0+6b_0-3=4$，$b_1=8a_0-7b_0-4=4$

当 $n\geqslant 1$ 时，设

$$(pa_{n+1}-q)+(rb_{n+1}-s)=\alpha[(pa_n-q)+(rb_n-s)]$$

则

$$pa_{n+1}+rb_{n+1}=\alpha pa_n+\alpha rb_n+(1-\alpha)(q+s)$$

由题设，有

$$7pa_n+6pb_n-3p+8ra_n+7rb_n-4r=\alpha pa_n+\alpha rb_n+(1-\alpha)(q+s)$$

于是

$$\begin{cases}7p+8r=\alpha p & ①\\6p+7r=\alpha r & ②\\3p+4r=(\alpha-1)(q+s) & ③\end{cases}$$

由①,②得

$$\frac{7p+8r}{6p+7r}=\frac{p}{r}$$

于是

$$3p^2=4r^2 \quad ④$$

不妨设 $q+s=1$,则由③

$$3p+4r=\alpha-1 \quad ⑤$$

由①$\alpha=\frac{7p+8r}{p}$,于是

$$3p+4r=\frac{7p+8r}{p}-1$$

$$3p^2+4rp=6p+8r$$

$$p(3p+4r)=2(3p+4r)$$

设 $3p+4r\neq 0$,则 $p=2$,代入④,则 $r=\sqrt{3}$ 或 $r=-\sqrt{3}$,把 $p=2,r=\sqrt{3}$ 代入⑤得

$$\alpha=7+4\sqrt{3}$$

不妨再设 $q=1,s=0$,则有

$$(2a_{n+1}-1)+\sqrt{3}b_{n+1}=(7+4\sqrt{3})[(2a_n-1)+\sqrt{3}b_n]$$

于是数列$\{(2a_n-1)+\sqrt{3}b_n\}$是等比数列,且

$$2a_0-1+\sqrt{3}b_0=1$$

$$(2a_n-1)+\sqrt{3}b_n=(7+4\sqrt{3})^n$$

把 $p=2,r=-\sqrt{3}$ 代入⑤得 $\alpha=7-4\sqrt{3}$,于是又有

$$(2a_n-1)-\sqrt{3}b_n=(7-4\sqrt{3})^n$$

从而有

$$a_n=\frac{(7+4\sqrt{3})^n+(7-4\sqrt{3})^n}{4}+\frac{1}{2}$$

又 $7\pm4\sqrt{3}=(2\pm\sqrt{3})^2$，则

$$a_n=\frac{1}{4}[(2+\sqrt{3})^{2n}+2+(2-\sqrt{3})^{2n}]=$$

$$\left[\frac{1}{2}(2+\sqrt{3})^n+\frac{1}{2}(2-\sqrt{3})^n\right]^2$$

下面证明 $c_n=\frac{1}{2}(2+\sqrt{3})^n+\frac{1}{2}(2-\sqrt{3})^n$ 是整数.

$$c_n=\frac{1}{2}(2+\sqrt{3})^n+\frac{1}{2}(2-\sqrt{3})^n=\sum_{0\leqslant 2k\leqslant n}c_n^{2k}\times 3^k\times 2^{n-2k}$$

因此 c_n 为整数，$a_n=c_n^2$，于是 a_n 为完全平方数.

证法 2　由已知得

$$a_{n+1}=7a_n+6b_n-3=7a_n+6(8a_{n-1}+7b_{n-1}-4)-3=$$
$$7a_n+48a_{n-1}+42b_{n-1}-27$$

由 $a_n=7a_{n-1}+6b_{n-1}-3$ 得

$$42b_{n-1}=7a_n-49a_{n-1}+21$$

于是

$$a_{n+1}=7a_n+48a_{n-1}+7a_n-49a_{n-1}+21-27=$$
$$14a_n-a_{n-1}-6$$

由

$$a_0=1=1^2,a_1=4=2^2$$
$$a_2=14a_1-a_0-6=56-1-6=49=7^2$$

设 $c_{n+1}=4c_n-c_n-1,c_0=1,c_1=2,c_2=7$. 令 $d_n=c_n^2$，则

$$d_{n+1}=c_{n+1}^2=(4c_n-c_{n-1})^2=16c_n^2-8c_nc_{n-1}+c_{n-1}^2=$$
$$14c_n^2-c_{n-1}^2-6-2(4c_nc_{n-1}-c_n^2-c_{n-1}^2-3)$$

其中

$$4c_nc_{n-1}-c_n^2-c_{n-1}^2-3=$$
$$4c_nc_{n-1}-c_n(4c_{n-1}-c_{n-2})-c_{n-1}^2-3=$$

$$c_nc_{n-2}-c_{n-1}^2-3=$$
$$(4c_{n-1}-c_{n-2})c_{n-2}-c_{n-1}(4c_{n-2}-c_{n-3})-3=$$
$$c_{n-1}c_{n-3}-c_{n-2}^2-3=\cdots=$$
$$c_2c_0-c_1^2-3=7\times1-4-3=0$$

于是

$$d_{n+1}=14c_n^2-c_{n-1}^2-6$$

另一方面

$$a_{n+1}=14a_n-a_{n-1}-6$$

于是

$$a_n=d_n=c_n^2\quad(n=0,1,2,\cdots)$$

即 a_n 为完全平方数.

证法 3 由证法 2 得

$$a_{n+2}-14a_{n+1}+a_n+6=0$$

即

$$\left(a_{n+2}-\frac{1}{2}\right)-14\left(a_{n+1}-\frac{1}{2}\right)+\left(a_n-\frac{1}{2}\right)=0$$

设 $A_n=a_n-\frac{1}{2}$,则

$$A_{n+2}-14A_{n+1}+A_n=0$$

其特征方程为

$$\lambda^2-14\lambda+1=0$$

特征根为

$$\lambda_{1,2}=7\pm4\sqrt{3}$$

设 $A_n=C_1\lambda_1^n+C_2\lambda_2^n$,当 $n=0,1$ 时有

$$A_0=a_0-\frac{1}{2}=\frac{1}{2}=C_1\lambda_1^0+C_2\lambda_2^0=C_1+C_2$$

$$A_1=a_1-\frac{1}{2}=\frac{7}{2}=C_1\lambda_1^1+C_2\lambda_2^1=$$
$$7(C_1+C_2)+4\sqrt{3}(C_1-C_2)$$

于是

$$C_1=C_2=\frac{1}{4}$$

$$A_n=\frac{1}{4}(7+4\sqrt{3})^n+\frac{1}{4}(7-4\sqrt{3})^n=$$

$$\frac{1}{4}(2+\sqrt{3})^{2n}+\frac{1}{4}(2-\sqrt{3})^{2n}$$

从而

$$a_n=A_n+\frac{1}{2}=\frac{1}{4}\left[(2+\sqrt{3})^{2n}+2+(2-\sqrt{3})^{2n}\right]=$$

$$\left[\frac{1}{2}(2+\sqrt{3})^n+\frac{1}{2}(2-\sqrt{3})^n\right]^2$$

因为$\frac{1}{2}(2+\sqrt{3})^n+\frac{1}{2}(2-\sqrt{3})^n$ 是整数(见证法1). 所以 a_n 是完全平方数.

例 15 (2005 年全国高中数学联赛)对每个正整数 n,定义函数

$$f(n)=\begin{cases}0, & \text{当 } n \text{ 为平方数}\\ \left[\frac{1}{\{\sqrt{n}\}}\right], & \text{当 } n \text{ 不为平方数}\end{cases}$$

其中$[x]$表示不超过 x 的最大整数,$\{x\}=x-[x]$. 试求:$\sum\limits_{k=1}^{240}f(k)$ 的值.

解 若 k 不是平方数,则存在 $a\in\mathbf{N}$,使得 $a^2<k<(a+1)^2$,则 $a<\sqrt{k}<a+1$,即

$$\{\sqrt{k}\}=\sqrt{k}-a$$

所以

$$\left[\frac{1}{\{\sqrt{k}\}}\right]=\left[\frac{1}{\sqrt{k}-a}\right]=\left[\frac{\sqrt{k}+a}{k-a^2}\right]$$

故

$\sum\limits_{k=1}^{240} f(k) =$

$15\times 0+\sum\limits_{k=2}^{3}\left[\frac{\sqrt{k}+1}{k-1}\right]+\sum\limits_{k=5}^{8}\left[\frac{\sqrt{k}+2}{k-4}\right]+$

$\sum\limits_{k=10}^{15}\left[\frac{\sqrt{k}+3}{k-9}\right]+\sum\limits_{k=17}^{24}\left[\frac{\sqrt{k}+4}{k-16}\right]+\cdots+$

$\sum\limits_{k=197}^{224}\left[\frac{\sqrt{k}+14}{k-196}\right]+\sum\limits_{k=226}^{240}\left[\frac{\sqrt{k}+15}{k-225}\right]=$

$0+(2+1)+(4+2+1+1)+$

$(6+3+2+1\times 3)+(8+4+2+2+1\times 4)+$

$(10+5+3+2+2+1\times 5)+$

$(12+6+4+3+2+2+1\times 6)+$

$(14+7+4+3+2+2+2+1\times 7)+$

$(16+8+5+4+3+2+2+2+1\times 8)+$

$(18+9+6+4+3+3+2+2+2+1\times 9)+$

$(20+10+6+5+4+3+2+2+2+2+1\times 9)+$

$(22+11+7+5+4+3+3+2+2+2+2+1\times 11)+$

$(24+12+8+6+4+4+3+3+2+2+2+2+1\times 12)+$

$(26+13+8+6+5+4+3+3+2+2+2+2+2+1\times 13)+$

$(28+14+9+7+5+4+4+3+3+2+2+2+2+2+$

$1\times 14)+(30+15+10+7+6+5+4+3+3+3+2+$

$2+2+2+2)=768$

例 16 （1996 年中国上海市数学竞赛）设 $k_1<k_2<k_3<\cdots<\cdots$ 是正整数，且没有两个是相邻的，且对于 $m=1,2,3,\cdots,S_m=k_1+k_2+\cdots+k_m$.

求证：对每一个正整数 n，区间 $[S_n,S_{n+1})$ 中至少含有一个完全平方数.

证法 1 区间 $[S_n,S_{n+1})$ 至少含有一个完全平方数的充要条件是区间$[\sqrt{S_n},\sqrt{S_{n+1}})$中至少含有一个整数.

这等价于证明:对每个 $n\in\mathbf{N}$,都有 $\sqrt{S_{n+1}}-\sqrt{S_n}\geqslant 1$. 其又等价于

$$\sqrt{S_{n+1}}\geqslant\sqrt{S_n}+1\Leftrightarrow S_{n+1}\geqslant S_n+2\sqrt{S_n}+1\Leftrightarrow$$
$$S_{n+1}-S_n\geqslant 2\sqrt{S_n}+1\Leftrightarrow$$
$$k_{n+1}\geqslant 2\sqrt{S_n}+1$$

注意到 $k_{m+1}-k_m\geqslant 2$. 所以当 k_n 为偶数时

$$S_n=k_n+k_{n-1}+\cdots+k_1\leqslant k_n+(k_n-2)+\cdots+2=$$
$$\frac{k_n(k_n+2)}{4}=\frac{(k_n+1)^2-1}{4}<\frac{(k_n+1)^2}{4}$$

当 k_n 为奇数时

$$S_n=k_n+k_{n-1}+\cdots+k_1\leqslant k_n+(k_n-2)+\cdots+1=$$
$$\frac{(k_n+1)^2}{4}$$

于是有

$$\sqrt{S_n}\leqslant\frac{k_n+1}{2},k_n\geqslant 2\sqrt{S_n}-1$$

且

$$k_{n+1}\geqslant k_n+2\geqslant 2\sqrt{S_n}+1$$

从而本题得证.

证法 2　用反证法.

假设对于某个 $n\in\mathbf{N}$,区间$[S_n,S_{n+1})$中没有完全平方数. 则存在非负整数 a,使得

$$a^2<S_n<S_{n+1}\leqslant(a+1)^2 \qquad ①$$

这样就有

$$k_{n+1}=S_{n+1}-S_n<(a+1)^2-a^2=2a+1$$

由于 $k_1<k_2<\cdots<k_n<k_{n+1}$ 是没有两个相邻的正

整数,则

$$k_n \leqslant k_{n+1}-2<2a+1-2=2a-1$$

继而有

$$k_{n-1}<2a-3$$

$$k_{n-2}<2a-5$$

$$\vdots$$

$$S_n=k_n+k_{n+1}+\cdots+1<$$

$$(2a-1)+(2a-3)+\cdots+1=a^2 \qquad ②$$

这表明②与①矛盾,故所设不真.因此命题成立.

例 17 (2011 年斯洛文尼亚国家队选拔考试)已知数列$\{x_n\}$满足 $x_1=a, x_2=b, x_n=3x_{n-1}-x_{n-2}(n \geqslant 3)$.

证明:存在正整数 a,b,使得对于任意 $n \in \mathbf{Z}_+$, $1+x_n x_{n+1}$是完全平方数.

证明 取 $a=1, b=3$.定义数列$\{a_n\}$

$$a_1=2, a_2=5$$

$$a_n=3a_{n-1}-a_{n-2} \quad (n \geqslant 3)$$

下面证明:$1+x_n x_{n+1}=a_n^2$.

显然,数列$\{x_n\}$,$\{a_n\}$的特征根方程为

$$x^2-3x+1=0$$

设 $x_n=\alpha_1\left(\frac{3+\sqrt{5}}{2}\right)^n+\beta_1\left(\frac{3-\sqrt{5}}{2}\right)^n$

$$a_n=\alpha_2\left(\frac{3+\sqrt{5}}{2}\right)^n+\beta_2\left(\frac{3-\sqrt{5}}{2}\right)^n$$

依次代入 $n=1, n=2$,得

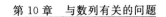

$$\begin{cases}\alpha_1\left(\frac{3+\sqrt{5}}{2}\right)+\beta_1\left(\frac{3-\sqrt{5}}{2}\right)=1\\\alpha_1\left(\frac{3+\sqrt{5}}{2}\right)^2+\beta_1\left(\frac{3-\sqrt{5}}{2}\right)^2=3\\\alpha_2\left(\frac{3+\sqrt{5}}{2}\right)+\beta_2\left(\frac{3-\sqrt{5}}{2}\right)=2\\\alpha_2\left(\frac{3+\sqrt{5}}{2}\right)^2+\beta_2\left(\frac{3-\sqrt{5}}{2}\right)^2=5\end{cases}$$

解得

$$\begin{cases}\alpha_1=\frac{\sqrt{5}}{5}\\\beta_1=-\frac{\sqrt{5}}{5}\\\alpha_2=\frac{1}{2}+\frac{\sqrt{5}}{10}\\\beta_2=\frac{1}{2}-\frac{\sqrt{5}}{10}\end{cases}$$

故

$$a_n^2=\frac{1}{5}\left[\left(\frac{\sqrt{5}+1}{2}\right)\left(\frac{3+\sqrt{5}}{2}\right)^n+\left(\frac{\sqrt{5}-1}{2}\right)\left(\frac{3-\sqrt{5}}{2}\right)^n\right]^2=$$

$$\frac{1}{5}\left(\left[\frac{\sqrt{5}+1}{2}\right)^2\left(\frac{3+\sqrt{5}}{2}\right)^{2n}+2+\left(\frac{\sqrt{5}-1}{2}\right)^2\left(\frac{3-\sqrt{5}}{2}\right)^{2n}\right]=$$

$$\frac{1}{5}\left(\left[\frac{3+\sqrt{5}}{2}\right)^{2n+1}+2+\left(\frac{3-\sqrt{5}}{2}\right)^{2n+1}\right]$$

$$1+x_nx_{n+1}=1+\frac{1}{5}\left[\left(\frac{3+\sqrt{5}}{2}\right)^n-\left(\frac{3-\sqrt{5}}{2}\right)^n\right]\cdot$$

$$\left[\left(\frac{3+\sqrt{5}}{2}^{n+1}\right)-\left(\frac{3-\sqrt{5}}{2}\right)^{n+1}\right]=$$

$$\frac{1}{5}\left[\left(\frac{3+\sqrt{5}}{2}\right)^{2n+1}-3+\left(\frac{3-\sqrt{5}}{2}\right)^{2n+1}\right]+$$

$$1=a_n^2$$

故当 $a=1,b=3$ 时,对任意 $n\in\mathbf{Z}_+$,$1+x_nx_{n+1}$ 为完全平方数.

例 18 (2005 年全国高中数学联赛)数列 $\{a_n\}$ 满足:$a_0=1,a_{n+1}=\dfrac{7a_n+\sqrt{45a_n^2-36}}{2}$,$n\in\mathbf{N}$. 证明:

(1)对任意 $n\in\mathbf{N}$,a_n 为正整数;

(2)对任意 $n\in\mathbf{N}$,$a_na_{n+1}-1$ 为完全平方数.

证明 (1)由题设得 $a_1=5$,且 $\{a_n\}$ 严格单调递增. 将条件式变形得

$$2a_{n+1}-7a_n=\sqrt{45a_n^2-36}$$

两边平方整理得

$$a_{n+1}^2-7a_na_{n+1}+a_n^2+9=0 \quad ①$$

所以

$$a_n^2-7a_{n-1}a_n+a_{n-1}^2+9=0 \quad ②$$

①-②得

$$(a_{n+1}-a_{n-1})(a_{n+1}+a_{n-1}-7a_n)=0$$

因为 $a_{n+1}>a_n$,所以 $a_{n+1}+a_{n-1}-7a_n=0$,故

$$a_{n+1}=7a_n-a_{n-1} \quad ③$$

由式③及 $a_0=1,a_1=5$ 可知,对任意 $n\in\mathbf{N}$,a_n 为正整数.

(2)将①两边配方,得

$$(a_{n+1}+a_n)^2=9(a_na_{n+1}-1)$$

所以

$$a_na_{n+1}-1=\left(\frac{a_{n+1}+a_n}{3}\right)^2 \quad ④$$

由③得

$$a_{n+1}+a_n=9a_n-(a_n+a_{n-1})$$

所以

$$a_{n+1}+a_n\equiv-(a_n+a_{n-1})\equiv\cdots\equiv(-1)^n(a_1+a_0)\equiv 0 \pmod 3$$

因此，$\frac{a_{n+1}+a_n}{3}$为整数，所以 $a_na_{n+1}-1$ 是完全平方数.

例 19　(2004 年中国国家队集训测试)已知数列$\{c_n\}$满足：$c_0=1,c_1=0,c_2=2\ 005,c_{n+2}=-3c_n-4c_{n-1}+2\ 008(n=1,2,3,\cdots)$. 记 $a_n=5(c_{n+1}-c_n)(502-c_{n-1}-c_{n-2})+4^n\times 2\ 004\times 501(n=2,3,\cdots)$. 问：对 $n>2$，a_n 是否均为平方数？说明理由.

解　由 $c_{n+2}-c_n=-4(c_n+c_{n-1})+2\ 008$ 知

$$a_n=-20(c_n+c_{n-1}-502)(502-c_{n-1}-c_{n-2})+4^{n+1}\times 501^2$$

令 $d_n=c_n-251$，则

$$d_{n+2}=-3d_n-4d_{n-1}\quad(n=1,2,3,\cdots)$$

$$d_0=-250$$

$$d_1=-251$$

$$d_2=1\ 754$$

$$a_n=20(d_n+d_{n-1})(d_{n-1}+d_{n-2})+4^{n+1}\times 501^2\quad(n=2,3,\cdots)$$

令 $w_n=d_n+d_{n-1}$，则

$$w_{n+2}=w_{n+1}-4w_n,w_1=-501,w_2=1\ 503$$

$$a_n=20w_nw_{n-1}+4^{n-1}\times 501^2$$

令 $w_n=501T_n$，则

$$T_{n+2}=T_{n+1}-4T_n,T_1=-1,T_2=3$$

定义 $T_0=-1$，则

$$a_n=501^2\times 2^2(5T_nT_{n-1}+4^n)$$

设 $x^2-x+4=0$ 的两个根为 α,β，则

$$\alpha+\beta=1,\alpha\beta=4$$

$$T_n-\alpha T_{n-1}=\beta(T_{n-1}-\alpha T_{n-2})=\cdots=$$
$$\beta^{n-1}(T_1-\alpha T_0)=-\beta^{n-1}(\alpha-1)$$

$$T_n-\beta T_{n-1}=-\alpha^{n-1}(\beta-1)$$

$$(T_n-\alpha T_{n-1})(T_n-\beta T_{n-1})=(\alpha\beta)^{n-1}(\alpha-1)(\beta-1)=4^n$$

即

$$T_n^2-T_nT_{n-1}+4T_{n-1}^2=4^n$$

所以 $a_n=501^2\times 2^2(5T_nT_{n-1}+T_n^2-T_nT_{n-1}+4T_{n-1}^2)=1\ 002^2(T_2+2T_{n-1})^2$.

例 20 (2011 年第 8 届中国东南地区数学奥林匹克)设数列$\{a_n\}$满足:$a_1=a_2=1,a_n=7a_{n-1}-a_{n-2},n\geqslant 3$.证明:对于每个 $n\in\mathbf{N}_+,a_n+a_{n+1}+2$ 都为完全平方数.

证明 易求得数列起初的一些项为:1,1,6,41,281,1 926,….

注意到,$a_1+a_2+2=2^2,a_2+a_3+2=3^2,a_3+a_4+2=7^2,a_4+a_5+2=18^2,\cdots$,构作数列$\{x_n\}$:$x_1=2,x_2=3,x_n=3x_{n-1}-x_{n-2}(n\geqslant 3)$,则对每个 $n\in\mathbf{N}_+,x_n$ 为正整数.

我们来证明:对于每个 $n\in\mathbf{N}_+$,皆有:$a_n+a_{n+1}+2=x_n^2$.

引理:数列$\{x_n\}$满足:对于每个 $k\in\mathbf{N}_+,x_kx_{k+2}-x_{k+1}^2=5$.

引理证明:令 $f(k)=x_kx_{k+2}-x_{k+1}^2$,则

$$\begin{aligned}f(k)-f(k-1)&=(x_kx_{k+2}-x_{k+1}^2)-(x_{k-1}x_{k+1}-x_k^2)=\\&(x_kx_{k+2}+x_k^2)-(x_{k+1}^2+x_{k-1}x_{k+1})=\\&x_k(x_{k+2}+x_k)-x_{k+1}(x_{k+1}+x_{k-1})=\\&3x_kx_{k+1}-3x_{k+1}x_k=0\end{aligned}$$

所以 $f(k)=f(k-1)$，于是

$$f(k)=f(k-1)=f(k-2)=\cdots=f(1)=x_1x_3-x_2^2=5$$

回到本题，对 n 归纳，据数列 $\{a_n\}$ 的定义

$$a_1+a_2+2=4=x_1^2$$

$$a_2+a_3+2=9=x_2^2$$

若结论直至 $n(n\geqslant 2)$ 皆已成立，则对于 $n+1$，有

$$\begin{aligned}a_{n+1}+a_{n+2}+2=&(7a_n-a_{n-1})+(7a_{n+1}-a_n)+2=\\&7(a_n+a_{n+1}+2)-(a_{n-1}+a_n+2)-10=\\&7x_n^2-x_{n-1}^2-10=\\&(3x_n)^2-x_{n-1}^2-2x_n^2-10=\\&(3x_n-x_{n-1})(3x_n+x_{n-1})-2x_n^2-10=\\&x_{n+1}(x_{n+1}+2x_{n-1})-2x_n^2-10=\\&x_{n+1}^2+2(x_{n-1}x_{n+1}-x_n^2-5)=x_{n+1}^2\end{aligned}$$

即在 $n+1$ 时结论也成立. 故本题得证.

例 21　(1979 年基辅数学奥林匹克)令 a_n 表示前 n 个素数的和($a_1=2,a_2=2+3,a_3=2+3+5$ 等等). 证明对任意的 n，$[a_n,a_{n+1}]$中包含一个完全平方数.

证明　设 p_n 表示第 n 个素数，则

$$p_1=2,p_2=3,p_3=5,p_4=7,p_5=11$$

$$a_1=2,a_2=5,a_3=10,a_4=17,a_5=28$$

显然，在区间$[2,5]$，$[5,10]$，$[10,17]$，$[17,28]$中都包含一个完全平方数. 因而，我们只需在 $n\geqslant 5$ 时证明本题.

由于不等式

$$a_n\leqslant m^2\leqslant a_{n+1}$$

与

$$\sqrt{a_n}\leqslant m\leqslant \sqrt{a_{n+1}}$$

互相等价,其中 m 为自然数,所以在区间$[\sqrt{a_n},\sqrt{a_{n+1}}]$的长度不小于1时,区间$[a_n,a_{n+1}]$中必包含一个完全平方数.

由于不等式

$$\sqrt{a_{n+1}}-\sqrt{a_n}\geqslant 1$$

与

$$a_{n+1}\geqslant 1+2\sqrt{a_n}+a_n$$

与

$$p_{n+1}=a_{n+1}-a_n\geqslant 1+2\sqrt{a_n}$$

互相等价,所以欲证本题只需证明在 $n\geqslant 5$ 时

$$p_{n+1}\geqslant 1+2\sqrt{a_n}$$

$$(p_{n+1}-1)^2\geqslant 4a_n=4(p_1+p_2+\cdots+p_n) \qquad ①$$

即可.令

$$q_n=(p_n-1)^2-4(p_1+\cdots+p_{n-1})$$

现在证明:在 $n\geqslant 2$ 时,q_n 单调增加.为此计算

$$q_{n+1}-q_n=(p_{n+1}-1)^2-(p_n-1)^2-4p_n=$$
$$(p_{n+1}-p_n)(p_{n+1}+p_n-2)-4p_n$$

在 $n\geqslant 2$ 时,p_n 为奇数,从而

$$p_{n+1}\geqslant p_n+2$$

$$q_{n+1}-q_n\geqslant 2(p_{n+1}+p_n-2)-4p_n=$$
$$2(p_{n+1}-p_n-2)\geqslant 0$$

从而 q_n 单调增加.

注意到

$$q_5=(11-1)^2-4(2+3+5+7)=32>0$$

由单调性

$$q_n\geqslant q_5>0$$

于是式①成立,从而本题得证.

例 22　(2003 年保加利亚数学奥林匹克)给定一个序列

$$y_1=y_2=1$$

$$y_{n+2}=(4k-5)y_{n+1}-y_n+4-2k\quad(n\geqslant 1)$$

求满足以下条件的所有整数 k:它使序列的每一项都是一个完全平方数.

解　设 k 满足题中的条件.

由已知可得

$$y_3=2k-2,y_4=8k^2-20k+13$$

由于 y_3 是个偶数,则存在一个整数 $a\geqslant 0$,使得 $2k-2=4a^2$,则 $k=2a^2+1$,即 $k\geqslant 1$. 于是

$$y_4=32a^4-8a^2+1$$

当 $a=0$ 时,$k=1$,当 $a>0$ 时,设 $b(b\geqslant 0)$ 是一个整数,且满足 $y_4=b^2$. 于是

$$16a^4-8a^2+1+16a^4=b^2$$

即

$$(4a^2-1)^2+(4a^2)^2=b^2$$

由于 $4a^2-1$ 与 $4a^2$ 互质,所以 $4a^2-1,4a^2,b$ 是一组本原勾股数. 因此,存在着互质的正整数 m,n,使得

$$\begin{cases}4a^2-1=n^2-m^2 & ①\\4a^2=2mn & ②\\b=n^2+m^2 & ③\end{cases}$$

由①,②得

$$n^2-m^2+1=2mn$$

即

$$(n+m)^2-2n^2=1\qquad④$$

由②得 $mn=2a^2$. 又由于 m,n 互质,故 m,n 具有不同的奇偶性. 但 m 不能是偶数,否则,将推出 $n^2\equiv$

$-1 \pmod 4$,这是不可能的.因此,m 是奇数,n 是偶数.于是,存在一个整数 $t \geqslant 0$,使得 $n=2t^2$.

再利用式④得

$$2n^2=8t^4=(n+m-1)(n+m+1)$$

所以

$$2t^4=\frac{n+m-1}{2}\cdot\frac{n+m+1}{2}=u(u+1)$$

其中 u,$u+1$ 是相继的两个整数.由于它们是互质的,故可以推出,一个是某个整数的 4 次幂(c^4),另一个是某数的 4 次幂的 2 倍($2d^4$).于是

$$c^4-2d^4=\pm 1$$

如果 $c^4-2d^4=1$,则

$$d^8+2d^4+1=d^8+c^4$$

即

$$(d^4+1)^2=(d^2)^4+c^4$$

上式具有 $x^4+y^4=z^2$ 的形式,已经证明它没有满足 $xyz\neq 0$ 的整数解.故 $c=\pm 1$,$d=0$.所以,$u=0$,有 $t=0$.因此,$n=a=0$.矛盾.

如果 $c^4-2d^4=-1$,则

$$1-2d^4+d^8=d^8-c^4$$

即

$$(d^2)^4-c^4=(d^4-1)^2$$

上式具有 $x^4-y^4=z^2$ 的形式,它也没有满足 $xyz\neq 0$的整数解.于是,$d=\pm 1$,$c=\pm 1$.

对于 u,仅有的新值是 $u=1$,因此,$t^4=1$,$n^2=4$,$n=2$,$m=1$,$a^2=1$,以及 $k=3$.

从而,找到了关于 k 的仅有的选择:$k=1$ 和 $k=3$.

当 $k=1$ 时,我们得到一个周期序列

$$1,1,0,1,1,0,\cdots$$

它满足题目中的约束条件.

当 $k=3$ 时,序列是

$$y_1=y_2=1,y_{n+2}=7y_{n+1}-y_n-2$$

由于 $y_3=4=2^2$,$y_4=25=5^2$,$y_5=169=13^2$,我们假设它是奇数项的斐波那契数的平方.

如果$\{u_n\}$是斐波那契数列,易知,$u_{n+2}=3u_n-u_{n-2}$以及 $u_{n+2}u_{n-2}-u_n^2=1$ 对奇数 n 成立.故

$$(u_{n+2}+u_{n-2})^2=9u_n^2$$

因此

$$u_{n+2}^2=9u_n^2-u_{n-2}^2-2u_{n+2}u_{n-2}=7u_n^2-u_{n-2}^2-2$$

这就确认了我们的假设.

答案:$k=1$ 和 $k=3$.

例 24　求所有正整数 k,使得给定序列

$$a_1=a_2=4,a_{n+2}=(k-2)a_{n+1}-a_n+10-2k\quad(n\in\mathbf{N}_+)$$

中的每一项都是平方数.

解法 1　由已知可得

$$a_3=2k-2=4N^2\quad(N\in\mathbf{N})$$

$$a_4=2k^2-8k+10$$

则

$$k=2N^2+1$$

故

$$a_4=2(2N^2+1)^2-8(2N^2+1)+10=$$

$$4(2N^4+1)=4b^2\quad(b\in\mathbf{N}_+)$$

当 $N=0$ 时,有 $k=1$.当 $N=1$ 时,有 $k=3$.当 $N>1$时,$(N^2-1)^2+(N^2)^2=b^2$.

由于 N^2-1 与 N^2 互质,则 N^2-1 与 N^2 是一组本原勾股数.

因此,存在互质的正整数 m,n,且 $n>m$,使得

$$(1)\begin{cases}N^2-1=n^2-m^2 & ①\\ N^2=2mn & ②\\ b=n^2+m^2 & ③\end{cases}$$

$$(2)\begin{cases}N^2-1=2mn\\ N^2=n^2-m^2\\ b=n^2+m^2\end{cases}$$

第(1)种情形中,由式①,②得

$$(m+n)^2-1=2n^2 \quad ④$$

由上式知 $m+n$ 为奇数,则 n 为偶数,m 为奇数.于是,由式②及 $(m,n)=1$,知

$$n=2t^2 \quad (t\in\mathbf{N}_+) \quad ⑤$$

再利用式④得

$$2n^2=8t^4=(n+m-1)(n+m+1)$$

则

$$2t^4=\frac{n+m-1}{2}\cdot\frac{n+m+1}{2}=u(u+1) \quad ⑥$$

其中 $u,u+1$ 是相邻的两个整数.

由于它们互质,则

$$\{u,u+1\}=\{c^4,2d^4\} \quad (c,d\in\mathbf{N}_+)$$

于是,$c^4-2d^4=\pm1$.

若 $c^4-2d^4=1$,则

$$(d^4+1)^2=(d^2)^4+c^4$$

此式具有 $x^4+y^4=z^2$ 的形式,已证明它没有满足 $xyz\neq0$ 的整数解,故 $c=1,d=0$,矛盾.

若 $c^4-2d^4=-1$,则

$$(d^4-1)^2=(d^2)^4-c^4$$

此式具有 $x^4-y^4=z^2$ 的形式,也已证明它没有满足

$xyz\neq0$ 的整数解，故 $d=c=1$. 于是，$u=1$，$t=1$，$n=2$. 此式④得 $m=1$. 由式②知 $N^2=4$，从而，$k=9$. 第(2)种情形下，没有满足条件的正整数解.

综上，找到了关于 k 的所有选择

$$k=1,k=3,k=9$$

当 $k=1$ 时，得到一个各项均为平方数的周期序列：4，4，0，4，4，0，….

当 $k=3$ 时，得到一个各项均为平方数 4 的常数序列：4，4，4，4，….

当 $k=9$ 时

$$a_1=4,a_2=4$$

$$a_3=7a_2-a_1-8=16=4\times2^2$$

$$a_4=7a_3-a_2-8=100=4\times5^2$$

$$a_5=7a_4-a_3-8=676=4\times13^2$$

$$a_6=7a_5-a_4+8=4\ 624=4\times34^2$$

$$\vdots$$

由此可猜测此序列是斐波那契数列中奇数项的平方的 4 倍，即

$$a_{n+2}=4u_{2n}^2\quad(n=0,1,\cdots)$$

如果 $\{u_n\}$ 是斐波那契数列，易知

$$u_{n+4}=3u_{n+2}-u_n \text{ 及 } u_{2n+4}u_{2n}-u_{2n+2}^2=1$$

故

$$u_{2n+4}^2=9u_{2n+2}^2-u_{2n}^2-2u_{2n+4}u_{2n}=7u_{2n+2}^2-u_{2n}^2-2$$

为平方数.

因此，$4u_{2n+4}^2=28u_{2n+2}^2-4u_{2n}^2-8$，即

$$a_{n+4}=7a_{n+3}-a_{n+2}-8\quad(n=0,1,\cdots)$$

为平方数. 这说明 $k=9$ 符合题设要求.

综上，所有 k 的取值为 1，3，9.

解法 2 由 $a_1=a_2=4$

$$a_{n+2}=(k-2)a_{n+1}-a_n+10-2k$$

得

$$a_3=4(k-2)-4+10-2k=2k-2$$

于是，a_3 是偶数，又是平方数. 故可设

$$a_3=(2p)^2=4p^2 \quad (p\in\mathbf{N})$$

从而，$k=2p^2+1$. 则

$$a_{n+2}=(2p^2-1)a_{n+1}-a_n+8-4p^2 \quad (n\geqslant 1)$$

故

$$a_4=(2p^2-1)\cdot 4p^2-4+8-4p^2=8p^4-8p^2+4$$

$$a_5=(2p^2-1)(8p^4-8p^2+4)-4p^2+8-4p^2=4(4p^6-6p^4+2p^2+1)$$

由 a_5 是平方数，可设

$$4p^6-6p^4+2p^2+1=t^2 \quad (t\in\mathbf{N}) \qquad ①$$

当 $p=0$ 时，$k=1$. 此时

$$a_3=4p^2=0$$

$$a_4=8p^4-8p^2+4=4=a_1$$

$$a_5=4(4p^6-6p^4+2p^2+1)=4=a_2$$

从而，数列$\{a_n\}$为周期数列

$$4,4,0,4,4,0,\cdots$$

因此，$k=1$ 满足条件.

当 $p=1$ 时，$k=3$，$a_3=4p^2=4=a_2=a_1$. 从而，数列$\{a_n\}$为常数数列

$$4,4,4,\cdots$$

因此，$k=3$ 满足条件.

当 $p\geqslant 2$ 时，由式①知

$$t^2-\left(2p^3-\frac{3p}{2}\right)^2=1-\frac{p^2}{4}\leqslant 0 \qquad ②$$

$$t^2-\left(2p^3-\frac{3p}{2}-\frac{1}{2}\right)^2=\left(\frac{1}{4}p^3-\frac{1}{4}p^2\right)+\left(\frac{3}{2}p^3-\frac{3}{2}p\right)+\frac{1}{4}p^3+\frac{3}{4}>0$$

故

$$(4p^3-3p-1)^2<(2t)^2\leqslant(4p^3-3p)^2$$

从而，$2t=4p^3-3p$，即式②等号成立．于是 $p=2$．此时，$k=2p^2+1=9$．

以下同解法 1．

例 25　证明：数列

$$a_n=\frac{1}{4}[(1+\sqrt{2})^{2n+1}(1-\sqrt{2})^{2n+1}+2]\quad(n>1)$$

中，没有完全平方数．

证明　反证法．

假设 $\frac{1}{4}[(1+\sqrt{2})^{2n+1}+(1-\sqrt{2})^{2n+1}+2]=M^2$（$M\in\mathbf{N}_+$，$n>1$）．则

$$\begin{aligned}
2M^2-1=\frac{1}{2}[(1+\sqrt{2})^{2n+1}+(1-\sqrt{2})^{2n+1}]\Rightarrow\\
(2M^2-1)^2+1=\\
\frac{1}{4}[(1+\sqrt{2})^{4n+2}+(1-\sqrt{2})^{4n+2}+2]=\\
\frac{1}{4}[(1+\sqrt{2})^{2n+1}+(\sqrt{2}-1)^{2n+1}]^2=\\
2\left\{\frac{1}{2\sqrt{2}}[(\sqrt{2}+1)^{2n+1}+(\sqrt{2}-1)^{2n+1}]\right\}^2\triangleq\\
2D^2\ (D\in\mathbf{N}_+)\Rightarrow\\
2M^4-2M^2+1=D^2\Rightarrow
\end{aligned}$$

$$(M^2)^2+(M^2-1)^2=D^2$$

由$(M^2,M^2-1)=1$,知(M^2,M^2-1,D)为一组本原勾股数.

易知,本原勾股数可表示为$(u^2-v^2,2uv,u^2+v^2)$,其中,$(u,v)=1,u>v>0$.于是,有以下两种情形.

$$(1)\begin{cases}M^2=u^2-v^2 & ①\\ M^2-1=2uv & ②\end{cases}$$

由式②知M为奇数,由式①知u奇v偶.由式①及$(u+v,u-v)=1$,知

$$\begin{cases}u+v=m_1^2\\ u-v=m_2^2\\ M=m_1m_2\end{cases}\Rightarrow\begin{cases}u=\dfrac{m_1^2+m_2^2}{2}\\ v=\dfrac{m_1^2-m_2^2}{2}\end{cases}$$

其中,$(m_1,m_2)=1$,m_1,m_2均为奇数,$m_1>m_2>0$.

代入式②得

$$m_1^2m_2^2-1=\frac{m_1^4-m_2^4}{2}\Rightarrow(m_1^2-m_2^2)^2=2(m_2^4-1)=$$

$$2(m_2^2+1)(m_2^2-1)\Rightarrow$$

$$\begin{cases}m_2^2+1=2s^2\\ m_2^2-1=4t^2\end{cases}或\begin{cases}m_2^2+1=4s^2\\ m_2^2-1=2t^2\end{cases}$$

$$(s,t\in\mathbf{N}_+)$$

以上两个方程组均有两个非零的完全平方数之差为1,矛盾.

$$(2)\begin{cases}M^2=2uv & ③\\ M^2-1=u^2-v^2 & ④\end{cases}$$

由式③知M为偶数,由式④知u偶v奇.从而,由式③知

$$u=2s^2,v=t^2,M=2st,(2s,t)=1$$

代入式④得

$$4s^2t^2-1=4s^4-t^4\Rightarrow 8s^4=(2s^2+t^2)^2-1=$$
$$(2s^2+t^2+1)(2s^2+t^2-1)=$$
$$4m_1^4\times 2m_2^4(m_1,m_2\in\mathbf{N}_+)\Rightarrow$$
$$|2m_1^4-m_2^4|=1$$

(i)$2m_1^4=m_2^4-1=(m_2^2+1)(m_2^2-1)=$
$$2c^4\times(2d)^4\quad(c,d\in\mathbf{N})$$

出现两个非零的完全平方数之差为 1,矛盾.

(ii)$2m_1^4=m_2^4+1\Rightarrow m_1^8=m_2^4+(m_1^4-1)^2\Rightarrow$
$$(m_1^4-1)^4+4(m_1^2m_2)^4=(m_1^8+m_2^4)^2$$

下证:$x^4+4y^4=z^2$ 没有正整数解组.

否则,设(x_0,y_0,z_0)是所有正整数解组中 z 值最小的解.则$(x_0^2,2y_0^2,z_0)$是一组本原勾股数,即

$$\begin{cases}x_0^2=c^2-d^2 & ⑤\\ 2y_0^2=2cd & ⑥\\ z_0=c^2+d^2\end{cases}$$

其中,$(c,d)=1,c>d>0$.

由 x_0 为奇数知 c 奇 d 偶,再由式⑤知

$$\begin{cases}x_0=e^2-f^2\\ d=2ef & ⑦\\ c=e^2+f^2 & ⑧\end{cases}$$

其中,$(e,f)=1,e>f>0$.

由式⑥$\Rightarrow=1,e>f>0$

$$y_0^2=cd\Rightarrow c=g^2,d=h^2\quad(g,h\in\mathbf{N}_+)$$

由式⑦$\Rightarrow h^2=2ef\Rightarrow\{e,f\}=\{2k^2,l^2\}$.代入式⑧得 $g^2=4k^4+l^4$.但 $g<c<z_0$,与 z_0 的最小性矛盾.

例 26　(1991 年全国高中数学联赛题)设 a_n 为下述自然数 N 的个数:N 的各位数字之和为 n 且每位数字只能取 1,3 或 4.求证:a_{2n}是完全平方数,这里 $n=$

1,2,….

证明 设 $N=\overline{x_1x_2\cdots x_k}$,这里 $x_1,x_2,\cdots,x_k\in\{1,3,4\}$且 $x_1+x_2+\cdots+x_k=n$.

设 $n>4$,当 $x_1=1$ 时,有 $x_2+\cdots+x_k=n-1$,故依题设此时符合条件的 N 有 a_{n-1} 个.同理,当 x_1 分别为 3 及 4 时,符合条件的 N 有 a_{n-3} 及 a_{n-4} 个.故得递归关系

$$a_n=a_{n-1}+a_{n-3}+a_{n-4}\quad(n>4)\qquad①$$

由①可推得

$$a_{2n}=2a_{2(n-1)}+2a_{2(n-2)}-a_{2(n-3)}\quad(n>3)\qquad②$$

事实上,由①有

$$\begin{aligned}a_{2n}=&a_{2n-1}+a_{2n-3}+a_{2n-4}=\\&a_{2n-2}+a_{2n-5}+a_{2n-3}+a_{2n-4}=\\&a_{2n-2}+2a_{2n-4}+a_{2n-2}-a_{2n-6}=\\&2a_{2n-2}+2a_{2n-4}-2a_{2n-6}\end{aligned}$$

取数列$\{f_n\}$:$f_1=1,f_2=2$,且 $f_{n+2}=f_n+f_{n+1}(n=1,2,\cdots)$.下面用归纳法证明:

$$a_{2n}=f_n^2\quad(n=1,2,\cdots)\qquad③$$

当 $n=1,2,3$ 时,不难求得 $a_2=1,a_4=4,a_6=9$ 及 $f_1=1,f_2=2,f_3=3$,故③对 $n=1,2,3$ 成立.

设 $a_{2k}=f_k^2(k\leqslant n-1,n>3)$,于是由②得

$$\begin{aligned}a_{2n}=&2f_{n-1}^2+2f_{n-2}^2-f_{n-3}^2=\\&(f_{n-1}+f_{n-2})^2+(f_{n-1}-f_{n-2})^2-f_{n-3}^2=\\&f_n^2+f_{n-3}^2-f_{n-3}^2=f_n^2\end{aligned}$$

因为 f_n 为自然数$(n=1,2,\cdots)$,故由③知 a_{2n}是完全平方数.

说明 得到式①后,也可用特征根方法求出 a_n 的通项公式为

$$a_n=\frac{2-i}{10}i^n+\frac{2+i}{10}(-i)^n+\frac{1}{5}\left(\frac{1+\sqrt{5}}{2}\right)^{n+2}+\frac{1}{5}\left(\frac{1-\sqrt{5}}{2}\right)^{n+2}$$

就不难证得 a_{2n} 是完全平方数.

另证　设 A 为数码仅有 1,3,4 的数的全体,$A_n=\{N\in A,N$ 的各位数码之和为 $n\}$,则 $|A_n|=a_n$. 欲证 a_{2n} 是完全平方数. 再记 B 为数码仅有 1,2 的数的全体,$B_n=\{N\in B,N$ 的各位数码之和为 $n\}$,令 $|B_n|=b$. 下面证 $a_{2n}=b_n^2$.

作映射 $f:B\to\mathbf{N}$(自然数集),对 $\mathbf{N}\in B$,$f(\mathbf{N})$ 是由 $\mathbf{N}$ 按如下法则得到的一个数:把 $\mathbf{N}$ 的数码从左向右看,凡见到 2,把它与后面的一个数相加,用和代替,再继续看下去,直到不能做为止(例如 $f(1\ 221\ 212)=14\ 132$,$f(21\ 121\ 221)=313\ 417$). 易知 f 是单射,于是 $f(B_{2n})=A_{2n}\cup A'_{2n-2}$,其中 $A'_{2n-2}=\{10k+2,k\in A_{2n-2}\}$. 所以

$$b_{2n}=a_{2n}+a_{2n-2},但\ b_{2n}=b_n^2+b_{n-1}^2$$

这是因为 B_{2n} 中的数或是两个 B_n 中的数拼接而成,或是两个 B_{n-1} 中的数中间放 2 拼接而成,所以

$$a_{2n}+a_{2n-2}=b_n^2+b_{n-1}^2\quad(n\geqslant 2)$$

因为 $a_2=b_1^2=1$,由上式便知,对一切 $n\in\mathbf{N}$,$a_{2n}=b_n^2$,即 a_{2n} 是完全平方数.

例 27　(1998 年中国国家队选拔考试)求正整数 k,使得

(1)对任意正整数 n,不存在 j 满足 $0\leqslant j\leqslant n-k+1$,且 $C_n^j,C_n^{j+1},\cdots,C_n^{j+k-1}$ 成等差数列;

(2)存在正整数 n,使得有 j 满足 $0\leqslant j\leqslant n-k+2$,

且 $C_n^j, C_n^{j+1}, \cdots, C_n^{j+k-2}$ 成等差数列. 进一步求出具有性质(b)的所有 n.

证明 由于任取两数必构成等差数列,因此 $k\neq 1, k\neq 2$. 现在考虑三个数

$$C_n^{j-1}, C_n^j, C_n^{j+1} \quad (1\leqslant j\leqslant n-1)$$

若它成等差数列,则

$$2C_n^j = C_n^{j-1} + C_n^{j+1}$$

由此可得

$$n+2=(n-2j)^2 \quad ①$$

即 $n+2$ 是完全平方数.

这证明了 $k=3$ 时(1)不成立,从而 $k\neq 3$. 也证明了 $k=4$ 时(2)成立.

反过来,若有正整数 n,满足条件"$n+2$ 是完全平方数",则有 $n+2=m^2$. 因 n,m 奇偶性相同,故存在 j 使 $m=n-2j$. 从而,式①成立,性质(2)成立. 故 $k=4$ 时,具有性质(2)的所有 n 为

$$n=m^2-2 \quad (m\in \mathbf{N}, m\geqslant 3)$$

下面证明 $k=4$ 时,性质(1)也成立.

若 $C_n^j, C_n^{j+1}, C_n^{j+2}, C_n^{j+3}$ 成等差数列,则由式①可知

$$n=(n-2(j+1))^2-2=(n-2(j+2))^2-2$$

$$|n-2j-2|=|n-2j-4|$$

$$n-2j-2=-(n-2j-4)$$

$$n=2j+3$$

原数列为

$$C_{2j+3}^j, C_{2j+3}^{j+1}, C_{2j+3}^{j+2}, C_{2j+3}^{j+3}$$

但

$$C_{2j+3}^j = C_{2j+3}^{j+3}$$

故 $C_{2j+3}^{j}=C_{2j+3}^{j+1}$，矛盾.

因此，$k=4$ 时(1)成立，且 $k=5$ 时(2)不成立，即 $k<5$.

综上所述，所求正整数 $k=4$，具有性质(2)的所有 n 为

$$n=m^2-2\quad(m\in\mathbf{N},m\geqslant 3)$$

例 28　(2006 年中国国家队集训测试)数列 $\{a_n\}$，$\{b_n\}$ 满足

$$a_0=b_0=1,a_{n+1}=\alpha a_n+\beta b_n,b_{n+1}=\beta a_n+\gamma b_n$$

其中，$\alpha,\beta,\gamma\in\mathbf{N}_+$，$\alpha<\gamma$，且 $\alpha\gamma=\beta^2+1$. 证明：对任意的 $n\in\mathbf{N}$，a_n+b_n 必可表为两个正整数的平方.

证明　先证明两个引理.

引理 1：若正整数 m,n,k 满足 $mn=k^2+1$，则存在 $x_1,x_2,y_1,y_2\in\mathbf{N}$，使以下三式同时成立

$$m=x_1^2+y_1^2,n=x_2^2+y_2^2,k=x_1x_2+y_1y_2$$

引理 1 的证明：不妨设 $m\leqslant n$. 对 k 用数学归纳法.

当 $k=1$ 时，由 $mn=2$，有 $m=1,n=2$. 则

$$m=0^2+1^2,n=1^2+1^2,k=0\times 1+1\times 1$$

即 $k<2$ 时结论成立.

设当 $k<r(r\geqslant 2)$ 时结论成立. 当 $k=r$ 时，由

$$mn=r^2+1 \qquad ①$$

则

$$n\geqslant r+1,m=\frac{r^2+1}{n}\leqslant\frac{r^2+1}{r+1}<\frac{r^2+r}{r+1}=r$$

令

$$n=r+s,m=r-t\quad(s,t\in\mathbf{N}_+)$$

式①成为 $(r-t)(r+s)=r^2+1$，即

$$rs-ts-tr=1$$

两边同加 t^2 得

$$(r-t)(s-t)=t^2+1$$

而 $r-t=m>0$，故 $s-t>0,t<r$.

由归纳假设，存在 $m_1,m_2,n_1,n_2\in\mathbf{N}$，使

$$r-t=m_1^2+n_1^2,s-t=m_2^2+n_2^2$$
$$t=m_1m_2+n_1n_2$$

即

$$m=r-t=m_1^2+n_1^2$$
$$n=r+s=(r-t)+(s-t)+2t=$$
$$(m_1+m_2)^2+(n_1+n_2)^2$$
$$r=(r-t)+t=m_1(m_1+m_2)+n_1(n_1+n_2).$$

若记 $x_1=m_1,y_1=n_1,x_2=m_1+m_2,y_2=n_1+n_2$，则在式①中有

$$m=x_1^2+y_1^2,n=x_2^2+y_2^2$$
$$k=x_1x_2+y_1y_2\quad(x_1,x_2,y_1,y_2\in\mathbf{N})$$

因此，当 $k=r$ 时结论成立. 由数学归纳法，证得引理 1 成立.

引理 2：对任意的 $m,n\in\mathbf{N}$，有

$$a_{m+n}+b_{m+n}=a_ma_n+b_mb_n \tag{②}$$

引理 2 的证明：固定变量 $m+n$，只需证：对于满足 $0\leqslant k\leqslant m+n$ 的每个整数 k，有

$$a_{m+n}+b_{m+n}=a_ka_{m+n-n}+b_kb_{m+n-k} \tag{③}$$

对 k 用数学归纳法. 当 $k=0$ 时，结论显然成立. 当 $k=1$ 时，由于

$$a_{m+n}=\alpha a_{m+n-1}+\beta b_{m+n-1}$$
$$b_{m+n}=\beta a_{m+n-1}+\gamma b_{m+n-1}$$

则

$$a_{m+n}+b_{m+n}=(\alpha+\beta)a_{m+n-1}+(\beta+\gamma)b_{m+n-1}=$$

$$a_1a_{m+n-1}+b_1b_{m+n-1}$$

设当 $k=p$ 时

$$a_{m+n}+b_{m+n}=a_pa_{m+n-p}+b_pb_{m+n-p}$$

当 $k=p+1$ 时,有

$$\begin{aligned}a_{m+n}+b_{m+n}=a_pa_{m+n-p}+b_pb_{m+n-p}=\\ a_p(\alpha a_{m+n-p-1}+\beta b_{m+n-p-1})+\\ b_p(\beta a_{m+n-p-1}+\gamma b_{m+n-p-1})=\\ (\alpha a_p+\beta b_p)a_{m+n-p-1}+\\ (\beta a_p+\gamma b_p)b_{m+n-p-1}=\\ a_{p+1}a_{m+n-p-1}+b_{p+1}b_{m+n-p-1}\end{aligned}$$

故式③成立.

在式③中令 $k=m$. 则

$$a_{m+n}+b_{m+n}=a_ma_n+b_mb_n$$

因此,引理 2 得证.

回到原题.

据引理 2,在式②中,令 $m=n$. 则

$$a_{2n}+b_{2n}=a_n^2+b_n^2$$

取 $m=n+1$,由引理 1 有

$$\begin{aligned}a_{2n+1}+b_{2n+1}=a_{n+1}a_n+b_{n+1}b_n=\\ (\alpha a_n+\beta b_n)a_n+(\beta a_n+\gamma b_n)b_n=\\ \alpha a_n^2+\gamma b_n^2+2\beta a_nb_n=\\ (x_1^2+y_1^2)a_n^2+(x_2^2+y_2^2)b_n^2+\\ 2(x_1x_2+y_1y_2)a_nb_n=\\ (x_1a_n+x_2b_n)^2+(y_1a_n+y_2b_n)^2\end{aligned}$$

因此,结论得证.

例 29　(1999 年 IMO 中国国家队选拔考试)求证存在自然数 m,使得有整数列 $\{a_n\}$,满足:

(1) $a_0=1,a_1=337$;

(2) $(a_{n+1}a_{n-1}-a_n^2)+\frac{3}{4}(a_{n+1}+a_{n-1}-2a_n)=m$, $\forall n\geqslant 1$;

(3) $\frac{1}{6}(a_n+1)(2a_n+1)$都是整数的平方.

证明 设自然数 m 及整数列$\{a_n\}$满足条件(1),(2)和(3). 令

$$b_n=a_n+\frac{3}{4}, n=0,1,2,\cdots$$

则

$$b_0=1+\frac{3}{4}, b_1=337+\frac{3}{4}$$

且

$$(2)\Leftrightarrow b_{n+1}b_{n-1}-b_n^2=m, n=1,2,\cdots \quad ①$$

用归纳法易知数列$\{b_n\}$是严格递增的正数列. 所以

$$b_{n+1}=\frac{m+b_n^2}{b_{n-1}} \quad (n=1,2,\cdots) \quad ②$$

由此可知整个数列$\{b_n\}$被 $b_0=\frac{7}{4}$, $b_1=\frac{1\ 351}{4}$和递推关系②唯一决定.

设数列$\{c_n\}$满足 $c_0=b_0$, $c_1=b_1$ 且

$$c_{n+1}=pc_n-c_{n-1} \quad (n=1,2,\cdots) \quad ③$$

其中

$$p=\frac{m+c_0^2+c_1^2}{c_0c_1} \quad ④$$

显然

$$c_1c_0-c_1^2=pc_1c_0-c_0^2-c_1^2=m$$

当 $n\geqslant 2$ 时

$$c_{n+1}c_{n-1}-c_n^2=(pc_n-c_{n-1})c_{n-1}-c_n^2=$$

$$pc_nc_{n-1}-c_{n-1}^2c_n^2=$$

$$pc_n\ \frac{1}{p}(c_n+c_{n-2})-c_{n-1}^2-c_n^2=$$

$$c_nc_{n-2}-c_{n-1}^2$$

依此类推可得

$$c_{n+1}c_{n-1}-c_n^2=m\quad(n=1,2,\cdots)$$

由$\{b_n\}$的唯一性，则

$$c_n=b_n\quad(n=0,1,2,\cdots)$$

式③的特征方程为 $\lambda^2-p\lambda+1=0$，显然 $p>2$，从而它有两个不同实根

$$\lambda_1=\frac{p}{2}+\sqrt{\frac{p^2}{4}-1},\lambda_2=\frac{p}{2}-\sqrt{\frac{p^2}{4}-1}\qquad⑤$$

于是

$$b_n=A\lambda_1^n+B\lambda_2^n\quad(n=0,1,2,\cdots)$$

其中

$$\begin{cases}A+B=b_0=\dfrac{7}{4}\\ \lambda_1A+\lambda_2B=b_1=\dfrac{1\ 351}{4}\end{cases}$$

即

$$\begin{cases}A=\dfrac{1}{4}\times\dfrac{1\ 351-7\lambda_2}{\lambda_1-\lambda_2}\\ B=\dfrac{1}{4}\times\dfrac{-1\ 351+7\lambda_1}{\lambda_1-\lambda_2}\end{cases}\qquad⑥$$

从而

$$a_n=b_n-\frac{3}{4}=A\lambda_1^n+B\lambda_2^n-\frac{3}{4}\quad(n=0,1,2,\cdots)$$

由此，易证数列$\{a_n\}$满足递推关系

$$a_{n+1}=pa_n-a_{n-1}+\frac{3}{4}(p-2)\quad(n=1,2,\cdots)\qquad⑦$$

由于

$$\frac{1}{6}(a_n+1)(2a_n+1)=\frac{1}{48}[(4a_n+3)^2-1]=$$

$$\frac{1}{48}(16A^2\lambda_1^{2n}+16B^2\lambda_2^{2n}+32AB-1)=$$

$$\frac{1}{3}A^2\lambda_1^{2n}+\frac{1}{3}B^2\lambda_2^{2n}+\frac{2}{3}AB-\frac{1}{48}=$$

$$\left(\frac{1}{\sqrt{3}}A\lambda_1^n-\frac{1}{\sqrt{3}}B\lambda_2^n\right)^2+\frac{4}{3}AB-\frac{1}{48}$$

注意到(3),令

$$\frac{4}{3}AB-\frac{1}{48}=0$$

即

$$AB=\frac{1}{64} \qquad ⑧$$

由⑤和⑥可知

$$AB=\frac{-1\ 351^2-7^2\times 1\ 351p}{64\left(\frac{p^2}{4}-1\right)}$$

所以

$$⑧\Leftrightarrow p^2-4\times 7\times 1\ 351p+4\times 1\ 351^2+4\times 7^2-4=0$$

从而

$$p=2\times 7\times 1\ 351\pm\sqrt{4\times 7^2\times 1\ 351^2-4\times 1\ 351^2-4\times 7^2+4}=$$

$$2\times 7\times 1\ 351\pm\sqrt{4\times 1\ 351^2\times 48-4\times 48}=$$

$$2\times 7\times 1\ 351\pm\sqrt{4\times 48\times 3\times 450\times 8\times 169}=$$

$$2\times 7\times 1\ 351\pm 24\times 60\times 13=$$

$$18\ 914\pm 18\ 720$$

即 $p=194$ 或者 $p=37\ 634$. 由④得

$$m=pc_0c_1-c_0^2-c_1^2=\frac{1}{16}(7\times 1\ 351p-7^2-1\ 351^2)=$$

$$\frac{1}{16}[1\,351(7p-1\,351)-7^2]$$

当 $p=194$ 时，由于 $7p-1351=1\,358-1\,351=7$，所以

$$m=\frac{7}{16}\times(1\,351-7)=588$$

容易验证 $m=588$ 满足本题之要求.

事实上，取数列 $\{a_n\}$ 满足(1)，即 $a_0=1, a_1=337$，以及递推关系⑦，其中 $p=194$，即

$$a_{n+1}=194a_n-a_{n-1}+144 \quad (n=1,2,\cdots)$$

显然 $\{a_n\}$ 是整数列. 由上述推导易知 $\{a_n\}$ 满足(2)且

$$\frac{1}{6}(a_n+1)(2a_n+1)=d_n^2 \quad (n=1,2,\cdots)$$

其中

$$d_n=\frac{A}{\sqrt{3}}\lambda_1^n-\frac{B}{\sqrt{3}}\lambda_2^n$$

由于数列 $\{d_n\}$ 满足

$$d_0=\sqrt{\frac{1}{6}(a_0+1)(2a_0+1)}=1$$

$$d_1=\sqrt{\frac{1}{6}(337+1)(2\times 337+1)}=195$$

和递推关系

$$d_{n+1}=194d_n-d_{n-1} \quad (n=1,2,\cdots)$$

所以，$\{d_n\}$ 为整数列. 于是 $\{a_n\}$ 也满足(3).

当 $p=37\,634$ 时，$m=22\,129\,968$. 同样容易验证 $m=22\,129\,968$ 也满足本题的要求.

例 30　(1992 年中国数学奥林匹克试题)已知整数列 $\{a_0, a_1, a_2, \cdots\}$ 满足：

(1) $a_{n+1}=3a_n-3a_{n-1}+a_{n-2}(n=2,3,\cdots)$；

(2) $2a_1=a_0+a_2-2$；

(3)对任意自然数 m,在数列$\{a_0,a_1,a_2,\cdots\}$中必有相继的 m 项 $a_k,a_{k+1},\cdots,a_{k+m-1}$ 都是完全平方数.求证:$\{a_0,a_1,a_2,\cdots\}$的所有项都是完全平方数.

证明 由(1)可知对任何 $n\geqslant 2$,有

$$a_{n+1}-a_n=2(a_n-a_{n-1})-a_{n-1}-a_{n-2}$$

记 $d_n=a_n-a_{n-1}(n=1,2,\cdots)$,则

$$d_{n+1}-d_n=d_n-d_{n-1}=\cdots=d_2-d_1$$

由(2)可得 $d_2-d_1=a_2-2a_1+a_0=2$,所以

$$a_n=a_0+\sum_{k=1}^{n}d_k=a_0+nd_1+n(n-1)$$

即

$$a_n=n^2+bn+c\quad(n=0,1,2,\cdots)$$

其中 $b=a_1-a_0-1,c=a_0$.

下面对所得结果给出两种证法.

证法1 由条件(3)知,存在非负整数 t,使得 a_t 和 a_{t+2} 都是完全平方数,从而

$$a_{t+2}-a_t\not\equiv 2(\bmod 4)$$

又

$$a_{t+2}-a_t=(t+2)^2+b(t+2)-t^2-bt=4t+4+2b$$

所以,b 是偶数.令 $b=2\lambda$,则

$$a_n=n^2+2\lambda n+c=(n+\lambda)^2+c-\lambda^2 \quad ①$$

下面证明 $c-\lambda^2=0$.

否则,若 $c-\lambda^2\neq 0$,则 $c-\lambda^2$ 的不同约数只有有限个,设其个数为 m.

由 a_n 的通项公式可知,存在 n_0 使得当 $n\geqslant n_0$ 时,数列$\{a_n\}$严格单调递增.

由条件(3),存在 $k\geqslant n_0$,使得

$$a_{k+i}=p_i^2 \quad (i=0,1,2,\cdots,m)$$

其中 p_i 为非负整数，且 $p_0<p_1<p_2<\cdots<p_m$.

由此可知

$$c-\lambda^2=a_n-(n+\lambda)^2=p_i^2-(k+i+\lambda)^2=$$
$$(p_i-k-i-\lambda)(p_i+k+i+\lambda)$$
$$i=0,1,2,\cdots,m$$

与 $c-\lambda^2$ 只有 m 个不同约数矛盾. 于是

$$c-\lambda^2=0$$

由式①

$$a_n=(n+\lambda)^2 \quad (n=0,1,2,\cdots)$$

即数列$\{a_0,a_1,a_2,\cdots\}$的所有项都是完全平方数.

证法 2　由于 $a_n=n^2+bn+c$，从而存在 n_0 使得当 $n\geqslant n_0$ 时，数列$\{a_n\}$严格单调递增，且

$$0<\left(n-\frac{|b|+1}{2}\right)^2\leqslant a_n\leqslant\left(n+\frac{|b|+1}{2}\right)^2$$

于是

$$0<\sqrt{a_{n+1}}-\sqrt{a_n}=\frac{a_{n+1}-a_n}{\sqrt{a_{n+1}}+\sqrt{a_n}}<$$
$$\frac{2n+1+b}{2\sqrt{a_n}}\leqslant\frac{2n+1+b}{2n-|b|-1}$$

由此可知，存在 $n_1\geqslant n_0$，使得当 $n\geqslant n_1$ 时

$$0<\sqrt{a_{n+1}}-\sqrt{a_n}<2$$

利用条件(3)易知存在 $k\geqslant n_1$，使得 a_k 和 a_{k+1} 都是完全平方数，所以 $\sqrt{a_{k+1}}-\sqrt{a_k}=1$，记 $\sqrt{a_k}=t$，由通项公式可得

$$a_{n+1}=2a_n-a_{n-1}+2 \quad (n=1,2,\cdots)$$

所以

$$a_{k+2}=2(t+1)^2-t^2+2=t^2+4t+2=(t+2)^2$$

$$a_{k-1}=2t^2-(t+1)^2+2=t^2-2t+1=(t-1)^2$$

于是用归纳法易证数列$\{a_0,a_1,a_2,\cdots\}$的所有项都是完全平方数.

例 30′ 例 30 中的条件(3)可以减弱为:(3)′$\{a_0,a_1,\cdots\}$中有无穷多个平方数.

证明 由(1),(2)可得

$$a_n=n^2+bn+c\quad(n=0,1,2,\cdots)$$

其中 $b=a_1-a_0-1,c=a_0$ 均为整数.

若 $b=2b_0+1$ 为奇数,则

$$a_0=(n+b_0)^2+(n+b_0)+c-b_0-b_0^2$$

因为$\{a_0,a_1,a_2,\cdots\}$中有无穷多个平方数,所以存在正整数 k,使得 a_k 是完全平方数,且

$$k+b_0>|c-b_0-b_0^2|$$

于是

$$(k+b_0)^2<(k+b_0)^2+(k+b_0)+c-b_0-b_0^2<(k+b_0+1)^2$$

这与 a_k 为完全平方数矛盾.所以 b 为偶数,设 $b=2b_0$,则

$$a_n=(n+b_0)^2+c-b_0^2$$

因为存在正整数 k,使 a_k 为完全平方数,且

$$2(k+b_0)-1>|c-b_0^2|$$

所以

$$(k+b_0-1)^2<(k+b_0)^2+(c-b_0^2)<(k+b_0+1)^2$$

因为 a_k 是完全平方数,所以 $a_k=(k+b_0)^2,c-b_0^2=0$,从而 $a_n=(n+b_0)^2,n=0,1,2,\cdots$,即$\{a_0,a_1,a_2,\cdots\}$的所有项都是完全平方数.

习题 10

1. 已知数列 0,1,1,2,2,3,3,4,4,…的前 n 项和为 $f(n)$. 对任意正整数 $p,q(p>q)$, $f(p+q)-f(p-q)=$(　　).

(A) p^2+q^2　　(B) $2(p^2+q^2)$

(C) pq　　(D) $2pq$

2. 设 $a_n=(2+\sqrt{7})^{2n+1}$, b_n 是 a_n 的小数部分. 则当 $n\in\mathbf{N}_+$ 时, a_nb_n 的值(　　).

(A)必为无理数　　(B)必为偶数

(C)必为奇数　　(D)可为无理数或有理数

3. (2008 年江西省高中数学联赛)设 n 为正整数, 且 $3n+1$ 与 $5n-1$ 皆为完全平方数. 对于以下两个命题:

甲: $7n+13$ 必为合数;

乙: $8(17n^2+3n)$ 必为两个平方数的和.

你的判断是(　　).

(A)甲对乙错　　(B)甲错乙对

(C)甲乙都对　　(D)甲乙都不一定对

4. 已知实数列 $\{a_n\}$ 定义为 $a_0=\dfrac{1}{2}$, $a_{n+1}=\dfrac{1}{2}\left(a_n+\dfrac{1}{5a_n}\right)(n\in\mathbf{N})$. 设 $A_n=\dfrac{5}{5a_n^2-1}$. 则 $\{A_n\}$ 中有______个完全平方数.

5. (1963 年俄罗斯数学奥林匹克)给定一个等差数列, 其中各项均为正整数, 且知有一项为完全平方数. 证明: 数列中有无穷多项为完全平方数.

6.（2002 年美国数学邀请赛）给定对数方程 $\log_6 a+\log_6 b+\log_6 c=6$，其中 $a,b,c\in\mathbf{Z}_+$，且 a,b,c 成严格递增的等比数列，$b-a$ 为完全平方数．求 $a+b+c$．

7.（2008 年蒙古国家队选拔考试）已知质数 p 满足 $p\equiv\pm 3(\bmod 8)$．证明：若 $p\mid a$，则数列 $a_n=2^n+a(n\geqslant 0)$ 仅有有限个完全平方数．

8.（2008 年中国国家队培训题）一个由正整数组成的无穷等差数列（非常数的）包含了一个项为完全平方数．求证：这个数列也包含一项，它是完全立方但不是完全平方．

9.（2000 年俄罗斯数学奥林匹克）在黑板上依次写出 $a_1=1,a_2,a_3,\cdots$，法则如下：

如果 a_n-2 为正整数，且前面未写过，则写 $a_{n+1}=a_n-2$，如果 a_n-2 不是正整数，或者前面已经写过，就写 $a_{n+1}=a_n+3$．

证明：所有出现在该序列中的完全平方数都是由写在它前面的那个数加 3 得到的．

10.（1970 年第 31 届美国普特南数学竞赛）一个具有相同的非零数字的（有限）数列，能成为一个整数的平方的尾部．试求这种数列最长的长度，并求出尾部为这种数列的最小平方数．

11.（2010 年沙特阿拉伯数学奥林匹克）设 a_0 是一个正整数，且序列 $\{a_n\}$ 满足

$$a_{n+1}=\sqrt{a_n^2+1}\quad(n=0,1,\cdots)$$

(1)证明：对任意的 a_0，序列 $\{a_n\}$ 包含了无穷多个整数和无穷多个无理数；

(2)是否存在 a_0，使得 $a_{2\,010}$ 是一个整数．

12.（1981 年河南省高中数学竞赛题）给出数列 1，

$3,5,7,\cdots,2k-1,\cdots$

(1)计算此数列的第 991 项；

(2)求证：$19\times10^4+a_{990}$，$1919\times10^4+a_{990}$，…，$\underbrace{1\,919\cdots19}_{2m位}\times10^4+a_{990}$，…都不是完全平方数.

13.(2009 年印度数学奥林匹克)定义数列$\{a_n\}$如下：对于每个正整数 n，若 n 的正因数的数目为奇数，则 $a_n=0$；若 n 的正因数的数目为偶数，则 $a_n=1$. 设实数 $x=0.\overline{a_1a_2a_3\cdots}$. 问：$x$ 是有理数还是无理数？

14.(1991 年第 52 届美国普特南数学竞赛)对任何整数 $n\geqslant0$，令 $S(n)=n-m^2$，其中 m 是满足$m^2\leqslant n$ 的最大整数. 数列$\{a_k\}_{k=0}^{\infty}$定义如下

$$a_0=A,a_{k+1}=a_k+S(a_k)\quad(k\geqslant0)$$

问对于哪些正整数 A，这个数列最终为常数？

15.(第 19 届巴尔干地区数学奥林匹克)已知数列 $a_1=20,a_2=30,a_{n+2}=3a_{n+1}-a_n(n\geqslant1)$. 求所有的正整数 n，使得 $1+5a_na_{n+1}$是完全平方数.

16.(1)证明：存在无穷多个正整数 a，使 $a+1$ 和 $3a+1$ 都是平方数；

(2)若 $a_1<a_2<\cdots<a_n<\cdots$是(1)的全部正整数解组成的数列，证明：$a_na_{n+1}+1$ 也是平方数.

17.已知 $x_0=1,x_1=3,x_{n+1}=6x_n-x_{n-1}(x\in\mathbf{N}_+)$. 求证：数列$\{x_n\}$中无完全平方数.

18.记$\{p_i\mid i\in\mathbf{N}_+\}$是所有质数从小到大排成的序列，令$a_n=\sum\limits_{i=1}^{n}i^2p_i(n\in\mathbf{N}_+)$. 证明：对任意的正整数 n，闭区间$[a_n,a_{n+1}]$上至少有 $n+1$ 个完全平方数.

19.(2011 年上海市高二年级数学竞赛)已知$\{a_n\}$

是一个首项为 9,公差为 7 的等差数列.

(1)证明:数列$\{a_n\}$中有无穷多项是完全平方数;

(2)数列$\{a_n\}$中,第 100 个完全平方数是第几项?

20.已知数列$\{a_n\}$满足

$$a_0=1,a_1=0,a_2=2\ 005$$
$$a_{n+2}=-3a_n-4a_n-4a_{n-1}+2\ 005$$
$$n=1,2,\cdots$$

记 $b_n=5(a_{n+2}-a_n)(502-a_{n-1}-a_{n-2})+4^n\times 2\ 004\times 501$.

问:对 $n\geqslant 3$,b_n 是否为完全平方数?请说明理由.

21.(2004 年国家集训队第 6 次考试)已知数列$\{c_n\}$满足

$$c_0=1,c_1=0,c_2=2\ 005$$
$$c_{n+2}=-3c_n-4c_{n-1}+2\ 008\quad(n=1,2,\cdots)$$

记 $a_n=5(c_{n+2}-c_n)(502-c_{n-1}-c_{n-2})+4^n\times 2\ 004\times 501(n=1,2,\cdots)$.问 $n>2$ 时,a_n 是否为完全平方数?

22.(2000 年上海市高中数学竞赛)设 $p_1,p_2,\cdots,p_n$ 是 n 个不同质数,用这些质数作为项(允许重复),任意组成一个数列,使这个数列不存在某些相邻项的积是完全平方.证明:这种数列的项数有最大值(记为 $L(n)$),并求 $L(n)$的表达式.

23.(2010 年第 36 届俄罗斯数学奥林匹克)以 S_n 表示前 n 个质数之和,例如

$$S_1=2$$
$$S_2=2+3=5$$
$$S_3=2+3+5=10$$
$$\vdots$$

试问:在数列$\{S_n\}$中是否有相连的两项都是完全

平方数?

24. 设 $A=\{a_1, a_2, \cdots, a_{2010}\}$，其中 $a_n=n+\left[\sqrt{n}+\frac{1}{2}\right]$($1\leqslant n\leqslant 2\ 010$). 正整数 k 具有如下的性质：存在正整数 m，使 $m+1, m+2, \cdots, m+k$ 都属于 A，而 $m, m+k+1$ 都不属于 A. 求这样的正整数 k 的所有取值的集合.

25.(1988 年奥地利——波兰数学竞赛)两个整数数列$\{a_k\}_{k\geqslant 0}$与$\{b_k\}_{k\geqslant 0}$满足

$$b_k=a_k+9$$

$$a_{k+1}=8b_k+8 \quad (k\geqslant 0)$$

数 1 988 出现于$\{a_k\}_{k\geqslant 0}$或$\{b_k\}_{k\geqslant 0}$中.

求证数列$\{a_k\}_{k\geqslant 0}$不含完全平方数的项.

26. 设自然数 x_n, y_n 满足

$$x_n+\sqrt{2}y_n=\sqrt{2}(3+2\sqrt{2})^{2^n} \quad (n\in\mathbf{N}) \qquad ①$$

求证：y_n-1 为完全平方数($n\in\mathbf{N}$).

27.(1983 年瑞典数学竞赛)证明如果存在 n 个正整数 $x_1, x_2, \cdots, x_n$ 满足 n 个方程

$$\begin{cases}2x_1-x_2=1\\ -x_{k-1}+2x_k-x_{k+1}=1 \quad (k=2,3,\cdots,n-1)\\ -x_{n-1}+2x_n=1\end{cases}$$

则 n 是偶数.

其他方面的问题

第11章

例1 1975年第36届美国普特南数学竞赛)设整数 n 是两个三角数之和 $n=\frac{a^2+a}{2}+\frac{b^2+b}{2}$，试证可将 $4n+1$ 表示为两个平方数的和 $4n+1=x^2+y^2$，并且 x 与 y 可用 a 与 b 表示. 反之，证明若 $4n+1=x^2+y^2$，则 n 是两个三角数之和.(这里 a,b,x,y 为整数)

解 由 $n=\frac{a^2+a}{2}+\frac{b^2+b}{2}$ 得

$$4n+1=2a^2+2a+2b^2+2b+1=a^2+b^2+1+2a+2b+2ab+a^2+b^2-2ab=(a+b+1)^2+(a-b)^2$$

反之，令 $4n+1=x^2+y^2$，x,y 为整数，则 x 和 y 一为奇数，一为偶数. 从而 $x+y-1$ 与 $x-y-1$ 均为偶数.

令 $a=\frac{x+y-1}{2}$，$b=\frac{x-y-1}{2}$，则 a 与 b 均为整数. 此时

$\frac{a^2+a}{2}+\frac{b^2+b}{2}=$

$\frac{1}{2}\left[\frac{(x+y-1)^2}{4}+\frac{x+y-1}{2}+\frac{(x-y-1)^2}{4}+\frac{x-y-1}{2}\right]=$

$\frac{x^2+y^2-1}{4}=\frac{4n+1-1}{4}=n$

即 n 可表示为两个三角数之和.

例 2　(1978 年罗马尼亚数学竞赛)设 m 和 n 为整数,且 $m\geqslant 1$,$n\geqslant 1$,使$\sqrt{7}-\frac{m}{n}>0$. 证明$\sqrt{7}-\frac{m}{n}>\frac{1}{mn}$.

证明　因为

$$\sqrt{7}-\frac{m}{n}>0$$

所以

$$7n^2>m^2$$

于是

$$7n^2=m^2+a\quad(a\in\mathbf{N})\qquad ①$$

由于

$$n^2\equiv 1,0,4 \pmod 8$$

所以

$$7n^2\equiv 7,0,4 \pmod 8$$

又当 $a=1,2$ 时

$$m^2+a\equiv 1,2,3,5,6 \pmod 8$$

此时①式不可能成立. 因此

$$a\geqslant 3$$

当 $a\geqslant 3$ 时

$$7m^2n^2=(m^2+a)m^2=m^4+am^2\geqslant m^4+2m^2+m^2\geqslant (m^2+1)^2$$

其中等号当且仅当 $a=3, m=1$ 时成立.

然而当 $a=3, m=1$ 时,式①变为

$$7n^2=1^2+3=4$$

这是不可能的. 所以

$$7m^2n^2>(m^2+1)^2$$

即

$$\sqrt{7}mn>m^2+1$$

$$\sqrt{7}-\frac{m}{n}>\frac{1}{mn}$$

例 3 (2003 年美国数学邀请赛)正整数 a, b 之差为 60,$\sqrt{a}+\sqrt{b}$ 等于非完全平方数 c 的平方根. 求 $a+b$ 的最大值.

解法 1 设 $x=\min\{a, b\}$. 则

$$\sqrt{x}+\sqrt{x+60}=\sqrt{c}$$

于是

$$x+x+60+2\sqrt{x(x+60)}=c$$

因此,存在某个正整数 z,使得

$$x(x+60)=z^2 \Rightarrow x^2+60x+900=z^2+900 \Rightarrow$$
$$(x+30)^2-z^2=900 \Rightarrow$$
$$(x+30+z)(x+30-z)=900$$

注意到,$x+30+z>x+30-z$,且两式奇偶性相同. 则

$$(x+30+z, x+30-z)=$$
$$(450,2),(150,6),(90,10),(50,18)$$

解得 $x=196,48,20,4$.

检验知,当 $x=196$ 或 4 时,$\sqrt{x}+\sqrt{x+60}$ 均为整数;当 $x=48$ 时,得 $\sqrt{48}+\sqrt{108}=\sqrt{300}$;当 $x=20$

时，得 $\sqrt{20}+\sqrt{80}=\sqrt{180}$.

故所求 $a+b$ 的最大值为 $48+108=156$.

解法 2　同解法 1 得到 $x(x+60)=z^2$.

设 $(x,x+60)=d$. 则

$$x=dm,x+60=dn\quad(m,n\in\mathbf{Z}_+)$$

因为 $dm\cdot dn=z^2$，所以，存在正整数 p,q 使得 $m=p^2,n=q^2$.

于是

$$d(q^2-p^2)=60$$

注意到，p,q 不能同为奇数，否则，$8\mid(q^2-p^2)$. 显然，p,q 也不能同为偶数. 因此，p,q 的奇偶性不同，q^2-p^2 为奇数. 故 $q^2-p^2=1,3,5$ 或 15.

但 $q^2-p^2\neq1$，且 $q^2-p^2\neq15$（否则，$d=4$，x 与 $x+60$将为完全平方数）. 从而，$q^2-p^2=3$ 或 5. 故

$(q+p,q-p)=(3,1)$或$(5,1)\Rightarrow$

$(p,q)=(2,1)$或$(3,2)\Rightarrow$

$(x+60,x)=(2^2\times20,1^2\times20)=(80,20)$或

$(x+60,x)=(3^2\times12,2^2\times12)=(108,48)$

于是，所求最大值为 $108+48=156$.

解法 3　不妨设 $a>b$. 则

$$a-b=60 \tag{①}$$

$$\sqrt{a}+\sqrt{b}=\sqrt{c} \tag{②}$$

①÷②得

$$\sqrt{a}-\sqrt{b}=\frac{60}{\sqrt{c}} \tag{③}$$

②+③得

$$2\sqrt{a}=\sqrt{c}+\frac{60}{\sqrt{c}}\Rightarrow2\sqrt{ac}=c+60$$

因此，$\sqrt{ac}$为整数，c 为偶数. 则 ac 也为偶数，进而，$\sqrt{ac}$为偶数.

又 c 是 4 的倍数，则存在一个非平方数 d，使得 $c=4d$. 于是

$$a=\frac{(c+60)^2}{4c}=\frac{(4d+60)^2}{16d}=\frac{(d+15)^2}{d}=$$

$$d+\frac{255}{d}+30$$

故 d 的可能值为 3，5，15，45，75.

当 $d=3$ 或 75 时，a 取得最大值 $3+75+30=108$. 所以，b 的最大值为 $108-60=48$. 因此，$a+b$ 的最大值为 $48+108=156$.

例 4 已知 k,a 都是正整数，$2\,004k+a$，$2\,004(k+1)+a$ 都是完全平方数.

(1)请问这样的有序正整数(k,a)共有多少组？

(2)试指出 a 的最小值，并说明理由.

解 (1)设

$$2\,004k+a=m^2 \quad ①$$

$$2\,004(k+1)+a=n^2 \quad ②$$

这里 m,n 都是正整数，则

$$n^2-m^2=2\,004$$

故

$$(n+m)(n-m)=2\,004=2\times2\times3\times167$$

注意到，$m+n$，$n-m$ 的奇偶性相同，则

$$\begin{cases}n+m=1\,002\\n-m=2\end{cases} \text{或} \begin{cases}n+m=334\\n-m=6\end{cases}$$

解得$\begin{cases}n=502\\m=500\end{cases}$或$\begin{cases}n=170\\m=164\end{cases}$.

当 $n=502, m=500$ 时，由式①得

$$2\,004k+a=250\,000$$

所以

$$a=2\,004(124-k)+1\,504 \tag{3}$$

由于 k, a 都是正整数，故 k 可以取值 $1, 2, \cdots, 124$，相应得满足要求的正整数组 (k, a) 共 124 组.

当 $n=170, m=164$ 时，由式①得

$$2\,004k+a=26\,896$$

所以

$$a=2\,004(13-k)+844 \tag{4}$$

由于 k, a 都是正整数，故 k 可以取值 $1, 2, \cdots, 13$，相应得满足要求的正整数数组 (k, a) 共 13 组.

从而，满足要求的正整数组 (k, a) 共有

$$124+13=137（组）$$

(2)满足式③的最小正整数 a 的值为 1 504. 满足式④的最小正整数 a 的值为 844. 所以，所求的 a 的最小值为 844.

例 5　(1991 年第 6 届拉丁美洲数学奥林匹克试题)令 $P(x, y)=2x^2-6xy+5y^2$. 若存在整数 B, C，使得 $P(B, C)=A$，则称 A 为 P 的值.

(1)在 $\{1, 2, \cdots, 100\}$ 中，哪些元素是 P 的值？

(2)证明 P 的值的积仍然是 P 的值.

解　易知，$P(x, y)=(x-y)^2+(x-2y)^2$. 即如果 A 是 P 的值，则 A 是两个整数的平方和. 反之，若 A 是两个整数的平方和，$A=U^2+V^2$. 令 $x=2U-V, y=U-V$，则 x, y 均为整数，于是 A 为 P 的值.

因此，一个数是 P 的值的充要条件是这个数可写成两个整数的平方和.

(1)在集合{1,2,⋯,100}中,下列元素是 P 的值:

1,2,4,5,8,9,10,13,16,17,18,20,25,26,29,32,34,36,37,40,41,45,49,50,52,53,58,61,64,65,68,72,73,74,80,81,82,85,89,90,97,98,100.

(2)设 A_1,A_2 是 P 的值,即 $A_1=U_1^2+V_1^2,A_2=U_2^2+V_2^2$,可得

$$A_1A_2=(U_1^2+V_1^2)(U_2^2+V_2^2)=(U_1U_2+V_1V_2)^2+(U_1V_2-U_2V_1)^2$$

从而 A_1A_2 也是 P 的值.

例 6 (1987 年第 28 届国际数学奥林匹克)对任意自然数 $n\geqslant3$,在欧氏平面上都存在 n 个点,使得其中任何两点间的距离都是无理数,而每三点构成的三角形非退化且有有理面积.

证明 考虑这样的 n 个点

$$(1,1^2),(2,2^2),\cdots,(n,n^2)$$

则其中任意两点 (i,i^2) 和 (j,j^2) 间的距离

$$\sqrt{(i-j)^2+(i^2-j^2)^2}=|i-j|\sqrt{1+(i+j)^2}$$

由于

$$(i+j)^2<1+(i+j)^2<(i+j+1)^2$$

则

$$1+(i+j)^2<1+(i+j)^2<(i+j+1)^2$$

则 $1+(i+j)^2$ 位于两个相邻平方数 $(i+j)^2$ 与 $(i+j+1)^2$ 之间,显然 $1+(i+j)^2$ 不是完全平方数,因而 $\sqrt{(i-j)^2+(i^2-j^2)^2}$ 是无理数,从而任意两点间的距离是无理数.

对于这些点中的任意三点 (i,i^2),(j,j^2) 和 (k,k^2),由于它们是同一条抛物线 $y=x^2$ 上的三点,当然不共线,即此三点组成的三角形为非退化的.

这个三角形的面积为

$$S=\frac{1}{2}\begin{vmatrix} i & i^2 & 1 \\ j & j^2 & 1 \\ k & k^2 & 1 \end{vmatrix}$$

的绝对值.

显然是一个有理数.

例 7　(2003 年匈牙利数学奥林匹克)设 n 是大于 2 的整数，a_n 是最大的 n 位数，且 a_n 既不是两个完全平方数的和，又不是两个完全平方数的差.

(1)求 a_n(表示成 n 的函数)；

(2)求 n 的最小值，使得 a_n 的各位数码的平方和是一个完全平方数.

解　(1)$a_n=10^n-2$.

先证最大性，在 n 位十进制整数中，只有

$$10^n-1>10^n-2$$

$$10^n-1=9\times\frac{10^n-1}{9}=$$

$$\left(\frac{\frac{10^n-1}{9}+9}{2}-\frac{\frac{10^n-1}{9}-9}{2}\right)\left(\frac{\frac{10^n-1}{9}+9}{2}+\frac{\frac{10^n-1}{9}-9}{2}\right)=$$

$$\left(\frac{\frac{10^n-1}{9}+9}{2}\right)^2-\left(\frac{\frac{10^n-1}{9}-9}{2}\right)^2$$

因为 $\frac{10^n-1}{9}$ 为奇数，所以 $\frac{\frac{10^n-1}{9}+9}{2}$ 和 $\frac{\frac{10^n-1}{9}-9}{2}$ 均为整数.

因此，10^n-1 可以表示为两个完全平方数之差，不合题目要求.

再证 $a_n=10^n-2$，不能表示为两个完全平方数之

和,也不能表示为两个完全平方数之差.

由于

$$10^n-2\equiv2 \pmod 4) \quad (n\geqslant2)$$

而一个完全平方数满足 $a^2\equiv0,1\pmod 4$,故两个完全平方数的差对 mod 4,只能为 0,1,3,而不能为 2.所以 10^n-2 不能表示为两个完全平方数之差.

由于

$$10^n-2\equiv6 \pmod 6) \quad (n>2)$$

而一个完全平方数满足 $a^2\equiv0,1,4\pmod 8$,故两个完全平方数的和对 mod 8,只能为 0,1,2,4,5,而不能为 6.所以 10^n-2 不能表示为两个完全平方数之和.即 $a_n=10^n-2$ 符合题目要求.

(2)由于 $a_n=10^n-2=99\cdots98$,则其各位数码的平方和 $s(a_n)$ 为

$$s(a_n)=(n-1)\cdot9^2+8^2$$

设

$$(n-1)\cdot9^2+8^2=k^2$$

则

$$9^2(n-1)=(k-8)(k+8)$$

因为 $n\geqslant3$,且 $-8\not\equiv8\pmod 9$,所以

$$81\mid(k+8)\text{或}81\mid(k-8)$$

若 $81\mid(k+8)$,则 $k_{\min}=73,n=66$.

若 $81\mid(k-8)$,则 $k_{\min}=89,n=98$.

所以 n 的最小值为 66.

例 8 对于任意给定的数码排列 $A=\overline{a_1a_2\cdots a_n}$,求证:总可以找到一个完全平方数,使此数的前 k 个数码恰好是给定的数码排列 A.

证明　若自然数 n 的前 k 个数码恰好是给定的数码排列 A，即 $n=\overline{a_1a_2\cdots a_kb_1b_2\cdots b_l}$，则 $A\cdot 10^l\leqslant n<(A+1)\cdot 10^l$；反之亦然. 因此，要证命题成立，只要证明存在自然数 m 及非负整数 l，使 $A\cdot 10^l\leqslant m^2<(A+1)\cdot 10^l$，即 $\sqrt{A\cdot 10^l}\leqslant m<\sqrt{(A+1)\cdot 10^l}$. 为了证明 m 的存在，应证明存在非负整数 l，使 $\sqrt{(A+1)\cdot 10^l}-\sqrt{A\cdot 10^l}>1$. 而

$$\sqrt{(A+1)\cdot 10^l}-\sqrt{A\cdot 10^l}=\frac{(A+1)\cdot 10^l-A\cdot 10^l}{\sqrt{(A+1)\cdot 10^l}+\sqrt{A\cdot 10^l}}=\frac{10^l}{\sqrt{(A+1)\cdot 10^l}+\sqrt{A\cdot 10^l}}=\frac{10^{\frac{l}{2}}}{\sqrt{A+1}+\sqrt{A}}$$

显然上式最后结果的分母对给定的数码排列 A 而言是常数，而分子 $10^{\frac{l}{2}}$ 随着 l 的增大可以无限地增大，因此，可以选取足够大的自然数 l，使

$$\sqrt{(A+1)\cdot 10^l}-\sqrt{A\cdot 10^l}=\frac{10^{\frac{l}{2}}}{\sqrt{A+1}+\sqrt{A}}>1$$

命题因此得证.

例 9　一间房间有 n 个抽屉，标上号码 1 至 n，全部锁上. n 个人 $p_1,p_2,p_3,\cdots,p_n$ 排成一列，依次通过这间房间，每个人 p_k 将(并且仅将)那些标号被 k 整除的抽屉的状态改变，即如果抽屉锁是开的，p_k 将它锁上，如果抽屉是锁的，p_k 将它打开. 在 n 个人全部通过这间房间后，有哪些抽屉是打开的？如果这 n 个人进行同样的操作，但依照某种不同的次序通过，结果又如何？

解 因为 n 个抽屉在开始时全部锁着，所以当 n 个人全部通过这间房间后，若有某抽屉是打开的，那么该抽屉一定被操作过奇数次，若某抽屉是锁着的，则该抽屉一定被操作过偶数次.

另一方面，根据题意，每个人 p_k 将(且仅将)对那些标号被 k 整除的抽屉进行一次操作，因此，当 n 个人全部通过这间房间后，若某抽屉是打开的，则该抽屉的编号一定具有奇数个因数. 根据完全平方数的性质，该所屉的编号一定是一个完全平方数. 故当 n 个人全部通过这间房间后，那些编号为完全平方数的抽屉是打开的.

例 10 (第 8 届美国普特南数学竞赛题或 1987 年第 19 届加拿大数学竞赛题)如果 n 是正整数，求证：$[\sqrt{n}+\sqrt{n+1}]=[\sqrt{4n+2}]$.

解 根据 $m^2\leqslant n<(m+1)^2$，设 $n=m^2+k$，其中 $0\leqslant k\leqslant 2m$. 当 $0\leqslant k\leqslant m-1$ 时，由 $m^2\leqslant n<m^2+m-1$，得

$$m\leqslant\sqrt{n}<\sqrt{m^2+m-1}<\sqrt{m^2+m+\frac{1}{4}}=m+\frac{1}{2}$$

又由 $m^2<n+1<m^2+n$，得

$$m<\sqrt{n+1}<\sqrt{m^2+m}<m+\frac{1}{2}$$

从而

$$2m<\sqrt{n}+\sqrt{n+1}<2m+1$$

即

$$[\sqrt{n}+\sqrt{n+1}]=2m$$

另一方面

$$2m\leqslant\sqrt{4m^2+4k}<\sqrt{4n+2}<\sqrt{4m^2+4m+1}=2m+1$$

即

$$[\sqrt{4n+2}]=2m$$

当 $m\leqslant k\leqslant 2m$ 时

$$\sqrt{n}+\sqrt{n+1}\leqslant\sqrt{m^2+2m}+\sqrt{m^2+2m+1}<2m+2$$

$$\sqrt{n}+\sqrt{n+1}\geqslant\sqrt{m^2+m}+\sqrt{m^2+m+1}=$$

$$2m+1+(\sqrt{m^2+m}-m)-(m+1-\sqrt{m^2+m+1})=$$

$$2m+1+\frac{m}{\sqrt{m^2+m}+m}-\frac{m}{m+1+\sqrt{m^2+m+1}}>$$

$$2m+1$$

而

$$2m+1<\sqrt{4m^2+4m+2}\leqslant\sqrt{4n+2}\leqslant\sqrt{4m^2+8m+2}\leqslant 2m+2$$

故有 $[\sqrt{n}+\sqrt{n+1}]=[\sqrt{4n+2}]=2m+1$.

例 11 (2001 年俄罗斯数学奥林匹克)萨沙在黑板上写了一个非 0 数字,再在它的右边补上一个非 0 数字,并一直如此补下去,直到一共写了 1 000 000 个非 0 数字,证明:在此过程中,黑板上至多有 100 次出现完全平方数.

证明 设 $x_1^2,x_2^2,\cdots$ 是黑板上先后出现的由偶数个数字组成的完全平方数.并设这经们分别含有 $2n_1$,$2n_2$,$\cdots(n_1<n_2<\cdots)$个数字.

设 $y_1^2,y_2^2,\cdots$ 是黑板上先后出现的由奇数个数字组成的完全平方数,并设它们分别含有 $2m_1-1$,$2m_2-1$,$\cdots(m_1<m_2<\cdots)$个数字.

由于 x_k^2 是由 $2n_k$ 个非零数字组成的 $2n_k$ 位数,则

$$x_k^2>10^{2n_{k-1}}$$

即

$$x_k>10^{n_{k-1}}$$

考虑下一个完全平方数 x_{k+1}^2,x_{k+1}^2是由 x_k^2 的右侧添上了 $2a$ 个非零数字得到的,所以

$$10^{2a}x_k^2<x_{k+1}^2<10^{2a}x_k^2+10^{2a}$$

因而有

$$10^a x_n+1\leqslant x_{n+1}^2$$

于是

$$10^{2a}x_k^2+2\cdot 10^a x_k+1\leqslant x_{k+1}^2<10^{2a}x_k^2+10^{2a}$$

由此得

$$2\cdot 10^a x_k+1<10^{2a}$$

$$x_k<10^a$$

这表明 x_k 由不多于 a 个数字组成,即 $n_k\leqslant a$,且

$$a+n_k\leqslant n_{k+1},\quad 2n_k\leqslant n_{k+1}$$

所以

$$n_k\geqslant 2^k$$

同理

$$m_k\geqslant 2^k$$

由于 $2^{50}>1\ 000\ 000$,则 n_k,m_k 均不会出现 50 个.所以黑板上至多有 100 次出现完全平主数.

例 12 (2000 年第 41 届国际数学奥林匹克预选题)已知正整数集合 A 中的元素不能表示为若干个不同的完全平方数之和.证明:A 中的元素只有有限个.

证明 假设存在正整数 N,满足

$$N=a_1^2+a_2^2+\cdots+a_m^2,2N=b_1^2+b_2^2+\cdots+b_n^2$$

其中 $a_1,a_2,\cdots,a_m,b_1,b_2,\cdots b_n$ 是正整数,且对于所有 $\alpha,\beta,\gamma,\delta$,当 $\alpha\neq\beta,\gamma\neq\delta$ 时,$\frac{a_\alpha}{a_\beta},\frac{a_\alpha}{b_\delta},\frac{b_\gamma}{a_\beta},\frac{b_\gamma}{b_\delta}$都不是 2 的整数次幂(包括 $2^0=1$).

下面证明:对于每一个整数 $p > \sum_{k=0}^{4N-2}(2kN+1)^2$,均能表示为若干个不同的完全平方数之和.

设 $p=4Nq+\gamma$,其中 $0\leqslant\gamma\leqslant 4N-1$,因为

$$\gamma \equiv \sum_{k=0}^{\gamma-1}(2kN+1)^2 \pmod{4N}$$

且

$$\sum_{k=0}^{\gamma-1}(2kN+1)^2 < p$$

所以,当 $\gamma\geqslant 1$ 时,存在正整数 t,使得

$$p = \sum_{k=0}^{\gamma-1}(2kN+1)^2 + 4Nt$$

当 $\gamma=0$ 时,$p=4Nt$,此时 $t=q$,设

$$t = \sum_i 2^{2u_i} + \sum_j 2^{2v_j+1}$$

则

$$4Nt = 4N\sum_i 2^{2u_i} + 4N\sum_j 2^{2v_j+1} = \sum_{i,\alpha}(2^{u_i+1}a_\alpha)^2 + \sum_{j,\gamma}(2^{v_j+1}b_\gamma)^2$$

所以有

$$p = \begin{cases} \sum_{k=0}^{\gamma-1}(2kN+1)^2 + 4Nt & (\gamma \geqslant 1) \\ 4Nt & (\gamma = 0) \end{cases}$$

容易验证,上式中的所有完全平方数互不相同.

最后证明这样的正整数 N 是存在的,$N=29$,因为

$$29=2^2+5^2, 58=3^2+7^2$$

例 13　(2005 年韩国第 18 届数学奥林匹克)求所有的正整数 n,它能唯一地表示为 5 个或少于 5 个正

整数的平方和.(这里,两个求和顺序不同的表达式被认为是相同的,例如,3^2+4^2 和 4^2+3^2 被认为是 25 的同一个表达式.)

解 首先,证明对于所有的 $n\geqslant 17$,有多于 2 个不同的表达式.

因为每个正整数都可以表示为 4 个或不足 4 个的正整数的平方和(拉格朗日四平方和定理),于是,存在非负整数 $x_i,y_i,z_i,w_i(i=1,2,3,4)$满足

$$n-0^2=x_0^2+y_0^2+z_0^2+w_0^2$$

$$n-1^2=x_1^2+y_1^2+z_1^2+w_1^2$$

$$n-2^2=x_2^2+y_2^2+z_2^2+w_2^2$$

$$n-3^2=x_3^2+y_3^2+z_3^2+w_3^2$$

$$n-4^2=x_4^2+y_4^2+z_4^2+w_4^2$$

由此得

$$n=x_0^2+y_0^2+z_0^2+w_0^2=1^2+x_1^2+y_1^2+z_1^2+w_1^2=$$
$$2^2+x_2^2+y_2^2+z_2^2+w_2^2=3_3^2+y_3^2+z_3^2+w_3^2=$$
$$4^2+x_4^2+y_4^2+z_4^2+w_4^2$$

假设 $n\neq 1^2+2^2+3^2+4^2=30$,则有

$$\{1,2,3,4\}\neq(x_0,y_0,z_0,w_0\}$$

所以,存在 $k\in\{1,2,3,4\}\setminus\{x_0,y_0,z_0,w_0\}$,且对这样的 k,$x_0^2+y_0^2+z_0^2+w_0^2$ 和 $k^2+x_k^2+y_k^2+z_k^2+w_k^2$ 是 n 的不同的表达式.

因为 $30=1^2+2^2+3^2+4^2=1^2+2^2+5^2$,只要考虑 $1\leqslant n\leqslant 16$ 即可.

下面这些正整数有两种(或更多)不同的表达式

$$4=2^2=1^2+1^2+1^2+1^2$$

$$5=1^2+2^2=1^2+1^2+1^2+1^2+1^2$$

$$8=2^2+2^2=1^2+1^2+1^2+1^2+2^2$$

$$9=3^2=1^2+2^2+2^2$$

$$10=1^2+3^2=1^2+1^2+2^2+2^2$$

$$11=1^2+1^2+3^2=1^2+1^2+1^2+2^2+2^2$$

$$12=1^2+1^2+1^2+3^2=2^2+2^2+2^2$$

$$13=1^2+1^2+1^2+1^2+3^2=1^2+2^2+2^2+2^2$$

$$14=1^2+2^2+3^2=1^2+1^2+2^2+2^2+2^2$$

$$16=4^2=2^2+2^2+2^2+2^2$$

而 1,2,3,6,7,15 这六个正整数仅有唯一的表达式

$$1=1^2,2=1^2+1^2,3=1^2+1^2+1^2$$

$$6=1^2+1^2+2^2,7=1^2+1^2+1^2+2^2$$

$$15=1^2+1^2+2^2+3^2$$

因此，所求的正整数 n 为 1,2,3,6,7,15.

例 14　(2006 年第 35 届 USAMO)试求所有的正整数 n，使得存在 $k(k\geqslant 2)$ 个正有理数 $a_1,a_2,\cdots,a_k$，使得

$$a_1+a_2+\cdots+a_k=a_1a_2\cdots a_k=n$$

解　所求的所有 n 为 $n=4$ 或 $n\geqslant 6$.

(1)我们首先证明 $n\in\{4,6,7,8,9,\cdots\}$满足题设.

(ⅰ)当 n 为不小于 4 的偶数时，设 $n=2k$，设

$$(a_1,a_2,a_3,\cdots,a_k)=(k,2,1,\cdots,1)$$

$$a_1+a_2+\cdots+a_k=k+2+1\times(k-2)=2k=n$$

且

$$a_1a_2\cdots a_k=2k=n$$

(ⅱ)若 n 为不小于 9 的奇数时，设 $n=2k+3$，设

$$(a_1,a_2,a_3,\cdots,a_k)=\left(k+\frac{3}{2},\frac{1}{2},4,1,\cdots,1\right)$$

则

$$a_1+a_2+\cdots+a_k=k+\frac{3}{2}+\frac{1}{2}+4+(k-3)=2k+3=n$$

且

$$a_1a_2\cdots a_k=\left(k+\frac{3}{2}\right)\times\frac{1}{2}\times4=2k+3=n$$

（ⅲ）特别地，当 $n=7$ 时，考虑 $(a_1,a_2,a_3)=\left(\frac{4}{3},\frac{7}{6},\frac{9}{2}\right)$. 显然满足

$$a_1+a_2+a_3=a_1a_2a_3=7=n$$

(2)下证 $n\in\{1,2,3,5\}$ 不满足条件.

假设存在 $k(k\geqslant2)$ 个正有理数，它们的和与积均匀为 $n\in\{1,2,3,5\}$，根据均值不等式，有

$$n^{\frac{1}{k}}=\sqrt[k]{a_1a_2\cdots a_k}\leqslant\frac{a_1+a_2+\cdots+a_k}{k}=\frac{n}{k}$$

即

$$n\geqslant k^{\frac{k}{k-1}}=k^{1+\frac{1}{k-1}}$$

下证当 $k\geqslant3$ 时，均有 $n>5$

$$k=3\Rightarrow n\geqslant3\sqrt{3}>5$$

$$k=4\Rightarrow n\geqslant4\sqrt[3]{4}>5$$

$$k=5\Rightarrow n\geqslant5^{1+\frac{1}{k-1}}>5$$

这表明 1,2,3,5 均不能表示成不少于 3 个正实数的和或积.

当 $k=2$ 时，假设存在有理数 a_1,a_2，使得

$$a_1+a_2=a_1a_2=n\in\{1,2,3,5\}$$

则 $n=\frac{a_1^2}{(a_1-1)}$，于是

$$a_1^2-na_1+n=0$$

由于 a_1 为有理数，故 n^2-4n 是完全平方数. 而对 $n\in$

$\{1,2,3,5\}$，n^2-4n 均不是完全平方数，矛盾.

综上，所求的所有 n 为 $n=4$ 或 $n\geqslant 6$.

例 15 （2006 年中国西部数学奥林匹克）设正整数 a 不是完全平方数，求证：对每一个正整数 n

$$S_n=\{\sqrt{a}\}+\{\sqrt{a}\}^2+\cdots+\{\sqrt{a}\}^x$$

的值都是无理数. 这里 $\{x\}=x-[x]$，其中 $[x]$ 表示不超过 x 的最大整数.

证明 设 $c^2<a<(c+1)^2$，其中整数 $c\geqslant 1$，则 $[\sqrt{a}]=c$，且 $1\leqslant a-c^2\leqslant 2c$，而 $\{\sqrt{a}\}=\sqrt{a}-[\sqrt{a}]=\sqrt{a}-c$. 令

$$\{\sqrt{a}\}^k=(\sqrt{a}-c)^k=x_k+y_k\sqrt{a}\quad (k\in\mathbf{N}_+,x_k,y_k\in\mathbf{Z})$$

则

$$S_n=(x_1+x_2+\cdots+x_n)+(y_1+y_2+\cdots+y_n)\sqrt{a}\quad ①$$

下面证明，对所有正整数 n，$T_n=\sum\limits_{k=1}^{n}y_k\neq 0$. 由于

$$x_{k+1}+y_{k+1}\sqrt{a}=(\sqrt{a}-c)^{k+1}=(\sqrt{a}-c)(x_k+y_k\sqrt{a})=(ay_k-cx_k)+(x_k-cy_k)\sqrt{a}$$

所以

$$\begin{cases}x_{k+1}=ay_k-cx_k\\y_{k+1}=x_k-cy_k\end{cases}$$

由 $x_1=-c$，$y_1=1$ 可得 $y_2=-2c$.

消去 x_k 得

$$y_{k+2}=-2cy_{k+1}+(a-c^2)y_k\quad ②$$

其中 $y_1=1$，$y_2=-2c$.

由数学归纳法易得

$$y_{2k-1}>0,y_{2k}<0\quad ③$$

由②和③，可得

$$y_{2k+2}-y_{2k+1}=-(2c+1)y_{2k+1}+(a-c^2)y_{2k}<0$$
$$y_{2k+2}+y_{2k+1}=-(2c-1)y_{2k+1}+(a-c^2)y_{2k}<0$$

相乘得 $y_{2k+1}^2-y_{2k+1}^2>0$,又因 $y_2^2-y_1^2>0$,故

$$|y_{2k-1}|<|y_{2k}|$$

又由

$$y_{2k+1}-y_{2k}=-(2c+1)y_{2k}+(a-c^2)y_{2k-1}>0$$
$$y_{2k+1}+y_{2k}=-(2c-1)y_{2k}+(a-c^2)y_{2k-1}>0$$

相乘得 $y_{2k+1}^2-y_{2k}^2>0$,即 $|y_{2k}|<|y_{2k+1}|$. 所以,对所有正整数 n,都有

$$|y_n|<|y_{n+1}| \quad ④$$

故由③④得,对所有正整数 n,都有 $y_{2k-1}+y_{2k}<0$,$y_{2k}+y_{2k+1}>0$. 因此

$$T_{2n-1}=y_1+(y_2+y_3)+\cdots+(y_{2n-2}+y_{2n-1})>0,$$
$$T_{2n}=(y_1+y_2)+(y_3+y_4)+\cdots+(y_{2n-1}+y_{2n})<0,$$

从而对所有正整数 n,都有 $T_n\neq 0$,故由①知,S_n 是无理数.

例 16 (2004 年中国国家队培训)试定出所有的整数 n,使得多项式 $p(x)=x^5-nx-n-2$ 能表示成两个非常整系数多项式的乘积.

解 整数 n 的所有值是 $-2,-1,10,19,34,342$.

(1)一方面,$n=-2$ 时

$$p(x)=x^5+2x=x(x^4+2)$$

$n=-1$ 时

$$p(x)=x^5+x-1=(x^2-x+1)(x^3+x^2-1)$$

$n=10$ 时

$$p(x)=x^5-10x-12=(x-2)(x^4+2x^3+4x^2+8x+6)$$

$n=19$ 时

$$p(x)=x^5-19x-21=(x^2-x-3)(x^3+x^2+4x+7$$

$n=34$ 时

$$p(x)=x^5-34x-36=$$
$$(x+2)(x^4-2x^3+4x^2-8x-18)$$

$n=342$ 时

$$p(x)=x^5-342x-344=$$
$$(x+4)(x^4-4x^3+16x^2-64x-86)$$

(2)另一方面，设 $p(x)=x^5-nx-n-2$ 可分解成两个非常数整系数多项式的乘积，以下证明

$$n\in\{-2,-1,10,19,34,342\}$$

(ⅰ)若方程 $p(x)=0$ 有整数根 α，则

$$\alpha^5-n\alpha-n-2=0\Rightarrow$$
$$\alpha^5-2=n(\alpha+1)\Rightarrow$$
$$\begin{cases}\alpha\neq-1\\ n=\dfrac{\alpha^5-2}{\alpha+1}\end{cases}$$

由 $n\in\mathbf{Z}$ 知，$(\alpha+1)\mid(\alpha^5-2)$．又因为 $(\alpha+1)\mid(\alpha^5+1)$，所以 $(\alpha+1)\mid((\alpha^5+1)-(\alpha^5-2))$，即 $(\alpha+1)\mid 3$，因此，$\alpha\in\{-4,-2,0,2\}$，于是 $n\in\{-2,10,34,342\}$．

(ⅱ)若 $p(x)=(x^2+ax+b)(x^3+cx^2+dx+e)$，$a,b,c,d,e\in\mathbf{Z}$，则比较对应项系数得

$$\begin{cases}a+c=0 & ①\\ ac+b+d=0 & ②\\ ad+bc+e=0 & ③\\ bd+ae=-n & ④\\ be=-(n+2) & ⑤\end{cases}$$

由①得 $c=-a$ 代入②，⑤得

$$d=a^2-b \qquad ⑥$$

结合③可得

$$e=-ad-bc=-a(a^2-b)-b(-a)=2ab-a^3 \quad ⑦$$

由④,⑤,⑥,⑦得

$$-n=b(a^2-b)+a(2ab-a^3)- \quad ⑧$$

$$(n+2)=b(2ab-a^3) \quad ⑨$$

⑧－⑨得

$$2=b(a^2-b)+a(2ab-a^3)-b(2ab-a^3)\Leftrightarrow$$

$$(2a+1)b^2-(a^3+3a^2)b+(a^4+2)=0 \quad ⑩$$

因为 $2a+1\neq0$,得

$$\Delta=(a^3+3a^2)^2-4(2a+1)(a^4+2)$$

为完全平方数,即

$$\Delta=a^6-2a^5+5a^4-16a-8=$$

$$(a^3-a^2+2a+2)^2-24a-12$$

为完全平方数.

当 $a\geqslant4$ 时,显然 $\Delta<(a^3-a^2+2a+2)^2$,并且

$$\Delta-(a^3-a^2+2a+1)^2=2a^3-2a^2-20a-9\geqslant$$

$$8a^2-2a^2-20a-9=$$

$$6a^2-20a-9\geqslant$$

$$24a-20a-9=4a-9\geqslant$$

$$4\times4-9=7>0$$

即

$$(a^3-a^2+2a+2)^2>\Delta>(a^3-a^2+2a+1)^2$$

这与 Δ 是平方数矛盾!

当 $a\leqslant-3$ 时,同理可得

$$(a^3-a^2+2a+2)^2<\Delta<(a^3-a^2+2a+1)^2$$

这与 Δ 是平方数矛盾!

综上所述 $-2\leqslant a\leqslant3$,易验证仅在 $a=-1$ 时,Δ 是完全平方数.代入⑩得 $-b^2-2b+3=0$,解得 $b=-1$

或 3,代入⑧得 $n=-1$ 或 19.

综合 1),2),可知(*)成立.

综合(1),(2)得 $n=-2,-1,10,19,34,342$.

例 17　(1996 年第 37 届 IMO)设正整数 a,b 使 $15a+16b$ 和 $16a-15b$ 都是正整数的平方.求这两个平方数中较小的数能够取到的最小值.

解　设正整数 a,b 使得 $15a+16b$ 和 $16a-15b$ 都是正整数的平方,即

$$15a+16b=r^2,16a-15b=s^2,r\quad (s\in \mathbf{N})$$

于是

$$15^2a+16^2a=15r^2+16s^2$$

即

$$481a=15r^2+16s^2$$

$$16^2b+15^2b=16r^2-15s^2$$

即

$$481b=16r^2-15s^2$$

因此,$15r^2+16s^2,16r^2-15s^2$ 都是 481 的倍数,下证 r,s 都是 481 的倍数.

由 $481=13\times 37$,故只要证明 r,s 都是 13,37 的倍数即可.

先证 r,s 都是 13 的倍数,用反证法.

由于 $16r^2-15s^2$ 是 13 的倍数,则 $13\nmid r,13\nmid s$.因为 $16r^2\equiv 15s^2 \pmod{13}$,所以

$$16r^2s^{10}\equiv 15s^{12}\equiv 15\equiv 2 \pmod{13}$$

由于左边是个完全平方数,两边取 6 次方,有

$$((4rs^5)^2)^6\equiv 1 \pmod{13}$$

故

$$2^6\equiv 1 \pmod{13}$$

矛盾.

再证 $37\mid r,37\mid s$. 用反证法.

假定 $37\nmid r,37\nmid s$. 因为

$$37\mid 15r^2+16s^2,37\mid 16r^2-15s^2$$

所以

$$37\mid r^2-31s^2$$

即

$$r^2\equiv 31s^2 \pmod{37}$$

因此

$$r^2s^{34}\equiv 31s^{36}\equiv 31 \pmod{37}$$

左边是完全平方数,两边取 18 次方,即得

$$31^{18}\equiv 1 \pmod{37}$$

但

$$31^{18}\equiv(31^2)^9\equiv((-6)^2)^9\equiv 36^9\equiv(-1)^9\equiv -1 \pmod{37}$$

矛盾.

从而,$481\mid r,481\mid s$,显见这两个完全平方数都大于或等于 481^2.

另一方面,取 $a=481\times 31,b=481$ 时,两个完全平方数都是 481^2. 因此,所求的最小值等于 481^2.

例 18 (1986 年第 20 届全苏数学奥林匹克)在一个国家里,国王要建 n 个城市,并在它们之间建 $n-1$ 条道路,使得从每个城市可通往任何一个城市(每条道路连结两个城市,道路不相交,也不经过其他城市). 国王要求:沿着道路网两座城市之间的最短距离分别是 1 千米,2 千米,3 千米,…,$\frac{n(n-1)}{2}$千米. 如果

(1)$n=6$;

(2)$n=1\ 86$.

试问：国王的要求能实现吗？

解　(1)$n=6$ 时，可设计如下的道路网路图(如图1)：

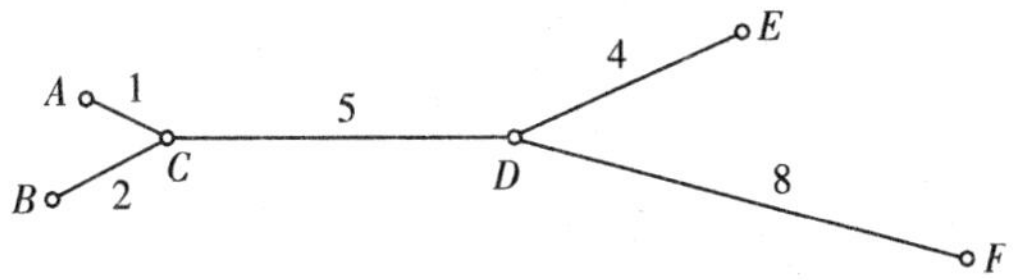

图 11-1

图 11-1 中 A,B,C,D,E,F 为六个城市，数字是道路长的千米数.

(2)$n=1\ 986$ 时.

根据 n 个城市间建 $n-1$ 条道路的题设要求，可以断定，从任一城市到另一城市只有唯一的路线.

设某一城市 A，并称它为"好的"，如果从 A 到另一城市 B 的路程是偶数，则称 B 也是"好的"，如果从 A 到 B 的路程是奇数，则称 B 是"坏的".

于是，当且仅当两个城市都是"好的"或都是"坏的"时，这两个城市间的路程是偶数.

设 x 是"好的"城市数目，y 是"坏的"城市数目. 于是 $x+y=n$.

一个"好的"和一个"坏的"的配成的城市对的对数共有 xy 个.

若符合题目要求，使之出现每两个城市间沿路网的最小路程分别是

$$1,2,3,\cdots,\frac{1}{2}n(n-1)$$

则在这些数中有 xy 个奇数.

(i)若$\frac{1}{2}n(n-1)$是偶数，则

$$xy=\frac{1}{2}\cdot\frac{1}{2}n(n-1)$$

于是

$$n=n^2-4xy=(x+y)^2-4xy=(x-y)^2$$

(ii)若$\frac{1}{2}n(n-1)$是奇数,则

$$xy=\frac{1}{2}\left[\frac{1}{2}n(n-1)+1\right]$$

于是

$$n=n^2-4xy+2$$
$$n-2=(x-y)^2$$

这就是说,仅当 n 或 $n-2$ 是完全平方数时,才能建起满足题设要求的道路,然而 1 986 及 1 986－2 不是平方数,所以 $n=1\ 986$ 时,国王的要求不能被满足.

例 19 (1994 年中国国家队选拔测试题)设有 n ($n\geqslant3$)个城市,某航它公司在其中的某些城市间开设有直达航班.已知:

(1)从这 n 个城市中的任何一个城市乘坐该公司的飞机到达另外任何一个城市的方式(即可以转机,但经过同一城市至多一次)是唯一的;

(2)在总共 C_n^2 种乘坐该公司飞机的路线中,票价恰好分别为 $1,2,\cdots,C_n^2$ 百元.

求证:n 是完全平方数,或是完全平方数加 2.(第 6 次测验第 3 题,基本雷同于第 20 届全苏数学奥林匹克竞赛试题)

证明 任取一个城市 A,设这 n 个城市中到 A 乘坐该公司飞机的票价为偶数百元的城市组成集合 S,票价为奇数百元的城市组成集合 T,特别地,城市 A 属于集合 S.设 S 个数为 x,T 个数为 y,$z+y=n$.

S 中任意两个城市之间或 T 中任意两个城市之间,乘坐该公司飞机的票价均为偶数百元,而 S 中的一个城市与 T 中的一个城市之间,乘坐该公司飞机的票价均为奇数百元.

又 $1,2,\cdots,C_n^2$ 中奇数与偶数的个数相等,或者奇数比偶数多 1 个,从而有

$$xy-(C_x^2+C_y^2)=0 \text{ 或 } 1$$

亦即有

$$(x+y)-(x-y)^2=0 \text{ 或 } 2$$

那么,$n=(x-y)^2$ 或 $n=(x-y)^2+2$.

例 20　(2011 年中欧数学奥林匹克)在黑板上写出正整数 N 的所有正因子.选手 A 和 B 进行如下操作:首先选手 A 擦掉黑板上的数 N;如果上一位选手擦掉的数是 d,则下一位选手要么擦掉数 d 的一个因子,要么擦掉数 d 的一个倍数.若某位选手无法进行下步操作,则此选手就输了.试确定所有的正整数 N,使得无论选手 B 怎么操作选手 A 都能获胜.

证明　设 N 的质数分解式为

$$N=p_1^{a_1}p_2^{a_2}\cdots p_k^{a_k}$$

选手们任意写下的 N 的因子,可以用 k 元数组 $(b_1,b_2,\cdots,b_k)$ 来表示(即表示数字 $p_1^{b_1}p_2^{b_2}\cdots p_k^{b_k}$).

根据游戏规则,知数组 $(b_1,b_2,\cdots,b_k)$ 都是由数组 $(c_1,c_2,\cdots,c_k)$ 得到的,其中,对于每个 i,$c_i\leqslant b_i$ 或 $a_i\geqslant c_i\geqslant b_i$(显然,这样的数组可能不存在)

若其中一个 a_i 为奇数,则选手 B 有取胜策略.

不妨设 a_1 为奇数.

当选手 A 操作的数组是 $(b_1,b_2,\cdots,b_k)$ 时,则选手 B 操作的是 $(a_1-b_1,b_2,\cdots,b_k)$.

按照这样的操作,选手 B 是可以取胜的(因为所有数组都可以分解为若干对数组).若选手 A 操作其中一个数组,则选手 B 操作另外一个数组(由 a_1 为奇数,则 $a_1-b_1\neq b_1$).

若所有的 a_i 均为偶数,即 N 是一个完全平方数,则选手 A 有取胜策略.

设选手 B 操作的是 $(b_1,b_2,\cdots,b_k)$,其中一定存在一个 i,使得 $a_i>b_i$(选手 A 的第一次操作为 $(a_1,a_2,\cdots,a_k)$).

设 j 为最小的下标,使得 $a_j>b_j$.则选手 A 的操作可以为

$$(b_1,b_2,\cdots,b_{j-1},a_j-b_j-1,b_{j+1},\cdots,b_k)$$

同理,所有的数组(除了 $(a_1,a_2,\cdots,a_k)$)都可以分解为若干对数组,若选手 B 操作一个,则选手 A 操作另外一个($a_j-b_j-1\neq b_j$,a_j 为偶数).

例 21 (2005 年俄罗斯数学奥林匹克)今有十个互不相同的非零数.现知它们之中任意两个数的和或积是有理数.证明:每个数的平方都是有理数.

解法 1 如果各个数都是有理数,命题自然成立.现设我们的 10 个数中包含有无理数 a,于是其他各数都具有形式 $p-a$ 或 $\frac{p}{a}$,其中 p 为有理数.我们来证明,形如 $p-a$ 的数不会多于两个.事实上,如果有三个不同的数都具有这种形式,不妨设 $b_1=p_1-a,b_2=p_2-a,b_3=p_3-a$.那么易见 $b_1+b_2=p_1+p_2-2a$ 不是有理数,因而 $b_1b_2=p_1p_2-a(p_1+p_2)+a^2$ 就应当是有理数.同理 b_2b_3 和 b_1b_3 是有理数.这也就是说,$A_3=a^2-a(p_1+p_2)$,$A_2=a^2-a(p_1+p_3)$,$A_1=a^2-$

$a(p_2+p_3)$都是有理数，从而 $A_3-A_2=a(p_3-p_2)$是有理数，而这只有当 $p_3-p_2=0$ 时才有可能，所以 $b_2=b_3$，导致矛盾.

这就表明，形如$\frac{p}{a}$的数多于两个，设 $c_1=\frac{p_1}{a}$，$c_2=\frac{p_2}{a}$，$c_3=\frac{p_3}{a}$是三个这样的数. 显然，仅当 $p_1+p_2=0$ 时，$c_1+c_2=\frac{p_1+p_2}{a}$才可能为有理数，而 $p_3\neq p_2$，所以 $c_3+c_2=\frac{p_3+p_2}{a}$为无理数，从而 $c_3c_2=\frac{p_3p_2}{a^2}$为有理数，由此即得 a^2 为有理数.

解法 2　考察其中任意 6 个数. 作一个图，在它的 6 个顶点上分别放上我们的 6 个数. 如果某两个数的和为有理数，就在相应的两个顶点之间连一条蓝边；如果某两个数的积为有理数，就在相应的两个顶点之间连一条红边. 如所周知，在这样的图中存在一个三边同色的三角形，我们来分别讨论其中的各种情况.

(1)如果存在蓝色三角形，则表明存在三个数 x，y，z，使得 $x+y$，$y+z$，$z+x$ 都是有理数. 因而$(x+y)+(z+x)-(y+z)=2x$ 为有理数，亦即 x 为有理数. 同理可知 y 和 z 也都是有理数. 此时我们再来观察其余的任意一个数 t. 显然，无论由 xt 的有理性(题意表明，所有的数均非 0)，还是由 $x+t$ 的有理性，都可以推出 t 为有理数. 所以此时我们的 10 个数都是有理数.

(2)如果存在红色三角形，则表明存在三个数 x，y，z，使得 xy，yz，zx 都是有理数. 因而$\frac{(xy)(zx)}{yz}=x^2$为有理数，同理可知 y^2 和 z^2 也都是有理数. 如果 x，

y,z 三者中至少有一个为有理数，那么只要按照前一种情况进行讨论，即可得知我们的 10 个数都是有理数. 现在设 $x=m\sqrt{a}$，其中 a 为有理数，而 $m=\pm1$. 由于 $xy=m\sqrt{a}\,y=b$ 是有理数，所以 $y=\frac{b}{m\sqrt{a}}=\frac{b\sqrt{a}}{ma}=c\sqrt{a}$，其中 $c\neq m$ 为有理数. 我们再来观察其余的任意一个数 t. 如果 xt 或者 yt 为有理数，那么经过与上类似的讨论，可知 $t=d\sqrt{a}$，其中 d 为有理数，因而 t^2 为有理数.

而如果 $x+t$ 与 $y+t$ 都是有理数，则有 $(x+t)-(y+t)$ 是有理数，但事实上，$(x+y)-(y+t)=(m-c)\sqrt{a}$ 却是无理数，此为矛盾.

综合上述，我们证明了：或者每个数都是有理数，或者每个数的平方都是有理数，这正是所要证明的.

例 22 (1994 年第 35 届国际数学奥林匹克预选题)M 是 $\{1,2,3,\cdots,15\}$ 的一个子集，使得 M 的任何 3 个不同元素的乘积不是一个平方数，确定 M 内全部元素的最多数目.

解 由于子集

$$\{1,4,9\},\{2,6,12\},\{3,5,15\},\{7,8,14\}$$

中，每个子集的 3 个正整数之积都是一个完全平方数，且它们两两不相交，则符合题目要求的子集 M 的元素的个数至多有 11 个.

这是因为，如果 M 的不同元素的个数大于或等于 12 个，则上述四个子集中，至少有一个子集的元素全在 M 内(否则，上述四个子集，每个子集有 2 个元素在 M 内，再加上 $\{10,11,13\}$，只有 11 个元素). 因此，M

的元素个数至多有 11 个.

M 可以这样组成,从上述四个子集中,每个子集各至少取一个元素,然后在 $\{1,2,\cdots,15\}$ 中去掉这 4 个元素.

注意这样一点,上述四个三元子集中的元素不包括 10.

(1)如果 $10\notin M$,则 M 内元素的个数小于或等于 10.

(2)如果 $10\in M$,我们用反证法证明 M 内元素的个数也小于或等于 10.

假设 M 内元素的个数大于 10. 由前所证,M 的元素个数至多有 11 个,则 M 的元素个数为 11.

如果 $\{3,12\}$ 不是 M 的子集,即 3 与 12 这两个数至少有一个不在 M 内,在 $\{1,2,\cdots,15\}$ 中至多再减掉 3 个数,组成集合 M.

当然 10 在 M 内.

由于 $\{2,5\}$,$\{6,15\}$,$\{1,4,9\}$,$\{7,8,14\}$ 是四个两两不相交的子集,3 与 12 不在其中,于是这四个子集中,至少有一个子集在 M 内. 如果留在 M 内的是一个三元子集,由于 $1\times4\times9=6^2$,$7\times8\times14=28^2$,都是完全平方数,不合题意.

如果留在 M 内的是一个二元子集,对于 $\{2,5\}$,由于 $2\times5\times10=10^2$,是一个完全平方数,对于 $\{6,15\}$,由于 $6\times15\times10=30^2$ 是一个完全平方数,也不合题意.

如果 $\{3,12\}$ 是 M 的一个子集,那么,由题意 $\{1\}$,$\{4\}$,$\{9\}$,$\{2,6\}$,$\{5,15\}$ 和 $\{7,8,14\}$ 中的任一个都不是 M 的一个子集,这是因为

$$1\times3\times12=6^2,4\times3\times12=12^2,9\times3\times12=18^2$$

$$2\times6\times12=12^2,5\times15\times3=15^2,7\times8\times14=28^2$$

这样一来,上述六个两两不相交的子集的每个子集中至少有一个元素不在 M 内,于是 M 的元素个数至多为 $15-6=9$ 个,与 M 恰有 11 个元素矛盾.

所以,满足题目条件的 M 的全部元素的个数不会超过 10 个.

我们构造一个恰含 10 个元素的集合 M

$$M=\{1,4,5,6,7,10,11,12,13,14\}$$

可以验证,M 中任 3 个元素之积都不是完全平方数.

例 23 (2003 年第 44 届 IMO 预选题)每一个正整数 a 遵循下面的过程得到数 $d=d(a)$.

(1)将 a 的最后一位数字移到第一位得到数 b;

(2)将 b 平方得到数 c;

(3)将 c 的第一位数字移到最后一位得到数 d.

例如,$a=2\ 003,b=3\ 200,c=10\ 240\ 000,d=02\ 400\ 001=2\ 400\ 001=d(2\ 003)$.

求所有的正整数 a,使得 $d(a)=a^2$.

解 设正整数 a 满足 $d=d(a)=a^2$,且 a 有 $n+1$ 位数字,$n\geqslant0$. 又设 a 的最后一位数字为 s,c 的第一位数字为 f,因为

$$(*\cdots*s)^2=a^2=d^2=*\cdots*f$$

$$(s*\cdots*)^2=b^2=c=f*\cdots*$$

其中 $*$ 表示一位数字,所以 f 既是末位数字为 s 的一个数的平方的最后一位数字,又是首位数字为 s 的一个数的平方的第一位数字.

完全平方数 $a^2=d$ 要么是 $2n+1$ 位数,要么是 $2n+2$位数.

若 $s=0$,则 $n\neq0$,b 有 n 位数字,其平方 c 最多有

$2n$ 位数字. 所以，d 也最多有 $2n$ 位数字，矛盾.

因此，a 的最后一位数字不是 0.

若 $s=4$，则 $f=6$. 因为首位数字为 4 的数的平方的首位数字为 1 或 2，即

$$160\cdots0=(40\cdots0)^2\leqslant(4*\cdots*)^2<(50\cdots0)^2=250\cdots0$$

所以，$s\neq4$.

表 1 给出了 s 所有可能的情况下对应的 f 的取值情况.

表 1

s	1	2	3	4	5	6	7	8	9
$f=(\cdots s)^2$ 的末位数字	1	4	9	6	5	6	9	4	1
$f=(s\cdots)^2$ 的首位数字	1,2,3	4,5,6,7,8	9,1	1,2	2,3	3,4	4,5,6	6,7,8	8,9

当 $s=1$ 或 $s=2$ 时，$n+1$ 位且首位数字为 s 的数 b 的平方 $c=b^2$ 是 $2n+1$ 位数；当 $s=3$ 时，$c=b^2$ 要么是首位数字是 9 的 $2n+1$ 位数，要么是首位数字是 1 的 $2n+2$ 位数. 由 $f=s^2=9$ 知首位数字不可能是 1. 所以，c 一定是 $2n+1$ 位数.

设 $a=10x+s$，其中 x 是 n 位数(特别地，$x=0$，设 $n=0$)，则

$$b=10^ns+x,c=10^{2n}s^2+2\times10^nsx+x^2$$

$$d=10(c-10^{m-1}f)+f=10^{2n+1}s^2+20\times10^nsx+10x^2-10^mf+f$$

其中 m 是数 c 的位数，且已知 $m=2n+1$，$f=s^2$. 故

$$d=20\times10^nsx+10x^2+s^2$$

由 $a^2=d$，解得 $x=2s\cdot\dfrac{10^n-1}{9}$. 于是，$a=\underbrace{6\cdots6}_{n\text{个}}3$，

$a=\underbrace{4\cdots4}_{n个}2$ 或 $a=\underbrace{2\cdots2}_{n个}1$，其中 $n\geqslant0$.

对于前两种可能的情况，若 $n\geqslant1$，由 $a^2=d$，得 d 有 $2n+2$ 位数字，这表明 c 也有 $2n+2$ 位数字. 这与 c 有 $2n+1$ 位数字矛盾，因此，$n=0$.

综上所述，满足条件的数 a 分别为

$$a=3,a=2,a=\underbrace{2\cdots2}_{n个}1\quad(n\geqslant0)$$

例 24 (1994 年中国台北数学奥林匹克)求证：有无限多个正整数 n 具有下述性质，对每个具有 n 项的整数等差数列 $a_1,a_2,\cdots,a_n$，集合 $\{a_1,a_2,\cdots,a_n\}$ 的算术平均值与标准方差都是整数.

注：对任何实数集合 $\{x_1,x_2,\cdots,x_n\}$ 的算术平均值定义为 $\overline{x}=\frac{1}{n}(x_1+x_2+\cdots+x_n)$，集合的标准方差定义为 $x^*=\sqrt{\frac{1}{n}\sum_{j=1}^{n}(x_j-\overline{x})^2}$.

证明 设正整数 n 满足题目条件，对于任意一个整数等差数列 $\{a_1,a_2,\cdots,a_n\}$，记公差为 d，d 为整数，有

$$\begin{aligned}a_1+a_2+\cdots+a_n=\frac{1}{2}n(a_1+a_n)=\\ \frac{n}{2}[a_1+a_1+(n-1)d]=\\ na_1+\frac{1}{2}n(n-1)d\end{aligned}\qquad①$$

于是记

$$\overline{a}=\frac{1}{n}(a_1+a_2+\cdots+a_n)\qquad②$$

由式①和②有

$$\bar{a}=a_1+\frac{1}{2}(n-1)d \quad (d\text{ 是任意整数}) \qquad ③$$

由式③立即有 $\bar{a}$ 为整数，当且仅当 n 为奇数，现在来分析标准方差的情况

$$\sum_{j=1}^{n}(a_j-\bar{a})^2=\sum_{j=1}^{n}\left[a_j-a_1-\frac{1}{2}(n-1)d\right]^2 \qquad ④$$

由于

$$a_j-a_1=(j-1)d \qquad ⑤$$

将式⑤代入④，当 n 为奇数时，有

$$\begin{aligned}\sum_{j=1}^{n}(a_j-\bar{a})^2=&\sum_{j=1}^{n}\left[j-\frac{1}{2}(n+1)\right]^2d^2=\\&2d^2\left\{1^2+2^2+3^2+\cdots+\left[\frac{1}{2}(n-1)\right]^2\right\}=\\&2d^2\cdot\frac{1}{6}\cdot\frac{1}{2}(n-1)\cdot\frac{1}{2}(n+1)n=\\&\frac{1}{12}d^2(n^2-1)n\end{aligned} \qquad ⑥$$

于是，相应的方差为

$$a^*=\sqrt{\frac{1}{n}\sum_{j=1}^{n}(a_j-\bar{a})^2}=\sqrt{\frac{1}{12}(n^2-1)d} \qquad ⑦$$

要满足题目条件，应当存在非负整数 m，使得

$$\frac{1}{12}(n^2-1)=m^2 \qquad ⑧$$

$$n^2-12m^2=1 \qquad ⑨$$

从方程⑧或⑨可以知道 $m=0,n-1;m=2,n=7$ 是两组非负整数组解，下面证明

$$\begin{cases}m_k=\dfrac{1}{4\sqrt{3}}[(7+4\sqrt{3})^k-(7-4\sqrt{3})^k]\\ n_k=\dfrac{1}{2}[(7+4\sqrt{3})^k+(7-4\sqrt{3})^k] \quad (k\in\mathbf{N})\end{cases} \qquad ⑩$$

是满足方程⑨的全部正整数解.

首先,对于任意正整数 k,有

$$n_k^2-12m_k^2=\frac{1}{4}[(7+4\sqrt{3})^k+(7-4\sqrt{3})^k]^2-\frac{1}{4}[(7+4\sqrt{3})^k-(7-4\sqrt{3})^k]^2=[(7+4\sqrt{3})(7-4\sqrt{3})]^k=1 \quad ⑪$$

方程⑪表明式⑩的确满足方程⑨. 由式⑩,利用二项式展开公式,有

$$m_k=\frac{1}{2\sqrt{3}}\left[C_k^1(4\sqrt{3})7^{k-1}+C_k^3(4\sqrt{3})^3 7^{k-3}+\cdots+\begin{cases}(4\sqrt{3})^{k-1},k\text{ 为奇数}\\ C_k^{k-1}7(4\sqrt{3})^{k-1},k\text{ 为偶数}\end{cases}\right]=$$

$$2\left[C_k^1 7^{k-1}+C_k^3(4\sqrt{3})^2 7^{k-3}+\cdots+\begin{cases}(4\sqrt{3})^{k-1},k\text{ 为奇数}\\ C_k^{k-1}7(4\sqrt{3})^{k-2},k\text{ 为偶数}\end{cases}\right] \quad ⑫$$

显然 m_k 是正整数,而

$$n_k=7^k+C_k^2 7^{k-2}(4\sqrt{3})^2+\cdots+\begin{cases}C_k^{k-1}7(4\sqrt{3})^{k-1},k\text{ 为奇数}\\ (4\sqrt{3})^k,k\text{ 为偶数}\end{cases} \quad ⑬$$

显然也是正整数.

由于 m_k,n_k 满足方程⑨,则 n_k 必为奇数. 证毕.

下面说明式⑩中 $n_k(k\in\mathbf{N})$ 及 $n=1$(即式⑩中 n_0)给出了满足本题的全部的正整数 n,显然这是有意义的工作.

设正整数 m^*,n^* 满足

$$n^{*2}-12m^{*2}=1 \quad ⑭$$

因为

$$(1,+\infty)=\bigcup_{k-1}^{+\infty}[(7+4\sqrt{3})^{k-1},(7+4\sqrt{3})^{k}] \quad ⑮$$

由于 $n^*+2\sqrt{3}m^*>4$，则存在正整数 k，使得

$$(7+4\sqrt{3})^{k-1}<n^*+2\sqrt{3}m^*\leqslant(7+4\sqrt{3})^{k} \quad ⑯$$

由于

$$(7+4\sqrt{3})(7-4\sqrt{3})=1 \quad ⑰$$

又 $7-4\sqrt{3}>0$，式⑯两端乘以 $(7-4\sqrt{3})^{k-1}$，有

$$1<(n^*+2\sqrt{3}m^*)(7-4\sqrt{3})^{k-1}\leqslant 7+4\sqrt{3} \quad ⑱$$

利用式⑩，有

$$(n^*+2\sqrt{3}m^*)(7-\sqrt{3})^{k-1}=$$

$$(n^*+2\sqrt{3}m^*)(n_{k-1}-2\sqrt{3}m_{k-1})(令\ m_0=0,n_0=1)=$$

$$(n^*n_{k-1}-12m^*m_{k-1})+2\sqrt{3}(m^*n_{k-1}-n^*m_{k-1}) \quad ⑲$$

利用式⑩，有

$$(n^*-2\sqrt{3}m^*)(7+4\sqrt{4})^{k-1}=$$

$$(n^*-2\sqrt{3}m^*)(n_{k-1}+2\sqrt{3}m_{k-1})=$$

$$(n^*n_{k-1}-12m^*m_{k-1})-2\sqrt{3}(m^*n_{k-1}-n^*m_{k-1}) \quad ⑳$$

令

$$\overline{m}=m^*n_{k-1}-n^*m_{k-1},\overline{n}=n^*n_{k-1}-12m^*m_{k-1} \quad ㉑$$

由式⑰，⑲，⑳和㉑，有

$$(\overline{n}+2\sqrt{3}\overline{m})(\overline{n}-2\sqrt{3}\overline{m})=$$

$$(n^*+2\sqrt{3}m^*)(7-4\sqrt{3})^{k-1}\cdot$$

$$(n^*-2\sqrt{3}m^*)(7+4\sqrt{3})^{k-1}=$$

$$n^{*2}-12m^{*2}=1 \quad (利用⑭) \quad ㉒$$

于是，有

$$\overline{n}^2-12\overline{m}^2=1 \quad ㉓$$

这表明式㉑也是满足式⑩的一组整数解.

由式⑱,⑲和㉑,有

$$1<\bar{n}+2\sqrt{3}\bar{m}\leqslant 7+4\sqrt{3} \tag{24}$$

由式㉔和㉒,可以看到

$$\bar{n}+2\sqrt{3}\bar{m}>1>\bar{n}-2\sqrt{3}\bar{m}>0 \tag{25}$$

于是

$$\bar{m}>0,\bar{n}>0 \tag{26}$$

即 $\bar{m},\bar{n}$ 都是正整数.由于 $m=2,n=7$ 是满足方程⑨的最小的正整数组解,那么,满足方程⑨的所有正整数解 (m,n) 中,对应的所有 $n+2\sqrt{3}m$ 中,$7+4\sqrt{3}$ 为最小.利用式㉔.应当有

$$\bar{m}=2,\bar{n}=7 \tag{27}$$

由式⑲,㉑和㉗,有

$$(n^*+2\sqrt{3}m^*)(7-4\sqrt{3})^{k-1}=7+4\sqrt{3} \tag{28}$$

上式两端乘以 $(7+4\sqrt{3})^{k-1}$,利用方程⑧,有

$$n^*+2\sqrt{3}m^*=(7+4\sqrt{3})^k \tag{29}$$

由式⑫,⑬和⑳,兼顾 m^*,n^* 是正整数,有

$$m^*=m_k,n^*=n_k \tag{30}$$

所以满足本题的全部正整数 $n=1$ 及满足式⑩的 n_k $(k\in\mathbf{N})$.当然这样的 n 有无限多个.

例 26 证明对任何自然数 n,存在自然数 m,使得

$$(\sqrt{2}-1)^n=\sqrt{m+1}-\sqrt{m}$$

本题可以得到如下的推广.

推广 对任何自然数 p,n,存在自然数 m,使得

$$(\sqrt{p+1}-\sqrt{p})^n=\sqrt{m+1}-\sqrt{m}$$

证明 证明一个更强的结论:

对任何自然数 p,n,存在自然数 m,使得

$$(\sqrt{p+1}-\sqrt{p})^n=\sqrt{m+1}-\sqrt{m}$$

且 $p(p+1)m(m+1)$ 是平方数.

对 n 归纳. 当 $n=1$ 时

$$(\sqrt{p+1}-\sqrt{p})^1=\sqrt{p+1}-\sqrt{p}$$

此时

$$m_1=p,p(p+1)m_1(m_1+1)=[p(p+1)]^2$$

为平方数,结论成立.

设 $n=k$ 时结论成立,即

$$(\sqrt{p+1}-\sqrt{p})^k=\sqrt{m_k+1}-\sqrt{m_k}$$

且 $p(p+1)m_k(m_k+1)$ 为平方数.

当 $n=k+1$ 时

$$(\sqrt{p+1}-\sqrt{p})^{k+1}=(\sqrt{m_k+1}-\sqrt{m_k})(\sqrt{p+1}-\sqrt{p})=$$
$$(\sqrt{(m_k+1)(p+1)}+\sqrt{pm_k})-(\sqrt{(m_k+1)p}+\sqrt{(p+1)m_k})=$$
$$\sqrt{(p+1)(m_k+1)+pm_k+2\sqrt{p(p+1)m_k(m_k+1)}}-$$
$$\sqrt{p(m_k+1)+(p+1)m_k+2\sqrt{p(p+1)m_k(m_k+1)}}=$$
$$\sqrt{m_{k+1}+1}-\sqrt{m_{k+1}}$$

其中

$$m_{k+1}=p(m_k+1)+(p+1)m_k+2\sqrt{p(p+1)m_k(m_k+1)}$$

由归纳假,$p(p+1)m_k(m_k+1)$ 是平方数,则 m_{k+1} 是整数,且

$$p(p+1)m_{k+1}(m_{k+1}+1)=$$
$$p(p+1)(\sqrt{(p+1)(m_k+1)}+\sqrt{pm_k})^2\cdot$$
$$(\sqrt{p(m_k+1)}+\sqrt{(p+1)m_k})^2=$$
$$p(p+1)[(\sqrt{(p+1)(m_k+1)}+\sqrt{pm_k})\cdot$$
$$(\sqrt{p(m_k+1)}+\sqrt{(p+1)m_k})]^2$$

由归纳假设，$p(p+1)m_k(m_k+1)$是平方数，则$p(p+1)m_{k+1}(m_{k+1}+1)$为平方数.命题得证.

问题解决以后，我又思考：

能否将命题推广到任意两个自然数的平方根的差？

通过进一步探索，又得到如下的

再推广 对任何自然数 n,p,r，存在自然数 m，使得

$$(\sqrt{p+r}-\sqrt{p})^n=\sqrt{m+r^n}-\sqrt{m}$$

证明 我们证明，对任何自然数 n,p,r，存在自然数 m，使得

$$(\sqrt{p+r}-\sqrt{p})^n=\sqrt{m+r^n}-\sqrt{m}$$

且 $p(p+r)m(m+r^n)$是平方数.

对自然数 n 归纳.

(1)当 $n=1$ 时

$$\sqrt{p+r}-\sqrt{p}=\sqrt{m_1+r}-\sqrt{m_1}$$

此时 $m_1=p$，$p(p+r)m_1(m_1+r)=[p(p+r)]^2$为平方数，结论成立.

(2)设 $n+k$ 时结论成立，即

$$(\sqrt{p+r}-\sqrt{p})^k=\sqrt{m+r^k}-\sqrt{m}$$

且 $p(p+r)m_k(m_k+r^k)$为平方数.

当 $n=k+1$ 时

$$(\sqrt{p+r}-\sqrt{p})^{k+1}=(\sqrt{m+r^k}-\sqrt{m})(\sqrt{p+r}-\sqrt{p})=$$

$$(\sqrt{(m_k+r^k)(p+r)}+\sqrt{pm_k})-$$

$$(\sqrt{m_k+r^k)p}+\sqrt{(p+r)m_k})=$$

$$\sqrt{(p+r)(m_k+r^k)+pm_k+2\sqrt{p(p+r)m_k(m_k+r^k)}}-$$

$$\sqrt{p(m_k+r^k)+(p+r)m_k+2\sqrt{p(p+r)m_k(m_k+r^k)}}=$$

$$\sqrt{2pm_k+pr^k+rm_k+r^{k+1}+2\sqrt{p(p+r)m_k(m_k+r^k)}}-$$

$$\sqrt{2pm_k+pr^k+rm_k+2\sqrt{p(p+r)m_k(m_k+r^k)}}=$$

$$\sqrt{m_{k+1}+r^{k+1}}-\sqrt{m_{k+1}}$$

其中

$$m_{k+1}=2pm_k+pr^k+rm_k+2\sqrt{p(p+r)m_k(m_k+r^k)}$$

由归纳假设，$p(p+r)m_k(m_k+r^k)$是平方数，则m_{k+1}是整数，且

$$p(p+r)m_{k+1}(m_{k+1}+r^{k+1})=$$

$$p(p+r)(\sqrt{(p+r)(m_k+r^k)}+\sqrt{pm_k})^2\cdot$$

$$(\sqrt{p(m_k+r^k)}+\sqrt{(p+r)m_k})^2=$$

$$p(p+r)[(\sqrt{(p+r)(m_k+r^k)}+\sqrt{pm_k})\cdot$$

$$(\sqrt{p(m_k+r^k)}+\sqrt{(p+r)m_k})]^2=$$

$$p(p+r)[\sqrt{p(p+r)}(m_k+r^k)+$$

$$\sqrt{p(p+r)}m_k+(p+r+p)\sqrt{m_k(m_k+r^k)}]^2=$$

$$p(p+r)[\sqrt{p(p+r)}(2m_k+r^k)+$$

$$(2p+r)\sqrt{m_k(m_k+r^k)}]^2=$$

$$[p(p+r)(2m_k+r^k]+$$

$$(2p+r)\sqrt{p(p+r)m_k(m_k+r^k)}]^2$$

由归纳假设，$p(p+r)m_k(m_k+r^k)$是平方数，则$p(p+r)m_{k+1}(m_{k+1}+r^{k+1})$是平方数．命题得证．

例 27　(2007 年保加利亚数学奥林匹克)已知$f(x)$是首项系数为 1，次数为偶数的整系数多项式．若存在无穷多个整数 x，使得 $f(x)$是一个完全平方数，证明：存在一个整系数多项式 $g(x)$，使得 $f(x)=$

$g^2(x)$.

证明 设 $n=2k$,$f(x)=x^{2k}+a_{2k-1}x^{2k-1}+\cdots+a_1x+a_0$,其中,$a_i(i=0,1,\cdots,2k-1)$是整数.

首先证明:$f(x)$可以写成

$$f(x)=(x^k+b_{k-1}x^{k-1}+\cdots+b_1x+b_0)^2+r(x)$$

其中,$b_0,b_1,\cdots,b_{k-1}$是有理数,$r(x)$是次数不超过 $k-1$ 的有理系数多项式.

对于 $t=k-1,k-2,\cdots,1,0$,多项式

$$(x^k+b_{k-1}x^{k-1}+\cdots+b_1x+b_0)^2$$

中 x^{k+t} 的系数 $c_{k+t}=2b_t+\sum\limits_{i=1}^{k-1-t}b_{t+i}b_{k-i}$.

对于 $t=k-1,k-2,\cdots,1,0$,由于 $c_{k+t}=a_{k+t}$,则用递归的办法可求出 $b_{k-1},b_{k-2},\cdots,b_1,b_0$ 的值,且都是有理数.然后即可确定 $r(x)$的系数,且也都是有理数.

若 $f(x)=y^2$ 对于 $x<0$ 有无穷多个整数解,对于 $f_1(x)=f(-x)$,则 $f_1(x)=y^2$ 对于 $x>0$ 有无穷多个整数解.故假设 $f(x)=y^2$ 对于 $x>0$ 有无穷多个整数解.

等式

$$(x^k+b_{k-1}x^{k-1}+\cdots+b_1x+b_0)^2+r(x)=y^2$$

可以写成 $h^2(x)+M^2r(x)=(My_x)^2$,其中,M 是 b_i $(0\leqslant i\leqslant k-1)$的分母的最小公倍数(对于所有 $i(0\leqslant i\leqslant k-1)$,$b_i=0$,则设 $M=1$),$h(x)$是首项系数为 M 的 k 次整系数多项式.

如果 $r(x)$不恒等于 0,若 $r(x)$首项系数为正,对于足够大的 x,有$(My_x)^2>h^2(x)$,从而,有

$$(My_x)^2\geqslant(h(x)+1)^2$$

于是

$$h^2(x)+M^2r(x)\geqslant(h(x)+1)^2$$

即

$$2h(x)\leqslant M^2r(x)-1$$

因为 $h(x)$ 的次数为 k，$r(x)$ 的次数最高为 $k-1$，所以，对于足够大的 x，上式不成立.

若 $r(x)$ 首项系数为负，对于足够大的 x，有 $(My_x)^2<h^2(x)$，从而

$$(My_x)^2\leqslant(h(x)-1)^2$$

于是

$$h^2(x)+M^2r(x)\leqslant(h(x)-1)^2$$

即 $2h(x)\leqslant -M^2r(x)+1$

对于足够大的 x，上式不成立. 于是，$r(x)\equiv 0$，即

$$f(x)=(x^k+b_{k-1}x^{k-1}+\cdots+b_1x+b_0)^2$$

又 $f(x)$ 是整系数多项式，由高斯引理，$x^k+b_{k-1}x^{k-1}+\cdots+b_1x+b_0=g(x)$ 也是整系数多项式.

例 28　(2008 年哥伦比亚数学竞赛)对任意的正整数 n，用 $S(n)$ 表示集合 $\{1,2,\cdots,n\}$ 中所有与 n 互质的元素的和. 证明：

(1) $2S(n)$ 为非完全平方数；

(2) 对给定的两个正整数 m,n (n 为奇数)，方程 $2S(x)=y^n$ 至少有一个正整数解 (x,y)，其中 $m\mid x$.

证明　首先计算 $2S(n)$ 的表达式.

当 $n=1$ 时，$S(n)=1$.

当 $n>1$ 时，若 $(a,n)=1$，则 $(n-a,n)=1$. 因此，$2S(n)$ 中的数能够以两者之和为 n 的形式进行配对.

用 $\varphi(n)$ 表示欧拉函数，则总对数为 $\varphi(n)$. 因此，$2S(n)$ 的表达式为

$$2S(n)=\begin{cases}2,n=1\\ n\varphi(n),n>1\end{cases}$$

其次证明原命题.

(1)当 $n=1$ 时,显然 $2S(n)$ 不是完全平方数.

当 $n>1$ 时,设 p 为 n 的最大质因数,α 为将 n 按标准形式分解后的 p 的指数,即 n 可表示为 $n=p^{\alpha}q((p,q)=1)$. 故

$$\varphi(n^2)=\varphi(p^{2\alpha})\varphi(q^2)=p^{2\alpha-1}(p-1)\varphi(q^2)$$

从而

$$p^{2\alpha-1}\mid\varphi(n^2),且\ p^{2\alpha}\nmid\varphi(n^2)$$

又 $2S(n)=n\varphi(n)=\varphi(n^2)$,则 $2S(n)$ 不是完全平方数.

(2)显然,方程

$$\varphi(x^2)=x\varphi(x)=2S(x)=y^n$$

有整数解 $x=2^{\frac{n+1}{2}},y=2$.

但这个解对那些 $2\nmid m$ 的 m 来说,并不满足第(2)问的全部要求.

为完全解决第(2)问,先依如下方式定义 $P(m)$:将全体质数按从小到大顺序排列,$p_1=2,p_2=3,p_3=5,p_4=7,\cdots$. 设

$$P(m)=p_1^{\alpha_1}p_2^{\alpha_2}\cdots p_k^{\alpha_k}\cdots$$

其中,$\alpha_i=\begin{cases}0,\forall j\geqslant i,p_j\nmid m\\1,p_i\nmid m,且\ \exists j>i,p_j\mid m\\t,p_i\mid m,p_i^t\mid m,p_i^{t+1}\nmid m\end{cases}$

换句话说,$P(m)$ 就是将 m 与那些不整除 m 但比 m 的最大质因数小的质数相乘.

在这种定义方式下,若 q 为 $\varphi(P(m))$ 的一个质因子,则 $q\mid P(m)$.

设 m 的最大质因子为 p_t. 则

$$p_t\mid P(m)$$

考虑 $P(m)\varphi(P(m))=p_1^{\beta_1}p_2^{\beta_2}\cdots p_t^{\beta_t}$. 对这些 β_i,定

义非负整数 γ_i 满足

$$n\mid(\beta_i+2\gamma_i)\quad(i=1,2,\cdots,t)$$

设 $x=P(m)(p_1^{\gamma_1}p_2^{\gamma_2}\cdots p_t^{\gamma_t})$. 则

$$\begin{aligned}2S(x)=\varphi(x^2)=&\varphi(p_1^{2\alpha_1+2\gamma_1}p_2^{2\alpha_2+2\gamma_2}\cdots p_t^{2\alpha_t+2\gamma_t})=\\&p_1^{2\alpha_1-1}p_2^{2\alpha_2-1}\cdots p_t^{2\alpha_t-1}(p_1-1)(p_2-1)\cdots\\&(p_t-1)\cdot p_1^{2\gamma_1}p_2^{2\gamma_2}\cdots p_t^{2\gamma_t}=\\&p(m)q(p(m))p_1^{2\gamma_1}p_2^{2\gamma_2}\cdots p_t^{2\gamma_t}=\\&p_1^{\beta_1+2\gamma_1}p_2^{\beta_2+2\gamma_2}\cdots p_t^{\beta_t+2\gamma_t}\end{aligned}$$

由 γ_i 的定义知, $2S(x)$ 为某个整数的 n 次幂. 此外, 由 $m\mid p(m)$, $p(m)\mid x$, 知 $m\mid x$.

故 x 满足题意.

习题 11

1.(2005 年全国初中数学联赛)若 x_1,x_2,x_3,x_4,x_5 为互不相等的正奇数,满足

$$(2\,005-x_1)(2\,005-x_2)(2\,005-x_3)\cdot(2\,005-x_4)(2\,005-x_5)=24^2$$

那么,$x_1^2+x_2^2+x_3^2+x_4^2+x_5^2$ 的末位数字是(　　).

(A)1　　(B)3　　(C)5　　(D)7

2.将 2 008 表示为 $R(R\in\mathbf{N}_+)$ 个互异的平方数之和.则 k 的最小值是(　　).

(A)2　　(B)3　　(C)4　　(D)5

3.若两个不同的自然数 a,b 组成的数对 (a,b) 满足它们的算术平均数 $A=\frac{a+b}{2}$ 和几何平均数 $G=\sqrt{ab}$ 均为两位数,且 A 和 G 中的一个可由另一个交换个位和十位数字得到,则称这样的自然数对为"好数对".那么,满足条件的好数对有(　　)对.

(A)1　　(B)2　　(C)3　　(D)4

4.已知实数 x_1,x_2,y_1,y_2 满足

$$x_1^2+25x_2^2=10$$

$$x_2y_1-x_1y_2=25$$

$$x_1y_2+25x_2y_2=9\sqrt{55}$$

则 $y_1^2+25y_2^2=$________.

5.一个自然数减去 69 后是一个完全平方数,这个自然数加上 20 仍是一个完全平方数.则这个自然数是________.

6.已知奇数 n 是一个三位数,其所有因数(包括 1

和 n)的末位数字之和为 33. 则 $n=$________.

7. 已知 n 为自然数,$n^2+4n+2\,009$ 能表示为四个连续自然数的平方和. 则所有满足条件的 n 的和为________.

8. (2008 年全国初中数学联赛)依次将正整数 1,2,…的平方数排成一串:149162536496481100121144…,排在第 1 个位置的数字是 1,排在第 5 个位置的数字是 6,排在第 10 个位置的数字是 4,排在第 2 008 个位置的数字是________.

9. (2008 年我爱数学夏令营数学竞赛)设 n 是正整数. 如果在包含 2 009 在内的 $2n+1$ 个连续的自然数中,前 $n+1$ 个数的平方和等于后 n 个数的平方和,则 n 的值等于________.

10. (2005 年全国初中数学竞赛)已知 $x_1,x_2,\cdots,x_{40}$ 都是正整数,且 $x_1+x_2+\cdots+x_{40}=58$. 若 $x_1^2+x_2^2+\cdots+x_{40}^2$ 的最大值为 A,最小值为 B,则 $A+B$ 的值为________.

11. (2011 年俄罗斯数学奥林匹克)现有三个正数. 如果选择其中一个数,将其加上另两个数的平方所得的和数为同一个数,即与数的选择无关,试问:这三个正数是否一定彼此相等?

12. (2009 年第二届宗沪杯数学竞赛)将七个不同的完全平方数填入并排的七个空格中,使得任意相邻的三个空格中的数之和大于 100. 求这七个完全平方数之和的最小可能值.

13. (1972 年第 4 届加拿大数学奥林匹克)设 $a_1,a_2,\cdots,a_n$ 是非负实数,定义 M 为一切乘积 a_ia_j $(i<j)$ 的和,即

$$M=a_1(a_2+a_3+\cdots+a_n)+a_2(a_3+a_4+\cdots+a_n)+\cdots+a_{n-1}a_n$$

证明：$a_1,a_2,\cdots,a_n$ 中至少有一个的平方不超过 $\frac{2M}{n(n-1)}$.

14.(2009年中国初中数学竞赛)已知正整数 x，y，使得 $\frac{4xy}{x+y}$ 是一个奇数，证明：存在一个正整数 k，使得 $4k-1$ 整除 $\frac{4xy}{x+y}$.

15.(2010年匈牙利数学奥林匹克·十年级)，求所有的正整数 N，使得其各位数字平方和为 $N-2010$.

16.(2005年全国初中数学联赛)已知 a,b,c 为正整数，且 $a^2+b^3=c^4$. 求 c 的最小值.

17.(2003年第54届罗马尼亚数学奥林匹克)若 $n\in\mathbf{N},n\geqslant 2,a_1,a_2,\cdots,a_n$ 为一位数字，且

$$\sqrt{\overline{a_1a_2\cdots a_n}}-\sqrt{\overline{a_1a_2\cdots a_{n-1}}}=a_n$$

求 n(其中 $\overline{a_1a_2\cdots a_n}$ 为由 $a_1,a_2,\cdots,a_n$ 构成的几位数).

18.(2005年全国初中数学竞赛，1991年天津市初中数学竞赛)某校举行春季运动会时，由若干名同学组成一个8列的长方形队列. 如果原队列中增加120人，就能组成一个正方形队列；如果原队列中减少120人，也能组成一个正方形队列. 问原长方形队列有多少名同学？

19.(1994年圣彼得堡数学奥林匹克)试找出所有的正整数 n，它的除了 n 之外的所有正约数的平方和等于 $2n+2$.

20.(2008 年首届数学周数学竞赛)若一个整数能够表示成 $x^2+2xy+2y^2$(x,y 是整数)的形式,则称该数为“好数”.

(1)判断 29 是否为好数;

(2)写出 80,81,…,100 中的好数;

(3)如果 m,n 都是好数,证明:mn 也是好数.

21.(2002 年我爱数学夏令营竞赛题)已知 a_1,a_2,…,$a_{2\,002}$的值都是 1 或 -1,设 S 是这 2 002 个数的两两乘积之和.

(1)求 S 的最大值和最小值,并指出能达到最大值、最小值的条件;

(2)求 S 的最小正值,并指出能达到最小正值的条件.

22.(1990 年北京市高中一年级数学竞赛)一个自然数能表为两个自然数的平方差,则称这个数为“智慧数”,经如 $16=5^2-3^2$,16 就是一个“智慧数”,在自然数列中,从 1 开始的第 1990 年“智慧数”是哪个数?并请你说明理由.

23.(2008 年匈牙利数学奥林匹克)甲、乙两人有一堆(k 枚)硬币.甲将 2 008 枚新的硬币放入这两堆中(有可能把 2 008 枚新的硬币放入一堆中),然后乙将 2 008 枚新的硬币放入这两堆中,两人轮流进行.若某人的那堆硬币的数目是完全平方数,而其对方的那堆硬币的数目不是完全平方数,则此人获胜.若两堆硬币的数目都是完全平方数或都不是完全平方数,则游戏继续进行.问:是否存在无穷多个 k,使得乙有获胜策略?

24.(2007 年江西省初中数学联赛)若数 a 能表示成两个自然数(允许相同)的平方和,则称 a 为“好数”.

试确定,在前 200 个正整数 1,2,…,200 中,有多少个好数?

25.(2006 年我爱数学夏令营数学竞赛)给定一列正整数 $a_1,a_2,\cdots,a_n,\cdots$,其中,$a_1=2^{2\,006}$,并且对于每一个正整数 i,a_{i+1} 等于 a_i 的各位数字之和的平方.求 $a_{2\,006}$ 的值.

26.不等的两个自然数的和、差、积、商四者之和是一个完全平方数,则称这样的两个数为"智慧数组"(如(8,2)就是智慧数组,因 $(8+2)+(8-2)+8\times2+\frac{8}{2}=36=6^2$).

若这两个自然数都不超过 100,则这样的智慧数组共有多少组?

27.(2006 年第 6 届中国西部数学奥林匹克)设 $S=\{n\mid n-1,n,n+1$ 都可以表示为两个正整数的平方和$\}$.证明:若 $n\in S$,则 $n^2\in S$.

28.(2009 年巴西数学奥林匹克)埃丽亚在 $2\,009\times2\,009$ 的方格表中填了 $2\,009^2$ 个整数,每个方格写一个数.随后,她将每行、每列的数分别相加,共得到互不相同的 4 018 个和.试问:这些和有可能都是完全平方数吗?

29.(2008 年美国数学邀请赛)设 $n\in\mathbf{N}_+$,多项式 $x^4-nx+63$ 可以写成两个非常值整系数多项式的乘积.求 n 的最小值.

30.(2004 年上海市初中数学竞赛,2004 年吉林省高中数学竞赛)设 n 是正整数 $d_1<d_2<d_3<d_4$ 是 n 的 4 个连续最小的正整数约数.若 $n=d_1^2+d_2^2+d_3^2+d_4^2$,求 n 的值.

31.(2010 年匈牙利数学奥林匹克)证明:连续 55 个整数的平方和不是完全平方数.

32.2 009 可拆分为五个正整数的平方和,这五个正整数的和是 99,其中有一个数是 19.写出这个拆分.

33.(2006 年意大利数学奥林匹克)在一张无限大的棋盘中的每个方格内螺旋状写数 1,2,3…(如图 11-1),一条右射线表示从一个正方形开始,向右得到的正方形序列,证明:

	…	…	…	…	…	
…	17	16	15	14	13	…
…	18	5	4	3	12	…
…	19	6	1	2	11	…
…	20	7	8	9	10	…
…	21	22	23	24	25	…
	…	…	…	…	…	

图 11-2

(1)存在一条右射线,其上的正方形中不包含 3 的倍数;

(2)有无穷多个两两不相交的右射线,其上的正方形中不包含 3 的倍数.

34.(1991 年安徽省数学奥林匹克学校招生试题)试求出所有的自然数 $k\geqslant 3$,使得 $\frac{1}{2}(k-1)k-1$ 是某质数 p 的方幂 $\left(\text{即}\frac{1}{2}(k-1)k-1=p^n,n\in\mathbf{N}\right)$.

35.(1990 年全国初中数学联赛题)令 $\{x\}=x-[x]$.(1)找出一个实数 x,满足 $\{x\}+\left\{\frac{1}{x}\right\}=1$;(2)求

证:满足上述等式的 x,都不是有理数.

36.(1993 年浙江省初中数学竞赛题)试求两个不同的自然数,它们的算术平均数 A 和几何平均数 G 都是两位数,其中 A,G 中一个可由另一个交换个位和十位数字得到.

37.(2006 年第 32 届俄罗斯数学奥林匹克)对于怎样的正整数 n,可以找到两个非整数的正有理数 a,b,使得 $a+b$ 与 a^n+b^n 都是整数?

38.(1991 年日本数学奥林匹克)设 A 为 16 位的正整数. 证明:可以从 A 中恰当地取出相邻的几位数字,使这几位数字之积为一平方数. 例如,若 A 的某一位是 4,则只要取这一位数字即可.

39.(2007 年第三届北方数学奥林匹克)设 n 是正整数,$a=[\sqrt{n}]$(其中,x 表示不超过 x 的最大整数). 求同时满足下列条件的 n 的最大值:

(1)n 不是完全平方数;

(2)$a^3\mid n^2$.

40.(2008 年第 39 届澳大利亚数学奥林匹克)数列

$$\{a_n=n+[\sqrt{n}]+[\sqrt[3]{n}]\mid n\in\mathbf{N}_+\}$$

中不包含哪些正整数.

41.(1982 年上海市高中数学竞赛题)试证 $n(n\geqslant 2)$个互不相等的正整数的倒数的平方和不能是整数.

42.试证:存在无限多个有序自然数对(a,b),使对于自然数 t,数 $at+b$ 是某两个连续自然数之积的充分必要条件是 t 为某两个连续自然数之积.

43.(第 36 届 IMO 预选题)k 为正整数,求证存在无限多个形如 $n\cdot 2^k-7$ 的平方数,这里 n 是正整数.

44.(第 26 届独联体数学奥林匹克试题)在黑板上按以下规则写了若干个数:第一个数是 1,其后的每一个数都等于已写数的个数加上这些已写数的平方和.求证:在黑板上不可能出现除 1 以外的完全平方数.

45.(1991 年第 52 届普特南数学竞赛题)对任何整数 $n\geqslant 0$,令 $S(n)=n-m^2$,其中 m 是 $m^2\leqslant n$ 的最大整数.数列 $\{a_k\}_{k=0}^{\infty}$ 定义如下:$a_0=A$,$a_{k+1}=a_k+S(a_k)$ $(k\geqslant 0)$.问对于哪些正整数 A,这个数列最终为常数?

46.(2005 年第 31 届俄罗斯数学奥林匹克)在不超过 10^{20} 的完全平方数中,是其倒数第 17 位数为 7 的数多,还是其倒数第 17 位数为 8 的数多?

47.(2009 年第 35 届俄罗斯数学奥林匹克)函数 $f(x)=\prod_{i=1}^{2\,009}\cos\frac{x}{i}$ 在区间 $\left[0,\frac{2\,009\pi}{2}\right]$ 上的函数值共变号多少次?

完全立方数及其他

第12章

和完全平方数的定义类似，一个整数恰好是另一个整数的立方，我们称这个整数为完全立方数. 例如 27，1000 等都是完全立方数. 完全立方数也有许多重要性质，限于篇幅这里不再一一介绍. 更一般地，如果一个整数恰好是另一个整数的 n 次方（n 为自然数），那么称这个数为 n 次方数. 下面就列举一些这方面的例子.

例 1　(1985 年美国数学邀请赛试题) 设 a,b,c,d 是正整数，满足 $a^5=b^4$，$c^3=d^2$，且 $c-a=19$，求 $a-b$.

解　由 $a^5=b^4$，$c^3=d^2$，注意到 5 与 4 互质，2 与 3 互质，可知存在两个正整数 m 及 n，使

$$a=m^4, b=m^5, c=n^2, d=n^3$$

于是

$$19=c-a=n^2-m^4=(n+m^2)(n-m^2)$$

由于 19 是质数，$n-m^2<n+m^2$，于是必有

$$\begin{cases} n-m^2=1 \\ n+m^2=19 \end{cases}$$

解得

$$\begin{cases} m=3 \\ n=10 \end{cases}$$

$$d=n^3=1\,000, b=m^5=243$$

所以 $d-b=1000-243=757$.

例 2 （1989 年第 7 届美国数学邀请赛题）如果 $a<b<c<d<e$ 是连续的正整数，$b+c+d$ 是完全平方数，$a+b+c+d+e$ 是完全立方数，那么 c 的最小值是多少？

解 因为 b,c,d 是连续的正整数，所以

$$b+c+d=3c, a+e=2c$$

$$a+b+c+d+e=5c$$

由于 $b+c+d$ 是完全平方数，$a+b+c+d+e$ 是完全立方数，所以可设

$$3c=m^2 \quad ①$$

$$5c=n^3 \quad ②$$

由①，得 $3|m$，故 $3|c$. 再由②得，$3|n$，所以 $3^3|c$，且 $5|n$. 从而 $5^2|c$，于是 $25\times 27|c$.

因此，c 的最小值为 $25\times 27=675$.

例 3 （1988 年美国数学邀请赛试题）试找出最小的正整数 n，使它的立方的末三位数字是 888.

解法 1 如果一个正整数的立方以 8 结尾，那么这个数本身必以 2 结尾. 即它可以写成 $n=10k+2$（k 为非负整数）的形式，于是

$$n^3=(10k+2)^3=1\,000k^3+600k^2+120k+8$$

其中 $120k$ 这一项决定了 n^3 的十位数字.

由于要求 n^3 的十位数字是 8，则 $12k$ 也应是以 8 为个位，则 $k=4$ 或 9，因此，可设 $k=5m+4$（m 为非负

整数）

$n^3=[10(5m+4)+2]^3=$

$$125\,000m^3+315\,000m^2+16\,460m+74\,088$$

为使 n^3 的百位数字是 8，由于第一，三，四项的百位是 0，所以必须使 2 646m 的个位是 3，最小的 $m=3$. 这时

$$k=5m+4=19, n=10k+2$$

解法 2 由题意 $1\,000|n^3-888$，所以

$$1\,000|n^3+112-1\,000, 1\,000|n^3+112$$

所以 n 是偶数. 设 $n=2k$，则

$$1\,000|8k^3+112, 125|k^3+14$$

首先，必须 $5|k^3+14$，因此 k 的个位数字是 6 或 1. 当 k 的个位数字是 6 时，设 $k=10m+6$

$k^3+14=(10m+6)^3+14=$

$$1\,000m^3+1\,800m^2+1\,080m+230=$$

$$5(200m^3+360m^2+216m+46)$$

$200m^3+360m^2+216m+46$ 的个位数字必须是 5，它的个位数字由 $216m+46$ 决定，m 的个位应是 4 或 9.

取最小的 $m=9$ 时

$$200m^3+360m^2+216m+46=$$

$$200m^3+29\,160+1\,944+46=$$

$$200m^3+31\,150$$

能被 25 整除，此时 $k=10m+6=96, n=2k=192$.

取 $m=4$ 时

$$200m^3+360m^2+216m+46=200m^3+5\,760+910$$

不能被 25 整除.

当 k 的个位数字是 1 时，设 $k=16t+1$

$$k^3+14=1\,000t^3+300t^2+30t+15=$$

$$5(200t^3+60t^2+6t+3)$$

若 $25|200t^3+60t^2+6t+3$，则 t 的个位数是 2 或 7. 取最小的 $t=2,7$，进行验算：

$t=2$ 时，$200t^3+60t^2+6t+3=200t^3+255$ 不能被 25 整除；

$t=7$ 时，$200t^3+60t^2+6t+3=200t^3+2\,985$ 也不能被 25 整除.

于是，所求的最小正整数 $n=192$.

例 4　求最小的正整数 a，使 $\frac{a}{2}$ 是完全平方数，$\frac{a}{3}$ 是立方数，$\frac{a}{5}$ 是五次方数.

分析　由题设知，所求的正整数的 $\frac{1}{2}$，$\frac{1}{3}$，$\frac{1}{5}$ 仍为整数，且这个整数必同时含有因数 2^x，3^y，5^z（$x\neq0$，$y\neq0$，$z\neq0$），故可设 $a=2^x\cdot3^y\cdot5^z$.

解　设 $a=2^x\cdot3^y\cdot5^z$，由题意得：$\frac{a}{2}=2^{x-1}\cdot3^y\cdot5^z$ 是完全平方数，所以 $x-1$，y，z 都是偶数；$\frac{a}{3}=2^x\cdot3^{y-1}\cdot5^z$ 是一个立方数，所以 x，$y-1$，z 是 3 的倍数；$\frac{a}{5}=2^x\cdot3^y\cdot5^{z-1}$ 是一个五次方数，所以 x，y，$z-1$ 是 5 的倍数. 由此，x 既是 3 的倍数，又是 5 的倍数，最小公倍数是 15，又需满足 $x-1$ 是偶数的条件，故 $x=15$. 同理得 $y=10$，$x=6$.

例 5　求证：存在无穷多个不能写成三个整数立方和形式的整数.

分析　本题的理想证法是通过构造，即具体给出无穷多个不能表示为三个整数立方和的整数，为此，先设法找出能表示成三个整数立方和形式的一个必要条件.

证明 任一整数都可写成 $3k$ 或 $3k\pm1$ 的形式,因为 $(3k)^3=27k^3$,$(3k\pm1)^3=27k^3\pm27k^2+9k\pm1$,故任意整数的立方可写成 $9m$ 或 $9m\pm1$ 的形式. 于是三个整数的立方和 $n=m_1^3+m_2^3+m_3^3$ 可写成 $9t+r$ 的形式,这里 $-3\leqslant r\leqslant3$. 因此,形如 $9t\pm4$ 的整数都不可能表示为三个整数的立方和. 显然,形如 $9t\pm4(t\in\mathbf{Z})$ 的整数有无穷多个,由此命题得证.

例 6 求一个四位数,使它等于它的四个数码和的四次方,并证明此数是唯一的.

解 设符合题意的四位数为 $\overline{abcd}$,则 $(a+b+c+d)^4=\overline{abcd}$,所以 $10^4=10\ 000$ 为五位数,$5^4=625$ 为三位数,所以 $6\leqslant a+b+c+d=\sqrt[4]{\overline{abcd}}\leqslant9$. 经计算得,$6^4=1\ 296$,$7^4=2\ 401$,$8^4=4\ 096$,$9^4=6\ 561$,其中符合题意的只有 2 401 一个.

例 7 (2006 年第 32 届俄罗斯数学奥林匹克)已知三个相邻自然数的立方和是一个自然数的立方. 证明:这三个相邻的自然数中间的那个数是 4 的倍数.

证明 下列字母均表示整数.

由条件有

$(x-1)^3+x^3+(x+1)^3=y^3$,$3x(x^2+2)=y^3$

于是,$3\mid y^3$. 故 $3\mid y$.

设 $y=3z$,则 $x(x^2+2)=9z^3$. 显然,$(x,x^2+2)\leqslant2$. 如果 $(x,x^2+2)=1$,则

$$x=9u^3,x^2+2=v^3\ 或\ x=u^3,x^2+2=9v^3$$

第一种情况下,得到 $81u^6+2=v^3$,这是不可能的(因为立方数除以 9 得到的余数只能是 $0,\pm1$). 第二

种情况下得到 $u^6+2=9v^3$，同样导出矛盾．所以，$(x, x^2+2)=2$．则 x, z 均为偶数．故 $8\mid x(x^2+2)$．

由于 x^2+2 不是 4 的倍数，所以，$4\mid x$．

例 8　(2008 年美国数学邀请赛)求满足下列条件的最大整数 n：

(1)n^2 表示两个连续的完全立方数的差；

(2)$2n+79$ 是一个完全平方数．

解　由(1)得 $(m+1)^3-m^3=n^2(m\in\mathbf{N})$．则

$$3(2m+1)^2=(2n-1)(2n+1)$$

因为 $2n-1, 2n+1$ 为两个连续的奇数，所以

$$2n-1=3k^2, 2n+1=i^2 \quad ①$$

或

$$2n-1=k^2, 2n+1=3i^2 \quad ②$$

由式①得 $i^2-3k^2=2$，不成立．由式②得 $4n=3i^2+k^2$ 或 $3i^2-k^2=2$．

令 $k=2a+1(\alpha\in\mathbf{N})$．则 $3i^2=k^2=(2a+1)^2+2$．故

$$4n=2(2a+1)^2+2=8a^2+8a+4\Rightarrow$$
$$n=2a^2+2a+1$$

因为 $2n+79=d^2$ 为整数，所以

$$2n+79=d^2=2(2a^2+2a+1)+79=4a^2+4a+81$$

故

$$80=d^2-(2a+1)^2=(d-2a-1)(d+2a+1)$$

解得 $(d,a)=(21,9),\left(12,\frac{7}{2}\right)$(舍去)，$(9,0)$．

于是，$n=2a^2+2a+1=181$．因此，n 的最大值为 181．

例 9　(1958 年第 18 届美国普特南数学竞赛)求证四个连续正整数之积不能是完全平方数或是完全立

方数.

证明 因为

$x(x+1)(x+2)(x+3)=(x^2+3x+1)^2-1=$

$(x^2+3x^2)^2+2(x^2+3x)$

故当 x 是正整数对

$(x^2+3x)^2<x(x+1)(x+2)(x+3)<(x^2+3x+1)^2$

即 $x(x+1)(x+2)(x+3)$ 介于两个相邻的完全平方数之间,因而不能是完全平方数.

因为两个相邻正整数必定互素,当 x 是偶数时,$x+1$ 和 $x+3$ 都是奇数,故

$$(x+1,x+3)=(x+1,2)=1$$

即 $x+1$ 和 $x,x+2,x+3$ 都互素,从而 $x+1$ 与乘积 $x(x+2)(x+3)$ 也互素.

如果 $x(x+1)(x+2)(x+3)$ 是完全立方数,则 $x+1$ 和 $x(x+2)(x+3)$ 都必须是完全立方数.

但是,当 x 是正整数时

$$(x+1)^3<x(x+2)(x+3)<(x+2)^3$$

即 $x(x+2)(x+3)$ 不是完全立方数,故 $x(x+1)(x+2)(x+3)$ 不是完全立方数.

当 x 是奇数时,同理可得 $x+2$ 与 $x(x+1)(x+3)$ 互素,因此,若 $x(x+1)(x+2)(x+3)$ 是完全立方数,则 $x(x+1)(x+3)$ 也必须是完全立方数.

但是,当 $x>1$ 时

$$(x+1)^3<x(x+1)(x+3)<(x+2)^3$$

即 $x(x+1)(x+3)$ 不是完全立方数. 故 $x(x+1)(x+2)(x+3)$ 也不是完全立方数.

对 $x=1,x(x+1)(x+2)(x+3)=24$ 也不是完全立方数.

例 10 （2009 年我爱数学夏令营数学竞赛）是否存在满足下列条件的正整数：它的立方加上 101 所得的和恰是一个完全平方数？证明你的结论.

解　若存在满足题设条件的正整数 x，则

$$x^3+101=y^2 \quad (y\in \mathbf{N}_+)$$

若 x 为偶数，则 y 为奇数.

令 $x=2n, y=2m+1(n,m\in \mathbf{N})$. 则

$$2n^3+25=m^2+m$$

该式左边为奇数，右边为偶数，矛盾.

因此，x 为奇数，y 为偶数，可令 $x=2n+1, y=2m$ $(n,m\in \mathbf{N})$. 则

$$(2n+1)^3+101=(2m)^2\Rightarrow$$

$$8n^3+12n^2+6n+102=4m^2\Rightarrow$$

$$4n^3+6n^2+3n+51=2m^2$$

而 $3n+51$ 是偶数，n 是奇数，令 $n=2n_1-1$. 则

$$x=4n_1-1 \quad (n_1\in \mathbf{N}_+) \tag{①}$$

若 x 用 3 除所得的余数为 0，则 y^2 用 3 除所得的余数为 2，矛盾.

若 x 用 3 除所得的余数为 1，则 y^2 用 3 除所得的余数为 0，y 用 3 除所得的余数为 0.

令 $x=3n+1, y=3m(n,m\in \mathbf{N})$. 则

$$3^3n^3+3^3n^2+3^2n+102=9m^2$$

各项除 102 外都是 9 的倍数，矛盾.

因此，x 用 3 除后所得的余数为 2. 可令

$$x=3n-1 \quad (n\in \mathbf{N}_+) \tag{②}$$

由式①，②可知

$$x=12n-1 \quad (n\in \mathbf{N}_+) \tag{③}$$

由于 y^2 的个位数字只可能是 0，1，4，9，6，5，不可

能是 2,3,7,8,因此,相应的 x^3 的个位数字不可能是 1,2,6,7,即

相应的 x 的个位数字不可能是

$$1,3,6,8 \qquad ④$$

由式③,x 的最小可能值依次为

$$11,23,35,47,59,71,83,95,\cdots$$

由结论④,x 的最小可能值不可能是

$$11,23,71,83$$

因此,x 的最小可能值依次为

$$35,47,59,95,\cdots$$

经检验,当 $x=35,47,59$ 时,都不符合题目要求.

若 $x=95$,则

$$95^3+101=857\ 375+101=857\ 476=926^2$$

它是完全平方数.

因此,存在满足题设条件的正整数 95.

例 11 求这样的自然数 n,使 n^6 由数码 0,2,3,4,4,7,8,8,9 组成.

解 显然,$203\ 447\ 889\leqslant n^6\leqslant 988\ 744\ 320$. 为了便于估计,我们把 n^6 的变化范围放大到 $10^8<n^6<10^9$,于是 $10^{\frac{4}{3}}<n<10^{\frac{3}{2}}$,即 $10\sqrt[3]{10}<n<10\sqrt{10}$. 因为 $\sqrt{10}\approx 3.16$,$\sqrt[3]{10}\approx 2.15$,所以 $22\leqslant n\leqslant 31$.

另一方面,因已知九个数码之和是 3 的倍数,故 n^6 及 n 都是 3 的倍数. 这样,n 只有 24,27,30 三种可能. 但 30^6 结尾有六个 0,故 30 不合要求. 经计算得 $24^6=191\ 102\ 976$,$27^6=387\ 420\ 489$. 故所求的自然数 $n=27$.

例 12 设 $n\in\mathbf{N}$,$n>1$,求证:2^n-1 不是任何整数的平方,也不是任何整数的立方.

证明 若 $2^n-1=k^2(k\in\mathbf{N})$，因为 $n>1$，所以 $k>1$，且 k 为奇数，令 $k=2t+1(t\in\mathbf{N})$，则

$$2^n=(2t+1)^2+1=2(2t^2+2t+1)$$

这说明 2^n 有一个大于 1 的奇约数 $2t^2+2t+1$，这是不可能的，所以 2^n-1 不是完全平方数.

若 $2^n-1=k^3(k\in\mathbf{N})$，则 $k>1$，且

$$2^n=k^3+1=(k+1)(k^2-k+1)$$

因为

$$k^2-k+1=k(k-1)+1$$

为一个大于 1 的奇数，它不可能是 2^n 的约数，从而得出矛盾，故 2^n-1 也不能是任何整数的立方.

例 13 （1987 年美国数学邀请赛试题）求 k 的最大值，使 3^{11} 可以表示为 k 个连续正整数之和.

解 假设 3^{11} 表示成连续正整数之和

$$3^{11}=(n+1)+(n+2)+\cdots+(n+k) \quad ①$$

其中 n 是非负整数，k 是正整数.

我们求满足式①的 k 的最大值

$$3^{11}=nk+\frac{k(k+1)}{2}$$

$$2\times3=k(2n+k+1)$$

显然 $k<2n+k+1$. 要使等式左边较小的因数 k 尽可能地大，又必须使 n 非负，则最大的可能是

$$k=2\times3^5,2n+k+1=3^6$$

此时 $k=121$ 为非负整数，满足题目要求. 所以

$$3^{11}=122+123+\cdots+607$$

所求的最大的 k 为 $2\cdot3^5=486$.

例 14 （2003 年保加利亚数学奥林匹克）设 a,b,c 是有理数，并满足 $a+b+c$ 与 $a^2+b^2+c^2$ 是相等的整

数.证明:abc 可以表示为一组互质的完全立方数与完全平方数的比值.

解 记 $a+b+c=a^2+b^2+c^2=t$,则 $t\geqslant0$.利用不等式

$$\frac{a^2+b^2+c^2}{3}\geqslant\left(\frac{a+b+c}{3}\right)^2$$

可推出 $0\leqslant t\leqslant3$.

当 $t=0$ 或 $t=3$ 时,有 $a=b=c=0$ 或 $a=b=c=1$,它们都满足题中的条件.

当 $t=1$ 时,记分数 a,b,c 的分母(假定均为正数)的乘积为 d,则 $x=ad,y=bd,z=cd$ 都是整数,且

$$x+y+z=d,x^2+y^2+z^2=d^2$$

由以上两式可得

$$(x+y+z)^2=x^2+y^2+z^2$$

即

$$xy+yz+zx=0$$

假设 $z<0$,因此

$$(x+z)(y+z)=z^2$$

于是

$$x+z=rp^2,y+z=rq^2,z=-|r|pq$$

其中 p,q 是互质的正整数,而 r 是一个非零整数.

因为 $0<d=x+y+z=r(p^2+q^2)-|r|pq$,所以,$r>0$.由计算可得

$$a=\frac{x}{d}=\frac{p(p-q)}{p^2+q^2-pq}$$

$$b=\frac{y}{d}=\frac{q(q-p)}{p^2+q^2-pq}$$

$$c=\frac{z}{d}=\frac{-pq}{p^2+q^2-pq}$$

于是

$$abc=\frac{(pq(p-q))^2}{(p^2+q^2-pq)^3}$$

下面讨论 $t=2$ 的情况. 即 $a+b+c=a^2+b^2+c^2=2$,则 $a_1=1-a,b_1=1-b,c_1=1-c$ 满足

$$a_1+b_1+c_1=a_1^2+b_1^2+c_1^2=1$$

故

$$\begin{aligned}abc=&(1-a_1)(1-b_1)(1-c_1)=\\&1-(a_1+b_1+c_1)+a_1b_1+b_1c_1+c_1a_1-a_1b_1c_1=\\&-a_1b_1c_1\end{aligned}$$

结论得证.

例 15　(2006 年第 5 届中国好数学奥林匹克)求证:对 $i=1,2,3$,均有无穷多个正整数 n,使得 $n,n+2,n+28$ 中恰有 i 个可表示为三个正整数的立方和.(袁汉辉供题)

证明　三个整数的立方和被 9 除的余数不能为 4 或 5,这是因为整数可写为 $3k$ 或 $3k\pm1(k\in\mathbf{Z})$,而

$$(3k)^3=9\times3k^3$$

$$(3k\pm1)^3=9(3k^3\pm3k^2+k)\pm1$$

对 $i=1$,令 $n=3(3m-1)^3-2(m\in\mathbf{Z}^+)$,则 $n,n+28$ 被 9 除的余数分别为 4,5,故均不能表示为三个整数的立方和,而

$$n+2=(3m-1)^3+(3m-1)^3+(3m-1)^3$$

对 $i=2,n=(3m-1)^3+222(m\in\mathbf{Z}^+)$被 9 除的余数为 5,故不能表示为三个整数的立方和,而

$$n+2=(3m-1)^3+2^3+6^3$$

$$n+28=(3m-1)^3+5^3+5^3$$

对 $i=3,n=216m^3(m\in\mathbf{Z}^+)$满足条件

$$n=(3m)^3+(4m)^3+(5m)^3$$
$$n+2=(6m)^3+1^3+1^3$$
$$n+28=(6m)^3+1^3+3^2$$

注:所命原题要求证明结论对 $i=0,1,2,3$ 均成立.

为降低试卷难度,去掉了 $i=0$ 的要求.以下是该情形的证明:

对 $n=9m+3,m\in\mathbf{Z},n+2,n+28$ 被 9 除的余数分别为 5,4,不能表示为三个整数的立方和,若 $n=a^3+b^3+c^3,a,b,c\in\mathbf{Z}$,由前知 a,b,c 均为 $3k+1$ 型 $(k\in\mathbf{Z})$ 的整数.

小于 $(3N)^3(N\in\mathbf{Z}^+)$ 的 $9m+3$ 型 $(k\in\mathbf{Z})$ 的正整数共 $3N^3$ 个. (*)

小于 $3N$ 的 $3k+1$ 型 $(k\in\mathbf{Z})$ 的正整数有 N 个,三个这样的立方数之和的组合不超过 N^3 种,故(*)中正整数至少有 $3N^3-N^3=2N^3$ 个不能表示为三个正整数的立方和.N 可取任意正整数,故 $i=0$ 情形得证.

例 16 (2005 年新西兰数学奥林匹克选拔考试)求所有正整数 x,y,使得

$$(x+y)(xy+1)$$

是 2 的整数次幂.

解 设 $x+y=2^a,xy+1=2^b$.若 $xy+1\geqslant x+y$,则 $b\geqslant a$.于是

$$xy+1\equiv 0(\bmod 2^a)$$

又因为 $x+y\equiv 0(\bmod 2^a)$,所以

$$-x^2+1\equiv 0(\bmod 2^a)$$

即

$$2^a\mid(x+1)(x-1)$$

由于 $x+1$ 与 $x-1$ 只能均为偶数，且 $(x+1,x-1)=2$，从而，一定有一个能被 2^{a-1} 整除.

由于 $1\leqslant x\leqslant 2^a-1$，所以

$$x=1,2^{a-1}-1,2^{a-1}+1 \text{ 或 } 2^a-1$$

相应地，$y=2^a-1,2^{a-1}+1,2^{a-1}-1$ 或 1 满足条件.

若 $x+y>xy+1$，则有 $(x-1)(y-1)<0$，矛盾.

综上所述

$$\begin{cases}x=1\\y=2^a-1\end{cases};\begin{cases}x=2^b-1\\y=2^b+1\end{cases};\begin{cases}x=2^c+1\\y=2^c-1\end{cases};\begin{cases}x=2^d-1\\y=1\end{cases}$$

其中 a,b,c,d 为任意正整数.

例 17　(2006 年中国国家队培训题)试确定，对于任意给定的正有理数 r，是否一定能表为两个正有理数的立方和？是否一定能表为三个正有理数的立方和？

解　(1)r 不一定能表为两个正有理数的立方和，为此，只需说明 1 不能表为两个正有理数的立方和. 假若存在正有理数 $\frac{a}{b}$，$\frac{c}{d}$，使 $1=\left(\frac{a}{b}\right)^3+\left(\frac{c}{d}\right)^3$，则

$$(bd)^3=(ad)^3+(bc)^3 \quad (a,b,c,d \text{ 为正整数})$$

而由费尔马定理，$z^3=x^3+y^3$ 无正整数解，矛盾！

(2)r 能够表为三个正有理数的立方和. 为此，设

$$r=x^3+y^3+z^3 \qquad ①$$

由恒等式

$$(x+y+z)^3-(x^3+y^3+z^3)=3(x+y)(y+z)(z+x)$$

因此

$$r=(x+y+z)^3-3(x+y)(y+z)(z+x)$$

令 $x+y+z=a$，$x+y=b$，则

$$y=b-x, z=a-b$$

$$x+z=a-y=a-b+x$$

故

$$r=a^3-3b(a-x)(a-b+x)=$$
$$a^3-3b(a^2-x^2)+3b^2(a-x) \quad ②$$

为找出满足①的一组有理数 x,y,z,可考虑在某种特殊情形下简化式②. 试令

$$a^3=3b(a^2-x^2) \quad ③$$

则有

$$r=3b^2(a-x) \quad ④$$

由③得

$$a=3b\left[1-\left(\frac{x}{a}\right)^2\right] \quad ⑤$$

由④得

$$r=3ab^2\left(1-\frac{x}{a}\right) \quad ⑥$$

将⑤,⑥相乘得

$$r=9b^3\left(1-\frac{x}{a}\right)^2\left(1+\frac{x}{a}\right) \quad ⑦$$

再令

$$c=\frac{x}{a} \quad ⑧$$

则⑤,⑦成为

$$\begin{cases}a=3b(1-c^2)\\ r=9b^3(1-c)^2(1+c)\end{cases}$$

又令 $t=3b(1-c)$,则 $a=t(1+c)$,而 $r=\frac{1}{3}t^3\cdot\frac{1+c}{1-c}$,所以

$$c=\frac{3r-t^3}{3r+t^3}$$

因此

$$1-c=\frac{2t^3}{3r+t^3},1+c=\frac{6r}{3r+t^3}$$

$$a=t(1+c)=\frac{6rt}{3r+t^3},b=\frac{t}{3(1-c)}=\frac{3r+t^3}{6t^2}$$

所以

$$x=ac=\frac{6r(3r-t^3)}{(3r+t^3)^2},x+y=b=\frac{3r+t^3}{6t^2}$$

$$x+y+z=a=\frac{6rt}{3r+t^3}$$

由此知,只要 t 为有理数,则 x,y,z 都是有理数.

注意到,当 t 为有理数,$t\to\sqrt[3]{3r}$,即 $t^3\to 3r$ 时,有 $x\to 0$, $x+y\to\frac{1}{3}\sqrt[3]{3r}$, $x+y+z\to\sqrt[3]{3r}$,因此 $y\to\frac{1}{3}\sqrt[3]{3r}$, $z\to\frac{2}{3}\sqrt[3]{3r}$,从而可选择满足如下条件的 t,使 x,y,z 全为正有理数,即:t 为正有理数,$t^3<3r$,t^3 充分接近 $3r$(此时可保证 x,y,z 为正数).易知,适合条件的 t 有无穷多个.

例 18 (2008 年青少年国际城市数学邀请赛)已知 n 为正整数,使得

$$1+n+\frac{n(n-1)}{2}+\frac{n(n-1)(n-2)}{6}=2^k\quad(k\text{ 是正整数})$$

求所有可能的 n 值的总和.

解 因为

$$1+n+\frac{n(n-1)}{2}+\frac{n(n-1)(n-2)}{6}=\frac{(n+1)(n^2-n+6)}{6}$$

所以,$n+1$ 是 2 的方幂或 2 的方幂的 3 倍.

(1)若 $n+1=2^m(m\in\mathbf{N}_+)$,则

$$n^2-n+6=2^{2m}-3\times 2^m+8$$

是 2 的方幂的 3 倍.

当 $m>3$ 时,有

$$3\times 2^{2m-2}<4\times 2^{2m-2}-3\times 2^{2m}<2^{2m}-3\times 2^{2m}+8<2^{2m}=4\times 2^{2m-2}$$

所以,n^2-n+6 不是 2 的方幂的 3 倍.

因此,$m\leqslant 3$. 从而,只需验证 $n=1,3$ 及 7 的情形,它们都符合题意.

(2)若 $n+1=3\times 2^m$(m 是非负整数),则

$$n^2-n+6=9\times 2^{2m}-9\times 2^m+8$$

是 2 的方幂.

当 $m>3$ 时,有

$$2^{2m+3}=8\times 2^{2m}<9\times 2^{2m}-9\times 2^m<9\times 2^{2m}-9\times 2^{2m}+8<9\times 2^{2m}<2^{2m+4}$$

所以,n^2-n+6 不是 2 的方幂.

因此,$m\leqslant 3$. 从而,只需验证 $n=2,5,11$ 及 23 的情形. 经验证,$n=2$ 及 23 符合题意.

故所有可能的 n 值的总和为

$$1+2+3+7+23=36$$

例 19 (2002 年克罗地亚国家数学奥林匹克)证明:一个正整数可以被写作连续正整数之和,当且仅当这个数不是 2 的正整数次幂.

证明 设 n 可以写成若干个连续正整数之和,即存在正整数 m,k,使得

$$n=m+(m+1)+\cdots+(m+k)$$

则

$$n=(k+1)m+1+2+\cdots+k=(k+1)m+\frac{k(k+1)}{2}=(k+1)\left(m+\frac{k}{2}\right)$$

首先证明 n 不是 2 的正整数次幂.

若 k 是偶数,则 $k+1$ 是奇数,n 有 $k+1$ 为约数,则 $k+1\geqslant 3$,n 不是 2 的正整数次幂.

若 k 为奇数,设 $k=2l-1$,l 是正整数,则

$$n=2l\left(m+\frac{2l-1}{2}\right)=l[2(m+l)-1]$$

此时 n 可被奇数 $2(m+l)-1\geqslant 3$ 整除,所以 n 不是 2 的正整数次幂.

再证明 n 不是 2 的正整数次幂,一定能被写成若干个连续正整数之和.

设 n 不是 2 的整数次幂,则存在非零整数 m 和正整数 k,有

$$n=2^m(2k+1)$$

则

$$\begin{aligned}n=&2^{m+1}k+2^m=\\&(k-2^m+1)+(k-2^m+2)+\cdots+\\&(k-2^m+2^{m+1})\end{aligned} \quad ①$$

于是 n 是 2^{m+1} 个连续整数之和.

若 $k\geqslant 2^m$,则上式中各项均为正数,命题成立;

若 $k<2^m$,则式①的一些项是负数,则可将 $n=2^{m+1}k+2^m$ 写成

$$n=(2^m-k)+(2^m-k+1)+\cdots+(2^m+k)$$

由以上,n 可以写成连续正整数之和.

例 20　(1996 年第 22 届俄罗斯中学数学奥林匹克试题)已知 x,y 是互素的自然数,k 是大于 1 的自然数. 找出满足:$3^n=x^k+y^k$ 的所有自然数 n,并给出证明.

证明 设 $3^n=x^k+y^k$,其中 x 与 y 互素(不妨设 $x>y$),$k>1$,n 是自然数.显然,x,y 中的任何一个都不能被 3 整除.

如果 k 是偶数,则 x^k 和 y^k 被 3 除时余数都是 1.这样,x^k 与 y^k 的和除以 3 时余数是 2,而不是 3 的整数次幂.于是,推出矛盾,所以 k 不是偶数.

如果 k 是奇数且 $k>1$,则

$$3^n=(x+y)(x^{k-1}-\cdots+y^{k-1})$$

这样 $x+y=3^m$,$m\geqslant1$.以下证明:$n\geqslant2m$.

因为 k 可被 3 整除,取 $x_1=x^{\frac{k}{3}}$,$y_1=y^{\frac{k}{3}}$代入后,可以认为 $k=3$.这样,$x^3+y^3=3^n$,$x+y=3^m$.

要证明 $n\geqslant2m$,只要证明 $x^3+y^3\geqslant(x+y)^2$,即证明 $x^2-xy+y^2\geqslant x+y$.

由于 $x\geqslant y+1$,则

$$x^2-x=x(x-1)\geqslant xy$$

$$(x^2-x-xy)+(y^2-y)\geqslant0$$

不等式 $n\geqslant2m$ 得证.

由恒等式 $(x+y)^3-(x^3+y^3)=3xy(x+y)$ 推出

$$3^{2m-1}-3^{n-m-1}=xy \quad ①$$

而 $2m-1\geqslant1$,且

$$n-m-1\geqslant n-2m\geqslant0 \quad ②$$

因此,如果②中至少有一个不等号是严格不等号,那么式①中的左端可被 3 整除,但右端不能被 3 整除,推出矛盾.

如果 $n-m-1=n-2m=0$,那么 $m=1$,$n=2$,且 $3^2=2^3+1^3$.故 $n=2$.

例 21 (1980 年北京市初中数学竞赛题)试求一个非 1 的数 k,使 k 和 k^4 可以分别表示为相邻的两个

整数的平方和，并证明这样的 k 只有一个.

解法 1　为证明此题，我们先证明三个引理.

引理 1：不定方程

$$x^2+y^2=z^2 \qquad ①$$

的适合条件 $x>0,y>0,z>0,(x,y)=1$ 且 $z\mid y$ 的一切正整数解可以表示为

$$x=a^2-b^2,y=2ab,z=a^2+b^2 \qquad ②$$

其中 $a>b>0,(a,b)=1$，并且 a,b 之中有一个为奇数，有一个为偶数.

引理 1 的证明：因为 $(x,y)=1$，由式①可判知 x，y,z 两两互质. 又 y 是偶数，所以 x,z 必均为奇数. 这时 $z+x,z-x$ 均为偶数，所以 $\frac{z+x}{2},\frac{z-x}{2}$ 为整数. 令 $y=2y_1$，则

$$(2y_1)^2=z^2-x^2=(z+x)(z-x)$$

所以

$$y_1^2=\frac{z+x}{2}\cdot\frac{z-x}{2}$$

设 $\frac{z+x}{2}=u,\frac{z-x}{2}=v$，则

$$z=u+v,x=u-v$$

整数 u,v 应互质. 若不然，将与 x,z 互质矛盾. 由 $y_1^2=uv$，而 $(u,v)=1$ 知，u,v 之中的每一个都必须是完全平方数.

令 $u=a^2,v=b^2$，则有

$$z=u+v=a^2+b^2,x=u-v=a^2-b^2$$

$$y_1=\sqrt{uv}=ab$$

所以 $y=2ab$，其中 $(a,b)=1$，且 $a>b$.

反过来，我们将

$x=a^2-b^2, y=2ab, z=a^2+b^2$ （a,b 互质，$a>b>0$）

代入①，易知它是此不定方程在 $(x,y)=1,2|y$ 情况下的一切正整数解.

引理 2：方程 $x^2+y^2=k^4$ 适合条件 $(x,y)=1,2|y$ 的一切正整数解为

$$x=|r^4+s^4-6r^2s^2|, y=4rs(r^2-s^2), k=r^2+s^2$$

其中 $r>0,s>0,(r,s)=1,r,s$ 一奇一偶.

引理 2 的证明：由引理 1 知，$x^2+y^2=(k^2)^2$ 的一切正整数解可表示为

$$x=a^2-b^2, y=2ab, k^2=a^2+b^2 \quad ③$$

其中 $(x,y)=1,2|y,a>b>0,(a,b)=1,a,b$ 一奇一偶.

再对 $k^2=m^2+n^2$ 用引理 1，得

$$a=r^2-s^2, b=2rs, k=r^2+s^2 \quad ④$$

其中 $r>s>0,(r,s)=1,r,s$ 一奇一偶.

将式④中 a,b 的表达式代入③，并注意到可能对 r,s 的值有 $b>a$，因此

$$x=|a^2-b^2|=|r^4+s^4-6r^2s^2|$$

$$y=4rs(r^2-s^2)$$

$$k=r^2+s^2$$

其中 $r>s>0,(r,s)=1,r,s$ 一奇一偶.

引理 3：一个不等于 1 的正整数若能表为相邻的两个正整数的平方和，则表示方法是唯一的.

引理 3 的证明：对一个不等于 1 的正整数 k，假设存在不同的正整数 a,b，都有

$$a^2+(a+1)^2=b^2+(b+1)^2=k^2$$

则

$$a^2-b^2=(b+1)^2-(a+1)^2$$

则

$$(a+b)(a-b)=(a+b+2)(b-a)$$

由于假设 $a\neq b$，所以 $a-b=0$，所以

$$a+b=-(a+b+2)$$

这就产生了一个正数与一个负数相等的矛盾.

因此，只能有 $a=b$. 引理 3 得证.

下面我们来证明原题：

由题意，k 与 k^4 均可表为相邻的两个整数的平方和，所以存在整数 u,v，使得

$$k=(u+1)^2+u^2, k^4=v^2+(v+1)^2$$

显然 k 为不等于 1 的正整数，所以 u,v 也可限定为正整数. 又 $(u+1,u)=1,(v+1,v)=1$，所以可以对 $k^4=v^2+(v+1)^2$ 应用引理 2.

(1)若 v 为偶数，则

$$v=4rs(r^2-s^2), v+1=|r^4+s^4-6r^2s^2|$$

$$k=r^2+s^2 \quad (r>s>0,(r,s)=1)$$

但由引理 3，k 表为相邻两个正整数的平方和的方式唯一，所以 $r=u+1,s=u$. 由此

$$r=4(u+1)u[(u+1)^2-u^2]=8u^3+12u^2+4u \qquad ⑤$$

$$r+1=|(u+1)^4+u^4-6(u+1)^2u^2|= 4u^4+8u^3-4u-1 \qquad ⑥$$

⑥－⑤，得

$$1=4u^4-12u^2-8u-1$$

即

$$2u^4-6u^2-4u-1=0 \qquad ⑦$$

易知方程⑦无整数解.

(2)若 v 为奇数，则

$$v+1=4(u+1)u[(u+1)^2-u^2]=8u^3+12u^2+4u \quad ⑧$$

$$v=|(u+1)^4+u^4-6(u+1)^2u^2|=$$
$$|-4u^4-8u^3+4u+1|=$$
$$4u^4+8u^3-4u-1 \quad ⑨$$

⑧－⑨，得

$$1=-4u^4+12u^2+8u+1$$

即

$$u^4-3u^2-2u=0, u(u-2)(u+1)^2=0$$

因为 u 为正整数，所以 $u=2, u+1=3$

$$v=119, v+1=120$$

所以 $k=3^2+2^2=13$，经验证 $13^4=119^2+120^2$.

因此，只有唯一的解 $k=13$ 满足题目的要求.

解法 2 设 k 为所求的数. 则 k 可表示为相邻两个整数的平方和的

$$k=n^2+(n+1)^2$$

$$k^2=[n^2+(n+1)^2]^2=n^4+(n+1)^4+2n^2(n+1)^2=$$
$$n^4-2n^2(n+1)^2+(n+1)^4+4n^2(n+1)^2=$$
$$[n^2-(n+1)^2]^2+[2n(n+1)]^2=$$
$$(2n+1)^2+[2n(n+1)]^2$$

即两个完全平方数的和的平方一定可以表为另两个数的平方和. 则

$$k^4=\{(2n+1)^2+[2n(n+1)^2]\}^2=$$
$$\{(2n+1)^2-[2n(n+1)]^2\}^2+$$
$$[2(2n+1)\cdot 2n(n+1)]^2$$

由于 k^4 可表为相邻两数的平方和，则

$$|-(2n+1)^2+[2n(n+1)]^2-4n(n+1)(2n+1)|=1$$

即

$$|4n(n+1)^2(n-2)-1|=1$$

若

$$4n(n+1)^2(n-2)-1=1$$

则

$$2n(n+1)^2(n-2)=1$$

此方程无整数解.

若

$$4n(n+1)^2(n-2)-1=-1$$

$$4n(n+1)^2(n-2)=0$$

则

$$n=0,-1\text{ 或 }2$$

当 $n=0$ 或 -1 时,$k=1$ 与题设矛盾.

则

$$n=2$$

此时

$$k=2^2+(2+1)^2=13$$

$$k^4=13^4=\{(2\times2+1)^2-[2\times2(2+1)]^2\}^2+\{4\times2(2+1)(2\times2+1)\}^2=119^2+120^2$$

所以 13 为所求.

由上述过程,这样的 k 是唯一的.

例 22　(2010 年日本数学奥林匹克)设 k 是正整数,m 是奇数. 证明:存在一个正整数 n,使得 $n-m$ 可以被 2^k 整除.

证明　对 k 用数学归纳法.

当 $k=1$ 时,取 $n=1$. 则

$$n^n-m=1-m$$

可以被 2 整除.

假设当 $k=t$ 时,结论成立. 当 $k=t+1$ 时,由归纳假设,存在正整数 n_0 满足

$$n_1^{n_0}\equiv m(\bmod 2^t)$$

因为 $n_0^{n_0}$ 为奇数，所以，n_0 为奇数.

若 $n_0^{n_0}\equiv m(\bmod 2^{t+1})$成立，则这样的 n_0 满足 $k=t+1$的情形. 否则

$$n_0^{n_0}\equiv m+2^t(\bmod 2^{t+1})$$

下面证明：$n=n_0+2^t$ 满足这种情形.

因为 n 为奇数，所以，$(n,2^{t+1})=1$. 由欧拉定理有

$$n^{2t}\equiv 1(\bmod 2^{t+1})$$

故

$$n^n\equiv n^{n_0+2^t}\equiv n^{n_0}n^{2^t}\equiv n^{n_0}(\bmod 2^{t+1})$$

由二项式定理知

$$n^{n_0}=(n_0+2^t)^{n_0}=\sum_{i=0}^{n_0}C_{n_0}^i 2^{it}n_0^{n_0-i}$$

当 $i\geqslant 2$ 时，$it\geqslant t+1$. 则

$$2^{it}\equiv 0(\bmod 2^{t+1})$$

故

$$n^{n_0}\equiv n_0^{n_0}+C_{n_0}^1 2^t n_0^{n_0-1}\equiv(m+2^t)+2^t n_0^{n_0}\equiv m+2^t(n_0^{n_0}+1)(\bmod 2^{t+1})$$

因为 $n_0^{n_0}+1$ 是偶数，所以

$$n^n\equiv n^{n_0}\equiv m+2^t(n_0^{n_0}+1)\equiv m(\bmod 2^{t+1})$$

因此，当 $k=t+1$ 时，结论也成立.

从而，对于任意的正整数 k，结论成立.

例 23 (1991 年亚太地区数学奥林匹克)课间休息时，n 个学生围着老师坐成一圈做游戏，老师按顺时针方向并按下列规则给学生们发糖：他选择一个学生并给一块糖，隔一个学生给下一个学生一块，再隔 2 个学生给下一个学生一块，再隔 3 个学生给下一个学生一块，…. 试确定 n 的值，使最后(也许绕许多圈)所有

的学生每人至少有一块糖.

解　问题等价于寻找正整数 n,使同余式

$$1+2+3+\cdots+x\equiv a(\mathrm{mod}\ n)$$

对任意 a 都可解,此同余式等价于

$$\frac{1}{2}x(x+1)\equiv a(\mathrm{mod}\ n)$$

$$x(x+1)\equiv 2a(\mathrm{mod}\ 2n) \qquad ①$$

当且仅当 n 是 2 的方幂时,式①总可解.

假设 n 不是 2 的方幂,则存在可整除 n 的奇数 p. 若(1)对任意 a 可解,则 $x(x+1)\equiv 2a(\mathrm{mod}\ p)$对任意 a 可解,$x(x+1)\equiv b(\mathrm{mod}\ p)$对任意 b 可解. 因此 $1\times 2,2\times 3,\cdots,p(p+1)$除以 p 的余数两两不同. 然而 $p(p-1)\equiv p(p+1)(\mathrm{mod}\ p)$,矛盾. 故若 n 不是 2 的方幂,则 $x(x+1)\equiv 2a(\mathrm{mod}\ p)$不是对所有 a 都可解的.

假设 $n=2^k(k\geqslant 1)$,考察下列各数

$$0\times 1,1\times 2,2\times 3,\cdots,(2^k-1)2^k$$

因全是偶数,只需证明它们除以 2^{k+1}的余数两两不同. 设

$$x(x+1)\equiv y(y+1)(\mathrm{mod}\ 2^{k+1})$$

其中 $0\leqslant x,y\leqslant 2^k-1$,则

$$x^2-y^2+x-y\equiv(x-y)(x+y+1)\equiv 0(\mathrm{mod}\ 2^{k+1})$$

因为 $x-y,x+y+1$ 一个是奇数,一个是偶数,故

$$x-y\equiv 0(\mathrm{mod}\ 2^{k+1})\text{或 }x+y+1\equiv 0(\mathrm{mod}\ 2^{k+1})$$

由后者得

$$2^{k+1}\leqslant x+y+1\leqslant 2^k-1+2^k-1+1=2^{k+1}-1$$

矛盾. 故

$$x\equiv y(\mathrm{mod}\ 2^{k+1})$$

即

$$x=y$$

例 24 (2012 年第 9 届中国东南地区数学奥林匹克)对于合数 n,记 $f(n)$为其最小的三个正约数之和,$g(n)$为其最大的两个正约数之和. 求所有的正合数 n,使得 $g(n)$等于 $f(n)$的某个正整数次幂.

解法 1 若 n 是奇数,则 n 的一切约数都是奇数. 故由题意知 $f(n)$为奇数,$g(n)$为偶数. 这样,$g(n)$不可能等于 $f(n)$的某个正整数次幂.

因此,只需考虑 n 是偶数的情形,此时,1 和 2 是 n 最小的两个正约数,n 和$\frac{n}{2}$是 n 最大的两个正约数.

设 d 是 n 除 1,2 以外的最小正约数. 若存在 $k\in\mathbf{N}_+$ 使得 $g(n)=f^k(n)$,则

$$\frac{3n}{2}=(1+2+d)=(3+d)^k\equiv d^k \pmod 3$$

由于$\frac{3n}{2}$是 3 的倍数,故 $3\mid d^k$,即 $3\mid d$. 由 d 的最小性知 $d=3$. 因此

$$\frac{3}{2}n=6^k\Rightarrow n=4\times 6^{k-1}$$

又 $3\mid n$,故 $k\geqslant 2$.

综上,n 的所有可能值为

$$n=4\times 6^l \quad (l\in\mathbf{N}_+)$$

解法 2 设合数 n 满足

$$g(n)=f^k(n) \quad (k\in\mathbf{N}_+)$$

并设 n 的最小质因子为 p. 则 n 的第二大正约数为$\frac{n}{p}$.

若 n 的第三小正约数为 p^2,则$\frac{n}{p^2}\in\mathbf{Z}$. 此时

$$f(n)=1+p+p^2\equiv 1\pmod p$$

$$g(n)=n+\frac{n}{p}=p(1+p)\frac{n}{p^2}\pmod p$$

即 $1^k\equiv f^k(n)=g(n)\equiv 0\pmod p$，矛盾.

因此，n 的第三小正约数不是 p^2. 从而，必为某一质数 $q(q>p)$. 易知，$\frac{n}{pq}\in\mathbf{Z}$. 则

$$f(n)=1+p+q\equiv 1+p\pmod q$$

$$g(n)=n+\frac{n}{p}=q(1+p)\frac{n}{pq}\pmod q$$

故

$$(1+p)^k\equiv f^k(n)=g(n)\equiv 0\pmod q$$

又 q 为质数，于是，$q\mid(1+p)$. 从而，$p<q\leqslant 1+p$，只有 $p=2,q=3$. 此时

$$6^k=f^k(n)=g(n)=\frac{3}{2}n$$

解得 $n=4\times 6^{k-1}$.

以下同解法 1.

例 25　(2008 年斯洛文尼亚国家队选拔考试)设正整数 $k(k>1)$. 证明：对于每个非负整数 m，都存在 k 个正整数 $n_1,n_2,\cdots,n_k$. 满足

$$n_1^2+n_2^2+\cdots+n_k^2=5^{m+k}$$

证明　因为

$$3^2+4^2=5^2,5^2+10^2=5^3$$

所以，对于 $k=2,m=0$ 和 $k=2,m=1$，存在 n_1,n_2.

下面对 m 进行归纳，证明：对于任意的 m，方程都有解.

设 $m\geqslant 2$. 假设正整数 a_1,a_2 满足

$$a_1^2+a_2^2=5^m$$

则

$$5^{m+2}=5^2\times5^m=5^2(a_1^2+a_2^2)=(5a_1)^2+(5a_2)^2$$

所以，5^{m+2}为两个正整数的平方和.

之前已分别考虑了 $m=0,m=1$ 的情形，所以，对于所有非负整数 m，关于 $k=2$ 已证.

由于

$$5^3=3^2+4^2+10^2$$

$$5^4=9^2+12^2+20^2$$

类似于上述讨论过程可推知，当 $k=3$ 时，对于所有非负整数 m

$$n_1^2+n_2^2+n_3^2=5^{3+m}$$

有正整数解.

设 $k\geqslant3$，对 k 进行归纳.

设对于所有非负整数 m，正整数 $a_1,a_2,\cdots,a_k$ 满足

$$a_1^2+a_2^2+\cdots+a_k^2=5^{k+m}$$

由于 $k-1\geqslant2$，则正整数 $b_1,b_2,\cdots,b_{k-1}$ 满足

$$b_1^2+b_2^2+\cdots+b_{k-1}^2=5^{k-1+m}$$

(1)若 $k+m$ 为偶数，则

$$\begin{aligned}5^{k+m+1}=5^{k+m}+4\times5^{k+m}=\\a_1^2+a_2^2+\cdots+a_k^2+4\times5^{k+m}=\\a_1^2+a_2^2+\cdots+a_k^2+(2\times5^{\frac{k+m}{2}})^2\end{aligned}$$

故 5^{k+m+1}是 $k+1$ 个正整数的平方和.

(2)若 $k+m$ 为奇数，由 $k+m-3\geqslant0$，则存在两个正整数 c_1,c_2，满足

$$c_1^2+c_2^2=5^{2+(k+m-3)}$$

则

$$5^{k+m+1}=5^2\times5^{k+m-1}=(9+16)5^{k+m-1}=$$

$$9\times5^{k+m-1}+16\times5^{k+m-1}=$$
$$9(b_1^2+b_2^2+\cdots+b_{k-1}^2)+16(c_1^2+c_2^2)=$$
$$(3b_1)^2+(3b_2)^2+\cdots+(3b_{k-1})^2+$$
$$(4c_1)^2+(4c_2)^2$$

故命题得证.

例 26　如果一个自然数的 k 次方末三位数都是 a^k(a,k 为大于 1 的自然数),则称其为"新兴数". 问:在 1,2,…,2 009 中有几个新兴数?并证明你的结论.

解　首先 $a^k<10$,结合 a,k 为大于 1 的正整数,于是,a^k 只可为 $3^2,2^2,2^3$.

因为完全平方数末两位为$\overline{偶4}$,$\overline{奇6}$或$\overline{偶奇}$形式,所以,$k=2$ 时,末三位数只能是 444;$k=3$ 时,末三位数只能是 888.

(1)若末三位数为 888,令

$$n^3=1\ 000a+888$$

易知 n 为偶数,则令 $n=2m$. 得

$$m^3=125a+111=5(25a+22)+1$$

因此,m^3 除以 5 余 1. 又当 m 除以 5 分别余 0,1,2,3,4 时,m^3 除以 5 分别余 0,1,3,2,4.

所以,m 除以 5 余 1,令 $m=5k+1$. 则

$$m^3=125k^3+75k^2+15k+1=125a+111$$

整理得

$$3(5k^2+k+1)=25(a+1-k^3)$$

因$(3,25)=1$,所以,$5k^2+k+1$ 为 25 的倍数,即 $k+1$为 5 的倍数.

令 $k+1=5l$. 则

$$5k^2+k+1=5(5l-1)^2+5l=125l^2-50l+5(l+1)$$

故 $l+1$ 为 5 的倍数,令 $l+1=5r(r\in\mathbf{N}_+)$. 所以

$$n=2m=10k+2=10(5l-1)+2=$$
$$50l-8=50(5r-1)-8=250r-58$$

又 $0<n\leqslant 2\ 009$,则 r 取 1～8 时,共 8 个新兴数.

(2)若末三位数为 444,则此数末位为 2 或 8.

因任一正整数均可表为 $50k+m$ 形(k,m 为自然数,$m<50$),且

$$(50k+m)^2=2\ 500k^2+100km+m^2$$

所以,其平方末两位数与 m^2 末两位相同. 于是,m 仅可取

$$2,12,22,32,42,8,18,28,38,48$$

依次检验知,当 $m=12$ 或 38 时,平方末两位数为 44.

因此,一切这样数为 $50k+12$ 或 $50k+38$ 形(k 为自然数).

又任一正整数可表为 $500k+m$ 形(k,m 为自然数,$m<500$),且

$$(500k+m)^2=250\ 000k^2+1\ 000km+m^2$$

所以,其末三位数与 m^2 末三位数相同.

若为 444,则 m 为 $50k+12$ 或 $50k+38$ 形. 若 $m=50k+t$($t=12$ 或 $38,0\leqslant k\leqslant 9$),则

$$500-m=50(9-k)+(50-t)$$

也为上述形式的数. 而

$$(500k+m)^2=[500(k+1)+(m-500)]^2$$

从而,m 与 $500-m$ 末三位数相同.

于是,只需检验 $m=12,62,112,162,212,38,88,138,188,238$ 中哪些数平方后末三位数为 444(否则,若数大于 250,则 500 减去它后末三位数与上述数中某一个一致).

易知仅 $m=38$ 时，末三位数为 $444(38^2=1\,444)$. 因此，m 为 38 或 $500-38=462$ 时成立. 此时，一切新兴数为

$$500k+38 \text{ 或 } 500k+462 \quad (k \text{ 为自然数})$$

又 $1\leqslant 500k+38\leqslant 2\,009$，有

$$0\leqslant k\leqslant 3$$

$1\leqslant 500k+462\leqslant 2\,009$，也有

$$0\leqslant k\leqslant 3$$

所以，k 取 0～3 时，得 1～2 009 中 8 个新兴数.

综上，共有 $8+8=16$ 个新兴数.

例 27　(2008 年巴尔干地区数学奥林匹克)设 c 是一个正整数. 数列 $a_1,a_2,\cdots,a_n,\cdots$，按如下方式定义

$$a_1=c, a_{n+1}=a_n^2+a_n+c^3 \quad (n\in\mathbf{N}_+)$$

求 c 的一切可能值，使得存在 $k\geqslant 1, m\geqslant 2(k,m\in\mathbf{N}_+)$，满足 $a_k^2+c^3$ 是一个正整数的 m 次幂.

解　注意到

$$a_{n+1}^2+c^3=(a_n^2+a_n+c^3)^2+c^3=$$
$$(a_n^2+c^3)(a_n^2+2a_n+1+c^3)$$

先证明：$a_n^2+c^3$ 与 $a_n^2+2a_n+1+c^3$ 互质.

又注意到

$$(a_n^2+c^3, a_n^2+2a_n+1+c^3)=(a_n^2+c^3, 2a_n+1)$$

假设存在 $p\geqslant 3$(p 为质数)，使得

$$p\mid(a_n^2+c^3), p\mid(2a_n+1)$$

则

$$p\mid(4a_n^2+4c^3)\Rightarrow$$
$$p\mid[(2a_n-1)(2a_n+1)+4c^3+1]\Rightarrow$$
$$p\mid(4c^3+1)$$

故

$$p\mid(4c^3+1),p\mid(2a_n+1)$$

而 $4a_n+2=(2a_{n-1}+1)^2+4c^3+1$，则

$$p\mid(2a_{n-1}+1)^2\Rightarrow p\mid(2a_{n-1}+1)$$

不断递推下去得到 $p\mid(2a_1+1)$. 而 $a_1=c$，因此

$$p\mid(2c+1),p\mid(4c^3+1)$$

注意到

$$2(4c^3+1)=(2c+1)(4c^2-2c+1)+1$$

于是，$p\mid1$，矛盾.

故 $a_n^2+c^3$ 与 $a_n^2+2a_n+1+c^3$ 互质. 若

$$S^m=a_k^2+c^3=(a_{k-1}^2+c^3)(a_{k-1}^2+2a_{k-1}+1+c^3)$$

由于 $a_{k-1}^2+c^3$ 与 $a_{k-1}^2+2a_{k-1}+1+c^3$ 互质，从而，$a_{k-1}^2+c^3$ 也为一个数的 m 次幂.

不断递推下去知，$a_1^2+c^3$ 也为一个数的 m 次幂，即

$$c^2(c+1)=t^m$$

由于 $(c,c+1)=1$，若 m 为奇数，则

$$c=t_1^m,c+1=t_2^m$$

这不可能.

若 m 为偶数，则

$$c^2(c+1)=t^{2m_0}\Rightarrow c=t_1^{m_0},c+1=t_2^{2m_0}$$

故

$$t_1^{m_0}+1=t_2^{2m_0}\Rightarrow(t_2^2)^{m_0}-t_1^{m_0}=1$$

必有 $m_0=1,t_1=t_2^2-1$. 则

$$c=r^2-1\quad(r\geqslant2,r\in\mathbf{N}_+)$$

当 $c=r^2-1$ 时

$$a_1^2+c^3=r^2(r^2-1)^2=[r(r^2-1)]^2$$

故存在 k,m，使数列中某一项为 m 次幂.

例 28 (1983 年第 15 届加拿大数学奥林匹克)证

明：对每个素数 p，有无穷多个正整数 n，使得 p 整除 2^n-n.

证明　若 $p=2$，只要 n 是正偶数，2^n-n 都能被 2 整除. 以下设 p 是奇素数，试看

$$2^p=(1+1)^p=1+\sum_{i=1}^{p-1}C_p^i+1$$

其中 $C_p^i=p(p-1)\cdots\frac{p-i+1}{i!}$是整数. 而 $i!=1\cdot 2\cdots i$ 与 p 互素，所以 C_p^i 是 p 的倍数. 以下用 $M(x)$表示"x 的倍数"，那么

$$2^p=2+M(p)$$

即 $2(2^{p-1}-1)=M(p)$

但 2 与 p 互素，所以

$$2^{p-1}-1=M(p)$$

于是必有最小的正整数 d，使

$$2^d-1=M(p)$$

设

$$2,2^2,2^3,\cdots,2^d \qquad ①$$

被 p 除的余数依次是

$$r_1,r_2,r_3,\cdots,r_d=1 \qquad ②$$

这些余数都不同.（因为如果 $r_j=r_k(j<k)$，则 $2^k-2^j=r_k-r_j+M(p)$，即 $2^j(2^{k-j}-1)=M(p)$，亦即 $2^{k-j}-1=M(p)$. 而 $k-j<d$ 与 d 的最小性相矛盾）于是若 $d=p-1$，则余数列②就是小于 p 的一切正整数. 若 $d<p-1$，则有小于 p 而不在余数列②中的正整数 r'. 考虑数列 $r'r_1,r'r_2,r'r_3,\cdots,r'r_d$，设它们被 p 除的余数依次是

$$r'_1,r'_2,\cdots,r'_d \qquad ③$$

容易证明这些数都不同，且都不在余数列②中. 如果还有小于 p 而不在余数列②和③中的正整数，仿上又可得另 d 个小于 p 的正整数. 由于比 p 小的正整数共有 $p-1$ 个，所以

$$p-1=M(d) \tag{④}$$

现可设

$$n=dq+r,0\leqslant r<d \tag{⑤}$$

于是

$$\begin{aligned}2^n-n=&2^{dq+r}-(dq+r)=\\&[1+M(p)]^q2^r-dq-r=\\&2^r-r-dq+M(p)\end{aligned}$$

由此可见 $2^n-n=M(p)$ 的充要条件是有整数 m，使

$$2^r-r-dq=m \tag{⑥}$$

由式④知 p 与 d 互素. 故由辗转相除法可求得整数 q_0 与 m_0，使 $dq_0-pm_0=1$，即 $1-dq_0=-pm_0$. 于是

$$2^r-r-dq_0(2^r-r)=-pm_0(2^r-r)$$

对任何整数 s 有

$$2^r-r-d[q_0(2^r-r)+ps]=-p[m_0(2^r-r)+ds]$$

与式⑥比较，得

$$q=q_0(2^r-r)+ps$$

$$m=-m_0(2^r-r)-ds$$

由式⑤可知

$$n=d[q_0(2^r-r)+ps]+r$$

对于充分大的整数 s，n 都是正整数，且

$$2^n-n=M(p)$$

例 29 （2005 年第 31 届俄罗斯数学奥林匹克）试求所有正整数对 (a,b)，使得对每个正整数 n，数 a^n+

b^n 都是某个正整数 c_n 的 $n+1$ 次方幂.

解法 1　假设正整数对 (a,b) 满足题设中条件，即对每个正整数 n，都存在正整数 c_n，使得

$$a^n+b^n=c_n^{n+1}$$

于是，有 $c_n\leqslant a+b$. 若不然，就有

$$c_n^{n+1}>(a+b)^{n+1}\geqslant(a+b)^n=a^n+\cdots+b^n\geqslant a^n+b^n$$

导致矛盾. 这就意味着，在数列 $\{c_n\}$ 中至少有一个数 $c\in\{1,2,\cdots,a+b\}$ 重复出现无限多次. 也就是说，对 (a,b) 和 c，有无穷多个 n，使得

$$a^n+b^n=c^{n+1}$$

为确定起见，不妨设 $a\geqslant b$. 将方程 $a^n+b^n=c^{n+1}$ 改写为

$$\left(\frac{a}{c}\right)^n+\left(\frac{b}{c}\right)^n=c$$

若 $a>c$，则 $\frac{a}{c}=1+d$，其中 $d>0$. 此时

$$c=\left(\frac{a}{c}\right)^n+\left(\frac{b}{c}\right)^n>\left(\frac{a}{c}\right)=(1+d)^n=$$
$$1+nd+\cdots+d^n\geqslant1+nd$$

因而，$n\leqslant\frac{c-1}{d}$，这与“有无穷多个 n，使得等式 $a^n+b^n=c^{n+1}$ 成立”的事实矛盾.

若 $a\leqslant c$，则 $\left(\frac{b}{c}\right)^n\leqslant\left(\frac{a}{c}\right)^n\leqslant1$. 从而，只能是 $c=2$ 或 $c=1$. 当 $c=2$ 时，只能有 $\frac{a}{c}=\frac{b}{c}=1$，即 $a=b=1$. 当 $c=1$ 时，不可能.

解法 2　用 (u,v) 表示正整数 u 与 v 的最大公约数. 先证明两个引理.

引理 1：若 $(z,t)=1$，则 z^2+t^2 不能被 3 整除.

引理 1 的证明：完全平方数被 3 除的余数只能为 0 或 1. 这表明，若 $3|(z^2+t^2)$，则 $3|z,3|t$，这与 $(z,t)=1$ 矛盾.

引理 2：若 $(z,t)=1$，则 $(z+t,z^2-zt+t^2)$ 等于 1 或 3.

引理 2 的证明：由 $z^2-zt+t^2=(z+t)^2-3zt$ 立即推出.

下面解答原题.

令 $d=(a,b),x=\frac{a}{d},y=\frac{b}{d}$. 先证明 $x=y=1$.

假设不然，那么，当 $k>m$ 时，有

$$x^k+y^k>x^m+y^m$$

特别地，对于 $D_n=x^{2\times 3^n}+y^{2\times 3^n}$，有

$$D_{n+1}>D_n \quad (n\in \mathbf{N})$$

则

$$D_{n+1}=x^{2\times 3^{n+1}}+y^{2\times 3^{n+1}}=(x^{2\times 3^n})^3+(y^{2\times 3^n})^3=$$
$$D_n[(x^{2\times 3^n})^2-(x^{2\times 3^n})(y^{2\times 3^n})+(y^{2\times 3^n})^2]$$

故

$$\frac{D_{n+1}}{D_n}=(x^{2\times 3^n})^2+(y^{2\times 3^n})^2-(x^{2\times 3^n})(y^{2\times 3^n}) \quad ①$$

$$\frac{D_{n+1}}{D_n}=(x^{2\times 3^n}+y^{2\times 3^n})^2-3(x^{3^n}y^{3^n})^2 \quad ②$$

注意到 $D_n=x^{2\times 3^n}+y^{2\times 3^n}$，故由式①和引理 2 知，$D_n$ 与 $\frac{D_{n+1}}{D_n}$ 的最大公约数只能为 1 或 3.

设 p_n 是 $\frac{D_{n+1}}{D_n}$ 的大于 1 的质约数. 由式②和引理 1 知 $p_n\neq 3$. 所以，$p_n\nmid D_n$. 由此知 $p_n|D_{n+1}$，且对任何 $l\geqslant n+1$，都有

$$p_n \mid D_l = D_{n+1}\sum_{j=n+1}^{l-1}\frac{D_{j+1}}{D_j}$$

但对任何 $l\geqslant n+1$,都有 $p_n\nmid\frac{D_{l+1}}{D_l}$.

从而,当 $l\geqslant n+1$ 时,在 D_l 的质约数分解式中,p_n 的次数保持不变.

这表明:只要 $k\neq n$,就有 $p_k\neq p_n$. 换言之,数列 $p_1,p_2,\cdots$中的项两两不同.

因此,必可从中找到 $p=p_{n_0}$,使得$(p,d)=1$.

从而,在 $l\geqslant n_0+1$ 时,在 $d^{2\times 3^l}D_l$ 的质约数分解式中,p 的次数保持不变.

另一方面,由题意知,对一切正整数 $l\geqslant n_0+1$,p 的次数能被 $2\times 3^l+1$ 整除. 矛盾.

我们已经证明了 $a=b=d$,下面求 d. 显然 $d\neq 1$.

设质数 p 在 d 的质约数分解式中的指数为 α. 若 $p\neq 2$,由题意可知,对一切正整数 n,都有$(n+1)\mid n\alpha$. 从而

$$(n+1)\mid[(n+1)a-\alpha]$$

故$(n+1)\mid\alpha$,这显然是不可能的.

若 $p=2$,则对一切正整数 n,都有

$$(n+1)\mid(n\alpha+1)$$

从而

$$(n+1)\mid[(n+1)\alpha+1-\alpha]$$

故$(n+1)\mid(1-\alpha)$. 因此,$a=1$. 于是 $d=2$.

例 30　(2002 年第 43 届 IMO 预选题)已知非完全立方数的正整数 n,定义 $a=\sqrt[3]{n}$,$b=\frac{1}{a-[a]}$,$c=\frac{1}{b-[b]}$,其中$[x]$表示不超过 x 的最大整数. 证明:有

无穷多个这样的整数 n，存在不全为零的整数 r,s,t，使得 $ra+sb+tc=0$.

解 只要证明存在不全为零的有理数 r,s,t 满足 $ra+sb+tc=0$ 即可.

设 $m=[a],k=n-m^3$，则

$$1\leqslant k\leqslant[(m+1)^3-1]-m^3=3m(m+1)$$

由 $a^3-m^3=(a-m)(a^2+am+m^2)$，得

$$b=\frac{1}{a-m}=\frac{a^2+am+m^2}{k}$$

因为 $m<a<m+1$，所以

$$3m^3<a^2+am+m^2<(m+1)^2+(m+1)m+m^2=3m^2+3m+1.$$

为了计算方便，假设 $[b]=1$. 由 $\frac{3m^2}{k}<\frac{a^2+am+m^2}{k}=b<2$，得

$$3m^2<2k$$

由于 $b-[b]=b-1=\frac{a^2+am+m^2-k}{k}$，令 $a^2+am+m^2-k=(a-x)(a-y)$，则

$$x+y=-m,xy=m^2-k$$

由于判别式 $\Delta=m^2-4(m^2-k)=4k-3m^2>0$，所以，$x,y$ 为实数. 于是

$$c=\frac{1}{b-1}=\frac{k}{(a-x)(a-y)}=\frac{k(a^2+ax+x^2)(a^2+ay+y^2)}{(a^3-x^3)(a^3-y^3)}$$

且 $a^3+ax+x^2>0,a^2+ay+y^2>0$

因为

$$x^3+y^3=(x+y)[(x+y)^2-3xy]=$$

$$-m[m^2-3(m^2-k)]=$$
$$m(2m^2-3k)$$
$$x^3y^3=(xy)^3=(m^2-k)^3$$

都是整数,所以

$$l=(a^3-x^3)(a^3-y^3)=n^2-(x^3+y^3)n+x^3y^3$$

也是整数.于是

$$c=\frac{k}{l}(a^2+ax+x^2)(a^2+ay+y^2)=$$
$$\frac{k}{l}[a^4+(x+y)a^3+(x^2+xy+y^2)a^2+$$
$$xy(x+y)a+x^2y^2]=$$
$$\frac{k}{l}[a^4-ma^3+ka^2+m(k-m^2)a+(m^2-k)^2]=$$
$$\frac{k}{l}\{ka^2+[m(k-m^2)+n]a+(m^2-k)^2-mn\}$$

要使 $ra+sb+tc=0$,将 b 和 c 关于 a 的表达式代入 $sb+tc$,并令 a^2 项系数及常数项为零,即

$$\frac{s}{k}+\frac{tk^2}{l}=0 \qquad ①$$

及

$$\frac{sm^2}{k}+\frac{tk}{l}[(m^2-k)^2-mn]=0 \qquad ②$$

由①得 $s=-\frac{tk^3}{l}$,代入②得

$$-\frac{tk^2m^2}{l}+\frac{tk}{l}[(m^2-k)^2-mn]=0$$

即

$$\frac{tk}{l}[(m^2-k)^2-mn-km^2]=0$$

而

$$(m^2-k)^2-mn-km^2=m(m^3-n)-3km^2+k^2=$$

$-mk-3km^2+k^2=k(k-3m^2-m)$

取 $k=3m^2+m$,则 k 满足 $3m^2<2k$ 及 $1\leqslant k\leqslant 3m(m+1)$

于是,对于形如 m^3+3m^2+m 的整数 n,存在非零有理数 s,t,使得 $sb+tc$ 是 a 的有理数倍,因此结论成立.

习 题 12

1. 对 k 个正实数 $a_1, a_2, \cdots, a_k$，称 $\sqrt{\frac{a_1^2+a_2^2+\cdots+a_k^2}{k}}$ 为这 k 个数的平方平均数. 用 A_n 表示 1，2，…，2 009 中能被 n 整除的所有数的平方平均数. 则 A_2, A_3, A_5, A_7 按大小顺序为（　　）.

(A) $A_2>A_3>A_5>A_7$　(B) $A_2<A_3<A_5<A_7$

(C) $A_3<A_2<A_5<A_7$　(D) $A_5<A_3<A_2<A_7$

2. 从自然数中删去所有的完全平方数与立方数，剩下的数自小到大排成一个数列 $\{a_n\}$. 则 $a_{2\,008}=$ ________.

3.（2010 年第 36 届俄罗斯数学奥林匹克）是否存在三个互不相同的非零整数，它们的和等于 0，而它们的 13 次方的和是一个完全平方数？

4.（1909 年匈牙利数学奥林匹克试题）求证：相继三个自然数中的最大一数的立方不能等于另两个数的立方和.

5.（2008 年第 22 届北欧数学竞赛）若两个连续的正整数的三次方的差为 $n^2(n\in\mathbf{N}_+)$，证明：n 是两个完全平方数的和.

6.（2009 年匈牙利数学奥林匹克）若一个正整数的质因数分解中每个质数的幂次都大于或等于 2，则称此数为“多方的”. 证明：存在无穷多对相邻的正整数，使这两者都是多方的.

7.（2009 年巴西数学奥林匹克）证明：存在正整数 n_0，满足对于任意的正整数 $n\geqslant n_0$，有一个完全立方数

可以被分成 n 个非零的完全立方数之和.

8.(1996 年第 22 届俄罗斯数学奥林匹克)把 1 到 1 000 000 的所有自然数分成互斥的两类，一类是完全平方数与完全立方数的和，其余的数为另一类. 问哪一类的数较多？证明你的结论.

9.(1976 年第 8 届加拿大数学奥林匹克)证明：一个正整数是至少两个连续正整数的和，必须而且只需它不是 2 的乘幂.

10.(2010 年中欧数学奥林匹克)设 a 为非负整数，正整数 a_n 的十进制表示为

$$1\underbrace{0\cdots0}_{n个}2\underbrace{0\cdots0}_{n个}2\underbrace{0\cdots0}_{n个}1.$$

证明：$\frac{a_n}{3}$ 总可以写成两个完全立方数的和，但不能写成两个完全平方数的和.

11. 已知 $x_1^3+x_2^3+\cdots+x_8^3-x_9^3$ 的个位数字是 1，其中 $x_1,x_2,\cdots,x_9$ 是 2 001，2 002，2 009 中的九个不同的数，且 $8x_9>x_1+x_2+\cdots+x_8$. 求 x_9 的值.

12.(2005 年第 18 届爱尔兰数学奥林匹克)证明：2005^{2005} 是两个完全平方数的和，不是两个完全立方数的和.

13.(2003 年白俄罗斯数学奥林匹克)是否存在正整数 N，使得 N,N^2 和 N^3 用且仅用一次数字 0，1，2，3，4，5，6，7，8，9？

14.(2010 年新加坡数学奥林匹克)设 $\{a_n\}$，$\{b_n\}$ $(n=1,2,\cdots)$ 是两个整数数列，$a_1=1$，$b_1=0$，且对于 $n\geqslant1$

$$a_{n+1}=7a_n+12b_n+6,b_{n+1}=4a_n+7b_n+3$$

证明：a_n^2 是两个连续立方数的差.

15.(2005 年巴尔干地区数学奥林匹克)求所有的质数 p,使得 p^2-p+1 是完全立方数.

16.(2004 年斯洛文尼亚 IMO 国家队选拔测试题)求所有正整数 n,使得 $n\cdot 2^{n-1}+1$ 是完全平方数.

17.(2006 年俄罗斯数学奥林匹克)对于怎样的正整数 n,可以找到两个非整数的正有理数 a,b,使得 $a+b$与 a^n+b^n 都是整数?

18.(2008 年青少年数学国际城市邀请赛)已知 $t\in\mathbf{N}_+$.若 2^t 可以表示成 $a^b\pm1$(a,b 是大于 1 的整数),请找出满足上述条件所有可能的 t 值.

19.(2002 年克罗地亚国家数学竞赛)证明:一个正整数可以被写作连续正整数之和当且仅当这个数不是 2 的整数次幂.

20.设 $x_1,x_2,\cdots,x_p$ 都是自然数,且 $x_1<x_2<\cdots<x_p$,并满足 $2^{x_1}+2^{x_2}+\cdots+2^{x_p}=2\ 008$.试求 p 及 $x_1,x_2,\cdots,x_p$ 的值.

21.将所有满足以下条件的正整数从小到大排列.记为 M,且第 k 个数为 b_k:每个数的任意相邻三位数码所组成的数均是非零的完全平方数.若 $b_{16}-b_{20}=2^n$.求 n.

22.(1996 年第 22 届俄罗斯数学奥林匹克)x,y,p,n,k 都是自然数,且满足:$x^n+y^n=p^k$.证明:如果 n 是大于 1 的奇数,p 是奇素数,那么 n 可以表示为 p 的以自然数为指数的幂.

23.对任意 $n,k\in\mathbf{N}$,令 $S=1^n+2^n+3^n+\cdots+k^n$.求 S 被 3 除所得的余数.

24.(2007 年 19 届亚太地区数学奥林匹克)已知集合 S 由 9 个最大质因子不超过 3 的整数组成.求证:

S中存在3个互不相同的元素,它们的乘积是一个完全立方数.

25.(2011年美国数学奥林匹克)考虑命题:对于每个大于或等于2的正整数 n,都有 2^{2^n} 模 2^n-1 余4的幂.若命题正确,请给出证明;若命题不正确,请举出反例.

习题答案

第13章

习题3答案

1. (1)是，在实数范围内；(2)是，在有理数范围内；(3)不是.

2. 3.

3. $k=\frac{a+c\pm\sqrt{(a-c)^2+4b^2}}{2}$.

4. 要使已知二次三项式是完全平方式，则 $2k-1>0, \Delta=0$，解得 $k=1$.

5. 将原式整理成关于 x 的二次三项式，得 $3x^2+2(a+b+c)x+ab+bc+ca$，因此式是完全平方式，所以 $\Delta=0$，从而推出 $a=b=c$.

6. 因为 x^2+px+q 是完全平方式，所以 $p^2-4q=0$. 将 $p^2=4q$ 代入待证式的判别式中，知 $\Delta=0$.

7. 仿例11证明，或利用待定系数法进行证明.

8. $kx^2-2xy+3y^2+3x-5y+2=$

$kx^2+(3-2y)x+(3y^2-5y+2)$，原多项式能分解为两个一次因式的积，必须使 $kx^2+(3-2y)x+(3y^2-5y+2)$ 的判别式为完全平方式，即 $\Delta_x=4(1-3k)y^2+4(-3+5k)y+(9-8k)$ 为完全平方式，则

$$\begin{cases}1-3k>0\\ [4(-3+5k)]^2-16(1-3k)(9-8k)=0\end{cases}\Rightarrow$$

$$\begin{cases}k<\frac{1}{3}\\ k^2+5k=0\end{cases}$$

所以 $k=-5$ 或 0. 因为 $k<\frac{1}{3}$，所以 $k=-5$. 当 $k=-5$ 时，多项式 $-5x^2-2xy+3y^2+3x-5y+2=(x+y-1)(-5x^2+3y-2)$.

9. 因为 $x^2+2kxy+8y^2-3x+6y+2=x^2+(2ky-3)x+(8y^2+6y+2)$，若多项式能分解成两个一次因式之积，则 $x^2+(2ky-3)x+(8y^2+6y+2)$ 的判别式必须为一个完全平方式，即

$\Delta_x=(2ky-3)^2-4(8y^2+6y+2)=4(k^2-8)y^2-12(k+2)y+1$

为完全平方式，则 $k^2-8>0$ 且 Δ_x 的判别式 $\Delta_y=0$，即

$$\begin{cases}k^2-8>0\\ [-12(k+2)]^2-16(k^2-8)=0\end{cases}\Rightarrow$$

$$\begin{cases}k^2-8>0\\ 2k^2+9k+11=0\end{cases}$$

因为方程 $2k^2+9k+11=0$ 无实根，所以无论 k 取什么实数，原多项式都不能分解成两个一次因式之积.

10. $a=-6,b=1$.

11. $A=4,B=0$ 或 $A=-4,B=8$.

12. $A=3,B=2,C=-5$ 或 $A=-3,B=-2,C=$

5.

13. $\Delta=(c-a)^2-4(b-c)[-(c-b)]=0$，即

$$[(c-a)+2(b-c)][(c-a)-2(b-c)]=0$$

所以 $2b-a-c=0$ 或 $3c-a-2b=0$.

14. 要使方程的二根为有理数，必须满足 $a\neq-1$，$\Delta=m^2$，即 $\Delta=[-(2-3a)]^2-4(1+a)(1+5a)=a(-11a-36)=m^2$，$a\neq-1$. (1) 当 $m=0$ 时，$a(-11a-36)=0$，解得 $a=0$ 或 $a=-\frac{36}{11}$；(2) 当 $m\neq0$ 时，$\Delta=a(-11a-36)=m^2$ 为完全平方数，令 $-11a-36=p^2a$（p 为非零有理数），所以 $a=-\frac{36}{p^2+11}$. 由于 $p=\pm5$ 时，$a=-1$，所以 $a=-\frac{36}{p^2+11}$（p 为非零有理数，且 $p\neq\pm5$）时，方程有两个不相等的有理根.

15. $\Delta=k^2-4(k+8)=(k+4)(k-8)$，令 $\Delta=m^2$（m 为有理数）. (1) 当 $m=0$ 时，$k=-4$ 或 $k=8$. (2) 当 $m\neq0$ 时，令 $k-8=p^2(k+4)$（显然 $p\neq\pm1$），解得 $k=\frac{4p^2+8}{1-p^2}$. 所以当 $k=-4$ 或 $k=8$ 或 $k=\frac{4p^2+8}{1-p^2}$（p 为不等于 ±1 的有理数）时方程二根为有理数.

方程 $x^2-kx+(k+8)=0$ 的一根大于 2，一根小于 2 的充要条件为 $f(2)<0$，即 $4-2k+k+8<0$，解得 $k>12$. 所以 $k=-4$ 或 $k=8$（不舍，舍去）. 令 $\frac{4p^2+8}{1-p^2}>12$，解得 $-1<p<-\frac{1}{2}$ 或 $\frac{1}{2}<p<1$. 所以当 $k=\frac{4p^2+8}{1-p^2}$ $\left(p\text{ 为有理数，且 }-1<p<-\frac{1}{2}\text{ 或 }\frac{1}{2}<p<1\right)$ 时，方程的二根为有理数，且一根大于 2，一根小于 2.

16. 令 $\Delta_1=(a+1)^2+4\times2(3a^2-4a+m)=25a^2-30a+8m+1=p^2$($p$ 为有理数),则 $m=\frac{1}{8}(p^2-25a^2+30a-1)$($p$ 为有理数),这时方程的根 $x=\frac{-(a+1)\pm p}{4}$ 为有理数.

17. $\Delta=(k+1)^2+4k=k^2+6k+1$.因为 k 为整数,所以 k^2+6k+1 为整数,设 $k^2+6k+1=n^2$(n 为整数),即有 $(k+3)^2-n^2=8$,$(k+3-n)(k+3+n)=8$,由此解得 $k=0$ 或 $k=-6$.

18. 由题设有 $\sqrt{12-a}+\sqrt{12+b}=7$,$\sqrt{13+a}+\sqrt{13+d}=7$,即

$$\sqrt{12-a}=7-\sqrt{12+b} \quad ①$$

$$\sqrt{13+a}=7-\sqrt{13+d} \quad ②$$

注意到 a,b 为整数,易知 $\sqrt{12+b}$,$\sqrt{13+d}$ 均为整数,由①可得 $a+b+7=14\sqrt{a+b}$,左边为整数,因而右边也为整数,所以 $\sqrt{12+b}$ 为有理数.因为 b 为整数,所以 $12+b$ 为完全平方数,即 $\sqrt{12+b}$ 为整数.同理可证 $\sqrt{13+d}$ 也为整数.设 $p=7-\sqrt{12+b}$,$q=7-\sqrt{13+d}$,由①,②消去 a 得 $p^2+q^2=25$.从而 (a,b) 的值有如下四组:(12,37);(3,4);(−4,−3);(−13,−8).

19. $\Delta=8a+1$ 是完全平方数,可设 $8a+1=(2t+1)^2$(t 为正整数),则 $a=\frac{1}{2}t(t+1)$,所以 $x_{1,2}=-2+\frac{4}{t}$ 或 $-2-\frac{4}{t+1}$,从而可求得 $a=1,3,6,10$.

20. 分 $a=-1$ 与 $a\neq-1$ 讨论,得 $a=-1,0,1$.

习题 4 答案

1. $x=3\pm\sqrt{3^2+2^n}$，其中，3^2+2^n 是完全平方数. 显然，$n\geqslant 2$.

当 $n\geqslant 2$ 时，可设

$$2^n+3^2=(2k+1)^2 \quad (k\in \mathbf{N}_+,k\geqslant 2)$$

即

$$2^{n-2}=(k+2)(k-1)$$

显见 $k-1=1,k=2,n=4$. 能使原方程有整数解的 n 的值的个数等于 1.

2. 依据

$$x^2=p(444-x) \qquad ①$$

可知，$p(444-x)$ 是完全平方数. 又 p 是质数，因此，$p\mid x^2\Rightarrow p\mid x$.

令 $x=np(n\in \mathbf{Z})$ 代入式①得

$$(np)^2=p(444-np)$$

由 $p\neq 0$ 可得 $n^2p=444-np$，即

$$n(n+1)p=2^2\times 3\times 37$$

因此，$p=37$.

3. (1) 由 $\Delta=5(a+1)^2-900(b+c)=0$ 得

$$(a+1)^2=2^2\times 3^2\times 5(b+c)$$

故 $5(b+c)$ 应为偶完全平方数，最小值为 $5^2\times 2^2$，$a+1$ 的最小值为 60，a 的最小值为 59.

(2) $a=59$ 时，$b+c=20$. 如 $b=3,c=17$，则原方程为

$$20x^2+60\sqrt{5}x+225=0$$

解得 $x=-\frac{3}{2}\sqrt{5}$.

4.(1)设 $ax^2+bx+c=(mx+n)(px+q)$,m,n,p,q 均为整数.则

$$a=mp,b=mq+np,c=nq$$

故

$$b^2-4ac=(mq+np)^2-4mpnq=(mq-np)^2$$

(2)a,b,c 都为奇数的情形是不存在的.

因为当 a,c 是奇数时,m,n,p,q 均为奇数,而 $mq+np$ 即 b 为偶数.其他七种情形都是存在的.例子如下

$$x^2+3x+2=0,\quad x^2+2x+1=0$$

$$2x^2+3x+1=0,\quad x^2+6x+8=0$$

$$2x^2+5x+2=0,\quad 8x^2+6x+1=0$$

$$2x^2+4x+2=0$$

5.(1)$\Delta=4$,方程为 $x^2+2x=0$,$\Delta=5$,方程为 $x^2+3x+1=0$,$\Delta=8$,方程为 $x^2+4x+2=0$.

(2)一般地,Δ 的值可表示为 $4m$ 或 $4m+1$(m 为整数).

当 $b=2k$(k 为整数)时,$\Delta=(2k)^2-4ac=4(k^2-ac)$为 4 的倍数.

当 $b=2k+1$(k 为整数)时,$\Delta=(2k+1)^2-4ac=4(k^2+k-ac)+1$为 4 的倍数加 1.

则 Δ 的值均可表示为 $4m$ 或 $4m+1$ 的形式,也即形如$4m+2$或 $4m+3$(m 为整数)的数不能作为 Δ 的值.

6.由题意知 $\Delta=4[(m-2)^2+4]$为完全平方数.

令$(m-2)^2+4=n^2$,即

$$(n+m-2)(n-m+2)=4$$

因为 $n+m-2,n-m+2$ 的奇偶性相同,所以

$$\begin{cases}n+m-2=2\\n-m+2=2\end{cases} \text{或} \begin{cases}n+m-2=-2\\n-m+2=-2\end{cases}$$

解得 $\begin{cases}m=2\\n=2\end{cases}$,或 $\begin{cases}m=2\\n=-2\end{cases}$.

综上,$m=2$.

7. 所给方程的两根显然为

$$x=\frac{-10a\pm\sqrt{100a^2-20b\mp12}}{2}$$

即

$$x_1=-5a+\sqrt{25a^2-5b\mp3}$$

$$x_2=-5a-\sqrt{25a^2-5b\mp3}$$

为证明所给方程没有整数根,只要证明 $25a^2-5b\pm3$ 不是一个完全平方数即可.

事实上,$25a^2-5b=5(5a^2-b)$ 的个位数是 0 或 5,所以 $25a^2-5b\pm3$ 的个位数只能是

2,3,7,8

中的一个.

而一个完全平方数的个位数只能是 0,1,4,5,6,9 中的一个,所以 $25a^2-5b\pm3$ 不是完全平方数,因而所给方程没有整数根.

8. 设 $9n^2-10n+2\,009=m(m+1)$,其中,m 为自然数. 则

$$9n^2-10n+(2\,009-m^2-m)=0 \quad ①$$

将式①看作关于自然数 n 的一元二次方程,其判别式应为一个自然数的平方. 不妨设为 $\Delta=t^2(t\in\mathbf{N})$,则

$$(-10)^2-4\times 9(2\,009-m^2-m)=t^2$$

化简整理得

$$(6m+3)^2-t^2=72\,233$$

即

$$(6m+3+t)(6m+3-t)=72\,233$$

设 $6m+3+t=a,6m+3-t=b$. 则

$$t=\frac{1}{2}(a-b)$$

当 $a=72\,233,b=1$ 时,t 有最大值. 此时,t 的最大值为 36 116.

又

$$n=\frac{-(-10)\pm\sqrt{\Delta}}{2\times 9}=\frac{10\pm\sqrt{t^2}}{18}=\frac{10\pm t}{18}$$

当 t 取最大值 36 116 时,n 取值最大,其值为

$$\frac{10+36\,116}{18}=2\,007$$

9.(1)令 $x=0$,得 $c=$平方数 l^2;

令 $x=\pm 1$,得 $a+b+c=m^2,a-b+c=n^2$,其中 m,n 都是整数. 所以

$$2a=m^2+n^2-2c,2b=m^2-n^2$$

都是整数.

(2)如果 $2b$ 是奇数 $2k+1$(k 是整数),令 $x=4$ 得 $16a+4b+l^2=h^2$,其中 h 是整数.

由于 $2a$ 是整数,所以 $16a$ 被 4 整除,有

$$16a+4b=16a+4k+2$$

除以 4 余 2.

而 $h^2-l^2=(h+l)(h-l)$,在 h,l 的奇偶性不同时,$(h+l)(h-l)$ 是奇数;在 h,l 的奇偶性相同时,$(h+l)(h-l)$ 能被 4 整除.

因此，$16a+4b\neq h^2-l^2$. 从而 $2b$ 是偶数，b 是整数，$a=m^2-c-b$ 也是整数.

在(2)成立时，ax^2+bx+c 不一定对 x 的整数值都是平方数. 例如，$a=2,b=2,c=4,x=1$ 时，$ax^2+bx+c=8$不是平方数.

另解(2)：令 $x=\pm2$ 得 $4a+2b+c=h^2$，$4a-2b+c=k^2$，其中 h,k 为整数. 两式相减得

$$4b=h^2-k^2=(h+k)(h-k)$$

由于 $4b=2(2b)$是偶数，所以 h,k 的奇偶性相同，$(h+k)(h-k)$能被 4 整除.

因此，b 是整数，$a=m^2-c-b$ 也是整数.

10. 将方程改写为

$$(x-6)^2+(a-2x)^2=65$$

由于 65 表成两个正整数的平方和只有两种不同的形式：$65=1^2+8^2=4^2+7^2$，则

$$\begin{cases}|x-6|=8\\|a-2x|=1\end{cases}\text{或}\begin{cases}|x-6|=7\\|a-2x|=4\end{cases}$$

$$\text{或}\begin{cases}|x-6|=1\\|a-2x|=8\end{cases}\text{或}\begin{cases}|x-6|=4\\|a-2x|=7\end{cases}$$

由第一个方程组得

$$x=14,a=29\text{ 或 }27$$

由第二个方程组得

$$x=13,a=22\text{ 或 }30$$

由第三个方程组得

$$x=5,a=2\text{ 或 }18;x=7,a=6\text{ 或 }22$$

由第四个方程组得

$$x=2,a=11;x=10,a=13\text{ 或 }27$$

11. (1)当 $k=0$ 时，方程化为 $x+1=0$，$x=-1$，方

程有有理根.

(2)当 $k\neq 0$ 时,因为方程有有理根,所以若 k 为整数,则

$$\Delta=(k-1)^2-4k=k^2-6k+1$$

为完全平方数.则必存在整数 $m\geqslant 0$,使

$$k^2-6k+1=m^2$$

即

$$(k-3)^2-m^2=8$$

$$(k+m-3)(k-m-3)=8$$

由于 $k+m-3$ 与 $k-m-3$ 是奇偶性相同的整数,且乘积为 8,则 $k+m-3$ 与 $k-m-3$ 均为偶数,又 $k+m-3\geqslant k-m-3$,则有

$$\begin{cases}k+m-3=4\\k-m-3=2\end{cases},\ \begin{cases}k+m-3=-2\\k-m-3=-4\end{cases}$$

解得 $k=6$,或 $k=0$(因为 $k\neq 0$,故舍去).

综合(1),(2),方程 $kx^2-(k-1)x+1=0$ 有有理根,则 $k=0$ 或 $k=6$.

12. 因为 m 是整数,所以 $2m-1\neq 0$,已知方程为关于 x 的二次方程.

$$\Delta=(2m+1)^2-4(2m-1)=4m(m-1)+5$$

因为 $m(m-1)$ 是偶数,则

$$4m(m-1)+5\equiv 5\pmod 8 \qquad ①$$

若方程有有理根,则 Δ 应为完全平方数,由于 Δ 是奇数,所以 Δ 应为奇数的平方,即

$$\Delta=(2k+1)^2=4k(k+1)+1\equiv 1\pmod 8 \qquad ②$$

①与②矛盾.所以判别式 Δ 不是完全平方数,即原方程没有有理根.

13. 当 $a=0$ 时,已知方程变成 $-6x-2=0$,无整

数解.

当 $a\neq 0$ 时,已知方程至少有一个整数解,必须使判别式 $\Delta=4(a-3)^2-4a(a-2)=4(9-4a)$ 为完全平方,从而 $9-4a$ 为完全平方.

设 $9-4a=s^2$(s 为正奇数,且 $s\neq 3$),则

$$a=\frac{9-s^2}{4}$$

$$x_{1,2}=\frac{-2(a-3)\pm 2s}{2a}=-1+\frac{4(3\pm s)}{9-s^2}$$

$$x_1=-1+\frac{4}{3+s},x_2=-1+\frac{4}{3-s}$$

欲使 x_1 为整数,而 s 为正奇数,只能 $s=1,a=2$. 欲使 x_2 为整数,即 $(3-s)\mid 4$,s 只能为 1,5,7. 当 $s=5$ 或 7 时,$a=-4$ 或 -10.

综上所述,a 的值为 $2,-4,-10$.

14. 因为已知整系数二次方程有整数根,所以

$$\Delta=4p^2-4(p^2-5p-1)=4(5p+1)$$

为完全平方,从而,$5p+1$ 为完全平方.

令 $5p+1=n^2$. 注意到 $p\geqslant 2$,故 $n\geqslant 4$,且 n 为整数. 于是

$$5p=(n+1)(n-1)$$

则 $n+1,n-1$ 中至少有一个是 5 的倍数,即

$$n=5k\pm 1(k\text{ 为正整数})$$

因此,$5p+1=25k^2\pm 10k+1,p=k(5k\pm 2)$.

由 p 为质数,$5k\pm 2>1$,知 $k=1,p=3$ 或 7. 当 $p=3$时,已知方程变成 $x^2-6x-7=0$,解得 $x_1=-1$,$x_2=7$;当 $p=7$ 时,已知方程变成 $x^2-14x+13=0$,解得 $x_1=1,x_2=13$. 所以,$p=3$ 或 7.

15. 所给的是关于 x 的一元二次方程,故 $a-b$ 可

有三种情况

$$a-b=0,a-b=1,a-b=2$$

(1)当 $a-b=0$,即 $a=b$ 时,原方程变为

$$x^2+(a-1)x+a^2+a-4=0$$

当判别式为完全平方数时,方程有整根.

$$\Delta=(a-1)^2-4(a^2+a-4)=$$
$$-3a^2-6a+17=-3(a+1)^2+20$$

①当 $a=1=0$,即 $a=-1$ 时,$\Delta=20$;

②当 $a+1=\pm1$,即 $a=0,-2$ 时,$\Delta=17$;

③当 $a+1=\pm2$,即 $a=1,-3$ 时,$\Delta=8$;

④当 $a+1=\pm3,\pm4,\cdots,$时,$\Delta<0$.

可知,a 为整数不能使 Δ 为完全平方数,故不存在使方程有整数根的整数 a,b.

(2)当 $a-b=1$,即 $b=a-1$ 时,原方程变为

$$x^2+2ax+a^2-3=0$$

解得 $x=-a\pm\sqrt{3}$,不是整数,故此时不存在整数 a,b 使方程有整根.

(3)当 $a-b=2$,即 $b=a-2$ 时,方程变为

$$(a+1)x^2+(a+1)x+a^2-2=0(a\neq-1)$$

设方程的两根为 x_1,x_2,则 $x_1x_2=\dfrac{a^2-2}{a+1}=a-1-\dfrac{1}{a+1}$.要使 x_1,x_2 为整数,则 $a=0$,或 -2.

将 $a=0,b=-2$ 及 $a=-2,b=-4$ 代入原方程中检验得 $x^2+x-2=0$,可知此时方程有整数根.

综上可知,$a=0,b=-2$;$a=-2,b=-4$ 时,原方程有整数根.

16.观察易知,方程有一个整数根 $x_1=1$.

将方程的左边分解因式得

$$(x-1)[x^2+(a+18)x+56]=0$$

因为 a 是正整数，所以，关于 x 的方程

$$x^2+(a+18)x+56=0 \qquad ①$$

的判别式 $\Delta=(a+18)^2-224>0$，它一定有两个不同的实数根.

而原方程的根都是整数，所以，方程①的根都是整数.因此，它的判别式 $\Delta=(a+18)^2-224$ 应该是一个完全平方数.

设 $(a+18)^2-224=k^2$（k 为非负整数），则

$$(a+18)^2-k^2=224$$

即

$$(a+18+k)(a+18-k)=224$$

显然，$a+18+k$ 与 $a+18-k$ 的奇偶性相同，且 $a+18+k\geqslant 18$.

而 $224=112\times 2=56\times 4=28\times 8$，所以

$$\begin{cases}a+18+k=112\\a+18-k=2\end{cases} 或 \begin{cases}a+18+k=56\\a+18-k=4\end{cases} 或 \begin{cases}a+18+k=28\\a+18-k=8\end{cases}$$

解得

$$\begin{cases}a=39\\k=55\end{cases} 或 \begin{cases}a-12\\k=26\end{cases} 或 \begin{cases}a=0\\k=10\end{cases}$$

而 a 是正整数，所以，只可能

$$\begin{cases}a=39\\k=55\end{cases} 或 \begin{cases}a=12\\k=26\end{cases}$$

当 $a=39$ 时，方程①即为 $x^2+57x+56=0$，它的两根分别为 -1 和 -56.此时，原方程的三个根为 1，-1 和 -56.

当 $a=12$ 时，方程①即为 $x^2+30x+56=0$，它的

两根分别为-2和-28.此时,原方程的三个根为1,-2和-28.

17.易知,$x=a$是原方程的根.于是,a为正整数.

将方程左边分解因式得

$$(x-a)[x^2-(a+11)x+28]=0$$

因原方程所有的根都是正整数,所以

$$x^2-(a+11)x+28=0 \qquad ①$$

的判别式

$$\Delta=(a+11)^2-112$$

应该是个完全平方数.

设$(a+11)^2-112=k^2(k\in \mathbf{Z}_+)$.则

$$(a+11)^2-k^2=112$$

即

$$(a+11+k)(a+11-k)=112$$

显然,$a+11+k$和$a+11-k$的奇偶性相同,且

$$a+11+k\geqslant 11$$

而

$$112=56\times 2=28\times 4=14\times 8$$

则

$$\begin{cases}a+11+k=56,28,14\\ a+11-k=2,4,8\end{cases}$$

解得$(a,k)=(18,27),(5,12),(0,3)$.

因为a为正整数,所以,$a=18,5$.当$a=18$时,原方程的根为18,1,28.当$a=5$时,原方程的根为5,2,14.

18.两方程联立消去y得

$$x^2+(a+17)x+38-a=\frac{56}{x}$$

即

$$x^3+(a+17)x^2+(38-a)x-56=0$$

分解因式得

$$(x-1)[x^2+(a+18)x+56]=0 \quad ①$$

显然，$x_1=1$ 是方程①的一个根，(1,56)是两个函数图像的一个交点.

因为 a 是正整数，所以，关于 x 的方程

$$x^2+(a+18)x+56=0 \quad ②$$

的判别式 $\Delta=(a+18)^2-224>0$，它一定有两个不同的实数根.

而两个函数的图像的交点都是整点，所以，方程②的根都是整数. 因此，它的判别式 $\Delta=(a+18)^2-224$ 应该是一个完全平方数.

设 $(a+18)^2-224=k^2$（k 为非负整数），则

$$(a+18)^2-k^2=224$$

即

$$(a+18+k)(a+18-k)=224$$

得

$$\begin{cases}a=39\\k=55\end{cases} \text{或} \begin{cases}a=12\\k=26\end{cases}$$

当 $a=39$ 时，方程②即为 $x^2+57x+56=0$，它的两根分别为 -1 和 -56. 此时，两个函数的图像还有两个交点 $(-1,-56)$ 和 $(-56,-1)$.

当 $a=12$ 时，方程②即为 $x^2+30x+56=0$，它的两根分别为 -2 和 -28. 此时，两个函数的图像还有两个交点 $(-2,-28)$ 和 $(-28,-2)$.

19.(1)设两个整数根为 x_1,x_2，则

$$\begin{cases}x_1+x_2=-a-2\,002 & ①\\x_1x_2=a & ②\end{cases}$$

由①+②得

$$x_1x_2+x_1+x_2=-2\,002$$

有

$$(x_1+1)(x_2+1)=-2\,001=-3\times23\times29 \qquad ③$$

不妨设 $x_1\leqslant x_2$，则 $x_1+1\leqslant x_2+1$. 再由③知

$$x_1+1<0, x_2+1>0$$

于是，有

$$\begin{cases}x_1+1\\x_2+1\end{cases}=\begin{cases}-1\\2\,001\end{cases};\begin{cases}-2\,001\\1\end{cases};\begin{cases}-3\\667\end{cases};\begin{cases}-667\\3\end{cases};$$

$$\begin{cases}-23\\87\end{cases};\begin{cases}-87\\23\end{cases};\begin{cases}-29\\69\end{cases};\begin{cases}-69\\29\end{cases}$$

所以，$-a-2\,000=x_1+x_2+2=2\,000,-2\,000,664,-664,64,-64,40,-40$. 即 $a=-4\,000,0,-2\,664,-1\,336,-2\,064,-1\,936,-2\,040,-1\,960$.

(2)经观察，发现有一个根为 $x=a$，故可分解得

$$(x-a)(x^2+ax+2a+2)=0$$

从而，a 为整数，且 $x^2+ax+2a+2=0$ 有两个整数根.

令判别式 $\Delta=a^2-8a-8=t^2$（t 为非负整数），则 $(a-4)^2=t^2+24$，于是有

$$(a-4+t)(a-4-t)=2^3\times3$$

又由于 $a-4+t$ 与 $a-4-t$ 的奇偶性相同，所以，$a-4+t$ 与 $a-4-t$ 必同为偶数，且

$$\frac{a-4+t}{2}\cdot\frac{a-4-t}{2}=2\times3,\frac{a-4+t}{2}\geqslant\frac{a-4-t}{2}$$

故

$$\begin{cases}\dfrac{a-4+t}{2},\\\dfrac{a-4-t}{2}\end{cases}=\begin{cases}6,\\1;\end{cases}\begin{cases}-1,\\-6;\end{cases}\begin{cases}3,\\2;\end{cases}\begin{cases}-2,\\-3.\end{cases}$$

解得

$$\begin{cases}a\\t\end{cases}=\begin{cases}11\\5\end{cases},\quad\begin{cases}-3\\5\end{cases},\quad\begin{cases}9\\1\end{cases},\quad\begin{cases}-1\\1\end{cases}$$

因此

$$a=-3,-1,9,11$$

20. 式①即

$$\left(\frac{6a+3b}{509}\right)^2=\frac{4a+511b}{509}$$

设 $m=\frac{6a+3b}{509}$，$n=\frac{4a+511b}{509}$. 则

$$b=\frac{509m-6a}{3}=\frac{509n-4a}{511} \qquad ②$$

故 $3n-511m+61=0$. 又因为 $n=m^2$，所以

$$3m^2-511m+6a=0 \qquad ③$$

由式①可知，$(2a+b)^2$ 能被 509 整除，而 509 是质数，于是，$2a+b$ 能被 509 整除. 故 m 为整数，即关于 m 的一元二次方程③有整数根. 所以，其判别式 $\Delta=511^2-72a$ 为完全平方数.

不妨设 $\Delta=511^2-72a=t^2$（t 为自然数）. 则

$$72a=511^2-t^2=(511+t)(511-t)$$

由于 $511+t$ 和 $511-t$ 的奇偶性相同，且 $511+t\geqslant 511$，则只可能有以下几种情况：

(1) $\begin{cases}511+t=36a\\511-t=2\end{cases}$，两式相加得 $36a+2=1\,022$，无整数解；

(2) $\begin{cases}511+t=18a\\511-t=4\end{cases}$，两式相加得 $18a+4=1\,022$，无整数解；

(3) $\begin{cases}511+t=12a\\511-t=6\end{cases}$,两式相加得 $12a+6=1\,022$,无整数解;

(4) $\begin{cases}511+t=61\\511-t=12\end{cases}$,两式相加得 $6a+12=1\,022$,无整数解;

(5) $\begin{cases}511+t=4a\\511-t=18\end{cases}$,两式相加得 $4a+18=1\,022$,解得 $a=251$;

(6) $\begin{cases}511+t=2a\\511-t=36\end{cases}$,两式相加得 $2a+36=1\,022$,解得 $a=493$,而 $493=17\times29$ 不是质数,故舍去.综上可知 $a=251$.

此时,方程③的解为

$$m=3 \text{ 或 } m=\frac{502}{3}(\text{舍去})$$

把 $a=251,m=3$ 代入式②得

$$b=\frac{509\times3-6\times251}{3}=7$$

21.解法 1:注意到

$$(x+42)^2=x^2+84x+1\,764<x^2+84x+2\,008<x^2+90x+2\,025=(x+45)^2$$

又 $x^2+84x+2\,008$ 为完全平方数,则其值为 $(x+43)^2$ 或 $(x+44)^2$.

在第一种情况下,$2x=159$,不成立;在第二种情况下,$4x=72$,解得 $x=18$.于是,$y=x+44=62$.从而,$x+y=80$.

解法 2:注意到

$$x^2+84x+1\,764=(x+42)^2=y^2-244$$

设 $v=x+42$. 则

$$y^2-v^2=244\Rightarrow(y-v)(y+v)=2\times2\times61$$

由于答案必须为正整数,则 $y-v=2,y+v=2\times61$.

因此,$x=60-42=18,y=62$. 进而,$x+y=80$.

22. 原方程化为

$$m^2-(10n+7)+25n^2-7n=0$$

故 $\Delta=168n+49$ 是完全平方数.

设

$$168n+49=49(12k+1)^2\quad(k\in\mathbf{N}_+)$$

于是

$$n=42k^2+7k$$

则

$$m=\frac{10n+7\pm\sqrt{\Delta}}{2}=\frac{10(42k^2+7k)+7\pm(12k+1)}{2}=$$

$$210k^2-7k \text{ 或 } 210k^2+77k+7$$

所以,存在无穷多对正整数

$$(m,n)=(210k^2-7k,42k^2+7k)\quad(k\in\mathbf{N}_+)$$

满足题设方程.

23. 设 $\overline{ab}=x,\overline{cd}=y$,则

$$100x+y=(x+y)^2$$

所以 $x^2+(2y-100)x+(y^2-y)=0$ 有整数解.

由 $10<x<100$,知 $y\neq0$. 则

$$\Delta_x=(2y-100)^2-4(y^2-y)=4(2\,500-99y)$$

为完全平方数.

设 $2\,500-99y=t^2$. 则

$$99y=(50+t)(50-t)$$

注意到

$$0\leqslant50-t<50+t$$

$$(50-t)+(50+t)=100$$

且其中有一个 11 的倍数，故只能是

$$50-t=1 \text{ 或 } 45$$

相应地得 $y=1$ 或 25. 代入解得

$$\begin{cases}x=98\\y=1\end{cases};\begin{cases}x=20\\y=25\end{cases};\begin{cases}x=30\\y=25\end{cases}$$

故所求的四位数为

$$9\,801 \text{ 或 } 2\,025 \text{ 或 } 3\,025$$

24. 原方程等价于

$$(a^2+a-3)(a^2-a+1)=7\times 3^b \qquad ①$$

若 $b<0$，则式①右边不是整数，而左边为整数，矛盾. 故 $b\geqslant 0$.

又 $(7,3^b)=1$，则只有两种情况能使式①成立.

$$(1)\begin{cases}a^2-a+1=3^x, & x\geqslant 0\\a^2+a-3=7\times 3^y, & y\geqslant 0;\\x+y=b.\end{cases}$$

$$(2)\begin{cases}a^2-a+1=7\times 3^m, & m\geqslant 0\\a^2+a-3=3^n, & n\geqslant 0 \qquad ;\\m+n=b\end{cases}$$

考虑 $a^2-a+1=3^x$. 若该方程有整数解，则它的判别式

$$\Delta_1=1-4+4\times 3^x=4\times 3^x-3$$

应为完全平方数. 注意到当 $x\geqslant 2$ 时，$3|\Delta_1$，但 $9\nmid\Delta_1$，此时，Δ 不能是完全平方数.

若 $x=0$，则 $a=0$ 或 1. 但代入 $a^2+a-3=7\times 3^y$ 后，均得到矛盾.

若 $x=1$，则 $a=-1$ 或 2. 同样，代入 $a^2+a-3=7\times 3^y$ 后，均得到矛盾.

综上,方程组(1)无整数解.

考虑 $a^2-a+1=7\times 3^m$. 若该方程有整数解,则它的判别式

$$\Delta_2=1-4+4\times 7\times 3^m=28\times 3^m-3$$

应为完全平方数. 注意到当 $m\geqslant 2$ 时, $3\mid\Delta_2$, 但 $9\nmid\Delta_2$, 此时, Δ_2 不是完全平方数.

若 $m=0$, 则 $a=-2$ 或 3. 将它们分别代入 $a^2+a-3=3^n$, 只有当 $a=3$ 时, 得到一组解 $n=2, b=m+n=2$.

若 $m=1$, 则 $a=-4$ 或 5, 分别代入 $a^2+a-3=3^n$, 得到另外两组解

$$n=2, b=3; n=3, b=4$$

综上,本题共有三组整数解 $(a,b)=(3,2),(-4,3),(4,3)$.

25. 设 $\frac{x^2-1}{y+1}=u, \frac{y^2-1}{x+1}=v$. 由于 $u+v$ 和 uv 都是正整数, 所以 u,v 是某个整系数一元二次方程 $z^2+mz+n=0$ 的根. 因为 u,v 都是有理数, 故该方程的判别式 m^2-4n 的平方根为有理数. 由于 m^2-4n 是整数, 所以, 平方根亦为整数, 且其奇偶性与 m 相同. 于是, 由求根公式得

$$u,v=\frac{-m\pm\sqrt{m^2-4n}}{2}$$

因此, u,v 都是整数(因为其分子是偶数).

注:大多数参赛者的解答都是考察分母 $x+1$ 与 $y+1$ 的公约数.

26. 由题意得

$$m(m-1)+mn+n=51\Rightarrow m^2+(n-1)m+n-51=0$$

则

$$\Delta=(n-1)^2-4(n-51)=n^2-6n+205=(n-3)^2+196$$

必为完全平方数.

设$(n-3)^2+196=k^2(k\in\mathbf{N}_+)$. 则

$$(n-3+k)(n-3-k)=-196$$

其中,$n-3+k$ 与 $n-3-k$ 奇偶性相同,且

$$n-3+k\geqslant n-3-k$$

故

$$\begin{cases}n-3+k=2\\n-3-k=-98\end{cases}$$

或

$$\begin{cases}n-3+k=98\\n-3-k=-2\end{cases}$$

或

$$\begin{cases}n-3+k=14\\n-3-k=-14\end{cases}$$

以上方程组只有$(m,n)=(6,3)$一组解满足题意.

27. 由题意,设$\dfrac{n^2-96}{5n+51}=k$,k 为正整数,则

$$n^2-5kn-(51k+96)=0 \quad ①$$

故

$$\Delta=25k^2+4(51k+96)=25k^2+204k+384$$

因为 n 为整数,所以,Δ 应为完全平方数. 而

$$(5k+19)^2<25k^2+204k+384<(5k+21)^2$$

所以

$$\Delta=(5k+20)^2=25k^2+204k+384$$

解得 $k=4$. 代入式①则有

$$n^2-20n-200=0$$

解得 $n=30$.

28. 设全班有 x 个学生，则铅笔零售价为 $\frac{m}{x}$ 元，批发价为 $\frac{m}{x+10}$ 元. 依题意有方程

$$\frac{60m}{x}-\frac{60m}{x+10}=1$$

即

$$x^2+10x-600m=0$$

其中 $40<x\leqslant 50$.

得

$$x=-5+\sqrt{25+600m}$$

$(50+600m)$ 为完全平方数. 由

$$40<-5+\sqrt{25+600m}\leqslant 50$$

得

$$3\frac{1}{3}<m\leqslant 5$$

当 $m=4$ 时，$25+600m$ 不是完全平方数，舍去.

当 $m=5$ 时，$x=50$ 即为所求.

习题5答案

1.(1)B.　(2)D.　(3)B.　(4)A.　(5)E.

(6)A.　(7)C.　(8)A.　(9)D.

(10)由 $xy|x^2+y^2+6$,可设 $k=\frac{x^2+y^2+6}{xy}$.则有

$$x^2-kyx+y^2+6=0 \qquad ①$$

这是一个关于 x 的二次方程,其二次根为 x_1,x_2,则

$$\begin{cases}x_1+x_2=ky\\x_1x_2=y^2+6\end{cases}$$

于是,x_1,x_2 均为正整数.

在①中,若 $x=y$,则①化为 $(2-k)x^2+6=0$,于是,$x^2|6$,必有 $x=y=1$.

设 $x_1>y$,则当 $y\geqslant 3$ 时

$$x_2=\frac{y^2+6}{x_1}\leqslant\frac{y^2+6}{y+1}=y+1+\frac{5-2y}{y+1}<y+1$$

从而有 $x_2\leqslant y<x_1$.

当 $y=2$ 时,由 $x_1|y^2+6$ 可知 $x_1\geqslant 4$.从而

$$x_2=\frac{y^2+6}{x_1}=\frac{10}{x_1}<x$$

由以上,若 $x_1\geqslant y\geqslant 2$,则可找到另一组数 (x_1,x_2),满足 $y\geqslant x_2$,且 $y+x_2<x_1+y$.这一过程不断无限地进行下去,因此必能得到一组解 $(x,1)$ 是正整数知,$y|1^2+6$,即 $x=1$ 或 7.从而,相应 $y=7$ 或 1,即 $\frac{x^2+y^2+6}{xy}=8$ 是完全立方数.选 B.

2.由

$$1!\times 2!\times\cdots\times 9!=2^{30}\times 3^{13}\times 5^{5}\times 7^{3}$$

则它的完全平方数的约数必是形如 $2^{2a}\times 3^{2b}\times 5^{2c}\times 7^{2d}$ 的数，其中 a,b,c,d 都是非负整数，且

$$0\leqslant a\leqslant 15,0\leqslant b\leqslant 6,0\leqslant c\leqslant 2,0\leqslant d\leqslant 1$$

故这种约数共有 $16\times 7\times 3\times 2=672$(个).

3. 注意到

$$S_n=\frac{1}{n}\left[\frac{n(n+1)}{2}\right]^2=\frac{n(n+1)^2}{4}$$

由于 n 与 $n+1$ 互质，故若 S_n 为平方数时，n 必为平方数. 当 n 为偶平方数时，$\frac{n}{4}$ 为平方整数；当 n 为奇平方数时，$\frac{(n+1)^2}{4}$ 为平方整数. 因此，n 可取 M 中的所有平方数，这样的数共有 44 个.

4. 有

$$\begin{aligned}\frac{a^4+b^4+(a+b)^4}{2}&=\frac{a^4+b^4+(a^2+2ab+b^2)^2}{2}=\\&a^4+b^4+2a^2b^2+2a^3b+2ab^3+a^2b^2=\\&(a^2+b^2)^2+2ab(a^2+b^2)+ab=\\&(a^2+b^2+ab)\end{aligned}$$

5. 若题中结论不真，那么，此三数均为完全平方数，则

$$\begin{aligned}&(36n^4+18n^2+1)^2-1=\\&36n^2(6n^2+1)(3n^2+1)(2n^2+1)\end{aligned}$$

是完全平方数. 但这是不可能的，因为不存在两个正整数的平方差为 1.

6. 有

$$(\underbrace{33\cdots 3}_{n个}5)^2=\left(3\times\frac{10^{n-1}}{9}\times 10+5\right)^2=$$

$$\frac{10^{2n+2}-2\times10^{n+2}+10^n}{9}+\frac{3\times(10^{n+2}-10^2)}{9}+25=$$

$$\frac{1}{9}(10^{2n+2}+10^{n+2}-2\times10^2)+25=$$

$$\frac{1}{9}(10^{2n+2}+10^{n+2}-20)+5$$

7.因为

$$8\underbrace{99\cdots9}_{n-1个}4\underbrace{00\cdots0}_{n-1个}1=8\underbrace{99\cdots9}_{n-1个}4\underbrace{00\cdots0}_{n个}+1=$$

$$9\underbrace{00\cdots0}_{n个}\underbrace{00\cdots0}_{n个}-6\underbrace{00\cdots0}_{n个}+1=$$

$$9\times10^{2n}-6\times10^n+1=$$

$$(3\times10^n-1)^2$$

所以原数$=3\times10^n$.故只有质因数 2,3,5.

8.(1)原数$=224\underbrace{99\cdots9}_{(k-2)个}1\underbrace{00\cdots0}_{(k+1)个}+9=$

$$225\underbrace{00\cdots0}_{(k-2)个}\underbrace{00\cdots0}_{(k+2)个}-9\underbrace{00\cdots0}_{(k+1)个}+9=$$

$(15\times10^k-3)^2$;

(2)$\underbrace{33\cdots3}_{n+1个}{}^2$; (3)$\underbrace{66\cdots6}_{n个}5^2$; (4)$1\underbrace{99\cdots9}_{n个}{}^2$;

(5)$133\cdots3^2 4^2$; (6)$266\cdots6^2 8^2$;

(7)$\left(\frac{8\times10^n+1}{3}\right)^2$.

9.由等式 $2m=n^2+1$ 可知,n 为奇数,于是可设 $n=2k-1$,k 为自然数,则

$$2m=(2k-1)^2+1=2(2k^2-2k+1)$$

即

$$m=k^2+(k-1)^2$$

从而 m 可表为两个完全平方数之和.

10.记 5 个相邻正整数分别为 $n-2,n-1,n,n+$

1, $n+2$, 它们的平方和等于

$$(n-2)^2+(n-1)^2+n^2+(n+1)^2+(n+2)^2=$$
$$5(n^2+2)$$

显然能被 5 整除. 故只有当它能被 25 整除, 即 n^2+2 能被 5 整除时, 它才能是一个正整数的平方. 但平方数 n^2 除以 5 不能得到余数 3.

因此, 题目的结论成立.

11. 设 $x=1\ 995$, 则 $x+1=1\ 996$. 有

$$a=1\ 995^2+1\ 995^2\times1\ 996^2+1\ 996^2=$$
$$x^2+x^2(x+1)^2+(x+1)^2=$$
$$(x+1)^2-2x(x+1)+x^2+2x(x+1)+$$
$$x^2(x+1)^2=$$
$$(x+1-x)^2+2x(x+1)+[x(x+1)]^2=$$
$$1^2+2x(x+1)+[x(x+1)]^2=$$
$$[1+x(x+1)]^2=$$
$$(1+1\ 995\times1\ 996)^2=$$
$$3\ 982\ 021^2$$

所以 a 是一个完全平方数. a 的平方根是 $\pm3\ 982\ 021$.

12. 令 $5n+1=m^2\equiv1 \pmod 5$. 存在某个整数 k, 有

$$m=5k\pm1$$

所以

$$n+1=\frac{(5k\pm1)^2+4}{5}=5k^2\pm2k+1=4k^2+(k\pm1)^2$$

上式即为五个完全平方数之和.

13. 假定存在 n, 使 $2n^2+1, 3n^2+1, 6n^2+1$ 是完全平方数, 则

$$36n^2(6n^2+1)(3n^2+1)(2n^2+1)$$

也是完全平方数.

然而

$$36n^2(6n^2+1)(3n^2+1)(2n^2+1)=$$
$$(36n^4+18n^2+1)^2-1$$

不可能为完全平方数,矛盾.

所以,不存在 $n\in\mathbf{N}_+$,使 $2n^2+1,3n^2+1,6n^2+1$ 都是完全平方数.

14. 因为 $30=2\times3\times5$,所以,九个正因数一定有形式 $2^{a_1}\times3^{a_2}\times5^{a_3}$.

而 a_1,a_2,a_3 的奇偶性只有 $2^3=8$ 种情形,从而,必有两个数它们对应的指数奇偶性一样. 于是,它们的乘积是一个完全平方数.

15. $1\ 976^{15}+2$ 是偶数,但它不是 4 的倍数.

16. 令 N 表示所得的数,求 N 除以 9 的余数. 这个余数与 N 的各位数字之和除以 9 的余数是相同的,而后者与和 $L=1+2+\cdots+1\ 976$ 除以 9 的余数是相同的(因为这和式中每一项 $\overline{abcd}$ 与和 $a+b+c+d$ 相差一个 9 的倍数). 由于

$$L=\frac{1\ 996\cdot1\ 997}{2}=988\times1\ 997=$$
$$(9\times107+7)(9\times219+6)=$$
$$9a+42=9b+6$$

其中 a,b 是整数,故 L 除以 9 的余数为 6. $N=9C+6$,其中 C 是整数. 故 $N=3\cdot(3C+2)$ 能被 3 整除. 若 N 是完全平方数 $N=n^2$,则 n 也能整除 3,从而 N 能整除 9. 这是不可能的,因为 $N=9C+6$. 由此可见,N 不是一个完全平方数.

17. 有

$$\underbrace{11\cdots1}_{m个}\times\underbrace{10\cdots05}_{m+1个}+1=\frac{1}{9}(10^m-1)(10^m+5)+1=$$

$$\frac{1}{9}(10^m+2)^2=\left(\frac{10^m+2}{3}\right)^2$$

易知 $3\mid(10^m+2)$,所以所给和数是平方数.

18.有

$$n^2=(2k)^2=(k^2+1)-(k^2-1)^2$$

$$n^2=(2k+1)^2=(2k^2+2k+1)^2-(2k^2+2k)^2$$

19.易知 $a^2<a(a+1)+1<(a+1)^2$.

20.有 $(2m+1)^2+(2n+1)^2=2(2m^2+2m+2n^2+2n+1)$ 是 2 的倍数,但不是 4 的倍数.

21.由 $\frac{1}{a}+\frac{1}{b}=\frac{1}{c}$ 得 $a+b=\frac{ab}{c}$,因为 a,b 为整数,所以 $a+b$ 为整数,所以 $\frac{ab}{c}$ 也为整数.令 $c=qr$(q,r 是整数),应有 $q|a,r|b$,即 $mq=a,pr=b$,于是 $a+b=\frac{ab}{c}=\frac{mq\cdot pr}{qr}=pm$.又因为 a,b,c 的最大公约数为 1,m 与 r 互质,p 与 q 互质,由于 $a+b=pm$,即 $mq+pr=pm$,知 $m\mid p,p\mid m$,所以 $m=p$,所以 $a+b=mq+pr=p(q+r)=p^2$.同理可得 $a-c=pq-qr=q(p-r)=q^2,b-c=pr-qr=r(p-q)=r^2$.

22.令 $a=(5\times10^{n-1}-1)^2,b=(10^n-1)^2$,则 a,b 都是 $2n$ 位数,并且

$$(5\times10^{n-1}-1)^2\times10^{2n}+(10^n-1)^2=$$

$$(5\times10^{2n-1})^2-(10^n-1)\times10^{2n}+(10^n-1)^2=$$

$$(5\times10^{2n-1}-(10^n-1))^2$$

所以对任意 $n\in\mathbf{N}$,a,b 都是符合要求的数对.

23. 若 $ab=0$,结论成立;若 $a\neq 0$,设 $b=ka$,则

$$a=\frac{2k^2}{1+k^5},1-ab=1-\frac{4k^5}{(1+k^5)^2}=\left(\frac{1-k^5}{1+k^5}\right)^2$$

命题成立.

24. 设四个连续的自然数为 $n,n+1,n+2,n+3$,则 $n(n+1)(n+2)(n+3)=(n^2+3n)(n^2+3n+2)=(n^2+3n)^2+2(n^2+3n)=(n^2+3n+1)^2-1$,所以 $(n^2+3n)^2<n(n+1)(n+2)(n+3)<(n^2+3n+1)^2$,即 $n(n+1)(n+2)(n+3)$ 不是完全平方数.

25. 设 $a_1,a_2,\cdots,a_5,b$ 都是奇数,那么关系式 $a_1^2+a_2^2+a_3^2+a_4^2+a_4^2=b^2$ 的左边被 8 除时,余数等于 $1+1+1+1+1=5$,右边被 8 除时,余数为 1. 矛盾.

26. 若 N 为平方数,设 $N=k^2$(k 为整数),则因 N 的数码之和为 210 是 3 的倍数,故 $3|N$,即 $3|k^2$. 但 3 是质数,故 $3|k^2$,从而 $9|N$. 但 9 不能整除 210,矛盾.

27. 由题设等式整理,得

$$b^2-(2a+8)b+a^2-a+16=0$$

故 $\Delta=(2a+8)^2-4(a^2-a+16)=36a$ 为完全平方数.

因此,a 为完全平方数.

28. 若 n^2 的各位数字之和为 1 983,由于 1 983 能被 3 整除,故 n^2 也能被 3 整除,从而 n 也应该被 3 整除,所以 n^2 能被 9 整除. 但 1 983 不能被 9 整除,故各位数字之和为 1 983 的完全平方数是不存在的.

各位数字之和为 1 984 的完全平方数是存在的,令 $n=\underbrace{99\cdots9}_{219\text{个}}7$. 因为 $n=1\underbrace{00\cdots0}_{220\text{个}}-3$,所以 $n^2=1\underbrace{00\cdots0}_{440\text{个}}-2\times3\times1\underbrace{0\cdots0}_{220\text{个}}+3^2=\underbrace{99\cdots9}_{219\text{个}}94\underbrace{0\cdots0}_{219\text{个}}9$,所以 n^2 的各位数

字之和为 $219\times9+4+9=1\ 984$.

29. 因为 $(10a+b)^2=10n+b^2$，而 $b^2=0,1,4,5,6,9$，故 $10n+2,10n+3,10n+7,10n+8$ 形式的数不是完全平方数.

30. 设 $n=\overline{abc}+\overline{bca}+\overline{cab}$. 则

$$n=(100a+10b+c)+(100b+10c+a)+(100c+10a+b)=111(a+b+c)=3\cdot37(a+b+c)$$

若 n 为完全平方数，则可设 $n=m^2$

$$m^2=3\cdot37(a+b+c)$$

于是 m 是 37 的倍数，从而可设 $m=37k$，则

$$37k=3(a+b+c) \quad ①$$

由于

$$1\leqslant a+b+c\leqslant27$$

以及 3 与 27 互素，则式①不可能成立.

于是 n 不是完全平方数.

31. 假设存在满足题目要求的完全平方数 $D=A^2$.

由于 D 的个位数字 5，则 A 的个位数字也是 5，由此可设

$$A=10a+5$$

则

$$D=A^2=(10a+5)^2=100a(a+1)+25$$

由此可看出 D 的最后两位数是 25.

由于 $a(a+1)$ 是相邻数的乘积，而相邻数字乘积的个位数只能是 2,6 或 0. 由题设不能有 0，而 2 又在 D 的十位数上出现，所以 $a(a+1)$ 的个位数是 6，因此 D 的百位数是 6.

于是

$$D=1\,000k+625$$

因此必有

$$5^3|D$$

因为 D 是完全平方数,则又有 $5^4|D$.这样必有 $5|k$,从而 D 的千位数是 0 或是 5.然而这样是不可能的,因为题设中没有 0,并且 D 的个位数是 5.所以满足题设条件的数不是完全平方数.

32.这个多位数不是完全平方数.我们注意这样一个事实:

若 $3|a$,则

$$3|a^2$$

若 $3\nmid a$,则

$$a^2\equiv 1 \pmod 3$$

由于 1,2,…,1 982 中有

$$3,6,9\cdots,1\,980$$

共 660 个 3 的倍数,则有 1 982-660=1 322 个不是 3 的倍数,由于

$$1\,322\equiv 2 \pmod 3$$

所以所得到的多位数是一个被 3 除余 2 的数,因此不可能是完全平方数.

33.令 $3n+1=S^2(S\in\mathbf{N})$,且 $S\geqslant 4$,易见 S 不是 3 的倍数,令 $S=3t\pm 1(t\in\mathbf{N})$,且 $t\geqslant 2$ 或 $t=1$,$S=3t+1$.于是 $3n+1=(3t\pm 1)^2$,$n=\dfrac{(3t\pm 1)^2-1}{3}=3t^2\neq 2t$,故 $n+1=3t^2\pm 2t+1=t^2+t^2+(t\pm 1)^2$.

34.若 $2n+1$ 及 $3n+1$ 是完全平方数,因 $2\nmid 2n+1$,$3\nmid 3n+1$,从而令 $2n+1=(2k+1)^2$,$3n+1=(3t\pm$

$1)^2$，所以 $n+1=k^2+(k+1)^2$，$n+1=(t\pm1)^2+2t$. 反之，若 $n+1=k^2+(k+1)^2$，$n+1=(t\pm1)^2+2t^2$，则 $2n+1=(2k+1)^2$，$3n+1=(3t\pm1)^2$.

35. $m-n$ 为完全平方数.

证明如下：

设 $m=n+k$（k 为正整数）. 代入 $2\,006m^2+m=2\,007n^2+n$，得

$$n^2-2\times2\,006kn-(2\,006k^2+k)=0$$

因为 n 为正整数，所以

$$\Delta=4(2\,006k)^2+4(2\,006k^2+k)$$

为完全平方数. 故 $\frac{\Delta}{4}=[(2\,006^2+2\,006)k+1]$ 为完全平方数.

又因 $(k,(2\,006^2+2\,006)k+1)=1$，所以，$k$ 与 $(2\,006^2+2\,006)k+1$ 均为完全平方数.

故 $m-n$ 为完全平方数.

36. 设 $np+1=k^2$，则 $np=(k-1)(k+1)$.

若 $p\mid(k-1)$，设 $k=pl+1$，则

$$np+1=k^2=(pl+1)^2=p^2l^2+2pl+1$$

$$n+1=pl^2+2l+1=(p-1)l^2+(l+1)^2$$

若 $p\mid(k+1)$，设 $k=pl-1$，则

$$np+1=k^2=(pl-1)^2=p^2l^2-2pl+1$$

$$n+1=pl^2-2l+1=(p-1)l^2+(l-1)^2$$

37. 计算这 1 976 个自然数之和

$$1+2+\cdots1\,976=\frac{1\,876\times1\,977}{2}=988\times1\,977=$$
$$(9\times109+7)(9\times219+6)=$$
$$6(\text{mod }9)$$

于是由这 1 976 个自然数组成的数被 9 除余 6.

由于 $m=9k,9k\pm1,9k\pm2,9k\pm3,9k\pm4$ 时

$$m^2\equiv0,1,4,7 \pmod 9$$

因此,所得到的数不是平方数.

38. 设 n 为任意一个正整数,1 984 个连续正整数为 $n,n+1,n+2,\cdots,n+1\,983$,则有

$$\begin{aligned}\sum_{k=0}^{1\,983}(n+k)^2 = {} & \sum_{k=0}^{1\,983}n^2+2n\sum_{k=0}^{1\,983}k+\sum_{k=0}^{1\,983}k^2 = \\ & 1\,984n^2+1\,983\times1\,984n+ \\ & \frac{1\,983\times1\,984\times3\,967}{6} = \\ & 1\,984n(n+1\,983)+32\times31\times \\ & 661\times3\,967 = \\ & 32\times62n(n+1\,983)+ \\ & 32\times31\times661\times3\,967 = \\ & 32[62n(n+1\,983)+ \\ & 31\times661\times1\,967]\end{aligned}$$

由于 $62n(n+1\,983)+31\times661\times3\,967$ 是奇数,所以,不论 n 为何值,$\sum\limits_{k=0}^{1\,983}(n+k)^2$ 能被 32 整除,但不能被 64 整除. 因而 $\sum\limits_{k=0}^{1\,983}(n+k)^2$ 的标准分解式中会有 2^5,所以不可能为完全平方数.

39. (1) $x=1,y=8$ 是满足题目要求的自然数,此时

$$xy+x=1\times8+1=9=3^2,xy+y=1\times8+8=16=4^2$$

(2) 不能. 否则,若存在 $988\leqslant x<y\leqslant1\,991$,使

$$xy+x=a^2$$

$$xy+y=b^2$$

其中 a 和 b 为自然数,则

$$b>a>988$$

于是

$$y-x=b^2-a^2=(b-a)(b+a)\geqslant 2\times 988$$

$$y\geqslant x+2\times 988\geqslant 988+2\times 988>1\ 991$$

出现矛盾.

所以,在 988 和 1 991 之间不存在这样的自然数 x 和 y.

40. 假设 $A=\sqrt{8.\underbrace{00\cdots01}_{n位}}$是有理数.

设 $A=\dfrac{p}{q}$(p,q 是互质的正整数). 则

$$A^2=8+\frac{1}{10^n}=\frac{p^2}{q^2}$$

即

$$\frac{8\times 10^n+1}{10^n}=\frac{p^2}{q^2}$$

因为$(8\times 10^n+1,10^n)=1$,所以

$$q=10,p^2=8\times 10^n+1$$

于是,$n=2m(m\in \mathbf{N}_+)$.

设 $p=2k+1$. 则

$$(2k+1)^2=8\times 10^{2m}+1$$

即

$$k(k+1)=2^{2m+1}\times 5^{2m}$$

因为$(k,k+1)=1,5^{2m}>2^{2m+1}$,所以

$$k=2^{2m+1},k+1=5^{2m}$$

但是

$$k+1=5^{2m}>4^{2m}\geqslant 2^{2m+1}+2^{2m+1}>2^{2m+1}+1=k+1$$

矛盾. 故 A 不是有理数.

41. 只要证明:对于每个满足 $p\mid ab$ 的质数 p,存在

正整数 m，使得 $p^{3m}\mid ab$.

设 $p^k\mid a,p^l\mid b,p^{k+l}\mid ab$.

(1)若 $k=l$，则 $p^{2k}\mid(a^3+b^3+ab)$，而 $p^{3k}\mid ab(a-b)$，矛盾.

(2)若 $k>l$，则 $p^{k+2l}\mid ab(a-b),p^{3k}\mid a^3,p^{3l}\mid b^3$，$p^{k+l}\mid ab$. 而 $3l,k+l<k+2l$，由 $ab(a-b)\mid(a^3+b^3+ab)$，得

$$p^{k+2l}\mid(a^3+b^3+ab)$$

$$p^{k+2l}(b^3+ab)=p^{3l}b_1^3+p^{k+l}a_1b_1$$

因此，一定有 $3l=k+l$，即 $k=2l$. 故 $p^{3l}\mid ab$. 其中，$b=p^lb_1,p\nmid b_1,a=p^ka_1,p\nmid a_1$. 同理，可证 $k<l$ 的情形.

42. 易知题设的 t 位数共有

$$m=\underbrace{88\cdots 8}_{(t-1)\text{个}}9(\text{个})$$

设上述 m 个 t 位数在 A 中依次为 $a_m,a_{m-1},\cdots,a_1$，即

$$A=\sum_{i=1}^{m}a_i\times 10^{t(i-1)}$$

从而，$A\equiv\sum\limits_{i=1}^{m}a_i\pmod 9$

设 $t\equiv r\pmod 9$ $(2\leqslant r\leqslant 8)$. 则

$$m=\underbrace{88\cdots 8}_{(t-1)\text{个}}9\equiv 8(t-1)+9=10-r\pmod 9$$

因为 $\sum\limits_{i=k}^{k+8}i=\dfrac{9(2k+8)}{2}\equiv 0\pmod 9$，所以

$$A\equiv\sum_{i=0}^{9-r}(\underbrace{99\cdots 9}_{t\text{个}}-i)\equiv\sum_{i=0}^{9-r}(9-i)=\sum_{j=r}^{9}j=$$

$$\frac{(10-r)(9+r)}{2}\equiv\frac{r(1-r)}{2}\pmod 9$$

当 $r=2,5,8$ 时，$A\equiv-1(\bmod 9)$；当 $r=3,7$ 时，$A\equiv-3(\bmod 9)$；当 $r=4,6$ 时，$A\equiv3(\bmod 9)$.

当 $A\equiv3$ 或 $-3(\bmod 9)$，则 A 是 3 的倍数，不是 9 的倍数；若 $A\equiv-1(\bmod 9)$，则 $A\equiv-1(\bmod 3)$，但 $n^2\equiv0$ 或 $1(\bmod 3)$.

从而，A 不是完全平方数.

43.(1) 242，243，244，245 是四个连续的正整数，242 是 11^2 的倍数，243 是 3^2 的倍数，244 是 2^2 的倍数，245 是 7^2 的倍数.

(2) 2 348 124，2 348 125，2 348 126，2 348 127，2 348 128，2 348 128 是六个连续的正整数，其中，2 348 124是 2^2 的倍数，2 248 125是 5^2 的倍数，2 348 126 是 11^2 的倍数，2 348 127 是 3^2 的倍数，2 348 128 是 2^2 的倍数，2 348 129 是 7^2 的倍数.

计算方法如下：

记

$$A=4\times9\times121\times49k\quad(k\in\mathbf{N}_+)$$

由(1)可知，$A+240$ 是 2^2 的倍数，$A+242$ 是 11^2 的倍数，$A+243$ 是 3^2 的倍数，$A+244$ 是 2^2 的倍数. $A+245$是 7^2 的倍数.

设 $A+241$ 是 5^2 的倍数. 则当 $k=11$ 时，上式成立. 此时，$A=2\ 347\ 884$.

$A+240=2\ 348\ 124$ 是 2^2 的倍数，$A+241=2\ 348\ 125$ 是 5^2 的倍数，$A+242=2\ 348\ 126$ 是 11^2 的倍数，$A+243=2\ 348\ 127$ 是 3^2 的倍数，$A+244=2\ 348\ 128$ 是 2^2 的倍数，$A+245=2\ 348\ 129$ 是 7^2 的倍数.

44. 注意到

$(\underbrace{33\cdots3}_{k+2个}68)^2=(\underbrace{33\cdots3}_{k+4个}+35)^2(k\geqslant0)=$

$$\underbrace{33\cdots3}_{k+4\text{个}}{}^2+2\times35\times\underbrace{33\cdots3}_{k+4\text{个}}+35^2=$$

$$\underbrace{99\cdots9}_{k+4\text{个}}\times\underbrace{11\cdots1}_{k+4\text{个}}+70\times\underbrace{33\cdots3}_{k+4\text{个}}+1\,225=$$

$$(10^{k+4}-1)\times\underbrace{11\cdots1}_{k+4\text{个}}+2\,\underbrace{33\cdots3}_{k+3\text{个}}10+1\,225=$$

$$\underbrace{11\cdots1}_{k+3\text{个}}0\,\underbrace{88\cdots8}_{k+3\text{个}}9+2\,\underbrace{33\cdots3}_{k+3\text{个}}10+1\,225=$$

$$\underbrace{11\cdots1}_{k+2\text{个}}34\,\underbrace{22\cdots2}_{k+1\text{个}}199+1\,225=$$

$$\underbrace{11\cdots1}_{k+2\text{个}}34\,\underbrace{22\cdots2}_{k\text{个}}3424$$

因此,对任意自然数 k,$\underbrace{11\cdots1}_{k+2\text{个}}34\,\underbrace{22\cdots2}_{k\text{个}}3424$ 都是完全平方数,即存在无穷多个完全平方数,它们都是由 1,2,3,4 这四个数码构成的.

注:用 1,2,3,4 这四个数码构成的完全平方数的无穷数列是不唯一的.例如:

对任意自然数 $m,n(m>n\geqslant1)$

$$A=\underbrace{33\cdots3}_{m\text{个}}\underbrace{66\cdots6}_{n\text{个}}8$$

则 A^2 的数码都是由 1,2,3,4 这四个数码构成的.

45.因为 $y_0=a^2,y_1=b^2$,所以

$$y_2=(c^2-2d)y_1-d^2y_0+kd=$$
$$(c^2-2d)b^2-d^2a^2+2d(b^2+a^2d-abc)=$$
$$(bc-ad)^2$$

设数列 $\{x_n\}$ 满足

$$x_{n+1}=cx_n-dx_{n-1}(n\in\mathbf{N}_+),x_0=a,x_1=b$$

则 $x_1=bc-ad$.所以,$y_0=x_0^2,y_1=x_1^2,y_2=x_2^2$.易证 x_n 为整数.

注意到

$$x_{n+1}^2-cx_{n+1}x_n+dx_n^2=$$
$$(cx_n-dx_{n-1})^2-cx_n(cx_n-dx_{n-1})+dx_n^2=$$
$$c^2x_n^2+d^2x_{n-1}^2-2cdx_{n-1}x_n-c^2x_n^2+cdx_nx_{n-1}+dx_n^2=$$
$$d(x_n^2-cx_{n-1}x_n+dx_{n-1}^2)$$

则

$$x_{n+1}^2-cx_{n+1}x_n+dx_n^2=d^n(x_1^2-cx_0x_1+dx_0^2)=$$
$$d^n(b^2-abc+a^2d)=\frac{1}{2}kd^n \quad ①$$

下面证明

$$y_n=x_n^2 \quad ②$$

当 $n=0,1,2$ 时，结论均成立. 假设当 $n\leqslant t$ 时，均有 $y_n=x_n^2$.

当 $n=t+1$ 时，有

$$y_{t+1}=(c^2-2d)y_t-d^2y_{t-1}+kd^t=$$
$$(c^2-2d)x_t^2-d^2x_{t-1}^2+kd^t$$

由式①可知 $kd^t=2(x_{t+1}^2-cx_{t+1}x_t+dx_t^2)$.

又 $x_{t+1}-cx_t=-dx_{t-1}$，所以

$$y_{t+1}=(c^2-2d)x_t^2-d^2x_{t-1}^2+2x_{t+1}^2-2cx_{t+1}x_t+2dx_t^2=$$
$$c^2x_t^2-d^2x_{t-1}^2+2x_{t+1}(x_{t+1}-cx_t)=$$
$$(cx_t+dx_{t-1})(cx_t-d_{t-1})+2x_{t+1}(x_{t+1}-cx_1)=$$
$$x_{t+1}[cx_t+dx_{t-1}+2(-dx_{t-1})]=$$
$$x_{t+1}(cx_t-dx_{t-1})=x_{t+1}^2$$

故式②成立.

所以，对任意的 $n\in\mathbf{N}$，y_n 是一个完全平方数.

46. 区间 $[S_n,S_{n+1})$ 中有完全平方数，当且仅当区间 $[\sqrt{S_n},\sqrt{S_{n+1}})$ 中有整数. 所以只需证明对每一个正整数 $n\geqslant 1$，$\sqrt{S_{n+1}}-\sqrt{S_n}\geqslant 1$. 将 $S_{n+1}=S_n+K_{n+1}$ 代入上述不等式并化简知，所要证明的不等式就是 $K_{n+1}\geqslant$

$2\sqrt{S_n}+1$. 因为 $K_{m+1}-K_m\geqslant 2$. 对每一个正整数 m 成立

$$S_n=K_n+K_{n-1}+K_{n-2}+\cdots+K_1\leqslant K_n+(K_n-2)+(K_n-4)+\cdots+L_n$$

如果 $L_n=2$,如果 K_n 是偶数;$L_n=1$,如果 K_n 是奇数,由此可得

$$S_n\leqslant\begin{cases}\dfrac{K_n(K_n+2)}{4} & (\text{如果 } K_n \text{ 是偶数})\\ \dfrac{(K_n+1)^2}{4} & (\text{如果 } K_n \text{ 是奇数})\end{cases}\leqslant\frac{(K_n+1)^2}{4}$$

所以,$(K_n+1)^2\geqslant 4S_n$,因而 $K_{n+1}\geqslant K_n+2\geqslant 2\sqrt{S_n}+1$.

47. 如果 $a=0$,则由式①得 $b=0$. 此时 $a-b=0$, $2a+2b+1=1$ 都是完全平方数,问题得证.

如果 $a\neq 0$,则由式①可知,$b\neq 0$,$a\neq b$.

设 d 是 a 与 b 的最大公约数,且设

$$a=a_1d,b=b_1d \qquad ②$$

则

$$(a_1,b_1)=1,\text{且 } a_1\neq b_1$$

因此有

$$b_1=a_1+r \qquad ③$$

其中 r 是与 a_1 互素的非零整数.

由①和②得

$$2da_1^2+a_1=3db_1^2+b_1$$

将式③代入得

$$2da_1^2+a_1=3d(a_1+r)^2+a_1+r$$

由此得

$$da_1^2+6da_1r+3dr^2+r=0 \qquad ④$$

式④左边前三项能被 d 整除,所以

$$d|r \qquad ⑤$$

式④左边后三项能被 r 整除,所以

$$r\mid da_1^2$$

因为 $(r,a_1)=1$,所以

$$r\mid d \tag{6}$$

由⑤,⑥可知 $r=d$ 或者 $r=-d$.

如果 $r=d$,则由式④得

$$a_1^2+6a_1r+3r^2+1=0 \tag{7}$$

由于对任何整数 a_1,a_1^2+1 不能被 3 整除,因此式⑦不成立,所以 $r\neq d$.

于是

$$r=-d$$

因为

$$b_1=a_1+r=a_1-d$$

所以

$$b=b_1d=a_1d-d^2=a-d^2$$

即

$$a-b=d^2 \tag{8}$$

又由式①可得

$$2a^2-2b^2+(a-b)=b^2$$

$$(a-b)(2a+2b+1)=b^2$$

由式②和式⑧得

$$d^2(2a+2b+1)=b_1^2d^2$$

即

$$2a+2b+1=b_1^2 \tag{9}$$

由⑧和⑨可知,$a-b$ 和 $2a+2b+1$ 都是完全平方数.

48. 首先,注意到 $x,y>N$,否则 $\frac{1}{x}$ 或 $\frac{1}{y}$ 之一将大于 $\frac{1}{N}$. 则

$$\frac{1}{x}+\frac{1}{y}=\frac{1}{N}\Rightarrow\frac{x+y}{xy}=\frac{1}{N}\Rightarrow N(x+y)=$$

$$xy\Rightarrow(x-N)(y-N)=N^2\Rightarrow y=\frac{N^2}{x-N}+N$$

这样，(x,y)是一组解当且仅当$(x-N)\mid N^2$.

另外，N^2 的每个正因子 d 都对应着一组唯一解 $\left(x=d+N,y=\dfrac{N^2}{d}+N\right)$. 因此，在有序解$(x,y)$和 N^2 的正因子间存在一个双射.

令 $N=p_1^{q_1}p_2^{q_2}\cdots p_n^{q_n}$，则

$$N^2=p_1^{2q_1}p_2^{2q_2}\cdots p_n^{2q_n}$$

而 N^2 的任一正因子必有形式 $p_1^{a_1}p_a^{a_2}\cdots p_n^{a_n}$，其中 $0\leqslant a_i\leqslant 2q_i(i=1,2,\cdots,n)$. 每个因子中 p_i 的指数有 $2q_i+1$种可能，所以，得到 N^2 的

$$(2q_1+1)(2q_2+1)\cdots(2q_n+1)$$

个正因子. 这样

$$(2q_1+1)(2q_2+2)\cdots(2q_n+1)=2\ 005=5\times 401$$

而 401 是质数，故 2 005 的正因子仅为 1，5，401，2 005. 因为所有这些因子都模 4 余 1，对所有 q_i 有 $2q_i+1\equiv 1(\bmod 4)$，所以，$q_i\equiv 0(\bmod 2)$. 既然所有质因子的指数都为偶数，故 N 是完全平方数.

49. (1)令 $I=a-\dfrac{1}{b}+b\left(b+\dfrac{3}{a}\right)$. 若 $I=a-\dfrac{1}{b}+b^2+\dfrac{3b}{a}$是整数，则

$$N=\frac{3b}{a}-\frac{1}{b}=\frac{3b^2-a}{ab}$$

也是整数. 故

$$ab\mid(3b^2-a)\Rightarrow b\mid(3b^2-a)\Rightarrow b\mid a$$

设 $a=kb$. 则

$$N=\frac{3b-k}{kb}\Rightarrow kb\mid(3b-k)\Rightarrow b\mid(3b-k)\Rightarrow b\mid k$$

设 $k=lb$. 则

$$N=\frac{3-l}{lb}\Rightarrow l\mid(3-l)\Rightarrow l\mid 3$$

由 $a,b\in\mathbf{N}_+$，知 $l\in\mathbf{N}_+$. 所以，$a=lb^2$，其中，$l=1$ 或 3. 当 $l=1$ 时，$N=\frac{2}{b}$. 从而，$b=1$ 或 2，此时，$I=4$ 或 9；当 $l=3$ 时，$N=0$. 从而，$a=3b^2$，此时，$I=4b^2=(2b)^2$. 故 I 是完全平方数.

(2) 当 $a=4,b=-2$ 时，$I=7$；当 $a=-4,b=-2$ 时，$I=2$. 因此，在以上两种情形中，I 均为正整数，但不是完全平方数.

50. 设 n 个数 $a_1,a_2,\cdots,a_n$ 组成的长为 N 的数列为 $b_1,b_2,\cdots,b_N$. 这里

$$b_i\in\{a_1,a_2,\cdots,a_n\}\quad(i=1,2,\cdots,N)$$

建立映射

$$B=\{b_1,b_2,\cdots,b_N\}\to V=\{v_1,v_2,\cdots,v_n\}$$

其中 $v_j=(c_1,c_2,\cdots,c_n)$，对于每个 j，$1\leqslant j\leqslant n$，我们定义 $v_j=(c_1,c_2,\cdots,c_n)$ 为

$$c_i=\begin{cases}0, & \text{若 } a_i \text{ 在 } b_1,b_2,\cdots,b_j \text{ 中出现偶数次}\\ 1, & \text{若 } a_i \text{ 在 } b_1,b_2,\cdots,b_j \text{ 中出现奇数次}\end{cases}$$

如果有某个 $v_j=\{0,0,\cdots,0\}$，那么，在积 $b_1\cdots b_j$ 中，每个 a_i 都出现偶数次，所以积为完全平方数.

如果每个 $v_j\neq(0,0,\cdots,0)$，那么，由于

$$\{(c_1,c_2,\cdots,c_n)\}\mid c_i=0 \text{ 或 } 1,i=1,2,\cdots,n\}$$

这个集合恰有 2^n-1 个元素，由题设 $N\geqslant 2^n>2^n-1$，所以必有 h 和 $k(1\leqslant k<h\leqslant N)$ 满足 $v_k=v_h$. 这时，在乘积 $b_1b_2\cdots b_k$ 和 $b_1b_2\cdots b_h$ 中每个 a_i 出现的次数具有

相同的奇偶性，从而它们的商，即乘积 $a_{k+1}a_{k+2}\cdots a_h$ 中每个 a_i 出现偶数次，即 $a_{k+1}a_{k+2}\cdots a_h$ 为完全平方数.

51. 设 $1+12n^2=a^2(a\in\mathbf{N})$. 则

$$12n^2=(aa+1)(a-1) \quad ①$$

因为 $2|12n^2$，所以，a 为奇数. 又 $(a+1,a-1)=2$，则

$$3n^2=\frac{a+1}{2}\cdot\frac{a-1}{2}$$

分两种情况讨论.

(1) $a+1=6b^2$，$a-1=2c^2$，$(b,c)=1$，$bc=n$.

因为 $3|(a+1)$，所以，$a-1\equiv1\pmod 3$. 故 $c^2\equiv2\pmod 3$. 这不可能.

(2) $a+1=2b^2$，$a-1=6c^2$，$(b,c)=1$，$bc=n$. 故

$$2+2\sqrt{1+12n^2}=2+2a=4b^2=(2b)^2$$

因此，$2+2\sqrt{1+12n^2}$ 为完全平方数.

52. 设 $2+2\sqrt{28n^2+1}$ 等于整数 m，即

$$m=2+2\sqrt{28n^2+1}$$

$$(m-2)^2=4(28n^2+1)$$

$$m^2-4m+4=4(28n^2+1) \quad ①$$

由式①，m^2 为偶数，因而 m 为偶数.

设 $m=2k$，k 为整数，则由式①有

$$4k^2-8k+4=4(28n^2+1)$$

$$28n^2=k^2-2k \quad ②$$

由式②，k^2 为偶数，因而 k 为偶数.

设 $k=2p$，p 为整数，则由式②有

$$28n^2=4p^2-4p$$

即

$$7n^2=p^2-p=p(p-1) \quad ③$$

因为 p 和 $p-1$ 是相邻的整数，所以

$$(p,p-1)=1$$

这样，由式③，p 和 $p-1$ 必然一为完全平方数，一为完全平方数与 7 的乘积，于是只能有如下两种情形：

(1) $p=A^2,p-1=7B^2$；

(2) $p=7M^2,p-1=N^2$.

其中 A,B,M,N 都是整数.

先考虑第一种情形. 由

$$m=2k-4p$$

可得

$$m=4A^2=(2A)^2$$

因此，m 是完全平方数.

再考察第二种情形. 设 $N=7t+r(r=0,1,2,\cdots,6)$ 于是有

$$p-1=7M^2-1=N^2$$

即

$$7M^2-1=(7t+r)^2=49t^2+14tr+r^2$$

$$r^2=7M^2-49t^2-14tr-1=7(M^2-7t^2-2tr-1)+6$$

于是

$$r^2\equiv 6(\bmod 7) \quad ④$$

而 $r=0,1,2,3,4,5,6$ 时，$r^2=0,1,4,9,16,25,36$，它们被 7 除的余数为 0,1,4,2. 即

$$r^2\equiv 0,1,4,2(\bmod 7) \quad ⑤$$

式④和式⑤矛盾. 因而，第二种情形不可能出现.

所以 $m=2+2\sqrt{28n^2+1}$ 一定是完全平方数.

53. (1) N 的所有非零数码都是 N 的一位"片断数"，它们只能为 1,4,9.

N 中不会出现数码 0，否则可能出现 10,40,90 不是完全平方数的两位"片断数".

N 中不会出现数码 1,否则可能出现 11,14,19,41,91 等不是完全平方数的两位“片断数”.

由 4,9 组成的自然数中 44,94,99 不是完全平方数,故 49 是唯一所求的自然数.

(2)根据定义,可用的数码只可能是 2,3,5,7.易知,在两位数里,23,37,53,75 为所求.

在三位数里,若用 2,则 2 只能在百位(否则会出现两位的“片断数”不是质数),且 5 不能用(否则会有 25,35,75 等片断数为合数).而 2,3,7 三数之和为 12,是 3 的倍数,故此时无所求的自然数.

若用 5,则 5 只能在百位,而 5,3,7 之和为 15,是 3 的倍数,故此时亦无所求的自然数.

只有 3,7 可用,但任何一个皆不能连用,而 737 是 11 的倍数.经检验,373 为所求.

故所求自然数共 5 个,即 23,37,53,73,373.

习题 6 答案

1.(1)注意到

$$M=1!\times 2!\times\cdots\times 9!=$$
$$2^8\times 3^7\times 4^6\times 5^5\times 6^4\times 7^3\times 8^2\times 9=$$
$$2^{30}\times 3^{13}\times 5^5\times 7^3$$

因为一个完全平方数 n 具有形式

$$n=2^{2x}\times 3^{2y}\times 5^{2z}\times 7^{2w}\quad (x,y,z,w\in\mathbf{N})$$

且

$$2x\leqslant 30,2y\leqslant 13,2z\leqslant 5,2w\leqslant 3$$

所以,这样的 n 共有

$$16\times 7\times 3\times 2=672(\text{个})$$

(2)C.

设 $x^2-y^2=2\ 009$,即

$$(x+y)(x-y)=2\ 009=7^2\times 41$$

则 2 009 有 6 个正因数,分别为 1,7,41,49,287 和 2 009.因此,对应的方程组为

$$\begin{cases}x+y=-1,-7,-41,-49,-287,\\ \qquad -2\ 009,1,7,41,49,287,2\ 009\\ x-y=-2\ 009,-287,-49,-41,-7,\\ \qquad -1,2\ 009,287,49,41,7,1\end{cases}$$

故 (x,y) 共有 12 组不同的表示.

(3)D.

(4)C.

(5)C.由 $3n+1=a^2$,知 $3\nmid a$,于是 $a=3t\pm 1$.从而

$$3n+1=9t^2\pm 6t+1\Rightarrow n=2t^2\pm 2t$$

即

$$n+1=t^2+t+(t\pm1)^2$$

(6)B. 当 $n\leqslant4$ 时,易知 3^n+81 不是完全平方数. 故设 $n=k+4(k\in\mathbf{N}_+)$. 则

$$3^n+81=81(3^k+1)$$

因为 3^n+81 是完全平方数,而 81 是平方数,所以,一定存在正整数 x,使得

$$3^k+1=x^2$$

即

$$3^k=x^2-1=(x+1)(x-1)$$

故 $x+1,x-1$ 都是 3 的方幂.

又两个数 $x+1,x-1$ 相差 2,则只可能是 3 和 1. 从而,$x=2,k=1$.

因此,存在唯一的正整数 $n=k+4=5$,使得 3^n+81 为完全平方数.

(7)B. 设 $2\,009-n=a$. 则

$$\frac{n-1\,909}{2\,009-n}=\frac{100-a}{a}=\frac{100}{a}-1$$

为完全平方数,设为 $m^2(m\in\mathbf{N}_+)$. 故 $\frac{100}{a}=m^2+1$. 验证易知,只有当 $m=1,2,3,7$ 时,上式才可能成立. 对应的 a 值分别为 50,20,10,2.

因此,使得 $\frac{n-1\,909}{2\,009-n}$ 为完全平方数的 n 共有 4 个:1 959,1 989,1 999,2 007.

(8)A. 设 $1+17n=a^2$(a 为正整数). 则

$$n=\frac{a^2-1}{17}=\frac{(a+1)(a-1)}{17}$$

因为 n 为正整数,17 为质数,所以

$$a+1=17b\ 或\ a-1=17c\quad(b,c\ 为正整数)$$

(ⅰ)当 $a+1=17b$ 时

$$n=\frac{a^2-1}{17}=17b^2-2b\leqslant 2\ 011$$

因为 b 是正整数,所以,$1\leqslant b\leqslant 10$. 此时,有 10 个正整数使 $1+17n$ 是完全平方数.

(ⅱ)当 $a-1=17c$ 时

$$n=\frac{a^2-1}{17}=17c^2+2c\leqslant 2\ 011$$

同理,有 10 个正整数使 $1+17n$ 是完全平方数.

综上所述,符合条件的正整数 n 有 20 个.

2.(1)$(ac\pm bd)+(ad\mp bc)^2$.

(2)$a=2\times 3^3\times 7^2=2\ 646$.

(3)6 或 2.

(4)④.

(5)84.

(6)2.

(7)1 988.

(8)$m+2\sqrt{m}+1$.

(9)不是.

(10)13.

(11)22,78.

(12)29.

(13)17.

(14)$\frac{1}{8}$.

(15)28 个.

(16)5 个.

(17)663.

(18)(4).

(19)设这个四位数为 $100c_1+c_2$，其中 $10\leqslant c_1\leqslant 99$，$1\leqslant c_2\leqslant 99$. 依题意，得

$$100c_1+c_2=(c_1+1)^2c_2=c_1^2c_2+2c_1c_2+c_2$$

所以 $100c_1=c_1c_2(c_2+2)$，即 $c_2=\dfrac{100}{c_1+2}$，因而 $(c_1+2)\mid 100$，而 $10\leqslant c_1\leqslant 99$，则

$$c_1=\{18,23,48,98\},c_2=\{5,4,2,1\}$$

故所求四位数为 1 805，2 304，4 802，9 801，其中最小的四位数为 1 805.

(20)20 或 119.

设 $x^2+(x+1)=v^2$，则 $(2x+1)^2=2v^2-1$. 令 $u=2x+1$，则 $u^2-2v^2=-1$. 其为佩尔方程，其基本解为 $(u_0,v_0)=(1,1)$.

其全部正整数解可由

$$u_n+v_n\sqrt{2}=(u_0+v_0\sqrt{2})^{2n+1}$$

得到. 其中，$(u_1,v_1)=(7,5)$，$(u_2,v_2)=(41,29)$，$(u_3,v_3)=(239,169)$，$u_4>400$. 故 $x=20$ 或 119.

(21)0 个. 由题意知 $p\equiv x^4-x^2+2\pmod 3$. 而 $x^2\equiv 0,1\pmod 3$，于是 $p\equiv x^2(x^2-1)+2\equiv 2\pmod 3$. 所以，$p$ 不是平方数.

(22)$2^6+2^9=2^6(1+2^3)=2^6\times 3^2=24^2$.

设 $24^2+2^n=a^2$，有

$$(a+24)(a-24)=2^n$$

于是

$$a+24=2^r,a-24=2^t$$

$$2^r-2^t=48=2^4\times 3,2^t(2^{r-t}-1)=2^4\times 3$$

则

$$t=4,r-t=2$$

故

$$r=6,n=t+r=10$$

(23)对于任一平方数而言,其末位数只可能是 0,1,4,5,6,9,且

$$(10a)^2=100a^2$$

$$(10a+5)^2=100a^2+100a+25$$

$$(10a\pm 4)^2=100a^2\pm 80a+16$$

$$(10a\pm 1)^2=100a^2\pm 20a+1$$

$$(10a\pm 3)^2=100a^2\pm 60a+9$$

$$(10a\pm 2)^2=100a^2\pm 40a+4$$

若按以上规则,只能是情形

3 456,4 536,5 436,5 364,3 564

但上述均不为平方数.接下来的四个连续数码便是 4,5,6,7.若排成平方数,末位只能是 4 或 6,自小到大为

4 756,5 476,5 764,7 564

经计算,只有 5 476=74^2 为平方数.

(24)充要.

必要性显然.

充分性:由 $2\sqrt{1+4pn^2}=m(m\in\mathbf{N})$,有

$$1+4pn^2=\frac{m^2}{4}\in\mathbf{N}$$

又 $1+4pn^2=(2t+1)^2(t\in\mathbf{N})$,有

$$pn^2=t(t+1)$$

由于$(t,t+1)=1$,故 $t,t+1$ 中一个为完全平方数,另一个为完全平方数的 p 倍.

若 $t+1=pu^2,t=v^2(u,v\in\mathbf{N})$,则

$$pu^2=v^2+1\equiv 1 \text{ 或 } 2(\bmod 4)$$

但 $pu^2\equiv(-1)\times u^2\equiv 0$ 或 $3(\bmod 4)$,矛盾.

从而

$$t+1=u^2, t=pv^2 \quad (u,v\in \mathbf{N})$$

故

$$2+2\sqrt{1+4pn^2}=4(t+1)=4u^2=(2u)^2$$

(25)(0,0),(1,0),(1,3).

当 $m\geqslant 2,n\geqslant 2$ 时,有

$$6^m+2^n+2=2(3\times 6^{m-1}+2^{n-1}+1)$$

显然,不是完全平方数.

下面讨论 $m\leqslant 1$ 或 $n\leqslant 1$ 的情况.

当 $m=0$ 时,$6^m+2^n+2=2^n+3$,由于 $n\geqslant 2$ 时,$2^n+3\equiv 3 \pmod 4$,2^n+3 不可能为完全平方数,故 $n=0$ 或 1,此时,有解 $(m,n)=(0,0)$;

当 $m=1$ 时,$6^m+2^n+2=2^n+8$,由于 $n\geqslant 4$ 时,$2^n+8=8(2^{n-3}+1)$ 不可能为完全平方数,故 $n=0,1,2$ 或 3. 易知 $(m,n)=(1,0),(1,3)$.

当 $n=0,1$ 时,同理可得 $(m,n)=(0,0),(1,0)$.

3. 令 $x=1\,997$. 则

$$\begin{aligned}原式&=x(x+1)(x+2)(x+3)+1=\\&(x^2+3x)(x^2+3x+2)+1=\\&[(x^2+3x+1)-1][(x^2+3x+1)+1]+1=\\&(x^2+3x+1)^2=(1\,997^2+3\times 1997+1)^2\end{aligned}$$

又

$$1\,997^2-3\times 1\,997+1=1\,997\times 2\,000+1=3\,994\,001$$

所以这个整数为 3 994 001.

4. 设两个正整数为 x 及 y,由此 $x+y+1\,000=xy$,$xy-x-y+1=1\,001$,$(x-1)(y-1)=7\times 11\times 13$. 设 x 是完全平方数,由于 $x-1$ 只能取 7,11,13,77,91,143,所以 x 只能取 8,12,14,78,92,144. 经验

证 $x=144$，从而 $y=8$，所以 $\frac{x}{y}=18$.

5. 设 $\overline{ab}$ 为所求的两位数，则 $\overline{ab}+\overline{ba}=11(a+b)$. 因为 $\overline{ab}+\overline{ba}$ 是完全平方数，11 为质数，所以 $a+b=11\cdot k^2(k\in\mathbf{N})$. 注意到 $1\leqslant a+b\leqslant 18$，知 $k=1$，$a+b=11$. 由此求得适合条件的八个两位数：29，38，47，56，65，74，83，92.

6. 设 $n=10x+y$，其中 x 和 y 是整数，$0\leqslant y\leqslant 9$，则 $n^2=100x^2+20xy+y^2=20z+y^2$. 因此，$n^2$ 的十位数字是奇数，必须而且只须 y^2 的十位数字是奇数，所以 $y^2=16$ 或 36，而 n^2 的个位数字必须是 6.

7. 存在. 形如 $\underbrace{99\cdots9}_{n个}$ 表 n 个 9，则

$$\underbrace{99\cdots9}_{n个}7^2=\underbrace{99\cdots9}_{n个}4\,\underbrace{00\cdots0}_{n个}9$$

令 $n=220$ 即可.

又如，$\underbrace{33\cdots3}_{n个}4^2=\underbrace{11\cdots1}_{(n+1)个}\times\underbrace{55\cdots5}_{n个}6$，令 $n=331$ 亦可.

8. 设四位数 n 加 400 后为完全平方数 k^2. 因为 $1\,000\leqslant n<10\,000$，所以 $1\,400\leqslant n+400<10\,400$，即 $1\,400\leqslant k^2<10\,400$，因为 $\sqrt{1\,400}\approx 37.42$，$\sqrt{10\,400}\approx 101.98$，所以 $38\leqslant k\leqslant 101$，于是符合条件的数的个数为 $101-38+1=64$ 个.

9. 由 $0<x\leqslant 0$，$0\leqslant z\leqslant 9$，$x+z=10t$，知 $t=1$，$x+z=10$. 因为 $y=x-z=(x+z)-2z=10-2z\geqslant 0$，所以 $z\leqslant 5$. 又因为 $x=10-z\leqslant 9$，所以 $z\geqslant 1$. 因有五种可能：$z=1,2,3,4,5$；$x=9,8,7,6,5$；$y=8,6,4,2,0$. 相应的四位数为：9 811，8 621，7 431，6 241，5 051. 易知只有 $6\,241=79^2$ 适合条件.

10. 设$\overline{cd}=x$，$\overline{abcd}=t^2$，则 $100(x+1)+x=t^2$，即 $101x=(t+10)(t-10)$. 因为 101 是质数，所以 $t+10$，$t-10$ 中必有一个是 101 的倍数，所以 $t+10$ 是 101 的倍数. 又 $t+10\leqslant 109$，所以 $t+10=101$，于是 $t+10=101$，$t=91$，所求四位数是 $91^2=8\,281$.

11. 注意到，$24=2^3\times 3$. 若某个完全平方数能被 24 整除，则它必是 $144=2^4\times 3^2$ 的倍数，即具有 $144n^2$ $(n\in\mathbf{Z}^+)$的形式.

解不等式 $144n^2<10^6$，得 $n<\dfrac{1\,000}{12}\approx 83.3$. 故所求结果为 83.

12. 当 $a\geqslant b>0$ 时，由 $a^2<a^2+2b\leqslant a^2+2a<(a+1)^2$ 知，a^2+2b 不可能是完全平方数；同理，当 $b\geqslant a>0$ 时，b^2+2a 也不可能是完全平方数.

13. 在 b 进制中，$1111=b^4+b^3+b^2+b+1$，而

$$\left(b^2+\frac{b}{2}\right)^2<b^4+b^3+b^2+b+1<\left(b^2+\frac{b}{2}+1\right)^2$$

若上式中 $b^4+b^3+b^2+b+1$ 是一个完全平方数，则

$$\left(b^2+\frac{b+1}{2}\right)^2=b^4+b^3+b^2+b+1$$

即 b 应满足 $b^2-2b-3=0$，所以 $b=3$，或 $b=-1$(不合). 当 $b=3$ 时，$1\,111=(102)^2$.

14. 由假设 $N^2=\overline{abcd}=\overline{(c+8)bc(b+4)}=\overline{cbcb}+8\,004=\overline{cb}\times 101+7\,979+25=(\overline{cb}+79)\times 101+25$，即 $(\overline{cb}+79)\times 101=(N-5)(N+5)$. 由于 101 是素数，所以 $N-5=101$ 或 $N+5=101$，解得 $N=106,96$. 代入验证知 106^2 不是四位数，所以 $N=96$ 时，$N^2=9\,216$.

15. 设原数为$\overline{ab}=10a+b$，则$(10a+b)-(10b+a)=$

$9(a-b)$是一个平方数，所以 $a-b=0,1,4,9$. 当 $a=b$ 时，有 11，22，…，99 等 9 个；当 $a-b=1$ 时，有 10，21，…，98 等 9 个；$a-b=4$ 时，有 40，51，…，95 等 6 个；$a-b=9$时，仅有 90 一个. 共有 25 个.

16. 设 x 为所求二位数，则 $100(x+1)+x=N^2$，$100(x-1)+x=N^2$，故 $101x=(N-10)(N+10)$，$101(x-1)=(N-1)(N+1)$，所以 $N=91$，$x=81$ 或 $N=100$，$x=100$(舍去). 所以 81 即为所求.

17. 1 681.

18. $5n+3$ 不是质数.

如果 $2n+1=k^2$，$3n+1=m^2$，则

$$5n+3=4(2n+1)-(3n+1)=$$
$$4k^2-m^2=(2k+m)(2k-m)$$

是合数，因为 $2k-m\neq 1$；反之，若 $5n+3=2m+1$，则

$$(m-1)^2=m^2-(2m+1)+2=$$
$$(3n+1)-(5n+3)+2=$$
$$-2n<0$$

矛盾.

19. 显然，$4n+1$，$6n+1$ 都是奇平方数. 设 $6n+1=(2m+1)^2=4m(m+1)+1$. 则 $3n=2m(m+1)$. 因为 $m(m+1)$为偶数，所以，$4\mid n$. 设 $n=4k$，则 $4n+1=16k+1$，$6n+1=24k+1$. 当 $k=1,2,3,4$，时，$4n+1$，$6n+1$不同为平方数，而当 $k=5$，即 $n=20$ 时，$4n+1=81$，$6m+1=121$ 都为平方数.

所以正整数 n 的最小值为 20.

20. 易知，正整数的平方是两位的有：16，25，36，49，64，81.

注意到，从给出数字开始至多有 1 个两位平方，因

此，在第 1 个两位数被选定后，所求数的余下部分被唯一地确定. 因为没有以 5 或 9 开始的两位的平方数，所以，所求的数不能以 25 或 49 开始.

而由 16 得 164，1 649；由 36 得 364，3 649；由 64 得 649；由 81 得 816，8 164，81 649. 因此，满足条件的数为

164，1 649，364，3 649，649，816，8 164，81 649

21. 设所求的三个正奇数为

$$2k-1,2k+1,2k+3\quad (k\in \mathbf{N}_+)$$

若存在一个 $x\in\{1,2,\cdots,9\}$，使得满足题设条件

$$(2k-1)^2+(2k+1)^2+(2k+3)^2=\overline{xxxx}\Leftrightarrow$$

$$12k^2+12k+11=1\,111x\Leftrightarrow$$

$$12(k^2+k)+11=12\times 92x+7x$$

因此，$12\mid(7x-11)$. 故 x 为奇数，$x\in\{1,3,5,7,9\}$. 逐个代入计算易知，当且仅当 $x=5$ 时

$$12\mid(7\times 5-11)$$

此时

$$12k^2+12k+11=5\,555$$

解得 $k=21$.

因此，满足题意的三个连续正奇数为 41，43，45.

22. 如果该数是完全平方数，那么这个数应该以偶数个 0 结尾，因此对这些 0 可不予考虑.

剩下的数具有 $2A$ 的形式，其中 A 由 300 个 3 和若干个 0 组成，且以 3 结尾.

于是 A 是奇数，设 $A=2k+1$，则 $2A=4k+2$，显然不是完全平方数.

23. 设 $n^2+59n+881=m^2(m\in\mathbf{Z})$，则

$$4m^2=(2n+59)^2+43$$

即

$$(2m+2n+59)(2m-2n-59)=43$$

因为 43 是质数，所以

$$\begin{cases}2m+2n+59=43,-43,1,-1\\2m-2n-59=1,-1,43,-43\end{cases}$$

解得整数 $n=-40$ 或 -19.

24. 有

$$\underbrace{99\cdots9}_{99个}\underbrace{0\cdots0}_{100个}=10^{199}-10^{100}$$

设 $n=[10^{99}\times\sqrt{10}]$，则

$$n=[10^{99}\times\sqrt{10}]<10^{99}\times\sqrt{10}<n+1$$

于是 $n^2<10^{2\times 99}\times 10=10^{199}$

$n^2>(10^{99}\times\sqrt{10}-1)^2=10^{199}-2\times 10^{99}\times\sqrt{10}+1>10^{199}-10^{100}$

由以上，则有

$$10^{199}-10^{100}<n^2<10^{199}$$

显然，n^2 的前 99 位都是 9，且是完全平方数，从而 n 为所求的数.

25. 设 $S_1=a^2, S_2=b^2, a>b>0$，则 $(a+b)(a-b)=1\ 989=3^2\times 3\times 17$，所以 $a+b=m, a-b=n$，其中 $mn=1\ 989$，且 $m>n$. 由此得 $a=\frac{m+n}{2}, b=\frac{m-n}{2}$. 令 $(m,n)=(1\ 989,1),(663,3),(221,9),(153,13),(117,17),(51,39)$，得 $(a,b)=(995,994),(333,330),(115,106),(83,70),(67,50),(45,6)$.

26. 由 $\sqrt{\overline{abcd}}=\overline{ab}=\sqrt{\overline{cd}}$，知

$$(\overline{ab})^2+2\ \overline{ab}\cdot\sqrt{\overline{cd}}+\overline{cd}=\overline{abcd}=100\ \overline{ab}+\overline{cd}$$

故 $(\overline{ab})^2+2\ \overline{ab}\cdot\sqrt{\overline{cd}}=100\ \overline{ab}$，即

$$\overline{ab}+2\sqrt{\overline{cd}}=100 \quad ①$$

由式①可知，$\overline{cd}$为完全平方数. 则$\overline{cd}$可取 01，04，09，16，25，36，49，64，81，共 9 个. 又由式①可知，对应的$\overline{ab}$依次为

98，96，94，92，90，88，86，84，82

于是，四位数

9 801，9 604，9 409，9 216，9 025，8 836，
8 649，8 464，8 281

都满足$\overline{abcd}$的条件.

将式①变形为

$$\overline{ab}+\sqrt{\overline{cd}}=100-\sqrt{\overline{cd}} \quad ②$$

事实上

$$\sqrt{8\,281}=82+\sqrt{81}=100-\sqrt{81}$$

$$\sqrt{8\,464}=84+\sqrt{64}=100-\sqrt{64}$$

$$\sqrt{8\,649}=86+\sqrt{49}=100-\sqrt{49}$$

$$\sqrt{8\,836}=88+\sqrt{36}=100-\sqrt{36}$$

$$\sqrt{9\,025}=90+\sqrt{25}=100-\sqrt{25}$$

$$\sqrt{9\,216}=92+\sqrt{16}=100-\sqrt{16}$$

$$\sqrt{9\,409}=94+\sqrt{9}=100-\sqrt{9}$$

$$\sqrt{9\,604}=96+\sqrt{4}=100-\sqrt{4}$$

$$\sqrt{9\,801}=98+\sqrt{1}=100-\sqrt{1}$$

综上可知，所求的四位数$\overline{abcd}$有 9 个.

27. 由

$$(1\,000d+100c+10b+a)-$$
$$(1\,000a+100b+10c+d)=4\,995$$

化简，得

$$111(d-a)+10(c-b)=555\Rightarrow 5\mid(d-a)$$

因 $d-a$ 为 $0,-5$ 时等式均不可能成立，故只能是 $d-a=5$，且 $c-b=0$.

又由 $a+b+c+d=n^2$，有

$$a+b+b+a+5=n^2$$

即 $2(a+b)=n^2-5\Rightarrow n$ 为奇数且 $n^2>5$.

因为 $a+b+c+d<4\times 9=36$. 所以 $n^2<36$. 故 $n=3$ 或 5.

当 $n=3$ 时，$a+b=2$. 因 $a\neq 0$，有两种情况：

①$a=2,b=0$，这时 $c=b=0,d=a+5=7$；

②$a=1,b=1$，这时 $c=1,d=6$.

当 $n=5$ 时，$a+b=10$. 有四种情况：

①$a=1,b=9$，这时 $c=9,d=6$；

②$a=2,b=8$，这时 $c=8,d=7$；

③$a=3,b=7$，这时 $c=7,d=8$；

④$a=4,b=6$，这时 $c=6,d=9$.

故所求四位数有 2 007，1 116，1 996，2 887，3 778，4 669.

28. 由题设条件知 $m-n=p$（p 是质数），则

$$m=n+p$$

设 $mn=n(n+p)=x^2$，其中，x 是正整数. 那么，$4n^2+4pn=4x^2$，即

$$(2n+p)^2-p^2=(2x)^2$$

于是

$$(2n-2x+p)(2n+2x+p)=p^2$$

注意到 p 为质数，所以

$$\begin{cases}2n-2x+p=1\\2n+2x+p=p^2\end{cases}$$

把两式相加得

$$n=\left(\frac{p-1}{2}\right)^2$$

进而

$$m=\left(\frac{p+1}{2}\right)^2$$

结合 $1\ 000\leqslant m<2\ 006$，可得

$$64\leqslant p+1\leqslant 89$$

于是，质数 p 只能是 67，71，73，79，83. 从而，满足条件的 m 为

1 156，1 296，1 369，1 600，1 764

29. 有 $S_n=\sum_{i=1}^{n}(8i+1)=4n(n+1)+n=4n^2+5n$. 设 $4n^2+5n=m^2$，其中 $m\in\mathbf{N}$，则 $n=\frac{-5+\sqrt{25+16m^2}}{8}$，所以，$25+16m^2=t$，其中 $t\equiv 5(\mathrm{mod}\ 8)$. 于是 $(t-4m)(t+4m)=25$. 因为 $t-4m<t+4m$，所以 $t-4m=1,t+4m=25,t=13,n=1$. 所以当且仅当 $n=1$ 时，S_n 是完全平方数.

另解：因为

$$S_n=4n^2+5n=(2n+1)^2+(n-1)$$

所以

$$S_n\geqslant(2n+1)^2$$

又

$$(2n+2)^2=4n^2+8n+4>S_n$$

由 $(2n+1)^2\leqslant S_n<(2n+2)^2$，知

$$S_n=(2n+1)^2$$

所以 $n-1=0$. 即 $n=1$.

30. 由题设易知 A 的奇数. 因此，A 为一个奇数的

完全平方.设

$$A=(2k+1)^2=4k^2+4k+1=4k(k+1)+1$$

其中 $k\in\mathbf{N}_+$.

因为 k 与 $k+1$ 之一为偶数,所以

$$A=4k(k+1)+1=8p+1\quad(p\in\mathbf{N}_+)\Rightarrow$$

$$A-1=a^n+a^{n-1}+\cdots+a=8p\Rightarrow$$

$$a(a^{n-1}+\cdots+a+1)=8p\Rightarrow$$

$$8\mid a(a^{n-1}+\cdots+a+1)$$

又 $(8,a^{n-1}+\cdots+a+1)=1$,故 $8\mid a$.

31. 当 $n<8$ 时,$2^n+256=2^n(1+2^{8-n})$,若它是完全平方数,则 n 必为偶数.但 $1+2^{8-n}$ 均不是完全平方数.

当 $n>8$ 时,$2^n+256=2^8(2^{n-8}+1)$,若它是完全平方数,则 $2^{n-8}+1$ 为一奇数的平方.设 $2^{n-8}+1=(2k+1)^2$(k 为自然数).则

$$2^{n-10}=k(k+1)$$

由于 k 和 $k+1$ 是一奇一偶,则 $k=1$.进而 $n=11$.

32. 设 $100a+b=m^2$,$201a+b=n^2$.则

$$101a=n^2-m^2=(n-m)(n+m)\quad(m,n<100)$$

所以

$$n-m<100,n+m<200,101\mid(m+n)$$

所以

$$m+n=101$$

代入 $a=n-2m=2n-101$,得

$$201(2n-101)+b=n^2$$

即

$$n^2-402n+20\,301=b\in(9,100)$$

经验证

$$n=59, m=101-n=42$$

从而

$$a=n-m=17, b=n^2-402n+20\,301=64$$

即

$$(a,b)=(17,64)$$

33. 设 $n(n+2\,010)=s^2$. 则

$$(n+1\,005)^2-1\,005^2=s^2 \quad (s\in\mathbf{N})\Rightarrow$$

$$(n+1\,005+s)(n+1\,005-s)=1\,005^2$$

因为 $1\,005^2=5^2\times3^2\times67^2$，所以

$$\begin{cases}n+1\,005+s=\pm\dfrac{1\,005^2}{t}\\ n+1\,005-s=\pm t\end{cases}$$

其中，$t=1,3,5,9,15,25,67,75,201,225,335,1\,005$. 解得

$$n=\frac{(1\,005-t)^2}{2t}, -\frac{(1\,005+t)^2}{2t}$$

其中，t 的取值同上.

34. 设

$$n^2+2\,007n=m^2 \quad (m\in\mathbf{N}_+)$$

故存在正整数 k，满足 $m=n+k$. 因此

$$n^2+2\,007n=(n+k)^2$$

即

$$n=\frac{k^2}{2\,007-2k}$$

故 $2\,007-2k>0$，$k\leqslant1\,003$，且

$$(2\,007-2k)\mid k^2$$

为使 n 取最大值，分子 k^2 应尽可能大，而分母尽可能小. 故当 $k=1\,003$ 时，$n=\dfrac{1\,003^2}{1}=1\,006\,009$ 为其

最大值.

35. 设 $a-b=m$（m 是质数），$ab=n^2$（n 为正整数）. 由

$$(a+b)^2-4ab=(a-b)^2 \Rightarrow (2a-m)^2-4n^2=m^2 \Rightarrow$$

$$(2a-m+2n)(2a-m-2n)=m^2\times 1$$

因为 $2a-m+2n$ 与 $2a-m-2n$ 都是正整数，且 $2a-m+2n>2a-m-2n$（m 为质数），所以

$$2a-m+2n=m^2, 2a-m-2n=1$$

解得 $a=\frac{(m+1)^2}{4}$，$n=\frac{m^2-1}{4}$.

于是

$$b=a-m=\frac{(m-1)^2}{4}$$

又 $a\geqslant 2\ 011$，即 $\frac{(m+1)^2}{4}\geqslant 2\ 011$. 考虑到 m 是质数，解得 $m\geqslant 89$. 此时，$a\geqslant\frac{(89+1)^2}{4}=2\ 025$.

当 $a=2\ 025$ 时

$$m=89, b=1\ 936, n=1\ 980$$

因此，a 的最小值为 2 025.

36. 由于奇数的平方被 4 除余 1，偶数的平方被 5 除余 0，而 1 990 被 4 除余 2.

于是若两数之积与 1 990 之和为完全平方数，则这两数之积被 4 除只能余 2 或余 3.

因此，若存在这样的四个自然数，则至多有一个是偶数. 否则若有两个偶数，则其积与 1 990 之和被 4 除余 2 不可能是平方数.

因而，这四个自然数中至少有三个奇数. 由于奇数被 4 除余 1 或余 3，则必定有两个奇数对模 4 同余. 然

而

$$(4k_1+1)(4k_2+1)=4(4k_1k_2+k_1+k_2)+1$$

$$(4k_1+3)(4k_2+3)=4(4k_1k_2+3k_1+3k_2+2)+1$$

于是，这两个奇数之积与 1 990 之和被 4 除余 3，因而不可能是完全平方数.

由以上，不存在符合题目要求的四个自然数.

37. 不妨设 $x\geqslant y$，由 $y\geqslant 1$ 可得

$$x^2<x^2+y\leqslant x^2+x<(x+1)^2$$

由于 x^2+y 位于两个连续平方数 x^2，$(x+1)^2$ 之间，所以 x^2+y 不可能是完全平方数.

因此，不存在自然数 x,y，使得 x^2+y 和 y^2+x 都是完全平方数.

38. 注意到

$$2^4+2^7=144=12^2$$

令 $144+2^n=m^2$，其中 m 为正整数，则

$$2^n=m^2-144=(m-12)(m+12)$$

上式右边的每个因式必须为 2 的幂，设

$$m+12=2^p \qquad ①$$

$$m-12=2^q \qquad ②$$

其中 $p,q\in\mathbf{N}$，$p+q=n$，$p>q$.

①－②得

$$2^q(q^{p-q}-1)=2^3\times 3$$

因为 $2^{p-q}-1$ 为奇数，2^q 为 2 的幂，所以，等式仅有一个解，即 $q=3$，$p-q=2$. 因此，$p=5$，$q=3$.

故 $n=p+q=8$ 是使所给表达式为完全平方数的唯一正整数.

39. 有

$$4^{27}+4^{1\,000}+4^x=2^{54}+2^{2\,000}+2^{2x}=$$

$$2^{54}(1+2^{1\,946}+2^{2x-54})=$$
$$2^{54}(1+2\times 2^{1\,945}+2^{2x-54})$$

显然，当 $2^{2x-54}=(2^{1\,945})^2$，即

$$2x-54=2\times 1\,945$$
$$x=1\,972$$

时，原式 $=2^{54}(1+2^{1\,945})^2$ 是一个完全平方数.

如果 $x>1\,972$，则

$$2^{2x-54}<1+2\times 2^{1\,945}+2^{2x-54}<(2^{x-27}+1)^2$$

此时已知的数介于两个连续平方数 $(2^{x-27})^2$ 与 $(2^{x-27}+1)^2$ 之间，不可能是一个完全平方数.

于是，使 $4^{27}+4^{1\,000}+4^x$ 是完全平方数的最大整数为 $x=1\,972$.

40. 不一定.

例如，当 $x=111$ 时，就不存在非负整数 $y\leqslant 9$ 和 z，使得 $10^4z+1110+y$ 是一个完全平方数.

若不然，设 $10^4z+1\,110+y=k^2$. 由于奇数的平方除 8 余 1，偶数的平方除 8 余 0 或 4，于是

$$10^4z+1\,110+y\equiv y+6 \pmod 8$$
$$y+6\equiv 0,1,4 \pmod 8 \qquad ①$$

因 y 是完全平方数的末位数，故 y 只能是 0，1，4，5，6，9，而只有 $y=6$ 才满足式①. 此时 k 是偶数. 设 $k=2l$，则

$$4l^2\equiv 1\,116 \pmod{10^4}$$
$$l^2\equiv 279 \pmod{2\,500}$$
$$l^2\equiv 289\equiv 3 \pmod 4$$

这与 $l^2\equiv 0,1 \pmod 4$ 矛盾.

41. (1) 若 n^2 的各位数码之和为 1 983. 由于 1 983 能被 3 整除，则 n^2 也能被 3 整除，从而 n 也能被 3 整

除，进而 n^2 能被 9 整除，于是 n^2 的各位数码之和能被 9 整除，于是 1 983 能被 9 整除，然而 1 983 不能被 9 整除，出现矛盾，所以没有各位数码之和为 1 983 的完全平方数.

(2)各位数码之和为 1 984 的完全平方数是存在的.

例如 $n=\underbrace{99\cdots9}_{219个}7=10^{220}-3$，则

$$n^2=10^{440}-6\times10^{220}+9=1\underbrace{00\cdots0}_{440个}-6\times1\underbrace{00\cdots0}_{220个}+9=$$

$$\underbrace{99\cdots9}_{219个}4\underbrace{0\cdots0}_{219个}9$$

于是，n^2 的各位数码之和为

$$219\times9+4+219\times0+9=1\,984$$

42. 存在.

设 10 个不同的正整数 $x_1,x_2,\cdots,x_{10}$，记 $S=\sum\limits_{i=1}^{10}x_i$. 若所求的 $x_i(i=1,2,\cdots,10)$满足题目要求，则

$$S-x_1=n_1^2$$
$$S-x_2=n_2^2$$
$$\vdots$$
$$S-x_{10}=n_{10}^2$$

于是

$$10S-(x_1+x_2+\cdots+x_{10})=n_1^2+n_2^2+\cdots+n_{10}^2$$
$$9S=n_1^2+n_2^2+\cdots+n_{10}^2$$

因此，若 $n_k=3k$，则

$$n_k^2=9k^2\quad(k=1,2,\cdots,10)$$

于是

$$S=1^2+2^2+\cdots+10^2$$

于是 $x_i=S-n_i^2,i=1,2,\cdots,10$ 即为所求.

如上所述,$x_1,x_2,\cdots,x_{10}$ 依次为

376,349,304,241,160,61,−56,−291,−344,−515

43. 若 2 000 位的整数,各位数字全是 5,则此数不是完全平方数.若 2 000 位的整数有 1 999 位的数字是 5,且有一个数字不是 5,设这个 2 000 位整数为 n.

(1)若非 5 的数字不是个位数字,则存在一个奇数 $k=2t+1$,于是

$$n=(5k)^2=[5(2t+1)]^2=(10t+5)^2=100t(t+1)+25$$

于是,非 5 的数字一定是 2,且 2 是十位数字,此时百位及百位以上的 1 998 位数是 $t(t+1)$,这是一个偶数,与 1 998 个 5 相矛盾.

(2)若非 5 的数字是个位数字,则这个数字一定是 0,1,4,9,6 中的一个,若为

$$\underbrace{55\cdots50}_{1\,999\text{个}}\quad 或\quad \underbrace{55\cdots54}_{1\,999\text{个}}$$

则该数为 $4m+2$ 型,它不是完全平方数,若为

$$\underbrace{55\cdots56}_{1\,999\text{个}}$$

则该数为 $3m+2$ 型,它不是完全平方数.

综合以上,不存在满足题设条件的整数.

44. 若存在非负整数 $a,b,a<b$,使得

(1)$(2a+1)^2+4mn=(2b+1)^2$;

(2)$(2a+1)^2<4mn$;

则可将 $\{1,2,3,\cdots,4mn\}$ 做如下分拆:

$\{1,(2a+1)^2-1\},\{2,(2a+1)^2-2\},\cdots,\{2a^2+2a,2a^2+2a+1\},\{(2a+1)^2,4mn\},\{(2a+1)^2+1,4mn-1\},\cdots,\{2a^2+2a+2mn,2a^2+2a+1+2mn\}$,且

满足已知条件.

由(1)得 $mn=(b-c)(b+a+1)$. 因为 $m<n$,设 $m=b-a,n=b+a+1$,于是,有

$$a=\frac{n-m-1}{2},b=\frac{m+n-1}{2}$$

由于 m,n 奇偶不同,所以,a,b 是非负整数. 由(2)得 $(m-n)^2<4mn$,即$\frac{n}{m}<3+2\sqrt{2}$.

由已知条件 $n<5m$ 知结论成立.

45. 记$\frac{x^{2^n}-1}{x^{2^m}-1}=A^2$,这里 $A\in\mathbf{N}$,则

$$A^2=\prod_{i=m}^{n-1}(x^{2^i}+1)$$

注意到对 $i\neq j$,$(x^{2^i}+1,x^{2^j}+1)=\begin{cases}1,2\mid x\\2,2\nmid x\end{cases}$.

情形 1:$2\mid x$,可知 $\forall\, m\leqslant i\leqslant n-1$,数 $x^{2^i}+1$ 都是完全平方数,于是,只能是 $x=0$;

情形 2:$2\nmid x$,则

$$2^{n-m}\prod_{i-m}^{n-1}\left(\frac{x^{2^i}+1}{2}\right)$$

而$\left(\frac{x^{2^i}+1}{2},\frac{x^{2^j}+1}{2}\right)=1$,故必须 $2\mid(n-m)$,矛盾.

综上可知,所求的整数 x 只有一个,即 $x=0$.

46. 解法 1:设 $2\,007+4^n=k^2$,则

$$k^2-4^n=2\,007$$

$$(k^2-2^n)(k^2+2^n)=2\,007=1\times3\times3\times223$$

又 $k-2^n<k+2^n$,则有

$$\begin{cases}k-2^n=1\\k+2^n=2\,007\end{cases}\quad ①$$

$$\begin{cases} k-2^n=3 \\ k+2^n=669 \end{cases} \quad ②$$

$$\begin{cases} k-2^n=9 \\ k+2^n=223 \end{cases} \quad ③$$

由方程组①得 $2^n=1\ 003$，矛盾；由方程组②得 $2^n=333$，矛盾；由方程组③得 $2^n=107$，矛盾.

因此，不存在正整数 n，使得 $2\ 007+4^n$ 为平方数.

解法 2：设 $2\ 007+4^n=k^2$，由

$$k^2\equiv 0,1 \pmod 4$$

$$2\ 007+4^n\equiv 3 \pmod 4$$

则 $2\ 007+4^n=k^2$ 不成立，因此不存在正整数 n，使得 $2\ 007+4^n$ 为平方数.

47. 首先证明：x 是正整数. 由已知，设

$$4x^5-7=m^2, 4x^{13}-7=n^2 \quad (m,n\in \mathbf{N}_+)$$

则

$$x^5=\frac{m^2+7}{4}, x^{13}=\frac{n^2+7}{4}$$

显然，$x=0$ 不是解. 故

$$x=\frac{x^{40}}{x^{39}}>\frac{\left(\frac{m^2+7}{4}\right)^8}{\left(\frac{n^2+7}{4}\right)^3}\in \mathbf{Q}$$

设 $x=\frac{p}{q}((p,q)=1)$. 则

$$4\times\frac{p^5}{q^5}=m^2+7\in \mathbf{N}_+$$

必有 $q=1$. 所以，$x\in \mathbf{Z}$. 又 $4x^5=m^2+7\geqslant 7$，则 $x\geqslant 2$，且 x 为正整数. 当 $x=2$ 时

$$4x^5-7=11^2, 4x^{13}-7=181^2$$

满足条件. 当 $x\geqslant 3$ 时

$$(mn)^2=(4x^5-7)(4x^{13}-7)= \quad ①$$

$$(4x^9)^2-7\times4x^{13}-7\times4x^4+49<$$

$$(4x^9)^2-7\times4x^{13}+\frac{49}{4}x^8=$$

$$\left(4x^9-\frac{7}{2}x^4\right)^2$$

再验证

$$(mn)^2=(4x^5-7)(4x^{13}-7)>\left(4x^9-\frac{7}{2}x^4-1\right)^2$$

即

$$8x^9-\frac{49}{4}x^8-28x^5-7x^4+48>0$$

事实上

$$8x^9-\frac{49}{4}x^8-28x^5-7x^4+48>$$

$$24x^8-13^8-28x^5-7x^4+48\geqslant$$

$$99x^6-28x^5-7x^4+48>0$$

故

$$\left(4x^9-\frac{7}{2}x^4-1\right)^2<(mn)^2<\left(4x^9-\frac{7}{2}x^4\right)^2$$

即

$$4x^9-\frac{7}{2}x^4-1<mn<4x^9-\frac{7}{2}x^4$$

因此，只有当 x 为奇数时，才可能有解

$$mn=4x^9-\frac{7}{2}x^4-\frac{1}{2}$$

代入式①有

$$\left(4x^9-\frac{7}{2}x^4-\frac{1}{2}\right)^2=(4x^{13}-7)(4x^5-7)$$

即

$$4x^9-\frac{49}{4}x^8-28x^5-\frac{7}{2}x^4+49-\frac{1}{4}=0$$

两边同乘以 4 并模 16 得

$$-x^8+2x^4+3\equiv 0 \pmod{16}$$

即

$$(x^4+1)(x^4-3)\equiv 0 \pmod{16}$$

这与 $x^4\equiv 1 \pmod 8$ 矛盾. 故当 $x\geqslant 3$ 时无解. 综上,只有 $x=2$ 满足题意.

48. 设 $2^{n-1}n+1=m^2(m\in\mathbf{N}_+)$. 则

$$2^{n-1}n=(m+1)(m-1)$$

而当 $n=1,2,3,4$ 时, $2^{n-1}n+1$ 均不是完全平方数. 故 $n\geqslant 5$, $16\mid(m+1)(m-1)$. 而 $m+1$, $m-1$ 奇偶性相同,故 $m+1$, $m-1$ 都是偶数, m 是奇数.

设 $m=2k-1(k\in\mathbf{N}_+)$. 则

$$2^{n-1}n=2k(2k-2)$$

从而

$$2^{n-3}n=k(k-1)$$

而 k 与 $k-1$ 具有不同的奇偶性,故 2^{n-3} 只能是其中之一的约数.

又 $2^{n-3}n=k(k-1)\neq 0$,因此

$$2^{n-3}\leqslant k$$

进而

$$n\geqslant k-1$$

故

$$2^{n-3}\leqslant k\leqslant n+1$$

由函数性质或数学归纳法知,当 $n\geqslant 6$ 时, $2^{n-3}>n+1$. 因此, $n\leqslant 5$. 而 $n\geqslant 5$,故 $n=5$. 此时, $2^{n-1}n+1=81$ 是完全平方数,满足要求.

综上所求的所有正整数 $n=5$.

49. 设

$$x^2=p^3-4p+9\quad(x\in\mathbf{N}_+)$$

因为 $x^2\equiv 9(\bmod p)$，所以

$$x=kp\pm 3\quad(k\text{ 为整数})$$

故

$$(kp\pm 3)^2=p^3-4p+9\Rightarrow k^2p\pm 6k=p^2-4$$

因此

$$p\mid(6k\pm 4)$$

当 $p\neq 2$ 时

$$p\mid(3k\pm 2)\Rightarrow p\leqslant 3k+2\Rightarrow\frac{p-2}{3}\leqslant k\Rightarrow$$

$$\frac{p^2-2p-9}{3}\leqslant pk-3\leqslant x$$

当 $x\leqslant\frac{p^2}{4}$ 时

$$\frac{p^2-2p-9}{3}\leqslant\frac{p^2}{4}\Rightarrow p\leqslant 8+\frac{36}{p}\Rightarrow p\leqslant 11$$

当 $x>\frac{p^2}{4}$ 时

$$x^2=p^3-4p+9\Rightarrow\frac{p^4}{16}<p^3-4p+9\Rightarrow$$

$$p<16-\frac{16(4p-9)}{p^3}\Rightarrow p\leqslant 13$$

因为 $p\leqslant 13$，所以

$$(9,x)=(2,3),(7,18),(11,36)$$

50. 设 $5^p+4p^4=q^2$. 则

$$5^p=(q-2p^2)(q+2p^2)$$

故

$$q-2p^2=5^s$$

$$q+2p^2=5^t \quad (0\leqslant s<t,s+t=p)$$

消去 q 知 $4p^2=5^s(5^{t-s}-1)$. 若 $s>0$,则 $5\mid 4p^2$. 因此,$p=5$. 此时,所给表达式确实为完全平方.

若 $s=0$,则 $t=p$,且有 $5^p=4p^2+1$,只要证明:对于任意的 $k(k\geqslant 2)$,$5^k>4k^2+1$.

利用数学归纳法. 当 $k=2$ 时,结论显然成立. 假设对 $k\geqslant 2$ 时,命题成立. 则

$$\frac{4(k+1)^2+1}{4k^2+1}=\frac{4k^2+1}{4k^2+1}+\frac{8k}{4k^2+1}+\frac{4}{4k^2+1}<$$

$$1+1+1<5$$

故

$$5^{k+1}=5\times 5^k>5(4k^2+1)>4(k+1)^2+1$$

因此,命题对 $k\geqslant 2$ 均成立.

51. 由于对任何自然数 n,$S_{n,p}$ 都是一个完全平方数,特别地取 $n=2$,$S_{2,p}$ 也是一个完全平方数. 即存在自然数 x,满足下式

$$x^2=1+2^p \quad (x>1)$$

所以

$$x^2-1=2^p$$

$$(x-1)(x+1)=2^p$$

于是

$$\begin{cases}x-1=2^s\\x+1=2^t\end{cases}$$

整数 s,t 满足

$$0\leqslant s<t,s+t=p$$

因此有

$$\frac{x+1}{x-1}=2^{t-s}\geqslant 2$$

所以

$$x+1\geqslant 2x-2$$

于是

$$1<x\leqslant 3$$

当 $x=2$ 时

$$1+2^p=4$$

此时无解.

当 $x=3$ 时

$$1+2^p=9$$

$$p=3$$

又因为

$$S_{n,3}=1^3+2^3+\cdots+n^3=\left[\frac{n(n+1)}{2}\right]^2$$

为一个完全平方数.

所以,只有唯一的自然数 $p=3$,使对于任何自然数 n,$S_{n,p}$ 是完全平方数.

52.设 $n\times 2^{n-1}+1=m^2$,即

$$n\times 2^{n-1}=(m+1)(m-1) \qquad ①$$

显见 $n=1,n=2,n=3$ 不满足问题的条件.

设 $n>3$,则式①左边的值是偶数,因此,m 一定是奇数.记 $m=2k+1$.于是,有

$$n\times 2^{n-3}=k(k+1)$$

因为连续的整数 k 和 $k+1$ 互质,所以,2^{n-3} 恰好被 k 和$k+1$其中之一整除,这意味着

$$2^{n-3}\leqslant k+1$$

由此得出

$$n\geqslant k,2^{n-3}\leqslant n+1$$

后一不等式对 $n=4$ 和 $n=5$ 成立.

用数学归纳法可简便地证明,对于 $n\geqslant 6$

$$2^{n-3}>n+1$$

成立.

检验知，$4\times 2^3+1=33$ 不是完全平方数，$5\times 2^4+1=81$ 是完全平方数.

53. 若 $q=r$，则 $p^q+p^r=2p^q$. 所以，$p=2$，q 为奇质数. 故 $(2,q,q)$ 为满足条件的三元质数组，其中质数 $q\geqslant 3$.

若 $q\neq r$，不失一般性，设 $q<r$，则

$$p^q+p^r=p^q(1+p^s)$$

其中 $s=r-q\geqslant 1$.

由于 p^q 和 $1+p^s$ 的最大公因数为 1，所以，p^q 和 $1+p^s$ 均为完全平方数，故 $q=2$.

由于 $1+p^s$ 为完全平方数，设 $1+p^s=u^2$，即

$$p^s=u^2-1=(u+1)(u-1)$$

因为 $u+1$ 与 $u-1$ 的最大公因数为 1 或 2，故当最大公因数为 2 时，u 为奇数，p 为偶数，即 $p=2$，且 $u-1$和 $u+1$ 均为 2 的幂，于是 $u=3$. 从而 $1+2^s=3^2$，所以

$$s=3,r=q+s=2+3=5$$

故满足条件的三元质数组为

$$(2,2,5)和(2,5,2)$$

当 $u+1$ 和 $u-1$ 的最大公因数为 1 时，u 为偶数，$u-1$ 必须为 1，否则 $u-1$ 和 $u+1$ 可表示为不同奇质数的乘积，所以，不可能是一个质数的整数次幂. 于是

$$u=2,p^s=(u-1)(u+1)=3,p=3,s=1$$

$$r=q+s=3$$

故满足条件的三元质数组为

$$(3,2,3)和(3,3,2)$$

综上所述,原命题的解为

$$(2,2,5),(2,5,2),(3,2,3),(3,3,2),(2,q,q)$$

其中质数 $p\geqslant 3$.

54.注意到

$$(x+1)^2-x^2=2x+1\leqslant 50\Rightarrow x\leqslant 24\quad (x\in \mathbf{N})$$

而$(24+1)^2=625\in S_{12}$,于是,$S_0,S_1,\cdots,S_{12}$中含有的平方数都不超过 25^2,且每个集合都是由连续 50 个非负整数组成的.故每个集合至少含有 1 个平方数.

在集合 $S_{13},S_{14},\cdots,S_{599}$中,若含有平方数,则都不小于 26^2.

而当 $s\geqslant 26$ 时,$2x+1\geqslant 53$,从而,$S_{13},S_{14},\cdots,S_{599}$中,每个集合至多含有 1 个平方数.

另一方面,S_{599}中最大数是

$$600\times 50-1=29\ 999$$

而 $173^2<29\ 999<174^2$,故 $S_{13},S_{14},\cdots,S_{599}$中含有的平方数不超过 173^2.

因此,$S_{13},S_{14},\cdots,S_{599}$中有且仅有 $173-25=148$ 个集合含有平方数.

综上,$S_0,S_1,\cdots,S_{599}$中,有

$$600-13-148=439$$

个集合不含有平方数.

55.假设存在正整数 m,n,使得 $m^{20}+11^n=k^2$,其中 $k\in \mathbf{N}_+$.则

$$11^n=k^2-m^{20}=(k-m^{10})(k+m^{10}).$$

故存在整数 $\alpha,\beta\geqslant 0$ 使得

$$\begin{cases}k-m^{10}=11^{\alpha} & ①\\ k+m^{10}=11^{\beta} & ②\end{cases}$$

比较①,②,得 $\alpha<\beta$. ②－①,得

$$2m^{10}=11^{\alpha}(11^{\beta-\alpha}-1)$$

设 $m=11^{\gamma}m_1$,其中 $\gamma,m_1\in\mathbf{N}_+$,$11\nmid m_1$,则

$$11^{10\gamma}\cdot 2m_1^{10}=11^{\alpha}(11^{\beta-\alpha}-1)$$

因为 $11\nmid 2m_1^{10}$,$11\nmid 11^{\beta-\alpha}-1$,故 $10\gamma=\alpha$,从而

$$2m_1^{10}=11^{\beta-\alpha-1}$$

由费马小定理,$m_1^{10}\equiv 1\pmod{11}$,故 $2m_1^{10}\equiv 2\pmod{11}$,但 $11^{\beta-\alpha}-1\equiv 10\pmod{11}$,矛盾.

故不存在正整数 m,n,使得 $m^{20}+11^n$ 为完全平方数.

56. 设 $1^2=1\in S_0$.

若 S_i 不含完全平方数,则存在整数 a,使得

$$a^2\in S_j(j<i),(a+1)^2\in S_k\quad(k>i)$$

故

$$(a+1)^2-a^2>100\Rightarrow a\geqslant 50$$

但是,$50^2=2\ 500\in S_{25}$,故集合 $S_0,S_1,\cdots,S_{25}$ 各至少包含一个完全平方数.

当 $i>25$ 时,若 S_i 都包含完全平方数,则仅包含一个. 在所给的集合中最大数为 99 999,且 $316^2<99\ 999<317^2$. 故在 $S_{26},S_{27},\cdots,S_{999}$ 这 974 个集合中,共有 $316-50=266$ 个完全平方数.

因此,共有 $974-266=708$ 个集合不包含完全平方数.

57. 注意到,S_n 为 2^{n-1} 个偶数 $2,4,\cdots,2^n$ 所含 2 的最高次幂的和. 含 2^{n-2} 个 2,2^{n-3} 个 4,$\cdots$,2^0 个 2^{n-1} 及 2^n.

故

$S_n=2\times 2^{n-2}+2^2\times 2^{n-3}+\cdots+2^{n-1}\times 2^0+2^n=$

$2^{n-1}(n+1)$

要使 $S_n=2^{n-1}(n+1)$ 是一个完全平方数，n 必为奇数. 否则，S_n 所含的 2 的次数为奇数，矛盾.

因为 n 是奇数，所以，$n+1$ 为完全平方数，且由于 $n+1$ 为偶数，则 $n+1$ 为一个偶数的平方.

因此，小于 1 000 的最大正整数 n 为一个偶数的平方减 1，即

$$30^2-1=899$$

58. 除了 11 之外都是"好数".

(1)易知 11 只能与 5 相加得到 4^2，而 4 也只能与 5 相加得到 3^2，因此，不存在满足条件的排列，所以 11 不是"好数".

(2)13 是"好数"，因为如下的排列中，$k+a_k(k=1,2,\cdots,13)$都是完全平方数：

k:	1	2	3	4	5	6	7	8	9	10	11	12	13
a_k:	8	2	13	12	11	10	9	1	7	6	5	4	3

(3)15 是"好数"，因为如下的排列中，$k+a_k(k=1,2,\cdots,15)$都是完全平方数：

k:	1	2	3	4	5	6	7	8	9	10	11	12	13	14	15
a_k:	15	14	13	12	11	10	9	8	7	6	5	4	3	2	1

(4)17 是"好数"，因为如下的排列中，$k+a_k(k=1,2,\cdots,17)$都是完全平方数：

k:	1	2	3	4	5	6	7	8	9	10	11	12	13	14	15	16	17
a_k:	3	7	6	5	4	10	2	17	16	15	14	13	12	11	1	9	8

其中用到了轮换(1,3,6,10,15).

(5)19 是"好数"，因为如下的排列中，$k+a_k(k=1,2,\cdots,19)$都是完全平方数：

k:	1	2	3	4	5	6	7	8	9	10	11	12	13	14	15	16	17	18	19
a_k:	8	7	6	5	4	3	2	1	16	15	14	13	12	11	10	9	19	18	17

59. 令 $n=A-[\sqrt{A}]$,我们来证明$[n+\sqrt{n}+\frac{1}{2}]=A$. 记$[\sqrt{A}]=x$,则有 $x^2<A<(x+1)^2$,即 $x^2+1\leqslant A\leqslant x^2+2x$,这等价于 $x^2-x+1\leqslant A-x=n\leqslant x^2+x$,于是就有

$$\sqrt{x^2-x+1}+\frac{1}{2}\leqslant\sqrt{n}+\frac{1}{2}\leqslant\sqrt{x^2+x}+\frac{1}{2}$$

故有

$$x\leqslant\sqrt{x^2-x+1}+\frac{1}{2}\leqslant\sqrt{n}+\frac{1}{2}\leqslant\sqrt{x^2+x}+\frac{1}{2}<x+1$$

这表明$[\sqrt{n}+\frac{1}{2}]=x$,也就是

$$[n+\sqrt{n}+\frac{1}{2}]=n+x=A$$

60. 令 $p=210n+r$,则 $0<r<210$.

如果 $p=2,3,5$ 或 7,那么,$r=2,3,5$ 或 7,与 r 是质数矛盾. 故 $p>7$.

令 q 是整除 r 的最小质数,即 $r=qm$,$q\leqslant m$,可得 $210>r=qm\geqslant q^2$,所以,$q\leqslant13$.

另一方面,r 不能被 2,3,5,7 整除,否则 p 就能被同样的数整除,但 p 是质数,所以 $q>7$,故有 $q=11$ 或 $q=13$. 这时 $r=a^2+b^2$,a,b 为正整数.

如果 $q=11$,那么,a^2+b^2 能被 11 整除. 写出所有被 11 除的完全平方数的余数:0,1,4,9,5,3,可得到两个完全平方数的余数之和能被 11 整除,必须有 a 和 b 都能被 11 整除,即 a^2 和 b^2 能被 121 整除. 于是,$r=a^2+b^2\geqslant121+121\geqslant242>210$. 矛盾. 所以,$q=13$,$m<\frac{121}{q}<17$,即 $m\leqslant16$. 由于 m 的最小质因数不小于 13,故 $m=13$.

从而，$r=mq=13^2=169$，且满足 $169=12^2+5^2$.

61. 设 $A=\overline{a_1a_2\cdots a_{16}}$，其中 $0\leqslant a_1,a_2,\cdots,a_{16}\leqslant 9$，$a_1\neq 0$.

由题设，若 $a_i=0,1,4,9$，则问题已得证.

今设 A 中的数码只含有 2,3,5,6,7,8. 这时，A 的连续若干位数码之积是形如

$$2^p3^q5^r7^s$$

的数

为简化起见，对于 p,q,r,s，我们以 1 表示其中的奇数，以 0 表示其中的偶数，于是问题变为：证明存在四元有序数组 (p,q,r,s) 为 $(0,0,0,0)$ 的情形.

首先，有序数组 (p,q,r,s) 仅有 $2^4=16$ 种不同的情形. 再考察以下 16 个乘积.

$$a_1,a_1a_2,a_1a_2a_3,\cdots,a_1a_2a_3\cdots a_{16}.$$

(1)若其中有一个积是 $(0,0,0,0)$ 型，那么问题得证.

(2)若其中没有一个积是 $(0,0,0,0)$ 型，那么根据抽屉原理，必有两个积对应的四元有序数组 (p,q,r,s) 的奇偶性相同，设这两个积为

$$a_1a_2\cdots a_i \text{ 及 } a_1a_2\cdots a_j$$

其中 $1\leqslant i<j\leqslant 16$.

则这两个积的商

$$\overline{a_{i+1}a_{i+2}\cdots a_j}$$

对应四元数组 $(0,0,0,0)$. 则 $\overline{a_{i+1}a_{i+2}\cdots a_j}$ 为完全平方数.

62. 对每个质数 p，设

$$f(p)=\frac{2^{p-1}-1}{p}$$

下面证明：当 $p>7$ 时，$f(p)$不是完全平方数.

假设存在质数 $p>7$ 满足

$$2^{p-1}-1=pm^2(m\ 为整数)$$

则 m 必为奇数.

分两种情况进行讨论.

(1) $p=4k+1(k>1)$. 则

$$2^{4k}-1=(4k+1)m^2\equiv 1 \pmod 4$$

但 $2^{4k}-1\equiv 3 \pmod 4$，矛盾.

(2) $p=4k+3(k>1)$. 则

$$2^{4k+2}-1=(2^{2k+1}-1)(2^{2k+1}+1)=pm^2$$

考虑到$(2^{2k+1}-1,2^{2k+1}+1)=1$，再分两种情况讨论.

(i)设 $2^{2k+1}-1=u^2$，$2^{2k+1}+1=pv^2$.

由于 $k>1$，则

$$2^{2k+1}+1\equiv 1 \pmod 4$$

但 $pv^2\equiv 3\times 1\equiv 3 \pmod 4$，矛盾.

(ii)设 $2^{2k+1}-1=pu^2$，$2^{2k+1}+1=v^2$. 则

$$2^{2k+1}=v^2-1=(v-1)(v+1)$$

因此，$v-1=2^s$，$v+1=2^t(s<t)$

注意到 $2^{t-s}=\dfrac{v+1}{v-1}=1+\dfrac{2}{v-1}$，则

$$(v-1)\mid 2$$

故 $v=2$ 或 $v=3$.

当 $v=2$ 时，$2^{2k+1}+1=4$，矛盾；当 $v=3$ 时，$2^{2k+1}=8$，$k=1$，与 $k>1$ 的假设矛盾. 综上，当 $p>7$ 时，$f(p)$不是完全平方数.

再用枚举法对 $p=2,3,5,7$ 的情况进行验证，知 $p=3$和$p=7$时满足题意.

63. 设

$$F_{20}(n)+2\ 009=x^2 \quad (n,x\in \mathbf{N})$$

(1)当 $n\geqslant 41$ 时,$F_{20}(n)$是

$$n(n-20)(n-40)$$

的倍数,且

$$n(n-20)(n-40)\equiv n(n+1)(n+2)\equiv 0 \pmod 3$$

所以,$F_{20}(n)$也是 3 的倍数.

故

$$2\equiv F_{20}(n)+2\ 009\equiv x^2 \pmod 3$$

易知一个数的平方除以 3 的余数不可能为 2.因此,当 $n\geqslant 41$ 时,$F_{20}(n)+2\ 009=x^2$ 无解.

(2)当 $21\leqslant n\leqslant 40$ 时,有

$$n(n-20)+2\ 009=F_{20}(n)+2\ 009=x^2$$

即

$$2\ 009=x^2-n^2+20n$$

配方并整理得

$$23\times 83=1\ 909=x^2-(n-10)^2=(x-n+10)(x+n-10)$$

因

$$x+n-10\geqslant x-n+10>\sqrt{2\ 009}-n+10\geqslant 44-40+10=14$$

所以,$\begin{cases}x+n-10=83\\x-n+10=23\end{cases}\Rightarrow\begin{cases}x=53\\n=40\end{cases}$.

(3)当 $1\leqslant n\leqslant 20$ 时,有 $F_{20}(n)=n$.

由

$$44^2=1\ 936\leqslant 2\ 009\leqslant x^2=2\ 009+n\leqslant 2\ 029<2\ 116=46^2$$

得 $x=45,n=16$.

(4)当 $n=0$ 时,$F_{20}(0)+2\ 009=2\ 010$,不是平方数.

综上,满足题意的解为 $n=16$ 和 $n=40$.

64. 结论是肯定的.

下面构造满足题设条件的 $1,2,\cdots,2\,005$ 的一个排列.

因为 $45^2=2\,025$,$2\,025-2\,005=20$,所以,当 $20\leqslant n\leqslant 2\,005$ 时,取 $a_n=2\,025-n$,有

$$f(n)=n+a_n=2\,025=45^2$$

满足题设条件.

下面再考虑构造 $1,2,\cdots,19$ 的一个排列 $a_1,a_2,\cdots,a_{19}$,使它们满足

$$f(n)=n+a_n(1\leqslant n\leqslant 19)$$

都是完全平方数.

因为 $5^2-19=25-19=6$,所以,当 $6\leqslant n\leqslant 19$ 时,取 $a_n=25-n$,有

$$f(n)=n+a_n=25=5^2$$

满足题设条件.

下面再考虑 $1,2,3,4,5$ 的一个排列 a_1,a_2,a_3,a_4,a_5,使之满足

$$f(n)=n+a_n$$

都是完全平方数.

易见,当 $a_1=3,a_2=2,a_3=1,a_4=5,a_5=4$ 时,满足题设条件.

综上可知,$a_1=3,a_2=2,a_3=1,a_4=5,a_5=4$

$$\begin{cases}a_n=25-n, & 6\leqslant n\leqslant 19\\ a_n=2\,025-n, & 20\leqslant n\leqslant 2\,005\end{cases}$$

是满足题设条件的一个排列.

当然,满足题设条件的排列不止一个.

习题 7 答案

1.(48,32),(160,32).

因为 208 是 4 的倍数,偶数的平方被 4 除余 0,奇数的平方被 4 除余 1,所以,x,y 都是偶数.

设 $x=2a$,$y=2b$. 则

$$a^2+b^2=104(a-b)$$

同上可知,a,b 都是偶数.

设 $a=2c$,$b=2d$. 则

$$c^2+d^2=52(c-d)$$

所以,c、d 都是偶数.

设 $c=2s$,$d=2t$. 则

$$s^2+t^2=26(s-t)$$

于是,$(s-13)^2+(t+13)^2=2\times13^2$,其中,$s$,$t$ 都是偶数. 所以

$(s-13)^2=2\times13^2-(t+13)^2\leqslant2\times13^2-15^2<11^2$

由此,$|s-13|$ 可能为 1,3,5,7,9,进而,$(t+13)^2$ 为 337,329,313,289,257,故只能是 $(t+13)^2=289$. 因此,$|s-13|=7$.

于是

$$(s,t)=(6,4),(20,4)$$

所以

$$(x,y)=(48,32),(160,32)$$

2. 任何整数被 8 除的余数只能是 0,±1,±2,±3,±4,平方后余数只能是 0,1,4. 形如 $8k$,$8k+1$,$8k+4$ 的任二数相加之后不可能是 $8c+6$ 的形式.

3. 由于 $x^2=3y^2+3\times665+2$，而 $3k+2$ 型的数不是平方数，所以 $x^2-3y^2=1\,997$ 没有整数解.

4. $m=993$，$n=994$.

5. 没有.

6. $m=496$，$n=498$；$m=64$，$n=78$.

7. A.

假设存在整数 x,y 满足方程①.

若 $7\mid(2x+9y)$，由方程①知 $7\mid(4x-y)$，此时，方程①左边能被 $7^{2\,006}$ 整除，但方程①右边只能被 7^{777} 整除. 所以，$7\nmid(2x+9y)$，$7\nmid(4x-y)$.

对 $\forall a\in\mathbf{Z}$

$$7\mid[(a-3)(a-2)(a-1)a(a+1)(a+2)(a+3)]\Rightarrow$$
$$7\mid(a^7-a)=a(a^6-1)$$

所以

$$7\mid[(2x+9y)^6-1],7\mid[(4x-y)^6-1]$$

从而

$$7\mid\{(2x+9y)^2[(2x+9y)^{6\times334}-1]\}$$
$$7\mid\{(4x-y)^2[(4x-y)^{6\times334}-1]\}$$

由式①知

$$7\mid[(2x+9y)^2+(4x-y)^2]\Rightarrow7\mid(x^2+2y^2)$$

易知，任意完全平方数被 7 除余数为 0，1，2，4.

经检验，只有当 $7\mid x$，$7\mid y$ 时，$7\mid(x^2+2y^2)$. 但此时，$7\mid(2x+9y)$，$7\mid(4x-y)$，矛盾.

所以，不存在整数 x,y 满足方程①.

8. (1) $(x,y)=(43,1)$ 满足方程 $x^2+4xy+y^2=2\,022$.

(2) 答案是否定的. 若存在整数 x,y，满足 $x^2+4xy+y^2=2\,011$，则

$$(x+y)^2+2xy=2\,011 \qquad ①$$

从而$(x+y)^2$是奇数，进而$x+y$是奇数，于是x,y为一偶一奇，故$4|2xy$.由于奇数的平方除以4余1，于是式①的左边除以4余1，而右边除以4余3，矛盾.所以不存在整数x,y满足$x^2+4xy+y^2=2011$.

9.设$m\in\mathbf{N}_+$，使得

$$n^4-4n^3+22n^2-36n+18=m^2$$

配方后得

$$(n^2-2n+9)^2-63=m^2 \qquad ①$$

于是

$$63=(n^2-2n+9)^2-m^2=$$
$$(n^2-2n+9-m)(n^2-2n+9+m)$$

注意到，$n^2-2n+9+m=(n-1)^2+m+8\in\mathbf{N}_+$，所以，必有

$$\begin{cases}n^2-2n+9-m=1,3,7\\n^2-2n+9+m=63,21,9\end{cases}$$

而$n^2-2n+9=32,12$或8，分别求解得n只能为1或3(对应的$m=1,9$).

注：在得到式①后，还可用不等式估计来处理.

10.令$m=n-6(m\geqslant-5)$，那么$n^3-18n^2+115n-391=(n-6)^2+7(n-6)-133=m^3+7m-133$，易得$(m^3+7m-133)-(m+1)^3=-(3m^2-2m+134)<0$，$(m^3+7m-133)-(m-1)^3=3m^2+4m-132$.由于当$m\leqslant-8$或$m\geqslant7$时，$3m^2+6m-132>0$，所以此时只能有$m^3+7m-133=m^3\Rightarrow m=19$.当$-5\leqslant m\leqslant6$时，经验证$m=5,6$时，$m^3+7m-133$是立方数.因此原问题的解为$n=11,12,25$.

11.设x和y是满足方程的一组整数解.

对已知方程连续平方和移项,可得

$$\sqrt{x+\sqrt{x}}=m$$

其中 m 是整数.

此时又有

$$\sqrt{x}=m^2-x$$

因此$\sqrt{x}$也是整数,设$\sqrt{x}=k,k\geqslant 0$. 则有

$$m^2=k^2+k$$

如果 $k>0$,则有

$$k^2<m^2=k^2+k<(k+1)^2 \qquad ①$$

因为在两个连续平方数 $k^2,(k+1)^2$ 之间不可能再有完全平方数,所以 $k>0$ 时,式①不可能成立,即 m 不是整数. 于是 $k=0$,此时 $x=y=0$.

这是满足已知方程的唯一一组整数解.

12. 注意到

$$(a+b+c)[(a-b)^2+(b-c)^2+(c-a)^2]=2\times 2\,011$$

因为$(a-b)^2+(b-c)^2+(c-a)^2$ 总为偶数,所以

$$\begin{cases}a+b+c=1\\(a-b)^2+(b-c)^2+(c-a)^2=4\,022\end{cases}$$

或

$$\begin{cases}a+b+c=2\,011\\(a-b)^2+(b-c)^2+(c-a)^2=2\end{cases}$$

对于第一个方程组,设 $x=a-b,y=b-c$. 则

$$x^2+y^2+(x+y)^2=4\,022\Rightarrow x^2+y^2+xy=2\,011\Rightarrow$$
$$(2x+y)^2=8\,044-3y^2$$

又

$$y^2\leqslant 2\,011\Rightarrow 0\leqslant y\leqslant 44$$

经检验，只有 $y=19,39$ 时，$8\,044-3y^2$ 为完全平方数。故

$$(x,y)=(10,39),(39,10)$$

从而

$$(a,b,c)=(20,10,-29)$$

对于第二个方程组，$a-b,b-c,a-c$ 中有两个 1，一个 0. 当 $a=b=c+1$ 时

$$2(c+1)+c=2\,011$$

无解；当 $a-1=b=c$ 时

$$a+2(a-1)=2\,011\Rightarrow a=671$$

进而，$b=670,c=670$.

因此，满足条件的三元整数组为

$$(20,10,-29),(671,670,670)$$

13. 显然，n 是非负整数. 当 k,l,m 都是 2 的倍数时，等式两边同时除以 2 的幂，使各 k,l,m 不全是偶数. 因此，可以假设 k,l,m 不全是偶数.

因完全平方数模 4 余 0 或 1，故 $k^2+l^2+m^2$ 模 4 余 1,2,3.

所以，2^n 不能被 4 整除，n 只能取 0 或 1.

当 $n=0$ 时，$k^2+l^2+m^2=1$，此时解为 $(k,l,m)=(0,0,1)$ 或这些数的置换.

当 $n=1$ 时，$k^2+l^2+m^2=2$，此时解为 $(k,l,m)=(0,1,1)$ 或这些数的置换.

因此，原题的解是 $(0,\pm 2^k,\pm 2^k)$ 或 $(0,0,\pm 2^k)$ 或这些数的置换，前者 $n=2k+1$，后者 $n=2k,k\in\mathbf{N}$.

14. 记 $f(m)=1!+2!+\cdots+m!$. 当 $m>1$ 时

$$3\mid f(m)$$

因此有

$$3\mid n$$

对于 $m\geqslant 9$，$m!$ 能被 $27=3^3$ 整除. 但 $f(8)=46\ 233$不能被 27 整除，所以在 $m\geqslant 8$ 时，$k=2$. 又在 $m\leqslant 6$时，$f(m)$不能被 27 整除. $f(7)$虽然能被 27 整除，但不是 $n^k(k>1)$的形式. 所以必须 $k=2$，即 $f(m)$是平方数. 对于 $m>4$，$m!$ 能被 5 整除. 所以在 $m\geqslant 4$ 时

$$f(m)\equiv f(4)\equiv 3\pmod 5$$

从而 $f(m)$不是平方数（平方数被 5 除余 0，1 或 4）. 于是

$$m\leqslant 3$$

容易求出，只有一组大于 1 的正整数 m,n,k，即

$$m=3,n=3,k=2$$

适合题设的等式.

15. 设 $x^2+(x+1)^2=v^2$. 则

$$(2x+1)^2+1=2v^2$$

设 $u=2x+1$. 则

$$u^2-2v^2=-1 \tag{①}$$

这是一个佩尔方程.

容易看出，$(u_0,v_0)=(1,1)$是方程①的组解，对佩尔方程①的求解公式是

$$u_n+\sqrt{2}v_n=(u_0+\sqrt{2}v_0)^{2n+1}$$

于是，可得解

$$u_1+\sqrt{2}v_1=(1+\sqrt{2})^3=7+5\sqrt{2}$$

$$u_2+\sqrt{2}v_2=(1+\sqrt{2})^5=41+29\sqrt{2}$$

$$u_3+\sqrt{2}v_3=(1+\sqrt{2})^7=(41+29\sqrt{2})(1+\sqrt{2})^2=239+169\sqrt{2}$$

$$u_4+\sqrt{2}v_4=(1+\sqrt{2}^{9}=(239+169\sqrt{2})(1+\sqrt{2})^2=$$
$$1\,393+985\sqrt{2}$$

故

$$u_1=7,u_2=41,u_3=239,u_4=1\,393$$

由 $u=2x+1$，得 $x=3,20,119,696$. 由题设 $3<x<200$，则所求的 x 的值为 20 和 119.

16. 若 n 是奇数，则其所有的约数都是奇数，于是 p_1,p_2,p_3,p_4 是奇数，

$$p_i^2\equiv 1(\bmod 4)\quad(i=1,2,3,4)$$

则

$$p_1^2+p_2^2+p_3^2+p_4^2\equiv 0(\bmod 4)$$

而

$$n\equiv 1 \text{ 或 } 3(\bmod 4)$$

此时，无解，所以 n 是偶数. 则 $p_1=1,p_2=2$.

若 $4\mid n$，则 $n=1+0+p_3^2+p_4^2\not\equiv 0(\bmod 4)$，矛盾. 所以 $4\nmid n$. 考虑最小约数的集合 $\{p_1,p_2,p_3,p_4\}$. 由于

$$p_3^2+p_4^2\equiv 0,2,1(\bmod 4)$$
$$1+4+p_3^2+p_4^2\equiv 1,3,2(\bmod 4)$$

而

$$n\equiv 2(\bmod 4)$$

于是 p_3,p_4 一个为奇数，一个为偶数，即 $p_4=2p_3$，所以 n 最小的 4 个约数集合只可能是 $\{1,2,p_3,2p_3\}$. 即 $n=5+5p_3^2$，于是 $p_3=5$. 所以

$$n=1^2+2^2+5^2+10^2=130$$

17. 不妨设 $x\leqslant y$. 若 $2x<y+1$，则

$$(2^y)^2<1+4^x+4^y<(1+2^y)^2$$

这表明，$1+4^x+4^y$ 不是完全平方数. 若 $2x=y+1$，则

$$1+4^x+4^y=1+2^{y+1}+4^y=(1+2^y)^2$$

故$(x,y,z)=(n,2n-1,1+2^{2n-1})(n\in\mathbf{N}_+)$就是满足条件的三元正整数组.

若$2x>y+1$,注意到

$$4^x+4^y=4^x(1+4^{y-x})=(z-1)(z+1)$$

由$\gcd(z-1,z+1)=2$,知$z-1$或$z+1$能被2^{2x-1}整除,而对任意的正整数$x>1$,$2(1+4^{y-x})\leqslant 2(1+4^{x-2})<2^{2x-1}-2$,矛盾.

因此,所求的所有满足条件的三元正整数组为

$$(x,y,z)=(n,2n-1,1+2^{2n-1})$$

或

$$(2n-1,n,1+2^{2n-1})\quad(n\in\mathbf{N}_+)$$

18. 注意到

$$\left(x+\frac{1}{y}\right)\left(y+\frac{1}{z}\right)\left(z+\frac{1}{x}\right)=xyz+\frac{1}{xyz}+x+\frac{1}{y}+y+\frac{1}{z}+z+\frac{1}{x}$$

故$h=xyz+\frac{1}{xyz}$是整数.则

$$xyz=\frac{h\pm\sqrt{h^2-4}}{2}$$

由差为 4 的两个完全平方数只能是 0 和 4,知$h=2$,$xyz=1$.

若x,y,z中的两个为 1,则第三个必须也是 1.故$(x,y,z)=(1,1,1)$.

若x,y,z中只有一个为 1,不妨设$z=1$.则$y+1$和$1+\frac{1}{x}$都是整数.从而

$$y=m,x=\frac{1}{n}\quad(m,n\in\mathbf{N}_+)$$

又

$$x+\frac{1}{y}=\frac{1}{n}+\frac{1}{m}\in \mathbf{N}_+\Rightarrow m=n=2$$

故$(x,y,z)=\left(\frac{1}{2},2,1\right)$及其轮换.

若 x,y,z 都不等于 1,不妨设 $x>1$ 和 $z<1$.令

$$z=\frac{p}{q}\quad (p,q\in \mathbf{N}_+,(p,q)=1)$$

$$z+\frac{1}{x}=k\in \mathbf{N}_+$$

则

$$x=\frac{q}{kq-p}$$

若 $k\geqslant 2$,则 $kq-p\geqslant 2q-p>q$,这与 $x>1$ 矛盾.所以,$k=1$,$x=\frac{q}{q-p}$.从而

$$y=\frac{1}{xz}=\frac{q-p}{q}\cdot\frac{q}{p}=\frac{q-p}{p}$$

由

$$y+\frac{1}{z}=\frac{2q-p}{p}\in \mathbf{N}_+\Rightarrow p\mid 2q\Rightarrow p\leqslant 2$$

又由

$$x+\frac{1}{y}=1+\frac{2p}{q-p}\in \mathbf{N}_+\Rightarrow (q-p)\mid 2p$$

当 $p=1$ 时,$q-p=2$,从而 $q=3$;当 $p=2$ 时,$q-p=1$,从而,$q=3$.

故$(x,y,z)=\left(\frac{3}{2},2,\frac{1}{3}\right)$,$\left(3,\frac{1}{2},\frac{2}{3}\right)$及其轮换.

19.考虑 X_n 中一组特殊的$(x_1,x_2,\cdots,x_n)$.假定它与 Y_n 中的$(y_1,y_2,\cdots,y_n)$是相容的.对于 $1\leqslant i\leqslant n$,令 $z_1=y_1-x_1\geqslant 0$,因为

$$z_1+z_2+\cdots+z_n=2n-n=n$$

所以，$(z_1,z_2,\cdots,z_n)\in X_n$.

反之，对于 X_n 中任何的 $(z_1,z_2,\cdots,z_n)$，令 $y_1=x_1+z_1\geqslant x_1$，$1\leqslant i\leqslant n$. 因为

$$y_1+y_2+\cdots+y_n=n+n=2n$$

所以，$(y_1,y_2,\cdots,y_n)\in Y_n$. 从而与 $(x_1,x_2,\cdots,x_n)$ 是相容的. 由此推出 Y_n 中确实有 $|X_n|$ 个 n 元组与 $(x_1,x_2,\cdots,x_n)$ 是相容的. 因 $(x_1,x_2,\cdots,x_n)$ 可能是 X_n 中的任意 n 元组，因此相容对数的总数是 $|X_n|^2$.

20. 由于 n 为正奇数，故

$$n^4\equiv 1\pmod 8$$

又由于 $x_i(1\leqslant i\leqslant n)$ 为正奇数，故

$$x_i^2\equiv 1\pmod 8$$

因此

$$n\equiv x_1^2+x_2^2+\cdots+x_n^2\equiv n^4\equiv 1\pmod 8$$

另一方面，若 $n\equiv 1\pmod 8$，则可找到满足条件的 $x_1,x_2,\cdots,x_n$.

若 $n=1$，令 $x_1=1$，则 $n^4=1=x_1^2$. 若 $n=8k+1$ $(k\in\mathbf{N}_+)$，则

$$\begin{aligned}n^4=&(8k+1)^4=(8k-1)^4+(8k+1)^4-(8k-1)^4=\\&(8k-1)^4+[(8k+1)^2-(8k-1)^2]\cdot\\&[(8k+1)^2+(8k-1)^2]=\\&(8k-1)^4+32k(128k^2+2)=\\&(8k-1)^4+4k(32k-1)^2+(16k-1)^2+(92k-1)=\\&(8k-1)^4+4k(32k-1)^2+(16k-1)^2+92(k-1)+91=\\&(8k-1)^4+4k(32k-1)^2+(16k-1)^2+\\&(k-1)(9^2+3^2+1^2+1^2)+(9^2+3^2+1^2)\end{aligned}$$

因此，n^4 可以表示成

$$1+4k+1+4(k-1)+3=8k+1=n$$

个奇数的平方和.

综上,所求结果为 $n=8k+1(k\in\mathbf{N})$.

21. 当 $x=-1$ 时,左边为 2 不是完全平方数;当 $x\leqslant -2$时,左边不是整数.

设(x,y)是此方程的解.则 $x\geqslant 0$ 且$(x,-y)$也是解.当 $x=0$ 时,$y=\pm 2$,方程有解$(0,2)$,$(0,-2)$.当 $x>0$时,设(x,y)为解,不妨设 $y>0$.原方程即为

$$2^x(1+2^{x+1})=(y+1)(y-1)$$

于是,$y-1$,$y+1$ 都为偶数,且其中只有一个是 4 的倍数.因此,$x\geqslant 3$,且有一个因式被 2^{x-1} 整除,不被 2^x 整除.故可设 $y=2^{x-1}m+\varepsilon$,其中,m 是正奇数,$\varepsilon=\pm 1$.

代入原方程得

$$2^x(1+2^{x+1})=(2^{x-1}m+\varepsilon)^2-1=2^{2x-2}m^2+2^x m\varepsilon$$

即

$$1+2^{x+1}=2^{x-2}m^2+m\varepsilon$$

从而

$$1-m\varepsilon=2^{x-2}(m^2-8) \qquad ①$$

当 $\varepsilon=1$ 时

$$2^{x-2}(m^2-8)=1-m\varepsilon\leqslant 0\Rightarrow m^2-8\leqslant 0$$

故正奇数 $m=1$,式①不成立.

当 $\varepsilon=-1$ 时,注意到 $x\geqslant 3$,故

$$1+m=2^{x-2}(m^2-8)\geqslant 2(m^2-8)$$

即

$$2m^2-m-17\leqslant 0$$

故 $m\leqslant 3$.此时,只有正奇数 $m=3$ 使得式①成立.从而,$x=4$,$y=23$.

22. 显然,若 $x=y=0$,z 取任意的整数值都是原

方程的解.

下面证明方程无其他的解.

若 z 是非负偶数，则 $7^z y^2$ 是一个完全平方数. 则 $x^4+x^2=x^2(x^2+1)$ 也是一个完全平方数. 于是，x^2，x^2+1都是完全平方数，此时，x 的唯一取值为 0. 所以

$$x=y=0$$

若 z 是正奇数，令 $z=2c+1$. 则 $x^2(x^2+1)$能被 7 整除. 因为 x^2+1 除以 7 的余数仅可能是 1,2,3,5，所以，x 一定能被 7 整除.

令

$$x=7^a u(a\geqslant 1),y=7^b v,7\nmid u,7\nmid v$$

则原方程变为

$$7^{2a}u^2(7^{2a}u^2+1)=7^{2(b+c)+1}v^2$$

上式左边是 7 的偶数次方，右边是 7 的奇数次方，矛盾.

若 z 是负整数，令 $z=-w$. 则原方程变为

$$7^w x^2(x^2+1)=y^2$$

若 w 是一个偶数，则 x^2，x^2+1 一定是完全平方数.

故 $x=y=0$. 若 w 是一个奇数，则

$$w=2c+1,x=7^a u(a\geqslant 1),y=7^b v,7\nmid u,7\nmid v$$

原式变为

$$7^{2(a+c)+1}u^2(7^{2a}u^2+1)=7^{2b}v^2$$

上式左边是 7 的奇数次方，右边是 7 的偶数次方，矛盾.

所以，$x=y=0$，z 取任意的整数值都是原方程的解.

23. 先证明一个引理.

引理：若方程

$$Ax^2-By^2=1 \qquad ①$$

存在正整数解(A,AB 均不是完全平方数),设其最小的一组正整数解为(x_0,y_0).则佩尔方程

$$x^2-ABy^2=1 \qquad ②$$

有正整数解.设其最小的一组解为(a_0,b_0).则(a_0,b_0)满足如下方程

$$\begin{cases}a_0=Ax_0^2+By_0^2\\ b_0=2x_0y_0\end{cases}$$

引理的证明:因为(x_0,y_0)是方程①的一组解,所以

$$Ax_0^2-By_0^2=1$$

令 $u=Ax_0^2+By_0^2,v=2x_0y_0$.则

$$u^2-ABv^2=(Ax_0^2+By_0^2)^2-AB(2x_0y_0)^2=$$
$$(Ax_0^2-By_0^2)^2=1$$

故(u,v)为方程②的根.又(a_0,b_0)为方程②的最小解,若

$$(u,v)\neq(a_0,b_0)$$

则

$$u>a_0,v>b_0$$

一方面

$$a_0-\sqrt{AB}b_0<(a_0-\sqrt{AB}b_0)(a_0+\sqrt{AB}b_0)=$$
$$a_0^2-ABb_0^2=1\Rightarrow$$
$$(a_0-\sqrt{AB}b_0)(\sqrt{A}x_0+\sqrt{B}y_0)<\sqrt{A}x_0+\sqrt{B}y_0\Rightarrow$$
$$(a_0x_0-Bb_0y_0)\sqrt{A}+(a_0y_0-Ab_0x_0)\sqrt{B}<$$
$$\sqrt{A}x_0+\sqrt{B}y_0$$

另一方面

$$a_0+\sqrt{AB}b_0<u+\sqrt{AB}v=(\sqrt{A}x_0+\sqrt{B}y_0)^2\Rightarrow$$

$$(a_0x_0-Bb_0y_0)\sqrt{A}-(a_0y_0-Ab_0x_0)\sqrt{B}=$$
$$(a_0+\sqrt{AB}b_0)(\sqrt{A}x_0-\sqrt{B}y_0)<$$
$$(\sqrt{A}x_0+\sqrt{B}y_0)^2(\sqrt{A}x_0-\sqrt{B}y_0)=\sqrt{A}x_0+\sqrt{B}y_0$$

令 $s=a_0x_0-Bb_0y_0$，$t=a_0y_0-Ab_0x_0$. 则上述两个不等式可改写为

$$\sqrt{A}s+\sqrt{B}t<\sqrt{A}x_0+\sqrt{B}y_0 \quad ③$$
$$\sqrt{A}s-\sqrt{B}t<\sqrt{A}x_0+\sqrt{B}y_0 \quad ④$$

故

$$As^2-Bt^2=A(a_0x_0-Bb_0y_0)^2-B(a_0y_0-Ab_0x_0)^2=$$
$$(a_0^2-ABb_0^2)(Ax_0^2-By_0^2)=1$$

注意到

$$s>0\Leftrightarrow a_0x_0>Bb_0y_0\Leftrightarrow a_0^2x_0^2>B^2b_0^2y_0^2\Leftrightarrow$$
$$a_0^2x_0^2>Bb_0^2(Ax_0^2-1)\Leftrightarrow$$
$$(a_0^2-ABb_0^2)x_0^2>-Bb_0^2\Leftrightarrow x_0^2>-Bb_0^2$$

最后一式显然成立，故 $s>0$.

由

$$t=0\Leftrightarrow a_0y_0=Ab_0x_0\Leftrightarrow a_0^2y_0^2=A^2b_0^2x_0^2\Leftrightarrow$$
$$(ABb_0^2+1)y_0^2=Ab_0^2(By_0^2+1)\Leftrightarrow y_0^2=Ab_0^2$$

因为 A 为非完全平方数，所以，$t\neq0$.

若 $t>0$，则 (s,t) 是方程①的解. 而由于 (x_0,y_0) 为最小解，有 $s\geqslant x_0$，$t\geqslant y_0$，与不等式③矛盾.

若 $t<0$，$(s,-t)$ 是方程①的解. 而 $s\geqslant x_0$，$-t\geqslant y_0$，与不等式④矛盾. 综上，$u=a_0$，$v=b_0$.

回到原题.

假设题设方程

$$ax^2-by^2=1 \quad ⑤$$

和

$$by^2-ax^2=1 \qquad ⑥$$

同时有解.

设(m,n)是方程 $x^2-aby^2=1$ 的最小解,(x_1,y_1)是方程$ax^2-by^2=1$ 的最小解,(x_2,y_2)是方程 $bx^2-ay^2=1$ 的最小解.则应用引理有

$$\begin{cases}m=ax_1^2+by_1^2\\n=2x_1y_1\end{cases}$$

或

$$\begin{cases}m=bx_2^2+ay_2^2\\n=2x_2y_2\end{cases}$$

又由 $ax_1^2=by_1^2+1,ay_2^2=bx_2^2-1$,即得

$$ax_1^2+by_1^2=bx_2^2+ay_2^2\Leftrightarrow 2by_1^2+1=2bx_2^2-1\Leftrightarrow$$
$$b(x_2^2-y_1^2)=1$$

由于 $b>1$,显然矛盾.

习题 8 答案

1. 设整数 x 被 9 除余 $0,\pm1,\pm2,\pm3,\pm4$，则 x^2 被 9 除余 0,1,4,7. 那么，被 9 除余 2,3,5,6,8 的正整数一定不是完全平方数，故 b,c 一定不是完全平方数. 故选 B.

2. 令 $N=9a^2+9b^2+9c^2$. 如果 a,b,c 都是 3 的倍数，则 N 可被 81 整除，与题意相矛盾. 于是，可设 a 不是 3 的倍数. 如果 $a+b+c$ 是 3 的倍数，则将 a 换为 $-a$，原表达式不变，所以，可设 $a+b+c$ 不是 3 的倍数.

注意到

$$N=9a^2+9b^2+9c^2=$$
$$(2a+2b-c)^2+(2b+2c-a)^2+(2c+2a-b)^2$$

其中，$2a+2b-c=2(a+b+c)-3c$ 不是 3 的倍数.

同理，其余两个整数也都不是 3 的倍数.

3. 一个比完全平方数小 1 的数具有形式

$$n^2-1=(n+1)(n-1)\quad (n=2,3,\cdots)$$

当且仅当 n 不能被 3 整除时，n^2-1 是 3 的倍数. 所以这个序列的第 $(2k-1)$ 项和第 $(2k)$ 项分别是 $(3k-1)^2-1$ 和 $(3k+1)^2-1$. 因此，这个序列的第 1 994 项是

$$(3\times997+1)^2-1=(3\,000-8)^2-1=$$
$$3\,000^2-16\times3\,000+63$$

它除以 1 000 的余数是 63.

4. 由题意可知，正整数 N 可以表示为和式

$$9^n(a^2+b^2+c^2) \qquad ①$$

其中，n 为正整数，a,b,c 为整数，a 不是 3 的倍数.

引理:所有形如和式①的正整数均可表示为$9^{n-1}(x^2+y^2+z^2)$的形式,其中,x,y,z为整数,且x,y,z都不是3的倍数.

引理的证明:不失一般性,可设$a+b+c$不是3的倍数(否则,可将a换为$-a$).有

$$\begin{aligned}9(a^2+b^2+c^2)=&(4a^2+4b^2+c^2)+\\&(a^2+4b^2+4c^2)+(4a^2+b^2+4c^2)=\\&(2a+2b-c)^2+(2b+2c-a)^2+\\&(2a+2c-b)^2\end{aligned}$$

其中,$2a+2b-c$,$2b+2c-a$,$2a+2c-b$都不是3的倍数,因为它们被3除的余数都与$2(a+b+c)$相同,而后者不是3的倍数.

为完成对题中断言的证明,只需将这一引理使用n次.

5.易知,在所选取的数中存在a和b,它们被2^{2n}除的余数相等.我们来证明,它们即为所求.

假设$b|a^2$,于是

$$b|(a^2-2ab+b^2)=(a-b)^2$$

设

$$a=p\cdot 2^{2n}+r,b=q\cdot 2^{2n}+r$$

则

$$b|(a-b)^2=(p-q)^2\cdot 2^{4n}$$

由于b为奇数,所以$b|(p-q)^2$.由此得知

$$|p-q|>2^n$$

和

$$\max\{a,b\}=\max\{p,q\}\cdot 2^{2n}+r>2^{3n}$$

由题意知,这是不可能的.

6.设$2^n+a=x^2$.若n为奇数,则在模p后存在某

个整数 y，满足

$$2\equiv y^2 \pmod p$$

而当 $p\equiv \pm 3 \pmod 8$ 时，2 为模 p 的非二次剩余，矛盾. 因此，n 为偶数，设 $n=2k$，故

$$a=x^2-2^{2k}=(x-2^k)(x+2^k)$$

所以

$$|a|\geqslant 2^k=2^{\frac{n}{2}}$$

因此，n 是有界的，从而 x^2 只能有有限个.

7. 假设整数 x 可以表示成两个整数的平方和

$$x=a^2+b^2$$

则对 $2x$ 有

$$2x=(a+b)^2+(a-b)^2$$

反之，对整数 x 有

$$2x=a^2+b^2$$

则数 a 和 b 或同为奇数，或同为偶数，因而 $\frac{a+b}{2}$ 与 $\frac{a-b}{2}$ 均为整数，此时有

$$x=\left(\frac{a+b}{2}\right)^2+\left(\frac{a-b}{2}\right)^2$$

8. 假设 n^2+n+2 能被 15 整除，于是 $n^2+n+2=15k$，$n^2+n+2-15k=0$，$n=\frac{-1\pm\sqrt{60k-7}}{2}$. 由于 $60k-7$ 的个位数是 3，所以 $60k-7$ 不是完全平方数，从而 $\sqrt{60k-7}$ 不是有理数，所以 n 不可能是自然数. 于是 n^2+n+2 不能被 15 整除.

9. 先证 x,y 中至少有一个是偶数. 假设 x 和 y 都是奇数，则 x^2+y^2 都是 $4k+1$ 型的数，从而 x^2+y^2 是 $4k+2$ 型的数. 由 $x^2+y^2=z^2$ 知 z^2 是 $4k+2$ 型的数，

但平方数不可能为 $4k+2$ 型，所以 x 和 y 不可能都是奇数，即至少有一个是偶数. 再证 x,y 至少有一个是 3 的倍数. 设 x,y 都不是 3 的倍数，则 x^2,y^2 都是 $3k+1$ 型的数，从而 x^2+y^2 是 $3k+2$ 型的数，而 z^2 不可能为 $3k+2$ 型的数，所以 x 和 y 不可能都不是 3 的倍数，即至少有一个是 3 的倍数，由于 2 与 3 互质，所以 xy 能被 $2\times3=6$ 整除.

10.(1)设自然数 $m=7q+r(r=0,1,2,\cdots,6)$. 则

$$m^2=(7q+r)^2=49q^2+14qr+r^2$$

由于 $r^2=0,1,4,9,16,25,36$. 被 7 除的余数只有 0,1,4,2. 因此，一个自然数的平方被 7 除的余数只能是 0,1,4,2.

(2)$n(n+2)(n+4)(n+6)=(n^2+6n)(n^2+6n+8)$，$n\in\mathbf{N}_+$，令 $k=n^2+6n$，则

$$n(n+2)(n+4)(n+6)=k(k+8)\quad(k\geqslant7)$$

于是

$$\sqrt{n(n+2)(n+4)(n+6)}=\sqrt{k(k+8)}=\sqrt{k^2+8k}$$

因为

$$k^2+6k+9<k^2+8k<k^2+8k+16\quad(k\geqslant7)$$

所以

$$(k+3)^2<k^2+8k<(k+4)^2$$

即

$$k+3<\sqrt{k^2+8k}<k+4$$

于是

$$[\sqrt{k^2+8k}]=k+3$$

即

$$[\sqrt{n(n+2)(n+4)(n+6)}]=k+3=n^2+6n+3=$$

$$(n+3)^2-6$$

如果$[\sqrt{n(n+2)(n+4)(n+6)}]$能被7整除，则$(n+3)^2$被7除余6，然而一个平方数被7除的余数只能是0,1,4,2，所以$(n+3)^2$被7除不可能余6，即$[\sqrt{n(n+2)(n+4)(n+6)}]$不能被7整除.

11. 证法1：设$x^2+y^2-x=2kxy$（k为整数），则关于y的二次方程

$$y^2-2kxy+(x^2-x)=0$$

的根中有一个$y_1(=y)$是整数，另一个

$$y_2=2kx-y_1$$

也是整数，其判别式

$$\Delta=4[k^2x^2-(x^2-x)]=4x[(k^2-1)x+1]$$

应为完全平方数.

由于x与$(k^2-1)x+1$互质（它们的最大公约数$(x,(k^2-1)x+1)=(x,1)=1$），所以，x是完全平方数.

证法2：设$x^2+y^2-x=2kxy$（k为整数），对x的任一质因数p，若在x的分解式中p的指数为奇数$2m+1$，则由上面的等式，p^{2m+1}整除y^2，从而$p^{2(m+1)}$整除y^2.

由于$p^{2(m+1)}$整除$2kxy$，上面的等式导出$p^{2(m+1)}$整除x，矛盾！所以，在x的分解式中p的指数必为偶数，即x为完全平方数.

12. 已知等式可化为

$$(d+1)n=dm^2+2m-1$$

若$d=-1$时，有

$$m^2-2m+1=0$$

$$m=1$$

若 $d\neq-1$ 时，有

$$n=m^2-\frac{(m-1)^2}{d+1}$$

为此只需$(m-1)^2$是$d+1$的倍数即可，我们只要令 $m=d+2$，此时可得到

$$n=(d+2)^2-(d+1)=d^2+3d+3$$

于是，对任何 $d\neq-1$ 的整数，取 $m=d+2$，$n=d^2+3d+3$，即可得到题目的等式.

若 $d=-1$，则取 $m=1$，n 为任意整数即可.

13. 设 p 为奇质数. 则 $\left(\frac{p+1}{2}\right)^2$ 是好平方数（因为 $\left(\frac{p+1}{2}\right)^2=p+\left(\frac{p-1}{2}\right)^2$）. 又奇质数 p 有无数个，从而，好平方数有无数个.

设 n 为正整数. 下面证明：$(3n+2)^2$ 是坏平方数.

实际上，反设存在正整数 x 及质数 p，使$(3n+2)^2=x^2+p$. 则

$$p=(3n+2)^2-x^2=(3n+2+x)(3n+2-x)$$

而 p 是质数，因此

$$3n+2-x=1, 3n+2+x=p$$

解得 $p=3(2n+1)$，与 p 是质数矛盾. 因为正整数 n 有无数个，所以，坏平方数有无数个. 综上所述，命题获证.

14. 不存在.

反设存在那样的正整数 a,b,c. 首先指出 $a+b$，$b+c$，$c+a$ 两两互质. 事实上，设 p 是 $a+b$ 和 $b+c$ 的公共质因数.

由$(a+b)\mid c^2$，$(b+c)\mid a^2$，得

$$p\mid a, p\mid c$$

故 $p\mid(a+b)-a=b$. 这与 a,b,c 互质矛盾.

由

$$(b+c)\mid a^2=(a+b+c)^2-(b+c)(2a+b+c)$$

得

$$(b+c)\mid(a+b+c)^2$$

同理

$$(a+c)\mid(a+b+c)^2$$

$$(b+c)\mid(a+b+c)^2$$

故

$$(a+b)(b+c)(c+a)\mid(a+b+c)^2$$

特别地,有

$$(a+b)(b+c)(c+a)\leqslant(a+b+c)^2$$

另一方面,由假设显然有

$$a,b,c\geqslant 2$$

故

$$(a+b)(b+c)(c+a)=(a^2b+b^2c+c^2a)+$$
$$(ab^2+bc^2+ca^2)+2abc>$$
$$2a^2+2b^2+2c^2+2ab+2bc+2ca>$$
$$(a+b+c)^2$$

矛盾.

15. 若 m,n 均为偶数,不妨设 $m=2k,n=2l$. 则

$$5^{2k}+5^{2l}=(5^k)^2+(5^l)^2$$

若 m,n 均为奇数,不妨设 $m=2k+1,n=2l+1$. 则

$$5^{2k+1}+5^{2l+1}=(5^k+2\times 5^l)^2+(5^l-2\times 5^k)^2$$

若 m,n 为一奇一偶,不妨设 $m=2k+1,n=2l$. 则

$$5^m+5^n=5^{2k+1}+5^{2l}\equiv 6 \pmod 8$$

因为平方数除以 8 的余数只能是 0,1 或 4,所以,两个平方数的和不可能是模 8 余 6.

16. 不存在.

设存在那样的整数 a,b,c. 首先指出 $a+b,b+c,c+a$两两互素. 事实上设 p 是 $a+b$ 和 $b+c$ 的公共素因数. 由于$(a+b)|c^2$,$(b+c)|a^2$ 得 $p|a,p|c$. 故 $p|(a+b)-a=b$. 这与 a,b,c 互素矛盾.

由于$(b+c)|a^2=(a+b+c)^2-(b+c)(2a+b+c)$得$(b+c)|(a+b+c)^2$. 同理$(a+c)|(a+b+c)^2$,$(b+a)|(a+b+c)^2$. 故$(a+b)(b+c)(c+a)|(a+b+c)^2$. 特别地,有$(a+b)(b+c)(c+a)\leqslant(a+b+c)^2$. 另一方面,由假设显然有 $a,b,c\geqslant 2$,故

$$
\begin{aligned}
&(a+b)(b+c)(c+a)=\\
&(a^2b+b^2c+c^2a)+(ab^2+bc^2+ca^2)+2abc>\\
&2a^2+2b^2+2c^2+2ab+2bc+2ca>(a+b+c)^2
\end{aligned}
$$

矛盾.

17. 设一元二次方程 $ax^2+bx+c=0$ 的两根为 x_1,x_2. 则

$$x_1+x_2=-\frac{b}{a}<0,x_1x_2=\frac{c}{a}>0$$

所以,$x_1<0,x_2<0$.

由求根公式得

$$x_{1,2}=\frac{-b\pm\sqrt{b^2-4ac}}{2a}$$

由题设知 x_1,x_2 均为有理数. 又 $ax^2+bx+c=a(x-x_1)(x-x_2)$两边同乘以 $4a$ 得

$$4a(ax^2+bx+c)=(2ax-2ax_1)(2ax-2ax_2) \quad ①$$

在式①中,令 $x=5$,得

$$4a(25a+5b+c)=(10a-2ax_1)(10a-2ax_2) \quad ②$$

式②右边的两个因式均为正整数.

假设 $25a+5b+c$ 是质数，那么，式②右边的其中一个因式一定能被 $25a+5b+c$ 整除，不妨设这个因式是 $10a-2ax_1$. 则

$$10a-2ax_1\geqslant 25a+5b+c \qquad ③$$

由式②，③知

$$10a-2ax_2\leqslant 4a \qquad ③$$

由于 $2ax_2$ 是负整数，显然，式③不成立. 故 $25a+5b+c$ 是合数.

18. 设两个连续完全平方数为 n^2 和 $(n+1)^2$. 并设自然数 a,b,c,d 满足

$$n^2<a<b<c<d<(n+1)^2$$

因为

$$ab<cd,ac<bd$$

所以只需证明 $ad\neq bc$ 即可.

若 $ad=bc$，则可设

$$\frac{d}{b}=\frac{c}{a}=\frac{p}{q} \qquad ①$$

其中 $p>q,(p,q)=1,p,q\in\mathbf{N}$. 于是有

$$p\geqslant q+1$$

$$\frac{p}{q}\geqslant 1+\frac{1}{q}$$

由①知，a,b 是 q 的倍数，且 $b>a$，则

$$b\geqslant a+q$$

$$\frac{p}{q}=\frac{d}{b}\leqslant\frac{d}{a+q}<\frac{(n+1)^2}{n^2+q}$$

于是有

$$1+\frac{1}{q}\leqslant\frac{p}{q}<\frac{(n+1)^2}{n^2+q}$$

即

$$(q+1)(n^2+q)<q(n+1)^2$$

$$(n-q)^2<0$$

出现矛盾. 于是

$$ad\neq bc$$

从而在 n^2 与 $(n+1)^2$ 之间的不同的自然数,它们的两两乘积均不相等.

19. 若 $A=d^2$,则 $(A+j)^2-A=(d^2+j)^2-d^2=(d^2-d+j)(d^2+d+j)$. 由于 d^2-d+j 对于 $j=1,2,\cdots,n$ 是连续的 n 个正整数,所以,一定有某个 j 使得 $(A+j)^2-A$ 可以被 n 整除.

若 A 不是完全平方数,则 A 中一定有一个素因子,其指数为奇数次幂,即存在 k,使得 $p^{2k-1}\mid A$, $p^{2k}\nmid A$. 取 $n=p^{2k}$,对于 $j=1,2,\cdots,p^{2k}$,一定存在一项 j,使得 $p^{2k}\mid(A+j)^2-A$. 因为 $p^{2k}\nmid A$,所以 $p^{2k}\nmid(A+j)^2$. 但是由 $p^{2k}\mid(A+j)^2-A$ 得 $p^{2k-1}\mid(A+j)^2-A$,而 $p^{2k-1}\mid A$,所以 $p^{2k-1}\mid(A+j)^2$. 由于 $(A+j)^2$ 是完全平方数,则一定有 $p^{2k}\mid(A+j)^2$. 矛盾.

20. 因为完全平方数为 $3k$ 型或 $3k+1$ 型.

设

$$m=d_0+3d_1+3^2d_2+\cdots+3^nd_n$$

若 m 是 $3k+1$ 型的数,则

$$d_0=1$$

若 $d_0\neq1$,则必有 $d_0=0$,从而

$$m=3(d_1+3d_2+\cdots+3^{n-1}d_n)$$

由于 m 是 3 的倍数,又是平方数,则

$$3\mid m_1=d_1+3d_2+\cdots+3^{n-1}d_n$$

从而必有

$$d_1=0$$

于是

$$m_1=3(d_2+3d_3+\cdots+3^{n-2}d_n)$$

同样有

$$3\mid d_2+3d_3+\cdots+3^{n-2}d_n$$

又有

$$d_2=0$$

由此下去，$d_1,d_2,\cdots,d_n$ 都为 0，从而 $m=0$ 与 m 是正整数矛盾. 所以，在 $0\leqslant i\leqslant n$ 中，至少有一个 i，使得 $d_i=1$.

21. 在 $0^2+1^2+2^2+3^2+\cdots+2\ 005^2$ 中，共有 1 003 个(奇数个)奇数，因此，无论怎样添加"+"号或"−"号，其代数和必为奇数. 于是，前 10 个正整数中，可表出的数必在 1,3,5,7,9 之中.

下面说明，这 5 个数皆可表出.

注意到，对于 4 个连续平方数

$$k^2,(k+1)^2,(k+2)^2,(k+3)^2$$

有

$$k^2-(k+1)^2-(k+2)^2+(k+3)^2=4$$

及

$$-k^2+(k+1)^2+(k+2)^2-(k+3)^2=-4$$

因此，8 个连续平方数，适当添加"+"号或"−"号，可使其代数和为 0. 从而，$8n$ 个连续平方数添加"+"号或"−"号，也可使其代数和为 0.

今取 2 000 个(8×250 个)连续平方数 $6^2,7^2,\cdots,2\ 005^2$，添加"+"号或"−"号，使其代数和为 0，再处理前 5 个数.

因为

$$-1^2+2^2-3^2-4^2+5^2=3$$

$$1^2+2^2-3^2-4^2+5^2=5$$

故 3 与 5 皆可表出.

1 992 个（8×249 个）连续平方数 $14^2,15^2,\cdots,2\ 005^2$，添加“+”号或“−”号，使其代数和为 0，再处理前 13 个平方数. 因为

$$-(1^2+2^2+3^2+4^2+5^2+6^2+7^2)+8^2+9^2-(10^2-11^2-12^2+13^2)=1$$

$$-(1^2+2^2+3^2+4^2+5^2+6^2+7^2)+8^2+9^2+(10^2-11^2-12^2+13^2)=9$$

$$1^2+2^2+3^2-4^2-5^2-6^2+7^2-8^2+9^2+10^2-11^2-12^2+13^2=7$$

故 1,7,9 也可表出. 因此，1,3,5,7,9 皆可表出.

22. 设这 k 个正整数为 $n+1,n+2,\cdots,n+k(n\in\mathbf{N})$. 则其平方的均值为

$$f(n,k)=\frac{1}{k}\sum_{i=1}^{k}(n+i)^2=n^2+n(k+1)+\frac{(k+1)(2k+1)}{6}$$

由 $f(n,k)\in\mathbf{Z}$，则

$$\frac{(k+1)(2k+1)}{6}\in\mathbf{Z}$$

故 $2\nmid k,3\nmid k$.

当 $2<k\leqslant 13$ 时，有

$$\left(n+\frac{k+1}{2}\right)^2<f(n,k)<\left(n+\frac{k+1}{2}+1\right)^2 \quad ①$$

事实上

式①$\Leftrightarrow n^2+n(k+1)+\frac{k^2+2k+1}{4}<$

$$n^2+n(k+1)+\frac{(k+1)(2k+1)}{6}<$$

$$n^2+n(k+3)+\frac{k^2+6k+9}{4}\Leftrightarrow$$

$$\frac{k^2+2k+1}{4}<\frac{2k^2+3k+1}{6}<\frac{k^2+6k+9}{4}+2n\Leftrightarrow$$

$$3(k^2+2k+1)<2(2k^2+3k+1)<$$

$$3(k^2+6k+9)+24n\Leftrightarrow$$

$$1<k^2<12k+25+24n$$

上式显然成立. 此时，$\sqrt{f(n,k)}\notin \mathbf{Z}$.

当 $14<k<26$ 时，有

$$\left(n+\frac{k+1}{2}\right)^2<f(n,k)<\left(n+\frac{k+1}{2}+2\right)^2 \qquad ②$$

事实上

$$式②\Leftrightarrow\frac{k^2+2k+1}{4}<\frac{2k^2+3k+1}{6}<\frac{k^2+10k+25}{4}+$$

$$4n\Leftrightarrow$$

$$3(k^2+2k+1)<2(2k^2+3k+1)<$$

$$3(k^2+10k+25)+48n\Leftrightarrow$$

$$1<k^2<24k+83+48n$$

上式显然成立. 此时，$f(n,k)=\left(n+\frac{k+1}{2}+1\right)^2$，即

$$k^2=24n+12k+25$$

则

$$(k-6)^2=24n+61=8(3n+7)+5$$

但完全平方数被 8 除的余数为 0 或 1，矛盾.

当 $k=29$ 时

$$f(n,29)=n^2+30n+295=(n+15)^2+70$$

其被 8 除的余数为 6 或 7，矛盾.

当 $k=31$ 时

$$f(n,31)=n^2+32n+336=(n+18)^2-4n+12$$

取 $n=3$ 时，得 $f(3,31)=21^2$. 所以，$k_{\min}=31$.

23. 若 $d|n$，则 $\left.\frac{n}{d}\right|n$. 因此，除平方数外，每个正整数 n 的因子数必为偶数. 而对于平方数 $n=d^2$，则有 $d=\frac{n}{d}$，故平方数的因子数为奇数. 因此，当 n 的值增加 1 时，仅在 n 为平方数的情形下，$S(n)$ 的奇偶性才会发生改变.

故当 $1^2\leqslant n\leqslant 2^2-1$ 时，$S(n)$ 为奇数；当 $2^2\leqslant n\leqslant 3^2-1$ 时，$S(n)$ 为偶数；当 $3^2\leqslant n\leqslant 4^2-1$ 时，$S(n)$ 为奇数；如此进行下去.

故

$$a=(2^2-1^2)+(4^2-3^2)+\cdots+(44^2-43^2)=1+2+\cdots+44=990$$

于是，$b=2\ 005-990=1\ 015$. 进而，$|a-b|=25$.

24. 若 $b=1$，则 a 与 c 都等于 1，此时，可选 (1, 25, 49) 作为另一个平方的三元有序正整数组.

若 $b\neq 1$，则由互质性知公差 d 不为 0. 故

$$d=b-a=c-b>0$$

因为 b 与 a 互质，也与 c 互质，所以，它与乘积 ac 互质. 又互质的 b 与 ab 的乘积为完全平方数，则它们都是完全平方数，即对某两个正整数 f 与 m，有

$$b=f^2$$

$$ac=m^2=(b-d)(b+d)=b^2-d^2$$

易知，$d\neq m$. 如若不然，$b^2=m^2+d^2=2m^2$，此不可能. 观察三元有序整数组 $(b-m,b,b+m)$. 显然，$b-m,b,b+m$ 形成非降的等差数列. 又因为 $b^2-m^2=d^2>0$，所以，$b-m$ 是正整数.

因此,乘积

$$(b-m)b(b+m)=f^2(b^2-m^2)=(df)^2$$

是完全平方数.而$(b,m^2)=(b,ac)=1$,故

$$1=(b,m)=(b,b-m)=(b,b+m)$$

这就是说,$(b-m,b,b+m)$是平方的三元有序正整数组,它与原来的三元有序正整数组(a,b,c)有一个相同的整数 b.

故$(b-m,b,b+m)$即为所求.

25.设正整数 a,b 使得 $15a+16b$ 和 $16a-15b$ 都是正整数的平方,即

$$15a+16b=r^2,16a-15b=s^2\quad (r,s\in \mathbf{N})$$

于是

$$15^2a+16^2a=15r^2+16s^2$$

即

$$481a=15r^2+16s^2$$

$$16^2b+15^2b=16r^2-15s^2$$

即

$$481b=16r^2-15s^2$$

因此,$15r^2+16s^2$,$16r^2-15s^2$ 都是 481 的倍数,下证 r,s 都是 481 的倍数.由 $481=13\times 37$,故只要证明 r,s 都是 13,37 的倍数即可.

先证 r,s 都是 13 的倍数.用反证法.由于 $16r^2-15s^2$ 是 13 的倍数,则 $13\nmid r$,$13\nmid s$.因为 $16r^2\cdot s^{10}\equiv 15s^{12}\equiv 15\equiv 2\pmod{13}$

由于左边是个完全平方数,两边取 6 次方,有

$$((4rs^5)^2)^6\equiv 1\pmod{13}$$

故 $2^6\equiv 1\pmod{13}$,矛盾.

再证 $37\mid r$,$37\mid s$.用反证法.

假定 $37\nmid r,37\nmid s$. 因为 $37\nmid 15r^2+16s^2,37\mid 16r^2-15s^2$,所以

$$37\mid r^2-31s^2,\text{即 } r^2\equiv 31s^2 \pmod{37}$$

因此

$$r^2s^{34}\equiv 31s^{36}\equiv 31 \pmod{37}$$

左边是完全平方数,两边取 18 次方,即得

$$31^{18}\equiv 1 \pmod{37}$$

但

$$31^{18}\equiv(31^2)^9\equiv((-6)^2)^9\equiv 36^9\equiv(-1)^9\equiv -1 \pmod{37}$$

矛盾.

从而,$481\mid r,481\mid s$. 显见这两个完全平方数都大于或等于 481^2.

另一方面,取 $a=481\times 31,b=481$ 时,两个完全平方数都是 481^2. 因此,所求的最小值等于 481^2.

26. 引理:设正整数 $a<a'$ 为 A 中元素,$b<b'$ 为 B 中元素,则 $a'b'>5.5ab$.

引理的证明:首先注意 $(ab+1)(a'b'+1)>(ab'+1)(a'b+1)$(这等价于 $(a'-a)(b'-b)>0$). 故

$$\sqrt{(ab+1)(a'b'+1)}>\sqrt{(ab'+1)(a'b+1)}$$

但由条件,此式左右两边均为整数,由此得到

$$(ab+1)(a'b'+1)\geqslant(\sqrt{(ab'+1)(a'b+1)}+1)^2$$

将上式两边展开,得到

$$ab+a'b'\geqslant ab'+a'b+2\sqrt{(ab'+1)(a'b+1)}+1>ab'+a'b+2\sqrt{ab'\cdot a'b}$$

因 $a<a',b<b'$,故 $ab'+a'b>2ab$,设 $a'b'=\lambda ab$,结合上式得到 $(1+\lambda)ab>(2+2\sqrt{\lambda})ab$,故 $\lambda>3+2\sqrt{2}>5.5$.

回到原题，设 $A=\{a_1,a_2,\cdots,a_m\}$，$B=\{b_1,b_2,\cdots,b_n\}$，$a_1<a_2<\cdots<a_m$，$b_1<b_2<\cdots<b_n$. 不妨设 $2\leqslant m\leqslant n$. 由于 a_1b_1+1 为平方数，故 $a_1b_1\geqslant 3$. 应用引理可知，$a_2b_2>5.5a_1b_1>4^2$，$a_{k-1}b_{k+1}>4a_kb_k$，$k=2,\cdots,m-1$. 从而

$$n^2\geqslant a_mb_m\geqslant 4^{m-2}a_2b_2>4^m$$

故 $m\leqslant \log_2 n$.

27. 所求的充要条件是：4 不整除 n 并且对每个模 4 余 3 的素数 q，都有 $q\nmid n$.

必要性：若 n 是 4 的倍数，则若 $n=a^2+b^2 \pmod 4$ 易知只可能是

$$a^2\equiv b^2\equiv 0 \pmod 4$$

即 $2\mid(a,b)$，矛盾.

若 $q\equiv 3 \pmod 4$ 为素数，且 $q\mid n$，则若 $n=a^2+b^2$，必有 $q\mid(a,b)$. 否则设 q 不整除 a. 由 $q\mid n$ 知 q 不整除 b，所以

$$1=\left(\frac{a^2}{q}\right)=\left(\frac{n-b^2}{q}\right)=\left(-\frac{b^2}{q}\right)=\left(\frac{-1}{q}\right)=-1$$

(Legrendre 符号)，矛盾.

充分性：先设 n 为奇数. 只考虑 $n>1$. 令 $n=p_1^{\alpha_1}p_2^{\alpha_2}\cdots p_k^{\alpha_k}$（$p_1<p_2<\cdots<p_k$ 都为模 4 余 1 的素数，$\alpha_j\in\mathbf{N}_+$）. 熟知存在 $a_j,b_j\in\mathbf{N}_+$ 使

$$p_j=a_j^2+b_j^2=(a_j+b_j\mathrm{i})(a_j-b_j\mathrm{i})$$

于是

$$n=\prod_{j=1}^{k}(a_j+b_j\mathrm{i})^{\alpha_j}\prod_{j=1}^{k}(a_j-b_j\mathrm{i})^{\alpha_j}\quad(\mathrm{i}\text{ 为虚数单位})$$

现在令 $x,y\in\mathbf{Z}$ 使 $x+y\mathrm{i}=\prod\limits_{j=1}^{k}(a_j+b_j\mathrm{i})^{\alpha_j}$，则

$$x-y\mathrm{i}=\prod_{j=1}^{k}(a_j-b_j\mathrm{i})^{\alpha_j}$$

所以

$$n=(x+y\mathrm{i})(x-y\mathrm{i})=x^2+y^2$$

下面证明：x 和 y 互素.

若否，设存在素数 $p\mid(x,y)$，则 $p\mid n$，即 $p=p_l$ 对某个 $1\leqslant l\leqslant k$ 成立. 因此在 $\mathbf{Z}[\mathrm{i}]$ 中，$p_l\mid x\pm y\mathrm{i}$，从而可知 $a_l+b_l\mathrm{i}\prod_{j=1}^{k}(a_j-b_j\mathrm{i})^{\alpha_j}$，从而 $a_l+b_l\mathrm{i}$ 为 $\mathbf{Z}[\mathrm{i}]$ 中的素数，故 $a_l+b_lt\mid a_t-b_t\mathrm{i}$ 对某个 t 成立. 但在 $\mathbf{Z}[\mathrm{i}]$ 中两个不同素数不互相整除，矛盾. 所以 x 和 y 互素.

在 n 为偶数时，$\frac{n}{2}$ 是奇数（否则 $4\mid n$）. 令 $\frac{n}{2}=a^2+b^2(2\nmid a+b,(a,b)=1)$，则 $n=(a+b)^2+(a-b)^2$ 且 $(a+b,a-b)=1$. 充分性得证.

28. 易知，当 $n>6$ 时，任意连续 n 个整数的平方和大于 n. 从而，任意连续 n 个整数的平方和在模 n 的意义下都同余于

$$1^2+2^2+\cdots+(n-1)^2\equiv\frac{(n-1)n(2n-1)}{6}\pmod n$$

于是，当 $n>6$ 时，$\frac{(n-1)n(2n-1)}{6}$ 与 n 均不互质. 所以，任意连续 n 个整数的平方和不仅大于 n，且与 n 不互质. 因此，它不是质数.

当 $n=4$ 时，任意连续四个整数的平方和能被 2 整除，不满足条件.

当 $n=5$ 时，任意连续五个整数的平方和能被 5 整除，亦不满足条件.

因此，n 只能等于 2,3,6.

当 $n=2$ 时，$2^2+3^2=13$ 满足条件. 当 $n=3$ 时，$2^2+3^2+4^2=29$ 满足条件. 当 $n=6$ 时

$$(-2)^2+(-1)^2+0^2+1^2+2^2+3^2=19$$

满足条件. 所以，n 只可能为 2,3,6.

29.(1)定义函数 $f:\mathbf{N}_+\to\{0,1\}$. 若 n 是平衡的，则 $f(n)=0$；若 n 不是平衡的，则 $f(n)=1$. 于是，对于所有正整数 n,m 有

$$f(nm)\equiv f(n)+f(m)\pmod 2$$

对于每个正整数 n，考虑 0－1 序列

$$\{f(n+1),f(n+2),\cdots,f(n+50)\}$$

这样的序列只有 2^{50} 个. 因此，存在两个不同的正整数 a,b，使得序列

$$\{f(a+1),f(a+2),\cdots,f(a+50)\}$$

与

$$\{f(b+1),f(b+2),\cdots,f(b+50)\}$$

相同.

因为对于所有的 $k(1\leqslant k\leqslant 50)$ 有

$$f(P(k))\equiv f(a+k)+f(b+k)\equiv 2f(a+k)\equiv 0\pmod 2$$

所以 $P(1),P(2),P(3),\cdots,P(50)$ 是平衡的.

(2)假设 $a<b$，且对于所有的正整数 n，$P(n)$ 都是平衡的，设 $n=k(b-a)-a$，其中，k 足够大，使得 n 是正整数，则

$$P(n)=k(k+1)(b-a)^2$$

于是，当且仅当

$$f(k)=f(k+1)$$

时，$P(n)$ 是平衡的. 因此，对于足够大的 k，数列 $\{f(k)\}$ 一定是常数. 但这是不可能的(因为对于每一

个质数 p，$f(p)=1$，对于每一个完全平方数 t^2，$f(t^2)=0$）．于是，$a=b$．

30．注意到

$$\frac{1^2+2^2+\cdots+n^2}{n}=\frac{2n^2+3n+1}{6}$$

设$\frac{1^2+2^2+\cdots+n^2}{n}=m^2$．则

$$2n^2+3n+1=6m^2$$

即

$$(4n+3)^2-3(4m)^2=1$$

令 $x=4n+3$，$y=4m$，得到佩尔方程

$$x^2-3y^2=1$$

本题可以看作是佩尔方程满足

$$x\equiv3 \pmod 4 \text{和} y\equiv0 \pmod 4$$

的解．

$x^2-3y^2=1$ 的解为

$$x_k+\sqrt{3}y_k=(2+\sqrt{3})^k$$

由此可得递推公式

$$\begin{cases}x_{k+1}=2x_k+3y_k\\ y_{k+1}=x_k+2y_k\end{cases}$$

进而

$$\begin{cases}x_{k+2}=4x_{k+1}-x_k\\ y_{k+2}=4y_{k+1}-y_k\end{cases}$$

再由 x_k，y_k 的前几项及递推公式可得$\{x_k \pmod 4\}$和$\{y_k \pmod 4\}$是以 4 为周期的模周期数列，进一步分析可得当且仅当 $k\equiv2 \pmod 4$时，有 $x\equiv3 \pmod 4$和 $y\equiv0 \pmod 4$，进而求出接在 1 后面的两个正整数是 337 和 65 521．

31.(1)定义函数 $f:\mathbf{N}_+\to\{0,1\}$. 若 n 是平衡的,则 $f(n)=0$;若 n 不是平衡的,则 $f(n)=1$. 于是,对于所有正整数 n,m,有

$$f(nm)\equiv f(n)+f(m)\pmod 2$$

对于每个正整数 n,考虑 0—1 序列

$$\{f(n+1),f(n+2),\cdots,f(n+50)\}$$

这样的序列只有 2^{50} 个. 因此,存在两个不同的正整数 a,b,使得序列

$$\{f(a+1),f(a+2),\cdots,f(a+50)\}$$

与

$$\{f(b+1),f(b+2),\cdots,f(b+50)\}$$

相同.

因为对于所有的 $k(1\leqslant k\leqslant 50)$,有

$$f(P(k))\equiv f(a+k)+f(b+k)\equiv 2f(a+k)\equiv 0\pmod 2$$

所以,$P(1),P(2),\cdots,P(50)$都是平衡的.

(2)假设 $a<b$,且对于所有正整数 n,$P(n)$都是平衡的,设$n=k(b-a)-a$,其中,k 足够大,使得 n 是正整数. 则

$$P(n)=k(k+1)(b-a)^2$$

于是,当且仅当 $f(k)=f(k+1)$时,$P(n)$是平衡的. 因此,对于足够大的 k,数列$\{f(k)\}$一定是常数. 但这是不可能的(因为对于每一个质数 p,$f(p)=1$,对于每一个完全平方数 t^2,$f(t^2)=0$). 于是,$a=b$.

习题 9 答案

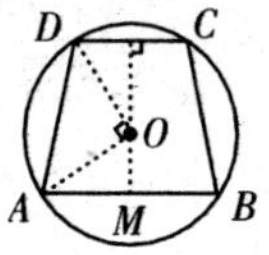

图 13-1

1. 如图 13-1，易知 $DC \parallel AB$，$\angle AOD = 90°$，作 $OM \perp AB$ 于 M，$ON \perp DC$ 于 N. 显然 M, O, N 三点共线，且 $\triangle AOM \cong \triangle ODN$.

故 $OM = DN = \frac{1}{2}DC$，$ON = AM = \frac{1}{2}AB$，$MN = \frac{1}{2}(AB + DC)$. 因此，$S = \left(\frac{AB+DC}{2}\right)^2$.

2. D.

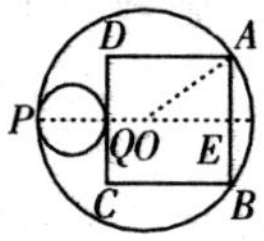

图 13-2

辅助线如图 13-2. 由题意知

$$OA^2 = OE^2 + AE^2$$

设 $AB = 2x$，则

$$AE = x$$

于是

$$R^2 = [2x - (R - 2r)]^2 + x^2$$

化简得

$$5x^2 - 4(R - 2r)x + 4(r^2 - Rr) = 0 \qquad ①$$

要使 AB 为有理数，只要 x 为有理数，也即方程①的

$$\Delta = [-4(R - 2r)]^2 - 4 \times 5 \times 4(r^2 - Rr) = 16(R^2 + Rr - r^2)$$

为完全平方数，也即只需 $R^2 + Rr - r^2$ 为完全平方式.

经验证知，只有选项(D)符合题意.

3. 设 $y = m^2$，$(x = 90)^2 = k^2$（m, k 都是非负整数）.

于是

$$k^2-m^2=7\times701=1\times4\ 907$$

即

$$(k-m)(k+m)=7\times701=1\times4\ 907$$

则

$$\begin{cases}k+m=701\\k-m=7\end{cases};\begin{cases}k+m=4\ 907\\k-m=1\end{cases}$$

解得 $(k,m)=(354,347),(2\ 454,2\ 453)$.

因此,好点共有 4 个,它们的坐标为

$$(x,y)=(444,120\ 409),(-264,120\ 409),$$
$$(2\ 544,6\ 017\ 209),(-2\ 364,6\ 017\ 209)$$

4. 设长方体的棱长为 $n-1$,n 和 $n+1$,其中 n 为大于 1 的整数. 又设 m 为对角线的长,m 为正整数. 由题意有

$$m^2=(n-1)^2+n^2+(n+1)^2$$
$$m^2=3n^2+2 \qquad ①$$

由于能被 3 整除的数的平方能被 3 整除,而不能被 3 整除的数的平方被 3 除余 1,因此形如 $3n^2+2$ 的数不是平方数. 因而式①不能成立.

所以不存在棱长为连续整数,对角线长为整数的长方体.

5. 因为 $l^2+m^2=n^2$,所以 $l^2=n^2-m^2=(n+m)(n-m)$. 因为 l 为质数且 $n+m>n-m>0$,所以 $n+m=l^2$,$n-m=1$,所以 $l^2=n+m=2m+1$,$2m=l^2-1$. 所以 $2(l+m+1)=2l+2m+2=(l+1)^2$.

6. 设三条高线分别为 h_a,h_b,h_c,三角形的面积为 S,则有

$$2S=ah_a=bh_b=ch_c$$

设 $h_c=h_a+h_b$，则有

$$\frac{2S}{c}=\frac{2S}{a}+\frac{2S}{b}$$

即

$$\frac{1}{c}=\frac{1}{a}+\frac{1}{b}$$

亦即

$$ab-(bc+ac)=0$$

故

$$a^2+b^2+c^2=a^2+b^2+c^2+2[ab-(bc+ac)]=(a+b-c)^2$$

7. 如图 13-3，设$\triangle AOB$，$\triangle BOC$，$\triangle COD$，$\triangle DOA$ 的面积依次为 S_1,S_2,S_3,S_4. 则有

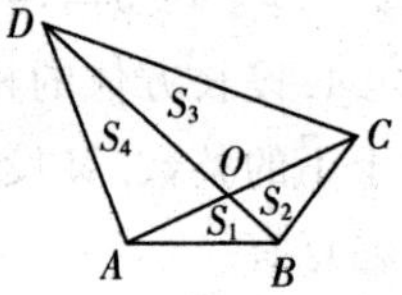

图 13-3

$$\frac{S_1}{S_2}=\frac{AO}{OC}=\frac{S_4}{S_3}$$

于是

$$S_1S_3=S_2S_4$$

从而

$$S_1S_2S_3S_4=(S_1S_3)^2$$

即 4 个三角形的面积之积是一个完全平方数.

若这个乘积以 1 988 结尾，设

$$S=S_1S_2S_3S_4=\overline{\cdots 1\,988}.$$

由于 S 是完全平方数，则其个位数不能为 8，即这个 4 个三角形的面积值的乘积不可能以 1 988 结尾.

8. 设 $A(x,y)$为圆 O 上的一整点. 如图 13-4，圆 O 的方程为 $y^2+(x-199)^2=199^2$.

显然，$x=0$，$y=0$；$x=199$，$y=199$；$x=199$，$y=$

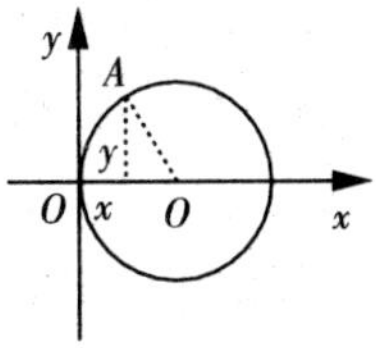

图 13-4

-199；$x=389$，$y=0$ 为方程的4组解. 但当 $y\neq 0$，± 199 时，y 与 199 互素(因 199 为素数)，此时，199，y，$|199-x|$ 是一组勾股数，故 199 可表示成二个正整数的平方和，即 $199=m^2+n^2$. 因 $199=4\times 49+3$，可设 $m=2k$，$n=2l+1$，则

$$199=4k^2+4l^2+4l+1=4(k^2+l^2+l)+1$$

这与 199 为 $4d+3$ 型素数矛盾. 因而，圆 O 上只有 4 个整点

$$(0,0),(199,199),(389,0),(199,-199)$$

9. 任取正奇数 p，下面只需验证三边长为 p^6+4p^3，$4p^3+8$，p^6+4p^3+8 满足要求.

(1) $(p^6+4p^3+8)^2-(p^6+4p^3)^2=8(2p^6+8p^3+8)=(4p^3+8)^2$.

(2) $(p^6+4p^3+8,p^6+4p^3,4p^3+8)=(p^6+4p^3+8,8,p^6)=1$.

(3) $(p^6+4p^3+8)-(p^6+4p^3)=8=2^3$，$(p^6+4p^3+8)-(4p^3+8)=p^6=(p^2)^3$

故正奇数 p 显然有无穷多个.

10. 设 $AC=x$，$BC=y$. 则 $AB=2x$. 显然，$x<y<2x$. 依题意有 $(2x)^2+x^2+y^2=2\,009$，即

$$y^2=2\,009-5x^2$$

由 $x<y<2x$ 知

$$x^2<y^2=2\,009-5x^2<4x^2$$

则

$$\frac{2\,009}{9}<x^2<\frac{2\,009}{6}\Rightarrow 223<x^2\leqslant 334$$

故 x 的取值范围局限在 15,16,17,18.

(1)当 $x=15,17$ 或 18 时,对应的 $y^2=2\,009-5x^2$ 不是完全平方数,没有正整数解;

(2)当 $x=16$ 时,$y=27$,$2x=32$,此时,$AB=32$,$BC=27$,$AC=16$.

由 AD 为$\triangle ABC$ 的角平分线知

$$\frac{BD}{DC}=\frac{AB}{AC}=\frac{2}{1}$$

有 $BD=18$,$DC=9$.

所以,BD 与 DC 的长都是整数.

11. 因为整数 a,b,c 是直角三角形的边长,令 c 为斜边的长,则有

$$c^2=a^2+b^2$$

(1)若 a 和 b 都是奇数,则

$$a^2\equiv 1\pmod 4$$

$$b^2\equiv 1\pmod 4$$

从而

$$c^2=a^2+b^2\equiv 2\pmod 4$$

然而,形如 $4k+2$ 的数不是完全平方数,所以 c 不是整数. 因此,a 和 b 中至少有一个偶数,即

$$2\mid abc \qquad ①$$

(2)若 a 和 b 都不能被 3 整除,则

$$a^2\equiv 1\pmod 3$$

$$b^2\equiv 1\pmod 3$$

从而

$$c^2=a^2+b^2\equiv 2\pmod 3$$

然而,形如 $3k+2$ 的数不是完全平方数,所以 a 和 b 中至少有一个是 3 的倍数,即

$$3\mid abc \tag{②}$$

(3)若 a,b 和 c 均不能被 5 整除,则

$$a^2\equiv\pm1\pmod 5$$

$$b^2\equiv\pm1\pmod 5$$

$$c^2\equiv\pm1\pmod 5$$

如果

$$a^2+b^2\equiv\pm2\pmod 5$$

则 a^2+b^2 不可能是完全平方数.因此或者

$$c^2=a^2+b^2\equiv0\pmod 5$$

此时,c 是 5 的倍数;或者 a 和 b 中有一个能被 5 整除,因而

$$5\mid abc \tag{③}$$

由①,②,③及 2,3,5 互素,则

$$2\times3\times5=30\mid abc$$

习题 10 答案

1. C.

易知，$f(n)=\begin{cases}\dfrac{n^2-1}{4}, & n\text{ 为奇数}\\ \dfrac{n^2}{4}, & n\text{ 为偶数}\end{cases}$. 因为 $p+q$ 与 $p-q$ 的奇偶性相同，故分两种情况讨论.

(1)若 $p+q$ 与 $p-q$ 同为奇数，则

$$f(p+q)-f(p-q)=\frac{(p+q)^2-1}{4}-\frac{(p-q)^2-1}{4}-pq$$

(2)若 $p+q$ 与 $p-q$ 同为偶数，则

$$f(p+q)-f(p-q)=\frac{(p+q)^2}{4}-\frac{(p-q)^2}{4}=pq$$

2. C.

令 $u=2+\sqrt{7}$, $v=2-\sqrt{7}$. 则

$$u+v=4, uv=-3$$

知 u, v 是方程 $x^2=4x+3$ 的两个根. 因此，$u^2=4u+3$, $v^2=4v+3$. 所以，当 $n\geqslant 2$ 时

$$u^n=4u^{n-1}+3u^{n-2}, v^n+4v^{n-1}+3v^{n-2}$$

令 $S_n=u^n+v^n$. 则当 $n\geqslant 2$ 时

$$S_n=S_{n-1}+S_{n-2}, S_0=2, S_1=4$$

故所有的 S_n 为偶数. 从而

$(\sqrt{7}+2)^{2n+1}-(\sqrt{7}-2)^{2n+1}=u^{2n+1}+v^{2n+1}=$

$S_{2n+1}=2k\Rightarrow(\sqrt{7}+2)^{2n+1}=2k+(\sqrt{7}-2)^{2n+1}$

又 $0<(\sqrt{7}-2)^{2n+1}<1$，则 $(\sqrt{7}-2)^{2n+1}$ 为 a_n 的小数部分，即 $b_n=(\sqrt{7}-2)^{2n+1}$. 故

$$a_nb_n=(\sqrt{7}+2)^{2n+1}(\sqrt{7}-2)^{2n+1}=3^{2n+1}\text{(奇数)}$$

3. C.

设 $3n+1=a^2$，$5n-1=b^2(a,b\in\mathbf{N}_+)$. 则

$$7n+13=9(3n+1)-4(5n-1)=(3a)^2-(2b)^2=(3a-2b)(3a+2b) \quad ①$$

故知 $3a-2b$ 为正整数.

若 $3a-2b=1$，则

$$27n+9=(3a)^2=(2b+1)^2=4b^2+4b+1$$

即

$$27n=4(n^2+n-2)$$

所以，$4|n$. 记 $n=4k$. 则 $5n-1=20k-1$ 不为平方数，矛盾. 所以，$3a-2b\geqslant 2$. 故由式①得 $7n+13$ 为合数. 又

$$8(17n^2+3n)=[(3n+1)(5n-1)]\cdot[4(3n+1)+(5n-1)]=(a^2+b^2)[(2a)^2+b^2]=(2a^2+b^2)^2+(ab)^2$$

故选 C(例如 65 即是上述 n 之一).

4. 无限.

设 $a_n=\dfrac{p_n}{q_n}(p_n,q_n\in\mathbf{N}_+,(p_n,q_n)=1)$. 则

$$a_{n+1}=\frac{p_{n+1}}{q_{n+1}}=\frac{1}{2}\left(\frac{p_n}{q_n}+\frac{q_n}{5p_n}\right)=\frac{5p_n^2+q_n^2}{10p_nq_n} \quad ①$$

由 $a_0=\dfrac{1}{2}$，得 $a_1=\dfrac{9}{20}$. 若 $5\mid q_n$，则由 $\dfrac{p_{n+1}}{q_{n+1}}=\dfrac{p_n^2+\dfrac{q_n^2}{5}}{2p_nq_n}$，知 $5|q_{n+1}$. 故当 $n\geqslant 1$ 时，$5|q_n$. 又由式①知当 $n\geqslant 1$ 时，p_n 为奇数，q_n 为偶数. 于是

$$p_{n+1}=p_n^2+\frac{q_n^2}{5},q_{n+1}=2p_nq_n$$

则

$$A_n=\frac{5}{5a_n^2-1}=\frac{5q_n^2}{5p_n^2-q_n^2}=\frac{q_n^2}{p_n^2-\frac{q_n^2}{5}}$$

由归纳法知 $p_n^2\frac{q_n^2}{5}=1$. 所以, $A_n=q_n^2(n\geqslant1)$ 为完全平方数.

5. 设数列的公差为 d, 其中一项为 $a=m^2$, 此处 m 为正整数. 于是

$$(m+kd)^2=m^2+2mkd+k^2d^2=a+d(2km+k^2d)$$

也是数列中的项, 而且 k 可为任何正整数. 从而我们已经指明了数列中的无穷多个为完全平方数的项.

6. 由 $\log_6a+\log_6b+\log_6c=\log_6abc=6$, 得 $abc=6^6$. 又 a,b,c 成等比数列, 则

$$ac=b^2\Rightarrow b^3=6^6\Rightarrow b=36$$

因为 $b-a$ 为完全平方数, 所以, $a=11,20,27,32$. 只有当 $a=27$ 时, $c=48$, 符合题意. 从而 $a+b+c=111$.

7. 设 $2^n+a=x^2$. 若 n 为奇数, 则在模 p 后存在某个整数 y, 满足 $2\equiv y^2 \pmod p$. 而当 $p\equiv\pm3 \pmod 8$ 时, 2 为模 p 的非二次剩余, 矛盾.

因此, n 为偶数. 故

$$a=(x-2^{\frac{n}{2}})(x+2^{\frac{n}{2}})$$

上式表明, $|a|\geqslant2^{\frac{n}{2}}$. 因此, n 是有界的.

8. 设该无穷等差数列为 $a_1<a_2<\cdots<a_n<\cdots$, 公差为 d. 不妨设 a_1 为立方数 a^3, 则形如 $(a+md)^3$ 的项都包含在数列 $\{a_n\}$ 中, $m\in\mathbf{N}_+$.

取 $m=a^2d$ 得 $(a+a^2d^2)^3$ 严格在两个相邻的平方数 $(ad)^2$ 和 $(ad+1)^2$ 之间, 则不是平方数, 于是 $(a+$

$a^2d^2)^3$ 不是平方数. 于是 $a_{\frac{(a+a^2d^2)^3-a^3}{d}}$ 这一项就是满足要求的项.(张瑞祥)

9. 我们用数学归纳法证明如下的引理:

引理:按题设要求构造的序列$\{a_n\}$,当 $n=5m$ 时,由 1 列 n 的所有正整数全都会被写出,且 $a_{5m}=5m-2$,而对于任何 $k\leqslant 5m$,都必有 $a_{k+5}=a_k+5$.

引理的证明:当 $n=5(m=1)$时,按法则有 $1\to4\to2\to5\to3\to6$,则前 5 个数 1,2,3,4,5 全部写出,且$a_5=5-2=3$,$a_6=a_5+5=3+6$.

$n=5$ 时引理成立.

假设当 $n=5m$ 时,由 1 到 $5m$ 的所有正整数已全部写出,且满足 $a_{5m}=5m-2$.

于是接下来的 5 个数是:$a_{5m+1}=5m-2+3=5m+1$,$a_{5m+2}=5m+4$,$a_{5m+3}=5m+2$,$a_{5m+4}=5m+5$,$a_{5m+5}=5m+3$.

从而满足 $a_{5m+5}=a_{5m}+5=(5m-2)+5=5m+3$,且从 1 到 $5m+5$ 的全部正整数已全部写出.

从而引理对 $n\in\mathbf{N}_+$ 都成立.

由上面引理的证明可以看出:凡是出现在序列中被 5 除余 4,1,0 的数,都是由它前面的数加 3 得到的.

由于按此法则,正整数全部写出,且完全平方数被 5 除余 4,1,0,所以序列中的完全平方数都是它前面的数加 3 得到的.

10. 设 x 是一个整数,则 x^2 的个位数只能是 0,1,4,9,6,5. x^2 的个位是 0 的情况由题目的假设已排除.

如果 x^2 的尾部有两个相同的数字,则只能是 11,44,55,66,99.

当 x^2 的末两位是 11,55,99 时

$$x^2 \equiv 3 (\mathrm{mod}\ 4)$$

这是不可能的.

x^2 的末两位是 66 时

$$x^2 \equiv 2 (\mathrm{mod}\ 4)$$

这也是不可能的.

下面讨论平方数的末几位都是 4 的情形.

若 x^2 的末四位是 4,即

$$x^2 \equiv 4\ 444 (\mathrm{mod}\ 10\ 000)$$

则
$$x^2 \equiv 12 (\mathrm{mod}\ 16)$$

此时由

$$x^2 = 16k + 12 = 4(4k+3)$$

可知,亦不可能成立.

于是,x^2 的尾部中最多有三个 4. 注意到

$$38^2 = 1\ 444$$

于是这种数列最长为 3,即尾部有三个 4.

又 1 444 是符合要求的最小平方数.

11.(1)由递推公式得$\{a_n\}$的通项公式为

$$a_n = \sqrt{a_0^2 + n}$$

从而,当

$$n = (a_0 + i)^2 - a_0^2 \quad (i = 1, 2, \cdots)$$

时,a_n 是整数. 于是,序列$\{a_n\}$有无穷多个整数.

当 $n = (a_0 + i)^2 - a_0^2 + 1 (i = 1, 2, \cdots)$ 时,a_n 是无理数. 于是,序列$\{a_n\}$有无穷多个无理数.

(2)令 $a_0 = 15$. 则

$$a_{2\ 010} = \sqrt{2\ 025} = 45(\text{整数})$$

12.(1)$a_{991} = 2 \times 991 - 1 = 1\ 981$;(2)易知 $19 \times 10^4 + a_{990} = 191\ 979$ 不是完全平方数. 同样

$$\underbrace{1919\cdots19}_{2m位}\times10^4+a_{990}=1919\cdots19$$

其个位数是奇数，而十位数为1不是偶数，所以它也不是完全平方数. 故这个数列中的数都不是完全平方数.

13. 易知，当只有一个数为完全平方数时，它的正因数的个数才会有奇数个. 故

$$a_{n^2}=0\quad(n\in\mathbf{N}_+)$$

其余 $a_k=1$. 所以，x 是无限小数.

若 x 是有理数，则必存在一个正整数 m，使得从 x 的小数点后 m 位开始，出现循环节.

设循环节的长度为 n. 因为有无穷多个 i，使得 $a_i=0$，所以，循环节中必有0这一项.

因此，从 x 的小数点后 m 位开始，任意连续 n 个数字都至少有一个零.

考虑 $0.\overline{a_1a_2\cdots a_{n^2}a_{n^2+1}\cdots a_{(n+1)^2-1}a_{(n+1)^2}\cdots}$ 中的 $a_{n^2+1}a_{n^2+2}\cdots a_{(n+1)^2-1}$ 这一段. 这一段一共有 $2n$ 个数，且全为1，矛盾.

所以，x 不是无限循环小数，而是无限不循环小数. 因此，x 应为无理数.

14. 如果 A 是完全平方数，由题意，这个数列各项恒等于 A，因此这个数列最终为常数.

显然，如果数列不包含任何完全平方数，它将发散于无穷大. 下面我们证明，如果 A 不是完全平方数，则任何 a_n 都不是完全平方数.

事实上，如果 a_n 不是完全平方数，而 a_{n+1} 是完全平方数，设

$$a_{n+1}=(r+1)^2$$

若 $a_n\geqslant r^2$，则

$$a_{n+1}=a_n+S(a_n)$$
$$(r+1)^2=a_n+(a_n-r^2)$$
$$r^2+(r+1)^2=2a_n$$

此式的左边是奇数,右边是偶数,矛盾.

若 $a_n<r^2$,则

$$a_{n+1}=a_n+S(a_n)$$
$$(r+1)^2<r^2+[r^2-1-(r-1)^2]=r^2+2r-2$$

此不等式显然不成立.

因此 A 不是完全平方数,则任何 a_n 都不可能是完全平方数.

由以上可知,仅当 A 是完全平方数时,这个数列最终是常数.

15. 设 $b_n=a_n+a_{n+1}$,$c_n=1+5a_na_{n+1}$,则

$$5a_{n+1}=b_{n+1}+b_n, a_{n+2}-a_n=b_{n+1}-b_n$$

所以

$$c_{n+1}-c_n=5a_{n+1}(a_{n+2}-a_n)=b_{n+1}^2-b_n^2$$

从而

$$c_{n+1}-b_{n+1}^2=c_n-b_n^2=\cdots=c_1-b_1^2=501=3\times167$$

设存在正整数 n,m,使得 $c_n=m^2$,则有

$$(m+b_n)(m-b_n)=3\times167$$

若 $m+b_n=167$,$m-b_n=3$,则 $m=85$,$c_n=85^2$.若 $m+b_n=501$,$m-b_n=1$,则

$$m=251, c_n=251^2$$

由于数列 $\{a_n\}$ 严格递增,所以,数列 $\{c_n\}$ 也严格递增.又因

$$c_1=1+5\times20\times30<85^2<c_2=$$
$$1+5\times30\times70<c_3=$$
$$1+5\times70\times180=251^2$$

所以，满足条件的 n 只有一个，即 $n=3$.

16. 依条件(1)，设 $a+1=y^2$，再命 $3a+1=3y^2-2=x^2$，则有不定方程

$$x^2-3y^2=-2 \qquad ①$$

由佩尔方程知，其全部正整数解为 $a_n=y_n^2-1$，其中 (x_n,y_n) 为①的解，且满足

$$x_n+\sqrt{3}y_n=(2+\sqrt{3})^n(1+\sqrt{3}) \qquad ②$$

如 $a_1=y_1^2-1=3^2-1=8$，$a_2=y_2^2-1=11^2-1=120$，等等.

下面讨论(2). 有

$$a_na_{n+1}+1=(y_n^2-1)(y_{n+1}^2-1)+1=$$
$$y_n^2y_{n+1}^2-y_n^2-y_{n+1}^2+2$$

为证它是平方数，须建立 y_{n+1} 与 y_n 间的递推关系. 为此，由②有

$$x_{n+1}+\sqrt{3}y_{n+1}=(2x_n+3y_n)+\sqrt{3}(x_n+2y_n)$$

即

$$\begin{cases}x_{n+1}=2x_n+3y_n\\ y_{n+1}=x_n+2y_n\end{cases}$$

于是

$$a_na_{n+1}+1=y_n^2y_{n+1}^2-y_n^2-x_n^2-4x_ny_n-4y_n^2+2=$$
$$(y_ny_{n+1}-2)^2+4y_ny_{n+1}-4-y_n^2-$$
$$x_n^2-4x_ny_n-4y_n^2+2=$$
$$(y_ny_{n+1}-2)^2-(x_n^2-3y_n^2+2)$$

但 (x_n,y_n) 是 $x^2-3y^2=-2$ 的解，故 $x_n^2-3y_n^2+2=0$，则有 $a_na_{n+1}+1$ 为平方数.

17. 易得数列 $\{x_n\}$ 的通项公式为

$$x_n=\frac{1}{2}[(3+2\sqrt{2})^n+(3-2\sqrt{2})^2]$$

设 $y_n=\frac{1}{2\sqrt{2}}[(3+2\sqrt{2})^n-(3-2\sqrt{2})^2]$，则 $y_n\in\mathbf{N}_+$，且易得 $x_n^2-2y_n^2=1$. 因此，欲证 x_n 为非完全平方数，只需证明方程

$$x^4-2y^2=1 \qquad ①$$

无正整数解 (x,y)，其中 $x\geqslant 3$.

由式①知 x 为奇数，则 $8\mid(x^4-1)$，故 y 为偶数. 不妨设 $y=2y_1(y_1\in\mathbf{N}_+)$，则

$$\frac{x^2+1}{2}\cdot\frac{x^2-1}{2}=2y_1^2 \qquad ②$$

又

$$\left(\frac{x^2+1}{2},\frac{x^2-1}{2}\right)=\left(\frac{x^2+1}{2},1\right)=1$$

由式②及有关数论知识，得

$$\begin{cases}\frac{x^2+1}{2}=2s^2\\ \frac{x^2-1}{2}=t^2\end{cases} \text{或} \begin{cases}\frac{x^2+1}{2}=s^2\\ \frac{x^2-1}{2}=2t^2\end{cases} \quad (s,t\in\mathbf{N}_+\text{且 } s,t \text{ 互素})$$

若为前者，则 $x^2=4s^2-1\equiv 3\pmod 4$，矛盾；若为后者，则 $x^2-1=4t^2$. 有

$$(x+2t)(x-2t)=1$$

于是，$\begin{cases}x+2t=1\\ x-2t=1\end{cases}$，解得 $\begin{cases}x=1\\ t=0\end{cases}$，矛盾.

故 $x_n(n\in\mathbf{N}_+)$ 不是完全平方数.

18. 首先，$a_1=2$，$a_2=14$，$[a_1,a_2]$ 中含有两个完全平方数 4，9.

其次证明：当 $n\geqslant 2$ 时，有

$$\sqrt{a_{n+1}}-\sqrt{a_n}\geqslant n+1 \qquad ①$$

而

式 ①$\Leftrightarrow a_{n+1}\geqslant(\sqrt{a_n}+n+1)^2\Leftrightarrow$

$$a_{n+1}-a_n\geqslant 2(n+1)\sqrt{a_n}+(n+1)^2\Leftrightarrow$$

$$(n+1)^2(p_{n+1}-1)\geqslant 2(n+1)\sqrt{a_n}\Leftrightarrow$$

$$(n+1)(p_{n+1}-1)\geqslant 2\sqrt{\sum_{i=1}^{n}i^2p_i}$$

也就是要证

$$(n+1)^2(p_{n+1}-1)^2-4\sum_{i=1}^{n}i^2p_i\geqslant 0 \qquad ②$$

记 $f(n)=n^2(p_n-1)^2-4\sum_{i=1}^{n-1}i^2p_i$，其中，$n\in\mathbf{N}_+$，且 $n\geqslant 2$.

而对 $n\in\mathbf{N}_+$，且 $n\geqslant 2$，有

$$p_{n+1}-1\geqslant p_n+1>0$$

则

$$f(n+1)-f(n)=(n+1)^2(p_{n+1}-1)^2-n^2(p_n-1)^2-4n^2p_n=(n+1)^2(p_{n+1}-1)^2-n^2(p_n+1)^2>0$$

又 $f(2)=8>0$，故对 $n\in\mathbf{N}_+$，且 $n\geqslant 2$，有 $f(n)\geqslant 0$，即式②成立.

故式①也成立.

从而，区间$[\sqrt{a_n},\sqrt{a_{n+1}}]$上至少含有 $n+1$ 个正整数，即对任意正整数，闭区间$[a_n,a_{n+1}]$上至少有 $n+1$ 个完全平方数.

19.(1)数列$\{a_n\}$的通项公式为

$$a_n=9+7(n-1)$$

当 $n=7k^2\pm 6k+1(k=0,1,\cdots)$时，有

$$a_n=9+7(n-1)=9+7(7k^2\pm 6k)=(7k\pm 3)^2$$

所以，数列$\{a_n\}$中有无穷多项是完全平方数.

(2)设$a_n=9+7(n-1)=m^2$(m是正整数). 则

$$7(n-1)=(m-3)(m+3)$$

于是，$7|(m-3)(m+3)$. 从而，$7|(m-3)$或$7|(m+3)$.

又当$7|(m-3)$或$7|(m+3)$时，记$m\pm3=7k$. 则

$$n=7k^2\mp6k+1$$

由(1)知，此时a_n是完全平方数. 故当且仅当$n=7k^2\mp6k+1(k=0,1,\cdots)$时，$a_n$是完全平方数.

因

$$7(k+1)^2-6(k+1)+1>7k+6k+1$$

所以，数列$\{a_n\}$的第100个平方数是数列$\{a_n\}$的第$7\times50^2-6\times50+1=17\ 201$项，它是$a_{17\ 201}=347^2$.

20. 不妨设

$$a_{n+2}+\alpha=-3(a_n+\alpha)-4(a_{n-1}+\alpha)$$

则有$a_{n+2}=-3a_n-4a_{n-1}-8\alpha$. 由已知得$-8\alpha=2\ 008$，即$\alpha=-251$. 令$\alpha_n-251=d_n$，则有

$$d_{n+2}=-3d_n-4d_{n-1}$$

此时

$$b_n=5(d_{n+2}-d_n)(-d_{n-1}-d_{n-2})+4^n\times2\ 004\times501$$

而

$$d_{n+2}+d_{n+1}=(d_{n+1}+d_n)-4(d_n+d_{n-1})$$

再令$c_n=d_n+d_{n-1}$，则有

$$c_{n+2}=c_{n+1}-4c_n$$

又

$$d_{n+2}-d_n=(d_{n+2}+d_{n+1})-(d_{n+1}+d_n)=-4c_n$$

所以

$$b_n=5(-4c_n)(-c_{n-1})+4^n\times2\ 004\times501=$$

$$4(5c_nc_{n-1}+4^{n-1}\times 2\,004\times 501)$$

由 $a_0=1, a_1=0, a_2=2\,005$，得

$$d_0=-250, d_1=-251, d_2=1\,751$$

从而，$c_1=-501, c_2=1\,053$，并规定 $c_0=-501$. 又因为 $c_{n+2}+4c_n=c_{n+1}$，于是

$$(c_{n+2}+4c_n)(c_{n+2}-4c_n)=c_{n+1}(c_{n+2}-4c_n)$$

即

$$c_{n+2}^2-16c_n^2=c_{n+1}c_{n+2}-4c_nc_{n+1}$$

所以

$$c_{n+2}^2-c_{n+1}c_{n+2}+4c_{n+1}^2=4(c_{n+1}^2-c_nc_{n+1}+4c_n^2)$$

故数列 $\{c_n^2-c_nc_{n-1}+4c_{n-1}^2\}$ 是以 $c_1^2-c_1c_0+4c_0^2=4\times 501^2$ 为首项，4 为公比的等比数列. 从而

$$c_n^2-c_nc_{n+1}+4c_{n-1}^2=4^{n-1}\times 2\,004\times 501$$

故

$$b_n=4(c_n^2+4c_nc_{n-1}+4c_{n-1}^2)=(2c_n+4c_{n-1})^2$$

因此，b_n 是一个完全平方数.

21. 将线性非齐次递推关系

$$c_{n+2}=-3c_n-4c_{n-1}+2\,008$$

化为线性齐次递推关系

$$c_{n+2}-251=-3(c_n-251)-4(c_{n-1}-251)$$

其中，251 为方程 $x=-3x-4x+2\,008$ 的根.

令 $d_n=c_n-251$. 于是

$$d_0=-250, d_1=-251, d_2=1\,754$$

$$d_{n+2}=-3d_n-4d_{n-1}\quad(n=1,2,\cdots)\qquad ①$$

则

$$c_{n+2}-c_n=d_{n+2}-d_n=-4(d_n+d_{n-1})$$

$$502-c_{n-1}-c_{n-2}=-(d_{n-1}+d_{n-2})$$

故

$$a_n=20(d_n+d_{n-1})(d_{n-1}+d_{n-2})+4^{n+1}\times 501^2$$

令 $d_n+d_{n-1}=501t_n$，则

$$a_n=501^2\times 2^2(5t_nt_{n-1}+4^n)$$

由 $d_n+d_{n-1}=501t_n$ 及式①可得

$$t_1=-1,t_2=3$$

$$t_{n+2}=t_{n+1}-4t_n\quad (n=1,2,\cdots)$$

于是，由数学归纳法知，对一切 $n\in\mathbf{N}_+$，t_n 为整数.

补充定义 t_0 满足 $t_2=t_1-4t_0$，即

$$t_0=\frac{1}{4}(t_1-t_2)=-1$$

则

$$t_{n+1}^2-t_{n+1}t_n+4t_n^2=4^n(t_1^2-t_0t_2)=4^{n+1}$$

所以，$t_n^2-t_nt_{n-1}+4t_{n-1}^2=4^n$，且

$$a_n=501^2\times 2^2(5t_nt_{n-1}+4^n)=$$
$$501^2\times 2^2(t_n^2+4t_nt_{n-1}+4t_{n-1}^2)=$$
$$501^2\times 2^2(t_n+2t_{n-1})^2$$

为完全平方数.

22. 设 $a_1,a_2,\cdots,a_m$ 是一个以 $p_1,p_2,\cdots,p_n$ 为项的数列，这里 $m\geqslant 2^n$. 考虑数列

$$b_0=1,b_1=a_1,b_2=a_1a_2,\cdots,b_m=a_1a_2\cdots a_m$$

则每个 b_i 都可写成 $p_1^{\alpha_1^{(i)}},p_2^{\alpha_2^{(i)}},\cdots,p_n^{\alpha_n^{(i)}}$，这里 $\alpha_k^{(i)}$ 都是非负整数，$m+1(\geqslant 2^n+1)$ 个 n 元有序数组 $(\alpha_i^{(i)},\alpha_2^{(i)},\cdots,\alpha_n^{(i)})$ 按 $\alpha_k^{(i)}$ 的奇偶性考虑，至多有 2^n 个不同有序数组，因此必有两个有序数组

$$(\alpha_i^{(i)},\alpha_2^{(i)},\cdots,\alpha_n^{(i)})\text{与}(\alpha_i^{(i)},\alpha_2^{(i)},\cdots,\alpha_n^{(j)})\quad(0\leqslant i\leqslant j\leqslant m)$$

使

$$\alpha_k^{(i)}=\alpha_j^{(j)}\pmod 2\ (k=1,2,\cdots,n)$$

于是，$a_{i+1}a_{i+2}\cdots a_j=\dfrac{b_j}{b_i}$ 为完全平方.

这就证明了满足条件的数列的项数不超过 2^n-1. 从而这种数列有限，项数最大值 $L(n)$ 存在，且

$$L(n)\leqslant 2^n-1$$

设 $a_1,a_2,\cdots,a_{L(n)}$ 是以 $p_1,p_2,\cdots,p_n$ 为项的数列，且满足条件，那么

$$a_1,a_2,\cdots,a_{L(n)},p_{n+1},a_1,a_2,\cdots,a_{L(n)}$$

是以 $p_1,p_2,\cdots,p_{n+1}$ 为项的数列，也满足条件. 故有

$$L(n+1)\geqslant 2L(n)+1$$

显然，$L(1)=1$，故由数学归纳法知

$$L(n)\geqslant 2^n-1$$

综上所述，$L(n)=2^n-1$.

23. 没有.

将第 n 个质数记为 p_n. 假设存在 $m>1$，使得

$$S_{m-1}=k^2,S_m=l^2\quad(k,l\in\mathbf{N}_+)$$

因为 $S_2=5$，$S_3=10$ 都不是完全平方数，所以，$m>4$. 而 $p_m=S_m-S_{m-1}=(l-k)(l+k)$，故由 p_m 为质数知 $l-k=1$.

从而

$$p_m=l+k=2l-1=2\sqrt{S_m}-1$$

$$S_m=\left(\frac{p_m+1}{2}\right)^2$$

由于 p_m 为奇质数(因 $m>4$)，则

$$1+3+\cdots+p_m=(1^2-0^2)+(2^2-1^2)+\cdots+\left[\left(\frac{p_m+1}{2}\right)^2-\left(\frac{p_m-1}{2}\right)^2\right]=\left(\frac{p_m+1}{2}\right)^2$$

但是另一方面，$S_m=2+p_m+\cdots+p_m$

在这些加项中，除了 2 之外，都是奇质数，而当 $m>4$时，加项中没有合数 9，也没有 1，所以

$$S_m \leqslant (1+3+\cdots+p_m)+2-1-9<\left(\frac{p_m+1}{2}\right)^2$$

此为矛盾.

注:在数列$\{S_n\}$中有完全平方数,除$S_9=100$之外,已经知道还有若干个完全平方数,其中最小的一个是

$$S_{2\,474}=25\,633\,969=5\,063^2$$

24.对$2\leqslant n\leqslant 2\,010$,有

$$0<a_n-a_{n-1}=1+\left[\sqrt{n}+\frac{1}{2}\right]-\left[\sqrt{n-1}+\frac{1}{2}\right]<\left(1+\sqrt{n}+\frac{1}{2}\right)-\left(\sqrt{n-1}+\frac{1}{2}-1\right)=2+\sqrt{n}-\sqrt{n-1}=2+\frac{1}{\sqrt{n}+\sqrt{n-1}}<3$$

所以,$a_n-a_{n-1}=1$或2.

注意到

$a_n-a_{n-1}=2\Leftrightarrow$

$\left[\sqrt{n}+\frac{1}{2}\right]-\left[\sqrt{n-1}+\frac{1}{2}\right]=1\Leftrightarrow$

存在正整数k,使$\left[\sqrt{n}+\frac{1}{2}\right]=k+1$且

$\left[\sqrt{n-1}+\frac{1}{2}\right]=k\Leftrightarrow$

$k\leqslant\sqrt{n-1}+\frac{1}{2}<k+1\leqslant\sqrt{n}+\frac{1}{2}<k+2\Leftrightarrow$

$k-\frac{1}{2}\leqslant\sqrt{n-1}<k+\frac{1}{2}\leqslant\sqrt{n}<k+\frac{3}{2}\Leftrightarrow$

$k^2+k+\frac{1}{4}\leqslant n<k^2+k+\frac{5}{4}\Leftrightarrow$

$n=k^2+k+1\Leftrightarrow$

$$a_{n-1}+1=(k+1)^2$$

故 $a_n=\begin{cases}a_{n-1}+1, a_{n-1}+1\text{ 不为完全平方数}\\a_{n-1}+2, a_{n-1}+1\text{ 为完全平方数}\end{cases}$

注意到 $a_1=2$

$$a_{2\,010}=2\,010+\left[\sqrt{2\,010}+\frac{1}{2}\right]=2\,055$$

从而，$A=\bigcup\limits_{i=1}^{45}A_i$，其中

$$A_i=\{n\mid i^2<n<(i+1)^2, n\in\mathbf{N}\}\quad(i=1,2,\cdots,44)$$

$$A_{45}=\{2\,026,2\,027,\cdots,2\,055\}$$

因

$$|A_i|=[(i+1)^2-1]-i^2=2i\quad(i=1,2,\cdots,44)$$

$$|A_{45}|=2\,055-2\,025=30$$

所以，所有符合条件的正整数 k 的集合为

$$\{2i\mid i=1,2,\cdots,44\}$$

25. 由已知条件得

$$a_{k+1}=8a_k+80$$

由此递推公式可得$\{a_k\}$的通项公式

$$a_k=a_0\times 8^k+80\times\frac{8^k-1}{7}$$

当 $k\geqslant 3$ 时

$$a_k=16[4a_0 8^{k-2}+5(8^{k-1}+8^{k-2}+\cdots+1]$$

由于对模 8

$$4a_0 8^{k-2}+5(8^{k-1}+8^{k-2}+\cdots+1)\equiv 5 \pmod 8$$

因而不是完全平方数. 因此 $a_k(k\geqslant 3)$ 不是完全平方数.

下面验证 a_0, a_1, a_2 都不是完全平方数.

因为 $k\geqslant 1$ 时，$8\mid a_k$，且 b_k 是奇数. 所以 a_k 与 b_k 均不可能等于 1 988. 因此必有 $a_0=1\,988$ 或 $b_0=1\,988$.

当 $b_0=1\ 988$ 时，$a_0=1\ 979$.

若 $a_0=1\ 988$，则 $a_1=8\times1\ 988$，此时 a_0 与 a_1 均不是平方数. 而 $a_2=16[4\times1\ 988+5(8+1)]$ 也不是平方数.

若 $a_0=1\ 979$，则

$a_1=8\times1\ 989, a_2=8\times(8\times1\ 989+10)=16\times7\ 961$

a_0, a_1 和 a_2 均不是平方数.

于是对所有 $k\geqslant0$，a_k 不是完全平方数.

26. 将式①两边平方后，易证对任意 $n\in\mathbf{N}$，x_n 为偶数，且

$$x_{n+1}=2x_ny_n, y_{n+1}=\frac{1}{2}x_n^2+y_n^2 \qquad ②$$

用数学归纳法证明 $y_n^2=\frac{1}{2}x_n^2+1(n\in\mathbf{N})$.

当 $n=1$ 时，由式(1)有 $x_1=24, y_1=17$，易验证

$$y_1^2=\frac{1}{2}x_1^2+1$$

设当 $n=k$ 时结论成立. 当 $n=k+1$ 时，由式②可得

$$x_{k+1}^2=4x_k^2y_k^2, y_{k+1}^2=y_k^4+x_k^2y_k^2+\frac{1}{4}x_k^2$$

从而

$$y_{k+1}^2-\left(\frac{1}{2}x_{k+1}^2+1\right)=y_k^4+x_k^2y_k^2+\frac{1}{4}x_k^4-(2x_k^2y_k^2+1)=$$

$$\left(y_k^2-\frac{1}{2}x_k^2\right)^2-1=1-1=0$$

于是

$$y_{k+1}^2=\frac{1}{2}x_{k+1}^2+1$$

故对任何 $n\in\mathbf{N}$，有

$$y_n^2=\frac{1}{2}x_n^2+1$$

最后证明 y_n-1 为完全平方数.

当 $n=1$ 时,结论显然成立;当 $n>1$ 时,由前论证有

$$y_n=y_{n-1}^2+\frac{1}{2}x_{n-1}^2=x_{n-1}^2+1$$

故 $y_n-1=x_{n-1}^2$ 为完全平方数.

27. 考虑齐次方程组

$$\begin{cases}2x_1-x_2=0\\-x_{k-1}+2x_k-x_{k+1}=0 \quad (k=2,3,\cdots,n-1)\\-x_{n-1}+2x_n=0\end{cases}$$

则可得出

$$\begin{cases}x_2=2x_1\\x_k=\dfrac{x_{k-1}+x_{k+1}}{2} \quad (k=2,3,\cdots,n-1)\\x_{n-1}=2x_n\end{cases}$$

于是解得

$$\begin{cases}x_i=ix_1\\x_n=\dfrac{1}{2}(n-1)x_1\end{cases} \quad (i=2,3,\cdots,n)$$

这样就有

$$nx_1=\frac{1}{2}(n-1)x_1$$

解得

$$x_1=0$$

从而

$$x_{=}0,\quad i=1,2,\cdots,n$$

设 $x_1,x_2,\cdots,x_n$ 是方程组

$$\begin{cases}2x_1-x_2=1\\-x_{k-1}+2x_k-x_{k+1}=1 \quad (k=2,3,\cdots,n-1)\\-x_{n-1}+2x_n=1\end{cases} \quad ②$$

的一组解. 则 $x_n,x_{n-1},\cdots,x_1$ 也是这个方程组的一组解. 于是

$$x_1-x_n,x_2-x_{n-1},x_2-x_{n-2},\cdots,x_n-x_1$$

是齐次方程组的解,因此

$$x_1=x_2,x_2=x_{n-1},x_3=x_{n-2},\cdots$$

又将方程组②的 n 个方程相加得

$$x_1+x_n=n$$

所以

$$x_1=x_n=\frac{n}{2}$$

因为 x_1 是正整数,所以 n 是偶数.

习题 11 答案

1. A.

易见，等式左端五个因式为不同的偶数，而将 24^2 分解为五个互不相等的偶数之积，只有唯一的形式

$$24^2=2\times(-2)\times4\times6\times(-6)$$

故五个因式 $2\,005-x_i(i=1,2,3,4,5)$ 应分别等于 2，-2，4，6，-6. 所以

$$(2\,005-x_1)^2+(2\,005-x_2)^2+\cdots+(2\,005-x_5)^2=$$
$$2^2+(-2)^2+4^2+6^2+(-6)^2=96$$

即

$$5\times2\,005^2-4\,010(x_1+x_2+\cdots+x_5)+$$
$$(x_1^2+x_2^2+\cdots+x_5^2)=96$$

故 $x_1^2+x_2^2+\cdots+x_5^2\equiv1(\bmod 10)$.

2. B.

因奇平方数模 8 余 1，偶平方数模 4 余 0，若 2 008 为两数平方和，即 $a^2+b^2=2\,008$，则 a,b 都为偶数. 记 $a=2a_1,b=2b_1$，化为 $a_1^2+b_1^2=502$，则 a_1,b_1 皆为奇数. 而 502 模 8 余 6，矛盾. 故 $k\geqslant3$.

当 $k=3$ 时，设 $a^2+b^2+c^2=2\,008$，则 a,b,c 皆为偶数. 记 $a=2a_1,b=2b_1,c=2c_1$，化为 $a_1^2+b_1^2+c_1^2=502$. 解得

$$(a_1,b_1,c_1)=(5,6,21)$$

于是，$10^2+12^2+42^2=2\,008$.

因此，k 的最小值为 3.

3. A.

由题意得$\begin{cases}a+b=2A\\ab=G^2\end{cases}$则$a,b$是关于$x$的一元二次方程$x^2-2Ax+G^2=0$的两根.解得$a,b=A\pm\sqrt{A^2-G^2}$.从而,$\sqrt{A^2-G^2}$是自然数.

设$A=10p+q(1\leqslant p,q\leqslant 9)$,则$G=10q+p$

$$A^2-G^2=(A+G)(A-G)=9\times 11(p+q)(p-q)$$

要使A^2-G^2为完全平方数,必须

$$11\mid(p+q)\text{或}11\mid(p-q)$$

但$1\leqslant p-q\leqslant 8$,故$11\nmid(p-q)$.所以

$$11\mid(p+q)$$

又$p+q\leqslant 9+8=17$,故$p+q=11$.

这就要求$p-q$是完全平方数,而$p-q\leqslant 8<3^2$,则可能有

$$p-q=2^2=4\text{或}p-q=1^2=1$$

当$p-q=4,p+q=11$时,p,q均不为整数,故$p-q\neq 4$.

当$p-q=1,p+q=11$时,得$p=6,q=5$,此时,A,G分别为65和56.进而求得(a,b)为(98,32).

故满足条件的好数对只有1对.

4.2 008.

注意到

$$(x_1^2+ax_2^2)(y_1^2+ay_2^2)=$$
$$(x_1y_1+ax_2y_2)^2+a(x_2y_1-x_1y_2)^2$$

其中a是任意实数,

对于本题,取$a=25$,易求得$y_1^2+25y_2^2=2\ 008$.

5.2 005.

设这个自然数为x.依题意得

$$\begin{cases} x-69=m^2 \\ x+20=n^2 \end{cases}$$

其中 m,n 均为自然数.

两式相减得 $n^2-m^2=89$,即

$$(n-m)(n+m)=89$$

由于 $n>m$,且 89 为质数,于是,有

$$\begin{cases} n-m=1 \\ n+m=89 \end{cases}$$

解得 $n=45, x=2\,005$.

6. 729(或 27^2).

由 n 为奇数知,其每个因数皆为奇数,当然,其每个因数的个位数都是奇数. 又由于所有因数的末位数字之和为 33,是一个奇数,故 n 有奇数个因数. 从而,n 为平方数.

因为质数只有 2 个因数,平方后只有 3 个因数,其末位数字之和小于 27,故满足条件的三位数只能是合数的平方. 共有如下 4 个:

$$27^2, 25^2, 21^2, 15^2$$

逐一验证知,27^2 即 729 为所求.

7. 设 $n^2+4n+2\,009=(m-1)^2+m^2+(m+1)^2+(m+2)^2$,其中,$m$ 为正整数. 则

$$(n+2)^2+2\,005=(2m+1)^2+5$$

即

$$(2m+1)^2-(n+2)^2=2\,000$$

因式分解得

$$(2m+n+3)(2m-n-1)=2\,000.$$

因为 $2m+n+3$ 与 $2m-n-1$ 奇偶性相同,且 $2m+n+3>2m-n-1$,所以

$$(2m+n+3,2m-n-1)=(1\,000,2),(500,4),(250,8),(200,10),(100,20),(50,40)$$

故 $(m,n)=(250,497),\left(\frac{251}{2},246\right),(64,119),(52,93),\left(\frac{59}{2},38\right),(22,3)$.

因此,所有满足条件的 n 的和为

$$497+119+93+3=712$$

8. 1^2 到 3^2,结果各占 1 个数位,共占 $1\times3=3$ 个数位;

4^2 到 9^2,结果各占 2 个数位,共占 $2\times6=12$ 个数位;

10^2 到 31^2,结果各占 3 个数位,共占 $3\times22=66$ 个数位;

32^2 到 99^2,结果各占 4 个数位,共占 $4\times68=272$ 个数位;

100^2 到 316^2,结果各占 5 个数位,共占 $5\times217=1\,085$ 个数位;

此时,还差

$$2\,008-(3+12+66+272+1\,085)=570$$

个数位.

317^2 到 411^2,结果各占 6 个数位,共占 $6\times95=570$ 个数位.

所以,排在第 2 008 个位置的数字恰好应该是 411^2 的个位数字,即为 1.

9. 设 $m,m+1,\cdots,m+2n$ 是满足上述条件的 $2n+1$ 个连续的自然数.则

$m^2+(m+1)^2+\cdots+(m+n)^2=$

$(m+n+1)^2+(m+n+2)^2+\cdots+(m+2n)^2$

令 $S_k=1^2+2^2+\cdots+k^2$. 则

$$S_{m+n}-S_{m-1}=S_{m+2n}-S_{m+n}$$

代入化简得 $2mn^2+2n^3-m^2+n^2=0$，即

$$m=2n^2+n$$

又 $m\leqslant 2\,009\leqslant m+2n$，则

$$2n^2+n\leqslant 2\,009\leqslant 2n^2+3n$$

因此，$n=31$.

10. 494.

因为把58写成40个正整数的和的写法只有有限种，故 $x_1^2+x_2^2+\cdots+x_{40}^2$ 的最小值和最大值都是存在的.

不妨设 $x_1\leqslant x_2\leqslant\cdots\leqslant x_{40}$. 若 $x_1>1$，则

$$x_1+x_2=(x_1-1)+(x_2+1)$$

且

$$(x_1-1)^2+(x_2+1)^2=x_1^2+x_2^2+2(x_2-x_1)+2>x_1^2+x_2^2$$

故当 $x_1>1$ 时，可以把 x_1 逐步调整到1，这时，$x_1^2+x_2^2+\cdots+x_{40}^2$ 将增大.

同样地，可以把 $x_2,x_3,\cdots,x_{39}$ 逐步调整到1，这时，$x_1^2+x_2^2+\cdots+x_{40}^2$ 将增大.

于是，当 $x_1,x_2,\cdots,x_{39}$ 均为1，$x_{40}=19$ 时，$x_1^2+x_2^2+\cdots+x_{40}^2$ 取得最大值，即

$$A=\underbrace{1^2+1^2+\cdots+1^2}_{39个}+19^2=400$$

若存在两个数 x_i,x_j，使得

$$x_j-x_i\geqslant 2\quad(1\leqslant i<j\leqslant 40)$$

则

$$(x_i+1)^2+(x_j-1)^2=x_i^2+x_j^2-2(x_j-x_i-1)<x_i^2+x_j^2$$

这说明在 $x_1,x_2,\cdots,x_{39},x_{40}$ 中，如果有两个数的差大于1，则把较小的数加1，较大的数减1，这时，$x_1^2+x_2^2+\cdots+x_{40}^2$ 将减小.

所以，当 $x_1^2+x_2^2+\cdots+x_{40}^2$ 取到最小值时，x_1，$x_2,\cdots,x_{40}$ 中任意两个数的差都不大于1.

于是，当 $x_1=x_2=\cdots=x_{22}=1$，$x_{23}=x_{24}=\cdots=x_{40}=2$ 时，$x_1^2+x_2^2+\cdots+x_{40}^2$ 取得最小值，即

$$B=\underbrace{1^2+1^2+\cdots+1^2}_{22个}+\underbrace{2^2+2^2+\cdots+2^2}_{18个}=94$$

故 $A+B=494$.

11. 不一定. 例如，$\frac{1}{3},\frac{1}{3},\frac{2}{3}$.

设 $a+b^2+c^2=a^2+b+c^2=a^2+b^2+c$. 由第一个等号得 $a+b^2=a^2+b$. 移项并整理得 $(a-b)(a+b-1)=0$. 故 $a=b$ 或 $b=1-a$.

再对第二个等号作类似的讨论即可.

12. 由于第1，4，7位置上三个完全平方数各不相同，从尽可能小考虑必有一个数至少为9，在9定位之后其余的六个位置可以分为两组，每组三个相邻数之和都大于或等于101，则这七个数之和大于或等于 $101\times2+9=211$. 因此，最小的可能值为211.

填法1，36，64，9，81，16，4满足条件，和为211.

13. 设 a 是数 $a_1,a_2,\cdots,a_n$ 中最小的，那么 $a_ia_j\geqslant a^2$，并且

$$M=\sum_{i<j}a_ia_j\geqslant C_n^2a^2$$

所以

$$a^2 \leqslant \frac{M}{C_n^2} = \frac{2M}{n(n-1)}$$

14. 设 $x=2^s a$，$y=2^t b$（s,t 是非负整数，a,b 为奇数），不妨设 $s \geqslant t$.

$$\frac{4xy}{x+y} = \frac{2^{s+t+2}ab}{2^s a + 2^t b} = \frac{2^{s+2}ab}{2^{s-t}a+b}$$

若 $s>t$，则上式的分母是一个奇数，分子是一个偶数，因而 $\frac{4xy}{x+y}$ 是偶数，与已知矛盾，于是 $s=t$，所以

$$\frac{4xy}{x+y} = \frac{2^{s+2}ab}{a+b}$$

设 $(a,b)=d$，$a=a_1 d$，$b=b_1 d$，$(a_1,b_1)=1$，则

$$\frac{4xy}{x+y} = \frac{2^{s+2}a_1 b_1 d}{a_1+b_1}$$

是一个奇数. 所以 a_1+b_1 能被 2^{s+2} 整除，因而 a_1+b_1 能被 4 整除.

又 a_1，b_1 都是奇数，它们被 4 除的余数为 1 或 3，由于 a_1+b_1 能被 4 整除，则 a_1 和 b_1 被 4 除的余数一个为 1，一个为 3.

设 $a_1 \equiv 3 \pmod 4$，则可设

$$a_1 = 4k-1 \quad (k \in \mathbf{N}_+)$$

因为 $(a_1, a_1+b_1)=1$，则

$$a_1 \mid \frac{4xy}{x+y}$$

因而

$$(4k-1) \mid \frac{4xy}{x+y}$$

15. 记 N 的各位数字的平方和为 $S(N)$.

(1)$N\geqslant 10\,000$.

设 N 的位数为 $k(k\geqslant 5)$. 由不等式 $10^{k-1}>2\,010+81k$(这可由 $10^4>2\,010+81\times 5$ 及归纳法推出),知

$$N\geqslant 10^{k-1}>2\,010+9^2k>2\,010+S(N)$$

(2)$2\,335\leqslant N<10\,000$. 则

$$S(N)\leqslant 4\times 9^2=324$$

故

$$N\geqslant 2\,335=2\,010+325>2\,010+S(N)$$

(3)$2\,183\leqslant N<2\,335$. 则

$$S(N)\leqslant 2^2+3^2+2\times 9^2=175$$

故

$$N\geqslant 2\,186=2\,010+176>2\,010+S(N)$$

(4)$2\,010<N\leqslant 2\,185$.

直接枚举可得

$$N=2\,022,2\,082$$

(5)$N\leqslant 2\,010$.

显然,不可能有

$$N=2\,010+S(N)>2\,010$$

综上,所有可能的 N 值为 2 022,2 082.

16. 显然,$c>1$. 再由 $b^3=(c^2-a)(c^2+a)$,若取 $c^2-a=b,c^2+a=b^2$,这时

$$c^2=\frac{b(b+1)}{2}$$

自小到大考察 b,使右端取平方数,可知,当 $b=8$ 时,有 $c=6$,从而,$a=28$.

接下来说明,c 没有更小的正整数解,如表 1.

表 1 每一行中,c^4-x^3 皆不是平方数,因此,c 的最小值为 6.

表 1

c	c^4	小于 c^4 的 x^3
2	16	1,8
3	81	1,8,27,64
4	256	1,8,27,64,125,216
5	625	1,8,27,64,125,216,343,512

17. 设 $x=\overline{a_1a_2\cdots a_{n-1}}\in\mathbf{N}$. 可得

$$\overline{a_1a_2\cdots a_n}=10x+a_n$$

$$\sqrt{10x+a_n}-\sqrt{x}=a_n$$

故

$$10x+a_n=x+a_n^2+2a_n\sqrt{x}$$

从而

$$9x=a_n(a_n+2\sqrt{x}-1)$$

因为 $a_n\leqslant 9$,可得 $x\leqslant a_n+2\sqrt{x}-1$,即

$$(\sqrt{x}-1)^2\leqslant a_n\leqslant 9$$

解得$\sqrt{x}\leqslant 4$. 所以,$x\leqslant 16$.

另一方面,$a_n\neq 0$(否则 $x=0$),$\sqrt{x}=\dfrac{9x+a_n-a_n^2}{2a_n}$ 是有理数,故 x 为完全平方数.

由 $\sqrt{10x+a_n}=a_n+\sqrt{x}$,可知 $10x+a_n$ 是完全平方数. 从而,x 的可能值为 1,4,9,16. 代入知

$$x=16,a_n=9,n=3$$

显然,$\sqrt{169}-\sqrt{16}=9$ 满足条件.

18. 设原长方形队列有同学 $8x$ 人,由已知条件,知 $8x+120$ 和 $8x-120$ 均为完全平方数. 于是,可设

$$\begin{cases}8x+120=m^2 & ①\\ 8x-120=n^2 & ②\end{cases}$$

其中 m,n 均为正整数，且 $m>n$.

①－②，得 $m^2-n^2=240$，即

$$(m+n)(m-n)=240=2^4\times3\times5$$

由式①，②可知，m^2,n^2 都是 8 的倍数，则 m,n 均能被 4 整除. 于是，$m+n,m-n$ 均能被 4 整除，有

$$\begin{cases}m+n=60\\m-n=4\end{cases}\text{或}\begin{cases}m+n=20\\m-n=12\end{cases}$$

解得 $\begin{cases}m=32\\n=28\end{cases}$ 或 $\begin{cases}m=16\\n=4\end{cases}$.

所以，$8x=m^2-120=32^2-120=904$，或 $8x=m^2-120=16^2-120=136$.

故原长方形队列有同学 136 人或 904 人.

19. $n=6$.

显然，n 不是质数，也不是完全平方数. 令 $n=ab$，其中 a,b 是 n 的相异的正约数. 将 n 的所有除了 n 之外的正约数的平方和记为 s. 则 $s\geqslant a^2+b^2+1$. 因为 $a\neq b$，所以，$a^2+b^2+1>2ab+1$. 于是

$$s\geqslant a^2+b^2+1\geqslant 2ab+2=2n+2$$

当且仅当 a,b 都是质数，并且 $|a-b|=1$ 时，该式中的等号成立.

因此，a,b 只能是 2，3，从而，$n=6$.

20. (1)因为 $x^2+2xy+2y^2=(x+y)^2+y^2$，所以，一个好数可表示成两个完全平方数的和. 由 $29=5^2+2^2$，知 29 是好数.

(2)100 以内的完全平方数如下

0，1，4，9，16，25，36，49，64，81，100

所求范围内的好数可由它们的和求出(共九个)：

80，81，82，85，89，90，97，98，100

(3)设 $m=a^2+b^2$，$n=c^2+d^2$，a,b,c,d 都是整数.则

$$mn=(a^2+b^2)(c^2+d^2)=a^2c^2+a^2d^2+b^2c^2+b^2d^2=$$
$$(ac+bd)^2+(ad-bc)^2$$

可见，mn 是两个完全平方数的和.

故 mn 为好数.

21.(1) $(a_1+a_2+\cdots+a_{2\,002})^2=a_1^2+a_2^2+\cdots+a_{2\,002}^2+2m+2\,002+2m$

$$m=\frac{(a_1+a_2+\cdots+a_{2\,002})^2-2\,002}{2}$$

当 $a_1=a_2=\cdots=a_{2\,002}=1$ 或 -1 时，m 取最大值 2 003 001.

当 $a_1,a_2,\cdots,a_{2\,002}$ 中恰有 1 001 个 1，1 001 个 -1 时，m 取最小值 $-1\,001$.

(2)因为大于 2 002 的最小完全平方数为 $45^2=2\,025$，且 $a_1+a_2+\cdots+a_{2\,002}$ 必为偶数，所以，当

$$a_1+a_2+\cdots+a_{2\,002}=46 \text{ 或 } -46$$

即 $a_1,a_2,\cdots,a_{2\,002}$ 中恰有 1 024 个 1，978 个 -1 或恰有 1 024 个 -1，978 个 1 时，m 取最小值

$$\frac{1}{2}(46^2-2\,002)=57$$

22.(1)1 不能表为两个自然数的平方差，所以 1 不是“智慧数”；

(2)对于大于 1 的奇自然数 $2k+1$，有

$$2k+1=(k+1)^2-k^2$$

所以，大于 1 的奇自然数都是“智慧数”；

(3)由于 $x^2-y^2=(x+y)(x-y)$，$x+y$ 与 $x-y$ 有相同的奇偶性，所以乘积 $(x+y)(x-y)$ 或者为奇数，或者为 4 的倍数.因而 $4k+2$ 型的数不是“智慧

数”；

(4)对于 $4k(k>1)$ 型的自然数，有

$$4k=(k+1)^2-(k-1)^2$$

所以 $4k(k>1)$ 型的自然数是“智慧数”. 但 $k=1$ 时，$4k=4$不是“智慧数”.

所以，在 1,2,3,4 中只有 3 是“智慧数”，在以后的每一组数：$4k+1,4k+2,4k+3,4k+4(k=1,2,\cdots)$中都有 3 个“智慧数”.

由于 $1\,989=3\times663$，所以第 1 990 个“智慧数”应在 $4\times663=2\,652$ 个数之后产生.

而 2 652 为第 1 987 个“智慧数”，2 653 为第 1 988 个“智慧数”，2 654 不是“智慧数”，2 655 为第 1 989 个“智慧数”，2 656 为第 1 990 个“智慧数”.

23. 取 $k=(n+1)^2-2\,009$，其中，n 满足

$$n^2<(n+1)^2-2\,009$$

及

$$(n+1)^2+4\,014<(n+2)^2$$

易知甲第一步无法取胜.

设甲操作后，甲堆为 $k+i(0\leqslant i\leqslant 2\,008)$ 枚，乙堆为 $k+2\,008-i$ 枚.

若 $i<2\,008$，则乙将 2 008 枚新币中的 $2\,007-i$ 枚放入甲堆，$i+1$ 枚放入乙堆. 从而，甲堆有 $k+2\,007=(n+1)^2-2$ 枚，乙堆有 $k+2\,009=(n+1)^2$ 枚. 乙胜.

若 $i=2\,008$，则乙将 2 008 枚新币中的 2 007 枚放入甲堆，1 枚放入乙堆. 从而，甲堆有 $k+2\,008+2\,007=(n+1)^2+2\,006$ 枚，乙堆有 $k+1$ 枚. 游戏继续.

设甲第二次操作后，甲堆为

$$(n+1)^2+2\,006+j\quad(0\leqslant j\leqslant 2\,008)$$

枚,乙堆为

$$k+2\,009-j=(n+1)^2-j$$

枚.甲无法取胜.

下面,乙只需将 j 枚放入乙堆,$2\,008-j$ 枚放入甲堆,则甲堆有 $(n+1)^2+4\,014$ 枚,乙堆有 $(n+1)^2$ 枚.乙胜.

24.不超过 200 的平方数是 $0^2,1^2,\cdots,14^2$.

显然,$1^2,2^2,\cdots,14^2$ 中的每个数 k^2 可表为 k^2+0^2 形式,这种数共有 14 个.

而 $1^2,2^2,\cdots,10^2$ 中的每一对数(可相同)的和不大于 200,这种数有 $\frac{10\times 9}{2}+10=55$ 个(其中,x^2+x^2 形式的数 10 个,$x^2+y^2(x\neq y)$ 形式的数 $\frac{10\times 9}{2}=45$ 个).

其次,$11^2+x^2(x=1,2,\cdots,8)$ 形式的数 8 个;$12^2+x^2(x=1,2,\cdots,7)$ 形式的数 7 个;$13^2+x^2(x=1,2,\cdots,5)$ 形式的数 5 个;$14^2+x(x=1,2)$ 形式的数 2 个,共得 22 个.

再考虑重复情况,利用如下事实:

若 $x=a^2+b^2,y=c^2+d^2(a\neq b,c\neq d)$,则

$$xy=(ac+bd)^2+(ad-bc)^2=(ac-bd)^2+(ad+bc)^2$$

不超过 40 且能表为两个不同正整数的平方和的数有 5,10,13,17,20,25,26,29,34,37,40,该组中的每个数与 5 的积,以及 13^2 都不大于 200,且都可用两种方式表为平方和,所以,各被计算了两次,累计有 12 次重复(10,13,17,20 与 10 的积已包含在以上乘积组中).

故满足条件的数共有 $14+55+22-12=79$ 个.

25. 由于 $2,2^2,2^3,2^4,2^5,2^6,\cdots$ 用 9 除所得的余数依次是 2,4,8,7,5,1,…,因此,2^{m+6} 与 2^m 分别用 9 除所得的余数相等.

但 $2\,006=334\times6+2$,因此,a_1 用 9 除所得的余数为 4. 于是,a_1 的各位数字之和用 9 所得的余数为 4.

由于 a_2 与 4^2 分别用 9 除所得的余数相等,因此,a_2 用 9 除所得的余数为 7.

由于 a_3 与 7^2 分别用 9 除所得的余数相等,因此,a_3 用 9 除所得的余数为 4,a_3 的各位数字之和用 9 除所得的余数为 4.

另一方面,$a_1=2^{2\,006}<2^{3\times669}<10^{669}$;

a_1 的各位数字之和不超过 $9\times669=6\,021$,因此,$a_2\leqslant6\,021^2<37\times10^6$;

a_2 的各位数字之和不超过 $9\times7+2=65$,因此,$a_3\leqslant65^2=4\,225$;

a_3 的各位数字之和不超过 $9\times3+3=30$,因此,$a_4\leqslant30^2$.

由于 a_4 等于 a_3 的各位数字之和的平方,因此,a_4 等于某个用 9 除所得的余数为 4 的数的平方.

又由于 $a_4\leqslant30^2$,因此,a_4 是 $4^2,13^2,22^2$ 三数之一,即 16,169,484 三数之一.

由于 a_5 是 49,256 两数之一,则有

$$a_6=169,a_7=256,a_8=169,\cdots$$

依此类推可得 $a_{2\,006}=169$.

26. 设 (a,b) 为智慧数组,不妨设 $a>b$.

由定义得

$$(a+b)+(a-b)+ab+\frac{a}{b}=m^2$$

$(a,b,m$ 为自然数),即

$$2a+ab+\frac{a}{b}=m^2 \qquad ①$$

因为 $2a,ab,m^2$ 均为自然数,所以,$\frac{a}{b}$ 必为自然数.不妨设 $\frac{a}{b}=k$(k 为自然数且 $k\neq 1$).则

$$a=kb$$

代入式①化简整理得 $m^2=(b+1)^2k$.

从而

$$(b+1)^2 \mid m^2 \Rightarrow (b+1) \mid m$$

所以

$$k=\left(\frac{m}{b+1}\right)^2 \geqslant 4$$

又 $b<a\leqslant 100$,则

$$1\leqslant b\leqslant 25,且\ a=kb,1<k\leqslant\frac{100}{b}$$

于是,当 $b=1$ 时,有 $k=2^2,3^2,\cdots,10^2$,则满足题意的 (a,b) 共有 9 组.

当 $b=2$ 时,有 $k=2^2,3^2,\cdots,7^2$,则满足题意的 (a,b) 共有 6 组.

以此类推,当 $b=3,4$ 时,满足题意的 (a,b) 各有 4 组;当 $b=5,6$ 时,满足题意的 (a,b) 各有 3 组;当 $b=7,8,\cdots,11$ 时,满足题意的 (a,b) 各有 2 组;当 $b=12,13,\cdots,25$ 时,满足题意的 (a,b) 各有 1 组.

所以,总共有 53 组智慧数组.

27.若 x,y 为整数,则

$$x^2+y^2\equiv 0,1,2 \pmod 4$$

若 $n\in S$,则 $n\equiv 1 \pmod 4$

于是可设

$$n-1=a^2+b^2 \quad (a\geqslant b)$$

$$n=c^2+d^2 \quad (c>d)$$

$$n+1=e^2+f^2 \quad (e\geqslant f)$$

其中 $a,b,c,d,e,f\in \mathbf{N}_+$，则

$$n^2+1=n^2+1^2$$

$$n^2=(c^2+d)^2=(c^2-d^2)^2+(2cd)^2$$

$$n^2-1=(n+1)(n-1)=(a^2+b^2)(e^2+f^2)=$$
$$(ae-bf)^2+(af+be)^2$$

假设 $b=a$，且 $f=e$，则

$$n-1=2a^2, \quad n+1=2e^2$$

两式相减得

$$e^2-a^2=1$$

则

$$e-a\geqslant 1$$

而

$$1=e^2-a^2=(e+a)(e-a)>1$$

这是矛盾的.

所以，$b=a$，$f=e$ 不可能同时成立，即 $ae-bf>0$.

从而 n^2-1 也可表为两个正整数的平方和，于是 $n^2\in S$.

28. 满足结论的表格是存在的.

例如，如表 1.

表 1

$(3^2-2)^2$	$3(2\times 3^1-1)$	0	0	…	0
0	$(3^2-2)^2$	$3(2\times 3^3-1)$	0	…	0
0	0	$(3^2-2)^2$	$3(2\times 3^3-1)$	…	0
…	…	…	…	…	…
0	0	0	0	…	$(3^{2\,009}-2)^2$

除去最后一行,每一行所填数字之和是

$$(3^k-2)^2+3(2\times 3^k-1)=3^{2k}+2\times 3^k+1=(3^k+1)^2$$

其中,$1\leqslant k\leqslant 2\,008$.而最后一行数字之和是$(3^{2\,009}-2)^2$.

除去第一列,每列所填数字之和是

$$3(2\times 3^{k-1}-1)+(3^k-2)^2=3^{2k}-2\times 3^k+1=(3^k-1)^2$$

其中,$2\leqslant k\leqslant 2\,009$.而第一列数字之和是 1.

因此,4 018 个互不相同的和都是完全平方数.

29.若 $x^4-nx+63$ 含一次整系数因式 $ax-b$,则

$$a=1,b^4-nb+63=0$$

因此,$n=b^3+\frac{63}{b}$.经试验知当 $b=3$ 时,$n=48$ 为符合该形式的最小正整数 n.

另一方面,若设

$$x^4-nx+63=(ax^2+bx+c)(dx^2+ef+f)$$

其中,a,b,c,d,e,f 均为整数.则 $ad=1$.

不妨假设 $a=d=1$.比较两边 x^3 的系数得 $e=-b$.于是

$$x^4-nx+63=(x^2+bx+c)(x^2-bx+f)=$$
$$x^4+(c+f-b^2)x^2+b(f-c)x+cf$$

因此,$c+f=b^2$,$cf=63$,即 c,f 均为正整数.经试验,为使 $c+f$ 为完全平方数,$\{c,f\}$只可能为$\{1,63\}$或$\{7,9\}$.

对前一种情形,$b=\pm 8$,$n=b(c-f)=\pm 496$;对后一种情形,$b=\pm 4$,$n=b(c-f)=\pm 8$.

综上,n 的最小值为 8.

30.若 n 为奇数,则 d_1,d_2,d_3,d_4 都是奇数.故

$$n=d_1^2+d_2^2+d_3^2+d_4^2\equiv 1+1+1+1\equiv 0(\bmod 4)$$

矛盾.

若 $4|n$,则有 $d_1=1,d_2=2$. 由 $d_i^2\equiv 0$ 或 $1 \pmod 4$ 知 $n\equiv 1+0+d_3^2+d_4^2\not\equiv 0 \pmod 4$. 也矛盾.

从而,$n=2(2n_1-1)$,n_1 为某正整数,且数组

$$(d_1,d_2,d_3,d_4)=(1,2,p,q)\text{或}(1,2,p,2p)$$

其中 p,q 为奇质数.

在前一种情形,有

$$n=1^2+2^2+p^2+q^2\equiv 3 \pmod 4$$

矛盾. 则只能是

$$n=1^2+2^2+p^2+(2p)^2=5(1+p^2)$$

故 $5|n$.

若 $d_3=3$,则 $d_4=5$,这将回到前一种情形,因此,只能是$d_3=p=5$,则 $n=1^2+2^2+5^2+10^2=130$.

容易验证,130 的 4 个连续最小的正约数就是 1,2,5,10,满足条件.

因此,$n=130$.

31. 反设存在 $n\in\mathbf{Z},m\in\mathbf{N}_+$,使得

$$\sum_{k=0}^{54}(n+k)^2=m^2$$

则

$$m^2=\sum_{k=0}^{54}(n^2+2kn+k^2)=55n^2+2\sum_{k=0}^{54}kn+\sum_{k=0}^{54}k^2=$$
$$55n^2+2\,970n+53\,955$$

故 $5|m^2\Rightarrow 5|m$.

设 $m=5m_1(m_1\in\mathbf{N}_+)$. 则

$$5m_1^2=11n^2+594n+10\,791\equiv n^2-n+1 \pmod 5\Rightarrow$$
$$5|(n^2-n+1)$$

将 $n\equiv 0,1,2,3,4 \pmod 5$ 代入验证知均不成立,矛盾.

因此，这样的 n,m 是不存在的.

32. 由 $99-19=80$，可知除了 19 以外的四个数的和为 80，平均数为 20，故可设

$$\sum_{i=1}^{4}(20+a_i)^2+19^2=2\,009$$

其中，$\sum_{i=1}^{4}a_i=0$，$a_i(i=1,2,3,4)$ 为整数.

注意到

$$400\times4+40\sum_{i=1}^{4}a_i+\sum_{i=1}^{4}a_i^2+19^2=2\,009$$

可知 $a_1^2+a_2^2+a_3^2+a_4^2=48$.

把 48 拆分为四个整数的平方和，有 $48=36+4+4+4$，或其他几种情况.

对于 $48=36=4+4+4$，$a_i(i=1,2,3,4)$ 可能的结果是：

(1)有一个是 6，另三个是 -2；

(2)有一个是 -6，另三个是 2.

则

$$(20+6)^2+(20-2)^2+(20-2)^2+(20-2)^2+19^2=2\,009$$

和

$$(20-6)^2+(20+2)^2+(20+2)^2+(20+2)^2+19^2=2\,009$$

故

$$2\,009=26^2+19^2+18^2+18^2+18^2$$

和

$$2\,009=22^2+22^2+22^2+19^2+14^2$$

为所求的拆分.

易知在其他情况下，不存在 $a_i(i=1,2,3,4)$ 使

$a_1+a_2+a_3+a_4=0$,故无解.

综上,$2\ 009=26^2+19^2+18^2+18^2+18^2$ 和 $2\ 009=22^2+22^2+22^2+19^2+14^2$ 为所求的拆分.

33.(1)考虑从 1 开始为右射线. 1 右边的第 j 个数为

$$(2j-1)^2+j=4j^2-3j+1=3(j^2-j)+j^2+1$$

若 $j\equiv 0(\mathrm{mod}\ 3)$,则

$$(2j-1)^2+j\equiv 1(\mathrm{mod}\ 3)$$

若 $j\equiv 1,2(\mathrm{mod}\ 3)$,则

$$j^2\equiv 1(\mathrm{mod}\ 3)$$

因而

$$(2j-1)^2+j\equiv 2(\mathrm{mod}\ 3)$$

所以,没有 3 的倍数.

(2)考虑数 $6k+1$ 开始的右射线(k 为任意正整数). $6k+1$ 右边的第 j 个数为

$$(6k+2j-1)^2+j=(6k)^2+12k(2j-1)+3(j^2-j)+j^2+1\equiv 1,2(\mathrm{mod}\ 3)$$

所以有无穷多条不相交的右射线,不包含 3 的倍数.

34.分两种情况讨论:(1)若 k 为偶数,记 $k=2m$ ($m=2,3,\cdots$). 若 $m=2$,则 $k=4$,这时 $\frac{1}{2}k(k-1)-1=5^1$;若 $m>2$,则由

$$\frac{1}{2}(k-1)k-1=m(2m-1)-1=(2m+1)(m-1)=p^n$$

所以

$$2m+1=p^a,m-1=p^b \qquad ①$$

$$(a,b\in \mathbf{N},a>b,a+b=n)$$

所以

$$2p^b+3=p^a \quad ②$$

因为 $m>2$,所以由①得 $p^b>1$,又由 $p^b\mid p^a$ 及②得 $p^b\mid 3$,所以 $p^b=3,m=4,k=8,\frac{1}{2}(k-1)k-1=27=3^3$.

(2)若 k 为奇数

$$\frac{1}{2}(k-1)k-1=9=3^2$$

所以 $k=3,4,5$.

35.设 $x=m+\alpha,\frac{1}{x}=n+\beta$($m,n$ 为整数,$0\leqslant\alpha,\beta<1$),则

$$\{x\}+\left\{\frac{1}{x}\right\}=\alpha+\beta=1$$

故

$$\frac{1}{x}+x=n+\beta+m+\alpha=m+n+1$$

为整数,于是可设 $x+\frac{1}{x}=k$(k 为整数),即 $x^2-kx+1=0$,解得 $x=\frac{1}{2}(k\pm\sqrt{k^2-4})$.当 $|k|=2,|x|=1$,经验证,它不满足所设等式.当 $|k|\geqslant 3$ 时,$x=\frac{1}{2}(k\pm\sqrt{k^2-4})$是满足等式的全体实数.因 k^2-4 不是完全平方数,故 x 是无理数,即满足题设等式的 x 都不是有理数.

36.设两个自然数为 x_1,x_2,则

$$x_1+x_2=2A,x_1x_2=G^2$$

即 x_1,x_2 是方程 $x^2-2Ax+G^2=0$ 的两个根，所以 $A\pm\sqrt{A^2-G^2}$ 应为自然数. 设 $A=10a+b(1\leqslant a,b\leqslant 9)$，则 $G=10b+a$. 但 $1\leqslant a-b\leqslant 8$，故 $11\nmid a-b$，所以 $11\mid a+b$. 由 $a+b\leqslant 9+8=17$，知 $a+b=11$，这就要求 $a-b$是完全平方数. 由 $a-b=(a+b)-2b=11-2b$ 知 $a-b$ 应为奇数的完全平方数，所以 $a-b=1^2$，所以 $a=6,b=5$. 两数为 98 与 32.

37. 一切奇数.

如果正整数 n 为奇数，则只需令

$$a=\frac{1}{2},b=\frac{2^n-1}{2}$$

事实上，$a+b$ 是整数，而

$$a^n+b^n=(a+b)(a^{n-1}-a^{n-2}b+\cdots+b^{n-1})=2^{n-1}(a^{n-1}-a^{n-2}b+\cdots+b^{n-1})$$

由于括号中每一项的分母都是 2^{n-1}，所以，a^n+b^n 也是整数.

现设正整数 n 为偶数，即 $n=2k(k\in\mathbf{N}_+)$. 如果能够找到所说的正有理数 a,b，那么，由于 $a+b$ 是整数，所以，它们的既约分数表达式中的分母相同，即有 $a=\frac{P}{d},b=\frac{q}{d}$，并且 $p+q$ 可被 d 整除. 同时，有

$$p^n+q^n=(p^{2k}-q^{2k})+2q^{2k}=(p^2-q^2)(p^{2k-2}+p^{2k-4}q^2+\cdots+q^{2k-2})+2q^{2k}=(p+q)K+2q^{2k}$$

其中，$K=(p-q)(p^{2k-2}+p^{2k-4}q^2+\cdots+q^{2k-2})$是一个整数.

注意到，$a^n+b^n=\frac{p^n+q^n}{d^n}$也是整数，亦即 p^n+q^n 能被 d^n 整除，特别地，能被 d 整除.

又由于 $d|(p+q)$，所以，$d|2q^n$. 但 $\frac{q}{d}$ 是既约分数，所以，$d|2$，即 $d=2$. 故 p^n，q^n 都是奇数的平方，它们被 4 除的余数都是 1. 因此，p^n+q^n 不能被 4 整除.

但是，如前所证 p^n+q^n 能被 $d^n=2^n=2^{2k}$ 整除，显然是 4 的倍数. 矛盾.

38. 当 A 的某一位为 0 时，则不管取包含该位在内的任何位数，其积都为 0(平方数)，因此，假定每一位都不为 0. 因为 1～9 之间的每个数都可唯一地表示成 $2^a3^b5^c7^d$ 的形式，因此，从第 1 到第 i 位数字的积可用 $A_i=2^{a_i}3^{b_i}5^{c_i}7^{d_i}$ 表示，这样，把 a,b,c,d 全以 2 为模表示，则当 $a\equiv b\equiv c\equiv d\equiv 0 \pmod 2$ 时，$2^a3^b5^c7^d$ 就为平方数. 可是，当 a,b,c,d 为 0 或 1 时，不同的向量 (a,b,c,d) 只有 $2^4=16$ 个. 因此，只有两种可能：

(1) 对于某个 A_i，有

$$(a_i,b_i,c_i,d_i)\equiv(0,0,0,0) \pmod 2$$

(2) 对某个 $i<j$，有

$$(a_i,b_i,c_i,d_i)\equiv(a_j,b_j,c_j,d_j) \pmod 2$$

对(1)来说，$A_i=$第 1 到第 i 位数的积，为一平方数. 对(2)来说，$\frac{A_j}{A_i}=$第$(i+1)$到第 j 位数的积，也为一平方数.

39. 由(1)得 $a<\sqrt{n}<a+1$，则

$$a^2<n<a^2+2a+1$$

即

$$a^2+1\leqslant n\leqslant a^2+2a$$

令 $n=a^2+t(t\in\{1,2,\cdots,2a\})$. 由(2)有

$$a^3|(a^4+2a^2t+t^2)\Rightarrow a^2|t^2\Rightarrow a|t$$

再由

$$a^3\mid(a^4+2a^2t+t^2)\Rightarrow a^3\mid t^2$$

记 $t^2=ka^3$，则 $t=a\sqrt{ka}$. 由 $t,a,k\in\mathbf{N}_+$，有 $\sqrt{ka}\in\mathbf{N}_+$. 由 $t\in\{1,2,\cdots,2a\}$，有 $t=a\sqrt{ka}\leqslant 2a$. 即 $\sqrt{ka}\leqslant 2$. 所以，$\sqrt{ka}=1$ 或 2，$ka\leqslant 4$，$a\leqslant 4$.

由于 $n=a^2+t$，且 $a\leqslant 4$，$t\leqslant 2a$，可令 $a=4$，$t=2a=8$. 则 $n=a^2+t=16+8=24$ 为最大.

经验证，$n=24$ 满足条件(1)，(2). 因此，n 的最大值为 24.

40. 设 $b_n=n$，$c_n=[\sqrt{n}]$，$d_n=[\sqrt[3]{n}]$. 由于它们都是单调递增的，故 a_n 也是单调递增的.

当 n 增加 1 时，b_n 即增加 1. c_n 只有在 n 从 k^2-1 到 k^2 时才增加 1，d_n 只有当 n 从 k^3-1 到 k^3 时才增加 1.

特别地，当 n 从 k^6-1 变到 k^6 时，c_n，d_n 均增加 1. 注意到 $a_1=3$. 故全部不包含在 $\{a_n\}$ 中的正整数为

$$\begin{cases}k^2+k+[\sqrt[3]{k^2}]-1, k\text{ 不是立方数}\\ k^3+[\sqrt{k^3}]+k-1, k\text{ 不是平方数}\\ k^6+k^3+k^2-1, k\in\mathbf{N}_+\\ k^6+k^3+k^2-2, k\in\mathbf{N}_+\end{cases}$$

41. 将此 n 个互不相等的正整数由小到大排列，记为 $a_1,a_2,a_3,\cdots,a_n$，并记

$$F=\left(\frac{1}{a_1}\right)^2+\left(\frac{1}{a_2}\right)^2+\cdots+\left(\frac{1}{a_n}\right)^2$$

当 $a_1>1$ 时

$$0<F=\frac{1}{a_1^2}+\frac{1}{a_2^2}+\cdots+\frac{1}{a_n^2}\leqslant\frac{1}{2^2}+\frac{1}{3^2}+\cdots+\frac{1}{(n+1)^2}<$$

$$\frac{1}{1\times 2}+\frac{1}{2\times 3}+\cdots+\frac{1}{n\times(n+1)}=$$

$$\left(\frac{1}{1}-\frac{1}{2}\right)+\left(\frac{1}{2}-\frac{1}{3}\right)+\cdots+\left(\frac{1}{n}-\frac{1}{n+1}\right)=$$

$$1-\frac{1}{n+1}<1$$

所以 F 不是整数.

当 $a_1=1$ 时,仿此可得 $0<F-1=\frac{1}{a_2^2}+\frac{1}{a_3^2}+\cdots+\frac{1}{a_n^2}<1$,即 $1<F<2$,所以 F 也不是整数.

42. 记 $k_r=r(r+1)$,$r\in\mathbf{N}$,是两个连续自然数之积. 我们来证明数对 $(4k_r+1,k_r)$ 具有题目要求的数对的性质. 再记

$$T=\{2,6,12,20,\cdots,n(n+1),\cdots\}$$

即为全体两个连续自然数之积的集合.

$$Q=\{9,25,49,81,\cdots,(2n+1)^2,\cdots\}$$

即为除 1^2 外的全体奇数平方的集合.

从恒等式 $(2n+1)^2=4n(n+1)+1$ 易知 $t\in T\Leftrightarrow 4t+1\in Q$;并易知集合 Q 对乘法是封闭的,即 $q_1\in Q$,$q_2\in Q\Rightarrow q_1\cdot q_2\in Q$.

现证充分性:

设 $t\in T$,则

$$4[(4k_r+1)t+k_r]+1=(4k_r+1)(4t+1)\in Q$$

所以

$$(4k_r+1)t+k_r\in T$$

再证必要性:

设 $t\in\mathbf{N}$,且 $(4k_r+1)t+k_r\in T$,则

$$4[(4k_r+1)t+k_r]+1\in Q$$

但

$$4[(4k_r+1)t+k_r]+1=(4k_r+1(4t+1)$$

且 $4k_r+1\in Q$,故 $4t+1\in Q,t\in T$.

由此可见,数对$(4k_r+1,k_r)$满足题目要求.由于 r 是任意自然数,所以这样的数对有无限多个.

43.对 $k=1,2,3$,取 $m=1+4l$(l 为正奇数),则 $m^2+7\equiv(\bmod 2^4)$.对 $k\geqslant3$,设有正整数 m,满足

$$m^2+7\equiv0(\bmod 2^{k+1}) \quad ①$$

显然 m 为奇数.对任意正整数 a,$(m+a\cdot2^k)^k+7\equiv m^2+7+2^{k+1}ma=2^{k+1}(b+ma)(\bmod 2^{k+2})$,其中 $b=\dfrac{m^2+7}{2^{k+1}}$是整数.取 a 与 b 的奇偶性相同,则$(m+a\cdot2^k)^2+7\equiv0(\bmod 2^{k+2})$.因此,对任意正整数 k,均有无穷多个 m 满足①,即有无穷多个正整数 n,使 $n\cdot2^k-7$ 为平方数 m^2.

44.设 x_n 是第 n 步所写的数,那么

$$x_1=1,x_{n+1}=n+x_1^2+\cdots+x_n^2 \quad (n\geqslant1)$$

由此得 $x_2=2$,且当 $n\geqslant2$ 时

$$x_{n+1}=x_n^2+x_n+1$$

于是,在 $n\geqslant1$ 时有不等式 $x_n^2<x_{n+1}<(x_n+1)^2$.因此,当 $n\geqslant1$ 时,x_{n+1}不是完全平方数.

45.如果 A 是完全平方数,则数列最终为常数,因为它恒等于 A,显然,如果数列不包含任何的完全平方数,它将发散于无穷大.又如果 a_n 不是完全平方数,而 $a_{n+1}=(r+1)^2$,若 $a_n\geqslant r^2$,则 $a_{n+1}=a_n+S(a_n)$,$(r+1)^2=a_n+(a_n-r^2)$,有 $r^3+(r+1)^2=2a_n$,矛盾.因为左边为奇数而右边为偶数.反之,若 $a_n<r^2$,则有$(r+1)^2=a_n+S(a_n)<r^2+[r^2-1-(r-1)^2]=r^2+2r-$

2,仍矛盾.因此,如果 A 不是完全平方数,则任何 a_n 都不是完全平方数.

46.倒数第 17 位数为 7 的数居多.

将每个不超过 10^{20} 的完全平方数都写成一个 20 位数(若不足 20 位,则在前面空缺的位置上补 0).再把它们分为 1 000 组,使得每一组内的数的最前面三位数字彼此相同.只需证明,在每一组内,第四位数为 7 的数都比第四位数为 8 的数多.

为此,将左闭右开区间$[(A-1)\cdot 10^{16}, A\cdot 10^{16})$中的完全平方数的个数与左闭右开区间$[A\cdot 10^{16}, (A+1)\cdot 10^{16})$中的完全平方数的个数相比较,其中 $A<10^4$ 是任何一个个位数为 8,前面三位数字任取的正整数.

显然,它们分别等于区间

$$[\sqrt{A-1}\cdot 10^8, \sqrt{A}\cdot 10^8)\text{和}[\sqrt{A}\cdot 10^8, \sqrt{A+1}\cdot 10^8)$$

中的正整数个数.众所周知,区间$[a,b)$中的正整数的个数与区间的长度 $b-a$ 的差不超过 1.故只须证明,所考察的两个区间的长度之差大于 2.而这是因为

$$(\sqrt{A}\cdot 10^8-\sqrt{A+1}\cdot 10^8)-(\sqrt{A+1}\cdot 10^8-\sqrt{A}\cdot 10^8)=$$

$$10^8[(\sqrt{A}-\sqrt{A-1})-(\sqrt{A+1}-\sqrt{A})]=$$

$$10^8\left(\frac{1}{\sqrt{A}+\sqrt{A-1}}-\frac{1}{\sqrt{A+1}+\sqrt{A}}\right)=$$

$$10^8\left[\frac{\sqrt{A+1}-\sqrt{A-1}}{(\sqrt{A}+\sqrt{A-1})(\sqrt{A+1}+\sqrt{A})}\right]=$$

$$\frac{2\times 10^8}{(\sqrt{A+1}+\sqrt{A-1})(\sqrt{A}+\sqrt{A-1})(\sqrt{A+1}+\sqrt{A})}>$$

$$\frac{2\times 10^8}{2\sqrt{10^4}\times 2\sqrt{10^4}\times 2\sqrt{10^4}}=25>2$$

47.75 次.

令 $n=2\ 009$. 考虑函数 $\cos\frac{x}{k}$. 它在 $x=\frac{k(2m+1)\pi}{2}$处变号. 这表明, $f(x)$的零点为 $x_i=\frac{i\pi}{2}(1\leqslant i\leqslant n)$.

下面只需考虑 $f(x)$在 $x_i(i=1,2,\cdots,n-1)$的变号情况.

$\cos\frac{x}{k}$在 x_i 处变号当且仅当 $i=k(2m+1)$. 函数 $\cos x,\cos\frac{x}{2},\cdots,\cos\frac{x}{n}$中在 x_i 处变号的个数等于 i 的奇因数的个数. 故 $f(x)$在 x_i 处变号当且仅当 i 有奇数个奇因数.

令 $i=2^l j$(j 为奇数). 则 i,j 有相同个奇因数. 而一个奇数有奇数个奇因数当且仅当它为平方数, j 为平方数当且仅当 $2^l j$ 为一个平方数或为一个平方数的两倍(依赖于 l 的奇偶性), $1\sim n-1$ 中有$[\sqrt{n-1}]$个平方数, $\left[\sqrt{\frac{n-1}{2}}\right]$个两倍平方数.

故变号次数为

$$[\sqrt{n-1}]+\left[\sqrt{\frac{n-1}{2}}\right]=44+31=75$$

习题 12 答案

1. D

$$A_2=\sqrt{\frac{2^2+4^2+\cdots+2\,008^2}{\frac{2\,008}{2}}}=2\sqrt{\frac{1^2+2^2+\cdots+1\,004^2}{1\,004}}=$$

$$2\sqrt{\frac{1\,005\times 2\,009}{6}}=\sqrt{\frac{2\,010\times 4\,018}{6}}$$

$$A_3=\sqrt{\frac{3^2+6^2+\cdots+2\,007^2}{\frac{2\,007}{3}}}=3\sqrt{\frac{1^2+2^2+\cdots+669^2}{669}}=$$

$$3\sqrt{\frac{670\times 1\,339}{6}}=\sqrt{\frac{2\,010\times 4\,017}{6}}$$

$$A_5=\sqrt{\frac{5^2+10^2+\cdots+2\,005^2}{\frac{2\,005}{5}}}=5\sqrt{\frac{1^2+2^2+\cdots+401^2}{401}}=$$

$$5\sqrt{\frac{402\times 803}{6}}=\sqrt{\frac{2\,010\times 4\,015}{6}}$$

$$A_7=\sqrt{\frac{7^2+14^2+\cdots+2\,009^2}{\frac{2\,009}{7}}}=7\sqrt{\frac{1^2+2^2+\cdots+287^2}{287}}=$$

$$7\sqrt{\frac{288\times 575}{6}}=\sqrt{\frac{2\,016\times 4\,025}{6}}$$

故 $A_5<A_3<A_2<A_7$.

2. 先将形如 n^6 的数挖去后,在区间

$$(1^6,2^6),(2^6,3^6),(3^6,4^6),\cdots$$

中,平方数与立方数不再有重复.

因为 $\sqrt{2^6}=2^3=8$, $\sqrt[3]{2^6}=4$,所以,去掉区间端点,

知$(1^6,2^6)$中有 6 个平方数，2 个立方数. 类似得，$(2^6,3^6)$中有 18 个平方数，4 个立方数.

故区间$[1,3^6]$中，平方数与立方数共有 33 个.

又 $2\ 008+33>45^2$，而 $45^2=2\ 025$，$46^2=2\ 116$，$12^3=1\ 728$，$13^3=2\ 197$，即区间$(2\ 025,2\ 116)$中没有平方数与立方数，在$(3^6,45^2]$中，共有 18 个平方数$(28^2,29^2,\cdots,45^2)$，3 个立方数$(10^3,11^3,12^3)$，$2\ 008+33+18+3=2\ 062$，所以，$a_{2\ 008}=2\ 062$.

3. 略.

4. 设相继三个数为 $n-1,n,n+1$，若有$(n+1)^3=n^3+(n-1)^3$，即 $2=n^2(n-6)$，则 $n>6$. 但此时右边 $n^2(n-6)>3672$，即 $n^2(n-6)\neq 2$，矛盾.

5. 设$(m+1)^3-m^3=n^2$. 则

$$3(2m+1)^2=(2n+1)(2n-1)$$

因为$(2n+1,2n-1)=1$，所以，$2n+1$ 与 $2n-1$ 两个数中的一个是一个完全平方数，另一个是一个完全平方数的 3 倍.

又一个奇数的平方模 4 余 1，且由已知条件可得 n 为奇数. 设 $n=2k+1$. 则

$$2n+1=4k+3$$

因此，一定有 $2n-1$ 是一个完全平方数.

设 $2n-1=(2t+1)^2$. 于是

$$n=t^2+(t+1)^2$$

6. 注意到完全平方数显然是多方的，而形如$8y^2=2^3\times y^2(y\in\mathbf{N}_+)$的正整数也是多方的.

可考虑佩尔方程 $x^2-8y^2=1$. 其存在一组解$(x,y)=(3,1)$，故知存在无穷多组解(x,y). 对每一组解(x_0,y_0)，$(8y_0^2,x_0^2)$即为两相邻的多方正整数.

于是，存在无穷多组相邻的多方正整数.

7. 考虑 A 和 B 这样两种操作：

A 将一个数的立方分成 8 个相等的数，即它的二分之一的立方；

B 将一个数的立方分成 27 个相等的数，即它的三分之一的立方.

因为操作 A 和 B 分别将立方数的个数增加了 7 和 26，所以，对于特定的完全立方数，可以经过 x 次操作 A 和 y 次操作 B，将其分拆成 $1+7x+26y$ 个完全立方数之和.

又因为 $(7,26)=1$，且 x,y 是非负整数，所以，大于 $1+7\times26-7-26$ 的任意整数均可表示为 $1+7x+26y$ 的形式.

因此，取 $n_0=1+7\times26-7-26+1=151$.

8. 不能表为这种形式的数较多.

设 $n=k^2+m^3$，其中 $k,m,n\in\mathbf{N}$，且 $n\leqslant1\ 000\ 000$. 显然，这时 $k\leqslant1\ 000$，$m\leqslant100$. 因此，我们所要考虑的是不超过 100 000 个的数对 (k,m). 而满足条件的数 n 比这种数对还要少，因为某些数对给出的数 n 大于 1 000 000，而且某些不同的数对可能给出相同的数 n.

9. 如果 n 是两个或更多个连续正整数的和，那么

$$n=k+(k+1)+(k+2)+\cdots+(k+l)=\frac{(2k+l)(l+1)}{2}$$

如果 l 是偶数，那么 n 有奇因子 $l+1$；如果 l 是奇数，那么 n 有奇因子 $2k+l$，所以 n 不能是 2 的乘幂.

现在假定 n 不是 2 的乘幂，即

$$n=2^r(2t+1)\quad(r\geqslant0,t\geqslant1)$$

那么，当 $t<2^r$ 时

$$n=(2^r-t)+(2^r-t+1)+\cdots+(2^r-1)+2^r+\cdots+(2^r+t)$$

当 $t\geqslant 2^r$ 时

$$n=(t-2^r+1)+(t-2^r+2)+\cdots+(2^r+t)$$

10. 首先证明：$\frac{a_n}{3}$不能写成两个完全平方数的和.

因为平方数模 4 余 0 和 1，所以，两个完全平方数的和模 4 余 0，1 和 2. 但由 a_n 模 4 余 1，知$\frac{a_n}{3}$模 4 余 3，故$\frac{a_n}{3}$不能写成两个完全平方数的和.

通过计算得

$$\frac{a_n}{3}=\left(\frac{10^{n+1}+2}{3}\right)^3+\left(\frac{2\times 10^{n+1}+1}{3}\right)^3$$

事实上

$$a_n=10^{3n+3}+2\times 10^{2n+2}+2\times 10^{n+1}+1$$

又因为 $10^{n+1}\equiv 1 \pmod 3$，所以

$$\frac{10^{n+1}+2}{3},\frac{2\times 10^{n+1}+1}{3}$$

均为整数.

因此，$\frac{a_n}{3}$可以写成两个完全立方的和.

11. 因为 $x_1,x_2,\cdots,x_9$ 是 2 001，2 002，…，2 009 中的九个不同的数，又 2 001，2 002，…，2 009 这九个数的个位数字 1，2，3，4，5，6，7，8，9 经 3 次方后所得的个位数字分别为 1，8，7，4，5，6，3，2，9，所以，$x_1^3+x_2^3+\cdots+x_9^3$ 的个位数字必是 5. 又

$$x_1^3+x_2^3+\cdots+x_8^2-x_9^3=x_1^3+x_2^3+\cdots+x_8^3+x_9^3-2x_9^3$$

不妨设 x_9^3 的个位数字是 a_9.

故 $x_1^3+x_2^3+\cdots+x_9^3$ 的个位数字有两种情况：

(1)当 $5-2a_9>0$ 时，为 $5-2a_9$；

(2)当 $5-2a_9<0$ 时，为 $15-2a_9$.

因此，有 $5-2a_9=1$ 或 $15-2a_9=1$. 于是，$a_9=2$ 或 $a_9=7$，即

$$x_9=2\,008 \text{ 或 } x_9=2\,003$$

又 $8x_9>x_1+x_2+\cdots+x_8$，所以，$x_9=2\,008$.

12. 因为 $5=1^2+2^2$，$401=1^2+20^2$，所以

$$2\,005=5\times 401=|2+\mathrm{i}|^2|20+\mathrm{i}|^2=|(2+\mathrm{i})(20+\mathrm{i})|^2=|39+22\mathrm{i}|^2=39^2+22^2$$

故 $2\,005^{2\,005}=(39\times 2\,005^{1\,002})^2+(22\times 2\,005^{1\,002})^2$ 是两个完全平方数的和.

因为完全立方数模 7 的余数只能是 $0,\pm 1$，所以，两个完全立方数的和模 7 的余数只能是 $0,\pm 1,\pm 2$. 但

$$2\,005^{2\,005}\equiv 3^{2\,005}=(3^6)^{334}\times 3\equiv 3 \pmod 7$$

所以，$2\,005^{2\,005}$ 不是两个完全立方数的和.

13. 不存在.

假设 x 和 y 分别有 m 和 n 位数字，即

$$10^{m-1}\leqslant x<10^m,\quad 10^{n-1}\leqslant y<10^n$$

则 $10^{m+n-2}\leqslant xy<10^{m+n}$.

那么，xy 要么为 $m+n-1$ 位数字，要么为 $m+n$ 位数字.

使假 N 满足 N,N^2,N^3 用且仅用一次数字 0，1，2，3，4，5，6，7，8，9. 当 N 是一位数字时，用 N^2 最多时两位数字，N^3 最多是三位数字. 所以，最多用 $1+2+3=6<10$个数字. 矛盾.

当 N 至少是三位数字时，则 N^2 至少是五位数字，

N^3 至少是七位数字. 所以,至少用 $3+5+7=15>10$ 个数字. 矛盾.

因此,N 一定是两位数.

如果 N^2 是四位数字,则 N^3 至少是五位数字. 于是,至少用 $2+4+5=11>10$ 个数字. 矛盾. 所以

$$10\leqslant N<100$$

$$100\leqslant N^2<1\ 000$$

$$10\ 000\leqslant N^3<100\ 000$$

从而,$10\leqslant N\leqslant 31$,$22\leqslant N\leqslant 46$. 故 $22\leqslant N\leqslant 31$.

对这 10 个数逐个验证得

$N=22$,不满足;

$N=23$,$N^2=529$,不满足;

$N=24$,$N^2=576$,$N^3=13\ 824$,不满足;

$N=25$,$N^2=625$,不满足;

$N=26$,$N^2=676$,不满足;

$N=27$,$N^2=729$,不满足;

$N=28$,$N^2=784$,不满足;

$N=29$,$N^2=841$,$N^3=24\ 389$,不满足;

$N=30$,$N^2=900$,不满足;

$N=31$,$N^2=961$,不满足.

综上所述,不存在满足条件的正整数 N.

14. 用归纳法证明

$$a_n^2=(b_n+1)^3-b_n^3 \qquad ①$$

事实上,当 $n=1$ 时,结论显然正确.

假设对 $n\geqslant 1$ 时,式①成立. 则

$$(b_{n+1}+1)^3-b_{n+1}^3=3b_{n+1}^2+3b_{n+1}+1=$$
$$3(4a_n+7b_n+3)^2+$$
$$3(4a_n+7b_n+3)+1=$$

$$48a_n^2+147b_n^2+168a_nb_n+$$
$$84a_n+147b_n+37=$$
$$(7a_n+12b_n+6)^2+$$
$$(3b_n^2+3b_n+1)-a_n^2=$$
$$a_{n+1}^2+(b_n+1)^3-b_n^3-a_n^2=$$
$$a_{n+1}^2$$

最后的等号由归纳假设的条件得出.

15. 设 $p^2-p+1=b^3(b\in\mathbf{N})$，即

$$p(p-1)=(b-1)(b^2+b+1)$$

由于 $b^3=p^2-p+1<p^2<p^3$，所以，$p>b$.

因此，p 一定是 b^2+b+1 的一个因子. 从而

$$b^2+b+1=kp \quad ①$$
$$p-1=k(b-1) \quad ②$$

其中，$k\geqslant 2$.

将式②代入式①得

$$b^2+b+1=k^2b+k-k^2$$

由此得

$$b^2+b<k^2b \quad ③$$
$$k^2(b-1)\leqslant b^2+b-1 \quad ④$$

由式③得 $b+1<k^2$.

因为 $b>2$，由式④得

$$k^2\leqslant\frac{b^2+b-1}{b-1}=b+2+\frac{1}{b-1}<b+3$$

所以，只能是 $k^2=b+2$.

因此，$k=3,b=7,p=19$.

16. 设 $n\cdot 2^{n-1}+1=m^2$，其中 $m\in\mathbf{N}_+$，则

$$n\cdot 2^{n-1}=(m+1)(m-1)$$

而当 $n=1,2,3,4$ 时，$n\cdot 2^{n-1}+1$ 均不是完全平方数.

故

$$n\geqslant 5,8\mid(m+1)(m-1)$$

而 $m+1,m-1$ 奇偶性相同.故 $m+1,m-1$ 都是偶数,m 为奇数.

设 $m=2k-1$,其中 $k\in\mathbf{N}_*$,则

$$n\cdot 2^{n-1}=2k(2k-2)$$

从而

$$n\cdot 2^{n-3}=k(k-1)$$

而 k 与 $k-1$ 具有不同奇偶性,故 2^{n-3} 只能是其中之一的约数.

又 $n\cdot 2^{n-3}=k(k-1)\neq 0$,因此,$2^{n-3}\leqslant k$.进而 $n\geqslant k-1$.故

$$2^{n-3}\leqslant k\leqslant n+1$$

由函数性质或数学归纳法,易得 $n\geqslant 6$ 时,$2^{n-6}>n+1$.因此 $n\leqslant 6$.而 $n\geqslant 5$,故 $n=5$.此时,$n\cdot 2^{n-1}+1=81$ 是完全平方数,满足要求.

综上,所求所有正整数 $n=5$.

17.n 可以为所有正奇数.

设 n 为正奇数,只要令 $a=\dfrac{1}{2},b=\dfrac{2^n-1}{2}$,则 $a+b=2^{n-1}$ 为整数.

$$a^n+b^n=(a+b)(a^{n-1}-a^{n-2}b+\cdots+b^{n-1})=$$
$$2^{n-1}(a^{n-1}-a^{n-2}b+\cdots+b^{n-1})$$

由于括号内的每一项的分母都是 2^{n-1},所以 a^n+b^n 是整数.

若 n 为正偶数,设 $n=2k(k\in\mathbf{N}_+)$.如果能够找到符合要求的正有理数 a,b,则由 $a+b$ 是整数,在 a 和 b 的既约分数表达式中,分母相同,即

$$a=\frac{p}{d},b=\frac{q}{d},a+b=\frac{p+q}{d}$$

则

$$d\mid(p+q)$$

同时由

$$\begin{aligned}p^n+q^n=&(p^{2k}-q^{2k})+2q^{2k}=\\&(p^2-q^2)(p^{2k-2}+p^{2k-4}q^2+\cdots+q^{2k-2})+2q^{2k}=\\&(p+q)M+2q^{2k}\end{aligned}$$

其中 $M=(p-q)(p^{2k-2}+p^{2k-4}q^2+\cdots+q^{2k-2})$ 是整数.

由 $a^n+b^n=\frac{p^n+q^n}{d^n}$ 是整数,则 $d^n\mid(p^n+q^n)$. 因而 $d\mid(p^n+q^n)$. 因为 $d\mid(p+q)$,则 $d\mid 2q^{2k}=2q^n$. 因为 $d\nmid q$,则 $d\mid 2$,即 $d=2$.

于是 p^n 和 q^n 都是奇数的平方,它们被 4 除的余数为 1. 即

$$p^n\equiv 1\pmod 4$$
$$q^n\equiv 1\pmod 4$$

即

$$p^n+q^n\equiv 2\pmod 4$$

即

$$4\nmid(p^n+q^n)$$

但 $d^n=2^n=2^{2k}$,又应有 $d^n\mid(p^n+q^n)$,则 p^n+q^n 又是 4 的倍数,矛盾.

所以对所有正奇数 n 能满足题目要求.

18. 设正整数 t,使得 $2^t=a^b\pm 1$. 显然,a 为奇数.

(1)若 b 为奇数,则

$$2^t=(a\pm 1)(a^{b-1}\mp a^{b-2}+a^{b-3}\mp\cdots\mp a+1)$$

由于 a,b 均为奇数,而奇数个奇数相加或相减的结果一定是奇数,因此

$$a^{b-1}\mp a^{b-2}+a^{b-3}\mp\cdots\mp a+1$$

也是奇数. 从而只可能

$$a^{b-1}\mp a^{b-2}+a^{b-3}\mp\cdots\mp a+1=1$$

得 $2^t=a^b\pm1=a\pm1$.

故 $b=1$,这与 $b\geqslant2$ 矛盾.

(2)若 b 为偶数,令 $b=2m$. 则

$$a^b\equiv1(\bmod 4)$$

若 $2^t=a^b+1$,则

$$2^t=a^b+1\equiv2(\bmod 4)$$

从而,$t=1$. 故 $a^b=2^1-1=1$,矛盾.

若 $2^t=a^b-1=(a^m-1)(a^m+1)$,两个连续偶数的乘积为 2 的方幂只能是

$$a^m-1=2,a^m+1=4$$

从而

$$a=3,b=2m=2$$

因此

$$2^t=a^b-1=3^2-1=8$$

综上,满足题设的 2 的正整数次幂是 2^3,即 $t=3$.

19. 设 n 可写成若干个连续正整数之和,即 $\exists m$, $k\in\mathbf{N}$,使得 $n=m+(m+1)+\cdots+(m+k)$. 则

$$n=(k+1)m+1+2+\cdots+k=$$
$$(k+1)m+\frac{k(k+1)}{2}=$$
$$(k+1)\left(m+\frac{k}{2}\right)$$

若 k 是偶数,则 n 可被奇数 $k+1\geqslant3$ 整除. 因此,n 不是 2 的整数次幂;若 k 是奇数,设 $k=2l-1$,$l\in\mathbf{N}$,则

$$n=2l\left(m+\frac{2l-1}{2}\right)=l[2(m+l)-1]$$

此时，n 可被奇数 $2(m+l)-1\geqslant 3$ 整除，故也不是 2 的整数次幂.

下面证明逆命题.

设 n 不是 2 的整数次幂. 那么，存在非负整数 m 及正整数 k，有 $n=2^m(2k+1)$. 则

$$n=2^{m+1}k+2^m=(k-2^m+1)+(k-2^m+2)+\cdots+(k+2^m) \quad ①$$

即 n 是 2^{m+1} 个连续整数之和.

若 $k\geqslant 2^m$，则其全部为正数. 命题成立.

若 $k<2^m$，在式①中存在一些负数，但这些负数可与 $1,2,\cdots,2^m-k-1$ 刚好有

$$n=(2^m-k)+(2^m-k+1)+\cdots+(2^m+k)$$

在以上两种情况中，n 都可写作连续正整数之和的形式.

20. 因为 $x_1,x_2,\cdots,x_p$ 都是自然数，所以，2^{x_1}，$2^{x_2},\cdots,2^{x_p}$ 都是正整数.

又由于 $x_1<x_2<\cdots<x_p$，故

$$2^{x_1}<2^{x_2}<\cdots<2^{x_p}$$

由 $2^{x_1}+2^{x_2}+\cdots+2^{x_p}=2\ 008$，可得

$$2^{x_1}(1+2^{x_2-x_1}+2^{x_3-x_1}+\cdots+2^{x_p-x_1})=2^3\times 251$$

因为 2^{x_1} 与 $1+2^{x_2-x_1}+2^{x_3-x_1}+\cdots+2^{x_p-x_1}$ 互质，2^3 与 251 也互质，所以，必有 $2^{x_1}=2^3$，即 $x_1=3$；且

$$1+2^{x_2-x_1}+2^{x_3-x_1}+\cdots+2^{x_p-x_1}=251$$

于是

$$2^{x_2-x_1}+2^{x_3-x_1}+\cdots+2^{x_p-x_1}=250$$

即

$$2^{x_2-x_1}(1+2^{x_3-x_2}+\cdots+2^{x_p-x_2})=2\times 125$$

故 $x_2-x_1=1, x_2=x_1+1=4$，且

$$1+2^{x_3-x_2}+\cdots+2^{x_p-x_2}=125$$

$$\vdots$$

如此下去，用同样的方法可以陆续求得：$x_3=6$，$x_4=7, x_5=8, x_6=9, x_7=10$，并确定 p 的值为 7.

故 $p=7, x_1=3, x_2=4, x_3=6, x_4=7, x_5=8, x_6=9, x_7=10$.

21. 注意到，三位数中的完全平方数为

100,121,144,169,196,225,256,289

324,361,400,441,484,529,576,625

676,729,784,841,900,961

对 M 中每个数，考虑其最左边的三位数.

(1)最左边三位数为 100 的六位数为 100 169，五位数为 10 016，10 049，四位数为 1 001，1 004，1 009.

(2)最左边三位数为 400 的六位数为 400 169，五位数为 40 016，40 049，四位数为 4 001，4 004，4 009.

(3)最左边三位数为 900 的六位数为 900 169，五位数为 90 016，90 049，四位数为 9 001，9 004，9 009.

(4)最左边三位数为 144，196，225，484，625，784 时，对应的四位数为

1 441，1 961，2 256，4 841，6 256，7 841.

(5)剩下的全为三位数. 将上述各数从大到小排序后知

$$b_{16}=4\,009, b_{20}=1\,961.$$

故 $b_{16}-b_{20}=2\,048=2^{11}$，即 $n=11$.

22. 以 m 为 x, y 的最大公约数. 可设 $x=mx_1, y=my_1$，由已知条件有 $m^n(x_1^n+y_1^n)=p^k$. 因此，对某个非负整数 α，有

$$x_1^n+y_1^n=p^{k-n\alpha} \quad ①$$

由于 n 为奇数，故有

$$\frac{x_1^n+y_1^n}{x_1+y_1}=x_1^{n-1}-x_1^{n-2}y_1+x_1^{n-3}y_1^2-\cdots-x_1y_1^{n-2}+y_1^{n-1}$$

用 A 表示等式右端的数，由 $p>2$，于是，x_1 与 y_1 中至少有一个大于 1. 而 $n>1$，所以 $A>1$.

由等式①推出：$A(x_1+y_1)=p^{k-n\alpha}$.

因为 $x_1+y_1>1$ 且 $A>1$，所以它们都能被 p 整除，而且对于某个自然数 β，有 $x_1+y_1=p^\beta$. 这样

$$A=x_1^{n-1}-x_1^{n-2}(p^\beta-x_1)+x_1^{n-3}(p^\beta-x_1)-\cdots-$$
$$x_1(p^\beta-x_1)^{n-2}+(p^\beta-x_1)^{n-1}=$$
$$nx_1^{n-1}+Bp \quad (B\text{ 是某一个整数})$$

因为 A 可被 p 整除，x_1 与 p 互素，于是，n 可被 p 整除.

设 $n=pq$，那么，$x^{pq}+y^{pq}=p^k$，即

$$(x^p)^q+(y^p)^q=p^k$$

如果 $q>1$，同上面的证明一样，可以证明，q 可被 p 整除. 如果 $q=1$，则 $n=p$.

这样重复进行下去，便可推出对某个自然数 l，有 $n=p^l$.

23. (1) 当 n 为奇数时，不妨设 $n=2l-1$，$l\in\mathbf{N}$. 对 $m\in\mathbf{N}$. 如果 $3\nmid m$，则 $m^2\equiv1\pmod 3\Rightarrow m^{2l}\equiv1\pmod 3\Rightarrow m^{2l-1}\equiv m^{2(l-1)+1}\equiv m\pmod 3$；如果

$$3\mid m,\text{则 } m^{2l-1}\equiv0\equiv m\pmod 3$$

于是，当 n 为奇数时，对 $m\in\mathbf{N}$，总有 $m^n\equiv m\pmod 3$，从而

$$S\equiv1+2+3+\cdots+k\equiv(1+2+3)+$$
$$(4+5+6)+\cdots\pmod 3$$

当 $k=3t+3$ 或 $k=3t+2$ 时，就有

$$S\equiv 0(\bmod 3)\quad (t\in\mathbf{N})$$

当 $k=3t+1$ 时，就有

$$S\equiv(1+2+3)+(4+5+6)+\cdots+[(k-3)+(k-2)+(k-1)]+k\equiv 1(\bmod 3)\quad (t\in\mathbf{N})$$

(2)当 n 为偶数时，对 $m\in\mathbf{N}$，由(1)知

$$3\nmid m\Rightarrow m^n\equiv 1(\bmod 3), 3\mid m\Rightarrow m^n\equiv 0(\bmod 3)$$

于是

$$S\equiv(1+1+0)+(1+1+0)+\cdots(\bmod 3)$$

当 $k=3t+3(t\in\mathbf{N})$ 时，$(1+1+0)$ 共有 $t+1$ 组，故

$$S\equiv(t+1)(1+1+0)\equiv 2t+2(\bmod 3)$$

当 $k=3t+2(t\in\mathbf{N})$ 时，$(1+1+0)$ 共有七组，且

$$(k-1)^n\equiv k^n\equiv 1(\bmod 3)$$

故

$$S\equiv 2t+1+1\equiv 2t+2(\bmod 3)$$

当 $k=3t+1(t\in\mathbf{N})$ 时，$(1+1+0)$ 共有七组，且

$$k^n\equiv 1(\bmod 3)$$

故 $S\equiv 2t+1(\bmod 3)$.

综上(1)，(2)可知，当 n 为奇正整数时，有

$$S\equiv\begin{cases}0, k=3t+3 \text{ 或 } 3t+2\\ 1, k=3t+1\end{cases}(\bmod 3)\quad (t\in\mathbf{N})$$

当 n 为偶正整数时，有

$$S\equiv\begin{cases}2t+2, k=3t+3 \text{ 或 } 3t+2\\ 2t+1, k=3t+1\end{cases}(\bmod 3)\quad (t\in\mathbf{N})$$

24. 证法 1：不失一般性，不妨设 S 中只含有正整数. 设

$$S=\{2^{a_i}3^{b_i}\mid a_i,b_i\in\mathbf{Z},a_i,b_i\geqslant 0,1\leqslant i\leqslant 9\}$$

只需证明存在 $1\leqslant i_1,i_2,i_3\leqslant 9$，使得

$$a_{i_1}+a_{i_2}+a_{i_3}\equiv b_{i_1}+b_{i_2}+b_{i_3}\equiv 0(\bmod 3)$$

对 $n=2^a3^b\in S$，称 $(a(\bmod 3),b(\bmod 3))$ 为 n 的类型，则共有以下 9 种类型

$$(0,0),(0,1),(0,2),(1,0),(1,1)$$
$$(1,1),(2,0),(2,1),(2,2)$$

记 S 中类型 (i,j) 的元素个数为 $N(i,j)$.

当 $N(i,j)$ 满足以下四个条件之一时，可得到乘积为完全立方数的 3 个不同的整数：

(1)存在 (i,j)，使得 $N(i,j)\geqslant 3$；

(2)存在 $i\in\{1,2,3\}$，使得

$$N(i,0)N(i,1)N(i,2)\neq 0$$

(3)存在 $j\in\{1,2,3\}$，使得

$$N(0,k)N(1,j)N(2,j)\neq 0$$

(4) $N(i_1,j_1)N(i_2,j_2)N(i_3,j_3)\neq 0$，其中 $\{i_1,i_2,i_3\}=\{j_0,j_1,j_2\}=\{0,1,2\}$.

假设条件(1),(2),(3)均不满足.

由于对所有的 (i,j)，均有 $N(i,j)\leqslant 2$，因此，存在至少 5 个非零的 $N(i,j)$. 此外，对这些非零的 $N(i,j)$，不存在某三个的 i 值或 j 值相同.

根据这些条件，易知条件(4)必然满足(例如，在 3×3 的方阵中，行和列均按 0,1,2 标记，将所有的非零的 $N(i,j)$ 填入第 i 行第 j 列，那么，总可以在该方阵中找到三个元素，它们的行和列都不同，此即(4)).

证法 2：对 $n=2^a3^b\in S$，同证法 1 得到 9 种 n 的类型.

注意到以下两点：

(1)对任意 5 个整数，总存在 3 个数之和能被 3 整

除;

(2)对 $i,j,k\in\{0,1,2\}$,$i+j+k\equiv 0(\bmod 3)$当且仅当 $i=j=k$或$\{i,j,k\}=\{0,1,2\}$.

用 T 表示S 中整数的类型的集合,$N(i)$表示 S 中类型为$(i,\cdot)$的整数的个数,$M(i)$表示使得$(i,j)\in T$的整数 $j\in\{0,1,2\}$的个数.

若对某些 i,有 $N(i)\geqslant 5$,则由(1)知结论成立. 否则,对于$\{0,1,2\}$的某些排列(i,j,k)有

$$N(i)\geqslant 3,N(j)\geqslant 3,N(k)\geqslant 1$$

若 $M(i)$或 $M(j)$等于 1 或 3,则由(2)知结论成立. 否则,$M(i)=M(j)=2$,则对$\{0,1,2\}$的某些排列(x,y,z),或有

$$(i,x),(i,y),(j,x),(j,y)\in T$$

或有$(i,x),(i,y),(j,x),(j,z)\in T$.

由于 $N(k)\geqslant 1$,因此,$(k,x),(k,y),(k,z)$中至少有一个包含于 T,从而,由(2)知结论成立(例如,若$(k,y)\in T$,从 T 中取$(i,y),(j,y),(k,y)$或$(i,x),(j,z)$ (k,y)).

25. 命题为假命题.

当 n 最小取到 25 时,命题错误.

已知 $n\geqslant 2(n\in\mathbf{N}_+)$,设 r 是 2^n 除以 n 的余数,即

$$2^n=kn+r\quad(k\in\mathbf{N}_+,r\in\mathbf{Z},0\leqslant r<n)$$

则

$$2^{2^n}=2^{kn+r}\equiv 2^r(\bmod(2^n-1))(2^r<2^n-1)$$

若 2^{2^n}模 2^n-1 余 4 的幂,则当且仅当 r 是偶数,即 r 为奇数时,命题为假.

反例如下.

如果 n 是偶数,则 $r=2^n-kn$ 为偶数. 如果 n 是奇

质数,则由费马小定理得

$$2^n \equiv 2 \pmod{n}$$

故

$$r \equiv 2^n \equiv 2 \pmod{n}, r=2$$

因此,可以推算出 n 的值.

对于奇合数 $n=9,15,21$,命题成立.

当 $n=9$ 时,由 $2^6 \equiv 1 \pmod{9}$,有

$$2^9 = 2^6 \times 2^3 \equiv 8 \pmod{9}$$

当 $n=15$ 时,由 $2^4 \equiv 1 \pmod{15}$,有

$$2^{15} = (2^4)^3 \equiv 8 \pmod{15}$$

当 $n=21$ 时,由 $2^6 \equiv 1 \pmod{21}$,有

$$2^{21} = (2^6)^3 \times 2^3 \equiv 8 \pmod{21}$$

但当 $n=25$ 时,由

$$2^{10} = 1\,024 \equiv -1 \pmod{25}$$

有

$$2^{25} = (2^{10})^2 \times 2^5 \equiv 2^5 \equiv 7 \pmod{25}$$

故 $2^{2^{25}}$ 模 $2^{25}-1$ 余 2^7,2^7 不是 4 的幂.

编辑手记

本书是专门讲述自然数集的一个子集——完全平方数的一本课外读物.

完全平方数是数学奥林匹克中的常见内容,给人留下印象最深的是两道IMO试题,一道是我国第一次参加的第27届IMO的第一题:设正整数d不等于2,5,13.证明:在集合$\{2,5,13,d\}$中可以找到两个不同元素a,b,使$ab-1$不是完全平方正数.

据当年的国家队领队讲:此题虽由联邦德国命题,但实际来源于某一年荷兰的年历,荷兰是一个喜爱解难题的国家.据说笛卡儿最后走上数学道路也是由于在驻军荷兰时于街头看到了一个用佛拉芒语写的问题征解通告.经由恰好在旁边的一位爱好数学的香肠生产工人(那时数学家还不是一个正当职业)的翻译得以了解题目含义并一举攻克.所以许多荷兰年历后都有附以数学难题的传统,原问题是这样的:试找出尽可能多的自然数,使其两两乘积减一为完全平方数.本试题即是说:如果你不巧开始找到的三个数为2,5,13,那么你就一定要另起炉灶了,因为第4个是不存在的.

当年我国的6位选手出国比赛前在北大受了一周的数论专门培训,教练居然请到了张益唐的硕士导师潘承彪教授,但由于他们将此题想得过难,竟然全军覆没,没有一个人答对,原因在于模取得太大,其实解本题只用到了奇数的平方除8余1这个简单事实.此题在当年选题会上获世界各国领队一致青睐,高票通过,并将其难度定为C级(最低等级).另一个关于此题的八卦是,据知情人透露,当年中国队中实力最强者是一位学生党员,赛后他解释没有成功解答的原因,居然是认为党员要在一切方面均领先于群众.于是压力过大,动作变形,而数学恰恰要求忘记身份、撇掉压力.由此可联想到人为规划100位冲击诺贝尔的拔尖人才是多少荒诞.其实这个问题 mod 4 亦可证出,不过分类讨论稍繁杂.在我国优秀代数几何学家肖刚去世不久后,华东师大网站为纪念肖刚的专栏中单墫教授有一篇悼念文章,单墫教授说:“我见过不少聪明人,数学界不像政界,没有特别愚蠢的.但说到天才,恐怕只有肖刚才当得起”单教授举了一个例子,在 pólya 的名著《数学的发现》中有一题:证明

$$11,111,1111,\cdots$$

中没有完全平方数.

原书的解法比较麻烦,肖刚只看了一眼就说:"mod 8"(后来单教授改为 mod 4),这个解法现在广为流传,它就源自肖刚.

第二个题目也是联邦德国题命的,是第 29 届的最后一题:

正整数 a 与 b,使得 $ab+1$ 整除 a^2+b^2,求证:$\frac{a^2+b^2}{ab+1}$是某个正整数的平方.

这个问题之所以深深的留在所有从事奥数研究的人的记忆中是因为这样三个原因:

一是当年澳州的顶尖数论专家在长达几天的时间中都没能成功的解决该题,包括后来中国的一次纪念华罗庚诞辰 100 周年的大会中参会的所有中国顶级数论专家(潘承彪教授除外).但在规定时间内全球共有 11 位中学生完满的解决了这个题目.

二是居然有一位保加利亚中学生只用到了极端原理与韦达定理就给出了一个极其简洁的解答,并由此获得了 IMO 中少有的几次特别奖.

三是赛后各路好手纷纷展开研究给出了各种不同风格的证法,其中以香港的萧文强,湖南的欧阳维诚,北大的潘承彪等给出的解法独具特色,有人还给出了这个平方数与 a,b 之间的函数关系,其中潘先生的基于辗转相除法的和德国当年的独臂教练恩格尔的基于格点理论的解法令人耳目一新.

在近年的各级各类数学奥林匹克中有关完全平方数的试题数不胜数,有的侧重于考查十进制数如第 54 届 IMO 的预选题中出现这样的试题:

是否存在由非零数码 $a_1, a_2, \cdots$ 构成的无穷数列和正整数 N，使得对于每个整数 $k>N$，均有 $\overline{a_k a_{k-1} \cdots a_1}$ 为完全平方数？

有与其他内容相结合的问题如由阿尔巴尼亚所提出的第 12 届巴尔干数学奥林匹克第 3 题：

令 a 与 b 是有相同奇偶性的正整数，使 $a>b$，求证：方程

$$x^2-(a^2-a+1)(x^2-b^2-1)-(b^2+1)^2=0$$

的根是正整数，其中没有一个数是完全平方数.

还有的是在试题中并没有出现完全平方数，但是在解答中要用到. 如第 16 届巴尔干地区数学奥林匹克竞赛的第 2 题(是由保加利亚提供的)：

令 p 是使 3 整除 $p-2$ 的质数，令

$$S=\{y^2-x^2-1 \mid x, y \text{ 是整数且 } 0 \leqslant x, y \leqslant p+1\}$$

求证：集合 S 至多有 p 个元素被 p 整除.

从题目本身似乎与完全平方数风马牛不相及，但解题过程却要依赖于以下结论：

令 F_p 表示整数模 p 的有限类域，则 F_p 包含 $\frac{p-1}{2}$ 个非零完全平方数.

关于完全平方数不仅可供练习的问题多，而且没解决的猜想更多，以前大家所熟知的不提，下面介绍两个南京大学孙智伟教授 2015 年 7 月 3 日刚刚发布的他提出的新猜想.

猜想 1 (Zhi－Wei Sun, July 5, 2015). 集合

$S=\left\{\frac{m}{n} \middle| m \text{ 与 } n \text{ 为正整数，且 } \pi(m)\times\pi(n) \text{ 为正的平方数}\right\}$ 包含了全体正有理数，这儿素数计数函数

$\pi(x)$表示不超过 x 的素数个数.

现代数论对于$\pi(x)$的渐进形状有些结果,可没法处理涉及$\pi(x)$精确值的问题.正因为如此,上述猜想才显得神秘莫测,无比诡异!

上述猜想相当强,检验工作极其艰巨.对于既约正有理数$\frac{a}{b}$,要找最小的正整数 k(有时特别大)使得对于 $m=k\times a$ 与 $n=k\times b$,乘积$\pi(m)\times\pi(n)$为正的平方数(注意$\pi(1)=0$).孙智伟启用了家里与办公室的四台电脑运行了好几天,才对不超过1 000的正整数以及分子与分母都不超过60的正有理数检验了上述猜想.例如:孙智伟用四台电脑运行了两天两夜才验证了集合 S 包含$\frac{49}{58}$;事实上

$$\frac{49}{58}=\frac{1\ 076\ 068\ 567}{1\ 273\ 713\ 814}$$

$$\begin{aligned}&\pi(1\ 076\ 068\ 567)\times\pi(1\ 273\ 713\ 814)=\\&54\ 511\ 776\times 63\ 975\ 626=\\&3\ 487\ 424\ 993\ 971\ 776=\\&59\ 054\ 424^2\end{aligned}$$

能否把猜想1中"$\pi(m)\times\pi(n)$为正的平方数,换成"$\pi(m)$与$\pi(n)$都为正的平方数"呢?似乎如此,但考虑到猜想1已很难检验,其更强形式将缺少有力的数据支持.

数论中著名的 Euler 函数 $\phi(n)$表示 $1,\cdots,n$ 中与 n 互素的数个数,因子和函数 $\sigma(n)$表示 n 的所有正因子之和.对于大于1的整数 n,显然 $\phi(n)<n<\sigma(n)$.受其在2013年的一个涉及 $\phi(n)$与 $\sigma(n)$的猜想的启发,7月8日上午孙智伟尝试把猜想1中$\pi(m)\times\pi(n)$换成

$\phi(n)\times\sigma(n)$,如此改造后的猜想经检验后似乎仍是对的.于是他得陇望蜀,进一步要求 $\Phi(n)$ 与 $\sigma(n)$ 分别为平方数,这导致下述奇葩猜想的发现.

猜想 2 (Zhi－Wei Sun,July 8, 2015).集合

$$T=\left\{\frac{m}{n}\middle| m \text{ 与 } n \text{ 为正整数},\varphi(m)\text{ 与 }\sigma(n)\text{都是平方数}\right\}$$

包含了全体正有理数.

经过四台电脑两天一夜的计算,孙智伟终于对不超过 1 000 的正整数以及分子与分母都不超过 150 的正有理数检验了 上面的猜想 2.例如:电脑运行了两天才说明了集合 T 的确包含 $\frac{1}{673}$ 与 $\frac{148}{146}$;事实上,

$$\frac{1}{673}=\frac{3\ 451\ 030\ 792}{2\ 322\ 543\ 723\ 016}$$

$$\phi(3\ 451\ 030\ 792)=1\ 564\ 993\ 600=39\ 560^2$$

$$\sigma(2\ 322\ 543\ 723\ 016)=4\ 768\ 807\ 737\ 600=2\ 183\ 760^2$$

$$\frac{149}{146}=\frac{142\ 458\ 436\ 610}{139\ 590\ 145\ 940}$$

$$\varphi(142\ 458\ 436\ 610)=46\ 180\ 290\ 816=214\ 896^2$$

$$\sigma(139\ 590\ 145\ 940)=356\ 093\ 853\ 696=596\ 736^2$$

最后借用孙教授的原话作结:

如果你相信了那两个猜想又渴望知道其中的奥妙,那你就离走火入魔不远了.

数学是富有想象的科学,也是最有理智的艺术.

刘培杰

2015 年 7 月 17 日

于哈工大

哈尔滨工业大学出版社刘培杰数学工作室已出版(即将出版)图书目录

书　名	出版时间	定　价	编号
新编中学数学解题方法全书(高中版)上卷	2007—09	38.00	7
新编中学数学解题方法全书(高中版)中卷	2007—09	48.00	8
新编中学数学解题方法全书(高中版)下卷(一)	2007—09	42.00	17
新编中学数学解题方法全书(高中版)下卷(二)	2007—09	38.00	18
新编中学数学解题方法全书(高中版)下卷(三)	2010—06	58.00	73
新编中学数学解题方法全书(初中版)上卷	2008—01	28.00	29
新编中学数学解题方法全书(初中版)中卷	2010—07	38.00	75
新编中学数学解题方法全书(高考复习卷)	2010—01	48.00	67
新编中学数学解题方法全书(高考真题卷)	2010—01	38.00	62
新编中学数学解题方法全书(高考精华卷)	2011—03	68.00	118
新编平面解析几何解题方法全书(专题讲座卷)	2010—01	18.00	61
新编中学数学解题方法全书(自主招生卷)	2013—08	88.00	261

数学眼光透视	2008—01	38.00	24
数学思想领悟	2008—01	38.00	25
数学应用展观	2008—01	38.00	26
数学建模导引	2008—01	28.00	23
数学方法溯源	2008—01	38.00	27
数学史话览胜	2008—01	28.00	28
数学思维技术	2013—09	38.00	260

从毕达哥拉斯到怀尔斯	2007—10	48.00	9
从迪利克雷到维斯卡尔迪	2008—01	48.00	21
从哥德巴赫到陈景润	2008—05	98.00	35
从庞加莱到佩雷尔曼	2011—08	138.00	136

数学奥林匹克与数学文化(第一辑)	2006—05	48.00	4
数学奥林匹克与数学文化(第二辑)(竞赛卷)	2008—01	48.00	19
数学奥林匹克与数学文化(第二辑)(文化卷)	2008—07	58.00	36′
数学奥林匹克与数学文化(第三辑)(竞赛卷)	2010—01	48.00	59
数学奥林匹克与数学文化(第四辑)(竞赛卷)	2011—08	58.00	87
数学奥林匹克与数学文化(第五辑)	2015—06	98.00	370

哈尔滨工业大学出版社刘培杰数学工作室已出版(即将出版)图书目录

书　　名	出版时间	定　价	编号
世界著名平面几何经典著作钩沉——几何作图专题卷(上)	2009－06	48.00	49
世界著名平面几何经典著作钩沉——几何作图专题卷(下)	2011－01	88.00	80
世界著名平面几何经典著作钩沉(民国平面几何老课本)	2011－03	38.00	113
世界著名平面几何经典著作钩沉(建国初期平面三角老课本)	2015－08	38.00	507
世界著名解析几何经典著作钩沉——平面解析几何卷	2014－01	38.00	273
世界著名数论经典著作钩沉(算术卷)	2012－01	28.00	125
世界著名数学经典著作钩沉——立体几何卷	2011－02	28.00	88
世界著名三角学经典著作钩沉(平面三角卷Ⅰ)	2010－06	28.00	69
世界著名三角学经典著作钩沉(平面三角卷Ⅱ)	2011－01	38.00	78
世界著名初等数论经典著作钩沉(理论和实用算术卷)	2011－07	38.00	126

发展空间想象力	2010－01	38.00	57
走向国际数学奥林匹克的平面几何试题诠释(上、下)(第1版)	2007－01	68.00	11,12
走向国际数学奥林匹克的平面几何试题诠释(上、下)(第2版)	2010－02	98.00	63,64
平面几何证明方法全书	2007－08	35.00	1
平面几何证明方法全书习题解答(第1版)	2005－10	18.00	2
平面几何证明方法全书习题解答(第2版)	2006－12	18.00	10
平面几何天天练上卷·基础篇(直线型)	2013－01	58.00	208
平面几何天天练中卷·基础篇(涉及圆)	2013－01	28.00	234
平面几何天天练下卷·提高篇	2013－01	58.00	237
平面几何专题研究	2013－07	98.00	258
最新世界各国数学奥林匹克中的平面几何试题	2007－09	38.00	14
数学竞赛平面几何典型题及新颖解	2010－07	48.00	74
初等数学复习及研究(平面几何)	2008－09	58.00	38
初等数学复习及研究(立体几何)	2010－06	38.00	71
初等数学复习及研究(平面几何)习题解答	2009－01	48.00	42
几何学教程(平面几何卷)	2011－03	68.00	90
几何学教程(立体几何卷)	2011－07	68.00	130
几何变换与几何证题	2010－06	88.00	70
计算方法与几何证题	2011－06	28.00	129
立体几何技巧与方法	2014－04	88.00	293
几何瑰宝——平面几何500名题暨1000条定理(上、下)	2010－07	138.00	76,77
三角形的解法与应用	2012－07	18.00	183
近代的三角形几何学	2012－07	48.00	184
一般折线几何学	2015－08	48.00	203
三角形的五心	2009－06	28.00	51
三角形趣谈	2012－08	28.00	212
解三角形	2014－01	28.00	265
三角学专门教程	2014－09	28.00	387

哈尔滨工业大学出版社刘培杰数学工作室
已出版(即将出版)图书目录

书　　名	出版时间	定　价	编号
距离几何分析导引	2015－02	68.00	446
圆锥曲线习题集(上册)	2013－06	68.00	255
圆锥曲线习题集(中册)	2015－01	78.00	434
圆锥曲线习题集(下册)	即将出版		
近代欧氏几何学	2012－03	48.00	162
罗巴切夫斯基几何学及几何基础概要	2012－07	28.00	188
罗巴切夫斯基几何学初步	2015－06	28.00	474
用三角、解析几何、复数、向量计算解数学竞赛几何题	2015－03	48.00	455
美国中学几何教程	2015－04	88.00	458
三线坐标与三角形特征点	2015－04	98.00	460
平面解析几何方法与研究(第1卷)	2015－05	18.00	471
平面解析几何方法与研究(第2卷)	2015－06	18.00	472
平面解析几何方法与研究(第3卷)	2015－07	18.00	473
解析几何研究	2015－01	38.00	425
初等几何研究	2015－02	58.00	444
俄罗斯平面几何问题集	2009－08	88.00	55
俄罗斯立体几何问题集	2014－03	58.00	283
俄罗斯几何大师——沙雷金论数学及其他	2014－01	48.00	271
来自俄罗斯的5000道几何习题及解答	2011－03	58.00	89
俄罗斯初等数学问题集	2012－05	38.00	177
俄罗斯函数问题集	2011－03	38.00	103
俄罗斯组合分析问题集	2011－01	48.00	79
俄罗斯初等数学万题选——三角卷	2012－11	38.00	222
俄罗斯初等数学万题选——代数卷	2013－08	68.00	225
俄罗斯初等数学万题选——几何卷	2014－01	68.00	226
463个俄罗斯几何老问题	2012－01	28.00	152
超越吉米多维奇.数列的极限	2009－11	48.00	58
超越普里瓦洛夫.留数卷	2015－01	28.00	437
超越普里瓦洛夫.无穷乘积与它对解析函数的应用卷	2015－05	28.00	477
超越普里瓦洛夫.积分卷	2015－06	18.00	481
超越普里瓦洛夫.基础知识卷	2015－06	28.00	482
超越普里瓦洛夫.数项级数卷	2015－07	38.00	489
初等数论难题集(第一卷)	2009－05	68.00	44
初等数论难题集(第二卷)(上、下)	2011－02	128.00	82,83
数论概貌	2011－03	18.00	93
代数数论(第二版)	2013－08	58.00	94
代数多项式	2014－06	38.00	289
初等数论的知识与问题	2011－02	28.00	95
超越数论基础	2011－03	28.00	96
数论初等教程	2011－03	28.00	97
数论基础	2011－03	18.00	98
数论基础与维诺格拉多夫	2014－03	18.00	292
解析数论基础	2012－08	28.00	216
解析数论基础(第二版)	2014－01	48.00	287
解析数论问题集(第二版)	2014－05	88.00	343

哈尔滨工业大学出版社刘培杰数学工作室已出版(即将出版)图书目录

书名	出版时间	定价	编号
数论入门	2011－03	38.00	99
代数数论入门	2015－03	38.00	448
数论开篇	2012－07	28.00	194
解析数论引论	2011－03	48.00	100
Barban Davenport Halberstam 均值和	2009－01	40.00	33
基础数论	2011－03	28.00	101
初等数论 100 例	2011－05	18.00	122
初等数论经典例题	2012－07	18.00	204
最新世界各国数学奥林匹克中的初等数论试题(上、下)	2012－01	138.00	144,145
初等数论(Ⅰ)	2012－01	18.00	156
初等数论(Ⅱ)	2012－01	18.00	157
初等数论(Ⅲ)	2012－01	28.00	158
平面几何与数论中未解决的新老问题	2013－01	68.00	229
代数数论简史	2014－11	28.00	408
谈谈素数	2011－03	18.00	91
平方和	2011－03	18.00	92
复变函数引论	2013－10	68.00	269
伸缩变换与抛物旋转	2015－01	38.00	449
无穷分析引论(上)	2013－04	88.00	247
无穷分析引论(下)	2013－04	98.00	245
数学分析	2014－04	28.00	338
数学分析中的一个新方法及其应用	2013－01	38.00	231
数学分析例选:通过范例学技巧	2013－01	88.00	243
高等代数例选:通过范例学技巧	2015－06	88.00	475
三角级数论(上册)(陈建功)	2013－01	38.00	232
三角级数论(下册)(陈建功)	2013－01	48.00	233
三角级数论(哈代)	2013－06	48.00	254
三角级数	2015－07	28.00	263
超越数	2011－03	18.00	109
三角和方法	2011－03	18.00	112
整数论	2011－05	38.00	120
随机过程(Ⅰ)	2014－01	78.00	224
随机过程(Ⅱ)	2014－01	68.00	235
算术探索	2011－12	158.00	148
组合数学	2012－04	28.00	178
组合数学浅谈	2012－03	28.00	159
丢番图方程引论	2012－03	48.00	172
拉普拉斯变换及其应用	2015－02	38.00	447
同余理论	2012－05	38.00	163
[x]与{x}	2015－04	48.00	476
极值与最值.上卷	2015－06	38.00	486
极值与最值.中卷	2015－06	38.00	487
极值与最值.下卷	2015－06	28.00	488
整数的性质	2012－11	38.00	192

哈尔滨工业大学出版社刘培杰数学工作室已出版(即将出版)图书目录

书　　名	出版时间	定　价	编号
历届美国中学生数学竞赛试题及解答(第一卷)1950—1954	2014—07	18.00	277
历届美国中学生数学竞赛试题及解答(第二卷)1955—1959	2014—04	18.00	278
历届美国中学生数学竞赛试题及解答(第三卷)1960—1964	2014—06	18.00	279
历届美国中学生数学竞赛试题及解答(第四卷)1965—1969	2014—04	28.00	280
历届美国中学生数学竞赛试题及解答(第五卷)1970—1972	2014—06	18.00	281
历届美国中学生数学竞赛试题及解答(第七卷)1981—1986	2015—01	18.00	424

历届 IMO 试题集(1959—2005)	2006—05	58.00	5
历届 CMO 试题集	2008—09	28.00	40
历届中国数学奥林匹克试题集	2014—10	38.00	394
历届加拿大数学奥林匹克试题集	2012—08	38.00	215
历届美国数学奥林匹克试题集:多解推广加强	2012—08	38.00	209
历届波兰数学竞赛试题集.第 1 卷,1949～1963	2015—03	18.00	453
历届波兰数学竞赛试题集.第 2 卷,1964～1976	2015—03	18.00	454
保加利亚数学奥林匹克	2014—10	38.00	393
圣彼得堡数学奥林匹克试题集	2015—01	48.00	429
历届国际大学生数学竞赛试题集(1994—2010)	2012—01	28.00	143
全国大学生数学夏令营数学竞赛试题及解答	2007—03	28.00	15
全国大学生数学竞赛辅导教程	2012—07	28.00	189
全国大学生数学竞赛复习全书	2014—04	48.00	340
历届美国大学生数学竞赛试题集	2009—03	88.00	43
前苏联大学生数学奥林匹克竞赛题解(上编)	2012—04	28.00	169
前苏联大学生数学奥林匹克竞赛题解(下编)	2012—04	38.00	170
历届美国数学邀请赛试题集	2014—01	48.00	270
全国高中数学竞赛试题及解答.第 1 卷	2014—07	38.00	331
大学生数学竞赛讲义	2014—09	28.00	371
亚太地区数学奥林匹克竞赛题	2015—07	18.00	492

高考数学临门一脚(含密押三套卷)(理科版)	2015—01	24.80	421
高考数学临门一脚(含密押三套卷)(文科版)	2015—01	24.80	422
新课标高考数学题型全归纳(文科版)	2015—05	72.00	467
新课标高考数学题型全归纳(理科版)	2015—05	82.00	468
王连笑教你怎样学数学:高考选择题解题策略与客观题实用训练	2014—01	48.00	262
王连笑教你怎样学数学:高考数学高层次讲座	2015—02	48.00	432
高考数学的理论与实践	2009—08	38.00	53
高考数学核心题型解题方法与技巧	2010—01	28.00	86
高考思维新平台	2014—03	38.00	259
30 分钟拿下高考数学选择题、填空题(第二版)	2012—01	28.00	146
高考数学压轴题解题诀窍(上)	2012—02	78.00	166
高考数学压轴题解题诀窍(下)	2012—03	28.00	167
北京市五区文科数学三年高考模拟题详解:2013～2015	2015—08	48.00	500
北京市五区理科数学三年高考模拟题详解:2013～2015	2015—09	68.00	505
向量法巧解数学高考题	2009—08	28.00	54

整函数	2012—08	18.00	161
近代拓扑学研究	2013—04	38.00	239
多项式和无理数	2008—01	68.00	22
模糊数据统计学	2008—03	48.00	31
模糊分析学与特殊泛函空间	2013—01	68.00	241

哈尔滨工业大学出版社刘培杰数学工作室
已出版(即将出版)图书目录

书　　名	出版时间	定　价	编号
受控理论与解析不等式	2012－05	78.00	165
解析不等式新论	2009－06	68.00	48
建立不等式的方法	2011－03	98.00	104
数学奥林匹克不等式研究	2009－08	68.00	56
不等式研究(第二辑)	2012－02	68.00	153
不等式的秘密(第一卷)	2012－02	28.00	154
不等式的秘密(第一卷)(第 2 版)	2014－02	38.00	286
不等式的秘密(第二卷)	2014－01	38.00	268
初等不等式的证明方法	2010－06	38.00	123
初等不等式的证明方法(第二版)	2014－11	38.00	407
不等式・理论・方法(基础卷)	2015－07	38.00	496
不等式・理论・方法(经典不等式卷)	2015－07	38.00	497
不等式・理论・方法(特殊类型不等式卷)	2015－07	48.00	498
谈谈不定方程	2011－05	28.00	119
数学奥林匹克在中国	2014－06	98.00	344
数学奥林匹克问题集	2014－01	38.00	267
数学奥林匹克不等式散论	2010－06	38.00	124
数学奥林匹克不等式欣赏	2011－09	38.00	138
数学奥林匹克超级题库(初中卷上)	2010－01	58.00	66
数学奥林匹克不等式证明方法和技巧(上、下)	2011－08	158.00	134,135
新编 640 个世界著名数学智力趣题	2014－01	88.00	242
500 个最新世界著名数学智力趣题	2008－06	48.00	3
400 个最新世界著名数学最值问题	2008－09	48.00	36
500 个世界著名数学征解问题	2009－06	48.00	52
400 个中国最佳初等数学征解老问题	2010－01	48.00	60
500 个俄罗斯数学经典老题	2011－01	28.00	81
1000 个国外中学物理好题	2012－04	48.00	174
300 个日本高考数学题	2012－05	38.00	142
500 个前苏联早期高考数学试题及解答	2012－05	28.00	185
546 个早期俄罗斯大学生数学竞赛题	2014－03	38.00	285
548 个来自美苏的数学好问题	2014－11	28.00	396
20 所苏联著名大学早期入学试题	2015－02	18.00	452
161 道德国工科大学生必做的微分方程习题	2015－05	28.00	469
500 个德国工科大学生必做的高数习题	2015－06	28.00	478
德国讲义日本考题. 微积分卷	2015－04	48.00	456
德国讲义日本考题. 微分方程卷	2015－04	38.00	457
中国初等数学研究　2009 卷(第 1 辑)	2009－05	20.00	45
中国初等数学研究　2010 卷(第 2 辑)	2010－05	30.00	68
中国初等数学研究　2011 卷(第 3 辑)	2011－07	60.00	127
中国初等数学研究　2012 卷(第 4 辑)	2012－07	48.00	190
中国初等数学研究　2014 卷(第 5 辑)	2014－02	48.00	288
中国初等数学研究　2015 卷(第 6 辑)	2015－06	68.00	493

哈尔滨工业大学出版社刘培杰数学工作室已出版(即将出版)图书目录

书　　名	出版时间	定　价	编号
博弈论精粹	2008—03	58.00	30
博弈论精粹.第二版(精装)	2015—01	88.00	461
数学 我爱你	2008—01	28.00	20
精神的圣徒　别样的人生——60位中国数学家成长的历程	2008—09	48.00	39
数学史概论	2009—06	78.00	50
数学史概论(精装)	2013—03	158.00	272
斐波那契数列	2010—02	28.00	65
数学拼盘和斐波那契魔方	2010—07	38.00	72
斐波那契数列欣赏	2011—01	28.00	160
数学的创造	2011—02	48.00	85
数学中的美	2011—02	38.00	84
数论中的美学	2014—12	38.00	351
数学王者　科学巨人——高斯	2015—01	28.00	428
振兴祖国数学的圆梦之旅:中国初等数学研究史话	2015—06	78.00	490
最新全国及各省市高考数学试卷解法研究及点拨评析	2009—02	38.00	41
2011年全国及各省市高考数学试题审题要津与解法研究	2011—10	48.00	139
2013年全国及各省市高考数学试题解析与点评	2014—01	48.00	282
全国及各省市高考数学试题审题要津与解法研究	2015—02	48.00	450
全国中考数学压轴题审题要津与解法研究	2013—04	78.00	248
新编全国及各省市中考数学压轴题审题要津与解法研究	2014—05	58.00	342
全国及各省市5年中考数学压轴题审题要津与解法研究	2015—04	58.00	462
新课标高考数学——五年试题分章详解(2007～2011)(上、下)	2011—10	78.00	140,141
中考数学专题总复习	2007—04	28.00	6
数学解题——靠数学思想给力(上)	2011—07	38.00	131
数学解题——靠数学思想给力(中)	2011—07	48.00	132
数学解题——靠数学思想给力(下)	2011—07	38.00	133
我怎样解题	2013—01	48.00	227
数学解题中的物理方法	2011—06	28.00	114
数学解题的特殊方法	2011—06	48.00	115
中学数学计算技巧	2012—01	48.00	116
中学数学证明方法	2012—01	58.00	117
数学趣题巧解	2012—03	28.00	128
高中数学教学通鉴	2015—05	58.00	479
和高中生漫谈:数学与哲学的故事	2014—08	28.00	369
自主招生考试中的参数方程问题	2015—01	28.00	435
自主招生考试中的极坐标问题	2015—04	28.00	463
近年全国重点大学自主招生数学试题全解及研究.华约卷	2015—02	38.00	441
近年全国重点大学自主招生数学试题全解及研究.北约卷	即将出版		
格点和面积	2012—07	18.00	191
射影几何趣谈	2012—04	28.00	175
斯潘纳尔引理——从一道加拿大数学奥林匹克试题谈起	2014—01	28.00	228
李普希兹条件——从几道近年高考数学试题谈起	2012—10	18.00	221
拉格朗日中值定理——从一道北京高考试题的解法谈起	2015—10	18.00	197
闵科夫斯基定理——从一道清华大学自主招生试题谈起	2014—01	28.00	198
哈尔测度——从一道冬令营试题的背景谈起	2012—08	28.00	202

哈尔滨工业大学出版社刘培杰数学工作室已出版(即将出版)图书目录

书　名	出版时间	定　价	编号
切比雪夫逼近问题——从一道中国台北数学奥林匹克试题谈起	2013-04	38.00	238
伯恩斯坦多项式与贝齐尔曲面——从一道全国高中数学联赛试题谈起	2013-03	38.00	236
卡塔兰猜想——从一道普特南竞赛试题谈起	2013-06	18.00	256
麦卡锡函数和阿克曼函数——从一道前南斯拉夫数学奥林匹克试题谈起	2012-08	18.00	201
贝蒂定理与拉姆贝克莫斯尔定理——从一个拣石子游戏谈起	2012-08	18.00	217
皮亚诺曲线和豪斯道夫分球定理——从无限集谈起	2012-08	18.00	211
平面凸图形与凸多面体	2012-10	28.00	218
斯坦因豪斯问题——从一道二十五省市自治区中学数学竞赛试题谈起	2012-07	18.00	196
纽结理论中的亚历山大多项式与琼斯多项式——从一道北京市高一数学竞赛试题谈起	2012-07	28.00	195
原则与策略——从波利亚"解题表"谈起	2013-04	38.00	244
转化与化归——从三大尺规作图不能问题谈起	2012-08	28.00	214
代数几何中的贝祖定理(第一版)——从一道 IMO 试题的解法谈起	2013-08	18.00	193
成功连贯理论与约当块理论——从一道比利时数学竞赛试题谈起	2012-04	18.00	180
磨光变换与范·德·瓦尔登猜想——从一道环球城市竞赛试题谈起	即将出版		
素数判定与大数分解	2014-08	18.00	199
置换多项式及其应用	2012-10	18.00	220
椭圆函数与模函数——从一道美国加州大学洛杉矶分校(UCLA)博士资格考题谈起	2012-10	28.00	219
差分方程的拉格朗日方法——从一道 2011 年全国高考理科试题的解法谈起	2012-08	28.00	200
力学在几何中的一些应用	2013-01	38.00	240
高斯散度定理、斯托克斯定理和平面格林定理——从一道国际大学生数学竞赛试题谈起	即将出版		
康托洛维奇不等式——从一道全国高中联赛试题谈起	2013-03	28.00	337
西格尔引理——从一道第 18 届 IMO 试题的解法谈起	即将出版		
罗斯定理——从一道前苏联数学竞赛试题谈起	即将出版		
拉克斯定理和阿廷定理——从一道 IMO 试题的解法谈起	2014-01	58.00	246
毕卡大定理——从一道美国大学数学竞赛试题谈起	2014-07	18.00	350
贝齐尔曲线——从一道全国高中联赛试题谈起	即将出版		
拉格朗日乘子定理——从一道 2005 年全国高中联赛试题的高等数学解法谈起	2015-05	28.00	480
雅可比定理——从一道日本数学奥林匹克试题谈起	2013-04	48.00	249
李天岩-约克定理——从一道波兰数学竞赛试题谈起	2014-06	28.00	349
整系数多项式因式分解的一般方法——从克朗耐克算法谈起	即将出版		
布劳维不动点定理——从一道前苏联数学奥林匹克试题谈起	2014-01	38.00	273
压缩不动点定理——从一道高考数学试题的解法谈起	即将出版		
伯恩赛德定理——从一道英国数学奥林匹克试题谈起	即将出版		

哈尔滨工业大学出版社刘培杰数学工作室
已出版(即将出版)图书目录

书　名	出版时间	定　价	编号
布查特-莫斯特定理——从一道上海市初中竞赛试题谈起	即将出版		
数论中的同余数问题——从一道普特南竞赛试题谈起	即将出版		
范·德蒙行列式——从一道美国数学奥林匹克试题谈起	即将出版		
中国剩余定理:总数法构建中国历史年表	2015-01	28.00	430
牛顿程序与方程求根——从一道全国高考试题解法谈起	即将出版		
库默尔定理——从一道 IMO 预选试题谈起	即将出版		
卢丁定理——从一道冬令营试题的解法谈起	即将出版		
沃斯滕霍姆定理——从一道 IMO 预选试题谈起	即将出版		
卡尔松不等式——从一道莫斯科数学奥林匹克试题谈起	即将出版		
信息论中的香农熵——从一道近年高考压轴题谈起	即将出版		
约当不等式——从一道希望杯竞赛试题谈起	即将出版		
拉比诺维奇定理	即将出版		
刘维尔定理——从一道《美国数学月刊》征解问题的解法谈起	即将出版		
卡塔兰恒等式与级数求和——从一道 IMO 试题的解法谈起	即将出版		
勒让德猜想与素数分布——从一道爱尔兰竞赛试题谈起	即将出版		
天平称重与信息论——从一道基辅市数学奥林匹克试题谈起	即将出版		
哈密尔顿-凯莱定理:从一道高中数学联赛试题的解法谈起	2014-09	18.00	376
艾思特曼定理——从一道 CMO 试题的解法谈起	即将出版		
一个爱尔特希问题——从一道西德数学奥林匹克试题谈起	即将出版		
有限群中的爱丁格尔问题——从一道北京市初中二年级数学竞赛试题谈起	即将出版		
贝克码与编码理论——从一道全国高中联赛试题谈起	即将出版		
帕斯卡三角形	2014-03	18.00	294
蒲丰投针问题——从 2009 年清华大学的一道自主招生试题谈起	2014-01	38.00	295
斯图姆定理——从一道"华约"自主招生试题的解法谈起	2014-01	18.00	296
许瓦兹引理——从一道加利福尼亚大学伯克利分校数学系博士生试题谈起	2014-08	18.00	297
拉格朗日中值定理——从一道北京高考试题的解法谈起	2014-01		298
拉姆塞定理——从王诗宬院士的一个问题谈起	2014-01		299
坐标法	2013-12	28.00	332
数论三角形	2014-04	38.00	341
毕克定理	2014-07	18.00	352
数林掠影	2014-09	48.00	389
我们周围的概率	2014-10	38.00	390
凸函数最值定理:从一道华约自主招生题的解法谈起	2014-10	28.00	391
易学与数学奥林匹克	2014-10	38.00	392
生物数学趣谈	2015-01	18.00	409
反演	2015-01		420
因式分解与圆锥曲线	2015-01	18.00	426
轨迹	2015-01	28.00	427
面积原理:从常庚哲命的一道 CMO 试题的积分解法谈起	2015-01	48.00	431
形形色色的不动点定理:从一道 28 届 IMO 试题谈起	2015-01	38.00	439
柯西函数方程:从一道上海交大自主招生的试题谈起	2015-02	28.00	440
三角恒等式	2015-02	28.00	442
无理性判定:从一道 2014 年"北约"自主招生试题谈起	2015-01	38.00	443
数学归纳法	2015-03	18.00	451

哈尔滨工业大学出版社刘培杰数学工作室
已出版(即将出版)图书目录

书　　名	出版时间	定　价	编号
极端原理与解题	2015-04	28.00	464
法雷级数	2014-08	18.00	367
摆线族	2015-01	38.00	438
函数方程及其解法	2015-05	38.00	470
含参数的方程和不等式	2012-09	28.00	213
中等数学英语阅读文选	2006-12	38.00	13
统计学专业英语	2007-03	28.00	16
统计学专业英语(第二版)	2012-07	48.00	176
统计学专业英语(第三版)	2015-04	68.00	465
幻方和魔方(第一卷)	2012-05	68.00	173
尘封的经典——初等数学经典文献选读(第一卷)	2012-07	48.00	205
尘封的经典——初等数学经典文献选读(第二卷)	2012-07	38.00	206
代换分析:英文	2015-07	38.00	499
实变函数论	2012-06	78.00	181
复变函数论	2015-08	38.00	504
非光滑优化及其变分分析	2014-01	48.00	230
疏散的马尔科夫链	2014-01	58.00	266
马尔科夫过程论基础	2015-01	28.00	433
初等微分拓扑学	2012-07	18.00	182
方程式论	2011-03	38.00	105
初级方程式论	2011-03	28.00	106
Galois 理论	2011-03	18.00	107
古典数学难题与伽罗瓦理论	2012-11	58.00	223
伽罗华与群论	2014-01	28.00	290
代数方程的根式解及伽罗瓦理论	2011-03	28.00	108
代数方程的根式解及伽罗瓦理论(第二版)	2015-01	28.00	423
线性偏微分方程讲义	2011-03	18.00	110
几类微分方程数值方法的研究	2015-05	38.00	485
N 体问题的周期解	2011-03	28.00	111
代数方程式论	2011-05	18.00	121
动力系统的不变量与函数方程	2011-07	48.00	137
基于短语评价的翻译知识获取	2012-02	48.00	168
应用随机过程	2012-04	48.00	187
概率论导引	2012-04	18.00	179
矩阵论(上)	2013-06	58.00	250
矩阵论(下)	2013-06	48.00	251
对称锥互补问题的内点法:理论分析与算法实现	2014-08	68.00	368
抽象代数:方法导引	2013-06	38.00	257
函数论	2014-11	78.00	395
反问题的计算方法及应用	2011-11	28.00	147
初等数学研究(Ⅰ)	2008-09	68.00	37
初等数学研究(Ⅱ)(上、下)	2009-05	118.00	46,47
数阵及其应用	2012-02	28.00	164
绝对值方程—折边与组合图形的解析研究	2012-07	48.00	186
代数函数论(上)	2015-07	38.00	494
代数函数论(下)	2015-07	38.00	495
闵嗣鹤文集	2011-03	98.00	102
吴从炘数学活动三十年(1951~1980)	2010-07	99.00	32
吴从炘数学活动又三十年(1981~2010)	2015-07	98.00	491

哈尔滨工业大学出版社刘培杰数学工作室已出版(即将出版)图书目录

书　　名	出版时间	定　价	编号
趣味初等方程妙题集锦	2014－09	48.00	388
趣味初等数论选美与欣赏	2015－02	48.00	445
耕读笔记(上卷):一位农民数学爱好者的初数探索	2015－04	48.00	459
耕读笔记(中卷):一位农民数学爱好者的初数探索	2015－05	28.00	483
耕读笔记(下卷):一位农民数学爱好者的初数探索	2015－05	28.00	484
数贝偶拾——高考数学题研究	2014－04	28.00	274
数贝偶拾——初等数学研究	2014－04	38.00	275
数贝偶拾——奥数题研究	2014－04	48.00	276
集合、函数与方程	2014－01	28.00	300
数列与不等式	2014－01	38.00	301
三角与平面向量	2014－01	28.00	302
平面解析几何	2014－01	38.00	303
立体几何与组合	2014－01	28.00	304
极限与导数、数学归纳法	2014－01	38.00	305
趣味数学	2014－03	28.00	306
教材教法	2014－04	68.00	307
自主招生	2014－05	58.00	308
高考压轴题(上)	2015－01	48.00	309
高考压轴题(下)	2014－10	68.00	310
从费马到怀尔斯——费马大定理的历史	2013－10	198.00	Ⅰ
从庞加莱到佩雷尔曼——庞加莱猜想的历史	2013－10	298.00	Ⅱ
从切比雪夫到爱尔特希(上)——素数定理的初等证明	2013－07	48.00	Ⅲ
从切比雪夫到爱尔特希(下)——素数定理 100 年	2012－12	98.00	Ⅲ
从高斯到盖尔方特——二次域的高斯猜想	2013－10	198.00	Ⅳ
从库默尔到朗兰兹——朗兰兹猜想的历史	2014－01	98.00	Ⅴ
从比勃巴赫到德布朗斯——比勃巴赫猜想的历史	2014－02	298.00	Ⅵ
从麦比乌斯到陈省身——麦比乌斯变换与麦比乌斯带	2014－02	298.00	Ⅶ
从布尔到豪斯道夫——布尔方程与格论漫谈	2013－10	198.00	Ⅷ
从开普勒到阿诺德——三体问题的历史	2014－05	298.00	Ⅸ
从华林到华罗庚——华林问题的历史	2013－10	298.00	Ⅹ
吴振奎高等数学解题真经(概率统计卷)	2012－01	38.00	149
吴振奎高等数学解题真经(微积分卷)	2012－01	68.00	150
吴振奎高等数学解题真经(线性代数卷)	2012－01	58.00	151
钱昌本教你快乐学数学(上)	2011－12	48.00	155
钱昌本教你快乐学数学(下)	2012－03	58.00	171
第 19～23 届"希望杯"全国数学邀请赛试题审题要津详细评注(初一版)	2014－03	28.00	333
第 19～23 届"希望杯"全国数学邀请赛试题审题要津详细评注(初二、初三版)	2014－03	38.00	334
第 19～23 届"希望杯"全国数学邀请赛试题审题要津详细评注(高一版)	2014－03	28.00	335
第 19～23 届"希望杯"全国数学邀请赛试题审题要津详细评注(高二版)	2014－03	38.00	336
第 19～25 届"希望杯"全国数学邀请赛试题审题要津详细评注(初一版)	2015－01	38.00	416
第 19～25 届"希望杯"全国数学邀请赛试题审题要津详细评注(初二、初三版)	2015－01	58.00	417
第 19～25 届"希望杯"全国数学邀请赛试题审题要津详细评注(高一版)	2015－01	48.00	418
第 19～25 届"希望杯"全国数学邀请赛试题审题要津详细评注(高二版)	2015－01	48.00	419

哈尔滨工业大学出版社刘培杰数学工作室已出版(即将出版)图书目录

书　名	出版时间	定　价	编号
高等数学解题全攻略(上卷)	2013－06	58.00	252
高等数学解题全攻略(下卷)	2013－06	58.00	253
高等数学复习纲要	2014－01	18.00	384
三角函数	2014－01	38.00	311
不等式	2014－01	38.00	312
数列	2014－01	38.00	313
方程	2014－01	28.00	314
排列和组合	2014－01	28.00	315
极限与导数	2014－01	28.00	316
向量	2014－09	38.00	317
复数及其应用	2014－08	28.00	318
函数	2014－01	38.00	319
集合	即将出版		320
直线与平面	2014－01	28.00	321
立体几何	2014－04	28.00	322
解三角形	即将出版		323
直线与圆	2014－01	28.00	324
圆锥曲线	2014－01	38.00	325
解题通法(一)	2014－07	38.00	326
解题通法(二)	2014－07	38.00	327
解题通法(三)	2014－05	38.00	328
概率与统计	2014－01	28.00	329
信息迁移与算法	即将出版		330
物理奥林匹克竞赛大题典——力学卷	2014－11	48.00	405
物理奥林匹克竞赛大题典——热学卷	2014－04	28.00	339
物理奥林匹克竞赛大题典——电磁学卷	2015－07	48.00	406
物理奥林匹克竞赛大题典——光学与近代物理卷	2014－06	28.00	345
历届中国东南地区数学奥林匹克试题集(2004～2012)	2014－06	18.00	346
历届中国西部地区数学奥林匹克试题集(2001～2012)	2014－07	18.00	347
历届中国女子数学奥林匹克试题集(2002～2012)	2014－08	18.00	348
几何变换(Ⅰ)	2014－07	28.00	353
几何变换(Ⅱ)	2015－06	28.00	354
几何变换(Ⅲ)	2015－01	38.00	355
几何变换(Ⅳ)	即将出版		356
美国高中数学竞赛五十讲.第1卷(英文)	2014－08	28.00	357
美国高中数学竞赛五十讲.第2卷(英文)	2014－08	28.00	358
美国高中数学竞赛五十讲.第3卷(英文)	2014－09	28.00	359
美国高中数学竞赛五十讲.第4卷(英文)	2014－09	28.00	360
美国高中数学竞赛五十讲.第5卷(英文)	2014－10	28.00	361
美国高中数学竞赛五十讲.第6卷(英文)	2014－11	28.00	362
美国高中数学竞赛五十讲.第7卷(英文)	2014－12	28.00	363
美国高中数学竞赛五十讲.第8卷(英文)	2015－01	28.00	364
美国高中数学竞赛五十讲.第9卷(英文)	2015－01	28.00	365
美国高中数学竞赛五十讲.第10卷(英文)	2015－02	38.00	366

哈尔滨工业大学出版社刘培杰数学工作室已出版(即将出版)图书目录

书　名	出版时间	定　价	编号
IMO 50 年. 第 1 卷(1959—1963)	2014—11	28.00	377
IMO 50 年. 第 2 卷(1964—1968)	2014—11	28.00	378
IMO 50 年. 第 3 卷(1969—1973)	2014—09	28.00	379
IMO 50 年. 第 4 卷(1974—1978)	即将出版		380
IMO 50 年. 第 5 卷(1979—1984)	2015—04	38.00	381
IMO 50 年. 第 6 卷(1985—1989)	2015—04	58.00	382
IMO 50 年. 第 7 卷(1990—1994)	即将出版		383
IMO 50 年. 第 8 卷(1995—1999)	即将出版		384
IMO 50 年. 第 9 卷(2000—2004)	2015—04	58.00	385
IMO 50 年. 第 10 卷(2005—2008)	即将出版		386

历届美国大学生数学竞赛试题集. 第一卷(1938—1949)	2015—01	28.00	397
历届美国大学生数学竞赛试题集. 第二卷(1950—1959)	2015—01	28.00	398
历届美国大学生数学竞赛试题集. 第三卷(1960—1969)	2015—01	28.00	399
历届美国大学生数学竞赛试题集. 第四卷(1970—1979)	2015—01	18.00	400
历届美国大学生数学竞赛试题集. 第五卷(1980—1989)	2015—01	28.00	401
历届美国大学生数学竞赛试题集. 第六卷(1990—1999)	2015—01	28.00	402
历届美国大学生数学竞赛试题集. 第七卷(2000—2009)	2015—08	18.00	403
历届美国大学生数学竞赛试题集. 第八卷(2010—2012)	2015—01	18.00	404

新课标高考数学创新题解题诀窍:总论	2014—09	28.00	372
新课标高考数学创新题解题诀窍:必修 1～5 分册	2014—08	38.00	373
新课标高考数学创新题解题诀窍:选修 2—1,2—2,1—1,1—2分册	2014—09	38.00	374
新课标高考数学创新题解题诀窍:选修 2—3,4—4,4—5 分册	2014—09	18.00	375

全国重点大学自主招生英文数学试题全攻略:词汇卷	2015—07	48.00	410
全国重点大学自主招生英文数学试题全攻略:概念卷	2015—01	28.00	411
全国重点大学自主招生英文数学试题全攻略:文章选读卷(上)	即将出版		412
全国重点大学自主招生英文数学试题全攻略:文章选读卷(下)	即将出版		413
全国重点大学自主招生英文数学试题全攻略:试题卷	2015—07	38.00	414
全国重点大学自主招生英文数学试题全攻略:名著欣赏卷	即将出版		415

数学物理大百科全书. 第 1 卷	2015—08	408.00	508
数学物理大百科全书. 第 2 卷	2015—08	418.00	509
数学物理大百科全书. 第 3 卷	2015—08	396.00	510
数学物理大百科全书. 第 4 卷	2015—08	408.00	511
数学物理大百科全书. 第 5 卷	2015—08	368.00	512

哈尔滨工业大学出版社刘培杰数学工作室
已出版(即将出版)图书目录

书　　名	出版时间	定　价	编号
劳埃德数学趣题大全.题目卷.1:英文	2015－10	18.00	516
劳埃德数学趣题大全.题目卷.2:英文	2015－10	18.00	517
劳埃德数学趣题大全.题目卷.3:英文	2015－10	18.00	518
劳埃德数学趣题大全.题目卷.4:英文	即将出版		519
劳埃德数学趣题大全.题目卷.5:英文	即将出版		520
劳埃德数学趣题大全.答案卷:英文	即将出版		521
李成章教练奥数笔记.第1卷	2015－10	48.00	522
李成章教练奥数笔记.第2卷	2015－10	48.00	523
李成章教练奥数笔记.第3卷	2015－10	38.00	524
李成章教练奥数笔记.第4卷	2015－10	38.00	525
李成章教练奥数笔记.第5卷	即将出版		526
李成章教练奥数笔记.第6卷	即将出版		527
李成章教练奥数笔记.第7卷	即将出版		528
李成章教练奥数笔记.第8卷	即将出版		529
李成章教练奥数笔记.第9卷	即将出版		530
微分形式:理论与练习	2015－08	58.00	513
zeta 函数,q-zeta 函数,相伴级数与积分	2015－08	88.00	514
离散与微分包含的逼近和优化	2015－08	58.00	515

联系地址:哈尔滨市南岗区复华四道街10号　哈尔滨工业大学出版社刘培杰数学工作室
网　　址:http://lpj.hit.edu.cn/
邮　　编:150006
联系电话:0451－86281378　　13904613167
E-mail:lpj1378@163.com